高等学校土木工程专业"十四五"系列教材

土木工程专业毕业设计指导

——房屋建筑工程卷

(第二版)

梁兴文　史庆轩　主编

中国建筑工业出版社

图书在版编目（CIP）数据

土木工程专业毕业设计指导. 房屋建筑工程卷 / 梁兴文，史庆轩主编. -- 2版. -- 北京：中国建筑工业出版社，2025. 4. --（高等学校土木工程专业"十四五"系列教材）. -- ISBN 978-7-112-30971-9

Ⅰ. TU；TU71

中国国家版本馆CIP数据核字第20255KK186号

根据近年来颁布的《工程结构通用规范》GB 55001—2021、《建筑与市政工程抗震通用规范》GB 55002—2021、《混凝土结构通用规范》GB 55008—2021、《混凝土结构设计标准》GB/T 50010—2010、《建筑抗震设计标准》GB/T 50011—2010、《建筑结构荷载规范》GB 50009—2012等国家规范和标准，对本书第一版内容进行了全面修订。内容包括结构设计概论、框架结构、剪力墙结构、框架-剪力墙结构和单层工业厂房结构房屋的结构设计。

本书着重阐明了房屋建筑结构设计的基本概念和要点，给出了比较详细和完整的设计实例，对疑难问题做了深入分析，便于读者掌握基本概念和设计方法，有助于提高土木工程专业学生的工程实践能力。文字通俗易懂，论述由浅入深，循序渐进，便于自学理解。

本书可作为高等院校土木工程专业的教学辅导资料，也可供相关专业的设计、施工和科研人员参考。

责任编辑：吉万旺　赵　莉
文字编辑：周　潮
责任校对：赵　力

高等学校土木工程专业"十四五"系列教材
土木工程专业毕业设计指导
——房屋建筑工程卷
（第二版）
梁兴文　史庆轩　主编

*

中国建筑工业出版社出版、发行（北京海淀三里河路9号）
各地新华书店、建筑书店经销
霸州市顺浩图文科技发展有限公司制版
北京圣夫亚美印刷有限公司印刷

*

开本：787毫米×1092毫米　1/16　印张：27　字数：653千字
2025年3月第二版　　2025年3月第一次印刷
定价：**68.00**元
ISBN 978-7-112-30971-9
（44553）

版权所有　翻印必究
如有内容及印装质量问题，请与本社读者服务中心联系
电话：(010) 58337283　　QQ：2885381756
（地址：北京海淀三里河路9号中国建筑工业出版社604室　邮政编码：100037）

第二版前言

本书自2014年出版第一版以来，已经使用了十余年。期间《工程结构通用规范》GB 55001—2021、《建筑与市政工程抗震通用规范》GB 55002—2021、《建筑抗震设计标准》GB/T 50011—2010（2024年版）、《混凝土结构通用规范》GB 55008—2021、《混凝土结构设计标准》GB/T 50010—2010（2024年版）、《建筑结构可靠性设计统一标准》GB 50068—2018、《建筑结构荷载规范》GB 50009—2012、《建筑与市政地基基础通用规范》GB 55003—2021和《建筑地基基础设计规范》GB 50007—2011等国家规范/标准陆续编制/修订并颁布。为了使本书的相关内容与国家规范/标准的规定一致，并便于读者应用，特对本书进行必要的修订。

这次再版修订，除了对第一版的不妥之处进行修改、补充和完善外，主要做了以下修订：

（1）根据《工程结构通用规范》GB 55001—2021、《建筑结构可靠性设计统一标准》GB 50068—2018和《建筑结构荷载规范》GB 50009—2012关于可变作用、作用分项系数及作用组合等修订内容，对各章内容进行了修订，并重点修改了第2～5章的"设计实例"。

（2）根据《建筑与市政工程抗震通用规范》GB 55002—2021和《建筑抗震设计标准》GB/T 50011—2010（2024年版）关于重力荷载分项系数、地震作用分项系数和抗震措施等修订内容，对各章内容进行了修改。

（3）根据《混凝土结构通用规范》GB 55008—2021和《混凝土结构设计标准》GB/T 50010—2010（2024年版）关于钢筋牌号、混凝土强度等级、楼板厚度和配筋构造等修订内容，对各章内容进行了修改。

（4）根据《建筑与市政地基基础通用规范》GB 55003—2021和《建筑地基基础设计规范》GB 50007—2011关于扩展基础计算等修订内容，补充了柱下独立基础截面受剪承载力计算内容，并对第5章的相关部分进行了修改。

参加本书修订工作的有：第1章（梁兴文）、第2章（梁兴文、丁怡洁）、第3章（史庆轩、王秋维）、第4章（梁兴文、于婧）和第5章（李晓文）。资深教授童岳生先生主审了本书的第一版，先生提出的许多宝贵意见和建议仍保留在本书中。第二版由苏三庆教授主审，他提出了许多宝贵的修改意见，在此表示衷心的感谢！

本修订版可能会存在新的不足和错误，欢迎读者批评指正。

编 者
2024年10月

第一版前言

　　工科学生的毕业设计教学过程是学生毕业前的最后学习和综合训练阶段，是深化、拓宽、综合教学的重要过程。对培养学生的综合素质、工程实践能力和创新能力均起着非常重要的作用。

　　多年来的教学实践证明，土木工程专业的学生在掌握了数学、力学和各专业课程之后，做毕业设计时仍感到困惑，迫切需要一本毕业设计指导书。为此，我们基于"无师自通"的设想，编写了本书。

　　本书是根据最新颁布的一系列建筑工程设计规范、标准，紧密结合工程实际编写的，内容包括：混凝土结构设计概论、混凝土框架结构、剪力墙结构、框架-剪力墙结构和单层工业厂房结构房屋的结构设计。着重阐述了这四种房屋建筑结构设计的基本概念和要点，给出了比较详细和完整的设计实例。

　　本书由西安建筑科技大学土木工程学院的部分教师编写：第1章（梁兴文）、第2章（梁兴文、邓明科）、第3章（史庆轩、王秋维）、第4章（梁兴文、于婧）和第5章（李晓文）。由资深教授童岳生先生主审。陶毅副教授、门进杰副教授以及研究生党争、王英俊、秦萌、田建波、邢朋涛、王朋、党王祯、王南、梁丹、刘贞珍、王斌、徐洁、王海、刘理帧等，为本书绘制了部分插图并做了部分计算工作。特在此对他们表示深切的感谢。

　　本书在编写过程中参考了大量国内外文献，引用了一些学者的资料，这在本书末的参考文献中已予列出。

　　希望本书能为读者的学习和工作提供帮助。鉴于作者水平有限，书中难免有错误及不妥之处，敬请读者批评指正。

目 录

第1章 结构设计概论 ... 1
- 1.1 结构设计的基本原则 ... 1
- 1.2 建筑结构选型及结构布置 ... 1
- 1.3 结构上的作用及其作用组合 ... 6
- 1.4 水平地震作用及其地震组合 ... 14
- 1.5 承载力及变形计算 ... 19
- 1.6 基础设计 ... 22

第2章 钢筋混凝土框架结构房屋设计 ... 32
- 2.1 结构布置及计算简图 ... 32
- 2.2 重力荷载及水平地震作用计算 ... 34
- 2.3 水平荷载作用下框架结构的内力和位移计算 ... 37
- 2.4 竖向荷载作用下框架结构内力计算 ... 45
- 2.5 框架梁、柱内力组合 ... 47
- 2.6 构件设计及构造措施 ... 52
- 2.7 弹塑性变形验算 ... 64
- 2.8 设计实例 ... 67

第3章 钢筋混凝土剪力墙结构房屋设计 ... 127
- 3.1 结构布置 ... 127
- 3.2 剪力墙结构内力和位移计算 ... 129
- 3.3 剪力墙截面设计 ... 139
- 3.4 剪力墙结构房屋设计要点及步骤 ... 151
- 3.5 设计实例 ... 155

第4章 框架-剪力墙结构房屋设计 ... 221
- 4.1 结构布置 ... 221
- 4.2 框架-剪力墙结构内力和位移分析 ... 223
- 4.3 框架-剪力墙结构房屋设计要点及步骤 ... 232
- 4.4 设计实例 ... 238

第5章 钢筋混凝土柱单层厂房结构设计 ... 312
- 5.1 结构布置及柱截面尺寸的初步拟定 ... 312
- 5.2 持久设计状况下厂房横向排架内力分析及内力组合 ... 316
- 5.3 地震设计状况下厂房横向抗震计算 ... 321
- 5.4 钢筋混凝土柱设计 ... 328
- 5.5 钢筋混凝土柱下单独基础设计 ... 334
- 5.6 地震设计状况下厂房纵向抗震计算 ... 342
- 5.7 设计实例 ... 355

参考文献 ... 424

第1章 结构设计概论

1.1 结构设计的基本原则

结构设计的基本目的是应科学地解决结构物的可靠与经济这对矛盾,力求以最经济的途径,使所建造的结构以适当的可靠度满足各项预定功能的要求。结构的基本功能是由其用途所决定的,具体如下所述:

(1) 安全性。结构能承受在正常施工和正常使用时可能出现的各种作用(包括荷载及外加变形或约束变形);当发生火灾时,在规定的时间内可保持足够的承载力;当发生爆炸、撞击、人为错误等偶然事件时,结构能保持必需的整体稳固性,不出现与起因不相称的破坏后果,防止出现结构的连续倒塌。对重要的结构,应采取必要的措施,防止出现结构的连续倒塌;对一般的结构,宜采取适当的措施,防止出现结构的连续倒塌。

(2) 适用性。结构在正常使用时具有良好的工作性能,如不发生过大的变形和过宽的裂缝等。

(3) 耐久性。结构在正常维护下具有足够的耐久性能,如结构材料的风化、腐蚀和老化不超过一定限度等。

安全性、适用性和耐久性总称结构的可靠性,也就是结构在规定的时间内(设计基准期为50年),在规定的条件下(正常设计、正常施工、正常使用和正常维护),完成预定功能的能力。而结构可靠度则是结构可靠性的概率度量。结构设计中,增大结构的安全余量,如加大截面尺寸及配筋或提高对材料性能的要求,总是能满足预定功能要求的,但会使工程造价提高,导致结构设计经济效益降低。因此,科学的设计方法应在结构的可靠与经济之间选择一种最佳的平衡,以比较经济合理的方法,使所设计的结构具有适当的可靠度。

1.2 建筑结构选型及结构布置

1.2.1 结构类型及选择

建筑结构的分类方法很多,按结构所用材料分类时,可分为砌体结构(包括砖石和砌块砌体)、混凝土结构(包括混凝土、钢筋混凝土和预应力混凝土结构)、纤维增强混凝土结构、钢结构、混合结构及木结构等。其中混合结构是指由钢框架或型钢混凝土框架与钢筋混凝土筒体(或剪力墙)所组成的共同承受竖向和水平作用的高层建筑结构。

各类结构有其一定的适用范围,应根据其材料性能、结构形式、受力特点和建筑使用要求及施工条件等因素合理选择。一般来说,无筋砌体结构主要用于建造多层住宅、办公楼、教学楼以及小型单层工业厂房等;纤维增强混凝土结构主要用于有特殊要求(如抗裂、抗渗、抗冲击等)的建筑;钢结构多用于建造超高层建筑以及有重型吊车、跨度大于

36m或有特殊要求的工业厂房；混合结构主要用于建造超限高层建筑结构；其他情况均可采用钢筋混凝土结构。

结构选型实际上是选择合理的结构方案，是一项综合性很强的技术工作，必须慎重对待。

1.2.2 高层建筑的结构体系及选择

高层建筑常用的结构体系有框架结构、剪力墙结构、筒体结构以及它们的组合体系。

1. 框架结构体系

框架结构由梁、柱构件通过节点连接构成，它既承受竖向荷载，又承受水平荷载。

框架结构体系的优点是：建筑平面布置灵活，能获得大空间；建筑立面容易处理；结构自重较轻；计算理论比较成熟；在一定的高度范围内造价较低。其缺点是：侧向刚度较小，在地震作用下非结构构件（如填充墙、建筑装饰等）破坏较严重。因此，采用框架结构时应控制建筑物的层数和高度。我国的《高层建筑混凝土结构技术规程》JGJ 3—2010（后文简称《高层建筑混凝土结构技术规程》）规定了框架房屋适用的最大高度，见表1-1（A级为常规高度的高层建筑）。

A级高度钢筋混凝土高层建筑的最大适用高度（m） 表1-1

结构体系		非抗震设计	抗震设防烈度				
			6度	7度	8度		9度
					0.20g	0.30g	
框架		70	60	50	40	35	
框架-剪力墙		150	130	120	100	80	50
剪力墙	全部落地剪力墙	150	140	120	100	80	60
	部分框支剪力墙	130	120	100	80	50	不应采用
筒体	框架-核心筒	160	150	130	100	90	70
	筒中筒	200	180	150	120	100	80
板柱-剪力墙		110	80	70	55	40	不应采用

注：1. 表中框架不含异形柱框架；
  2. 部分框支剪力墙结构指地面以上有部分框支剪力墙的剪力墙结构；
  3. 甲类建筑，6、7、8度时宜按本地区抗震设防烈度提高一度后符合本表的要求，9度时应专门研究；
  4. 框架结构、板柱-剪力墙结构以及9度抗震设防的表列其他结构，当房屋高度超过本表数值时，结构设计应有可靠依据，并采取有效的加强措施。

2. 剪力墙结构体系

采用钢筋混凝土墙体承受水平荷载的结构体系，称为剪力墙结构体系。在地震区，因其主要用于承受水平地震力，故也称为抗震墙。

剪力墙结构体系的侧向刚度大，结构的水平位移小。但是其结构自重大，建筑平面布置局限性大，较难获得较大的建筑空间。因此，剪力墙结构体系适用于高层住宅、宾馆等建筑。《高层建筑混凝土结构技术规程》规定的剪力墙结构房屋适用的最大高度见表1-1和表1-2（B级为超限高层建筑）。

3. 框架-剪力墙结构体系

为了充分发挥框架结构"建筑平面布置灵活"和剪力墙结构"侧向刚度大"的特点，

当建筑物需要有较大空间且其高度超过了框架结构的合理高度时，可采用框架和剪力墙共同工作的结构体系。在框架结构中，加上一定数量的剪力墙，形成框架-剪力墙结构体系，其中剪力墙承担大部分水平荷载，而框架只承担较小的一部分水平荷载。

B级高度钢筋混凝土高层建筑的最大适用高度（m） 表1-2

结构体系		非抗震设计	抗震设防烈度			
			6度	7度	8度	
					0.2g	0.3g
框架-剪力墙		170	160	140	120	100
剪力墙	全部落地剪力墙	180	170	150	130	110
	部分框支剪力墙	150	140	120	110	80
筒体	框架-核心筒	220	210	180	140	120
	筒中筒	300	280	230	170	150

注：1. 部分框支剪力墙结构指地面以上有部分框支剪力墙的剪力墙结构；
2. 甲类建筑，6、7度时宜按本地区设防烈度提高一度后符合本表的要求，8度时应专门研究；
3. 当房屋高度超过表中数值时，结构设计应有可靠依据，并采取有效措施。

框架-剪力墙结构体系常用于建造高层办公楼、教学楼等需要有较大空间的房屋，亦可用于建造高层住宅、宾馆等建筑，其适用的最大高度见表1-1和表1-2。

4. 筒体结构体系

筒体结构属于整体刚度很大的结构体系。由于它能提供很大的建筑空间和建筑高度，建筑物内部空间的划分可以灵活多变。因此，它广泛应用于多功能、多用途的超高层建筑中。筒体结构房屋适用的最大高度见表1-1和表1-2。

除上述几种结构体系外，高层建筑中还有板柱-剪力墙、框支剪力墙（带转换层高层建筑结构）、框架-核心筒、带伸臂框架-核心筒（带加强层高层建筑结构）、筒中筒以及巨形框架等结构体系。设计时应综合考虑房屋的重要性、设防烈度、场地条件、房屋高度、地基基础以及材料供应和施工条件，并结合结构体系的经济、技术指标，选择最合适的结构体系。

高层建筑除应满足表1-1和表1-2所规定的最大适用高度限值外，其高宽比不宜超过表1-3的规定。

钢筋混凝土高层建筑结构适用的最大高宽比 表1-3

结 构 类 型	非抗震设计	抗 震 设 防 烈 度		
		6度、7度	8度	9度
框架	5	4	3	
板柱-剪力墙	6	5	4	
框架-剪力墙、剪力墙	7	6	5	4
框架-核心筒	8	7	6	4
筒中筒	8	8	7	5

1.2.3 高层建筑的结构布置

1. 结构平面布置

震害资料表明，凡是建筑体型不规则，平面上凸出凹进，立面上高低错落，其震害均比较严重；建筑体型简单规则，震害均比较轻。因此，需要抗震设防的高层建筑，其平面布置应符合下列要求：1）平面宜简单、规则、对称，减少偏心，否则应考虑扭转的不利影响；2）平面长度不宜过长，突出部分长度 l 不宜过大，凹角处宜采取加强措施（图1-1）；L、l 等值宜满足表1-4的要求；3）不宜采用角部重叠的平面图形或细腰形平面图形。对于井字形等外伸长度较大的建筑，当中央部分楼、电梯间使楼板过分削弱时，宜在外伸凹槽处设置连接梁或连接板。

L、l 的限值 表1-4

设防烈度	L/B	l/B_{max}	l/b
6、7度	≤6.0	≤0.35	≤2.0
8、9度	≤5.0	≤0.30	≤1.5

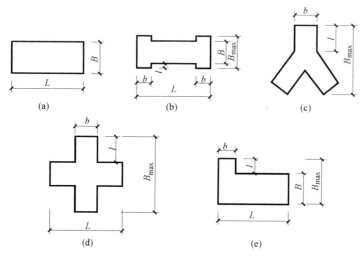

图1-1 建筑平面

2. 结构竖向布置

建筑的立面和竖向剖面力求规则，结构的侧向刚度均匀变化，避免刚度突变；竖向抗侧力构件截面和材料强度等级自下而上逐渐减小，宜避免抗侧力结构的承载力突变。抗震设计时，对框架结构，楼层与上部相邻楼层的侧向刚度比 γ_1 不宜小于0.7，与上部相邻三层侧向刚度比 γ_1 的平均值不宜小于0.8；对框架-剪力墙和板柱-剪力墙结构、剪力墙结构、框架-核心筒结构、筒中筒结构，楼层与上部相邻楼层侧向刚度比 γ_2 不宜小于0.9，楼层层高大于相邻上部楼层层高1.5倍时，不应小于1.1，底部嵌固楼层不应小于1.5。γ_1 和 γ_2 分别按下式计算：

$$\gamma_1=\frac{V_i/\Delta_i}{V_{i+1}/\Delta_{i+1}}, \quad \gamma_2=\frac{V_i/(\Delta_i/h_i)}{V_{i+1}/(\Delta_{i+1}/h_{i+1})} \tag{1-1}$$

式中 γ_1、γ_2——不考虑和考虑层高修正的楼层侧向刚度比；

V_i、V_{i+1}——第 i 层和第 $i+1$ 层的地震剪力标准值；

Δ_i、Δ_{i+1}——第 i 层和第 $i+1$ 层的层间位移；

h_i、h_{i+1}——第 i 层和第 $i+1$ 层的层高。

楼层抗侧力结构的层间受剪承载力是指在所考虑的水平地震作用方向上，该层全部柱、剪力墙、斜撑的受剪承载力之和。为防止楼层抗侧力结构的承载能力突变导致薄弱层破坏，A级高度高层建筑的楼层抗侧力结构的层间受剪承载力不宜小于其相邻上一层受剪承载力的80%，不应小于其相邻上一层受剪承载力的65%；B级高度高层建筑的楼层层间抗侧力结构的受剪承载力不应小于其相邻上一层受剪承载力的75%。

设计中一般是沿竖向分段改变构件截面尺寸和混凝土强度等级，每次改变，柱截面尺寸宜减小100~150mm，剪力墙厚度减小50mm，混凝土强度等级降低一级为宜。柱、墙截面尺寸减小和混凝土等级降低宜错开楼层，避免同层同时改变。

底层取消部分墙柱形成空旷房间，底部采用部分框支剪力墙或中部楼层部分剪力墙被取消时，应采取有效措施（如加大已有墙柱的截面尺寸、提高这些楼层的混凝土强度等级等）防止由于刚度改变而产生的不利影响。

3. 变形缝的设置

在设计中宜调整平面形状和尺寸，采用构造和施工措施，不设伸缩缝、防震缝和沉降缝。当需要设缝时应使三缝合一，并将房屋结构划分为独立的结构单元。

(1) 当高层建筑结构未采取可靠措施时，其伸缩缝间距不宜超出表1-5的限值。

伸缩缝的最大间距　　　　　　　　　表1-5

结构体系	施工方法	最大间距(m)
框架结构	现浇	55
剪力墙结构	现浇	45

注：1. 框架-剪力墙的伸缩缝间距可根据结构的具体布置情况取表中框架结构与剪力墙结构之间的数值；
2. 当屋面无保温或隔热措施、混凝土的收缩较大或室内结构因施工外露时间较长时，伸缩缝间距应适当减小；
3. 位于气候干燥地区、夏季炎热且暴雨频繁地区的结构，伸缩缝的间距宜适当减小。

当采用下列构造措施和施工措施减少温度和混凝土收缩对结构的影响时，可适当放宽伸缩缝的间距：顶层、底层、山墙和纵墙端开间等温度变化影响较大的部位提高配筋率；顶层加强保温隔热措施，外墙设置外保温层；每30~40m间距留出施工后浇带，带宽800~1000mm，钢筋采用搭接接头，后浇带混凝土宜在两个月后浇灌；顶部楼层改用刚度较小的结构形式或顶部设局部温度缝，将结构划分为长度较短的区段；采用收缩较小的水泥、减小水泥用量、在混凝土中加入适量的外加剂；提高每层楼板的构造配筋率或采用部分预应力混凝土楼盖结构等。

(2) 当房屋平面各项尺寸超过表1-4的限值而无加强措施或房屋有较大错层以及各部分结构的刚度或荷载相差悬殊而又未采取有效措施时，宜设防震缝。防震缝的最小宽度应符合下列要求：框架结构房屋，当高度不超过15m时可采用100mm；超过15m的部分，6度、7度、8度和9度相应每增加高度5m、4m、3m和2m，宜加宽20mm；框架-剪力墙和剪力墙结构房屋的防震缝宽度，可分别按相同高度框架结构房屋防震缝宽度的70%和50%采用，同时均不宜小于100mm。

防震缝两侧结构体系不同时，防震缝宽度应按不利的结构类型确定；防震缝两侧的房屋高度不同时，防震缝宽度应按较低的房屋高度确定。

(3) 房屋的高层部分与裙房之间采取下列措施后可连为整体而不设沉降缝：采用桩基础，桩支承在基岩上；或采取减少沉降的有效措施并经计算，沉降差在允许范围内；主楼与裙房采用不同的基础形式,并宜先施工主楼,后施工裙房,调整土压力使后期沉降基本接近;地基承载力较高、沉降计算较为可靠时,主楼和裙房的标高预留沉降差,先施工主楼,后施工裙房,使两者标高最终基本一致。

1.2.4 屋盖（楼面）体系的选择

高层建筑中各竖向抗侧力结构（框架、剪力墙、筒体等）是依靠水平楼面结构连为整体的,水平力通过楼板平面进行传递和分配。因此,要求楼板在自身平面内有足够大的刚度。对需要进行抗震设防、房屋高度超过50m时,剪力墙结构和框架结构宜采用现浇楼盖结构,框架-剪力墙结构应采用现浇楼盖结构。房屋高度不超过50m时,8、9度抗震设计的框架-剪力墙结构宜采用现浇楼盖结构;6、7度抗震设计的框架-剪力墙结构可采用装配整体式楼盖,且应符合下列要求：

（1）楼盖每层宜设置钢筋混凝土现浇层。现浇层厚度不应小于50mm,混凝土强度等级不应低于C25,不宜高于C40,并应双向配置直径为6~8mm、间距为150~200mm的钢筋网,钢筋应锚固在剪力墙内。

（2）楼盖的预制板板缝宽度不宜小于40mm,板缝大于40mm时应在板缝内配置钢筋,并宜贯通整个结构单元。预制板板缝、板缝梁的混凝土强度等级应高于预制板的混凝土强度等级,且不应低于C25。

房屋的顶层、结构转换层、平面复杂或开洞过大的楼层、作为上部结构嵌固部位的地下室楼层应采用现浇楼面结构。一般楼层现浇楼板厚度不应小于80mm,当板内预埋暗管时不宜小于100mm;顶层楼板厚度不宜小于120mm,宜双层双向配筋;转换层楼板和地下室顶板的厚度不宜小于180mm,混凝土强度等级不宜低于C30,应采用双层双向配筋,且每层每个方向的配筋率不宜小于0.25%。

1.3 结构上的作用及其作用组合

施加在结构上的集中力或分布力和引起结构外加变形和约束变形的原因,统称为结构上的作用。结构构件自重、楼面上的人群和各种物品的重量、设备重量、风压及雪压等,一般称为直接作用,习惯上称为荷载;温度变化、结构材料的收缩和徐变、地基不均匀沉降及地震等,也能使结构产生效应,一般称为间接作用。直接作用或间接作用在结构内产生的内力（如轴力、弯矩、剪力和扭矩）和变形（如挠度、转角和裂缝等）,称为作用效应;仅由荷载产生的效应,称为荷载效应。

结构上的荷载分为永久荷载（恒荷载）、可变荷载（活荷载）和偶然荷载（如地震作用、爆炸力、撞击力等）。

荷载有四种代表值,即标准值、频遇值、准永久值和组合值,其中标准值是荷载的基本代表值,其他代表值是以标准值乘相应的系数后得出的。荷载标准值是结构在使用期间,在正常情况下,可能出现的具有一定保证率的偏大荷载值。荷载频遇值是指在结构上时而出现的较大荷载值,即在设计基准期间,其超越的总时间为规定的较小比率或超越次数为规定次数的荷载值。荷载准永久值是指在结构上经常作用的荷载值,即在设计基准期间,超越的总时间约为设计基准期一半的荷载值。当有多种可变荷载同时作用在结构上时,为了能使该结构产生的总效应与只有一个可变荷载作用时所产生的效应有最佳的一致性,通常将某些可变荷载的标准值乘以组合值系数予以折减,折减后的荷载值为荷载组合值。

1.3.1 重力荷载

1. 永久荷载

建筑结构中的屋面、楼面、墙体、梁柱等构件自重以及找平层、保温层、防水层等重量都是永久荷载,通常称为恒载。永久荷载标准值可按结构构件的设计尺寸和材料单位体积的自重计算确定,对常用材料和构件的自重可从《建筑结构荷载规范》GB 50009—2012(后文简称《建筑结构荷载规范》)附表 A.1 中查得,表 1-6 列出了其中最常用的几种。对某些自重变异较大的材料和构件(如现场制作的保温材料、混凝土薄壁构件等),考虑到结构的可靠度,在设计时应根据该荷载对结构有利或不利影响,取其自重上限值或下限值。

常用材料和构件自重表　　　　　　　　　　　表 1-6

名称	自重 (kN/m^3)	备注	名称	自重 (kN/m^2)	备注
石灰砂浆、混合砂浆	17.0		小瓷砖地面	0.55	包括水泥粗砂打底
水泥砂浆	20.0		水磨石地面	0.65	10mm 面层,20mm 水泥砂浆打底
水泥埋石砂浆	5.0~8.0		缸砖地面	1.7~2.1	60mm 砂垫层,53mm 面层平铺
素混凝土	22.0~24.0	振捣或不振捣	缸砖地面	3.3	60mm 砂垫层,115mm 面层,侧铺
泡沫混凝土	4.0~6.0		硬木地板	0.2	厚 25m,剪力撑、钉子等自重在内,不包括格栅自重
加气混凝土	5.5~7.5	单块	双面抹灰板隔墙	0.9	每面抹灰厚 16~24mm,龙骨在内
粉煤灰陶砾混凝土	19.5		单面抹灰板隔墙	0.5	灰厚 16~24mm,龙骨在内
钢筋混凝土	24.0~25.0		贴瓷砖墙面	0.5	包括水泥砂浆打底,共厚 25mm
浆砌普通砖	18.0		水泥粉刷墙面	0.36	20mm 厚,包括打底
浆砌机砖	19.0		水磨石墙面	0.55	25mm 厚
浆砌缸砖	21.0		水刷石墙面	0.5	25mm 厚,包括打底
焦渣空心砖	10.0		石灰粗砂粉刷	0.34	20mm 厚
水泥空心砖	9.8		木屋架	$0.07+0.007l$	按屋面水平投影面积计算,跨度 l 以 m 计
蒸压粉煤灰砖	14.0~16.0		钢屋架	$0.12+0.011l$	无天窗,包括支撑,按屋面水平投影面积计算,跨度 l 以 m 计
蒸压粉煤灰加气混凝土砌块	5.5		木框玻璃窗	0.2~0.3	
粉煤灰泡沫砌块砌体	8.0~8.5		钢框玻璃窗	0.4~0.5	
土坯砖砌体	16.0		木门	0.1~0.2	
黏土砖空斗砌体	15.0	承重	钢铁门	0.4~0.45	

2. 楼面均布活荷载

民用建筑楼面均布活荷载的标准值及其组合值系数、频遇值系数和准永久值系数的取值，不应小于表1-7（a）的规定采用；汽车通道及客车停车库的楼面均布活荷载标准值及其组合值系数、频遇值系数和准永久值系数的取值，不应小于表1-7（b）的规定。由于表1-7所规定的楼面均布荷载标准值是以楼板的等效均布活荷载为依据的，故在设计楼板时可以直接取用；而在设计楼面梁、墙、柱及基础时，表中的楼面活荷载标准值在下列情况下应乘规定的折减系数。

（1）设计楼面梁时的折减系数

表中第1（1）项当楼面梁从属面积不超过$25m^2$（含）时，不应折减；超过$25m^2$时，不应小于0.9；第1（2）～7项当楼面梁从属面积不超过$50m^2$（含）时，不应折减；超过$50m^2$时，不应小于0.9；第9～12项采用与所属房屋类别相同的折减系数。

（2）设计墙、柱和基础时的折减系数

表中第1（1）项单层建筑楼面梁的从属面积超过$25m^2$时不应小于0.9；其他情况应按表1-8的规定采用；表1（2）～7项应采用与其他楼面梁相同的折减系数；第9～12项应采用与所属房屋类别相同的折减系数。

民用建筑楼面均布活荷载标准值及其组合值、频遇值和准永久值系数　　表1-7（a）

项次	类　　别		标准值 （kN/m²）	组合值 系数 ψ_c	频遇值 系数 ψ_f	准永久值 系数 ψ_q
1	(1)住宅、宿舍、旅馆、医院病房、托儿所、幼儿园		2.0	0.7	0.5	0.4
	(2)办公楼、教室、医院门诊室		2.5	0.7	0.6	0.5
2	食堂、餐厅、试验室、阅览室、会议室、一般资料档案室		3.0	0.7	0.6	0.5
3	礼堂、剧场、影院、有固定座位的看台、公共洗衣房		3.5	0.7	0.5	0.3
4	(1)商店、展览厅、车站、港口、机场大厅及其旅客等候室		4.0	0.7	0.6	0.5
	(2)无固定座位的看台		4.0	0.7	0.5	0.3
5	(1)健身房、演出舞台		4.5	0.7	0.6	0.5
	(2)运动场、舞厅		4.5	0.7	0.6	0.3
6	(1)书库、档案库、储藏室（书架高度不超过2.5m）		6.0	0.9	0.9	0.8
	(2)密集柜书库（书架高度不超过2.5m）		12.0	0.9	0.9	0.8
7	通风机房、电梯机房		8.0	0.9	0.9	0.8
8	厨房	(1)餐厅	4.0	0.7	0.7	0.7
		(2)其他	2.0	0.7	0.6	0.5
9	浴室、卫生间、盥洗室		2.5	0.7	0.6	0.5
10	走廊、 门厅	(1)宿舍、旅馆、医院病房、托儿所、幼儿园、住宅	2.0	0.7	0.5	0.4
		(2)办公楼、餐厅、医院门诊部	3.0	0.7	0.6	0.5
		(3)教学楼及其他可能出现人员密集的情况	3.5	0.7	0.5	0.3
11	楼梯	(1)多层住宅	2.0	0.7	0.5	0.4
		(2)其他	3.5	0.7	0.5	0.3

续表

项次	类别		标准值 (kN/m²)	组合值系数 ψ_c	频遇值系数 ψ_f	准永久值系数 ψ_q
12	阳台	(1)可能出现人员密集的情况	3.5	0.7	0.6	0.5
		(2)其他	2.5	0.7	0.6	0.5

注：1. 本表所给各项活荷载适用于一般使用条件，当使用荷载较大、情况特殊或有专门要求时，应按实际情况采用。
2. 第6项书库活荷载当书架高度大于2.5m时，书库活荷载尚应按每米书架高度不小于2.5kN/m²确定。
3. 第11项楼梯活荷载，对预制楼梯踏步平板，尚应按1.5kN集中荷载验算。
4. 本表各项荷载不包括隔墙自重和二次装修荷载。对固定隔墙的自重应按永久荷载考虑，当隔墙位置可灵活自由布置时，非固定隔墙的自重应取不小于1/3的每延米长墙重（kN/m）作为楼面活荷载的附加值（kN/m²）计入，且附加值不应小于1.0kN/m²。

汽车通道及客车停车库的楼面均布活荷载　　　　　表1-7（b）

类别		标准值 (kN/m²)	组合值系数 ψ_c	频遇值系数 ψ_f	准永久值系数 ψ_q
单向板楼盖 (2m≤板跨L)	定员不超过9人的小型客车	4.0	0.7	0.7	0.6
	满载总重不大于300kN的消防车	35.0	0.7	0.5	0.0
双向板楼盖 (3m≤板跨短边L<6m)	定员不超过9人的小型客车	5.5−0.5L	0.7	0.7	0.6
	满载总重不大于300kN的消防车	50.0−5.5L	0.7	0.5	0.0
双向板楼盖（3m≤板跨短边L<6m）和无梁楼盖（柱网不小于6m×6m）	定员不超过9人的小型客车	2.5	0.7	0.7	0.6
	满载总重不大于300kN的消防车	20.0	0.7	0.5	0.0

楼面梁的从属面积可按梁两侧各延伸1/2梁间距的范围内的实际面积确定。

活荷载按楼层的折减系数　　　　　表1-8

墙、柱、基础计算截面以上的层数	1	2～3	4～5	6～8	9～20	>20
计算截面以上各楼层活荷载总和的折减系数	1.00(0.90)	0.85	0.70	0.65	0.60	0.55

注：当楼面梁的从属面积超过25m²时，可采用括号内的系数。

工业建筑楼面在生产使用或安装检修时，由设备、管道、运输工具及可能拆移的隔墙产生的局部荷载，均按实际情况考虑，可采用均布活荷载代替。对于无设备区域的操作荷载，包括操作人员、一般工具、零星原料和成品的自重，可按均布活荷载考虑，采用2.0kN/m²。生产车间的楼梯活荷载，可按实际情况采用，但不宜小于3.5kN/m²。

3. 屋面均布活荷载

工业与民用房屋的屋面，其水平投影面上的屋面均布活荷载应按表1-9采用。

屋面均布活荷载　　　　　表1-9

项次	类别	标准值 (kN/m²)	组合值系数 ψ_c	频遇值系数 ψ_f	准永久值系数 ψ_q
1	不上人的屋面	0.5	0.7	0.5	0
2	上人的屋面	2.0	0.7	0.5	0.4
3	屋顶花园	3.0	0.7	0.6	0.5
4	屋顶运动场地	4.5	0.7	0.6	0.4

注：1. 不上人的屋面，当施工或维修荷载较大时，应按实际情况采用；
2. 当上人的屋面兼作其他用途时，应按相应楼面活荷载采用；
3. 对于因屋面排水不畅、堵塞等引起的积水荷载，应采取构造措施加以防止；必要时，应按积水的可能深度确定屋面活荷载；
4. 屋顶花园活荷载不应包括花圃土石等材料自重。

4. 雪荷载

屋面水平投影面上的雪荷载标准值 S_k，应按下式计算：

$$S_k = \mu_r S_0 \tag{1-2}$$

式中 S_0——基本雪压，系以当地一般空旷平坦地面上统计所得 50 年重现期的最大积雪的自重确定，应按《建筑结构荷载规范》全国基本雪压分布图及有关的数据采用；

μ_r——屋面积雪分布系数，屋面坡度 $\alpha \leqslant 25°$ 时，μ_r 取 1.0，其他情况可按《建筑结构荷载规范》采用。

雪荷载的组合值系数可取 0.7；频遇值系数可取 0.6；准永久值系数按雪荷载分区 Ⅰ、Ⅱ 和 Ⅲ 的不同，分别取 0.5、0.2 和 0。

1.3.2 风荷载

垂直于建筑物表面上的风荷载标准值 w_k（kN/m^2），当计算主要承重结构时应按下式计算：

$$w_k = k_d \eta \beta_z \mu_s \mu_z w_0 \tag{1-3}$$

式中 w_0——基本风压（kN/m^2），应按《建筑结构荷载规范》全国基本风压分布图及附表 E.5 给出的数据采用，但不得小于 $0.3kN/m^2$；

μ_s——风荷载体型系数，应按《建筑结构荷载规范》第 8.3 节的规定采用；

μ_z——风压高度变化系数，应按表 1-10 的规定采用；

β_z——高度 z 处的风振系数；

k_d——风向影响系数，当按《建筑结构荷载规范》规定的方法和参数确定风荷载标准值时，风向影响系数应取 1.0；

η——地形修正系数，对于平坦地形取 1.0。

基本风压系以当地比较空旷平坦地面上离地 10m 高统计所得的 50 年一遇 10min 平均最大风速 v_0（m/s）为标准，按 $w_0 = \frac{1}{2}\rho v_0^2$ 确定的风压，ρ 为空气密度（t/m^3）。基本风压取值不得低于 $0.3kN/m^2$。

风压高度变化系数 μ_z 表 1-10

离地面或海平面高度 (m)	地面粗糙度类别			
	A	B	C	D
5	1.09	1.00	0.65	0.51
10	1.28	1.00	0.65	0.51
15	1.42	1.13	0.65	0.51
20	1.52	1.23	0.74	0.51
30	1.67	1.39	0.88	0.51
40	1.79	1.52	1.00	0.60
50	1.89	1.62	1.10	0.69
60	1.97	1.71	1.20	0.77
70	2.05	1.79	1.28	0.84
80	2.12	1.87	1.36	0.91

续表

离地面或海平面高度 (m)	地面粗糙度类别			
	A	B	C	D
90	2.18	1.93	1.43	0.98
100	2.23	2.00	1.50	1.04
150	2.46	2.25	1.79	1.33
200	2.64	2.46	2.03	1.58
250	2.78	2.63	2.24	1.81
300	2.91	2.77	2.43	2.02
350	2.91	2.91	2.60	2.22
400	2.91	2.91	2.76	2.40
450	2.91	2.91	2.91	2.58
500	2.91	2.91	2.91	2.74
≥550	2.91	2.91	2.91	2.91

风压高度变化系数是指某类地表上空某高度处的风压与基本风压的比值，该系数取决于地面粗糙度。地面粗糙度分为 A、B、C、D 四类：A 类指近海海面和海岛、海岸、湖岸及沙漠地区；B 类指田野、乡村、丛林、丘陵以及房屋比较稀疏的乡镇；C 类指有密集建筑群的城市市区；D 类指有密集建筑群且房屋较高的城市市区。

对于多高建筑和高耸结构，应考虑风压脉动对结构产生顺风向风振的影响。仅考虑结构第一振型的影响，结构在 z 高度处的风振系数 β_z 按式（1-4）计算，且其取值不应小于 1.20。

$$\beta_z = 1 + 2gI_{10}B_z\sqrt{1+R^2} \tag{1-4}$$

式中 g——峰值因子，可取 2.5；

I_{10}——10m 高度名义湍流强度，对应 A、B、C 和 D 类地面粗糙度，可分别取 0.12、0.14、0.23 和 0.39；

R——脉动风荷载的共振分量因子；

B_z——脉动风荷载的背景分量因子。

脉动风荷载的共振分量因子按下式计算：

$$R = \sqrt{\frac{\pi}{6\zeta_1}\frac{x_1^2}{(1+x_1^2)^{4/3}}} \tag{1-5}$$

$$x_1 = \frac{30}{T_1\sqrt{k_w w_0}} \quad (x_1 > 5) \tag{1-6}$$

式中 T_1——结构第 1 阶自振周期（s）；

k_w——地面粗糙度修正系数，对 A、B、C 和 D 类地面粗糙度，分别取 1.28、1.0、0.54 和 0.26；

ζ_1——结构阻尼比，对钢筋混凝土及砌体结构可取 0.05。

对体型和质量沿高度均匀分布的高层建筑，脉动风荷载的背景分量因子按下式计算：

$$B_z = kH^{a_1}\rho_x\rho_z\frac{\phi_1(z)}{\mu_z(z)} \tag{1-7}$$

式中 $\phi_1(z)$——结构第 1 阶振型系数，可由结构动力计算确定；迎风面宽度较大的高层建筑，当剪力墙和框架均起主要作用时，其振型系数可按表 1-11 采用；

H——建筑总高度（m）；

ρ_x——脉动风荷载水平方向相关系数；

ρ_z——脉动风荷载竖直方向相关系数；

k、a_1——系数，对高层建筑按表 1-12 取值。

高层建筑的振型系数　　　　　　　　　　　　　表 1-11

相对高度	振 型 序 号			
z/H	1	2	3	4
0.1	0.02	−0.09	0.22	−0.38
0.2	0.08	−0.30	0.58	−0.73
0.3	0.17	−0.50	0.70	−0.40
0.4	0.27	−0.68	0.46	0.33
0.5	0.38	−0.63	−0.03	0.68
0.6	0.45	−0.48	−0.49	0.29
0.7	0.67	−0.18	−0.63	−0.47
0.8	0.74	0.17	−0.34	−0.62
0.9	0.86	0.58	0.27	−0.02
1.0	1.00	1.00	1.00	1.00

系数 k 和 a_1　　　　　　　　　　　　　表 1-12

	地面粗糙度类别		A	B	C	D
高层建筑	框架结构	k	0.799	0.571	0.252	0.096
		a_1	0.157	0.188	0.261	0.344
	框架-剪力墙结构	k	0.865	0.621	0.275	0.106
		a_1	0.174	0.205	0.278	0.361
	剪力墙结构	k	0.877	0.637	0.283	0.109
		a_1	0.184	0.216	0.288	0.371

脉动风荷载的空间相关系数 ρ_z 和 ρ_x 可按下列规定确定：

1) 竖直方向的相关系数 ρ_z：

$$\rho_z = \frac{10\sqrt{H+60e^{-H/60}-60}}{H} \tag{1-8}$$

式中 H——建筑总高度（m），对 A、B、C 和 D 类地面粗糙度，H 的取值分别不应大于 300m、350m、450m 和 550m。

2) 水平方向的相关系数 ρ_x：

$$\rho_x = \frac{10\sqrt{B+50e^{-B/50}-50}}{B} \tag{1-9}$$

式中　B——建筑迎风面宽度（m），$B\leqslant 2H$。

钢筋混凝土框架、剪力墙和框架-剪力墙结构的基本自振周期可按下列近似公式计算。

钢筋混凝土框架和框架-剪力墙结构：

$$T_1 = 0.25 + 0.53 \times 10^{-3} H^2 / \sqrt[3]{B} \tag{1-10}$$

钢筋混凝土剪力墙结构：

$$T_1 = 0.03 + 0.03 H / \sqrt[3]{B} \tag{1-11}$$

式中　H——房屋总高度（m）；
　　　B——房屋总宽度（m）。

风荷载的组合值、频遇值和准永久值系数可分别取 0.6、0.4 和 0。

1.3.3　作用基本组合的效应设计值

结构或结构构件在使用期间，可能遇到同时承受永久作用和两种以上可变作用的情况。但这些作用同时都达到它们在设计基准期内的最大值的概率较小，且对某些控制截面来说，并非全部可变作用同时作用时其内力最大。因此，应进行作用的最不利组合。作用基本组合的效应设计值 S 应按下式确定：

$$S = \sum_{i \geqslant 1} \gamma_{G_i} S_{G_{ik}} + \gamma_P S_P + \gamma_{Q_1} \gamma_{L1} S_{Q_{1k}} + \sum_{j>1} \gamma_{Q_j} \psi_{cj} \gamma_{Lj} S_{Q_{jk}} \tag{1-12}$$

式中　$S_{G_{ik}}$——第 i 个永久作用标准值的效应；
　　　S_P——预应力作用有关代表值的效应；
　　　$S_{Q_{1k}}$——第 1 个可变作用（主导可变作用）标准值的效应；
　　　$S_{Q_{jk}}$——第 j 个可变作用标准值的效应；
　　　γ_{G_i}——第 i 个永久作用的分项系数，当其效应对结构不利时，不应小于 1.3；对结构有利时，不应大于 1.0；
　　　γ_P——预应力作用的分项系数，当其效应对结构不利时，不应小于 1.3；对结构有利时，不应大于 1.0；
　　　γ_{Q_1}——第 1 个可变作用（主导可变作用）的分项系数；
　　　γ_{Q_j}——第 j 个可变作用的分项系数；
　　　γ_{L1}、γ_{Lj}——第 1 个和第 j 个考虑结构设计工作年限的荷载调整系数，设计工作年限为 50 年时取 1.0，设计工作年限为 100 年时取 1.1；
　　　ψ_{cj}——第 j 个可变作用的组合值系数。

可变作用的分项系数 γ_{Q_1} 和 γ_{Q_j}，一般情况下，对结构不利时不应小于 1.5；对结构有利时，应取 0；对荷载标准值大于 $4kN/m^2$ 的工业房屋楼面活荷载，对结构不利时不应小于 1.4；对结构有利时，应取 0。

对于民用建筑框架结构、剪力墙结构和框架-剪力墙结构，在持久设计状况下可变荷载只有楼（屋）面活荷载和风荷载，考虑到永久荷载和可变荷载对结构不利和有利两种情况，由式（1-12）一般可做出以下两种组合：

① 风荷载作为主要可变荷载，楼面活荷载作为次要可变荷载时，$\psi_w = 1.0$，$\psi_Q = 0.7$，即

$$S = \gamma_G S_{Gk} \pm 1.0 \times \gamma_L \gamma_w S_{wk} + \gamma_L \times 0.7 \times \gamma_Q S_{Qk} \tag{1-13a}$$

② 楼面活荷载作为主要可变荷载，风荷载作为次要可变荷载时，$\psi_Q=1.0$，$\psi_w=0.6$，即

$$S=\gamma_G S_{Gk}+1.0\times\gamma_L\gamma_Q S_{Qk}\pm0.6\times\gamma_L\gamma_w S_{wk} \tag{1-13b}$$

1.4 水平地震作用及其地震组合

1.4.1 一般原则

地震发生时，对结构既可产生任意方向的水平作用，也能产生竖向作用。一般来说，水平地震作用是主要的，但在某些情况下也不能忽略竖向地震作用。我国的《建筑与市政工程抗震通用规范》GB 55002—2021（后文简称《建筑与市政工程抗震通用规范》）对此作出如下规定：

(1) 一般情况下，应至少沿结构两个主轴方向分别计算水平地震作用，各方向的水平地震作用应由该方向抗侧力构件承担；当结构中存在与主轴交角大于15°的斜交抗侧力构件时，尚应计算斜交构件方向的水平地震作用。

(2) 计算各抗侧力构件的水平地震作用效应时，应计入扭转效应的影响。

(3) 抗震设防烈度不低于8度的大跨度、长悬臂结构和抗震设防烈度9度的高层建筑物、盛水构筑物、储气罐、储气柜等，应计算竖向地震作用。

(4) 对于平面投影尺度很大的空间结构和长线型结构，地震作用计算时应考虑地震地面运动的空间和时间变化。

(5) 对于地下建筑和埋地管道，应考虑地震地面运动的位移向量影响进行地震作用计算。

1.4.2 计算地震作用的反应谱法

根据大量的强震记录，求出结构在不同自振周期或频率时的最大地震反应，取这些反应的包线，称为反应谱。以反应谱为依据进行抗震设计，则结构在以这些地震记录为基础的地震作用下是安全的，故称反应谱法。利用反应谱，可很快求出各种地震干扰下的反应最大值，因而此法被广泛应用。

以反应谱为基础，有两种实用方法：

(1) 振型分解反应谱法

此法是把结构作为多自由度体系，利用反应谱进行计算。对于任何工程结构，均可用此法进行地震反应分析。

(2) 底部剪力法

对于多自由度体系，若计算地震反应时主要考虑基本振型的影响，则计算可以大大简化，此法为底部剪力法，是一种近似方法。它适用于高度不超过40m，以剪切变形为主且质量和刚度沿高度分布比较均匀的结构，以及近似于单质点体系的结构。

用反应谱法计算地震反应，应解决两个主要问题：计算建筑的重力荷载代表值；根据结构的自振周期确定相应的地震影响系数。

1. 重力荷载代表值

重力荷载代表值是指结构和构配件自重标准值和各可变荷载组合值之和，是表示地震发生时根据遇合概率确定的"有效重力"。各可变荷载的组合值系数，应按表1-13采用。

2. 地震影响系数

地震影响系数 α 是单质点弹性体系的绝对最大加速度与重力加速度的比值，它除与结构自振周期有关外，还与结构的阻尼比等有关。根据地震烈度、场地类别、设计地震分组和结构自振周期以及阻尼比的不同，地震影响系数 α 按图1-2采用。现说明如下。

可变荷载的组合值系数　　　　　　　　　　表1-13

可变荷载种类		组合值系数
雪荷载		0.5
屋面积灰荷载		0.5
屋面活荷载		不计入
按实际情况考虑的楼面活荷载		1.0
按等效均布荷载考虑的楼面活荷载	藏书库、档案库	0.8
	其他民用建筑	0.5
吊车悬吊物重力	硬钩吊车	0.3
	软钩吊车	不计入

注：硬钩吊车的吊重较大时，组合值系数宜按实际情况采用。

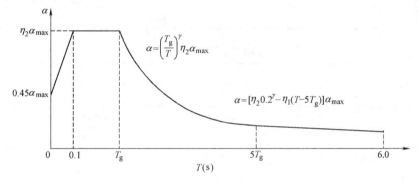

图1-2　地震影响系数曲线

直线上升段，为周期小于0.1s的区段，取：
$$\alpha = [0.45 + 10(\eta_2 - 0.45)T]\alpha_{max} \tag{1-14}$$

水平段，自0.1s至特征周期区段，取：
$$\alpha = \eta_2 \alpha_{max} \tag{1-15}$$

曲线下降段，自特征周期至5倍特征周期区段，取：
$$\alpha = (T_g/T)^\gamma \eta_2 \alpha_{max} \tag{1-16}$$

直线下降段，自5倍特征周期至6s区段，取：
$$\alpha = [0.2^\gamma \eta_2 - \eta_1(T - 5T_g)]\alpha_{max} \tag{1-17}$$

式中　γ——曲线下降段的衰减指数，按式（1-18）确定；

$$\gamma = 0.9 + \frac{0.05 - \zeta}{0.3 + 6\zeta} \tag{1-18}$$

ζ——阻尼比，一般的建筑结构可取0.05；

η_1——直线下降段的下降斜率调整系数，按式（1-19）确定，当 η_1 小于0时取0；

$$\eta_1 = 0.02 + \frac{0.05-\zeta}{4+32\zeta} \tag{1-19}$$

η_2——阻尼调整系数，按式（1-20）确定，当 η_2 小于 0.55 时应取 0.55；

$$\eta_2 = 1 + \frac{0.05-\zeta}{0.08+1.6\zeta} \tag{1-20}$$

T——结构自振周期；

T_g——特征周期，根据场地类别和设计地震分组按表 1-14 采用，计算 8、9 度罕遇地震作用时，特征周期宜增加 0.05；

$\alpha_{\max}$——地震影响系数最大值，阻尼比为 0.05 的建筑结构，应按表 1-15 采用；阻尼比不等于 0.05 时，表中的数值应乘以阻尼调整系数 η_2。

特征周期（s） 表 1-14

设计地震分组	场 地 类 别				
	I_0	I_1	II	III	IV
第一组	0.20	0.25	0.35	0.45	0.65
第二组	0.25	0.30	0.40	0.55	0.75
第三组	0.30	0.35	0.45	0.65	0.90

水平地震影响系数最大值 表 1-15

地 震 影 响	烈 度			
	6	7	8	9
多遇地震	0.04	0.08(0.12)	0.16(0.24)	0.32
罕遇地震	0.28	0.50(0.72)	0.90(1.20)	1.40

注：括号中数值分别用于设计基本地震加速度为 $0.15g$ 和 $0.30g$ 的地区。

对于一般的建筑结构，阻尼比 ζ 可取 0.05，则由式（1-18）～式（1-20）分别得 $\gamma = 0.9$，$\eta_1 = 0.02$，$\eta_2 = 1$，相应的地震影响系数 α 为

上升段 $\qquad\qquad\qquad\alpha = (0.45 + 5.5T)\alpha_{\max}$ (1-14a)

水平段 $\qquad\qquad\qquad\alpha = \alpha_{\max}$ (1-15a)

曲线下降段 $\qquad\alpha = (T_g/T)^{0.9}\alpha_{\max}$ (1-16a)

直线下降段 $\alpha = [0.2^{0.9} - 0.02(T - 5T_g)]\alpha_{\max}$ (1-17a)

1.4.3 底部剪力法

底部剪力法是目前比较常用的一种计算水平地震力的简化方法。此法首先计算总水平地震作用标准值，即结构底部剪力 F_{Ek} 为

$$F_{Ek} = \alpha_1 G_{eq} \tag{1-21}$$

式中 α_1——相应于结构基本自振周期的水平地震影响系数值；

G_{eq}——结构等效总重力荷载，单质点应取总重力荷载代表值，多质点应取总重力荷载代表值的 85%。

质点 i 的水平地震作用标准值 F_i（图 1-3）按下式计算：

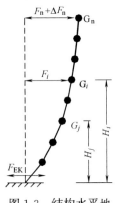

图 1-3 结构水平地震作用计算简图

$$F_i = \frac{G_i H_i}{\sum_{j=1}^{n} G_j H_j} F_{Ek}(1-\delta_n) \\ \Delta F_n = \delta_n F_{Ek}} \quad (1\text{-}22)$$

式中　G_i、G_j——集中于质点 i、j 的重力荷载代表值；
　　　H_i、H_j——质点 i、j 的计算高度；
　　　ΔF_n——顶部附加水平地震作用；
　　　δ_n——顶部附加地震作用系数，多层钢筋混凝土和钢结构房屋可按表 1-16 采用，其他房屋可不考虑。

顶部附加地震作用系数　　　　表 1-16

$T_g(s)$	$T_1 > 1.4 T_g$	$T_1 \leqslant 1.4 T_g$
$T_g \leqslant 0.35$	$0.08 T_1 + 0.07$	
$0.35 < T_g \leqslant 0.55$	$0.08 T_1 + 0.01$	0.0
$T_g > 0.55$	$0.08 T_1 - 0.02$	

注：T_1 为结构基本自振周期。

1.4.4 楼层地震剪力计算及剪重比验算

结构第 i 层的楼层地震剪力标准值 V_{Eki} 按下式计算：

$$V_{Eki} = \sum_{j=i}^{n} F_j \quad (1\text{-}23)$$

式中　F_j——质点 j 的水平地震作用标准值。

按式（1-23）计算的楼层地震剪力标准值应符合下列要求（剪重比验算）：

$$V_{Eki} \geqslant \lambda \sum_{j=i}^{n} G_j \quad (1\text{-}24)$$

式中　G_j——第 j 层的重力荷载代表值；
　　　n——结构总层数；
　　　λ——最小地震剪力系数，不应小于表 1-17 规定的值；对于竖向不规则结构的薄弱层，尚应乘以 1.15 的增大系数。

楼层最小地震剪力系数值　　　　表 1-17

类　别	6度	7度	8度	9度
扭转效应明显或基本周期小于 3.5s 的结构	0.008	0.016(0.024)	0.032(0.048)	0.064
基本周期大于 5.0s 的结构	0.006	0.012(0.018)	0.024(0.032)	0.040

注：1. 基本周期介于 3.5s 和 5s 之间的结构，按插入法取值；
　　2. 括号内数值分别用于设计基本地震加速度为 0.15g 和 0.30g 的地区。

1.4.5 重力二阶效应及结构稳定

重力二阶效应一般包括两部分：一是由于构件自身挠曲引起的附加重力效应，即 $P\text{-}\delta$ 效应，二阶内力与构件挠曲形态有关，一般是构件的中间大，两端为零；二是在水平荷载作用下结构产生侧移后，重力荷载由于该侧移而引起的附加效应，即 $P\text{-}\Delta$ 效应。关于考

虑 $P\text{-}\delta$ 效应影响的计算，在构件截面设计时考虑。下面说明考虑 $P\text{-}\Delta$ 效应的计算问题。

（1）不考虑重力二阶效应的条件

在水平荷载作用下，当高层建筑结构满足下列规定时，可不考虑重力二阶效应的不利影响。

剪力墙结构、框架-剪力墙结构、筒体结构：

$$EJ_d \geqslant 2.7H^2 \sum_{i=1}^{n} G_i \tag{1-25}$$

框架结构：

$$D_i \geqslant 20 \sum_{j=i}^{n} G_j / h_i \quad (i=1,2,\cdots,n) \tag{1-26}$$

式中 EJ_d——结构一个主轴方向的弹性等效侧向刚度，可按倒三角形分布水平荷载作用下结构顶点位移相等的原则，将结构的侧向刚度折算为竖向悬臂受弯构件的等效侧向刚度；

H——结构总高度；

h_i——第 i 楼层层高；

G_i、G_j——第 i、j 楼层重力荷载设计值；

D_i——第 i 楼层的弹性等效侧向刚度，可取该层剪力与层间位移的比值；

n——结构计算总层数。

（2）结构整体稳定要求

高层建筑结构的稳定应符合下列要求。

剪力墙结构、框架-剪力墙结构、筒体结构：

$$EJ_d \geqslant 1.4H^2 \sum_{i=1}^{n} G_i \tag{1-27}$$

框架结构：

$$D_i \geqslant 10 \sum_{j=i}^{n} G_j / h_i \quad (i=1,2,\cdots,n) \tag{1-28}$$

如结构满足式（1-27）或式（1-28）的要求，则 $P\text{-}\Delta$ 效应的影响一般可控制 20% 以内，结构的稳定具有适宜的安全储备。若结构的刚重比进一步减小，则 $P\text{-}\Delta$ 效应将会呈非线性关系急剧增加，甚至引起结构的整体失稳。应当强调指出，上述规定只是对 $P\text{-}\Delta$ 效应影响程度的控制，满足上述要求的结构仍需计算 $P\text{-}\Delta$ 效应对结构内力和位移的影响。

（3）考虑重力二阶效应的计算

对于高层建筑结构，可按增大系数法近似考虑 $P\text{-}\Delta$ 效应的影响。结构位移可采用未考虑重力二阶效应的计算结果乘位移增大系数 F_1、F_{1i}；结构构件（梁、柱、剪力墙）端部的弯矩和剪力值，可采用未考虑重力二阶效应的计算结果乘以内力增大系数 F_2、F_{2i}。F_1、F_{1i} 和 F_2、F_{2i} 可分别按下列公式近似计算。

框架结构：

$$F_{1i} = \frac{1}{1 - \sum_{j=i}^{n} G_j / (D_i h_i)} \quad (i=1,2,\cdots,n) \tag{1-29}$$

$$F_{2i}=\cfrac{1}{1-2\sum_{j=i}^{n}G_j/(D_ih_i)} \quad (i=1,2,\cdots,n) \tag{1-30}$$

剪力墙结构、框架-剪力墙结构和筒体结构：

$$F_1=\cfrac{1}{1-0.14H^2\sum_{i=1}^{n}G_i/(EJ_d)} \tag{1-31}$$

$$F_2=\cfrac{1}{1-0.28H^2\sum_{i=1}^{n}G_i/(EJ_d)} \tag{1-32}$$

1.4.6 结构构件地震组合内力设计值

结构构件抗震验算的组合内力设计值应采用地震作用效应与其他作用效应的基本组合值。对于一般的排架、框架结构，当总高度不超过60m时，不考虑风荷载效应与水平地震作用效应的组合；当设防烈度不大于8度时，也不考虑竖向地震作用效应与水平地震作用效应的组合。因此，一般情况下，结构构件抗震验算的组合内力设计值为：

$$S=\gamma_G S_{GE}+\gamma_{Eh}S_{Ehk} \tag{1-33}$$

式中 S——结构构件地震组合内力设计值，包括组合的弯矩、轴向力和剪力设计值等；
S_{GE}——重力荷载代表值的效应；
S_{Ehk}——水平地震作用标准值的效应；
γ_G——重力荷载分项系数，一般情况不应小于1.3，当重力荷载效应对构件承载能力有利时，不应大于1.0；
γ_{Eh}——水平地震作用分项系数，其取值不应小于1.4。

1.5 承载力及变形计算

1.5.1 结构构件截面承载力计算

对于持久、短暂设计状况，结构构件截面承载力设计表达式为

$$\gamma_0 S \leqslant R \tag{1-34}$$

式中 γ_0——结构重要性系数，对安全等级为一级或设计工作年限为100年及以上的结构构件，不应小于1.1；对于安全等级为二级或设计工作年限为50年的结构构件，不应小于1.0；对于安全等级为三级或设计工作年限为5年及以下的结构构件，不应小于0.9；在抗震设计中，不考虑；
R——结构构件的承载力设计值。

对于地震设计状况，其设计表达式为

$$S \leqslant R/\gamma_{RE} \tag{1-35}$$

式中 γ_{RE}——承载力抗震调整系数，应按表1-18的规定采用。

因地震作用属于偶然作用，这时的目标可靠指标可以适当降低一些，故式（1-35）中不再考虑结构构件的重要性系数。

承载力抗震调整系数　　　表 1-18

材料	结构构件	受力状态	γ_{RE}
钢	柱，梁，支撑，节点板件，螺栓，焊缝	强度	0.75
	柱，支撑	稳定	0.80
砌体	两端均有构造柱、芯柱的抗震墙	受剪	0.90
	其他抗震墙	受剪	1.00
	组合砖砌体抗震墙	偏压、大偏拉和受剪	0.90
	配筋砌块砌体抗震墙	偏压、大偏拉和受剪	0.85
	自承重墙	受剪	1.00
混凝土	梁	受弯	0.75
	轴压比小于 0.15 的柱	偏压	0.75
	轴压比不小于 0.15 的柱	偏压	0.80
	抗震墙	偏压	0.85
	各类构件	受剪、偏拉	0.85

对轴压比小于 0.15 的偏心受压柱，因柱的变形能力与梁相近，故其承载力抗震调整系数与梁相同。

1.5.2 变形验算

1. 弹性变形验算

在风荷载或多遇地震作用下，为保证框架、剪力墙和框架-剪力墙等结构基本处于弹性状态，防止其中的填充墙、隔墙和幕墙等非结构构件产生明显损伤，应限制房屋的层间位移。在多遇地震作用下，按弹性方法计算的楼层层间最大位移应符合下式要求：

$$\Delta u_e \leqslant [\theta_e] h \tag{1-36}$$

式中　Δu_e——多遇地震作用标准值产生的楼层内最大的层间弹性位移；

　　　h——计算楼层层高；

　　　$[\theta_e]$——弹性层间位移角限值，宜按表 1-19 采用。

弹性层间位移角限值　　　表 1-19

结 构 类 型	$[\theta_e]$
钢筋混凝土框架	1/550
钢筋混凝土框架-剪力墙、板柱-剪力墙、框架-核心筒	1/800
钢筋混凝土剪力墙、筒中筒	1/1000
钢筋混凝土框支层	1/1000
多、高层钢结构	1/250

因变形计算属正常使用极限状态，故在计算弹性位移时，各作用分项系数均取 1.0，钢筋混凝土构件的刚度可采用弹性刚度。对于一般建筑，楼层层间最大位移 Δu_e 以楼层最大的水平位移差计算，不扣除整体弯曲变形以及由于结构不对称引起的扭转效应和 P-Δ 效应所产生的相对水平位移。对于高度超过 150m 或高宽比大于 6 的高层建筑，因以弯曲变形为主，故可以从楼层水平位移差中扣除结构整体弯曲所产生的楼层水平位移值。如

未扣除，位移角限值可有所放宽。

2. 弹塑性变形验算

震害经验表明，如果结构中存在薄弱层或薄弱部位，在强烈地震作用下，由于结构的薄弱部位产生了弹塑性变形，导致结构构件严重破坏甚至引起房屋倒塌。为了防止出现这种情况，《建筑抗震设计标准》GB/T 50011—2010（2024年版）（后文简称《建筑抗震设计标准》）规定对下列结构应进行罕遇地震作用下薄弱层（部位）的抗震变形验算：1）8度Ⅲ、Ⅳ类场地和9度时，高大的单层钢筋混凝土柱厂房的横向排架；2）7～9度时楼层屈服强度系数小于0.5的框架结构；3）高度大于150m的结构；4）甲类建筑和9度时乙类建筑中的钢筋混凝土和钢结构；5）采用隔震和消能减震设计的结构。同时还规定对竖向不规则类型的高层建筑结构，7度Ⅲ、Ⅳ类场地和8度时乙类建筑中的钢筋混凝土和钢结构、板柱-剪力墙结构和底部框架砌体房屋以及高度不大于150m的高层钢结构，宜进行罕遇地震作用下的弹塑性变形验算。

结构的薄弱层或薄弱部位，单层厂房取上柱；楼层屈服强度系数沿高度分布均匀的结构，可取底层；楼层屈服强度系数沿高度分布不均匀的结构，可取该系数最小的楼层（部位）和相对较小的楼层，一般不超过2～3处。楼层屈服强度系数 ξ_y 按下式计算：

$$\xi_y = V_y/V_e \tag{1-37}$$

式中 V_y——按构件实际配筋和材料强度标准值计算的楼层受剪承载力；

V_e——按罕遇地震作用计算的楼层弹性地震剪力。

结构在罕遇地震作用下薄弱层（部位）弹塑性变形计算，可采用静力弹塑性分析方法、弹塑性时程分析法或简化计算法。对不超过12层且层刚度无突变的钢筋混凝土框架结构及单层钢筋混凝土柱厂房，可采用简化计算法。用简化计算法计算时，结构薄弱层（部位）的层间弹塑性位移 Δu_p 可由结构在罕遇地震作用下按弹性分析的层间位移 Δu_e 乘以弹塑性位移增大系数 η_p 得出，即

$$\Delta u_p = \eta_p \Delta u_e \tag{1-38}$$

式中的 η_p，对钢筋混凝土结构，当薄弱层（部位）的屈服强度系数不小于相邻层（部位）该系数平均值为0.8时，可按表1-20采用；当不大于该平均值0.5时，可按表内相应数值的1.5倍采用；其他情况可采用内插法取值。

弹塑性位移增大系数　　　　　　　　　　　　表1-20

结构类别	总层数 n 或部位	ξ_y		
		0.5	0.4	0.3
多层均匀框架结构	2～4	1.30	1.40	1.60
	5～7	1.50	1.65	1.80
	8～12	1.80	2.00	2.20
单层厂房	上柱	1.30	1.60	2.00

结构薄弱层（部位）弹塑性层间位移应符合下列要求：

$$\Delta u_p \leqslant [\theta_p]h \tag{1-39}$$

式中 $[\theta_p]$——弹塑性层间位移角限值，可按表1-21采用，对钢筋混凝土框架结构，当

轴压比小于 0.40 时，可提高 10%，当柱子全高的箍筋构造比柱端加密区的最小含箍特征值大 30% 时，可提高 20%，但累计不超过 25%；

h——薄弱层楼层高度或单层厂房上柱高度。

弹塑性层间位移角限值　　　　　　　　表 1-21

结　构　类　别	$[\theta_p]$
单层钢筋混凝土柱排架	1/30
钢筋混凝土框架	1/50
底部框架砌体房屋中的框架-抗震墙	1/100
钢筋混凝土框架-抗震墙，板柱-抗震墙，框架-核心筒	1/100
钢筋混凝土抗震墙、筒中筒	1/120
多、高层钢结构	1/50

1.6 基础设计

1.6.1 基础类型

基础的形式很多，设计时应根据建筑场地的工程地质和水文地质条件、上部结构的层数及荷载大小、上部结构对地基土不均匀沉降以及倾斜的敏感程度、施工条件、使用要求等因素综合考虑。

目前，我国多、高层建筑常用的基础形式主要有柱下条形基础、柱下十字交叉条形基础、筏形基础、箱形基础和桩基础等。当上部结构荷载较小或地基土坚实均匀且柱距较大时，可采用十字交叉条形基础。筏形基础适用于上部结构荷载大、地基较好、无地下室或地下室使用空间要求灵活的建筑。箱形基础适用于上部结构荷载大、对不均匀沉降或防水要求较高的情况。当基底以下持力层有足够的承载力，并且地基沉降计算范围内土层的压缩性较低，易满足沉降计算要求时，宜优先选用浅基础。当地基土质较差，采用上述各类基础仍不能满足设计要求或不经济时，可采用桩基础。

1.6.2 基础埋置深度

为了防止风荷载或水平地震作用下建筑物产生滑移和倾斜，建筑物的基础应有足够的埋置深度。在确定埋置深度时，应考虑建筑物的高度、体型、地基土质、抗震设防烈度等因素。基础埋深一般是指室外地面至基础底面之间的距离，对天然地基或复合地基，可取房屋高度的 1/15；对桩基础，可取房屋高度的 1/18（桩长不计在内）。在持久、短暂设计状况或 6 度抗震设防时，基础埋深可适当减小。主楼和裙房基础埋深宜有高差，即将主楼基础加深，利用高差形成侧限。当基岩埋藏较浅而不满足埋深要求时，可在基底打地锚增加房屋的稳定性。

1.6.3 地基承载力验算

1. 地基承载力验算

基础底面的压力应符合下列要求：

$$p_k \leqslant f_a \tag{1-40}$$

$$p_{kmax} \leqslant 1.2 f_a \tag{1-41}$$

式中 p_k——相应于作用的标准组合时,基础底面处的平均压力值(kPa);
p_{kmax}——相应于作用的标准组合时,基础底面边缘的最大压力值(kPa);
f_a——深宽修正后的地基承载力特征值(kPa),按《建筑地基基础设计规范》GB 50007—2011(后文简称《建筑地基基础设计规范》)确定。

2. 地基抗震承载力验算

(1) 可不进行天然地基及基础的抗震承载力验算的建筑

震害资料表明,下述天然地基上的各类建筑很少产生地基破坏从而引起上部结构破坏,故可不进行地基承载力验算:

1) 可不进行上部结构抗震验算的建筑。

2) 地基主要受力层范围内不存在软弱黏性土层(指 7 度、8 度和 9 度时,地基承载力特征值分别小于 80kPa、100kPa 和 120kPa 的土层)的下列建筑:

① 一般的单层厂房和单层空旷房屋;
② 砌体房屋;
③ 不超过 8 层且高度在 24m 以下的一般民用框架和框架-抗震墙房屋;
④ 基础荷载与③项相当的多层框架厂房和多层混凝土抗震墙房屋。

(2) 地基抗震承载力及其验算

地基抗震承载力应按下式计算:

$$f_{aE} = \zeta_a f_a \tag{1-42}$$

式中 f_{aE}——调整后的地基抗震承载力;
ζ_a——地基抗震承载力调整系数,应按表 1-22 采用。

地基抗震承载力调整系数　　　　　表 1-22

岩土名称及性状	ζ_a
岩石,密实的碎石土,密实的砾、粗、中砂,$f_{ak} \geq 300$kPa 的黏性土和粉土	1.5
中密,稍密的碎石土,中密和稍密的砾、粗、中砂,密实和中密的细、粉砂,150kPa$\leq f_{ak} < 300$kPa 的黏性土和粉土,坚硬黄土	1.3
稍密的细、粉砂,100kPa$\leq f_{ak} < 150$kPa 的黏性土和粉土,可塑黄土	1.1
淤泥,淤泥质土,松散的砂,杂填土,新近堆积的黄土及流塑黄土	1.0

验算天然地基地震作用下的竖向承载力时,按地震作用效应标准组合的基础底面平均压力和边缘最大压力应符合下列各式要求:

$$p \leq f_{aE} \tag{1-43}$$

$$p_{max} \leq 1.2 f_{aE} \tag{1-44}$$

式中 p——地震作用效应标准组合的基础底面平均压力;
p_{max}——地震作用效应标准组合的基础边缘的最大压力。

高宽比大于 4 的高层建筑,在地震作用下基础底面不宜出现脱离区(零应力区);其他建筑,基础底面与地基土之间脱离区(零应力区)面积不应超过基础底面积的 15%。

1.6.4 柱下条形基础设计

1. 构造要求

柱下条形基础的构造如图 1-4 所示,其横截面一般成倒 T 形,下部伸出部分称为翼

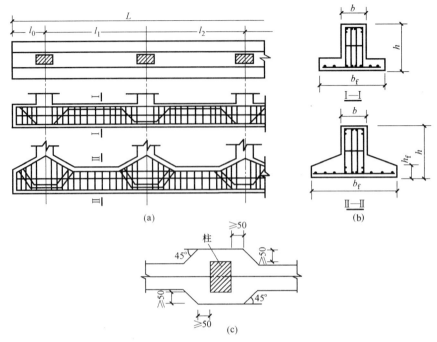

图 1-4 柱下条形基础的尺寸和构造

板,中间部分称为肋梁。其构造要求如下:

(1) 柱下条形基础的高度 h 宜为柱距的 1/8～1/4;翼板宽度 b_f 应按地基承载力计算确定。

(2) 翼板厚度 h_f 不应小于 200mm,当 $h_f = 200～250$mm 时,翼板可做成等厚度板(图 1-4b);当 $h_f > 250$mm 时,宜采用变厚度翼板(图 1-4b),其坡度宜小于或等于 1:3。当柱荷载较大时,可在柱位处加腋,如图 1-4(a)所示。

(3) 条形基础的端部宜向外伸出,其长度宜为第一跨距的 1/4。

(4) 现浇柱与条形基础梁的交接处,其平面尺寸不应小于图 1-4(c)的规定。

2. 基础底面积的确定

基础底面积应按地基承载力计算确定,即基础底面的压力应满足式(1-40)、式(1-41)或式(1-43)、式(1-44)的要求。

按式(1-40)、式(1-41)或式(1-43)、式(1-44)验算地基承载力时,须计算基底压力 p_k 和 p_{kmax}。为此,应先确定基底压力的分布。基底压力的分布,除与地基因素有关外,实际上还受基础刚度及上部结构刚度的制约。《建筑地基基础设计规范》规定:在比较均匀的地基上,上部结构刚度较好,荷载分布较均匀,且条形基础梁的高度不小于 1/6 柱距时,基底压力可按直线分布,条形基础梁的内力可按连续梁计算。当不满足上述要求时,宜按弹性地基梁计算。下面仅说明基底压力为直线分布时,p_k 和 p_{kmax} 的确定方法。

将条形基础看作长度为 L 宽度为 b_f 的刚性矩形基础。计算时先确定荷载合力的位置,然后调整基础两端的悬臂长度,使荷载合力的重心尽可能与基础底面形心重合,则基底压力为均匀分布(图 1-5a),并按下式计算:

$$p_k = \frac{\sum F_k + G_k}{b_f L} \tag{1-45}$$

式中 $\sum F_k$——相应于作用的标准组合时,上部结构传至基础顶面的竖向力值总和;

G_k——基础自重和基础上的土重。

如果荷载合力不可能调整到与基底形心重合,则基底压力为梯形分布(图 1-5b),并按下式计算:

$$\begin{matrix} p_{kmax} \\ p_{kmin} \end{matrix} = \frac{\sum F_k + G_k}{b_f L}\left(1 \pm \frac{6e}{L}\right) \tag{1-46}$$

式中 e——荷载合力在基础长度方向的偏心距。

当基底压力为均匀分布时,在基础长度 L 确定之后,由式(1-40)和式(1-45)可直接确定翼板宽度 b_f,即

$$b_f \geq \frac{\sum F_k}{(f_a - \gamma_m d)L} \tag{1-47}$$

式中 γ_m——基础及填土的平均重度,一般取 $20kN/m^3$;

d——基础埋置深度,取自室内地坪至基础底面。

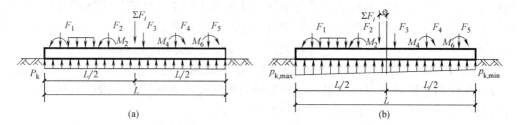

图 1-5 条形基础基底压力分布

当基底压力为梯形分布时,可先按式(1-47)求出 b_f,将 b_f 乘 1.2～1.4;然后将如此求出的 b_f 及其他参数代入式(1-46)计算基底压力,并须满足式(1-40)和式(1-41),其中 $p_k = (p_{kmax} + p_{kmin})/2$。如不满足要求,则可调整 b_f,直至满足为止。

3. 基础内力分析

在实际工程中,柱下条形基础梁内力常采用静力平衡法或倒梁法等简化方法计算。下面简要介绍倒梁法的计算要点。

倒梁法假定上部结构是刚性的,各柱之间没有沉降差异,又因基础刚度颇大可将柱脚视为条形基础的铰支座,支座之间不产生相对竖向位移。如假定基底压力为直线分布,则在基底净反力 $p_n b_f$ 以及除去柱的竖向集中力所余下的各种作用(包括局部荷载、柱传来的力矩等)下,条形基础犹如一倒置的连续梁,其计算简图如图 1-6(a)所示。

考虑到按倒梁法计算时,基础及上部结构的刚度都较好,由上部结构、基础与地基共同工作所引起的架越作用较强,基础梁两端部的基底压力可能会比直线分布的压力有所增加。因此,按倒梁法所求得的条形基础梁边跨跨中弯矩及第一内支座的弯矩值宜乘 1.2 的系数。

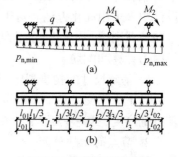

图 1-6 倒梁法计算简图

另外，用倒梁法计算所得的支座反力一般不等于原先用以计算基底净反力的竖向柱荷载。若二者相差超过工程容许范围，可作必要的调整。即将支座压力与竖向柱荷载的差值（支座处的不平衡力），均匀分布在相应支座两侧各 1/3 跨度范围内（图 1-6b），进行基础梁内力计算，并与第一次的计算结果叠加。可进行多次调整，直至支座反力接近柱荷载为止。调整后的基底反力呈台阶形分布。

当满足下列条件时，可以用倒梁法计算柱下条形基础的内力：①上部结构的整体刚度较好；②基础梁高度大于 1/6 的平均柱距；③地基压缩性、柱距和荷载分布都比较均匀。

在基底净压力作用下，倒 T 形截面的基础梁，其翼板的最大弯矩和剪力发生在肋梁边缘截面，可沿基础梁长度方向取单位板宽，按倒置的悬臂板计算翼板的内力。

4. 配筋计算与构造

条形基础配筋包括肋梁和翼板两部分。肋梁中的纵向受力钢筋宜采用 HRB400、HRB500 级；翼板中的受力钢筋宜采用 HRB400 或 HPB300 级。箍筋可采用 HRB400 和 HPB300 级。混凝土强度等级不应低于 C25。

肋梁应进行正截面受弯承载力计算。取跨中截面弯矩按 T 形截面计算梁顶部的纵向受力钢筋，将计算配筋全部贯通，或部分纵筋弯下以负担支座截面的负弯矩；取支座截面弯矩按矩形截面计算梁底部的纵向受力钢筋，并将不少于 1/3 底部受力钢筋总截面面积的钢筋通长布置，其余钢筋可在适当部位切断。纵向受力钢筋的直径不应小于 12mm，配筋率不应小于 0.2% 和 $0.45f_t/f_y$ 中的较大值。当梁的腹板高度 h_w（$h_w=h_0-h_f$，h_f 为翼板厚度，h_0 为梁截面有效高度）≥450mm 时，在梁的两个侧面应沿高度配置纵向构造钢筋，每侧纵向构造钢筋（不包括梁上、下部受力钢筋及架立钢筋）的截面面积不应小于腹板截面面积 bh_w 的 0.1%，其间距不宜大于 200mm。

肋梁还应进行斜截面受剪承载力计算。根据支座截面处的剪力设计值计算所需要的箍筋和弯筋数量。由于基础梁截面较大，所以通常须采用四肢箍筋，箍筋直径不宜小于 8mm，间距不应大于 15 倍的纵向受力钢筋直径，也不应大于 300mm。在梁跨度的中部，箍筋间距可适当放大。

翼板的受力钢筋按悬臂板根部弯矩计算。受力钢筋直径不宜小于 10mm，间距不宜大于 200mm，也不宜小于 100mm；纵向分布钢筋的直径不小于 8mm，间距不大于 300mm，每延米分布钢筋的面积不小于受力钢筋面积的 1/10。

1.6.5 柱下十字交叉条形基础设计

柱下十字交叉条形基础是由柱网下的纵、横两组条形基础组成的结构，柱网传来的集中荷载和弯矩作用在条形基础的交叉点上。这种基础内力的精确计算比较复杂，目前工程设计中多采用简化方法，对于弯矩不予分配，由弯矩所在平面的单向条形基础负担；对于竖向荷载则按一定原则分配到纵、横两个方向的条形基础上，然后分别按单向条形基础进行内力计算和配筋。

1. 基础尺寸的初步拟定

柱下十字交叉条形基础可视为两个方向的条形基础，条形基础的构造如图 1-4 所示，基础的高度、翼板厚度等与条形基础的要求相同，如第 1.6.4 小节所述。

2. 节点荷载的分配

节点荷载按下列原则进行分配：①满足静力平衡条件，即各节点分配到纵、横基础梁上的荷载之和应等于作用在该节点上的荷载；②满足变形协调条件，即纵、横向基础梁在交叉节点处的沉降相等。

根据上述原则，对图 1-7 所示的各种节点，可按下列方法进行节点荷载分配。

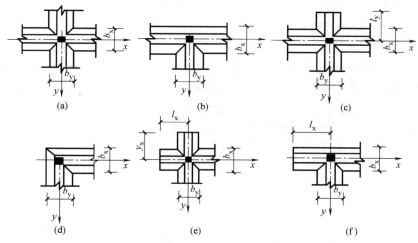

图 1-7　十字交叉基础节点类型

（1）内柱节点（图 1-7a）

$$F_{xi} = \frac{b_x S_x}{b_x S_x + b_y S_y} F_i \\ F_{yi} = \frac{b_y S_y}{b_x S_x + b_y S_y} F_i \Bigg\} \tag{1-48}$$

$$S_x = \sqrt[4]{\frac{4EI_x}{kb_x}},\ S_y = \sqrt[4]{\frac{4EI_y}{kb_y}} \tag{1-49}$$

式中　F_i——作用在节点 i 由上部结构传来的竖向集中力；

F_{xi}、F_{yi}——节点 i 上 x、y 方向条形基础所承担的荷载；

b_x、b_y——x、y 方向的基础梁的底面宽度；

S_x、S_y——x、y 方向的基础梁弹性特征长度；

I_x、I_y——x、y 方向的基础梁截面惯性矩；

k——地基的基床系数；

E——基础材料的弹性模量。

（2）边柱节点（图 1-7b）

$$F_{xi} = \frac{4b_x S_x}{4b_x S_x + b_y S_y} F_i \\ F_{yi} = \frac{b_y S_y}{4b_x S_x + b_y S_y} F_i \Bigg\} \tag{1-50}$$

当边柱有伸出悬臂长度时（图 1-7c），则荷载分配为：

$$F_{xi}=\frac{\alpha b_x S_x}{\alpha b_x S_x+b_y S_y}F_i \brace F_{yi}=\frac{b_y S_y}{\alpha b_x S_x+b_y S_y}F_i} \qquad (1\text{-}51)$$

当悬臂长度 $l_y=(0.6\sim0.75)S_y$ 时，系数 α 可由表 1-23 查得。

(3) 角柱节点

对图 1-7 (d) 所示的角柱节点，节点荷载可按式 (1-48) 分配。为了减缓角柱节点处基底反力过于集中，纵、横两个方向的条形基础常有伸出悬臂（图 1-7e），当 $l_x=(0.6\sim0.75)S_x$，$l_y=(0.6\sim0.75)S_y$ 时，节点荷载的分配公式亦同式 (1-48)。

当角柱节点仅有一个方向伸出悬臂时（图 1-7f），则荷载分配为：

$$F_{xi}=\frac{\beta b_x S_x}{\beta b_x S_x+b_y S_y}F_i \brace F_{yi}=\frac{b_y S_y}{\beta b_x S_x+b_y S_y}F_i} \qquad (1\text{-}52)$$

当悬臂长度 $l_x=(0.6\sim0.75)S_x$ 时，系数 β 可查表 1-23。表中 l 表示 l_x 或 l_y，S 相应地为 S_x 或 S_y。

α 和 β 值表 表 1-23

l/S	0.60	0.62	0.64	0.65	0.66	0.67	0.68	0.69	0.70	0.71	0.73	0.75
α	1.43	1.41	1.38	1.36	1.35	1.34	1.32	1.31	1.30	1.29	1.26	1.24
β	2.80	2.84	2.91	2.94	2.97	3.00	3.03	3.05	3.08	3.10	3.18	3.23

3. 节点分配荷载的调整

按以上方法进行柱荷载分配后，可分别按纵、横两个方向的条形基础计算。在交叉点处，这样计算将会使基底重叠部分面积重复计算了一次，结果使基底反力减小，计算结果偏于不安全，故在节点荷载分配后还需按下述方法进行调整。

(1) 调整前的基底平均反力

$$p=\frac{\sum F}{\sum A+\sum \Delta A} \qquad (1\text{-}53)$$

式中 $\sum F$——十字交叉基础上竖向荷载的总和；

$\sum A$——十字交叉基础的基底总面积；

$\sum \Delta A$——十字交叉基础节点处重叠面积之和。

(2) 基底反力增量

$$\Delta p=\frac{\sum \Delta A}{\sum A}p \qquad (1\text{-}54)$$

(3) 节点 i 在 x、y 方向的分配荷载增量

$$\Delta F_{xi}=\frac{F_{xi}}{F_i}\Delta A_i \cdot \Delta p \brace \Delta F_{yi}=\frac{F_{yi}}{F_i}\Delta A_i \cdot \Delta p} \qquad (1\text{-}55)$$

(4) 调整后节点 i 在 x、y 方向的分配荷载

$$\left.\begin{array}{l}F'_{xi}=F_x+\Delta F_{xi}\\ F'_{yi}=F_y+\Delta F_{yi}\end{array}\right\} \tag{1-56}$$

4. 方法的适用范围

在推导式（1-48）～式（1-52）时，忽略了相邻柱荷载的影响，这只有在相邻柱距大于 πS_x 或 πS_y 时才是合理的。因此，当相邻柱距（或相邻节点之间的距离）大于 πS_x 或 πS_y 时，才可用上述公式进行节点荷载的分配。

5. 配筋计算及构造要求

柱下十字交叉条形基础配筋包括肋梁和翼板两部分，其配筋计算及构造要求与柱下条形基础相同，详见第 1.6.4 小节。

1.6.6 筏形基础

筏形基础可分为平板式筏形基础和梁板式筏形基础。平板式筏形基础是一块厚度相等的钢筋混凝土平板，其厚度通常为 1～3m，当上部结构荷载和柱距较大时要求平板很厚，此时材料用量大，不经济。梁板式筏形基础的底板厚度较小，在两个方向上沿柱列布置有肋梁，形成一个倒置的钢筋混凝土肋梁楼盖。平板式筏形基础适用于柱荷载不大、柱距较小且等柱距的情况，当荷载较大时，可以加大柱下的板厚。当柱荷载较大且不均匀，柱距又较大时，可采用梁板式筏形基础。

1. 筏形基础尺寸的初步拟定

筏形基础的平面尺寸应根据地基承载力、上部结构的布置及其荷载的分布等因素确定。为避免基础发生过大的倾斜和改善基础受力状况，宜使基础平面形心与上部结构的永久重力荷载重心重合。如不重合，可通过改变基础底板在四边的外伸长度来调整基底的形心位置，或采取减小柱荷载差的措施，调整上部结构竖向荷载的重心，尽可能使上部结构竖向荷载的重心与基础平面的形心相重合。当满足地基承载力时，筏形基础的周边不宜向外有较大的伸挑扩大。当需要外挑时，其外挑长度一般不宜大于同一方向边跨柱距的 1/4～1/3，同时宜将肋梁伸至筏板边缘；周边有墙的筏形基础，其外挑长度一般为 1m 左右，也可不外伸。

梁板式筏形基础的底板除计算正截面受弯承载力外，其厚度尚应满足受冲切承载力和受剪承载力的要求。对 12 层以上建筑的梁板式筏基，其底板厚度与最大双向板格的短边净跨之比不应小于 1/14，且板厚不得小于 400mm。肋梁截面应满足正截面受弯及斜截面受剪承载力要求，并应验算底层柱下的肋梁顶面局部受压承载力。肋梁高度取值应包括底板厚度在内，梁高不宜小于平均柱距的 1/6；肋梁的宽度不宜过大，在设计剪力满足 $V \leqslant 0.25\beta_c f_c b h_0$ 的条件下，当梁宽小于柱宽时，可将肋梁在柱边加腋以满足构造要求（图 1-8a、b）；当柱荷载较大时，可在柱侧肋梁加腋。底层柱、墙的边缘至肋梁边缘的距离不应小于 50mm（图 1-8c、d）。

2. 筏形基础的基底反力及内力计算

筏形基础的设计方法可分为刚性板方法和弹性板方法两大类。简化计算时多采用刚性板方法，也称为倒楼盖法。该法假定基础为绝对刚性，基底反力呈直线分布。

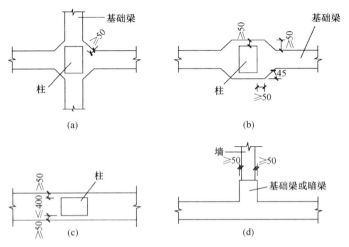

图 1-8 柱、墙与肋梁连接的构造要求

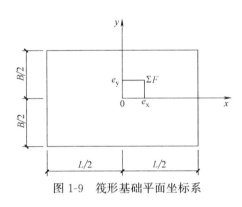

图 1-9 筏形基础平面坐标系

当地基土比较均匀,上部结构刚度较好,平板式筏形基础的厚跨比或梁板式筏形基础的肋梁高跨比不小于 1/6,柱间距及柱荷载的变化不超过 20% 时,筏形基础可仅考虑局部弯曲作用,按倒楼盖法(即刚性板方法)进行计算。

将坐标原点置于筏形基础的形心处(图 1-9),则基底反力可按下式计算:

$$p(x,y)=\frac{\sum F+G}{A}+\frac{M_x}{I_x}y+\frac{M_y}{I_y}x$$

(1-57)

式中 $\sum F$——作用于筏形基础上竖向荷载总和(kN);

G——筏形基础及其上填土自重(kN);

A——筏形基础的底面积(m^2);

M_x、M_y——竖向荷载 $\sum F$ 对 x 轴和 y 轴的力矩(kN·m);

I_x、I_y——筏形基础底面积对 x 轴和 y 轴的惯性矩(m^4);

x、y——计算点的 x 轴和 y 轴坐标(m)。

由式(1-57)求得基底反力后,可进行地基承载力验算。基础内力计算时采用基底净反力,即按式(1-57)计算时应扣除底板自重及其上填土自重,将基底净反力视为荷载,按倒楼盖法进行筏形基础内力的计算。

对平板式筏形基础,当相邻柱荷载和柱距变化不大时,可将筏板在纵横两个方向划分为柱上板带和跨中板带,近视取基底净反力为板带上的荷载,按无梁楼盖进行内力和配筋计算。平板式筏形基础的板厚应满足受冲切承载力的要求,可按《建筑地基基础设计规范》的规定进行受冲切承载力验算。

对于梁板式筏形基础,筏板可根据板区格大小按双向连续板或单向连续板计算,肋梁按多跨连续梁计算。由于基础与上部结构的共同作用,致使基础端部处的基底反力增加,因此，按此法所得边跨跨中弯矩以及第一内支座的弯矩值宜乘 1.2 的系数。梁板式筏形基础的底板除应计算正截面受弯承载力外，其厚度尚应满足受冲切承载力和受剪承载力的要求，可按《建筑地基基础设计规范》的规定进行受冲切承载力和受剪承载力验算。

3. 构造要求

筏形基础的混凝土强度等级不宜低于 C30，垫层厚度通常取 100mm。当有防水要求时，混凝土的抗渗等级应满足《高层建筑混凝土结构技术规程》的要求。对平板式筏形基础，按柱上板带的正弯矩配置板内底部钢筋，按跨中板带的负弯矩配置板内上部钢筋。钢筋间距不应小于 150mm，宜为 200～300mm，受力钢筋直径不宜小于 12mm。采用双向钢筋网片配置在板的顶面和底面。梁式筏形基础的底板和基础梁的配筋除满足计算要求外，纵横方向的底部钢筋尚应有 1/3～1/2 贯通全跨，且其配筋率不应小于 0.15%，顶部钢筋按计算配筋全部连通。

采用筏形基础的地下室，其混凝土外墙厚度不应小于 250mm，内墙厚度不应小于 200mm。墙的截面除满足承载力要求外，尚应考虑变形、抗裂及防渗等要求。墙体内应设置双面钢筋，水平钢筋直径不应小于 12mm，竖向钢筋的直径不应小于 10mm，间距不应大于 200mm。

第 2 章 钢筋混凝土框架结构房屋设计

2.1 结构布置及计算简图

钢筋混凝土框架结构房屋的平面、竖向总体布置原则见本书第 1.2 节，本节简要说明框架结构布置的具体要求及计算简图的确定等问题。

2.1.1 柱网及层高

民用建筑的柱网和层高根据建筑使用功能确定。目前，住宅、宾馆和办公楼的柱网可划分为小柱网和大柱网。小柱网指一个开间为一个柱距（图 2-1a、b）；大柱网指两个开间为一个柱距（图 2-1c、d）。常用的柱距有 3.3m、3.6m、4.0m、6.0m、6.6m、7.2m 等；常用的跨度（房屋进深）有 4.8m、5.4m、6.0m、6.6m 和 7.5m 等；层高一般为 3.0m、3.3m、3.6m、4.2m 和 4.5m 等。

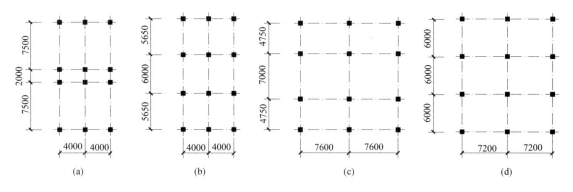

图 2-1 民用建筑柱网布置

工业建筑的柱网和层高根据生产工艺要求确定。柱网有内廊式和等跨式两种（图 2-1a、b）。内廊式的边跨跨度一般为 6～8m，中间跨为 2～4m；等跨式的跨度一般为 6～12m；柱距一般为 6～7.5m；层高为 3.6～5.4m。

2.1.2 框架结构的承重方案

根据楼盖的平面布置及竖向荷载的传递途径，框架的承重方案可分为横向、纵向及纵横向框架承重三种方案。

在实际工程中，一般采用横向框架承重方案。因房屋横向较短，柱数量少，当采用横向承重方案时，横向框架梁的截面高度大，可增加框架结构的横向侧向刚度。当柱网平面接近正方形时，现浇楼面为双向板，此时为纵、横向框架承重。纵向框架承重的房屋，其横向刚度较差，一般很少采用。

2.1.3 梁、柱、板截面尺寸的初步确定

梁的截面尺寸应满足承载力、刚度及延性等要求。梁截面高度一般取梁计算跨度 l 的

1/18～1/10,当梁的负载面积较大或荷载较大时,宜取上限值。为防止梁产生剪切脆性破坏,梁的净跨与截面高度之比不宜小于4。梁截面宽度不应小于200mm,梁截面的高宽比不宜大于4。

框架柱的截面尺寸一般根据柱的轴压比限值按下列公式估算：

$$N = \beta F g_E n \tag{2-1}$$

$$A_c \geq \frac{N}{[\mu_N] f_c} \tag{2-2}$$

式中 N——柱组合的轴向压力设计值；

F——按简支状态计算的柱的负载面积；

g_E——折算在单位建筑面积上的重力荷载代表值,可根据实际荷载计算,也可近似取 12～15kN/m²；

β——考虑地震作用组合后柱轴向压力增大系数,边柱取1.45,不等跨内柱取1.40,等跨内柱取1.35；

n——验算截面以上楼层层数；

A_c——柱截面面积；

f_c——混凝土轴心抗压强度设计值；

$[\mu_N]$——框架柱轴压比限值,对一级、二级和三级抗震等级,分别取0.65、0.75和0.85（框架结构中的框架柱）或0.75、0.85和0.90（框架-剪力墙结构中的框架柱）。

按上述方法确定的柱截面尺寸宜符合下列要求：①矩形截面柱的边长,不应小于300mm；圆柱截面直径不应小于350mm；②柱剪跨比宜大于2；③柱截面高宽比不宜大于3。

框架柱上、下层截面高度不同时,从下至上：边柱一般采取内缩尺；中柱宜采取两边缩尺,每次缩小的柱截面高度以100～150mm为宜。

框架梁的截面中心线宜与柱中心线重合。当必须偏置时,同一平面内梁、柱中心线间的偏心距不宜大于柱截面在该方向边长的1/4。

现浇连续单向板的厚度不小于1/30板跨；双向板的厚度不小于1/40短边板跨,且板厚宜大于80mm,不宜大于160mm。

2.1.4 框架结构的计算简图

框架结构房屋是由横向和纵向框架组成的空间结构,通常近似地按两个方向的平面框架分别计算,如图2-2所示。计算简图用梁、柱的轴线表示,梁、柱轴线取各自的形心线；对与钢筋混凝土楼盖整体浇筑的框架梁,一般可取楼板底面处作为梁轴线。对底层柱的下端,一般取至基础顶面；当设有整体刚度很大的地下室,且地下室结构的楼层侧向刚度不小于相邻上部结构楼层侧向刚度的2倍时,可取至地下室结构的顶板处。

当各层柱截面尺寸不同且形心线不重合时,一般取顶层柱的形心线作为柱子的轴线。但必须注意,在框架结构的内力和变形分析中,各层梁的计算跨度和线刚度应按实际情况取；另外,尚应考虑上、下层柱轴线不重合,由上层柱传来的轴力在变截面处产生的力矩。此力矩应视为外荷载,与其他竖向荷载一起进行框架内力分析。

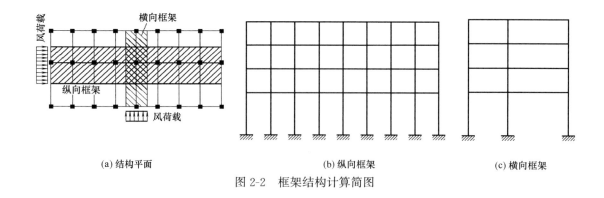

(a) 结构平面　　　　　　　(b) 纵向框架　　　　　　(c) 横向框架

图 2-2　框架结构计算简图

2.2　重力荷载及水平地震作用计算

2.2.1　重力荷载计算

1. 楼面及屋面荷载

楼面及屋面的恒荷载包括结构构件自重和构造层重量等重力荷载，其标准值可按结构构件的设计尺寸、构造层的材料及设计厚度以及材料重度标准值计算。通常是先算出楼面及屋面的单位面积重力荷载（kN/m^2），再计算总重力荷载。

民用建筑的楼面活荷载标准值（kN/m^2）可根据房屋及房间的不同用途按表 1-7 的规定采用。工业建筑的楼面活荷载标准值应根据生产使用或检修、安装时设备、运输工具等荷载的实际情况考虑，当采用等效均布活荷载时，应满足《建筑结构荷载规范》的有关规定。工业与民用房屋屋面均布活荷载标准值可根据屋面的不同用途按表 1-9 的规定采用。屋面水平投影面上的雪荷载标准值按式（1-2）计算。屋面活荷载与雪荷载不同时考虑。

2. 梁、柱及墙等的重力荷载

梁、柱重量可按其设计尺寸及材料重度标准值（表 1-6）确定。对现浇板肋梁楼盖，因板自重已计入楼面（屋面）的恒荷载之中，故计算梁自重时，梁截面高度应取梁原高度减去板厚。注意，梁两侧的面层（粉刷层、贴面等）重量也应计入梁自重内。

墙体重量可根据其厚度及材料容重标准值计算，其两侧的粉刷层（或贴面）重量应计入墙自重内。门、窗重量可根据其材料种类，按《建筑结构荷载规范》查取单位面积重量进行计算，其中钢、木门窗重量可由表 1-6 查取。

2.2.2　风荷载计算

垂直于建筑物表面上的风荷载标准值按式（1-3）计算，对于特别重要或对风荷载比较敏感的高层建筑，承载力计算时应按基本风压 1.1 倍采用。

对于框架结构，应将按式（1-3）所得的沿房屋高度的分布风荷载，按静力等效原理化为作用于各层楼面处的集中风荷载，以便于框架结构内力计算。

2.2.3　水平地震作用计算

地震作用的计算原则及计算方法在第 1.4 节中已有阐述，本节结合多、高层框架结构房屋的特点作一些补充说明。

1. 抗震计算单元及动力计算简图

结构抗震分析时一般取整个房屋或防震缝区段（设防震缝时）为计算单元，动力计算简图为串联多自由度体系，如图 2-3 所示。

集中于各质点的重力荷载 G_i，为计算单元范围内各层楼面上的重力荷载代表值及上下各半层的墙、柱等重量。计算 G_i 时，各可变荷载的组合值系数按表 1-13 的规定采用；无论是否为上人屋面，其屋面上的可变荷载均取雪荷载。

2. 框架侧向刚度计算

梁的线刚度 $i_b = E_c I_b / l$，其中 E_c 为混凝土弹性模量；l 为梁的计算跨度；I_b 为梁截面惯性矩，对装配式楼面，I_b 按梁的实际截面计算；对现浇楼面及装配整体式楼面，I_b 可近似按表 2-1 采用，其中 I_0 为梁矩形部分的截面惯性矩（图 2-4）。

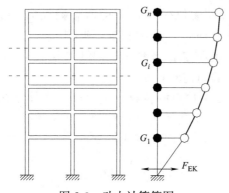

图 2-3 动力计算简图   图 2-4 梁截面惯性矩 I_0

梁截面惯性矩取值   表 2-1

楼面做法	中框架梁	边框架梁
现浇楼面	$I_b = 2.0 I_0$	$I_b = 1.5 I_0$
装配整体式楼面	$I_b = 1.5 I_0$	$I_b = 1.2 I_0$

柱的线刚度 $i_c = E_c I_c / h$，其中 I_c 为柱的截面惯性矩；h 为框架柱的计算高度。柱的侧向刚度 D 值按下式计算：

$$D = \alpha_c \frac{12 i_c}{h^2} \tag{2-3}$$

式中 α_c——柱侧向刚度修正系数，对不同情况按表 2-2 计算，其中 $\overline{K}$ 表示梁柱线刚度比。

柱侧向刚度修正系数 α_c 表 2-2

位置		边柱		中柱		α_c
		简图	$\overline{K}$	简图	$\overline{K}$	
一般层		$i_c \begin{array}{c} i_2 \\ i_4 \end{array}$	$\overline{K} = \dfrac{i_2 + i_4}{2 i_c}$	$i_3 \begin{array}{c} i_1 \\ i_c \\ \end{array} \begin{array}{c} i_2 \\ i_4 \end{array}$	$\overline{K} = \dfrac{i_1 + i_2 + i_3 + i_4}{2 i_c}$	$\alpha_c = \dfrac{\overline{K}}{2 + \overline{K}}$
底层	固接	$i_c \, i_2$	$\overline{K} = \dfrac{i_2}{i_c}$	$i_c \, i_1 \, i_2$	$\overline{K} = \dfrac{i_1 + i_2}{i_c}$	$\alpha_c = \dfrac{0.5 + \overline{K}}{2 + \overline{K}}$
	铰接	$i_c \, i_2$	$\overline{K} = \dfrac{i_2}{i_c}$	$i_c \, i_1 \, i_2$	$\overline{K} = \dfrac{i_1 + i_2}{i_c}$	$\alpha_c = \dfrac{0.5 \overline{K}}{1 + 2 \overline{K}}$

按式（2-3）可计算出各柱的侧向刚度，将计算单元范围内同层所有柱的 D 值相加，即为该层框架的总侧向刚度 ΣD_i。框架各层的 ΣD_i 应沿高度均匀分布，即应满足竖向规则建筑的要求，详见第 1.2 节所述。如不满足要求，则应调整梁、柱截面尺寸或材料强度等级，重新计算 ΣD_i，直至满足为止。

3. 结构基本自振周期计算

对于质量和刚度沿高度分布比较均匀的框架结构、框架-剪力墙结构和剪力墙结构，其基本自振周期 T_1(s) 可按下式计算：

$$T_1 = 1.7 \Psi_T \sqrt{u_T} \tag{2-4}$$

式中　u_T——计算结构基本自振周期用的结构顶点假想位移（m），即假想把集中在各层楼面处的重力荷载代表值 G_i 作为水平荷载而算得的结构顶点位移；

Ψ_T——结构基本自振周期考虑非承重砖墙影响的折减系数，框架结构取 0.6～0.7；框架-剪力墙结构取 0.7～0.8；剪力墙结构取 0.8～1.0。

对于带屋面局部突出间的房屋，u_T 应取主体结构顶点的位移。突出间对主体结构顶点位移的影响，可按顶点位移相等的原则，将其重力荷载代表值折算到主体结构的顶层。当屋面突出部分为两层（图 2-5）时，其折算重力荷载 G_e 可按下式计算：

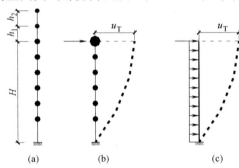

图 2-5　带屋面突出间房屋 u_T 计算

$$G_e = G_{n+1}\left(1 + \frac{3}{2}\frac{h_1}{H}\right) + G_{n+2}\left(1 + \frac{3}{2}\frac{h_1+h_2}{H}\right) \tag{2-5}$$

式中　H——主体结构的计算高度；

其余符号意义见图 2-5。

当屋面突出部分为几层时，也可按式（2-5）的规律写出相应的计算公式。

对框架结构，式（2-4）中的 u_T 按下列公式计算：

$$V_{Gi} = \sum_{k=i}^{n} G_k \tag{2-6}$$

$$(\Delta u)_i = V_{Gi} / \sum_{j=1}^{s} D_{ij} \tag{2-7}$$

$$u_T = \sum_{k=1}^{n} (\Delta u)_k \tag{2-8}$$

式中　G_k——集中在 k 层楼面处的重力荷载代表值；

V_{Gi}——把集中在各层楼面处的重力荷载代表值视为水平荷载而得的第 i 层的层间剪力；

$\sum\limits_{j=1}^{s} D_{ij}$——第 i 层的层间侧向刚度；

$(\Delta u)_i$、$(\Delta u)_k$——第 i、k 层的层间侧移；

s——同层内框架柱的总数。

4. 水平地震作用计算及剪重比验算

当房屋高度不超过 40m，以剪切变形为主且质量和刚度沿高度分布比较均匀时，其水平地震作用可用底部剪力法计算。结构总水平地震作用及各质点的水平地震作用标准值分别按式（1-21）和式（1-22）计算。

按式（1-23）计算各楼层地震剪力标准值，然后按式（1-24）进行剪重比验算。

2.3 水平荷载作用下框架结构的内力和位移计算

水平荷载作用下框架结构的内力和位移可采用结构分析或设计软件计算，本节仅介绍简化分析方法。

水平位移验算一般宜在结构内力计算之前进行，以减少因构件刚度不足而做的重复计算。

2.3.1 水平荷载作用下的位移验算

水平荷载（包括水平地震作用和风荷载）作用下框架结构的水平位移可用 D 值法计算。框架结构第 i 层的层间剪力 V_i、层间位移 $(\Delta u)_i$ 及结构顶点位移 u 分别按下列各式计算：

$$V_i = \sum_{k=i}^{n} F_k \tag{2-9}$$

$$(\Delta u)_i = V_i / \sum_{j=1}^{s} D_{ij} \tag{2-10}$$

$$u = \sum_{k=1}^{n} (\Delta u)_k \tag{2-11}$$

式中　F_k——作用在 k 层楼面处的水平荷载（水平地震作用或风荷载）；

其余符号意义同前。

按式（2-10）计算的框架结构各层层间位移，应满足式（1-36）的要求。当不满足时，说明梁、柱截面尺寸偏小，应调整梁、柱截面尺寸或提高混凝土强度等级，并重新计算框架的侧向刚度，进而计算位移及进行位移验算，直至满足为止。

2.3.2 水平荷载作用下的内力计算

在按式（2-9）求得框架结构第 i 层的层间剪力 V_i 后，i 层 j 柱分配到的剪力 V_{ij} 以及该柱上、下端的弯矩 M_{ij}^{u} 和 M_{ij}^{b} 分别按下列各式计算：

$$V_{ij} = \frac{D_{ij}}{\sum_{j=1}^{s} D_{ij}} V_i \tag{2-12}$$

$$\left. \begin{array}{l} M_{ij}^{b} = V_{ij} \cdot yh \\ M_{ij}^{u} = V_{ij} \cdot (1-y)h \end{array} \right\} \tag{2-13}$$

$$y = y_n + y_1 + y_2 + y_3 \tag{2-14}$$

式中　D_{ij}——i 层 j 柱的侧向刚度；

　　　h——该层柱的计算高度；

　　　y——框架柱的反弯点高度比；

　　　y_n——框架柱的标准反弯点高度比，当为风荷载作用时，由表 2-3 查取，当为水平地震作用时，由表 2-4 查取，当为顶点集中荷载作用时，由表 2-5 查取；

　　　y_1——上、下层梁线刚度变化时反弯点高度比的修正值，由表 2-6 查取；

y_2、y_3——上、下层层高变化时反弯点高度比的修正值,由表 2-7 查取。

表 2-3~表 2-5 中,$\overline{K}$ 表示梁柱线刚度比;m 表示结构总层数;n 表示该柱所在的楼层位置。

梁端弯矩 M_b、剪力 V_b 及柱轴力 N_i 分别按下列各式计算:

$$M_b^l = \frac{i_b^l}{i_b^l + i_b^r}(M_{i+1,j}^b + M_{ij}^u) \\ M_b^r = \frac{i_b^r}{i_b^l + i_b^r}(M_{i+1,j}^b + M_{ij}^u)$$ (2-15)

均布水平荷载下各层标准反弯点高度比 y_n 表 2-3

m	n	$\overline{K}$													
		0.1	0.2	0.3	0.4	0.5	0.6	0.7	0.8	0.9	1.0	2.0	3.0	4.0	5.0
1	1	0.80	0.75	0.70	0.65	0.65	0.60	0.60	0.60	0.60	0.55	0.55	0.55	0.55	0.55
2	2	0.45	0.40	0.35	0.35	0.35	0.35	0.40	0.40	0.40	0.40	0.45	0.45	0.45	0.45
	1	0.95	0.80	0.75	0.70	0.65	0.65	0.65	0.60	0.60	0.60	0.55	0.55	0.55	0.50
3	3	0.15	0.20	0.20	0.25	0.30	0.30	0.30	0.35	0.35	0.35	0.40	0.45	0.45	0.45
	2	0.55	0.50	0.45	0.45	0.45	0.45	0.45	0.45	0.45	0.45	0.50	0.50	0.50	0.50
	1	1.00	0.85	0.80	0.75	0.70	0.70	0.65	0.65	0.65	0.60	0.55	0.55	0.55	0.55
4	4	−0.05	0.05	0.15	0.20	0.25	0.30	0.30	0.35	0.35	0.35	0.40	0.45	0.45	0.45
	3	0.25	0.30	0.30	0.35	0.40	0.40	0.40	0.40	0.45	0.45	0.50	0.50	0.50	0.50
	2	0.65	0.55	0.50	0.50	0.45	0.45	0.45	0.45	0.45	0.45	0.50	0.50	0.50	0.50
	1	1.10	0.90	0.80	0.75	0.70	0.70	0.65	0.65	0.60	0.60	0.55	0.55	0.55	0.55
5	5	−0.20	0.00	0.15	0.20	0.25	0.30	0.30	0.30	0.35	0.35	0.40	0.45	0.45	0.45
	4	0.10	0.20	0.25	0.30	0.35	0.35	0.40	0.40	0.40	0.40	0.45	0.45	0.50	0.50
	3	0.40	0.40	0.40	0.40	0.40	0.45	0.45	0.45	0.45	0.45	0.50	0.50	0.50	0.50
	2	0.65	0.55	0.50	0.50	0.50	0.50	0.50	0.50	0.50	0.50	0.50	0.50	0.50	0.50
	1	1.20	0.95	0.80	0.75	0.75	0.70	0.70	0.65	0.65	0.65	0.55	0.55	0.55	0.55
6	6	−0.30	0.00	0.10	0.20	0.25	0.25	0.30	0.30	0.35	0.35	0.40	0.45	0.45	0.45
	5	0.00	0.20	0.25	0.30	0.35	0.35	0.40	0.40	0.40	0.45	0.45	0.50	0.50	0.50
	4	0.20	0.30	0.35	0.35	0.40	0.40	0.40	0.45	0.45	0.45	0.50	0.50	0.50	0.50
	3	0.40	0.40	0.40	0.45	0.45	0.45	0.45	0.45	0.45	0.45	0.50	0.50	0.50	0.50
	2	0.70	0.60	0.55	0.50	0.50	0.50	0.50	0.50	0.50	0.50	0.50	0.50	0.50	0.50
	1	1.20	0.95	0.85	0.80	0.75	0.70	0.70	0.65	0.65	0.65	0.55	0.55	0.55	0.55
7	7	−0.35	−0.05	0.10	0.20	0.20	0.25	0.30	0.30	0.35	0.35	0.40	0.45	0.45	0.45
	6	−0.10	0.15	0.25	0.30	0.35	0.35	0.35	0.40	0.40	0.40	0.45	0.45	0.50	0.50
	5	0.10	0.25	0.30	0.35	0.40	0.40	0.40	0.45	0.45	0.45	0.50	0.50	0.50	0.50
	4	0.30	0.35	0.40	0.40	0.40	0.45	0.45	0.45	0.45	0.45	0.50	0.50	0.50	0.50
	3	0.50	0.45	0.45	0.45	0.45	0.45	0.45	0.45	0.45	0.50	0.50	0.50	0.50	0.50
	2	0.75	0.60	0.55	0.50	0.50	0.50	0.50	0.50	0.50	0.50	0.50	0.50	0.50	0.50
	1	1.20	0.95	0.85	0.80	0.75	0.70	0.70	0.65	0.65	0.65	0.55	0.55	0.55	0.55
8	8	−0.35	−0.15	0.10	0.10	0.25	0.25	0.30	0.30	0.35	0.35	0.40	0.45	0.45	0.45
	7	−0.10	0.15	0.25	0.30	0.35	0.35	0.40	0.40	0.40	0.40	0.45	0.50	0.50	0.50
	6	0.05	0.25	0.30	0.35	0.40	0.40	0.40	0.45	0.45	0.45	0.45	0.50	0.50	0.50
	5	0.20	0.30	0.35	0.40	0.40	0.45	0.45	0.45	0.45	0.45	0.50	0.50	0.50	0.50
	4	0.35	0.40	0.40	0.45	0.45	0.45	0.45	0.45	0.45	0.45	0.50	0.50	0.50	0.50
	3	0.50	0.45	0.45	0.45	0.45	0.45	0.45	0.45	0.50	0.50	0.50	0.50	0.50	0.50
	2	0.75	0.60	0.55	0.55	0.50	0.50	0.50	0.50	0.50	0.50	0.50	0.50	0.50	0.50
	1	1.20	1.00	0.85	0.80	0.75	0.70	0.70	0.65	0.65	0.65	0.55	0.55	0.55	0.55

续表

m	n	$\overline{K}$													
		0.1	0.2	0.3	0.4	0.5	0.6	0.7	0.8	0.9	1.0	2.0	3.0	4.0	5.0
9	9	−0.40	−0.05	0.10	0.20	0.25	0.25	0.30	0.30	0.35	0.35	0.45	0.45	0.45	0.45
	8	−0.15	0.15	0.25	0.30	0.35	0.35	0.35	0.40	0.40	0.40	0.45	0.45	0.50	0.50
	7	0.05	0.25	0.30	0.35	0.40	0.40	0.40	0.45	0.45	0.45	0.45	0.50	0.50	0.50
	6	0.15	0.30	0.35	0.40	0.40	0.45	0.45	0.45	0.45	0.45	0.50	0.50	0.50	0.50
	5	0.25	0.35	0.40	0.40	0.45	0.45	0.45	0.45	0.45	0.45	0.50	0.50	0.50	0.50
	4	0.40	0.40	0.40	0.45	0.45	0.45	0.45	0.45	0.45	0.45	0.50	0.50	0.50	0.50
	3	0.55	0.45	0.45	0.45	0.45	0.45	0.45	0.45	0.50	0.50	0.50	0.50	0.50	0.50
	2	0.80	0.65	0.55	0.55	0.50	0.50	0.50	0.50	0.50	0.50	0.50	0.50	0.50	0.50
	1	1.20	1.00	0.85	0.80	0.75	0.70	0.70	0.65	0.65	0.65	0.55	0.55	0.55	0.55
10	10	−0.40	−0.05	0.10	0.20	0.25	0.30	0.30	0.30	0.30	0.35	0.40	0.45	0.45	0.45
	9	−0.15	0.15	0.25	0.30	0.35	0.35	0.40	0.40	0.40	0.40	0.45	0.45	0.50	0.50
	8	0.00	0.25	0.30	0.35	0.40	0.40	0.40	0.45	0.45	0.45	0.45	0.50	0.50	0.50
	7	−0.10	0.30	0.35	0.40	0.40	0.40	0.45	0.45	0.45	0.45	0.50	0.50	0.50	0.50
	6	0.20	0.35	0.40	0.40	0.45	0.45	0.45	0.45	0.45	0.45	0.50	0.50	0.50	0.50
	5	0.30	0.40	0.40	0.45	0.45	0.45	0.45	0.45	0.45	0.45	0.50	0.50	0.50	0.50
	4	0.40	0.40	0.45	0.45	0.45	0.45	0.45	0.45	0.45	0.50	0.50	0.50	0.50	0.50
	3	0.55	0.50	0.45	0.45	0.45	0.50	0.50	0.50	0.50	0.50	0.50	0.50	0.50	0.50
	2	0.80	0.65	0.55	0.55	0.55	0.50	0.50	0.50	0.50	0.50	0.50	0.50	0.50	0.50
	1	1.30	1.00	0.85	0.80	0.75	0.70	0.70	0.65	0.65	0.65	0.60	0.55	0.55	0.55
11	11	−0.40	0.05	0.10	0.20	0.25	0.30	0.30	0.30	0.35	0.35	0.40	0.45	0.45	0.45
	10	−0.15	0.15	0.25	0.30	0.35	0.35	0.40	0.40	0.40	0.40	0.45	0.45	0.50	0.50
	9	0.00	0.25	0.30	0.35	0.40	0.40	0.40	0.45	0.45	0.45	0.45	0.50	0.50	0.50
	8	0.10	0.30	0.35	0.40	0.40	0.45	0.45	0.45	0.45	0.45	0.50	0.50	0.50	0.50
	7	0.20	0.35	0.40	0.45	0.45	0.45	0.45	0.45	0.45	0.45	0.50	0.50	0.50	0.50
	6	0.25	0.35	0.40	0.45	0.45	0.45	0.45	0.45	0.45	0.45	0.50	0.50	0.50	0.50
	5	0.35	0.40	0.40	0.45	0.45	0.45	0.45	0.45	0.45	0.50	0.50	0.50	0.50	0.50
	4	0.40	0.45	0.45	0.45	0.45	0.45	0.45	0.50	0.50	0.50	0.50	0.50	0.50	0.50
	3	0.55	0.50	0.50	0.50	0.50	0.50	0.50	0.50	0.50	0.50	0.50	0.50	0.50	0.50
	2	0.80	0.65	0.60	0.55	0.55	0.50	0.50	0.50	0.50	0.50	0.50	0.50	0.50	0.50
	1	1.30	1.00	0.85	0.80	0.75	0.70	0.70	0.65	0.65	0.65	0.60	0.55	0.55	0.55
12以上	自上1	−0.40	−0.05	0.10	0.20	0.25	0.30	0.30	0.30	0.35	0.35	0.40	0.45	0.45	0.45
	2	−0.15	0.15	0.25	0.30	0.35	0.35	0.40	0.40	0.40	0.40	0.45	0.45	0.50	0.50
	3	0.00	0.25	0.30	0.35	0.40	0.40	0.40	0.45	0.45	0.45	0.50	0.50	0.50	0.50
	4	0.10	0.30	0.35	0.40	0.40	0.40	0.45	0.45	0.45	0.45	0.50	0.50	0.50	0.50
	5	0.20	0.35	0.40	0.40	0.45	0.45	0.45	0.45	0.45	0.45	0.50	0.50	0.50	0.50
	6	0.25	0.35	0.40	0.45	0.45	0.45	0.45	0.45	0.45	0.45	0.50	0.50	0.50	0.50
	7	0.30	0.40	0.40	0.45	0.45	0.45	0.45	0.45	0.50	0.50	0.50	0.50	0.50	0.50
	8	0.35	0.40	0.45	0.45	0.45	0.45	0.45	0.50	0.50	0.50	0.50	0.50	0.50	0.50
	中间	0.40	0.40	0.45	0.45	0.45	0.45	0.50	0.50	0.50	0.50	0.50	0.50	0.50	0.50
	4	0.45	0.45	0.45	0.45	0.50	0.50	0.50	0.50	0.50	0.50	0.50	0.50	0.50	0.50
	3	0.60	0.50	0.50	0.50	0.50	0.50	0.50	0.50	0.50	0.50	0.50	0.50	0.50	0.50
	2	0.80	0.65	0.60	0.55	0.55	0.50	0.50	0.50	0.50	0.50	0.50	0.50	0.50	0.50
	自下1	1.30	1.00	0.85	0.80	0.75	0.70	0.70	0.65	0.65	0.55	0.55	0.55	0.55	0.55

倒三角形分布水平荷载下各层标准反弯点高度比 y_n 表 2-4

m	n	$\overline{K}$													
		0.1	0.2	0.3	0.4	0.5	0.6	0.7	0.8	0.9	1.0	2.0	3.0	4.0	5.0
1	1	0.80	0.75	0.70	0.65	0.65	0.60	0.60	0.60	0.60	0.55	0.55	0.55	0.55	0.55
2	2	0.50	0.45	0.40	0.40	0.40	0.40	0.40	0.40	0.40	0.45	0.45	0.45	0.45	0.50
	1	1.00	0.85	0.75	0.70	0.70	0.65	0.65	0.65	0.60	0.60	0.55	0.55	0.55	0.55
3	3	0.25	0.25	0.25	0.30	0.30	0.35	0.35	0.35	0.40	0.40	0.45	0.45	0.45	0.50
	2	0.60	0.50	0.50	0.50	0.50	0.45	0.45	0.45	0.45	0.45	0.50	0.50	0.50	0.50
	1	1.15	0.90	0.80	0.75	0.75	0.70	0.70	0.65	0.65	0.65	0.60	0.55	0.55	0.55
4	4	0.10	0.15	0.20	0.25	0.30	0.30	0.35	0.35	0.35	0.40	0.45	0.45	0.45	0.45
	3	0.35	0.35	0.35	0.40	0.40	0.40	0.40	0.45	0.45	0.45	0.50	0.50	0.50	0.50
	2	0.70	0.60	0.55	0.50	0.50	0.50	0.50	0.50	0.50	0.50	0.50	0.50	0.50	0.50
	1	1.20	0.95	0.85	0.80	0.75	0.70	0.70	0.70	0.65	0.65	0.55	0.55	0.55	0.50
5	5	−0.05	0.10	0.20	0.25	0.30	0.30	0.35	0.35	0.35	0.35	0.40	0.45	0.45	0.45
	4	0.20	0.25	0.35	0.35	0.40	0.40	0.40	0.40	0.40	0.45	0.45	0.50	0.50	0.50
	3	0.45	0.45	0.45	0.45	0.45	0.45	0.45	0.45	0.45	0.45	0.50	0.50	0.50	0.50
	2	0.75	0.60	0.55	0.55	0.50	0.50	0.50	0.50	0.60	0.50	0.50	0.50	0.50	0.50
	1	1.30	1.00	0.85	0.80	0.75	0.70	0.70	0.65	0.65	0.65	0.65	0.55	0.55	0.55
6	6	−0.15	0.05	0.15	0.20	0.25	0.30	0.30	0.35	0.35	0.35	0.40	0.45	0.45	0.45
	5	0.10	0.25	0.30	0.35	0.35	0.40	0.40	0.40	0.45	0.45	0.45	0.50	0.50	0.50
	4	0.30	0.35	0.40	0.40	0.45	0.45	0.45	0.45	0.45	0.45	0.50	0.50	0.50	0.50
	3	0.50	0.45	0.45	0.45	0.45	0.45	0.45	0.45	0.45	0.50	0.50	0.50	0.50	0.50
	2	0.80	0.65	0.55	0.55	0.55	0.55	0.50	0.50	0.50	0.50	0.50	0.50	0.50	0.50
	1	1.30	1.00	0.85	0.80	0.75	0.70	0.70	0.65	0.65	0.65	0.60	0.55	0.55	0.55
7	7	−0.20	0.05	0.15	0.20	0.25	0.30	0.30	0.35	0.35	0.35	0.45	0.45	0.45	0.45
	6	0.05	0.20	0.30	0.35	0.35	0.40	0.40	0.40	0.40	0.45	0.45	0.50	0.50	0.50
	5	0.20	0.30	0.35	0.40	0.40	0.45	0.45	0.45	0.45	0.45	0.50	0.50	0.50	0.50
	4	0.35	0.40	0.40	0.45	0.45	0.45	0.45	0.45	0.45	0.45	0.50	0.50	0.50	0.50
	3	0.55	0.50	0.50	0.50	0.50	0.50	0.50	0.50	0.50	0.50	0.50	0.50	0.50	0.50
	2	0.80	0.65	0.60	0.55	0.55	0.55	0.50	0.50	0.50	0.50	0.50	0.50	0.50	0.50
	1	1.30	1.00	0.90	0.80	0.75	0.70	0.70	0.70	0.65	0.65	0.60	0.55	0.55	0.55
8	8	−0.20	0.05	0.15	0.20	0.25	0.30	0.30	0.35	0.35	0.35	0.45	0.45	0.45	0.45
	7	0.00	0.20	0.30	0.35	0.35	0.40	0.40	0.40	0.40	0.45	0.45	0.50	0.50	0.50
	6	0.15	0.30	0.35	0.40	0.40	0.45	0.45	0.45	0.45	0.45	0.50	0.50	0.50	0.50
	5	0.30	0.35	0.40	0.40	0.45	0.45	0.45	0.45	0.45	0.45	0.50	0.50	0.50	0.50
	4	0.40	0.45	0.45	0.45	0.45	0.45	0.45	0.50	0.50	0.50	0.50	0.50	0.50	0.50
	3	0.60	0.50	0.50	0.50	0.50	0.50	0.50	0.50	0.50	0.50	0.50	0.50	0.50	0.50
	2	0.85	0.65	0.60	0.55	0.55	0.55	0.50	0.50	0.50	0.50	0.50	0.50	0.50	0.50
	1	1.30	1.00	0.90	0.80	0.75	0.70	0.70	0.70	0.65	0.65	0.60	0.55	0.55	0.55
9	9	−0.25	0.00	0.15	0.20	0.25	0.30	0.30	0.35	0.35	0.40	0.45	0.45	0.45	0.45
	8	0.00	0.20	0.30	0.35	0.35	0.40	0.40	0.40	0.40	0.45	0.45	0.50	0.50	0.50
	7	0.15	0.30	0.35	0.40	0.40	0.45	0.45	0.45	0.45	0.45	0.50	0.50	0.50	0.50

续表

m	n	$\overline{K}$													
		0.1	0.2	0.3	0.4	0.5	0.6	0.7	0.8	0.9	1.0	2.0	3.0	4.0	5.0
9	6	0.25	0.35	0.40	0.40	0.45	0.45	0.45	0.45	0.45	0.50	0.50	0.50	0.50	0.50
	5	0.35	0.40	0.45	0.45	0.45	0.45	0.45	0.45	0.50	0.50	0.50	0.50	0.50	0.50
	4	0.45	0.45	0.45	0.45	0.45	0.50	0.50	0.50	0.50	0.50	0.50	0.50	0.50	0.50
	3	0.60	0.50	0.50	0.50	0.50	0.50	0.50	0.50	0.50	0.50	0.50	0.50	0.50	0.50
	2	0.80	0.65	0.65	0.55	0.55	0.55	0.55	0.50	0.50	0.50	0.50	0.50	0.50	0.50
	1	1.35	1.00	1.00	0.80	0.75	0.75	0.70	0.70	0.65	0.65	0.60	0.55	0.55	0.55
10	10	−0.25	0.00	0.15	0.20	0.25	0.30	0.30	0.35	0.35	0.40	0.45	0.45	0.45	0.45
	9	−0.05	0.20	0.30	0.35	0.35	0.40	0.40	0.40	0.40	0.45	0.45	0.50	0.50	0.50
	8	0.10	0.30	0.35	0.40	0.40	0.40	0.45	0.45	0.45	0.45	0.50	0.50	0.50	0.50
	7	0.20	0.35	0.40	0.40	0.45	0.45	0.45	0.45	0.45	0.50	0.50	0.50	0.50	0.50
	6	0.30	0.40	0.40	0.45	0.45	0.45	0.45	0.45	0.45	0.50	0.50	0.50	0.50	0.50
	5	0.40	0.45	0.45	0.45	0.45	0.45	0.45	0.50	0.50	0.50	0.50	0.50	0.50	0.50
	4	0.50	0.45	0.45	0.45	0.50	0.50	0.50	0.50	0.50	0.50	0.50	0.50	0.50	0.50
	3	0.60	0.55	0.50	0.50	0.50	0.50	0.50	0.50	0.50	0.50	0.50	0.50	0.50	0.50
	2	0.85	0.65	0.60	0.55	0.55	0.55	0.55	0.50	0.50	0.50	0.50	0.50	0.50	0.50
	1	1.35	1.00	0.90	0.80	0.75	0.75	0.70	0.70	0.65	0.65	0.60	0.55	0.55	0.55
11	11	−0.25	0.00	0.15	0.20	0.25	0.30	0.30	0.30	0.35	0.35	0.45	0.45	0.45	0.45
	10	−0.05	0.20	0.25	0.30	0.35	0.40	0.40	0.40	0.40	0.45	0.45	0.50	0.50	0.50
	9	0.10	0.30	0.35	0.40	0.40	0.40	0.45	0.45	0.45	0.45	0.50	0.50	0.50	0.50
	8	0.20	0.35	0.40	0.40	0.45	0.45	0.45	0.45	0.45	0.45	0.50	0.50	0.50	0.50
	7	0.25	0.40	0.40	0.45	0.45	0.45	0.45	0.45	0.45	0.50	0.50	0.50	0.50	0.50
	6	0.35	0.40	0.45	0.45	0.45	0.45	0.45	0.50	0.50	0.50	0.50	0.50	0.50	0.50
	5	0.40	0.44	0.45	0.45	0.45	0.50	0.50	0.50	0.50	0.50	0.50	0.50	0.50	0.50
	4	0.50	0.50	0.50	0.50	0.50	0.50	0.50	0.50	0.50	0.50	0.50	0.50	0.50	0.50
	3	0.65	0.55	0.50	0.50	0.50	0.50	0.50	0.50	0.50	0.50	0.50	0.50	0.50	0.50
	2	0.85	0.65	0.60	0.55	0.55	0.55	0.55	0.50	0.50	0.50	0.50	0.50	0.50	0.50
	1	1.35	1.00	0.90	0.80	0.75	0.75	0.70	0.70	0.65	0.65	0.60	0.55	0.55	0.55
12以上	自上1	−0.30	0.00	0.15	0.20	0.25	0.30	0.30	0.30	0.35	0.35	0.40	0.45	0.45	0.45
	2	−0.10	0.20	0.25	0.30	0.35	0.40	0.40	0.40	0.40	0.40	0.45	0.45	0.45	0.50
	3	0.05	0.25	0.35	0.40	0.40	0.40	0.45	0.45	0.45	0.45	0.45	0.50	0.50	0.50
	4	0.15	0.30	0.40	0.40	0.45	0.45	0.45	0.45	0.45	0.45	0.45	0.50	0.50	0.50
	5	0.25	0.30	0.40	0.45	0.45	0.45	0.45	0.45	0.45	0.45	0.50	0.50	0.50	0.50
	6	0.30	0.40	0.40	0.45	0.45	0.45	0.45	0.50	0.50	0.50	0.50	0.50	0.50	0.50
	7	0.35	0.40	0.40	0.45	0.45	0.45	0.50	0.50	0.50	0.50	0.50	0.50	0.50	0.50
	8	0.35	0.45	0.45	0.45	0.50	0.50	0.50	0.50	0.50	0.50	0.50	0.50	0.50	0.50
	中间	0.45	0.45	0.45	0.50	0.50	0.50	0.50	0.50	0.50	0.50	0.50	0.50	0.50	0.50
	4	0.55	0.50	0.50	0.50	0.50	0.50	0.50	0.50	0.50	0.50	0.50	0.50	0.50	0.50
	3	0.65	0.55	0.50	0.50	0.50	0.50	0.50	0.50	0.50	0.50	0.50	0.50	0.50	0.50
	2	0.70	0.70	0.60	0.55	0.55	0.55	0.55	0.50	0.50	0.50	0.50	0.50	0.50	0.50
	自下1	1.35	1.05	0.90	0.80	0.75	0.70	0.70	0.70	0.65	0.65	0.60	0.55	0.55	0.55

顶点集中水平荷载作用下各层柱标准反弯点高度比 y_n 表 2-5

m	n	$\overline{K}$													
		0.1	0.2	0.3	0.4	0.5	0.6	0.7	0.8	0.9	1.0	2.0	3.0	4.0	5.0
1	1	0.80	0.75	0.70	0.65	0.65	0.60	0.60	0.60	0.60	0.55	0.55	0.55	0.55	0.55
2	1	0.55	0.50	0.45	0.45	0.45	0.45	0.45	0.45	0.45	0.45	0.45	0.50	0.50	0.50
	2	1.15	0.95	0.85	0.80	0.75	0.70	0.70	0.65	0.65	0.65	0.60	0.55	0.55	0.55
3	3	0.40	0.40	0.40	0.40	0.40	0.40	0.40	0.45	0.45	0.45	0.45	0.50	0.50	0.50
	2	0.75	0.60	0.55	0.55	0.55	0.50	0.50	0.50	0.50	0.50	0.50	0.50	0.50	0.50
	1	1.30	1.00	0.90	0.80	0.75	0.70	0.70	0.70	0.65	0.65	0.60	0.55	0.55	0.55
4	4	0.35	0.35	0.35	0.40	0.40	0.40	0.40	0.45	0.45	0.45	0.45	0.50	0.50	0.50
	3	0.60	0.50	0.50	0.50	0.50	0.50	0.50	0.50	0.50	0.50	0.50	0.50	0.50	0.50
	2	0.85	0.65	0.60	0.55	0.55	0.55	0.55	0.50	0.50	0.50	0.50	0.50	0.50	0.50
	1	1.35	1.05	0.90	0.80	0.75	0.75	0.70	0.70	0.65	0.65	0.60	0.55	0.55	0.55
5	5	0.30	0.35	0.35	0.40	0.40	0.40	0.40	0.45	0.45	0.45	0.45	0.50	0.50	0.50
	4	0.50	0.45	0.45	0.50	0.50	0.50	0.50	0.50	0.50	0.50	0.50	0.50	0.50	0.50
	3	0.65	0.55	0.50	0.50	0.50	0.50	0.50	0.50	0.50	0.50	0.50	0.50	0.50	0.50
	2	0.90	0.70	0.60	0.55	0.55	0.55	0.55	0.55	0.50	0.50	0.50	0.50	0.50	0.50
	1	1.40	1.05	0.90	0.80	0.75	0.75	0.70	0.70	0.65	0.65	0.60	0.55	0.55	0.55
6	6	0.30	0.35	0.35	0.40	0.40	0.40	0.40	0.45	0.45	0.45	0.45	0.50	0.50	0.50
	5	0.45	0.45	0.45	0.45	0.50	0.50	0.50	0.50	0.50	0.50	0.50	0.50	0.50	0.50
	4	0.55	0.50	0.50	0.50	0.50	0.50	0.50	0.50	0.50	0.50	0.50	0.50	0.50	0.50
	3	0.65	0.55	0.55	0.50	0.50	0.50	0.50	0.50	0.50	0.50	0.50	0.50	0.50	0.50
	2	0.90	0.70	0.60	0.60	0.55	0.55	0.55	0.55	0.50	0.50	0.50	0.50	0.50	0.50
	1	1.40	1.05	0.90	0.80	0.75	0.75	0.70	0.70	0.65	0.65	0.60	0.55	0.55	0.55
7	7	0.30	0.35	0.35	0.40	0.40	0.40	0.40	0.45	0.45	0.45	0.45	0.50	0.50	0.50
	6	0.40	0.45	0.45	0.45	0.50	0.50	0.50	0.50	0.50	0.50	0.50	0.50	0.50	0.50
	5	0.50	0.50	0.50	0.50	0.50	0.50	0.50	0.50	0.50	0.50	0.50	0.50	0.50	0.50
	4	0.55	0.50	0.50	0.50	0.50	0.50	0.50	0.50	0.50	0.50	0.50	0.50	0.50	0.50
	3	0.70	0.55	0.55	0.50	0.50	0.50	0.50	0.50	0.50	0.50	0.50	0.50	0.50	0.50
	2	0.90	0.70	0.60	0.60	0.55	0.55	0.55	0.55	0.50	0.50	0.50	0.50	0.50	0.50
	1	1.40	1.05	0.90	0.80	0.75	0.75	0.70	0.70	0.65	0.65	0.60	0.55	0.55	0.55
8	8	0.30	0.35	0.35	0.40	0.40	0.40	0.40	0.45	0.45	0.45	0.45	0.50	0.50	0.50
	7	0.40	0.40	0.45	0.45	0.50	0.50	0.50	0.50	0.50	0.50	0.50	0.50	0.50	0.50
	6	0.45	0.50	0.50	0.50	0.50	0.50	0.50	0.50	0.50	0.50	0.50	0.50	0.50	0.50
	5	0.50	0.50	0.50	0.50	0.50	0.50	0.50	0.50	0.50	0.50	0.50	0.50	0.50	0.50
	4	0.60	0.50	0.50	0.50	0.50	0.50	0.50	0.50	0.50	0.50	0.50	0.50	0.50	0.50
	3	0.70	0.55	0.55	0.50	0.50	0.50	0.50	0.50	0.50	0.50	0.50	0.50	0.50	0.50
	2	0.90	0.70	0.60	0.60	0.55	0.55	0.55	0.55	0.50	0.50	0.50	0.50	0.50	0.50
	1	1.40	1.05	0.90	0.80	0.75	0.75	0.70	0.70	0.65	0.65	0.60	0.55	0.55	0.55
9	9	0.25	0.35	0.35	0.40	0.40	0.40	0.40	0.45	0.45	0.45	0.45	0.50	0.50	0.50
	8	0.40	0.45	0.45	0.45	0.50	0.50	0.50	0.50	0.50	0.50	0.50	0.50	0.50	0.50
	7	0.45	0.50	0.50	0.50	0.50	0.50	0.50	0.50	0.50	0.50	0.50	0.50	0.50	0.50

续表

m	n	$\overline{K}$													
		0.1	0.2	0.3	0.4	0.5	0.6	0.7	0.8	0.9	1.0	2.0	3.0	4.0	5.0
9	6	0.50	0.50	0.50	0.50	0.50	0.50	0.50	0.50	0.50	0.50	0.50	0.50	0.50	0.50
	5	0.55	0.50	0.50	0.50	0.50	0.50	0.50	0.50	0.50	0.50	0.50	0.50	0.50	0.50
	4	0.60	0.50	0.50	0.50	0.50	0.50	0.50	0.50	0.50	0.50	0.50	0.50	0.50	0.50
	3	0.70	0.55	0.50	0.50	0.50	0.50	0.50	0.50	0.50	0.50	0.50	0.50	0.50	0.50
	2	0.90	0.70	0.60	0.60	0.50	0.50	0.50	0.50	0.50	0.50	0.50	0.50	0.50	0.50
	1	1.40	1.05	0.90	0.80	0.75	0.75	0.70	0.70	0.65	0.60	0.60	0.55	0.55	0.55
10	10	0.25	0.35	0.35	0.40	0.40	0.40	0.40	0.45	0.45	0.45	0.45	0.50	0.50	0.50
	9	0.40	0.45	0.45	0.45	0.50	0.50	0.50	0.50	0.50	0.50	0.50	0.50	0.50	0.50
	8	0.45	0.50	0.50	0.50	0.50	0.50	0.50	0.50	0.50	0.50	0.50	0.50	0.50	0.50
	7	0.50	0.50	0.50	0.50	0.50	0.50	0.50	0.50	0.50	0.50	0.50	0.50	0.50	0.50
	6	0.50	0.50	0.50	0.50	0.50	0.50	0.50	0.50	0.50	0.50	0.50	0.50	0.50	0.50
	5	0.55	0.50	0.50	0.50	0.50	0.50	0.50	0.50	0.50	0.50	0.50	0.50	0.50	0.50
	4	0.60	0.50	0.50	0.50	0.50	0.50	0.50	0.50	0.50	0.50	0.50	0.50	0.50	0.50
	3	0.70	0.55	0.55	0.50	0.50	0.50	0.50	0.50	0.50	0.50	0.50	0.50	0.50	0.50
	2	0.90	0.70	0.60	0.60	0.55	0.55	0.55	0.55	0.50	0.50	0.50	0.50	0.50	0.50
	1	1.40	1.05	0.90	0.80	0.75	0.75	0.70	0.70	0.65	0.65	0.60	0.55	0.55	0.50
11	11	0.25	0.35	0.35	0.40	0.40	0.40	0.40	0.45	0.45	0.45	0.45	0.50	0.50	0.50
	10	0.40	0.45	0.45	0.45	0.50	0.50	0.50	0.50	0.50	0.50	0.50	0.50	0.50	0.50
	9	0.45	0.50	0.50	0.50	0.50	0.50	0.50	0.50	0.50	0.50	0.50	0.50	0.50	0.50
	8	0.50	0.50	0.50	0.50	0.50	0.50	0.50	0.50	0.50	0.50	0.50	0.50	0.50	0.50
	7	0.50	0.50	0.50	0.50	0.50	0.50	0.50	0.50	0.50	0.50	0.50	0.50	0.50	0.50
	6	0.50	0.50	0.50	0.50	0.50	0.50	0.50	0.50	0.50	0.50	0.50	0.50	0.50	0.50
	5	0.55	0.50	0.50	0.50	0.50	0.50	0.50	0.50	0.50	0.50	0.50	0.50	0.50	0.50
	4	0.60	0.50	0.50	0.50	0.50	0.50	0.50	0.50	0.50	0.50	0.50	0.50	0.50	0.50
	3	0.70	0.55	0.55	0.50	0.50	0.50	0.50	0.50	0.50	0.50	0.50	0.50	0.50	0.50
	2	0.90	0.70	0.60	0.60	0.55	0.55	0.55	0.55	0.50	0.50	0.50	0.50	0.50	0.50
	1	1.40	1.05	0.90	0.80	0.75	0.75	0.70	0.70	0.65	0.65	0.60	0.55	0.55	0.60
12	12	0.25	0.35	0.35	0.40	0.40	0.40	0.40	0.45	0.45	0.45	0.45	0.50	0.50	0.50
	11	0.40	0.45	0.45	0.45	0.50	0.50	0.50	0.50	0.50	0.50	0.50	0.50	0.50	0.50
	10	0.45	0.50	0.50	0.50	0.50	0.50	0.50	0.50	0.50	0.50	0.50	0.50	0.50	0.50
	9	0.50	0.50	0.50	0.50	0.50	0.50	0.50	0.50	0.50	0.50	0.50	0.50	0.50	0.50
	8	0.50	0.50	0.50	0.50	0.50	0.50	0.50	0.50	0.50	0.50	0.50	0.50	0.50	0.50
	7	0.50	0.50	0.50	0.50	0.50	0.50	0.50	0.50	0.50	0.50	0.50	0.50	0.50	0.50
	6	0.50	0.50	0.50	0.50	0.50	0.50	0.50	0.50	0.50	0.50	0.50	0.50	0.50	0.50
	5	0.55	0.50	0.50	0.50	0.50	0.50	0.50	0.50	0.50	0.50	0.50	0.50	0.50	0.50
	4	0.60	0.50	0.50	0.50	0.50	0.50	0.50	0.50	0.50	0.50	0.50	0.50	0.50	0.50
	3	0.70	0.55	0.50	0.50	0.50	0.50	0.50	0.50	0.50	0.50	0.50	0.50	0.50	0.50
	2	0.90	0.70	0.60	0.60	0.55	0.55	0.50	0.50	0.50	0.50	0.50	0.50	0.50	0.50
	1	1.40	1.05	0.90	0.80	0.75	0.75	0.70	0.65	0.65	0.65	0.60	0.55	0.55	0.55

上、下梁相对刚度变化的修正值 y_1 表 2-6

α_1	$\overline{K}$													
	0.1	0.2	0.3	0.4	0.5	0.6	0.7	0.8	0.9	1.0	2.0	3.0	4.0	5.0
0.4	0.55	0.40	0.30	0.25	0.20	0.20	0.20	0.15	0.15	0.15	0.05	0.05	0.05	0.05
0.5	0.45	0.30	0.20	0.20	0.20	0.15	0.15	0.10	0.10	0.10	0.05	0.05	0.05	0.05
0.6	0.30	0.20	0.15	0.15	0.10	0.10	0.10	0.10	0.05	0.05	0.05	0.05	0.00	0.00
0.7	0.20	0.15	0.10	0.10	0.10	0.10	0.05	0.05	0.05	0.05	0.05	0.00	0.00	0.00
0.8	0.15	0.10	0.05	0.05	0.05	0.05	0.05	0.05	0.05	0.00	0.00	0.00	0.00	0.00
0.9	0.05	0.05	0.05	0.05	0.00	0.00	0.00	0.00	0.00	0.00	0.00	0.00	0.00	0.00

注：对底层柱不考虑 α_1 值，不作此项修正。

上、下层高不同的修正值 y_2 和 y_3 表 2-7

α_2	α_3	$\overline{K}$												
		0.1	0.2	0.3	0.4	0.5	0.6	0.7	0.8	0.9	1.0	2.0	3.0	4.0	5.0
2.0		0.25	0.15	0.15	0.10	0.10	0.10	0.10	0.10	0.05	0.05	0.05	0.05	0.0	0.0
1.8		0.20	0.15	0.10	0.10	0.10	0.05	0.05	0.05	0.05	0.05	0.05	0.05	0.0	0.0
1.6	0.4	0.15	0.10	0.10	0.05	0.05	0.05	0.05	0.05	0.05	0.05	0.0	0.0	0.0	0.0
1.4	0.6	0.10	0.05	0.05	0.05	0.05	0.05	0.05	0.05	0.05	0.05	0.0	0.0	0.0	0.0
1.2	0.8	0.05	0.05	0.05	0.0	0.0	0.0	0.0	0.0	0.0	0.0	0.0	0.0	0.0	0.0
1.0	1.0	0.0	0.0	0.0	0.0	0.0	0.0	0.0	0.0	0.0	0.0	0.0	0.0	0.0	0.0
0.8	1.2	−0.05	−0.05	−0.05	0.0	0.0	0.0	0.0	0.0	0.0	0.0	0.0	0.0	0.0	0.0
0.6	1.4	−0.10	−0.05	−0.05	−0.05	−0.05	−0.05	−0.05	−0.05	−0.05	0.0	0.0	0.0	0.0	0.0
0.4	1.6	−0.15	−0.10	−0.10	−0.05	−0.05	−0.05	−0.05	−0.05	−0.05	−0.05	0.0	0.0	0.0	0.0
	1.8	−0.20	−0.15	−0.10	−0.10	−0.10	−0.05	−0.05	−0.05	−0.05	−0.05	0.0	0.0	0.0	0.0
	2.0	−0.25	−0.15	−0.15	−0.10	−0.10	−0.10	−0.10	−0.10	−0.05	−0.05	−0.05	0.0	0.0	0.0

注：y_2——上层层高变化的修正值，按照 α_2 求得，上层较高时为正值，但对于最上层 y_2 可不考虑；
y_3——下层层高变化的修正值，按照 α_3 求得，对于最下层 y_3 可不考虑。

$$V_b = \frac{M_b^l + M_b^r}{l} \tag{2-16}$$

$$N_i = \sum_{k=i}^{n} (V_b^l - V_b^r)_k \tag{2-17}$$

式中 M_b^l、M_b^r——节点左、右梁端的弯矩；

N_i——柱在 i 层的轴力，以受压为正。

其余符号意义见图 2-6，其中，i_b^l、i_b^r 为节点左、右梁的线刚度。

注意，按上述方法求得的梁、柱端弯矩和剪力均为支座中心处的弯矩和剪力，应进而求得梁、柱支座边缘截面的弯矩和剪力。

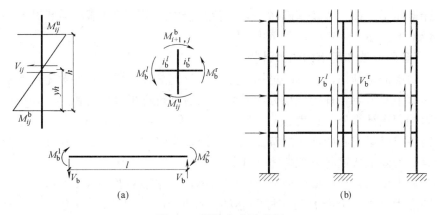

图 2-6 框架内力示意图

2.4 竖向荷载作用下框架结构内力计算

2.4.1 计算简图及荷载计算

竖向荷载作用下，一般取平面结构单元，按平面计算简图进行内力分析。根据结构布置及楼面荷载分布等情况，选取几榀有代表性的框架进行计算。作用在每榀框架上的荷载为将梁、板视为简支时的支座反力；如果楼面荷载均匀分布，则可从相邻柱距中线截取计算单元（图 2-7a），框架承受的竖向荷载为计算单元范围内的恒、活荷载；对现浇楼面结构，作用在框架梁、柱上的荷载可能为集中荷载、均布荷载、三角形或梯形分布荷载以及力矩等（图 2-7b）。

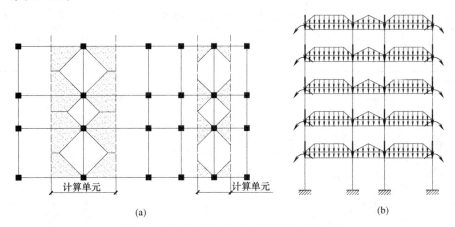

图 2-7 竖向荷载作用下框架结构计算简图

地震区的建筑结构一般应考虑两种内力组合：一种为地震组合（式 1-33），这种组合要求计算"恒载＋0.5 楼面活荷载"（重力荷载代表值）产生的内力；另一种为作用的基本组合（式 1-12），此时要求计算"恒载＋楼面活荷载"产生的内力。另外，第一种组合中的屋面活荷载应取雪荷载，而第二种组合时则应取屋面活荷载与雪荷载两者中的较大值。因此，竖向荷载作用下框架内力分析时，应分别计算"恒载""楼面活荷载（屋面取活荷载）"及"楼面活荷载（屋面取雪荷载）"三种荷载作用下的框架内力。

在设计楼面梁、柱、墙及基础时，第二种组合中的楼面活荷载应乘折减系数。这将使计算工作量增加很多，手算时可不考虑。

2.4.2 竖向荷载作用下的内力计算

对多、高层框架结构，手算时可用弯矩二次分配法计算梁、柱端弯矩。此法要求先确定梁的固端弯矩及节点各杆的弯矩分配系数，而后进行弯矩分配与传递。几种常见荷载作用下梁的固端弯矩计算公式见表 2-8。节点的不平衡力矩包括节点两侧反号的梁固端弯矩及由悬挑构件或纵梁偏心所产生的节点集中力矩，应将它们的代数和相加进行分配，最终的杆端弯矩应为固端弯矩与分配弯矩之代数和。

梁端弯矩求出后，从框架中截取梁为隔离体，用平衡条件可得梁端剪力及跨中弯矩。某层柱的轴力为该层以上所有与该柱相连的梁端剪力与节点集中力之和，当为恒载作用时，柱轴力中应包括柱自重。柱端剪力可由柱端弯矩用平衡条件确定。

2.4.3 活荷载的不利布置及梁端截面负弯矩调整

计算活荷载作用下的框架内力时，按理应考虑活荷载的不利布置，但这样将使计算量增加很多，故手算时一般采用简化方法。对于一般民用建筑，可按活荷载满布计算。将如此求得的梁支座截面弯矩和跨中截面弯矩乘以 1.1～1.3 的系数。

为了便于施工及提高框架结构的延性，通常对竖向荷载作用下的梁端截面负弯矩进行调整。对现浇框架结构，调整后的梁端截面负弯矩可取 0.8～0.9 倍弹性弯矩；对装配式框架结构，可取 0.7～0.8 倍弹性弯矩。梁端截面负弯矩调整后，跨中截面弯矩应按调整后的梁端截面弯矩及相应荷载用平衡条件求得。

按上述方法求得的梁、柱端弯矩和剪力为梁、柱支座中心处的弯矩和剪力，应进而求出梁支座边缘截面的弯矩和剪力。

等截面梁固端弯矩及杆端剪力　　　　　表 2-8

简　图	杆端弯矩		杆端剪力	
	M_{AB}	M_{BA}	V_{AB}	V_{BA}
集中荷载 P，距 A 为 a，距 B 为 b	$-Pa \cdot \beta^2$	$Pb \cdot \alpha^2$	$P\beta^2(1+2\alpha)$	$-P\alpha^2(1+2\beta)$
两个集中荷载 P，对称距端 a	$-Pa \cdot (1-\alpha)$	$-Pa(1-\alpha)$	P	$-P$
满跨均布 q	$-\dfrac{1}{12}ql^2$	$\dfrac{1}{12}ql^2$	$\dfrac{ql}{2}$	$-\dfrac{ql}{2}$
从 A 端部分均布 q，长 a	$-\dfrac{qa^2}{12}(6-8\alpha+3\alpha^2)$	$\dfrac{qa^2}{12}(4-3\alpha)\alpha$	$\dfrac{qa}{12}(2-2\alpha^2+\alpha^3)$	$-\dfrac{qa}{12}(2-\alpha)\alpha^2$
中间对称均布 q，长 b	$-\dfrac{qbl}{24}(3-\beta^2)$	$\dfrac{qbl}{24}(3-\beta^2)$	$\dfrac{qb}{2}$	$-\dfrac{qb}{2}$

续表

简 图	杆端弯矩		杆端剪力	
	M_{AB}	M_{BA}	V_{AB}	V_{BA}
(三角形荷载 A→B 递增，满跨)	$-\dfrac{ql^2}{30}$	$\dfrac{ql^2}{20}$	$\dfrac{3}{20}ql$	$-\dfrac{7}{20}ql$
(三角形荷载，跨中段 a、b)	$-\dfrac{qa^2}{6}\left(2-3\alpha+\dfrac{6\alpha^2}{5}\right)$	$\dfrac{qa^2}{4}\left(1-\dfrac{4\alpha}{5}\right)\alpha$	$\dfrac{qa}{4}\left(2-3\alpha^2+\dfrac{8\alpha^3}{5}\right)$	$-\dfrac{qa}{4}\left(3-\dfrac{8\alpha}{5}\right)\alpha^2$
(三角形荷载，b 段)	$-\dfrac{qb^2}{12}\left(1-\dfrac{3\beta}{5}\right)\beta$	$\dfrac{qb^2}{12}\left(2\alpha+\dfrac{3\beta^2}{5}\right)$	$\dfrac{qb}{4}\left(1-\dfrac{2\beta}{5}\right)\beta^2$	$-\dfrac{qb}{4}\left(2-\beta^2+\dfrac{2\beta^3}{5}\right)$
(三角形对称 l/2+l/2)	$-\dfrac{5}{96}ql^2$	$\dfrac{5}{96}ql^2$	$\dfrac{1}{4}ql$	$-\dfrac{1}{4}ql$
(梯形对称分布)	$-\dfrac{ql^2}{12}(1-2\alpha^2+\alpha^3)$	$\dfrac{ql^2}{12}(1-2\alpha^2+\alpha^3)$	$\dfrac{ql}{2}(1-\alpha)$	$-\dfrac{ql}{2}(1-\alpha)$
(均布荷载，A固定 B滑动)	$-\dfrac{1}{3}ql^2$	$-\dfrac{1}{6}ql^2$	ql	0
(三角形荷载，A固定 B滑动)	$-\dfrac{5}{24}ql^2$	$-\dfrac{1}{8}ql^2$	$\dfrac{1}{2}ql$	0

注：$\alpha=a/l$，$\beta=b/l$。

2.5 框架梁、柱内力组合

2.5.1 结构的抗震等级

在抗震设计中，结构的延性具有与其抗震承载力同等甚至更大的重要性。结构对延性和耗能能力要求的严格程度可分为四级：很严格（一级）、严格（二级）、较严格（三级）和一般（四级），这称之为结构的抗震等级。设计时应根据不同的抗震等级采用相应的计算和构造措施。

钢筋混凝土结构房屋应根据烈度、结构类型和房屋高度采用不同的抗震等级。抗震等级的确定应符合下列要求：丙类建筑宜按表2-9确定；甲类建筑和乙类建筑应按本地区设防烈度提高一度后按表 2-9 确定。框架-抗震墙结构中，在基本振型地震作用下，若框架部分承受的地震倾覆力矩大于结构总地震倾覆力矩的 50%，其框架部分的抗震等级应按框架结构确定。裙房与主楼相连，除应按裙房本身确定外，不应低于主楼的抗震等级；主楼结构在裙房顶层及相邻上下各一层应适当加强抗震构造措施。裙房与主楼分离时，应按裙房本身确定抗震等级。当地下室顶板作为上部结构的嵌固部位时，地下一层的抗震等级应与上部结构相同，地下一层以下的抗震等级可根据具体情况采用三级或更低等级。地下室中无上部结构的部分，可根据具体情况采用三级或更低等级。

现浇钢筋混凝土房屋的抗震等级　　　　表 2-9

结构类型		设防烈度							
		6		7		8		9	
框架结构	高度(m)	≤24	>24	≤24	>24	≤24	>24	≤24	
	框架	四	三	三	二	二	一	一	
	大跨度框架	三		二		一		一	
框架-抗震墙结构	高度(m)	≤60	>60	≤24	25～60	>60	≤24	25～60	>60	≤24	25～50
	框架	四	三	四	三	二	三	二	一	二	一
	抗震墙	三	三	三	二	二	一	一	
抗震墙结构	高度(m)	≤80	>80	≤24	25～80	>80	≤24	25～80	>80	≤24	25～60
	剪力墙	四	三	四	三	二	三	二	一	二	一
部分框支抗震墙结构	抗震墙 一般部位	四	三	四	三	二	三	二			
	抗震墙 加强部位	三	二	三	二	一	二	一			
	框支层框架	二		二		一					
框架-核心筒	框架	三		二		一		一	
	核心筒	二		二		一		一	
筒中筒	外筒	三		二		一		一	
	内筒	三		二		一		一	
板柱-抗震墙结构	高度(m)	≤35	>35	≤35	>35	≤35	>35		
	框架、板柱的柱	三	二	二	二	一	一		
	抗震墙	二	二	二	一	二	一		

注：1. 建筑场地为Ⅰ类时，除 6 度外应允许按表内降低一度所对应的抗震等级采取抗震构造措施，但相应的计算要求不应降低；
2. 接近或等于高度分界时，应允许结合房屋不规则程度及场地、地基条件确定抗震等级；
3. 大跨度框架指跨度大于 18m 的框架；
4. 高度不超过 60m 的框架-核心筒结构按框架-抗震墙的要求设计时，应按表中框架-抗震墙的规定确定抗震等级。

2.5.2 框架梁内力组合

持久、短暂设计状况及地震设计状况下的作用组合原则已分别在 1.3.3 和 1.4.6 节阐述，本节结合框架结构的特点给予具体说明。

框架梁内力控制截面一般取两端支座截面及跨中截面。支座截面内力有支座正、负弯矩及剪力，跨中截面一般为跨中正弯矩。

1. 梁支座截面组合的负弯矩设计值

持久、短暂设计状况下，梁支座截面组合的负弯矩设计值按式（1-13）确定，式中 S_{Gk}、S_{Qk}、S_{wk} 分别用 M_{Gk}、M_{Qk}、M_{wk} 表示，其中 M_{Gk}、M_{Qk}、M_{wk} 分别为由恒载、楼面活荷载及风载标准值在梁截面上产生的弯矩标准值。

地震设计状况下，梁支座截面组合的负弯矩设计值按式（1-33）确定，具体表示如下：

$$-M = -(1.3M_{GE} + 1.4M_{Ehk}) \tag{2-18}$$

式中 M_{GE}、M_{Ehk} —— 由重力荷载代表值及水平地震作用标准值在梁截面上产生的弯矩标准值。

2. 梁支座截面组合的正弯矩设计值

持久、短暂设计状况下，梁支座截面组合的正弯矩设计值按式（1-13）确定，此时楼面活荷载对支座截面有利，故不考虑，即

$$M = 1.5M_{wk} - 1.0M_{Gk} \tag{2-19}$$

地震设计状况下，梁支座截面组合的正弯矩设计值按式（1-33）确定，具体可表示如下：

$$M = 1.4M_{Ehk} - 1.0M_{GE} \tag{2-20}$$

按式（1-13）以及式（2-18）～式（2-20）组合内力时，其中 M_{Gk}、M_{Qk}、M_{GE} 可乘弯矩调整系数 β。

3. 梁端截面组合的剪力设计值

持久、短暂设计状况下，梁支座截面组合的剪力设计值按式（1-13）确定，式中的 S_{Gk}、S_{Qk}、S_{wk} 分别用 V_{Gk}、V_{Qk}、V_{wk} 表示，其中 V_{Gk}、V_{Qk}、V_{wk} 分别表示由恒载、楼面活荷载及风荷载标准值在梁端截面产生的剪力标准值。

地震设计状况下，一、二、三级的框架梁和抗震墙的连梁，其梁端截面组合的剪力设计值应按下式调整：

$$V = \eta_{vb}(M_b^l + M_b^r)/l_n + V_{Gb} \tag{2-21}$$

一级框架结构和 9 度的一级框架梁、连梁可不按上式调整，但应符合下式要求：

$$V = 1.1(M_{bua}^l + M_{bua}^r)/l_n + V_{Gb} \tag{2-22}$$

式中 l_n —— 梁的净跨；

V_{Gb} —— 梁在重力荷载代表值（9 度时高层建筑还包括竖向地震作用标准值）作用下，按简支梁分析的梁端截面剪力设计值；

M_b^l、M_b^r —— 梁左、右端截面反时针或顺时针方向组合的弯矩设计值，一级框架两端弯矩均为负弯矩时，绝对值较小一端的弯矩取零；

M_{bua}^l、M_{bua}^r —— 梁左、右端截面反时针或顺时针方向根据实配钢筋面积（考虑受压筋和相关楼板钢筋）和材料强度标准值计算的抗震受弯承载力所对应的弯矩值；

η_{vb} —— 梁端剪力增大系数，一级为 1.3，二级为 1.2，三级为 1.1。

式（2-21）中 M_b^l 与 M_b^r 之和以及式（2-22）中 M_{bua}^l 与 M_{bua}^r 之和，应分别按顺时针和反时针方向进行计算，并取其较大值。每端的 M_{bua} 值可按受弯构件正截面承载力公式计算，但在计算中材料取强度标准值，并取实配的钢筋面积，不等式改为等式，同时在等式右边除以梁的正截面承载力抗震调整系数。

4. 梁跨间最大正弯矩组合的设计值

持久、短暂设计状态和地震设计状况下，梁跨间最大正弯矩的确定方法相同，故仅以地震设计状况为例予以说明。

地震设计状况下，梁跨间最大弯矩应是水平地震作用产生的跨间弯矩与相应的重力荷载代表值产生的跨间弯矩的组合。由于水平地震作用可能来自左、右两个方向，因而应考虑两种可能性，分别求出跨间弯矩，然后取较大者进行截面配筋计算，如图 2-8 所示。求跨间最大弯矩通常采用两种方法：作弯矩包络图及解析法。下面以左地震作用为例说明如何用解析法求跨间最大弯矩。

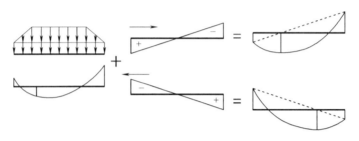

图 2-8 梁跨间最大弯矩组合

从框架中截取梁为隔离体，如图 2-9 所示。梁上作用重力荷载代表值的设计值 $1.3q_1$ （梁自重及墙重等）和 $1.3q_2$ （板重及楼面活载的组合值）；梁两端作用组合的弯矩设计值，它等于水平地震作用及重力荷载代表值产生的弯矩设计值之和，即

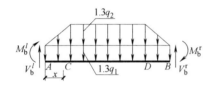

图 2-9 梁跨间最大弯矩计算

$$M_b^l = 1.4 M_{Ehk}^l - 1.0 M_{GE}^l \beta$$
$$M_b^r = 1.4 M_{Ehk}^r + 1.3 M_{GE}^r \beta$$

此处 β 为弯矩调整系数。按下述步骤求梁跨间最大弯矩：

（1）用平衡条件求梁端剪力 V_b^l；

（2）写出距梁端 x 截面处的弯矩方程式 $M(x)$；对图 2-9 所示情况，最大弯矩可能在 AC 段或 CD 段，应分段写出方程；

（3）令 $dM(x)/dx=0$，求出 x。若 $x>0$ 且与原假定相符合（如假定 x 在 AC 段），则所得 x 有效；若 $x>0$ 但与原假定不符合，应重新写 $M(x)$ 并求 x；若 $x<0$，说明梁跨间弯矩比梁端正弯矩小，此时应以梁端正弯矩作为跨间最大弯矩；

（4）将 x 代入 $M(x)$，即得梁跨间最大正弯矩。

2.5.3 框架柱内力组合

柱内力控制截面一般取柱上、下端截面，每个截面上有 M、N 和 V。

1. 柱端截面弯矩 M 和轴力 N 组合的设计值

持久、短暂设计状况下，柱端截面组合的弯矩 M 和相应的轴力 N 设计值按式（1-13）确定，式中 S_{Gk}、S_{Qk}、S_{wk} 分别用 M_{Gk}、M_{Qk}、M_{wk} 和 N_{Gk}、N_{Qk}、N_{wk} 表示，其中 M_{Gk}、M_{Qk}、M_{wk} 和 N_{Gk}、N_{Qk}、N_{wk} 分别为由恒载、楼面活荷载及风载标准值在柱端截面上产生的弯矩标准值和相应的轴力标准值。

地震设计状况下，柱端截面组合的弯矩 M 和相应的轴力 N 设计值按式（1-33）确定，式中 S_{GE}、S_{Ehk} 分别用 M_{GE}、M_{Ehk} 和 N_{GE}、N_{Ehk} 表示，其中 M_{GE}、M_{Ehk} 和 N_{GE}、N_{Ehk} 分别为由重力荷载代表值和水平地震作用标准值在柱端截面上产生的弯矩标准值和相应的轴力标准值。

由于柱是偏心受力构件且一般采用对称配筋，故应从上述组合中求出下列最不利内力：

（1）$|M|_{max}$ 及相应的 N；

（2）N_{max} 及相应的 M；

（3）N_{min} 及相应的 M。

对于地震设计状况或持久、短暂设计状况中考虑风荷载的组合，应注意从两个方向的水平地震作用或风荷载效应中确定最不利内力，如图 2-10 所示。

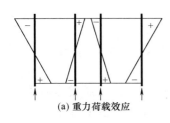 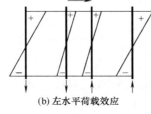 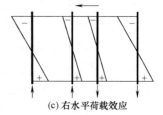

(a) 重力荷载效应　　　(b) 左水平荷载效应　　　(c) 右水平荷载效应

图 2-10　柱荷载效应

2. 柱端截面弯矩设计值的调整

（1）一、二、三、四级框架的梁柱节点处，除框架顶层和轴压比小于 0.15 者及框支梁与框支柱的节点外，柱端组合的弯矩设计值应符合下式要求：

$$\sum M_c = \eta_c \sum M_b \tag{2-23}$$

一级框架结构和 9 度的一级框架可不符合上式要求，但应符合下式要求：

$$\sum M_c = 1.2 \sum M_{bua} \tag{2-24}$$

式中　$\sum M_c$——节点上下柱端截面顺时针或反时针方向组合的弯矩设计值之和，上下柱端的弯矩设计值，可按弹性分析分配；

　　　$\sum M_b$——节点左右梁端截面反时针或顺时针方向组合的弯矩设计值之和，一级框架节点左右梁端均为负弯矩时，绝对值较小的弯矩应取零；

　　　$\sum M_{bua}$——节点左右梁端截面反时针或顺时针方向实配的正截面抗震受弯承载力所对应的弯矩值之和，根据实配钢筋面积（计入梁受压筋和相关楼板钢筋）和材料强度标准值确定；

　　　η_c——柱端弯矩增大系数；对框架结构，一、二、三、四级可分别取 1.7、1.5、1.3、1.2；其他结构类型中的框架，一级可取 1.4，二级可取 1.2，三、四级可取 1.1。

当反弯点不在柱的层高范围内时，柱端截面组合的弯矩设计值可乘以上述柱端弯矩增大系数 η_c。因为当框架底部若干层的柱反弯点不在楼层内时，说明该若干层的框架梁相对较弱，为了避免在竖向荷载和地震共同作用下引起变形集中，压屈失稳，故对柱端弯矩乘柱端弯矩增大系数。

（2）为了避免框架柱脚过早屈服，一、二、三、四级框架结构的底层，柱下端截面组合的弯矩设计值，应分别乘以增大系数 1.7、1.5、1.3 和 1.2。此处，底层是指无地下室的基础以上或地下室以上的首层。底层柱纵向钢筋应按上下端的不利情况配置。

3. 柱端组合的剪力设计值的调整

持久、短暂设计状况下,柱端截面组合的剪力设计值按式(1-13)确定,式中 S_{Gk}、S_{Qk}、S_{wk} 分别用 V_{Gk}、V_{Qk}、V_{wk} 表示,其中 V_{Gk}、V_{Qk}、V_{wk} 分别为由恒载、楼面活荷载及风载标准值在柱端截面上产生的剪力标准值。

地震设计状况下,一、二、三、四级的框架柱和框支柱端部组合的剪力设计值应按下式调整:

$$V=\eta_{vc}(M_c^t+M_c^b)/H_n \quad (2\text{-}25)$$

一级的框架结构和9度的一级框架可不按上式调整,但应符合下式要求:

$$V=1.2(M_{cua}^t+M_{cua}^b)/H_n \quad (2\text{-}26)$$

式中　　V——柱端截面组合的剪力设计值;

H_n——柱的净高;

M_c^t、M_c^b——柱的上下端顺时针或反时针方向截面组合的弯矩设计值,应符合上述柱端弯矩设计值调整的要求(即式2-23或式2-24);

M_{cua}^t、M_{cua}^b——偏心受压柱的上下端顺时针或反时针方向实配的正截面抗震受弯承载力所对应的弯矩值,根据实配钢筋面积、材料强度标准值和轴压力等确定;

η_{vc}——柱端剪力增大系数;对框架结构,一、二、三、四级可分别取1.5、1.3、1.2、1.1;其他结构类型中的框架,一级可取1.4,二级可取1.2,三、四级可取1.1。

式(2-25)中 M_c^t 与 M_c^b 之和以及式(2-26)中 M_{cua}^t 与 M_{cua}^b 之和,应分别按顺时针和反时针方向进行计算,并取其较大值。

4. 框架角柱地震作用效应的调整

由地震引起的建筑结构扭转,会使角柱地震作用效应明显增大,故应对角柱的地震作用效应予以调整。一、二、三、四级框架的角柱,经过上述调整后的组合弯矩设计值、剪力设计值尚应乘不小于1.10的增大系数。

2.6　构件设计及构造措施

通过内力组合求得梁、柱构件各控制截面的最不利内力设计值并进行必要的调整后,即可对其进行截面配筋计算和采取构造措施。

2.6.1　一般原则

(1) 从地震设计状况及持久、短暂设计状况的组合的内力设计值中,选取最不利的内力设计值进行截面配筋计算。

(2) 构件的抗震承载力计算方法

1) 正截面抗震承载力。试验研究表明,在低周反复荷载作用下,构件的正截面承载力与一次静力加载时的正截面承载力没有太多差别。因此,对框架梁、柱、剪力墙及连梁等构件,其正截面承载力仍可用静力荷载作用下的相应公式计算,但应考虑相应的承载力抗震调整系数。

2) 斜截面抗震受剪承载力。试验研究表明,在低周反复荷载作用下,构件上出现两不同方向的交叉斜裂缝，直接承受剪力的混凝土受压区因有斜裂缝通过，其受剪承载力比一次静力加载时的受剪承载力低。因此抗震设计时，框架梁、柱、剪力墙及连梁等构件的斜截面受剪承载力值比静力荷载作用下低，且应考虑相应的承载力抗震调整系数。

（3）抗震设计时，构件除应具有足够的承载力和适当的刚度外，还应具有良好的延性。为此，截面设计应遵循以下原则：

1）强柱弱梁。指设计框架时应保证框架节点上下柱端的受弯承载力大于左右梁端的受弯承载力，避免柱中出现塑性铰而形成柱铰型破坏机构。因为梁铰破坏机构的抗震性能优于柱铰破坏机构。

2）强剪弱弯。指框架梁、柱、剪力墙及连梁等构件的斜截面受剪承载力宜大于构件弯曲屈服时实际达到的剪力值，防止构件发生脆性剪切破坏。

3）强节点、强锚固。强节点是指梁柱节点的承载力应高于相邻构件的承载力，强锚固是指构件在达到极限承载力之前不应发生锚固失效。这是为了防止节点破坏或锚固失效发生在塑性铰充分发挥作用之前，以确保框架结构的延性要求。

（4）抗震设计时，为保证结构构件具有良好的抗震性能，应选用合适的结构材料。

试验表明，强度等级偏低的混凝土，钢筋与混凝土之间的粘结强度较差，钢筋受力后容易发生滑移。混凝土强度过高，则脆性明显，影响结构的延性。因此，混凝土的强度等级：剪力墙不宜超过C60；其他构件，设防烈度8度时不宜超过C70，9度时不宜超过C60；对框支梁、框支柱以及一级抗震等级的框架梁、柱和节点，不应低于C30，其他各类构件不应低于C25。

由于钢筋的塑性指标随钢筋级别的提高而降低，故构件的延性也随着钢筋级别的提高而降低。为了使结构构件满足一定的延性要求，梁、柱纵向受力钢筋应采用HRB400、HRB500、HRBF400、HRBF500级钢筋；箍筋宜采用HRB400、HRBF400、HPB300、HRB500、HRBF500级钢筋。

为了使框架梁端截面塑性铰具有足够的转动能力，避免钢筋过早被拉断，对一、二、三级抗震等级的框架结构，其纵向受力普通钢筋的抗拉强度实测值与屈服强度实测值的比值不应小于1.25；钢筋最大力总延伸率实测值不应小于9%。另外，在抗震结构中，如果钢筋实际的屈服强度比标准值高出太多，则有可能导致构件的破坏形态改变，如在梁中可能导致应该出现塑性铰的位置不出现塑性铰的不利后果。因此，钢筋的屈服强度实测值与钢筋强度标准值的比值，当按一、二、三级抗震等级设计时，不应大于1.3。

2.6.2 框架梁

1. 梁正截面受弯承载力计算

根据式（1-34）和式（1-35）的规定，梁截面受弯承载力的设计表达式可写为

持久、短暂设计状况 $\quad\quad\quad \gamma_0 M \leqslant M_u$ (2-27)

地震设计状况 $\quad\quad\quad \gamma_{RE} M_E \leqslant M_u$ (2-28)

式中 M、M_E——持久、短暂设计状况及地震设计状况梁截面组合的弯矩设计值；

M_u——梁截面承载力设计值；

γ_{RE}——承载力抗震调整系数，按表1-18取值；

γ_0——结构重要性系数。

设计时，将$\gamma_0 M$与$\gamma_{RE} M_E$进行比较，然后取大者进行配筋计算。对于楼面现浇的框

架结构,按矩形截面计算承受支座截面负弯矩的纵筋数量;按 T 形截面计算承受跨中截面正弯矩的纵筋数量,跨中截面的计算弯矩,应取该跨的跨间最大正弯矩、支座正弯矩、1/2 简支梁弯矩之中的较大者。

按式(2-27)计算时,梁截面受压区相对高度应满足 $\xi \leqslant \xi_b$;按式(2-28)计算时,梁端截面受压区相对高度 ξ,一级抗震等级不应大于 0.25,二、三级不应大于 0.35。设计时可先按跨中截面弯矩计算梁下部的纵向受拉钢筋面积,然后将其伸入支座,作为支座截面承受负弯矩的受压钢筋面积 A'_s,再按双筋矩形截面计算梁端截面上部纵筋面积 A_s。

2. 斜截面抗震受剪承载力计算

地震设计状况下,梁斜截面抗震受剪承载力按下式计算:

$$V \leqslant \frac{1}{\gamma_{RE}} \left(0.6\alpha_{cv} f_t b h_0 + f_{yv} \frac{A_{sv}}{s} h_0 \right) \tag{2-29}$$

式中 α_{cv} ——截面混凝土受剪承载力系数,对于一般受弯构件取 0.7;对集中荷载作用下(包括作用有多种荷载,其集中荷载对支座截面或节点边缘所产生的剪力值占总剪力值75%以上的情况)的独立梁,取 $\alpha_{cv}=1.75/(\lambda+1)$,$\lambda$ 为计算截面的剪跨比,可取 $\lambda=a/h_0$,当 $\lambda<1.5$ 时取 1.5,当 $\lambda>3$ 时取 3,a 为集中荷载作用点至邻近支座截面或节点边缘的距离;

b、h_0 ——梁截面宽度和有效高度;

f_{yv} ——箍筋抗拉强度设计值;

f_t ——混凝土抗拉强度设计值;

A_{sv} ——配置在同一截面内箍筋各肢的全部截面面积;

s ——箍筋间距。

框架梁、柱、抗震墙和连梁,其截面组合的剪力设计值应符合下列要求:

(1)跨高比大于 2.5 的梁和连梁及剪跨比大于 2 的柱和抗震墙:

$$V \leqslant (0.20\beta_c f_c b h_0)/\gamma_{RE} \tag{2-30}$$

(2)跨高比不大于 2.5 的梁和连梁、剪跨比不大于 2 的柱和抗震墙、部分框支抗震墙结构的框支柱和框支梁以及落地抗震墙底部加强部位:

$$V \leqslant (0.15\beta_c f_c b h_0)/\gamma_{RE} \tag{2-31}$$

式中 f_c ——混凝土轴心抗压强度设计值;

β_c ——混凝土强度影响系数,当混凝土强度等级不超过 C50 时,β_c 取 1.0;混凝土强度等级为 C80 时,β_c 取 0.8,其间按线性内插法取用。

剪跨比 λ 按下式计算:

$$\lambda = M^c/(V^c h_0) \tag{2-32}$$

式中 λ ——剪跨比,应按柱端或墙端截面组合的弯矩计算值 M^c、对应的截面组合剪力计算值 V^c 及截面有效高度 h_0 确定,并取上、下端计算结果的较大值;反弯点位于柱中部的框架柱可按柱净高与 2 倍柱截面高度之比计算。

3. 梁的抗震构造措施

(1)纵向受拉钢筋

为保证梁截面有足够的受弯承载力,以耗散地震能量,防止脆断,抗震设计时其纵向受拉钢筋的配筋率不应小于表 2-10 规定的数值,同时梁端纵向受拉钢筋的配筋率不宜大于

2.5%，不应大于2.75%；当梁端纵向受拉钢筋的配筋率大于2.5%时，受压钢筋的配筋率不应小于受拉钢筋的1/2。非抗震设计时，最小配筋百分率不应小于0.2%和$0.45f_t/f_y$。

抗震设计时，计入受压钢筋作用的梁端截面混凝土受压区高度与有效高度之比值，一级抗震等级不应大于0.25，二、三级抗震等级不应大于0.35。梁端截面的底面和顶面纵向钢筋配筋量的比值，除按计算确定外，一级不应小于0.5，二、三级不应小于0.3。这是因为梁端配置一定数量的纵向受压钢筋，可以减小混凝土受压区高度，提高梁端截面塑性铰区的变形能力。

框架梁纵向受拉钢筋最小配筋百分率（%） 表 2-10

抗震等级	梁 中 位 置	
	支 座	跨 中
一	0.40和$80f_t/f_y$中的较大值	0.30和$65f_t/f_y$中的较大值
二	0.30和$65f_t/f_y$中的较大值	0.25和$55f_t/f_y$中的较大值
三、四	0.25和$55f_t/f_y$中的较大值	0.20和$45f_t/f_y$中的较大值

在地震组合下，框架梁的弯矩分布和反弯点位置可能发生较大变化，故需配置一定数量贯通全长的纵向钢筋。沿梁全长顶面和底面应至少配置两根纵向钢筋，一、二级抗震等级时钢筋直径不应小于14mm，且分别不应少于梁两端顶面和底面纵向配筋中较大截面面积的1/4；三、四级抗震设计时钢筋直径不应小于12mm。

为了防止框架梁的纵向受力钢筋在地震作用下产生滑移，一、二、三级抗震等级的框架梁内贯通中柱的每根纵向钢筋直径，对于框架结构不应大于矩形截面柱在该方向截面尺寸的1/20，或纵向钢筋所在位置圆形截面柱弦长的1/20；对于其他类型的框架不宜大于矩形截面柱在该方向截面尺寸的1/20，或纵向钢筋所在位置圆形截面柱弦长的1/20。

框架梁中的纵向钢筋一般采用直钢筋，不宜采用弯起钢筋。当梁的腹板高度$h_w \geq 450$mm时，还应在梁的两个侧面沿高度配置纵向构造钢筋，每侧纵向构造钢筋（不包括梁上、下部受力钢筋及架立钢筋）的截面面积不应小于腹板截面面积bh_w的0.1%，且其间距不宜大于200mm。

（2）框架梁中箍筋的构造要求

为保证在竖向荷载及水平地震作用下框架梁端的塑性铰区有足够的受剪承载力，也为了增加箍筋对混凝土的约束作用，保证梁铰型延性机构的实现，梁中箍筋的配置应符合下列规定：

1）梁端箍筋的加密区长度、箍筋最大间距和最小直径应按表2-11采用，当梁端纵向受拉筋配筋率大于2%时，表中箍筋最小直径数值应增大2mm；

梁端箍筋加密区的长度、箍筋的最大间距和最小直径 表 2-11

抗震等级	加密区长度(采用较大值)(mm)	箍筋最大间距(采用最小值)(mm)	箍筋最小直径(mm)
一	$1.5h_b$, 500	$h_b/4$, 8d, 100	10
二	$1.5h_b$, 500	$h_b/4$, 8d, 150	8
三	$1.5h_b$, 500	$h_b/4$, 8d, 150	8
四	$2h_b$, 500	$h_b/4$, 6d, 100	6

注：1. d为纵向钢筋直径，h_b为梁截面高度；
  2. 箍筋直径大于12mm、数量不少于4肢且肢距不大于150mm时，一、二级的最大间距应允许适当放宽，但不得大于150mm。

2）框架梁沿梁全长箍筋的配箍率 ρ_{sv} 应符合下列要求：

一级抗震等级　　　　　　$\rho_{sv} \geq 0.30 f_t / f_{yv}$

二级抗震等级　　　　　　$\rho_{sv} \geq 0.28 f_t / f_{yv}$

三、四级抗震等级　　　　$\rho_{sv} \geq 0.26 f_t / f_{yv}$

3）第一个箍筋应设置在距节点边缘 50mm 处；

4）在箍筋加密区范围内的箍筋肢距：一级抗震等级不宜大于 200mm 及 20 倍箍筋直径的较大者；二、三级抗震等级不宜大于 250mm 及 20 倍箍筋直径的较大值；四级抗震等级不宜大于 300mm；

5）箍筋应有 135°弯钩，弯钩端头直段长度不应小于 10 倍的箍筋直径和 75mm 的较大值；

6）在纵向钢筋搭接长度范围内的箍筋间距，钢筋受拉时不应大于搭接钢筋较小直径的 5 倍，且不应大于 100mm；钢筋受压时不应大于搭接钢筋较小直径的 10 倍，且不应大于 200mm；

7）框架梁非加密区的箍筋最大间距不宜大于加密区箍筋间距的 2 倍。

2.6.3 框架柱

1. 柱截面尺寸验算

柱截面尺寸宜满足剪跨比及轴压比的要求。柱的剪跨比按式（2-32）确定，其值宜大于 2，同时柱端截面组合的剪力设计值应满足式（2-30）或式（2-31）的要求，以防止柱发生脆性剪切破坏。柱的轴压比是指柱组合的轴压力设计值与柱的全截面面积和混凝土轴心抗压强度设计值乘积之比值。轴压比较小时，在水平地震作用下，柱将发生大偏心受压的弯曲型破坏，柱具有较好的位移延性；轴压比较大时，柱可能发生小偏心受压的压溃型破坏，柱几乎没有位移延性。因此，必须合理确定柱的截面尺寸，使框架柱处于大偏心受压状态，保证柱具有一定的延性。

抗震设计时，钢筋混凝土柱轴压比不宜超过表 2-12 的规定；建造于Ⅳ类场地上较高的高层建筑的轴压比限值应适当减小。

柱轴压比限值　　　　表 2-12

结构类型	抗震等级			
	一	二	三	四
框架结构	0.65	0.75	0.85	0.90
框架-抗震墙,板柱-抗震墙、框架-核心筒及筒中筒	0.75	0.85	0.90	0.95
部分框支抗震墙	0.6	0.7		

注：1. 表内限值适用于剪跨比大于 2、混凝土强度等级不高于 C60 的柱；剪跨比不大于 2 的柱，轴压比限值应降低 0.05；剪跨比小于 1.5 的柱，轴压比限值应专门研究并采取特殊构造措施。

2. 沿柱全高采用井字复合箍且箍筋肢距不大于 200mm、间距不大于 100mm、直径不小于 12mm，或沿柱全高采用复合螺旋箍、螺旋间距不大于 100mm、箍筋肢距不大于 200mm、直径不小于 12mm，或沿柱全高采用连续复合矩形螺旋箍、螺旋净距不大于 80mm、箍筋肢距不大于 200mm、直径不小于 10mm，轴压比限值均可增加 0.10；上述三种箍筋的体积配箍率均应按增大的轴压比相应加大。

3. 在柱的截面中部附加芯柱，其中另加的纵向钢筋的总面积不少于柱截面面积的 0.8%，轴压比限值可增加 0.05；此项措施与注 2 的措施共同采用时，轴压比限值可增加 0.15，但箍筋的体积配箍率仍可按轴压比增加 0.10 的要求确定。

4. 柱轴压比不应大于 1.05。

2. 柱正截面受压承载力计算

根据柱端截面组合的内力设计值及其调整值，按正截面偏心受压（或受拉）承载力计算方法计算柱的纵向受力钢筋。柱宜采用对称配筋，地震设计状况与持久、短暂设计状况采用相同的承载力计算公式，但地震设计状况下，计算公式的右端项应除以承载力抗震调整系数 γ_{RE}，γ_{RE} 按表 1-18 取值。

在偏心受压构件承载力计算中，考虑构件自身挠曲二阶效应的影响时，构件的计算长度取其支撑长度。而在计算受压构件轴心受压承载力以及偏心受压构件使用阶段的轴向压力偏心距增大系数（计算裂缝宽度）时，一般多层房屋中梁柱为刚接的框架结构，各层柱的计算长度 l_0 按表 2-13 取用。

框架结构各层柱段的计算长度 l_0　　　　　表 2-13

楼盖类型	柱　段	计算长度 l_0
现浇楼盖	底层柱段	$1.0H$
	其余各层柱段	$1.25H$
装配式楼盖	底层柱段	$1.25H$
	其余各层柱段	$1.5H$

注：表中 H 对底层柱为从基础顶面到一层楼盖顶面的高度；对其余各层柱为上、下两层楼盖顶面之间的高度。

3. 柱斜面受剪承载力计算

（1）偏心受压柱斜截面受剪承载力按下列公式计算：

$$V_c \leqslant \frac{1}{\gamma_{RE}}\left(\frac{1.05}{\lambda+1}f_t b h_0 + f_{yv}\frac{A_{sv}}{s}h_0 + 0.056N\right) \quad (2\text{-}33)$$

式中　V_c——内力调整后柱端组合的剪力设计值；

N——考虑地震作用效应组合的柱轴向压力设计值，当 N 大于 $0.3f_c A$ 时，取 $0.3f_c A$；

λ——框架柱的计算剪跨比，其值取上、下端弯矩较大值 M 与对应的剪力 V 和柱截面有效高度 h_0 的比值，即 $M/(Vh_0)$；当框架柱的反弯点在柱层高范围时，也可取 $H_n/(2h_0)$，其中 H_n 为柱净高；当 λ 小于 1 时取 1；当 λ 大于 3 时取 3。

（2）偏心受拉柱斜截面受剪承载力按下列公式计算：

$$V_c \leqslant \frac{1}{\gamma_{RE}}\left(\frac{1.05}{\lambda+1}f_t b h_0 + f_{yv}\frac{A_{sv}}{s}h_0 - 0.2N\right) \quad (2\text{-}34)$$

式中　N——考虑地震作用效应组合的框架柱轴向拉力设计值。

式（2-34）右边括号内的计算值小于 $f_{yv}\dfrac{A_{sv}}{s}h_0$ 时，取等于 $f_{yv}\dfrac{A_{sv}}{s}h_0$，且 $f_{yv}\dfrac{A_{sv}}{s}h_0$ 值不应小于 $0.36f_t b h_0$。

4. 柱的抗震构造措施

（1）纵向受力钢筋的构造要求。

为了改善框架柱的延性，使柱的屈服弯矩大于其开裂弯矩，保证框架在柱屈服时具有较大的变形能力，柱纵向钢筋的最小总配筋率应按表 2-14 采用，同时柱截面每一侧配筋率不应小于 0.2%，对建造于Ⅳ类场地上较高的高层建筑，最小总配筋率应增加 0.1%。

柱截面纵向钢筋的最小总配筋率（%）　　　　　　　　　　　　表 2-14

类　　别	抗震等级			
	一	二	三	四
中柱和边柱	0.9(1.0)	0.7(0.8)	0.6(0.7)	0.5(0.6)
角柱、框支柱	1.1	0.9	0.8	0.7

注：1. 表中括号内数值用于框架结构的柱；
　　2. 采用 400MPa 级纵向受力钢筋时，应按表中数值增加 0.05% 采用；
　　3. 当混凝土强度等级为 C60 以上时，应按表中数值增加 0.1% 采用。

截面尺寸大于 400mm 的柱，一、二、三级抗震设计时其纵向钢筋间距不宜大于 200mm；抗震等级为四级和非抗震设计时，柱纵向钢筋间距不应大于 300mm；柱纵向钢筋净距均不应小于 50mm。

框架柱中全部纵向受力钢筋的配筋率，持久、短暂设计状况下不宜大于 5%、不应大于 6%；地震设计状况下不应大于 5%。按一级抗震等级设计，且柱的剪跨比 λ 不大于 2 时，柱一侧纵向受拉钢筋配筋率不宜大于 1.2%。

边柱、角柱及剪力墙端柱考虑地震作用效应组合产生小偏心受拉时，柱内纵筋总截面面积应比计算值增加 25%。

（2）箍筋的构造要求

柱箍筋加密区范围：底层柱的上端和其他各层柱的两端，应取矩形截面柱之长边尺寸（或圆形截面柱之直径）、柱净高的 1/6 和 500mm 三者之最大值范围；底层柱柱根以上 1/3 柱净高的范围；底层柱刚性地面上、下各 500mm 的范围；剪跨比不大于 2 的柱和因填充墙等形成的柱净高与截面高度之比不大于 4 的柱、一级及二级抗震等级框架的角柱以及需要提高变形能力的柱，取全高。

抗震设计时，柱箍筋加密区的箍筋间距和直径：一般情况下，按表 2-15 采用；一级框架柱的箍筋直径大于 12mm 且箍筋肢距不大于 150mm 及二级框架柱的箍筋直径不小于 10mm 且箍筋肢距不大于 200mm 时，除底层柱下端外，最大间距应允许采用 150mm；三级框架柱的截面尺寸不大于 400mm 时，箍筋最小直径应允许采用 6mm；四级框架柱剪跨比不大于 2 时，箍筋直径不应小于 8mm。框支柱和剪跨比不大于 2 的框架柱，箍筋间距不应大于 100mm。

柱箍筋加密区的箍筋最大间距和最小直径　　　　　　　　　　　　表 2-15

抗震等级	箍筋最大间距(mm)	箍筋最小直径(mm)
一	6d 和 100 的较小值	10
二	8d 和 100 的较小值	8
三	8d 和 150(柱根 100)的较小值	8
四	8d 和 150(柱根 100)的较小值	6(柱根 8)

注：d 为纵向钢筋直径；柱根指框架底层柱的嵌固部位。

柱箍筋的体积配箍率 ρ_v 可按下列公式计算：

$$\rho_v = \frac{\sum A_{svi} l_i}{s A_{cor}} \tag{2-35}$$

式中 A_{svi}、l_i——第 i 根箍筋的截面面积和长度;

A_{cor}——箍筋包裹范围内混凝土核心面积,从最外箍筋的边缘算起;

s——箍筋的间距,计算复合箍(指由矩形与菱形、多边形、圆形或拉筋组成的箍筋)的体积配箍率时,其非螺旋箍筋的体积应乘以换算系数 0.80。

柱箍筋加密区箍筋的最小体积配筋率,应符合下列要求:

$$\rho_v \geq \lambda_v f_c / f_{yv} \tag{2-36}$$

式中 ρ_v——柱箍筋加密区的体积配箍率,按式(2-35)计算;

f_c——混凝土轴心抗压强度设计值,当柱混凝土强度等级低于 C35 时,应按 C35 计算;

f_{yv}——柱箍筋或拉筋的抗拉强度设计值;

λ_v——最小配箍特征值,按表 2-16 采用。

柱箍筋加密区的箍筋最小配箍特征值　　　　表 2-16

抗震等级	箍筋形式	柱轴压比								
		≤0.3	0.4	0.5	0.6	0.7	0.8	0.9	1.0	1.05
一	普通箍、复合箍	0.10	0.11	0.13	0.15	0.17	0.20	0.23		
	螺旋箍、复合或连续复合矩形螺旋箍	0.08	0.09	0.11	0.13	0.15	0.18	0.21		
二	普通箍、复合箍	0.08	0.09	0.11	0.13	0.15	0.17	0.19	0.22	0.24
	螺旋箍、复合或连续复合矩形螺旋箍	0.06	0.07	0.09	0.11	0.13	0.15	0.17	0.20	0.22
三	普通箍、复合箍	0.06	0.07	0.09	0.11	0.13	0.15	0.17	0.20	0.22
	螺旋箍、复合或连续复合矩形螺旋箍	0.05	0.06	0.07	0.09	0.11	0.13	0.15	0.18	0.20

注:普通箍指单个矩形箍和单个圆形箍,复合箍指由矩形、多边形、圆形或拉筋组成的箍筋;复合螺旋箍指由螺旋箍与矩形、多边形、圆形箍或拉筋组成的箍筋;连续复合矩形螺旋箍指全部螺旋箍为同一根钢筋加工而成的箍筋。

对一、二、三、四抗震等级的框架柱,除应满足式(2-36)要求外,其箍筋加密区范围内箍筋的体积配筋率尚且分别不应小于 0.8%、0.6%、0.4%和 0.4%。剪跨比不大于 2 的柱宜采用复合螺旋箍或井字复合箍,其体积配箍率不应小于 1.2%;9 度一级抗震等级时,不应小于 1.5%。

柱箍筋加密区的箍筋肢距,一级不宜大于 200mm,二、三级不宜大于 250mm 和 20 倍箍筋直径的较大值,四级不宜大于 300mm。至少每隔一根纵向钢筋宜在两个方向有箍筋约束;采用拉筋复合箍时,拉筋宜紧靠纵向钢筋并勾住箍筋。

柱箍筋非加密区的箍筋体积配筋率不宜小于加密区的 50%;其箍筋间距,一、二级框架柱不应大于 $10d$,三、四级框架柱不应大于 $15d$,d 为纵向钢筋直径。

箍筋应为封闭式,其末端应做成 135°弯钩且弯钩末端平直段长度不应小于 10 倍的箍筋直径,且不应小于 75mm。

2.6.4 框架梁柱节点

1. 节点核心区的剪力设计值

一、二、三级框架梁柱节点核心区组合的剪力设计值 V_j,应按下列公式确定:

$$V_j = \frac{\eta_{jb}\sum M_b}{h_{bo}-a'_s}\left(1-\frac{h_{bo}-a'_s}{H_c-h_b}\right) \tag{2-37}$$

一级框架结构和 9 度的一级框架可不按上式确定，但应符合下式：

$$V_j = \frac{1.15\sum M_{bua}}{h_{bo}-a'_s}\left(1-\frac{h_{bo}-a'_s}{H_c-h_b}\right) \tag{2-38}$$

式中 h_b、h_{bo}——梁截面高度及有效高度，节点两侧梁截面高度不等时可采用平均值；

a'_s——梁受压钢筋合力点至受压边缘的距离；

H_c——柱的计算高度，可采用节点上、下柱反弯点之间的距离；

$\sum M_b$——节点左右梁端反时针或顺时针方向组合弯矩设计值之和；一级抗震等级时节点左右梁端均为负弯矩时，绝对值较小的弯矩应取零；

$\sum M_{bua}$——节点左右梁端反时针或顺时针方向根据实配钢筋面积（考虑受压筋）和材料强度标准值计算的抗震受弯承载力所对应的弯矩值之和；

η_{jb}——节点剪力增大系数，对于框架结构，一级取 1.50，二级取 1.35，三级取 1.20；对于其他结构中的框架，一级取 1.35，二级取 1.2，三级取 1.1。

2. 节点核心区截面有效验算宽度

核心区截面有效验算宽度 b_j，当验算方向的梁截面宽度不小于该侧柱截面宽度的 1/2 时，可采用该侧柱截面宽度；当小于柱截面宽度的 1/2 时可采用下列二者的较小值：

$$b_j = b_b + 0.5h_c \qquad b_j = b_c \tag{2-39}$$

式中 b_b——梁截面宽度；

b_c、h_c——验算方向的柱截面宽度和高度。

当梁、柱的中心线不重合且偏心距不大于柱宽的 1/4 时，b_j 可取式（2-39）和下式计算结果的较小值：

$$b_j = 0.5(b_b+b_c)+0.25h_c-e \tag{2-40}$$

式中 e——梁与柱中心的偏心距。

3. 节点核心区截面抗震验算

节点核心区截面的抗震验算，是按箍筋和混凝土共同抗剪考虑的。当剪压比较高时，斜压力使混凝土破坏先于箍筋，二者不同时发挥作用，因而不能提高其受剪承载力。设计时，应首先按下式对截面的剪压比予以控制：

$$V_j \leqslant \frac{1}{\gamma_{RE}}(0.30\eta_j f_c b_j h_j) \tag{2-41}$$

核心区截面所需配置的箍筋数量按下式计算：

$$V_j \leqslant \frac{1}{\gamma_{RE}}\left(1.1\eta_j f_t b_j h_j + 0.05\eta_j N\frac{b_j}{b_c} + f_{yv}A_{svj}\frac{h_{bo}-a'_s}{s}\right) \tag{2-42}$$

9 度设防烈度的一级抗震等级框架：

$$V_j \leqslant \frac{1}{\gamma_{RE}}\left(0.9\eta_j f_t b_j h_j + f_{yv}A_{svj}\frac{h_{bo}-a'_s}{s}\right) \tag{2-43}$$

式中 h_j——节点核心区的截面高度,可采用验算方向的柱截面高度;

η_j——正交梁的约束影响系数,楼板为现浇、梁柱中心重合、四侧各梁截面宽度不小于该侧柱截面宽度的 1/2,且正交方向梁高度不小于框架梁高度的 3/4 时,可采用 1.5,9 度时宜采用 1.25,9 度设防烈度的一级抗震等级框架宜采用 1.25,其他情况均采用 1.0;

f_{yv}——箍筋的抗拉强度设计值;

f_t——混凝土轴心抗拉强度设计值;

s——箍筋间距;

A_{svj}——核心区有效验算宽度范围内同一截面验算方向箍筋的总截面面积;

N——对应于组合剪力设计值的上柱组合轴向压力较小值,其取值不应大于柱的截面面积与混凝土轴心抗压强度设计值乘积的 50%,当 N 为拉力时,取 $N=0$;γ_{RE} 为承载力抗震调整系数,可采用 0.85。

2.6.5 钢筋的连接和锚固

钢筋的连接和锚固包括框架梁纵向钢筋的连接和在节点处的锚固、柱纵向受力钢筋的接头和锚固等。钢筋连接可采用机械连接、绑扎搭接及焊接。

1. 钢筋的锚固长度和搭接长度

当计算中充分利用钢筋的抗拉强度时,受拉钢筋的基本锚固长度 l_{ab} 和锚固长度 l_a 分别按下列公式计算:

$$l_{ab}=\alpha\frac{f_y}{f_t}d \tag{2-44}$$

$$l_a=\zeta_a l_{ab} \tag{2-45}$$

式中 f_y——钢筋的抗拉强度设计值;

f_t——混凝土轴心抗拉强度设计值,当混凝土强度等级超过 C60 时,按 C60 取值;

d——锚固钢筋的公称直径;

α——钢筋的外形系数,按表 2-17 取用;

ζ_a——锚固长度修正系数,按《混凝土结构设计标准》GB/T 50010—2010(2024 年版)(后文简称《混凝土结构设计标准》)第 8.3.2 条的规定采用。

钢筋的外形系数　　　　表 2-17

钢筋类型	光面钢筋	带肋钢筋	螺旋肋钢丝	三股钢绞线	七股钢绞线
α	0.16	0.14	0.13	0.16	0.17

考虑地震作用效应组合时,纵向受拉钢筋的抗震锚固长度 l_{aE} 应按下式计算:

$$l_{aE}=\zeta_{aE}l_a \tag{2-46}$$

式中 l_a——纵向受拉钢筋的锚固长度;

ζ_{aE}——纵向受拉钢筋抗震锚固长度修正系数,对一、二级抗震等级取 1.15,三级和四级抗震等级时分别取 1.05 和 1.00。

当采用搭接连接时,纵向受拉钢筋的抗震搭接长度 l_{lE} 应按下列公式采用:

$$l_{lE}=\zeta_l l_{aE} \tag{2-47}$$

式中 ζ_l——受拉钢筋搭接长度修正系数,按表 2-18 的规定取用。

受拉钢筋搭接长度修正系数 ζ_l 表2-18

纵向搭接钢筋接头面积百分率(%)	≤25	50	100
ζ_l	1.2	1.4	1.6

2. 钢筋连接方法和接头位置

现浇钢筋混凝土框架梁、柱纵向受力钢筋的连接方法应符合下列规定：①框架柱的纵向钢筋，一、二级抗震等级及三级抗震等级的底层，宜采用机械连接接头，也可采用绑扎搭接或焊接接头，三级抗震等级的其他部位和四级抗震等级，可采用绑扎搭接或焊接接头；②框支梁、框支柱宜采用机械连接接头；③一级抗震等级的框架梁宜采用机械连接接头，二、三、四级抗震等级可采用绑扎搭接或焊接接头。

受拉钢筋直径大于25mm、受压钢筋直径大于28mm时，不宜采用绑扎搭接接头。

由于连接钢筋通过接头实现的是间接传力，其性能不如整筋的直接传力。因此，受力钢筋的连接接头宜设置在构件受力较小部位；抗震设计时，宜避开梁端、柱端箍筋加密区范围。

柱纵向钢筋接头位置宜避开柱端箍筋加密区。受力钢筋机械连接接头的位置宜相互错开。钢筋机械连接接头连接区段的长度为35d（d为纵向受力钢筋的较大直径），凡接头中点位于该连接区段长度内的机械连接接头均属于同一连接区段。在受力较大处设置机械连接接头时，位于同一连接区段内的纵向受拉钢筋接头面积百分率不应超过50%。纵向受压钢筋接头面积百分率可不受此限制。

纵向受力钢筋的焊接接头应相互错开。钢筋焊接接头连接区段的长度为35d（d为纵向受力钢筋的较大直径）且不大于500mm，凡接头中点位于该连接区段长度内的焊接接头均属于同一连接区段。位于同一连接区段内纵向受力钢筋的焊接接头面积百分率，对于纵向受拉钢筋不应大于50%；纵向受压钢筋的接头面积百分率可不受此限制。

3. 框架梁、柱的纵向钢筋在框架节点区的锚固和搭接

持久、短暂设计状况下，框架梁、柱的纵向钢筋在框架节点区的锚固和搭接，应符合下列要求（图2-11）：

(1) 顶层中节点柱纵向钢筋和边节点柱内侧纵向钢筋应伸至柱顶；当从梁底边计算的直线锚固长度不小于 l_a 时，可不必水平弯折，否则应向柱内或梁、板内水平弯折，当充分利用柱纵向钢筋的抗拉强度时，其锚固段弯折前的竖向投影长度不应小于 $0.5l_{ab}$，弯折后的水平投影长度不宜小于12倍的柱纵向钢筋直径。

(2) 顶层端节点处，在梁宽范围以内的柱外侧纵向钢筋可与梁上部纵向钢筋搭接，搭接长度不应小于 $1.5l_a$；在梁宽范围以外的柱外侧纵向钢筋可伸入现浇板内，其伸入长度与伸入梁内的相同。当柱外侧纵向钢筋的配筋率大于1.2%时，伸入梁内的柱纵向钢筋宜分批截断，其截断点之间的距离不宜小于20倍的柱纵向钢筋直径。

(3) 梁上部纵向钢筋伸入端节点的锚固长度，直线锚固时不应小于 l_a，且伸过柱中心线的长度不宜小于5倍的梁纵向钢筋直径；当柱截面尺寸不足时，梁上部纵向钢筋应伸至节点对边并向下弯折，锚固段弯折前的水平投影长度不应小于 $0.4l_{ab}$，弯折后的竖直投影长度应取15倍的梁纵向钢筋直径。

(4) 当计算中不利用梁下部纵向钢筋的强度时，其伸入节点内的锚固长度应取不小于12倍的梁纵向钢筋直径。当计算中充分利用梁下部钢筋的抗拉强度时，梁下部纵向钢筋

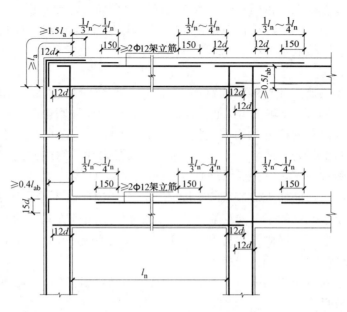

图 2-11 框架梁、柱的纵向钢筋在节点区的锚固和搭接（持久、短暂设计状况）

可采用直线方式或向上 90°弯折方式锚固于节点内，直线锚固时的锚固长度不应小于 l_a；弯折锚固时，锚固段的水平投影长度不应小于 $0.4l_{ab}$，竖直投影长度应取 15 倍的梁纵向钢筋直径。

另外，梁支座截面上部纵向受拉钢筋应向跨中延伸至 $(1/4～1/3)l_n$（l_n 为梁的净跨）处，并与跨中的架立筋（不少于 2Φ12）搭接，搭接长度可取 150mm，如图 2-11 所示。

地震设计状况下，框架梁、柱的纵向钢筋在框架节点区的锚固和搭接，应符合下列要求（图 2-12）：

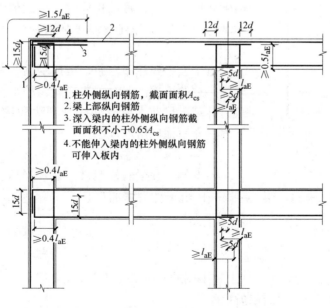

图 2-12 框架梁、柱的纵向钢筋在节点区的锚固和搭接（地震设计状况）

(1) 顶层中节点柱纵向钢筋和边节点柱内侧纵向钢筋应伸至柱顶;当从梁底边计算的直线锚固长度不小于 l_{aE} 时,可不必水平弯折,否则应向柱内或梁、板内水平弯折,锚固段弯折前的竖向投影长度不应小于 $0.5 l_{aE}$,弯折后的水平投影长度不宜小于 12 倍的柱纵向钢筋直径。

(2) 顶层端节点处,柱外侧纵向钢筋可与梁上部纵向钢筋搭接,搭接长度不应小于 $1.5 l_{aE}$;且伸入梁内的柱外侧纵向钢筋截面面积不宜小于柱外侧全部纵向钢筋截面面积的 65%;在梁宽范围以外的柱外侧纵向钢筋可伸入现浇板内,其伸入长度与伸入梁内的相同。当柱外侧纵向钢筋的配筋率大于 1.2% 时,伸入梁内的柱纵向钢筋宜分批截断,其截断点之间的距离不宜小于 20 倍的柱纵向钢筋直径。

(3) 梁上部纵向钢筋伸入端节点的锚固长度,直线锚固时不应小于 l_{aE},且伸过柱中心线的长度不应小于 5 倍的梁纵向钢筋直径;当柱截面尺寸不足时,梁上部纵向钢筋应伸至节点对边并向下弯折,锚固段弯折前的水平投影长度不应小于 $0.4 l_{aE}$,弯折后的竖直投影长度应取 15 倍的梁纵向钢筋直径。

(4) 梁下部纵向钢筋的锚固与梁上部纵向钢筋相同,但采用 90° 弯折方式锚固时,竖直段应向上弯入节点内。

2.7 弹塑性变形验算

结构在预估的罕遇地震作用下的弹塑性变形验算方法已在 1.5 节阐述。本节结合框架结构的特点,主要说明框架结构楼层受剪承载力的计算方法及其弹塑性变形验算的步骤。

2.7.1 框架结构楼层受剪承载力计算

框架结构的楼层受剪承载力由层间各柱破坏时实际受剪承载力组成。对于一般钢筋混凝土框架结构,柱的破坏形态主要是弯曲型破坏。当各柱的破坏形式相同、延性相近时,可近似地认为楼层的受剪承载力等于层间各柱弯曲破坏时对应的实际受剪承载力之和。

对于强梁弱柱型框架,楼层受剪承载力的计算,已有较为一致的算法。但对于非强梁弱柱型框架的楼层受剪承载力计算,目前主要有柱铰判别法和柱底塑性铰法两种。下面仅介绍柱底塑性铰法。

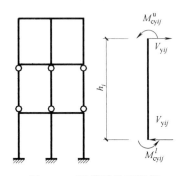

图 2-13 强梁弱柱型框架

1. 强梁弱柱型框架

当框架为强梁弱柱型时,在水平地震作用下,柱两端将出现塑性铰(图 2-13),第 i 层第 j 柱由于柱端弯曲破坏而实际达到的受剪承载力 V_{yij} 可由下式计算:

$$V_{yij} = (M^u_{cyij} + M^l_{cyij})/h_i \quad (2-48)$$

式中 M^u_{cyij}、M^l_{cyij}——i 层 j 柱上、下端的实际受弯承载力;

h_i——i 层柱净高。

框架第 i 层的楼层受剪承载力 V_{yi} 为

$$V_{yi} = \sum_{j=1} V_{yij} \tag{2-49}$$

2. 非强梁弱柱型框架

当框架为部分强梁弱柱型、部分强柱弱梁型时，首先需判别节点类型，若式（2-50）满足，则为弱梁型节点，否则为强梁型节点。

$$\sum M_{by} < \sum M_{cy} \tag{2-50}$$

式中 $\sum M_{by}$——节点两侧梁端的屈服弯矩之和；

$\sum M_{cy}$——节点上下柱端的屈服弯矩之和。

对于弱梁型节点，梁端首先屈服，相应之柱端可能处于弹性状态，也可能新出现塑性铰，需进一步判别。

（1）柱底塑性铰法

此法基于如下依据，即在地震作用下，如塑性铰首先在梁端出现，则在地震作用继续增大时，节点的上下柱端弯矩不是同号增长，而是大小相等、方向相反地同时出现一正一负的弯矩增量。这样，在梁端先出现屈服处，一般是将柱底截面弯矩增大而达到屈服。即弱梁型框架柱总是在柱的下端出现塑性铰，故由此而命名为柱底塑性铰法。

对于弱梁型框架柱的上端，即弱梁型节点下柱端（图 2-14a、b），柱端的实际正截面承载力满足式（2-50），则柱上端未出现塑性铰（图 2-14a、b），柱端弯矩可取 $\sum M_{by}[k_i/(k_i+k_{i+1})]$；如式（2-51）不满足，则柱上端出现塑性铰（图 2-14c），此时柱上端弯矩为 M_{cyij}^u。

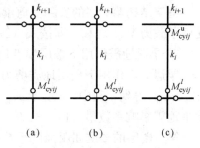

$$\sum M_{by} \frac{k_i}{k_i + k_{i+1}} < M_{cyij}^u \tag{2-51}$$

图 2-14 柱底塑性铰法

式中 k_i、k_{i+1}——i 层及 $i+1$ 层柱的线刚度。

对柱下端出现塑性铰，而柱上端未屈服（图 2-14a、b）的情况，柱的受剪承载力 V_{yij} 按下式计算：

$$V_{yij} = \{M_{cyij}^l + \sum M_{by}[k_i/(k_i+k_{i+1})]\}/h_i \tag{2-52}$$

对柱两端均出现塑性铰的情况（图 2-14c），可按式（2-48）计算柱的受剪承载力。第 i 层的楼层受剪承载力仍按式（2-49）计算。

（2）简化的柱底塑性铰法

为了便于计算，可将柱底塑性铰法进一步简化。确定柱端弯矩时，柱下端取其屈服弯矩 M_{cyij}^l，柱上端一律按弹性工作状态考虑，不再判别节点是弱梁或强梁型节点，柱端弯矩取为 $\sum M_{by}[k_i/(k_i+k_{i+1})]$。然后按式（2-52）计算柱的受剪承载力，进而按式（2-49）确定楼层受剪承载力。

2.7.2 弹塑性变形验算步骤

1. 楼层受剪承载力计算

根据第一阶段抗震设计确定的构件截面尺寸以及实际配筋和材料强度标准值，求出构件截面的极限承载力标准值，进而求得各楼层的实际受剪承载力。

（1）构件正截面承载力。

构件实际的正截面承载力是根据构件的实际配筋面积 A_s^a、材料强度标准值 f_k 和相应于重力荷载代表值的轴向力 N_G（分项系数 γ_G 取 1.0），按下式计算确定：

梁 $$M_{by}=f_{yk}A_s^a(h_0-a_s') \tag{2-53}$$

偏压柱 $$M_{cy}=f_{yk}A_s^a(h_0-a_s')+0.5N_Gh(1-N_G/f_{ck}bh) \tag{2-54}$$

式中 A_s^a、f_{yk}——纵向受拉钢筋的实配截面面积和强度标准值；

h_0、a_s'——构件截面有效高度和纵向受压钢筋合力点至截面近边的距离；

b、h——构件矩形截面的宽度和高度；

f_{ck}——混凝土抗压强度标准值。

(2) 柱的受剪承载力。

对每个框架节点，根据节点左右梁端弯矩及上下柱端弯矩，按式（2-50）判别节点类型。若为强梁型节点，则按式（2-48）计算柱的受剪承载力；若为弱梁型节点，应进一步按式（2-51）判别柱上端是否会出现塑性铰，如该式满足，则按式（2-52）计算柱的受剪承载力，否则应按式（2-48）计算。

(3) 楼层受剪承载力。

框架结构第 i 层的实际受剪承载力 V_{yi}，可取同一楼层内各柱弯曲破坏时对应的实际受剪承载力 V_{yij} 之和，即按式（2-49）计算。

2. 罕遇地震作用下楼层弹性地震剪力及楼层屈服强度系数计算

罕遇地震作用下楼层地震剪力 V_e，可由多遇地震作用下的弹性地震剪力乘增大系数 $\alpha_{max}'/\alpha_{max}$ 得到，其中，α_{max}、α_{max}' 分别为与设防烈度地震对应的多遇地震及罕遇地震的水平地震影响系数最大值，按表 1-15 采用。

第 i 楼层的楼层屈服强度系数 $\xi_y(i)$ 为按构件实际配筋和材料强度标准值计算的楼层受剪承载力 V_{yi} 与按罕遇地震作用计算的楼层弹性地震剪力 V_e 的比值，即

$$\xi_y(i)=V_{yi}/V_e \tag{2-55}$$

式中，V_{yi} 可按式（2-49）计算。

3. 确定薄弱楼层的位置

对于框架结构，薄弱层根据楼层屈服强度系数 $\xi_y(i)$ 沿房屋高度的分布按下列原则定：

(1) $\xi_y(i)$ 沿高度分布均匀的结构，可取底层作为薄弱层。

(2) $\xi_y(i)$ 沿高度分布不均匀的结构，可取 $\xi_y(i)$ 最小的楼层和相对较小的楼层。就整个结构而言，需要检验的楼层一般不超过 2～3 处。即满足下列条件的楼层就是薄弱层：

对于一般层 $$\xi_y(i)<[\xi_y(i-1)+\xi_y(i+1)]/2 \tag{2-56}$$

对于底层 $$\xi_y(1)<\xi_y(2) \tag{2-57}$$

对于顶层 $$\xi_y(n)<\xi_y(n-1) \tag{2-58}$$

4. 薄弱层弹塑性变形的计算及验算

对于不超过 12 层且层刚度无突变的框架结构，薄弱层的弹塑性变形可按式（1-38）计算。其中罕遇地震作用下的层间弹性位移 Δu_e，可由多遇地震作用下的层间弹性位移乘以增大系数 $\alpha_{max}'/\alpha_{max}$ 得到；其中 α_{max} 和 α_{max}' 分别为与设防烈度地震对应的多遇地震及罕

遇地震水平地震影响系数最大值。薄弱层的弹塑性位移增大系数 η_p 根据下列情况取值：

（1）当薄弱层 $\xi_y(i)$ 不小于相邻层该系数平均值的 0.8 时，即 $\xi_y(i) \geqslant 0.4[\xi_y(i-1)+\xi_y(i+1)]$ 时，按表 1-20 取值；

（2）当薄弱层 $\xi_y(i)$ 不大于相邻层该系数平均值的 0.5 时，即 $\xi_y(i) \leqslant 0.25[\xi_y(i-1)+\xi_y(i+1)]$ 时，按表 1-20 内相应数值的 1.5 倍采用；

（3）当薄弱层 $\xi_y(i)$ 介于上述两种情况之间时，η_p 值可按上述两种情况的内插法取值。

薄弱层的弹塑性变形应满足式（1-39）的要求，其中弹塑性位移角限值 $[\theta_p]$ 按表 1-21 采用。

2.8 设计实例

2.8.1 工程概况

某市拟兴建 5 层办公楼，建筑面积 $4000m^2$，其建筑平面和剖面图分别如图 2-15 和图 2-16 所示。该拟建房屋所在地的基本风压 $w_0=0.35kN/m^2$，地面粗糙度为 C 类，基本雪压 $s_0=0.25kN/m^2$，抗震设防烈度为 7 度（0.15g），设计地震分组第二组，场地类别为Ⅱ类。该地区年降雨量 600mm，场地标准冻深 0.45m，地下水埋深 8.5～10.8m，对混凝土无侵蚀性。地基承载力特征值 $f_{ak}=180kN/m^2$。

该拟建办公楼内墙和外墙均采用 240mm 厚粉煤灰轻渣空心砌块（$8.0kN/m^3$）砌筑，内墙面构造层（双面）单位面积重量为 $0.7kN/m^2$，外墙面构造层（双面）单位面积重量为 $1.2kN/m^2$，窗洞尺寸为 $2.4m \times 2.1m$，门洞尺寸为 $1.5m \times 2.1m$（双开门）、$1.0m \times 2.1m$（单开门），窗单位面积重量为 $0.4kN/m^2$，门单位面积重量为 $0.2kN/m^2$。屋面采用卷材防水和有组织排水，按不上人屋面考虑。女儿墙高度为 0.8m，采用黏土实心砖砌筑（$19kN/m^3$）。

2.8.2 结构布置及计算简图

1. 结构布置与构件截面尺寸确定

根据建筑设计方案及设计原始资料进行了结构选型与结构布置，该房屋选用现浇钢筋混凝土框架结构，其标准层结构平面布置如图 2-17 所示。由该图可知，板区格的边长比为 $6.0/3.6=1.6<2$，应按双向板计算，楼板厚度应大于 $l/40=3600/40=90mm$，取 100mm。梁截面高度取梁跨度的 1/14～1/8，梁截面宽度取梁高的 1/3～1/2。由此估算的梁截面尺寸见表 2-19。上部主体结构混凝土强度等级为 C30，其抗压强度设计值 $f_c=14.3kN/m^2$，抗拉强度设计值 $f_t=1.43kN/m^2$。

梁截面尺寸（mm）　　　　表 2-19

中框架横梁($b \times h$)		边框架横梁($b \times h$)		纵梁($b \times h$)	次梁($b \times h$)
AB 跨、CD 跨	BC 跨	AB 跨、CD 跨	BC 跨		
300×550	300×400	300×650	300×400	300×600	250×450

注：方案初选时中框架横梁与边框架横梁高度一致，但电算后发现第二阶振型为扭转振型。经试算调整，边框架 AB、CD 跨横梁高度增加为 650mm 时能够保证前两阶振型以平动为主。

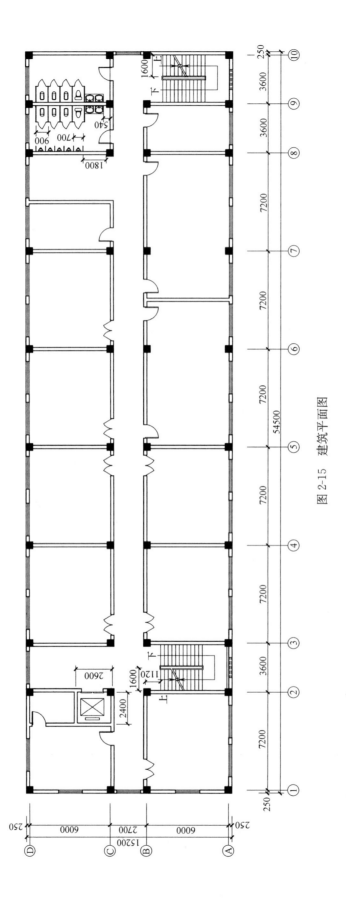

图 2-15 建筑平面图

柱截面尺寸可初步根据轴压比限值估算。由表 2-9 可知该框架的抗震等级为三级，其轴压比限值为 0.85；各层重力荷载代表值可近似取 $g_E=12\text{kN/m}^2$。由图 2-17 可知边柱及中柱的负载面积分别为 $7.2\times3.0\text{ m}^2$ 和 $7.2\times(3.0+1.35)\text{ m}^2$。由式（2-1）、式（2-2）可得第 1 层柱截面面积为

边柱 $\quad A_c\geqslant\dfrac{N}{[\mu_N]f_c}=\dfrac{\beta F g_E n}{[\mu_N]f_c}=\dfrac{1.45\times(7.2\times3.0\times12\times10^3\times5)}{0.85\times14.3}=154603\text{mm}^2$

中柱 $\quad A_c\geqslant\dfrac{N}{[\mu_N]f_c}=\dfrac{\beta F g_E n}{[\mu_N]f_c}=\dfrac{1.40\times(7.2\times4.35\times12\times10^3\times5)}{0.85\times14.3}=216444\text{mm}^2$

如取柱截面为正方形，则边柱和中柱截面尺寸分别为 393mm 和 465mm。

根据上述估算结果并综合考虑水平地震作用下框架侧向刚度等要求，本设计柱截面尺寸为：第 1 层取 600mm×600mm；第 2～5 层取 500mm×500mm。

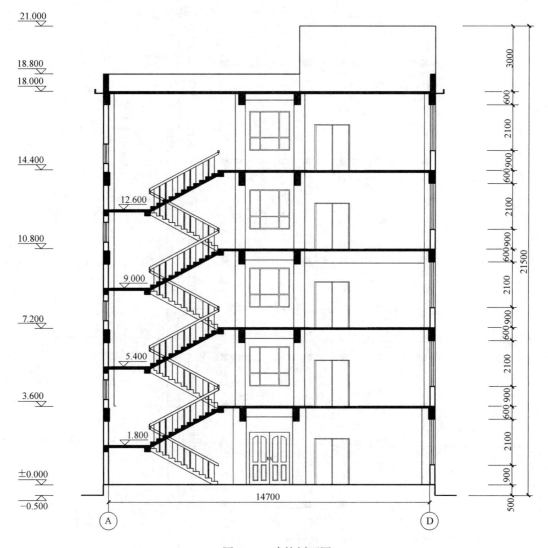

图 2-16 建筑剖面图

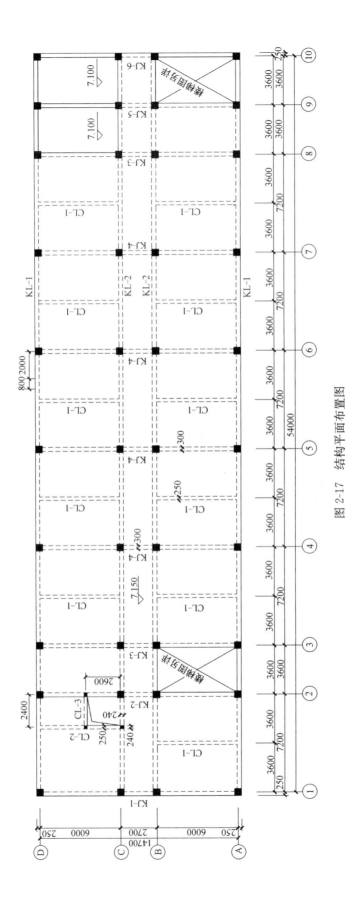

图 2-17 结构平面布置图

2. 基础选型与埋置深度

基础选用条形基础，基础埋深取 2.2m（自室外地坪算起），肋梁截面高度应大于等于 $l/6=7.2/6=1.2$m，取 1.2m，室内、外地坪高度差为 0.5m。

3. 框架计算简图

一榀横向平面框架的计算简图如图 2-18 所示。取顶层柱的形心线作为框架柱的轴线；梁轴线取至现浇板板底，第 2～5 层柱计算高度即为层高，取 3.6m；底层柱计算高度从基础梁顶面取至第一层现浇板底，即 $h_1=3.6+0.5+2.2-1.2-0.1=5.0$m。

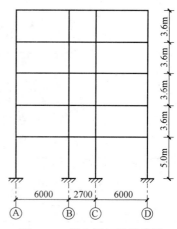

图 2-18 横向框架计算简图

2.8.3 横向框架侧向刚度计算及侧向刚度比验算

1. 框架梁、柱线刚度计算

矩形截面框架梁线刚度 $i_b=EI_0/l_b$，考虑楼板作用，对中框架梁近似取 $i_b=2EI_0/l_b$，对边框架梁近似取 $i_b=1.5EI_0/l_b$，其中 I_0 为按 $b\times h$ 的矩形截面梁求得的梁截面惯性矩。中框架及边框架横梁线刚度计算结果分别见表 2-20 和表 2-21。框架柱线刚度 $i_c=EI_c/h_i$，计算结果见表 2-22。

中框架横梁线刚度计算表　　　　　　　　　　　表 2-20

梁跨	E_c (N/mm²)	$b\times h$ (mm×mm)	计算跨度 l_b (mm)	截面惯性矩 I_0 (mm⁴)	$2E_cI_0/l_b$ (N·mm)
AB、CD	3.0×10^4	300×550	6000	4.159×10^9	4.159×10^{10}
BC	3.0×10^4	300×400	2700	1.600×10^9	3.556×10^{10}

边框架横梁线刚度计算表　　　　　　　　　　　表 2-21

梁跨	E_c (N/mm²)	$b\times h$ (mm×mm)	计算跨度 l_b (mm)	截面惯性矩 I_0 (mm⁴)	$1.5E_cI_0/l_b$ (N·mm)
AB、CD	3.0×10^4	300×650	6000	6.866×10^9	5.149×10^{10}
BC	3.0×10^4	300×400	2700	1.600×10^9	2.667×10^{10}

柱线刚度计算表　　　　　　　　　　　　　　　表 2-22

层次	E_c (N/mm²)	$b\times h$ (mm×mm)	层高 h_i (mm)	截面惯性矩 I_c (mm⁴)	E_cI_c/h_i (N·mm)
2～5	3.0×10^4	500×500	3600	5.208×10^9	4.340×10^{10}
1	3.0×10^4	600×600	5000	1.080×10^{10}	6.480×10^{10}

2. 横向框架侧向刚度计算

柱侧向刚度按式（2-3）计算，即 $D=\alpha_c 12i_c/h^2$，其中 α_c 按表 2-2 所列公式计算。现以横向中框架第 2 层中柱（B-4 柱）的侧向刚度为例，给出计算过程，其余柱计算过程从略，计算结果分别见表 2-23（一榀横向中框架）和表 2-24（一榀横向边框架）。

第 2 层中柱及与之相连的梁的相对线刚度如图 2-19 所示。

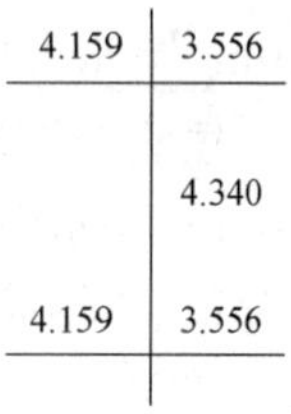

4.159	3.556
	4.340
4.159	3.556

图 2-19 第 2 层 B-4 柱及其相连梁的相对线刚度

$$\overline{K} = \frac{\sum i_b}{2i_c} = \frac{(4.159+3.556)\times 2}{2\times 4.340} = 1.778$$

$$\alpha_c = \frac{\overline{K}}{2+\overline{K}} = \frac{1.778}{2+1.778} = 0.471$$

$$D_{22} = \alpha_c \frac{12i_c}{h^2} = 0.471 \times \frac{12\times 4.340 \times 10^{10}}{3600^2} = 18927 \text{N/mm}$$

一榀横向中框架侧移刚度（N/mm） 表 2-23

层次	i_c (N·mm)	层高 h_i (mm)	中框架边柱 $\overline{K}$	α_c	D_{i1}	中框架中柱 $\overline{K}$	α_c	D_{i2}	$\sum D$
2～5	4.340×10^{10}	3600	0.958	0.324	13020	1.778	0.471	18927	63894
1	6.480×10^{10}	5000	0.642	0.432	13444	1.191	0.530	16485	59858

一榀横向边框架侧移刚度（N/mm） 表 2-24

层次	i_c (N·mm)	层高 h_i (mm)	边框架边柱 $\overline{K}$	α_c	D_{i1}	边框架中柱 $\overline{K}$	α_c	D_{i2}	$\sum D$
2～5	4.340×10^{10}	3600	1.186	0.372	14963	1.801	0.474	19041	68007
1	6.480×10^{10}	5000	0.795	0.463	14409	1.206	0.532	16552	61922

3. 横向框架侧向刚度比验算

由结构平面布置图（图 2-17）可知，该结构平面内有 8 榀中框架和 2 榀边框架，则各层总侧向刚度均为 8 榀中框架和 2 榀边框架的侧向刚度之和。例如，第 2～5 层的总侧向刚度为

$$\sum D = 63894 \times 8 + 68007 \times 2 = 647166 \text{N/mm}$$

其余各层的总侧向刚度见表 2-25。

横向框架各层侧向刚度（N/mm） 表 2-25

层次	1	2	3	4	5
D_i	602708	647166	647166	647166	647166

由表 2-25 可见，框架各层与上层侧向刚度比均大于 0.7，且与上部相邻三层侧向刚度平均值的比均大于 0.8，满足规范要求。

2.8.4 重力荷载标准值计算

1. 屋面及楼面永久荷载标准值

（1）屋面（不上人）：

4mm 厚 SBS（带保护层）一道	$30\times 0.004 = 0.12 \text{kN/m}^2$
20mm 厚水泥砂浆找平层	$20\times 0.02 = 0.40 \text{kN/m}^2$
水泥焦渣找坡层（2%坡度），最薄处 30mm 厚	$13\times 0.10 = 1.30 \text{kN/m}^2$
120mm 厚水泥聚苯保温板	$1.13\times 0.12 = 0.14 \text{kN/m}^2$
100mm 厚钢筋混凝土板	$25\times 0.10 = 2.5 \text{kN/m}^2$
板底抹灰	$17\times 0.02 = 0.34 \text{kN/m}^2$
合计	4.80kN/m^2

(2) 1~4层楼面：

瓷砖地面（包括水泥粗砂打底）	0.55kN/m²
100mm厚钢筋混凝土板	25×0.10＝2.5kN/m²
板底抹灰	17×0.02＝0.34kN/m²
合计	3.39kN/m²

2. 屋面及楼面活荷载标准值

不上人屋面均布活荷载标准值	0.5kN/m²
楼面活荷载标准值（房间）	2.5kN/m²
楼面活荷载标准值（走廊、门厅）	3.0kN/m²
屋面雪荷载标准值	$s_k = m_r \cdot s_0 = 1.0 \times 0.25 = 0.25 \text{kN/m}^2$

式中 m_r——屋面积雪分布系数，取 $m_r = 1.0$。

3. 梁、柱自重标准值

梁、柱可根据截面尺寸、材料重度等计算出单位长度上的重力荷载，然后根据构件净长度求得其自重标准值。各层框架梁、柱自重标准值计算过程及结果见表2-26。

框架梁、柱自重标准值　　　　表2-26

层次	构件	宽度 b (m)	高度 h (m)	重度 γ (kN/m³)	单位长度重力荷载 g_l (kN/m)	净长度 l_i (m)	自重标准值 G_i (kN)
1	边框架边横梁	0.30	0.55	27	4.455	5.35	23.834
	中框架边横梁	0.30	0.45	27	3.645	5.35	19.501
	走道梁	0.30	0.30	27	2.430	2.10	5.103
	次梁	0.25	0.35	27	2.363	5.95	14.057
	纵梁(7.2m跨度)	0.30	0.50	27	4.050	6.60	26.730
	纵梁(3.6m跨度)	0.30	0.50	27	4.050	3.00	12.150
	柱	0.60	0.60	27	9.720	5.00	48.600
2~5	边框架边横梁	0.30	0.55	27	4.455	5.50	24.503
	中框架边横梁	0.30	0.45	27	3.645	5.50	20.048
	走道梁	0.30	0.30	27	2.430	2.20	5.346
	次梁	0.25	0.35	27	2.363	5.95	14.057
	纵梁(7.2m跨度)	0.30	0.50	27	4.050	6.70	27.135
	纵梁(3.6m跨度)	0.30	0.50	27	4.050	3.10	12.555
	柱	0.50	0.50	27	6.750	3.50	23.625

注：1. 考虑梁、柱抹灰，材料重度取27kN/m³；
2. 梁截面高度扣除板厚；
3. 梁的净长度取净跨，柱的净长度扣除板厚。

4. 墙、窗、门自重标准值

内墙采用240mm厚粉煤灰轻渣空心砌块（8.0kN/m³），已知内墙面构造层（双面）单位面积重量为0.7kN/m²，则内墙单位面积重力荷载为8.0×0.24+0.7=2.62kN/m²。

外墙采用240mm厚粉煤灰轻渣空心砌块（8.0kN/m³），已知外墙面构造层（双面）单位面积重量为1.2kN/m²，则外墙单位面积重力荷载为8.0×0.24+1.2=3.12kN/m²。

屋面女儿墙采用240mm厚黏土实心砖（19kN/m³），考虑双面20mm厚抹灰（17kN/m³），单位面积重力荷载为19×0.24+17×0.02×2=5.24kN/m²。

窗洞尺寸为2.4m×2.1m，门洞尺寸为1.5m×2.1m（M1）、1.0m×2.1m（M2），窗单位面积重量为0.4kN/m²，门单位面积重量为0.2kN/m²。

2.8.5 水平地震作用标准值计算

1. 重力荷载代表值计算

结构水平地震作用计算简图如图2-20所示，其中集中在各楼层标高处的重力荷载代表值包括楼面或屋面自重的标准值，50%楼面活荷载或50%屋面雪荷载（楼面处取50%楼面活荷载，屋面处取50%雪荷载），墙重取上、下各半层墙重标准值之和。具体计算过程从略，各质点重力荷载代表值分别为$G_1=8615.59$kN，$G_2=G_3=G_4=8154.14$kN，$G_5=8208.56$kN，$G_6=365.42$kN。

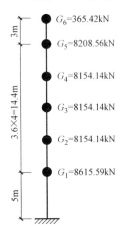

图2-20 结构水平地震作用计算简图

2. 水平地震作用标准值计算

（1）横向基本自振周期

采用顶点位移法计算结构基本自振周期。将集中在各层楼面处的重力荷载代表值G_i作为假想的水平荷载作用于框架结构，计算结构的层间位移和顶点假想位移，具体过程见表2-27。

因屋面带有突出间，故应按式（2-5）先将G_6折算到主体结构的顶层处，即

$$G_e = G_{n+1}\left(1+\frac{3}{2}\frac{h_1}{H}\right) = 365.42 \times \left(1+\frac{3}{2}\times\frac{3}{19.4}\right) = 450.18\text{kN}$$

折算后G_5为

$$G_5 = 8208.56 + 450.18 = 8658.74\text{kN}$$

结构顶点位移计算　　　　　　表2-27

层次	G_i(kN)	V_{Gi}(kN)	$\sum D_i$(N/mm)	Δu_i(mm)	u_i(mm)
5	8658.74	8658.74	647166	13.38	198.36
4	8154.14	16812.88	647166	25.97	184.98
3	8154.14	24967.02	647166	38.58	159.01
2	8154.14	33121.16	647166	51.18	120.43
1	8615.59	41736.75	602708	69.25	69.25

由表2-27得结构顶点位移$u_T=198.36$mm，框架结构的周期折减系数ψ_T取0.6，则有

$$T_1 = 1.7\psi_T\sqrt{u_T} = 1.7\times 0.6\times\sqrt{0.19836} = 0.45\text{s}$$

（2）横向水平地震作用及楼层地震剪力

本例中，结构满足高度不超过40m，质量和刚度沿高度分布比较均匀，变形以剪切型为主，故可采用底部剪力法计算水平地震作用。

结构等效总重力荷载为

$$G_{eq}=0.85\sum G_i=0.85\times(8615.59+8154.14\times3+8208.56+365.42)=35404.19\text{kN}$$

查表 1-14 得特征周期 $T_g=0.40\text{s}$；查表 1-15 得多遇地震下水平地震影响系数最大值 $\alpha_{max}=0.12$。由于 $T_1<1.4T_g=0.56\text{s}$，由表 1-16 可知不需要考虑顶部附加地震作用，$\delta_n=0$。由式（1-21）可得结构总水平地震作用标准值为

$$F_{Ek}=\alpha_1 G_{eq}=\left(\frac{T_g}{T_1}\right)^{0.9}\times\alpha_{max}\times G_{eq}=\left(\frac{0.40}{0.45}\right)^{0.9}\times0.12\times35404.19=3821.19\text{kN}$$

结构第 i 楼层的水平地震作用 F_i 及楼层地震剪力标准值 V_{Eki} 分别为

$$F_i=\frac{G_i H_i}{\sum_{j=1}^n G_j H_j}F_{Ek}=3821.19\frac{G_i H_i}{\sum_{j=1}^n G_j H_j}$$

$$V_{Eki}=\sum_{j=i}^n F_j$$

关于 F_i 及 V_{Eki} 的具体计算过程见表 2-28。

同时，查表 1-17 得楼层最小地震剪力系数 λ 为 0.024，由表 2-28 可知，楼层地震剪力标准值 V_{Eki} 满足式（1-24），即 $V_{Eki}\geqslant\lambda\sum_{j=i}^n G_j$。

横向水平地震作用及楼层地震剪力计算　　　　表 2-28

层次	H_i(m)	G_i(kN)	$G_i H_i$ (kN·m)	$\dfrac{G_i H_i}{\sum_{j=1}^n G_j H_j}$	F_i(kN)	V_{Eki}(kN)	$\lambda\sum_{j=i}^n G_j$ (kN)
6	22.4	365.42	8185.41	0.0161	61.46	61.46	8.77
5	19.4	8208.56	159246.06	0.3129	1195.62	1257.07	205.78
4	15.8	8154.14	128835.41	0.2531	967.29	2224.36	401.47
3	12.2	8154.14	99480.51	0.1955	746.90	2971.26	597.17
2	8.6	8154.14	70125.60	0.1378	526.50	3497.76	792.87
1	5.0	8615.59	43077.95	0.0846	323.43	3821.19	999.65

各质点水平地震作用及楼层地震剪力沿房屋高度分布见图 2-21。

2.8.6 风荷载标准值计算

垂直于建筑物表面上的风荷载标准值按式（1-3）进行计算。其中基本风压 $w_0=0.35\text{kN/m}^2$；k_d 为风向影响系数，当按《建筑结构荷载规范》规定的方法和参数确定风荷载标准值时，k_d 取 1.0；η 为地形修正系数，对于平坦地形取 1.0；风荷载体型系数 $\mu_s=0.8$（迎风面）和 $\mu_s=-0.5$（背风面）。

风振系数由式（1-4）计算，其中 $g=2.5$，$I_{10}=0.23$（地面粗糙度类别为 C 类）。由式

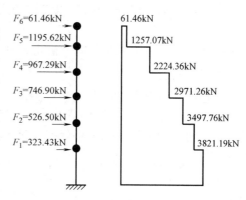

图 2-21 横向水平地震作用及楼层地震剪力

(1-5) 和式 (1-6) 分别计算 R 和 x_1，其中 $k_w=0.54$，$\zeta_1=0.05$，$T_1=0.45$s。

$$x_1=\frac{30}{T_1\sqrt{k_w w_0}}=\frac{30}{0.45\times\sqrt{0.54\times 0.35}}=153.35>5$$

$$R=\sqrt{\frac{\pi}{6\zeta_1}\frac{x_1^2}{(1+x_1^2)^{4/3}}}=\sqrt{\frac{3.14}{6\times 0.05}\times\frac{153.35^2}{(1+153.35^2)^{4/3}}}=0.604$$

竖直方向的相关系数 ρ_z 和水平方向的相关系数 ρ_x 分别按式 (1-8)、式 (1-9) 计算如下：

$$\rho_z=\frac{10\sqrt{H+60e^{-H/60}-60}}{H}=\frac{10\times\sqrt{18.5+60e^{-18.5/60}-60}}{18.5}=0.868$$

$B=54.5$m$>2H=2\times 18.5=37.0$m，故取 $B=37.0$m

$$\rho_x=\frac{10\sqrt{B+50e^{-B/50}-50}}{B}=\frac{10\times\sqrt{37.0+50e^{-37.0/50}-50}}{37.0}=0.890$$

由表 1-12 得 $k=0.252$，$a_1=0.261$，代入式 (1-7) 得脉动风荷载的背景分量因子 B_z：

$$B_z=kH^{a_1}\rho_x\rho_z\frac{\phi_1(z)}{\mu_z(z)}=0.252\times 18.5^{0.261}\times 0.890\times 0.868\frac{\phi_1(z)}{\mu_z(z)}=0.417\frac{\phi_1(z)}{\mu_z(z)}$$

将上述数据代入式 (1-4) 得

$$\beta_z=1+2gI_{10}B_z\sqrt{1+R^2}=1+2\times 2.5\times 0.23\times 0.417\frac{\phi_1(z)}{\mu_z(z)}\sqrt{1+0.604^2}=1+0.560\frac{\phi_1(z)}{\mu_z(z)}$$

其中 $\mu_z(z)$、$\phi_1(z)$ 可分别通过表 1-10 和表 1-11 求得。

女儿墙及其以下，沿房屋高度的分布风荷载标准值为（计算风荷载分布值时房屋高度从室外地坪开始计算）：

迎风面：$q_1(z)=54.5\times 0.35k_d\eta\beta_z\mu_s\mu_z=54.5\times 0.35\times 1.0\times 1.0\times 0.8\beta_z\mu_z=15.26\beta_z\mu_z$

背风面：$q_2(z)=54.5\times 0.35k_d\eta\beta_z\mu_s\mu_z=54.5\times 0.35\times 1.0\times 1.0\times 0.5\beta_z\mu_z=9.54\beta_z\mu_z$

作用于突出屋面的楼梯间、机房处分布风荷载标准值为

迎风面：$q_1(z)=9.6\times 0.35k_d\eta\beta_z\mu_s\mu_z=9.6\times 0.35\times 1.0\times 1.0\times 0.8\beta_z\mu_z=2.69\beta_z\mu_z$

背风面：$q_2(z)=9.6\times 0.35k_d\eta\beta_z\mu_s\mu_z=9.6\times 0.35\times 1.0\times 1.0\times 0.5\beta_z\mu_z=1.68\beta_z\mu_z$

$q_1(z)$ 和 $q_2(z)$ 的计算结果见表 2-29，其沿房屋高度的分布见图 2-22。内力及侧移计算时，可按静力等效原理将分布风荷载转换为节点集中荷载 F_i，计算过程如下：

$$F_1=(11.903+7.441)\times(3.6+4.1)\times\frac{1}{2}+[(14.542-11.903)+(9.091-7.441)]\times 3.6\times\frac{1}{2}\times\frac{1}{3}=77.048\text{kN}$$

各楼层风荷载计算 表 2-29

层次	z (m)(标高)	z/H	$\phi_1(z)$	μ_z	β_z	$q_1(z)$ (kN/m)	$q_2(z)$ (kN/m)	F_i (kN)
突出屋面楼梯间、机房	21			0.754	2.594	5.261	3.286	
女儿墙	18.8			0.713	2.594	28.224	17.644	
5	18	1.0	1.00	0.704	2.594	27.865	17.420	131.633
4	14.4	0.8	0.74	0.65	2.277	22.589	14.122	132.462
3	10.8	0.6	0.45	0.65	1.777	17.624	11.018	104.947
2	7.2	0.4	0.27	0.65	1.466	14.542	9.091	85.511
1	3.6	0.2	0.08	0.65	1.200	11.903	7.441	77.048
	0.0	0.0	0.00	0.65	1.200	11.903	7.441	
合计								531.599

注：高度 z 从室外地面算起。

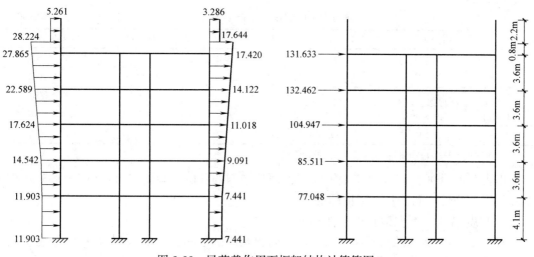

图 2-22 风荷载作用下框架结构计算简图

$F_2 = (11.903 + 7.441) \times 3.6 \times \frac{1}{2} + (14.542 + 9.091) \times 3.6 \times \frac{1}{2} + [(14.542 - 11.903) + (9.091 - 7.441)] \times 3.6 \times \frac{1}{2} \times \frac{2}{3} + [(17.624 - 14.542) + (11.018 - 9.091)] \times 3.6 \times \frac{1}{2} \times \frac{1}{3} = 85.511 \text{kN}$

$F_3 = (14.542 + 9.091) \times 3.6 \times \frac{1}{2} + (17.624 + 11.018) \times 3.6 \times \frac{1}{2} + [(17.624 - 14.542) + (11.018 - 9.091)] \times 3.6 \times \frac{1}{2} \times \frac{2}{3} + [(22.589 - 17.624) + (14.122 - 11.018)] \times 3.6 \times \frac{1}{2} \times \frac{1}{3} = 104.947 \text{kN}$

$$F_4 = (17.624 + 11.018) \times 3.6 \times \frac{1}{2} + (22.589 + 14.122) \times 3.6 \times \frac{1}{2} + [(22.589 - 17.624) + (14.122 - 11.018)] \times 3.6 \times \frac{1}{2} \times \frac{2}{3} + [(27.865 - 22.589) + (17.420 - 14.122)] \times 3.6 \times \frac{1}{2} \times \frac{1}{3} = 132.462 \text{kN}$$

$$F_5 = (22.589 + 14.122) \times 3.6 \times \frac{1}{2} + [(27.865 - 22.589) + (17.420 - 14.122)] \times 3.6 \times \frac{1}{2} \times \frac{2}{3} + [(28.224 + 17.644) + (27.865 + 17.420)] \times 0.8 \times \frac{1}{2} + (5.261 + 3.328) \times 2.2 = 131.633 \text{kN}$$

2.8.7 框架侧移验算

1. 横向水平地震作用下框架侧移验算

根据图 2-21 所示的横向水平地震作用，即可求得相应的层间剪力 V_i 以及相应的结构层间侧移 Δu_i 和层间侧移角 $\Delta u_i / h_i$，计算过程见表 2-30。

横向水平地震作用下框架侧移验算　　　　　　　　　　表 2-30

层次	V_{Eki}(kN)	$\sum D_i$(N/mm)	Δu_i(mm)	h_i(mm)	$\Delta u_i / h_i$
5	1257.07	647166	1.942	3600	1/1853
4	2224.36	647166	3.437	3600	1/1047
3	2971.26	647166	4.591	3600	1/784
2	3497.76	647166	5.405	3600	1/666
1	3821.19	602708	6.340	5000	1/789

注：本表中 $\sum D_i$ 为整个框架结构第 i 层的侧向刚度。

由表 2-30 可见，横向水平地震作用下框架结构的各层层间侧移角均小于 1/550，满足地震作用下弹性层间侧移角限值的要求。

2. 风荷载作用下框架侧移验算

根据图 2-22 所示的水平风荷载，即可求得相应的层间剪力 V_i 以及相应的结构层间侧移 Δu_i 和层间侧移角 $\Delta u_i / h_i$，计算过程见表 2-31。

由表 2-31 可见，风荷载作用下框架的各层层间侧移角均小于 1/550，满足风荷载作用下弹性层间侧移角限值的要求。

风荷载作用下框架侧移验算　　　　　　　　　　表 2-31

层次	F_i(kN)	$V_i = \sum_{k=i}^{n} F_k$(kN)	$\sum D_i$(N/mm)	Δu_i(mm)	h_i(mm)	$\Delta u_i / h_i$
5	131.633	131.633	647166	0.203	3600	1/17734
4	132.462	264.095	647166	0.408	3600	1/8824
3	104.947	369.041	647166	0.570	3600	1/6316
2	85.511	454.552	647166	0.702	3600	1/5128
1	77.048	531.599	602708	0.882	5000	1/5669

注：本表中 $\sum D_i$ 为整个框架结构第 i 层的侧向刚度。

2.8.8 水平荷载作用下结构内力计算

1. 风荷载作用下结构内力计算

(1) 柱反弯点位置计算

取④轴线一榀横向中框架进行计算,风荷载作用下结构内力计算采用 D 值法。首先按式(2-14)计算风荷载作用下各柱的反弯点高度比,即

$$y = y_n + y_1 + y_2 + y_3$$

其中标准反弯点高度比 y_n 查均布水平荷载作用下的相应值(表 2-3)。本设计中各层梁线刚度均未发生变化,所以不考虑修正值 y_1。底层柱考虑了修正值 y_2,第 2 层柱考虑了修正值 y_3,其余柱均无修正。具体计算过程见表 2-32。

风荷载作用下柱反弯点高度比计算 表 2-32

层次	边柱						中柱					
	$\overline{K}$	y_n	y_1	y_2	y_3	y	$\overline{K}$	y_n	y_1	y_2	y_3	y
5	0.958	0.35	0	0	0	0.35	1.778	0.39	0	0	0	0.39
4	0.958	0.40	0	0	0	0.40	1.778	0.44	0	0	0	0.44
3	0.958	0.45	0	0	0	0.45	1.778	0.49	0	0	0	0.49
2	0.958	0.50	0	0	−0.02	0.48	1.778	0.50	0	0	0	0.50
1	0.642	0.70	0	−0.02	0	0.68	1.191	0.63	0	0	0	0.63

(2) 柱剪力及柱端弯矩计算

按 D 值法,i 层 j 柱分配到的剪力 V_{ij} 以及该柱上、下端的弯矩 M_{ij}^u 和 M_{ij}^b 分别按式(2-12)和式(2-13)计算。下面以 1 层边柱为例说明计算过程,其余柱的计算结果见表 2-33。

$$V_{11} = \frac{D_{11}}{\sum D_1} V_1 = \frac{13444}{602708} \times 531.599 = 11.86 \text{kN}$$

$$M_{11}^b = V_{11} \cdot yh = 11.86 \times 0.68 \times 5 = 40.32 \text{kN} \cdot \text{m}$$

$$M_{11}^u = V_{11} \cdot (1-y)h = 11.86 \times (1-0.68) \times 5 = 18.97 \text{kN} \cdot \text{m}$$

风荷载作用下框架柱剪力及柱端弯矩计算 表 2-33

层次	h_i (m)	V_i (kN)	$\sum D_i$ (N/mm)	边柱					中柱				
				D_{i1}	V_{i1}	y	M_{i1}^b	M_{i1}^u	D_{i2}	V_{i2}	y	M_{i2}^b	M_{i2}^u
5	3.6	131.633	647166	13020	2.65	0.35	3.34	6.20	18927	3.85	0.39	5.41	8.45
4	3.6	264.095	647166	13020	5.31	0.40	7.65	11.48	18927	7.72	0.44	12.23	15.57
3	3.6	369.041	647166	13020	7.42	0.45	12.03	14.70	18927	10.79	0.49	19.04	19.82
2	3.6	454.552	647166	13020	9.14	0.48	15.80	17.12	18927	13.29	0.50	23.93	23.93
1	5.0	531.599	602708	13444	11.86	0.68	40.32	18.97	16485	14.54	0.63	45.80	26.90

(3) 梁端弯矩、剪力及柱轴力计算

根据节点平衡,梁端弯矩按式(2-15)计算。计算出梁端弯矩后可根据式(2-16)求

出梁端剪力，再由式（2-17）逐层计算出各柱轴力。下面以 1 层边梁为例说明计算过程，其余梁的计算过程及结果见表 2-34。

$$M_b^l = \frac{i_b^l}{i_b^l + i_b^r}(M_{i+1,j}^b + M_{ij}^u) = 18.97 + 15.80 = 34.77 \text{kN} \cdot \text{m}$$

$$M_b^r = \frac{i_b^r}{i_b^l + i_b^r}(M_{i+1,j}^b + M_{ij}^u) = \frac{4.159 \times 10^{10}}{4.159 \times 10^{10} + 3.566 \times 10^{10}}(26.90 + 23.93)$$

$$= 27.40 \text{kN} \cdot \text{m}$$

$$V_b = \frac{(M_b^l + M_b^r)}{l} = \frac{34.77 + 27.40}{6.0} = 10.36 \text{kN}$$

风荷载作用下框架梁端弯矩、剪力及柱轴力计算 表 2-34

层次	边梁				走道梁				柱轴力		
	M_b^l (kN·m)	M_b^r (kN·m)	l (m)	V_b (kN)	M_b^l (kN·m)	M_b^r (kN·m)	l (m)	V_b (kN)	边柱 (kN)	中柱 (kN)
5	6.20	4.56	6.0	−1.79	3.90	3.90	2.7	−2.89	−1.79	−1.09
4	14.81	11.31	6.0	−4.35	9.67	9.67	2.7	−7.16	−6.15	−3.90
3	22.35	17.28	6.0	−6.61	14.77	14.77	2.7	−10.94	−12.75	−8.24
2	29.15	23.17	6.0	−8.72	19.80	19.80	2.7	−14.67	−21.47	−14.19
1	34.77	27.40	6.0	−10.36	23.42	23.42	2.7	−17.35	−31.83	−21.18

注：梁端弯矩、剪力均以绕杆端顺时针方向为正，轴力以受压为正，受拉为负。

风荷载作用下框架弯矩图见图 2-23。

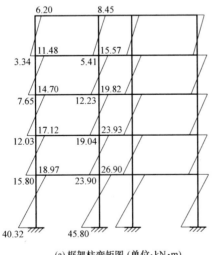
(a) 框架柱弯矩图（单位：kN·m）

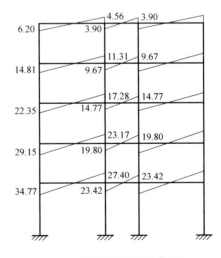
(b) 框架梁弯矩图（单位：kN·m）

图 2-23 风荷载作用下框架弯矩图

2. 横向水平地震作用下结构内力计算

(1) 柱反弯点位置计算

同样取④轴线横向中框架进行计算，水平地震作用下结构内力计算采用 D 值法，具体过程与风荷载作用下结构内力计算类似。注意此时标准反弯点高度比 y_n 查倒三角分布水平荷载作用下的相应值（表 2-4）。水平地震作用下柱反弯点高度比计算过程见表 2-35。

水平地震作用下柱反弯点高度比计算　　　　表 2-35

层次	边柱						中柱					
	$\overline{K}$	y_n	y_1	y_2	y_3	y	$\overline{K}$	y_n	y_1	y_2	y_3	y
5	0.958	0.35	0	0	0	0.35	1.778	0.39	0	0	0	0.39
4	0.958	0.43	0	0	0	0.43	1.778	0.45	0	0	0	0.45
3	0.958	0.45	0	0	0	0.45	1.778	0.49	0	0	0	0.49
2	0.958	0.50	0	0	−0.02	0.48	1.778	0.50	0	0	0	0.50
1	0.642	0.70	0	−0.02	0	0.68	1.191	0.65	0	0	0	0.65

(2) 柱剪力及柱端弯矩计算

水平地震作用下柱剪力分配及柱端弯矩计算见表 2-36。

水平地震作用下框架柱剪力及柱端弯矩计算　　　　表 2-36

层次	h_i (m)	V_{Eki} (kN)	D_i (N/mm)	边柱					中柱				
				D_{i1}	V_{i1}	y	M^b_{i1}	M^u_{i1}	D_{i2}	V_{i2}	y	M^b_{i1}	M^u_{i1}
5	3.6	1257.07	647166	13020	25.29	0.35	31.87	59.18	18927	36.76	0.39	51.62	80.73
4	3.6	2224.36	647166	13020	44.75	0.43	69.27	91.83	18927	65.05	0.45	105.39	128.81
3	3.6	2971.26	647166	13020	59.78	0.45	96.84	118.36	18927	86.90	0.49	153.29	159.54
2	3.6	3497.76	647166	13020	70.37	0.48	121.60	131.73	18927	102.30	0.50	184.13	184.13
1	5.0	3821.19	602708	13444	85.24	0.68	284.00	133.65	16485	104.52	0.65	332.88	179.24

(3) 梁端弯矩、剪力及柱轴力计算

水平地震作用下梁端弯矩、剪力及柱轴力计算见表 2-37。

水平地震作用下框架梁端弯矩、剪力及柱轴力计算　　　　表 2-37

层次	边梁				走道梁				柱轴力	
	M^l_b (kN·m)	M^r_b (kN·m)	l (m)	V_b (kN)	M^l_b (kN·m)	M^r_b (kN·m)	l (m)	V_b (kN)	边柱 (kN)	中柱 (kN)
5	59.18	43.53	6.0	−17.12	37.21	37.21	2.7	−27.56	−17.12	−10.44
4	123.69	97.27	6.0	−36.83	83.15	83.15	2.7	−61.59	−53.95	−52.33
3	187.63	142.83	6.0	−55.08	122.10	122.10	2.7	−90.44	−109.02	−70.57
2	228.57	181.91	6.0	−68.41	155.51	155.51	2.7	−115.19	−177.44	−117.35
1	255.25	195.91	6.0	−75.19	167.47	167.47	2.7	−124.05	−252.63	−166.21

注：梁端弯矩、剪力均以绕杆端顺时针方向为正，轴力以受压为正，受拉为负。

横向水平地震作用下框架弯矩图见图 2-24。

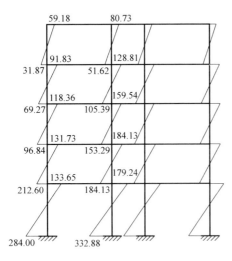
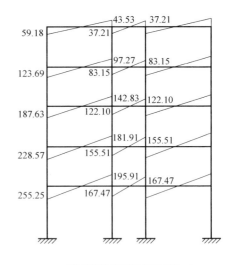

(a) 框架柱弯矩图(单位:kN·m)　　　　　(b) 框架梁弯矩图(单位:kN·m)

图 2-24　横向水平地震作用下框架弯矩图

2.8.9　竖向荷载作用下结构内力计算

1. 计算单元及计算简图

取④轴线横向中框架进行计算。由于楼面荷载均匀分布，所以可取两轴线中线之间的长度为计算单元宽度（7.2m），如图 2-25 所示。

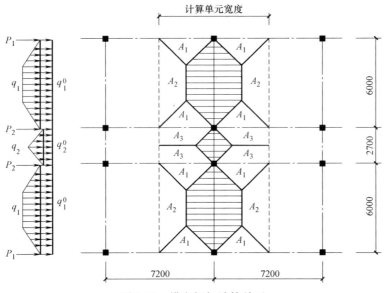

图 2-25　横向框架计算单元

因梁板为整体现浇，且各区格板按双向板考虑，故直接传给横梁的楼面荷载类型为梯形分布荷载（边梁）或三角形分布荷载（走道梁），计算单元范围内的其余荷载通过纵梁以集中荷载的形式传递给框架柱。另外，由于纵梁轴线与柱轴线不重合，所以作用在一榀框架上的荷载还有集中力矩。框架横梁自重以及直接作用在横梁上的填充墙体自重则按均布荷载考虑。竖向荷载作用下框架计算简图如图 2-26 所示。

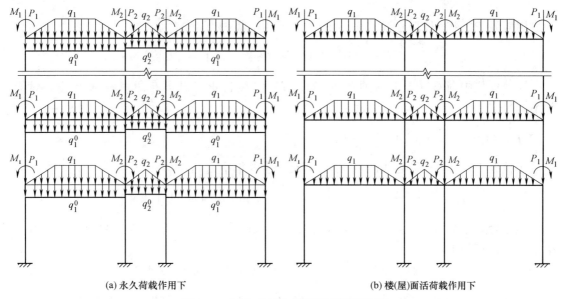

(a) 永久荷载作用下　　　　　　　　(b) 楼(屋)面活荷载作用下

图 2-26　竖向荷载作用下框架计算简图

2. 荷载计算

(1) 永久荷载计算

1) q_1^0 和 q_2^0

q_1^0 和 q_2^0 为均布荷载形式，在屋盖处代表横梁自重（扣除板自重），在楼盖处 q_1^0 除了横梁自重，还包括隔墙自重，由表 2-26 有关数据可知：

屋盖处：$q_1^0 = 3.645 \text{kN/m}$，$q_2^0 = 2.430 \text{kN/m}$

楼盖处：$q_1^0 = 3.645 + 2.62 \times (3.6 - 0.55) = 11.64 \text{kN/m}$，$q_2^0 = 2.430 \text{kN/m}$

2) q_1 和 q_2

q_1 和 q_2 分别为房间楼板和走道楼板传给横梁的梯形荷载与三角形荷载峰值，由图 2-25 所示的几何关系可得：

屋盖处：$q_1 = 4.80 \times 3.6 = 17.28 \text{kN/m}$，$q_2 = 4.80 \times 2.7 = 12.96 \text{kN/m}$

楼盖处：$q_1 = 3.39 \times 3.6 = 12.20 \text{kN/m}$，$q_2 = 3.39 \times 2.7 = 9.15 \text{kN/m}$

3) P_1、M_1、P_2、M_2

P_1、M_1、P_2、M_2 是通过纵梁传给柱的板自重、次梁自重、纵梁自重、女儿墙（纵墙）自重、挑檐（外挑阳台）等所产生的集中荷载和集中力矩。

首先确定图 2-25 中所示面积 A_1、A_2、A_3 之值，即

$$A_1 = 3.6 \times 1.8 \times \frac{1}{2} = 3.24 \text{m}^2, A_2 = [(6-3.6)+6] \times 1.8 \times \frac{1}{2} = 7.56 \text{m}^2$$

$$A_3 = \left[\left(3.6 - \frac{2.7}{2}\right) + 3.6\right] \times \frac{2.7}{2} \times \frac{1}{2} = 3.95 \text{m}^2$$

屋盖处集中荷载 P_1 包括通过纵梁传给柱的板自重、纵梁自重、女儿墙自重和次梁自重，计算如下：

$$P_1 = 4.80 \times (2 \times 3.24 + 7.56) + 4.050 \times 7.2 + 5.24 \times 0.8 \times 7.2 + \left(2.363 \times \frac{6}{2} \times \frac{1}{2}\right) \times 2$$

=133.82kN

屋盖处 P_1 相对柱形心线的偏心距 e_1 及产生的集中力矩 M_1 为

$$e_1 = \frac{0.5}{2} - \frac{0.3}{2} = 0.10\text{m}, \quad M_1 = 133.82 \times 0.10 = 13.38\text{kN} \cdot \text{m}$$

屋盖处集中荷载 P_2 包括通过纵梁传给柱的板自重、纵梁自重和次梁自重，计算如下：

$$P_2 = 4.80 \times (2 \times 3.24 + 7.56 + 2 \times 3.95) + 4.050 \times 7.2 + 2.363 \times \frac{6}{2} = 141.56\text{kN}$$

屋盖处 P_2 相对柱形心线的偏心距 e_2 及产生的集中力矩 M_2 为

$$e_2 = \frac{0.5}{2} - \frac{0.3}{2} = 0.10\text{m}, \quad M_2 = 141.56 \times 0.10 = 14.16\text{kN} \cdot \text{m}$$

楼盖处集中荷载 P_1 包括通过纵梁传给柱的板自重、纵梁自重、外墙自重、窗重和次梁自重，计算如下：

$$P_1 = 3.39 \times (2 \times 3.24 + 7.56) + 4.050 \times 7.2 + 3.12 \times [(3.6 - 0.55) \times (7.2 - 0.5) -$$
$$2.4 \times 2.1 \times 2] + 0.4 \times 2.4 \times 2.1 \times 2 + 2.363 \times \frac{6}{2} = 120.18\text{kN}$$

2~4层楼盖处 P_1 相对柱形心线的偏心距 e_1 及产生的集中力矩 M_1 为

$$e_1 = \frac{0.5}{2} - \frac{0.3}{2} = 0.10\text{m}, \quad M_1 = 120.18 \times 0.10 = 12.02\text{kN} \cdot \text{m}$$

由于柱变截面，1层楼盖处 P_1 相对柱形心线的偏心距 e_1 及产生的集中力矩 M_1 为

$$e_1 = \frac{0.6}{2} - \frac{0.3}{2} = 0.15\text{m}, \quad M_1 = 120.18 \times 0.15 = 18.03\text{kN} \cdot \text{m}$$

楼盖处集中荷载 P_2 包括通过纵梁传给柱的板自重、纵梁自重、内墙自重和次梁自重，计算如下：

$$P_2 = 3.39 \times (2 \times 3.24 + 7.56 + 2 \times 3.95) + 4.050 \times 7.2 + 2.62 \times (3.6 - 0.55)$$
$$\times (7.2 - 0.5) + 2.363 \times \frac{6}{2} = 164.17\text{kN}$$

2~4层楼盖处 P_2 相对柱形心线的偏心距 e_2 及产生的集中力矩 M_2 为

$$e_2 = \frac{0.5}{2} - \frac{0.3}{2} = 0.10\text{m}, \quad M_2 = 164.17 \times 0.10 = 16.42\text{kN} \cdot \text{m}$$

由于柱变截面，1层楼盖处 P_2 相对柱形心线的偏心距 e_2 及产生的集中力矩 M_2 为

$$e_2 = \frac{0.6}{2} - \frac{0.3}{2} = 0.15\text{m}, \quad M_2 = 164.17 \times 0.15 = 24.63\text{kN} \cdot \text{m}$$

(2) 楼（屋）面活荷载计算

1) q_1 和 q_2

q_1 和 q_2 分别为房间板和走道板上楼（屋）面活荷载传给横梁的梯形荷载与三角形荷载峰值，由图2-25所示的几何关系可得

屋盖处：$q_1 = 0.5 \times 3.6 = 1.8\text{kN/m}$，$q_2 = 0.5 \times 2.7 = 1.35\text{kN/m}$（考虑屋面活载）

$q_1 = 0.25 \times 3.6 = 0.9\text{kN/m}$，$q_2 = 0.25 \times 2.7 = 0.68\text{kN/m}$（考虑屋面雪载）

楼盖处：$q_1 = 2.5 \times 3.6 = 9.0\text{kN/m}$，$q_2 = 3.0 \times 2.7 = 8.1\text{kN/m}$

2) P_1、M_1、P_2、M_2

P_1、M_1、P_2、M_2 是通过纵梁传给柱的楼（屋）面可变荷载所产生的集中荷载和集中力矩。

屋盖处集中荷载 P_1 及其相对柱形心线产生的集中力矩 M_1 为

$P_1=0.5\times(2\times3.24+7.56)=7.02\text{kN}$，$M_1=7.02\times0.10=0.70\text{kN}\cdot\text{m}$（考虑屋面活载）

$P_1=0.25\times(2\times3.24+7.56)=3.51\text{kN}$，$M_1=3.51\times0.10=0.35\text{kN}\cdot\text{m}$（考虑屋面雪载）

屋盖处集中荷载 P_2 及其相对柱形心线产生的集中力矩 M_2 为

$$P_2=0.5\times(2\times3.24+7.56+2\times3.95)=10.97\text{kN},$$
$$M_2=10.97\times0.10=1.10\text{kN}\cdot\text{m}（考虑屋面活载）$$
$$P_2=0.25\times(2\times3.24+7.56+2\times3.95)=5.49\text{kN},$$
$$M_2=5.49\times0.10=0.55\text{kN}\cdot\text{m}（考虑屋面雪载）$$

楼盖处集中荷载 P_1 及其相对柱形心线产生的集中力矩 M_1 为

$$P_1=2.5\times(2\times3.24+7.56)=35.10\text{kN}, M_1=35.10\times0.10=3.51\text{kN}\cdot\text{m}（2\sim4层）$$
$$P_1=35.10\text{kN}, M_1=35.10\times0.15=5.27\text{kN}\cdot\text{m}（1层）$$

楼盖处集中荷载 P_2 及其相对柱形心线产生的集中力矩 M_2 为

$$P_2=2.5\times(2\times3.24+7.56)+3.0\times2\times3.95=58.80\text{kN},$$
$$M_2=58.80\times0.10=5.88\text{kN}\cdot\text{m}（2\sim4层）$$
$$P_2=58.80\text{kN}, M_2=58.80\times0.15=8.82\text{kN}\cdot\text{m}（1层）$$

将以上计算结果汇总，见表 2-38。

各层梁上竖向荷载标准值 表 2-38

分类	层次	q_1^0	q_2^0	q_1	q_2	P_1	P_2	M_1	M_2
永久荷载	5	3.645	2.430	17.28	12.96	133.82	141.56	13.38	14.16
	2~4	11.64	2.430	12.20	9.15	120.18	164.17	12.02	16.42
	1	11.64	2.430	12.20	9.15	120.18	164.17	18.03	24.63
可变荷载	5			1.8 0.9(雪)	1.35 0.68(雪)	7.02 3.51(雪)	10.97 5.49(雪)	0.70 0.35(雪)	1.10 0.55(雪)
	2~4			9.0	8.1	35.10	58.80	3.51	5.88
	1			9.0	8.1	35.10	58.80	5.27	8.82

注：表中 q_1^0、q_2^0、q_1、q_2 的单位为 kN/m；P_1、P_2 的单位为 kN；M_1、M_2 的单位为 kN·m。

(3) 柱变截面处的附加弯矩

本例中第1、2层边柱变截面处轴线不重合，竖向荷载作用下，第2层柱底传来的轴力将对1层柱顶产生附加弯矩，应对其予以考虑。竖向荷载作用下，第2层A柱底的轴力由第2~5层柱自重、梁上荷载引起的剪力和集中荷载 P_1 三部分组成。框架梁上荷载引起的梁端剪力计算结果见表 2-39。下面以永久荷载作用下第1层 AB 和 BC 跨梁端剪力计算为例，说明计算方法（其中，在梯形和三角形分布荷载作用下的梁端剪力计算公式见表 2-8）。

$$V_A=\frac{1}{2}q_1^0 l+\frac{1}{2}q_1 l(1-\alpha)=\frac{1}{2}\times11.64\times6.0+\frac{1}{2}\times12.20\times6.0\times\left(1-\frac{1.8}{6.0}\right)=60.54\text{kN}$$

$$V_B=\frac{1}{2}q_2^0 l+\frac{1}{4}q_2 l=\frac{1}{2}\times2.430\times2.7+\frac{1}{4}\times9.15\times2.7=9.46\text{kN}$$

框架梁上荷载引起的梁端剪力 表 2-39

层次	永久荷载作用		活荷载作用(屋面为屋面活荷载)		活荷载作用(屋面为雪荷载)	
	AB 跨	BC 跨	AB 跨	BC 跨	AB 跨	BC 跨
	$V_A=-V_B$	$V_B=-V_C$	$V_A=-V_B$	$V_B=-V_C$	$V_A=-V_B$	$V_B=-V_C$
5	47.25	12.03	3.78	0.91	1.89	0.46
4	60.54	9.46	18.90	5.47	18.90	5.47
3	60.54	9.46	18.90	5.47	18.90	5.47
2	60.54	9.46	18.90	5.47	18.90	5.47
1	60.54	9.46	18.90	5.47	18.90	5.47

注：1. 梁端弯矩、剪力均以绕杆端顺时针方向为正；
  2. 表中剪力的单位为 kN。

根据表 2-38、表 2-39 的相关数据，下面分别计算永久荷载与楼（屋）面活荷载作用在第 1 层 A 柱变截面处的附加弯矩和节点外力矩。

1）永久荷载作用下

第 2 层 A 柱底的轴力（包括 2~5 层柱自重、梁端剪力和节点集中力 P_1）为

$$N_{2A}=23.63\times 4+(47.25+60.54\times 3)+(133.82+120.18\times 3)=817.75\text{kN}$$

第 2 层柱底轴力对 1 层柱顶产生的附加弯矩为

$$\Delta M_{1A}=817.75\times(0.6/2-0.5/2)=40.89\text{kN}\cdot\text{m}(\text{逆时针})$$

第 1 层 A 节点外力矩（包括第 1 层节点集中力矩 M_1）为

$$M_{1A}=18.03+40.89=58.92\text{kN}\cdot\text{m}(\text{逆时针})$$

2）楼（屋）面活荷载作用下（屋面为屋面活荷载）

第 2 层 A 柱底的轴力（包括 2~5 层梁端剪力和节点集中力 P_1）为

$$N_{2A}=(3.78+18.90\times 3)+(7.02+35.10\times 3)=172.80\text{kN}$$

第 2 层柱底轴力对 1 层柱顶产生的附加弯矩为

$$\Delta M_{1A}=172.80\times(0.6/2-0.5/2)=8.64\text{kN}\cdot\text{m}(\text{逆时针})$$

第 1 层 A 节点外力矩为

$$M_{1A}=5.27+8.64=13.91\text{kN}\cdot\text{m}(\text{逆时针})$$

3）楼（屋）面活荷载作用下（屋面为雪荷载）

第 2 层 A 柱底的轴力（包括 2~5 层梁端剪力和节点集中力 P_1）为

$$N_{2A}=(1.89+18.90\times 3)+(3.51+35.10\times 3)=167.40\text{kN}$$

第 2 层柱底轴力对 1 层柱顶产生的附加弯矩为

$$\Delta M_{1A}=167.40\times(0.6/2-0.5/2)=8.37\text{kN}\cdot\text{m}(\text{逆时针})$$

第 1 层 A 节点外力矩为

$$M_{1A}=5.27+8.37=13.64\text{kN}\cdot\text{m}(\text{逆时针})$$

3. 内力计算

采用弯矩二次分配法计算梁端和柱端截面弯矩。本例中，由于结构和荷载均对称，因此取对称轴一侧的框架为计算对象，且中间跨梁取为竖向滑动支座。计算时对于弯矩、剪力和轴力的符号规定为：杆端弯矩以绕杆件顺时针方向转动为正，节点弯矩以绕节点逆时针方向转动为正；杆端剪力以绕杆件顺时针方向转动为正；轴力以受压为正。

(1) 永久荷载作用下内力计算

1) 杆端弯矩分配系数

由于计算简图中的中间跨梁跨度为原跨度的一半,故其线刚度应取表 2-20 所列值的 2 倍。下面以第 1 层框架的两个节点为例,说明杆端弯矩分配系数的计算方法,其中 S_A、S_B 分别表示边节点和中节点各杆端转动刚度之和。

$$S_A = 4 \times (4.340 + 6.480 + 4.159) \times 10^{10} = 4 \times 14.979 \times 10^{10} \text{N·mm/rad}$$

$$S_B = 4 \times (4.340 + 6.480 + 4.159) \times 10^{10} + 2 \times 3.556 \times 10^{10} = 67.028^{10} \text{N·mm/rad}$$

$$\mu^A_{上柱} = \frac{4.340}{14.979} = 0.290, \quad \mu^A_{下柱} = \frac{6.480}{14.979} = 0.433, \quad \mu^A_{右梁} = \frac{4.159}{14.979} = 0.277$$

$$\mu^B_{上柱} = \frac{4 \times 4.340}{67.028} = 0.259, \quad \mu^B_{下柱} = \frac{4 \times 6.480}{67.028} = 0.387$$

$$\mu^B_{左梁} = \frac{4 \times 4.159}{67.028} = 0.248, \quad \mu^B_{右梁} = \frac{2 \times 3.556}{67.028} = 0.106$$

其余各节点的杆端弯矩分配系数计算过程从略,计算结果见图 2-27。

2) 杆件的固端弯矩

以第 1 层边跨梁和中间跨梁为例说明计算方法。由图 2-26 所示的竖向荷载下框架结构计算简图可知,边跨梁(视为两端固定梁)上作用均布荷载和梯形分布荷载,其固端弯矩计算公式见表 2-8,相关数据取自表 2-38,则

$$\begin{aligned} M_A &= -\frac{1}{12} q_1^0 l^2 - \frac{1}{12} q_1 l^2 (1 - 2\alpha^2 + \alpha^3) \\ &= -\frac{1}{12} \times 11.64 \times 6^2 - \frac{1}{12} \times 12.20 \times 6^2 \times \left[1 - 2\left(\frac{1.8}{6}\right)^2 + \left(\frac{1.8}{6}\right)^3 \right] \\ &= -65.92 \text{kN·m} \end{aligned}$$

中间跨梁(视为一端固定,另一端滑动支座梁)上作用均布荷载和三角形分布荷载,其固端弯矩计算公式见表 2-8,相关数据取自表 2-38,则

$$\begin{aligned} M_B &= -\frac{1}{3} q_2^0 l^2 - \frac{5}{24} q_2 l^2 \\ &= -\frac{1}{3} \times 2.430 \times 1.35^2 - \frac{5}{24} \times 9.15 \times 1.35^2 \\ &= -4.95 \text{kN·m} \end{aligned}$$

其余各梁的固端弯矩计算过程从略,计算结果见图 2-27。

3) 永久荷载作用下框架结构梁、柱弯矩计算

永久荷载作用下框架各节点的弯矩分配及杆端分配弯矩的传递过程在图 2-27 中进行,最后所得的杆端弯矩为固端弯矩、分配弯矩和传递弯矩的代数和。梁跨间最大弯矩根据梁端弯矩和作用于梁上的荷载用平衡条件求得。最终所得弯矩图见图 2-31。

4) 永久荷载作用下梁端剪力和柱轴力计算

根据作用在梁上的荷载及梁端弯矩,用平衡条件可求得梁端剪力。将柱两侧的梁端剪力、节点集中力和柱轴力相加,即可得柱轴力。下面以第 5 层 AB 跨梁和 A 柱为例,说明梁端剪力和柱轴力的计算过程。

取第 5 层 AB 跨梁为隔离体,如图 2-28 所示。可知梁端剪力为梁上荷载引起的剪力

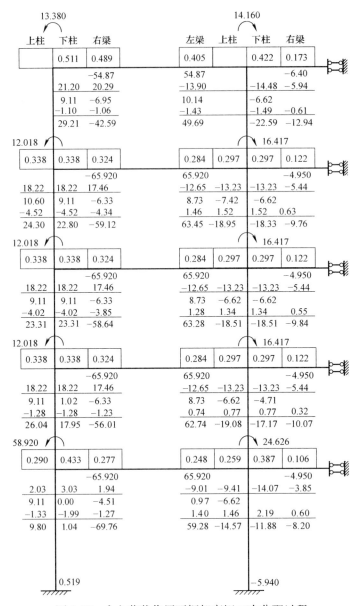

图 2-27 永久荷载作用下框架弯矩二次分配过程

与梁端弯矩引起的剪力之和，即

$$V_A = \frac{1}{2} \times (q_1^0 l + q_1 \times 0.7l) - \frac{M_A + M_B}{l}$$

$$= \frac{1}{2} \times (3.645 \times 6 + 17.28 \times 0.7 \times 6) - \frac{-42.59 + 49.69}{6} = 46.07 \text{kN}$$

$$V_B = -\frac{1}{2} \times (q_1^0 l + q_1 \times 0.7l) - \frac{M_A + M_B}{l}$$

$$= -\frac{1}{2} \times (3.645 \times 6 + 17.28 \times 0.7 \times 6) - \frac{-42.59 + 49.69}{6} = -48.43 \text{kN}$$

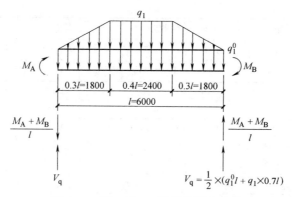

图 2-28　第 5 层 AB 跨梁端剪力计算

则 A 柱上端轴力为

$$N_A^u = P_1 + V_A = 133.82 + 46.07 = 179.89 \text{kN}$$

A 柱下端轴力应计入柱的自重，即

$$N_A^b = 179.89 + 23.63 = 203.52 \text{kN}$$

永久荷载作用下梁端剪力和柱轴力的计算结果见表 2-40。

永久荷载作用下梁端剪力和柱轴力　　　　　表 2-40

层次	荷载引起的剪力		弯矩引起的剪力		总剪力			柱轴力			
	AB 跨	BC 跨	AB 跨	BC 跨	AB 跨		BC 跨	A 柱轴力		B 柱轴力	
	$V_A=-V_B$	$V_B=-V_C$	$V_A=-V_B$	$V_B=-V_C$	V_A	V_B	$V_B=V_C$	$N_顶$	$N_底$	$N_顶$	$N_底$
5	47.25	12.03	−1.18	0	46.07	−48.43	12.03	179.89	203.52	202.02	225.65
4	60.54	9.46	−0.72	0	59.82	−61.26	9.46	383.51	407.14	460.54	484.17
3	60.54	9.46	−0.77	0	59.77	−61.31	9.46	587.09	610.72	719.11	742.74
2	60.54	9.46	−1.12	0	59.42	−61.66	9.46	790.32	813.95	978.03	1001.66
1	60.54	9.46	1.75	0	62.29	−58.79	9.46	996.42	1045.02	1234.08	1282.68

注：1. 梁端弯矩、剪力均以绕杆端顺时针方向为正，轴力以受压为正，受拉为负；
　　2. 表中剪力和轴力的单位为 kN。

(2) 楼（屋）面活荷载（屋面为屋面活荷载）作用下内力计算

楼（屋）面活荷载作用下框架梁、柱内力计算过程同永久荷载，其弯矩二次分配如图 2-29 所示，所得弯矩图见图 2-31。楼（屋）面活荷载（屋面为屋面活荷载）作用下梁端剪力和柱轴力的计算结果见表 2-41。

楼（屋）面活荷载（屋面为屋面活荷载）作用下梁端剪力和柱轴力　　表 2-41

层次	荷载引起的剪力		弯矩引起的剪力		总剪力			柱轴力	
	AB 跨	BC 跨	AB 跨	BC 跨	AB 跨		BC 跨	A 柱轴力	B 柱轴力
	$V_A=-V_B$	$V_B=-V_C$	$V_A=-V_B$	$V_B=-V_C$	V_A	V_B	$V_B=V_C$	$N_顶=N_底$	$N_顶=N_底$
5	3.78	0.91	−0.03	0	3.75	−3.81	0.91	10.77	15.69
4	18.90	5.47	−0.44	0	18.46	−19.34	5.47	64.33	99.30
3	18.90	5.47	−0.38	0	18.52	−19.28	5.47	117.95	182.84

续表

层次	荷载引起的剪力		弯矩引起的剪力		总剪力			柱轴力	
	AB跨	BC跨	AB跨	BC跨	AB跨		BC跨	A柱轴力	B柱轴力
	$V_A=-V_B$	$V_B=-V_C$	$V_A=-V_B$	$V_B=-V_C$	V_A	V_B	$V_B=V_C$	$N_顶=N_底$	$N_顶=N_底$
2	18.90	5.47	−0.46	0	18.44	−19.36	5.47	171.50	266.47
1	18.90	5.47	0.11	0	19.01	−18.79	5.47	225.61	349.52

注：1. 梁端弯矩、剪力均以绕杆端顺时针方向为正，轴力以受压为正，受拉为负；
    2. 表中剪力和轴力的单位为kN。

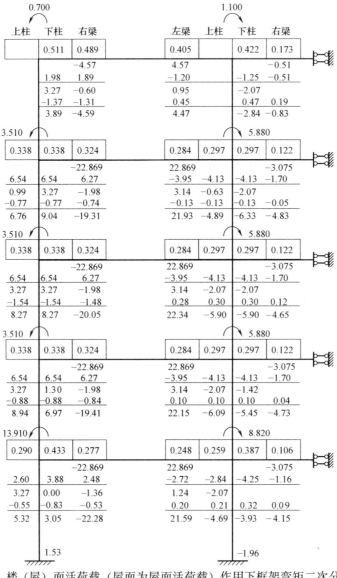

图 2-29　楼（屋）面活荷载（屋面为屋面活荷载）作用下框架弯矩二次分配过程

（3）楼（屋）面活荷载（屋面为雪荷载）作用下框架梁、柱内力计算过程如图 2-30 所示，相应弯矩图见图 2-31。楼（屋）面活荷载（屋面为雪荷载）作用下梁端剪力和柱轴力的计算结果见表 2-42。

楼（屋）面活荷载（屋面为雪荷载）作用下梁端剪力和柱轴力 表 2-42

层次	荷载引起的剪力		弯矩引起的剪力		总剪力			柱轴力	
	AB 跨	BC 跨	AB 跨	BC 跨	AB 跨		BC 跨	A 柱轴力	B 柱轴力
	$V_A=-V_B$	$V_B=-V_C$	$V_A=-V_B$	$V_B=-V_C$	V_A	V_B	$V_B=V_C$	$N_{顶}=N_{底}$	$N_{顶}=N_{底}$
5	1.89	0.46	0.05	0	1.94	−1.84	0.46	5.45	7.79
4	18.90	5.47	−0.45	0	18.45	−19.35	5.47	59.00	91.40
3	18.90	5.47	−0.38	0	18.52	−19.28	5.47	112.62	174.95
2	18.90	5.47	−0.45	0	18.45	−19.35	5.47	166.17	258.57
1	18.90	5.47	0.10	0	19.00	−18.80	5.47	220.26	341.64

注：1. 梁端弯矩、剪力均以绕杆端顺时针方向为正，轴力以受压为正，受拉为负；
2. 表中剪力和轴力的单位为 kN。

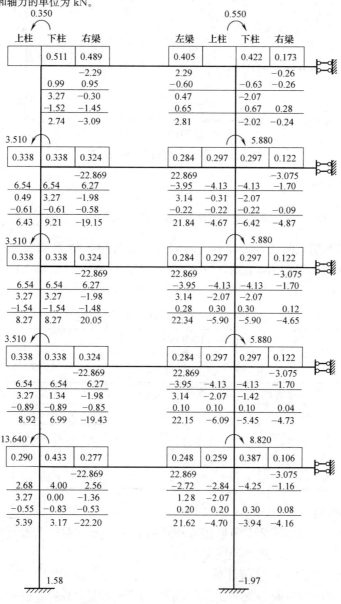

图 2-30 楼（屋）面活荷载（屋面为雪荷载）作用下框架弯矩二次分配过程

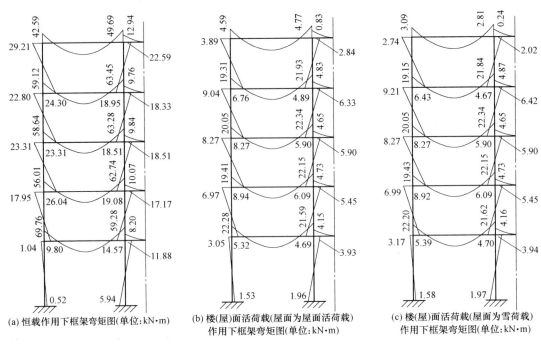

(a) 恒载作用下框架弯矩图(单位:kN·m)　　(b) 楼(屋)面活荷载(屋面为屋面活荷载)作用下框架弯矩图(单位:kN·m)　　(c) 楼(屋)面活荷载(屋面为雪荷载)作用下框架弯矩图(单位:kN·m)

图 2-31　竖向荷载作用下框架弯矩图

4. 侧移二阶效应

按式（1-26）验算是否需要考虑侧移二阶效应的影响，式中 $\sum_{j=i}^{n}G_j$ 可根据表 2-39 和表 2-40 中各层柱下端截面的轴力计算，且转换为设计值，计算结果见表 2-43。比较表中相应数据可知，结构各层均满足式（1-26）的要求，即本例的框架结构不需要考虑考虑侧移二阶效应的影响。

各楼层重力荷载设计值及二阶效应验算　　表 2-43

层次	h_i(m)	永久荷载作用下柱轴力标准值(kN)		活荷载作用下柱轴力标准值(kN)		G_j(kN)	G_j/h_i (kN/m)	$20G_j/h_i$ (kN/m)	D_i (kN/m)
		A柱	B柱	A柱	B柱				
5	3.6	203.52	225.65	10.77	15.69	1195.22	332.01	6640.12	63894
4	3.6	407.14	484.17	64.33	99.30	2808.31	780.08	15601.70	63894
3	3.6	610.72	742.74	117.95	182.84	4421.39	1228.16	24563.28	63894
2	3.6	813.95	1001.66	171.50	266.47	6034.47	1676.24	33524.86	63894
1	5.0	1045.02	1282.68	225.61	349.52	7777.40	1555.48	31109.61	59858

2.8.10　内力组合

框架梁、柱内力组合按 2.5 节所述方法进行，本节分别对持久设计状况和地震设计状况下的框架梁、柱内力组合进行说明。

1. 梁端控制截面内力标准值计算

由于框架梁端控制截面为支座边缘处截面，而非支座中心处，故在内力组合前应先确定梁支座边缘截面的弯矩值 M_b 和剪力值 V_b。

表 2-44 对永久荷载、楼（屋）面活荷载、风荷载和水平地震作用下，各层梁支座中心处的弯矩值 M 和剪力值 V 进行了汇总。具体数据来源于图 2-31、表 2-34、表 2-37、表 2-40～表 2-42。

框架梁支座中心处的弯矩值和剪力值　　　　　　表 2-44

层次	截面	永久荷载内力		活荷载（屋面为屋面活荷载）内力		活荷载（屋面为雪荷载）内力		风荷载内力		水平地震内力	
		M	V	M	V	M	V	M	V	M	V
5	A	−42.59	46.07	−4.59	3.75	−3.09	1.94	6.20	−1.79	59.18	−17.12
	B_l	49.69	−48.43	4.77	−3.81	2.81	−1.84	4.56	−1.79	43.53	−17.12
	B_r	−12.94	12.03	−0.83	0.91	−0.24	0.46	3.90	−2.89	37.21	−27.56
4	A	−59.12	59.82	−19.31	18.46	−19.15	18.45	14.81	−4.35	123.69	−36.83
	B_l	63.45	−61.26	21.93	−19.34	21.84	−19.35	11.31	−4.35	97.27	−36.83
	B_r	−9.76	9.46	−4.83	5.47	−4.87	5.47	9.67	−7.16	83.15	−61.59
3	A	−58.64	59.77	−20.05	18.52	−20.05	18.52	22.35	−6.61	187.63	−55.08
	B_l	63.28	−61.31	22.34	−19.28	22.34	−19.28	17.28	−6.61	142.83	−55.08
	B_r	−9.84	9.46	−4.65	5.47	−4.65	5.47	14.77	−10.94	122.10	−90.44
2	A	−56.01	59.42	−19.41	18.44	−19.43	18.45	29.15	−8.72	228.57	−68.41
	B_l	62.74	−61.66	22.15	−19.36	22.15	−19.35	23.17	−8.72	181.91	−68.41
	B_r	−10.07	9.46	−4.73	5.47	−4.73	5.47	19.80	−14.67	155.51	−115.19
1	A	−69.76	62.29	−22.28	19.01	−22.20	19.00	34.77	−10.36	255.25	−75.19
	B_l	59.28	−58.79	21.59	−18.79	21.62	−18.80	27.40	−10.36	195.91	−75.19
	B_r	−8.20	9.46	−4.15	5.47	−4.16	5.47	23.42	−17.35	167.47	−124.05

注：1. 表中弯矩的单位为 kN·m，剪力的单位为 kN；
　　2. 梁端弯矩、剪力均以绕杆端顺时针方向为正。

支座边缘截面处的弯矩值 M_b 和剪力值 V_b 近似按下述方法计算。

均布荷载作用下：$M_b = M - V \cdot b/2$；$V_b = V - q \cdot b/2$

三角形荷载作用下：$M_b = M - V \cdot a$；$V_b = V - (qa/l_1)q \cdot a/2$

风荷载、水平地震作用下：$M_b = M - V \cdot b/2$；$V_b = V$

式中，b 为柱截面高度；a 为支座中心线至支座边缘截面的距离；l_1 为三角形荷载的分布长度。

下面以第 1 层 AB 跨梁 A 支座为例，说明梁支座边缘截面弯矩值和剪力值的计算过程。各层梁支座边缘截面的弯矩值和剪力值见表 2-45。

（1）永久荷载作用下

由于本例中第 1、2 层边柱变截面处轴线不重合，故计算框架梁支座边缘处的内力时，应考虑 1、2 层柱截面变化和轴线不重合引起的截面位置调整。由第 2.8.2 节结构布置及计算简图可知，第 1 层边柱轴线至梁支座边缘截面的距离为 $0.5/2 + 0.1 = 0.35$m。

第 1 层 AB 跨梁 A 支座边缘截面内力为

$$M_b = M - V \cdot b/2 = -69.76 + 62.29 \times 0.35 = -47.96 \text{kN·m}$$

$$V_b = V - q_1^0 \cdot b/2 - (q_1 a/l_1) \cdot a/2 = 62.29 - 11.64 \times 0.35 -$$
$$1/2 \times 12.20 \times 0.35/1.8 \times 0.35 = 57.80 \text{kN}$$

框架梁支座边缘截面处的弯矩值和剪力值　　　　表 2-45

层次	截面	永久荷载内力		活荷载(屋面为屋面活荷载)内力		活荷载(屋面为雪荷载)内力		风荷载内力		水平地震内力	
		M_b	V_b	M_b	V_b	M_b	V_b	M_b	V_b	M_b	V_b
5	A	−31.07	44.85	−3.65	3.72	−2.61	1.92	5.75	−1.79	54.90	−17.12
	B_l	37.58	−47.22	3.82	−3.78	2.34	−1.83	4.11	−1.79	39.25	−17.12
	B_r	−9.94	11.12	−0.60	0.88	−0.12	0.44	3.17	−2.89	30.32	−27.56
4	A	−44.16	56.70	−14.70	18.31	−14.54	18.30	13.72	−4.35	114.49	−36.83
	B_l	48.14	−58.14	17.09	−19.18	17.00	−19.19	10.22	−4.35	88.07	−36.83
	B_r	−7.40	8.64	−3.46	5.28	−3.50	5.28	7.88	−7.16	67.75	−61.59
3	A	−43.69	56.64	−15.42	18.36	−15.42	18.36	20.70	−6.61	173.86	−55.08
	B_l	47.95	−61.31	17.52	−19.12	17.52	−19.12	15.63	−6.61	129.06	−55.08
	B_r	−7.47	8.64	−3.28	5.28	−3.28	5.28	12.04	−10.94	99.49	−90.44
2	A	−41.16	56.30	−14.80	18.29	−14.81	18.29	26.97	−8.72	211.47	−68.41
	B_l	47.32	−61.66	17.31	−19.20	17.31	−19.20	20.99	−8.72	164.81	−68.41
	B_r	−7.71	8.64	−3.36	5.28	−3.36	5.28	16.14	−14.67	126.71	−115.19
1	A	−47.96	57.80	−15.62	18.71	−15.55	18.69	31.15	−10.36	228.93	−75.19
	B_l	41.64	−55.00	15.96	−18.56	15.98	−18.50	24.29	−10.36	173.35	−75.19
	B_r	−5.37	8.42	−2.51	5.20	−2.51	5.20	18.22	−17.35	130.25	−124.05

注：1. 表中弯矩的单位为 kN·m，剪力的单位为 kN；
　　2. 梁端弯矩、剪力均以绕杆端顺时针方向为正。

（2）楼（屋）面活（屋面为屋面活荷载）作用下

第 1 层 AB 跨梁 A 支座边缘截面内力为

$$M_b = M - V \cdot b/2 = -22.28 + 19.01 \times 0.35 = -15.62 \text{kN·m}$$

$$V_b = V - (q_1 a/l_1) \cdot a/2 = 19.01 - 1/2 \times 9.0 \times 0.35/1.8 \times 0.35 = 18.71 \text{kN}$$

（3）楼（屋）面活（屋面为雪荷载）作用下

第 1 层 AB 跨梁 A 支座边缘截面内力为

$$M_b = M - V \cdot b/2 = -22.20 + 19.00 \times 0.35 = -15.55 \text{kN·m}$$

$$V_b = V - (q_1 a/l_1) \cdot a/2 = 19.00 - 1/2 \times 9.0 \times 0.35/1.8 \times 0.35 = 18.69 \text{kN}$$

（4）风荷载作用下

第 1 层 AB 跨梁 A 支座边缘截面内力为

$$M_b = M - V \cdot b/2 = 34.77 - 10.36 \times 0.35 = 31.15 \text{kN·m}$$

$$V_b = V = -10.36 \text{kN}$$

（5）水平地震作用下

第 1 层 AB 跨梁 A 支座边缘截面内力为

$$M_b = M - V \cdot b/2 = 255.25 - 75.19 \times 0.35 = 228.93 \text{kN·m}$$

$$V_b = V = -75.19 \text{kN}$$

2. 持久设计状况下框架梁、柱内力组合

（1）框架梁内力组合

框架梁内力组合按第 1.3.3 小节所述方法进行，持久设计状况下框架梁内力组合值见表 2-46。组合时竖向荷载作用下的梁端截面负弯矩乘了弯矩调整系数 0.8。下面以第 1 层 AB 跨梁在持久设计状况下的基本组合为例，说明内力组合值的计算方法。

持久设计状况下框架梁内力组合设计值　　　　　　　　　　表 2-46

层次	截面		$\gamma_G S_{Gk} \pm 1.0 \times \gamma_L \gamma_w S_{wk} + \gamma_L \times 0.7 \times \gamma_Q S_{Qk}$				$\gamma_G S_{Gk} + 1.0 \times \gamma_L \gamma_Q S_{Qk} \pm 0.6 \times \gamma_L \gamma_w S_{wk}$			
			→		←		→		←	
			M	V	M	V	M	V	M	V
5	支座	A	−16.23	55.27	−44.00	64.78	−36.69	59.19	−41.87	60.80
		B_l	48.46	−66.98	23.90	−57.47	47.37	−63.07	43.67	−61.45
		B_r	−3.19	7.88	−15.60	19.17	−11.06	12.56	−13.92	15.15
		C_l	15.60	−19.17	3.19	−7.88	13.92	−15.15	11.06	−12.56
	跨间	AB	67.18		64.70		56.78		55.88	
		BC	0.64		0.64		−2.97		−2.97	
4	支座	A	−14.74	79.77	−78.86	101.72	−63.57	88.65	−75.92	92.57
		B_l	79.75	−103.41	23.18	−81.47	79.78	−94.54	70.58	−90.62
		B_r	5.90	1.83	−22.41	27.57	−11.84	13.48	−18.93	19.93
		C_l	22.41	−27.57	−5.90	−1.83	18.93	−19.93	11.84	−13.48
	跨间	AB	97.25		93.03		64.15		61.79	
		BC	6.19		6.19		−3.68		−3.68	
3	支座	A	−3.90	76.30	−89.45	105.15	−63.95	87.78	−82.58	93.72
		B_l	88.02	−106.89	14.92	−78.04	84.95	−95.41	70.89	−89.47
		B_r	12.08	−3.79	−28.58	33.18	−11.71	11.78	−22.54	21.63
		C_l	28.58	−33.18	−12.08	3.79	22.54	−21.63	11.71	−11.78
	跨间	AB	99.71		92.88		61.60		58.13	
		BC	12.08		12.08		−5.05		−5.05	
2	支座	A	7.52	72.91	−95.69	107.83	−60.57	86.45	−84.84	94.29
		B_l	95.24	−110.28	6.38	−75.36	88.88	−96.74	69.99	−88.90
		B_r	18.04	−9.43	−35.04	38.82	−12.05	10.10	−26.57	23.30
		C_l	35.04	−38.82	−18.04	9.43	26.57	−23.30	12.05	−10.10
	跨间	AB	103.23		95.00		61.70		57.36	
		BC	18.04		18.04		−6.87		−6.87	
1	支座	A	8.36	70.54	−109.72	110.61	−68.63	86.58	−96.66	95.90
		B_l	93.15	−108.48	−3.12	−68.42	84.32	−92.44	62.45	−83.12
		B_r	23.04	−13.62	−35.02	41.67	−8.60	8.14	−24.99	23.75
		C_l	35.02	−41.67	−23.04	13.62	24.99	−23.75	8.60	−8.14
	跨间	AB	97.18		88.09		51.84		47.38	
		BC	23.04		23.04		−5.05		−5.05	

注：1. 表中弯矩的单位为 kN·m，剪力的单位为 kN；
　　2. 梁端弯矩、剪力均以绕杆端顺时针方向为正，梁跨间弯矩以底部受拉为正。

仅以组合项 $S=\gamma_G S_{Gk} \pm 1.0 \times \gamma_L \gamma_w S_{wk} + \gamma_L \times 0.7 \times \gamma_Q S_{Qk}$ 为例进行说明。

在左风荷载（→）作用时，A 和 B_l 端弯矩组合值按式（1-13a）计算，由表 2-45 中有关数据得

$M_A = \gamma_G M_{Gk} \pm 1.0 \times \gamma_L \gamma_w M_{wk} + \gamma_L \times 0.7 \times \gamma_Q M_{Qk}$
$= 1.0 \times 0.8 \times (-47.96) + 1.0 \times 1.0 \times 1.5 \times 31.15 + 1.0 \times 0.7 \times 0.8 \times (-15.62)$
$= 8.36 \text{kN} \cdot \text{m}$

$M_{Bl} = \gamma_G M_{Gk} \pm 1.0 \times \gamma_L \gamma_w M_{wk} + \gamma_L \times 0.7 \times \gamma_Q M_{Qk}$
$= 1.3 \times 0.8 \times 41.64 + 1.0 \times 1.0 \times 1.5 \times 24.29 + 1.0 \times 0.7 \times 1.5 \times 0.8 \times 15.96$
$= 93.15 \text{kN} \cdot \text{m}$

同理，在右风荷载（←）作用时，A 和 B_l 端弯矩组合值按式（1-13a）计算，由表 2-45 中有关数据得

$M_A = \gamma_G M_{Gk} \pm 1.0 \times \gamma_L \gamma_w M_{wk} + \gamma_L \times 0.7 \times \gamma_Q M_{Qk}$
$= 1.3 \times 0.8 \times (-47.96) + 1.0 \times 1.0 \times 1.5 \times (-31.15) + 1.0 \times 0.7 \times 1.5 \times 0.8 \times (-15.62)$
$= -109.72 \text{kN} \cdot \text{m}$

$M_{Bl} = \gamma_G M_{Gk} \pm 1.0 \times \gamma_L \gamma_w M_{wk} + \gamma_L \times 0.7 \times \gamma_Q M_{Qk}$
$= 1.0 \times 0.8 \times 41.64 + 1.0 \times 1.0 \times 1.5 \times (-24.29) + 1.0 \times 0.7 \times 0.8 \times 15.96$
$= -3.12 \text{kN} \cdot \text{m}$

梁跨间最大弯矩值及梁端截面剪力值可根据梁端弯矩组合值及梁上荷载设计值由平衡条件确定，如图 2-32 所示（梁端弯矩、剪力方向均按正方向标注）。作用于梁上的荷载设计值为

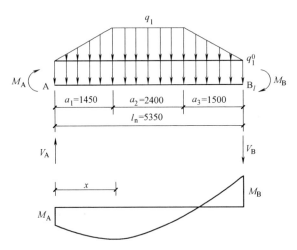

图 2-32 第 1 层 AB 跨梁跨间最大正弯矩计算（持久设计状况）

$q_1^0 = 1.3 \times 11.64 = 15.13 \text{kN/m}, q_1 = 1.3 \times 12.20 + 0.7 \times 1.5 \times 9.0 = 25.31 \text{kN/m}$

梁端弯矩取支座边缘处，故图 2-32 中计算跨度取净跨 $l_n = 6.00 - 0.35 - 0.30 = 5.35 \text{m}$，$a_1 = 1.80 - 0.35 = 1.45 \text{m}$，$a_2 = 2.40 \text{m}$，$a_3 = 1.80 - 0.30 = 1.50 \text{m}$。

在左风荷载（→）作用时，可求得

$$V_A = -\frac{M_A + M_{B\ell}}{l_n} + \frac{1}{2}q_1^0 l_n + \frac{1}{2}\left(\frac{a_1}{2}q_1 + a_2 q_1 + \frac{a_3}{2}q_1\right)$$

$$= -\frac{8.36 + 93.15}{5.35} + \frac{1}{2} \times 15.13 \times 5.35 + \frac{1}{2} \times$$

$$\left(\frac{1.45}{2} \times 25.31 + 2.4 \times 25.31 + \frac{1.5}{2} \times 25.31\right)$$

$$= 70.54 \text{kN}$$

$$V_{B\ell} = -\frac{M_A + M_{B\ell}}{l_n} - \frac{1}{2}q_1^0 l_n - \frac{1}{2}\left(\frac{a_1}{2}q_1 + a_2 q_1 + \frac{a_3}{2}q_1\right)$$

$$= -\frac{8.36 + 93.15}{5.35} - \frac{1}{2} \times 15.13 \times 5.35 - \frac{1}{2} \times$$

$$\left(\frac{1.45}{2} \times 25.31 + 2.4 \times 25.31 + \frac{1.5}{2} \times 25.31\right)$$

$$= -108.48 \text{kN}$$

假定跨间最大正弯矩处至支座 A 的距离为 x，且 $x \leq 1.45 \text{m}$，则最大弯矩处的剪力应满足

$$V(x) = V_A - q_1^0 x - \frac{q_1}{2a_1}x^2 = 70.54 - 15.13x - \frac{25.31}{2 \times 1.45}x^2 = 0$$

求得 $x = 2.11 \text{m} > 1.45 \text{m}$，与初始假定不符，所得 x 无效。重新假定 $1.45 \text{m} < x < 3.85 \text{m}$，则最大弯矩处的剪力应满足

$$V(x) = V_A - q_1^0 x - \frac{1}{2}a_1 q_1 - q_1(x - a_1) = 70.54 - 15.13x - \frac{1}{2} \times$$

$$1.45 \times 25.31 - 25.31 \times (x - 1.45) = 0$$

求得 $x = 2.20 \text{m}$，满足假定（$1.45 \text{m} < x < 3.85 \text{m}$），则梁跨间最大弯矩为

$$M_{\max} = M_A + V_A x - \frac{1}{2}q_1^0 x^2 - \frac{1}{2}q_1 a_1\left(x - \frac{2}{3}a_1\right) - \frac{1}{2}q_1(x - a_1)^2$$

$$= 8.36 + 70.54 \times 2.20 - \frac{1}{2} \times 15.13 \times 2.20^2 - \frac{1}{2} \times 25.31 \times 1.45 \times$$

$$\left(2.20 - \frac{2}{3} \times 1.45\right) - \frac{1}{2} \times 25.31 \times (2.20 - 1.45)^2$$

$$= 97.18 \text{kN} \cdot \text{m}$$

同理，在右风荷载（←）作用时，可求得

$$V_A = -\frac{M_A + M_{B\ell}}{l_n} + \frac{1}{2}q_1^0 l_n + \frac{1}{2}\left(\frac{a_1}{2}q_1 + a_2 q_1 + \frac{a_3}{2}q_1\right)$$

$$= -\frac{-109.73 - 3.13}{5.35} + \frac{1}{2} \times 15.13 \times 5.35 + \frac{1}{2} \times$$

$$\left(\frac{1.45}{2} \times 25.31 + 2.4 \times 25.31 + \frac{1.5}{2} \times 25.31\right)$$

$$= 110.61 \text{kN}$$

$$V_{Bl} = -\frac{M_A + M_{Bl}}{l_n} - \frac{1}{2}q_1^0 l_n - \frac{1}{2}\left(\frac{a_1}{2}q_1 + a_2 q_1 + \frac{a_3}{2}q_1\right)$$

$$= -\frac{-109.73 - 3.13}{5.35} - \frac{1}{2} \times 15.13 \times 5.35 - \frac{1}{2} \times$$

$$\left(\frac{1.45}{2} \times 25.31 + 2.4 \times 25.31 + \frac{1.5}{2} \times 25.31\right)$$

$$= -68.42 \text{kN}$$

假定跨间最大正弯矩处至支座 B_l 的距离为 x，且 x 满足 $1.5\text{m} < x < 3.85\text{m}$，则最大弯矩处的剪力应满足

$$V(x) = V_{Bl} - q_1^0 x - \frac{1}{2}a_3 q_1 - q_1(x - a_3) = 68.42 - 15.13x - \frac{1}{2} \times$$

$$1.5 \times 25.31 - 25.31 \times (x - 1.5) = 0$$

求得 $x = 2.16\text{m}$，满足假定（$1.5\text{m} < x < 3.85\text{m}$），则梁跨间最大弯矩为

$$M_{\max} = -M_{Bl} - V_{Bl} x - \frac{1}{2}q_1^0 x^2 - \frac{1}{2}q_1 a_3 \left(x - \frac{2}{3}a_3\right) - \frac{1}{2}q_1(x - a_3)^2$$

$$= 3.13 + 68.42 \times 2.16 - \frac{1}{2} \times 15.13 \times 2.16^2 - \frac{1}{2} \times 25.31 \times$$

$$1.5 \times \left(2.16 - \frac{2}{3} \times 1.5\right) - \frac{1}{2} \times 25.31 \times (2.16 - 1.5)^2$$

$$= 88.09 \text{kN} \cdot \text{m}$$

(2) 框架柱内力组合

柱端截面组合的内力设计值应按第 2.5.3 小节的规定进行组合。持久设计状况下，应按式（1-13）进行组合，A、B柱的组合结果分别见表2-47和表2-48。下面以第1层A柱下端截面在组合项 $S = \gamma_G S_{Gk} \pm 1.0 \times \gamma_L \gamma_w S_{wk} + \gamma_L \times 0.7 \times \gamma_Q S_{Qk}$ 时的内力组合为例，说明组合方法。

持久设计状况下A柱内力组合设计值　　　　　　　表 2-47

层次	截面		S_{Gk}	S_{Qk}（屋面为活荷载）	S_{wk}	$\gamma_G S_{Gk} \pm 1.0 \times \gamma_L \gamma_w S_{wk} + \gamma_L \times 0.7 \times \gamma_Q S_{Qk}$		$\gamma_G S_{Gk} + 1.0 \times \gamma_L \gamma_Q S_{Qk} \pm 0.6 \times \gamma_L \gamma_w S_{wk}$	
						→	←	→	←
5	上端	M	29.21	3.89	−6.20	19.91	51.34	43.80	49.37
		N	179.89	10.77	−1.79	177.20	247.85	250.01	251.62
	下端	M	24.30	6.76	−3.34	19.29	43.69	41.72	44.73
		N	203.52	10.77	−1.79	200.83	278.57	280.73	282.34
		V	−14.86	−2.96	2.65	−10.89	−26.40	−23.76	−26.14
4	上端	M	22.80	9.04	−11.48	5.59	56.36	43.21	53.54
		N	383.51	64.33	−6.15	374.29	575.34	595.07	600.60
	下端	M	23.31	8.27	−7.65	11.83	50.46	42.71	49.59
		N	407.14	64.33	−6.15	397.92	606.06	625.79	631.32
		V	−12.81	−4.81	5.31	−4.84	−29.67	−23.87	−28.65

续表

层次	截面		S_{Gk}	S_{Qk}(屋面为活荷载)	S_{wk}	$\gamma_G S_{Gk} \pm 1.0 \times \gamma_L \gamma_w S_{wk} + \gamma_L \times 0.7 \times \gamma_Q S_{Qk}$		$\gamma_G S_{Gk} + 1.0 \times \gamma_L \gamma_Q S_{Qk} \pm 0.6 \times \gamma_L \gamma_w S_{wk}$	
						→	←	→	←
3	上端	M	23.31	8.27	−14.70	1.26	61.04	42.71	55.94
		N	587.09	117.95	−12.75	567.96	906.19	940.15	951.62
	下端	M	26.04	8.94	−12.03	8.00	61.28	47.26	58.09
		N	610.72	117.95	−12.75	591.59	936.91	970.87	982.34
		V	−13.71	−4.78	7.42	−2.57	−33.98	−24.99	−31.67
2	上端	M	17.95	6.97	−17.12	−7.73	56.33	33.78	49.19
		N	790.32	171.50	−21.47	758.12	1239.69	1284.66	1303.98
	下端	M	9.80	5.32	−15.80	−13.90	42.03	20.72	34.94
		N	813.95	171.50	−21.47	781.75	1270.41	1315.38	1334.70
		V	−7.71	−3.41	9.14	6.01	−27.32	−15.14	−23.37
1	上端	M	1.04	3.05	−18.97	−27.42	33.01	5.93	23.00
		N	996.42	225.61	−31.83	948.68	1579.98	1633.76	1662.41
	下端	M	0.52	1.53	−40.32	−59.96	62.76	2.96	39.25
		N	1045.02	225.61	−31.83	997.28	1643.16	1696.94	1725.59
		V	−0.31	−0.92	11.86	17.48	−19.16	−1.78	−12.45
						$S_{Gk}+S_{wk}+0.7S_{Qk}$		$S_{Gk}+S_{Qk}+0.6S_{wk}$	
						→	←	→	←
1	下端	M_k	0.52	1.53	−40.32	−38.73	41.90	−22.15	26.23
		N_k	1045.02	225.61	−31.83	1171.11	1234.78	1251.53	1289.73
		V_k	−0.31	−0.92	11.86	10.91	−12.81	5.89	−8.34

注：1. 表中弯矩的单位为 kN·m，剪力的单位为 kN；
2. 柱端弯矩、剪力均以绕杆端顺时针方向为正，轴力以受压为正。

持久设计状况下 B 柱内力组合设计值 表 2-48

层次	截面		S_{Gk}	S_{Qk}(屋面为活荷载)	S_{wk}	$\gamma_G S_{Gk} \pm 1.0 \times \gamma_L \gamma_w S_{wk} + \gamma_L \times 0.7 \times \gamma_Q S_{Qk}$		$\gamma_G S_{Gk} + 1.0 \times \gamma_L \gamma_Q S_{Qk} \pm 0.6 \times \gamma_L \gamma_w S_{wk}$	
						→	←	→	←
5	上端	M	−22.59	−2.84	−8.45	−45.03	−9.91	−41.24	−33.63
		N	202.02	15.69	−1.09	277.46	203.66	285.18	286.17
	下端	M	−18.95	−4.89	−5.41	−37.88	−10.84	−36.84	−31.97
		N	225.65	15.69	−1.09	308.18	227.29	315.90	316.89
		V	11.54	2.15	3.85	23.03	5.76	21.69	18.22
4	上端	M	−18.33	−6.33	−15.57	−53.83	5.03	−47.33	−33.32
		N	460.54	99.30	−3.90	697.11	466.39	744.14	747.65
	下端	M	−18.51	−5.90	−12.23	−48.61	−0.16	−43.93	−32.92
		N	484.17	99.30	−3.90	727.83	490.02	774.86	778.37
		V	10.23	3.40	7.72	28.46	−1.35	25.35	18.40

续表

层次	截面		S_{Gk}	S_{Qk}（屋面为活荷载）	S_{wk}	$\gamma_G S_{Gk} \pm 1.0 \times \gamma_L \gamma_w S_{wk} + \gamma_L \times 0.7 \times \gamma_Q S_{Qk}$		$\gamma_G S_{Gk} + 1.0 \times \gamma_L \gamma_Q S_{Qk} \pm 0.6 \times \gamma_L \gamma_w S_{wk}$	
						→	←	→	←
3	上端	M	−18.51	−5.90	−19.82	−59.99	11.21	−50.75	−32.92
		N	719.11	182.84	−8.24	1114.48	731.47	1201.70	1209.11
	下端	M	−19.08	−6.09	−19.04	−59.76	9.48	−51.08	−33.94
		N	742.74	182.84	−8.24	1145.19	755.10	1232.42	1239.83
		V	10.44	3.33	10.79	33.26	−5.75	28.29	18.57
2	上端	M	−17.17	−5.45	−23.93	−63.94	18.72	−52.03	−30.49
		N	978.03	266.47	−14.19	1529.95	999.31	1658.37	1671.14
	下端	M	−14.57	−4.69	−23.93	−59.76	21.33	−47.51	−25.98
		N	1001.66	266.47	−14.19	1560.67	1022.94	1689.09	1701.86
		V	8.82	2.82	13.29	34.36	−11.13	27.65	15.69
1	上端	M	−11.88	−3.93	−26.90	−59.92	28.47	−45.54	−21.34
		N	1234.08	349.52	−21.18	1939.54	1265.84	2109.53	2128.58
	下端	M	−5.94	−1.96	−45.80	−78.49	62.76	−51.89	−10.67
		N	1282.68	349.52	−21.18	2002.72	1314.44	2172.71	2191.76
		V	3.56	1.18	14.54	27.68	−18.25	19.49	6.40
						$S_{Gk}+S_{wk}+0.7S_{Qk}$		$S_{Gk}+S_{Qk}+0.6S_{wk}$	
						→	←	→	←
1	下端	M_k	−5.94	−1.96	−45.80	−53.12	38.49	−35.38	19.58
		N_k	1282.68	349.52	−21.18	1506.17	1548.52	1619.49	1644.90
		V_k	3.56	1.18	14.54	18.93	−10.15	13.47	−3.98

注：1. 表中弯矩的单位为 kN·m，剪力的单位为 kN；
2. 柱端弯矩、剪力均以绕杆端顺时针方向为正，轴力以受压为正。

在左风荷载（→）作用时，可求得

$$M = \gamma_G M_{Gk} \pm 1.0 \times \gamma_L \gamma_w M_{wk} + \gamma_L \times 0.7 \times \gamma_Q M_{Qk}$$
$$= 1.0 \times 0.52 + 1.0 \times 1.0 \times 1.5 \times (-40.32) + 1.0 \times 0.7 \times 0 \times 1.53$$
$$= -59.96 \text{kN} \cdot \text{m}$$

$$N = \gamma_G N_{Gk} \pm 1.0 \times \gamma_L \gamma_w N_{wk} + \gamma_L \times 0.7 \times \gamma_Q N_{Qk}$$
$$= 1.0 \times 1045.02 + 1.0 \times 1.0 \times 1.5 \times (-31.83) + 1.0 \times 0.7 \times 0 \times 225.61$$
$$= 997.28 \text{kN}$$

$$V = \gamma_G V_{Gk} \pm 1.0 \times \gamma_L \gamma_w V_{wk} + \gamma_L \times 0.7 \times \gamma_Q V_{Qk}$$
$$= 1.0 \times (-0.31) + 1.0 \times 1.0 \times 1.5 \times 11.86 + 1.0 \times 0.7 \times 0 \times (-0.92)$$
$$= 17.48 \text{kN}$$

在右风荷载（←）作用时，可求得

$$M = \gamma_G M_{Gk} \pm 1.0 \times \gamma_L \gamma_w M_{wk} + \gamma_L \times 0.7 \times \gamma_Q M_{Qk}$$
$$= 1.3 \times 0.52 + 1.0 \times 1.0 \times 1.5 \times 40.32 + 1.0 \times 0.7 \times 1.5 \times 1.53$$
$$= 62.76 \text{kN} \cdot \text{m}$$
$$N = \gamma_G N_{Gk} \pm 1.0 \times \gamma_L \gamma_w N_{wk} + \gamma_L \times 0.7 \times \gamma_Q N_{Qk}$$
$$= 1.3 \times 1045.02 + 1.0 \times 1.0 \times 1.5 \times 31.83 + 1.0 \times 0.7 \times 1.5 \times 225.61$$
$$= 1643.16 \text{kN}$$
$$V = \gamma_G V_{Gk} \pm 1.0 \times \gamma_L \gamma_w V_{wk} + \gamma_L \times 0.7 \times \gamma_Q V_{Qk}$$
$$= 1.3 \times (-0.31) + 1.0 \times 1.0 \times 1.5 \times (-11.86) + 1.0 \times 0.7 \times 1.5 \times (-0.92)$$
$$= -19.16 \text{kN}$$

3. 地震设计状况下框架梁、柱内力组合

(1) 框架梁地震组合内力设计值

框架梁地震组合内力设计值按 1.4.6 小节所述方法进行，地震设计状况下框架梁内力组合值见表 2-49。组合时竖向荷载作用下的梁端截面负弯矩（数据来源于表 2-45）乘了弯矩调整系数 0.8。下面以第 1 层 AB 跨梁为例，说明地震设计状况下框架梁截面内力组合值的计算方法。

地震设计状况下框架梁截面内力组合设计值 表 2-49

层次	截面		S_{Gk}	S_{Qk} (屋面为雪荷载)	$S_{GE} = S_{Gk} + 0.5 S_{Qk}$	S_{Ehk}		$\gamma_G S_{GE} + \gamma_{Eh} S_{Ehk}$		$\eta_{vb}(M_b^l + M_b^r)/l_n + V_{Gb}$		
			$0.8 M_b$	$0.8 M_b$	M_{GE}	$M(\rightarrow)$	$M(\leftarrow)$	$M(\rightarrow)$	$M(\leftarrow)$	l_n	V_{Gb}	V
5	支座	A	−24.86	−2.09	−25.90	54.90	−54.90	50.96	−110.53	5.5	60.56	89.80
		B_l	30.06	1.88	31.00	39.25	−39.25	92.25	−23.95			
		B_r	−7.95	−0.10	−8.00	30.32	−30.32	34.45	−52.84	2.2	12.99	56.63
		C_l	7.95	0.10	8.00	30.32	−30.32	52.84	−34.45			
	跨间	AB						89.40	66.36			
		BC						34.45	34.45			
4	支座	A	−35.33	−11.63	−41.15	114.49	−114.49	119.14	−213.77	5.5	84.48	144.75
		B_l	38.51	13.60	45.31	88.07	−88.07	182.20	−77.98			
		B_r	−5.92	−2.80	−7.32	67.75	−67.75	87.54	−104.37	2.2	12.91	108.87
		C_l	5.92	2.80	7.32	67.75	−67.75	104.37	−87.54			
	跨间	AB						139.89	100.94			
		BC						87.54	87.54			
3	支座	A	−34.96	−12.34	−41.12	173.86	−173.86	202.29	−296.87	5.5	84.48	172.87
		B_l	38.36	14.01	45.37	129.06	−129.06	239.66	−135.32			
		B_r	−5.98	−2.63	−7.29	99.49	−99.49	131.99	−148.76	2.2	12.91	153.29
		C_l	5.98	2.63	7.29	99.49	−99.49	148.76	−131.99			
	跨间	AB						202.81	136.36			
		BC						131.99	131.99			

续表

层次	截面		S_{Gk}	S_{Qk}(屋面为雪荷载)	$S_{GE}=$$S_{Gk}+$$0.5S_{Qk}$	S_{Ehk}		$\gamma_G S_{GE}+\gamma_{Eh} S_{Ehk}$		$\eta_{vb}(M_b^l+M_b^r)/l_n+V_{Gb}$		
			$0.8M_b$	$0.8M_b$	M_{GE}	$M(\rightarrow)$	$M(\leftarrow)$	$M(\rightarrow)$	$M(\leftarrow)$	l_n	V_{Gb}	V
2	支座	A	−32.93	−11.85	−38.85	211.47	−211.47	257.20	−346.56	5.5	84.48	193.72
		B_l	37.86	13.85	44.78	164.81	−164.81	288.95	−185.9			
		B_r	−6.16	−2.69	−7.51	126.71	−126.71	169.88	−187.15	2.2	12.91	191.43
		C_l	6.16	2.69	7.51	126.71	−126.71	187.15	−169.88			
	跨间	AB						257.20	185.95			
		BC						169.88	169.88			
1	支座	A	−38.37	−12.44	−44.59	228.93	−228.93	275.91	−378.47	5.35	82.54	202.09
		B_l	33.31	12.78	39.70	173.35	−173.35	294.30	−202.99			
		B_r	−4.29	−2.01	−5.30	130.25	−130.25	177.05	−189.24	2.1	12.33	204.20
		C_l	4.29	2.01	5.30	130.25	−130.25	189.24	−177.05			
	跨间	AB						275.91	202.99			
		BC						177.05	177.05			

注：1. 表中弯矩的单位为 kN·m，剪力的单位为 kN；
    2. 梁端弯矩、剪力均以绕杆端顺时针方向为正，梁跨间弯矩以底部受拉为正。

1) 梁端弯矩组合

在左震（→）作用时，A 端截面弯矩组合值按式（2-20）计算，B_l 端截面弯矩组合值按式（2-18）计算：

$$M_A = \gamma_G M_{GE} + \gamma_{Eh} M_{Ehk} = 1.0 \times (-44.59) + 1.4 \times 228.93 = 275.91 \text{kN·m}$$
$$M_{Bl} = \gamma_G M_{GE} + \gamma_{Eh} M_{Ehk} = 1.3 \times 39.70 + 1.4 \times 173.35 = 294.30 \text{kN·m}$$

同理，在右震（←）作用时，A 和 B_l 端截面弯矩组合值为

$$M_A = \gamma_G M_{GE} + \gamma_{Eh} M_{Ehk} = 1.3 \times (-44.59) + 1.4 \times (-228.93) = -378.47 \text{kN·m}$$
$$M_{Bl} = \gamma_G M_{GE} + \gamma_{Eh} M_{Ehk} = 1.0 \times 39.70 + 1.4 \times (-173.35) = -202.99 \text{kN·m}$$

2) 梁跨间最大弯矩值计算

梁跨间最大弯矩值可根据梁端截面弯矩组合值及梁上荷载设计值由平衡条件确定，如图 2-33 所示。荷载设计值为

$$q_1^0 = 1.3 \times 11.64 = 15.13 \text{kN/m}, q_1 = 1.3 \times (12.20 + 0.5 \times 9.0) = 21.71 \text{kN/m}$$

与图 2-32 相同，梁端控制截面取支座边缘截面，图 2-33 中计算跨度取净跨 $l_n = 5.35$m，$a_1 = 1.45$m，$a_2 = 2.40$m，$a_3 = 1.50$m。

在左震（→）作用时，由平衡条件可求得

$$V_A = -\frac{M_A + M_{Bl}}{l_n} + \frac{1}{2} q_1^0 l_n + \frac{1}{2}\left(\frac{a_1}{2} q_1 + a_2 q_1 + \frac{a_3}{2} q_1\right)$$
$$= -\frac{275.91 + 294.30}{5.35} + \frac{1}{2} \times 15.13 \times 5.35 + \frac{1}{2} \times$$
$$\left(\frac{1.45}{2} \times 21.71 + 2.4 \times 21.71 + \frac{1.5}{2} \times 21.71\right) = -24.05 \text{kN}$$

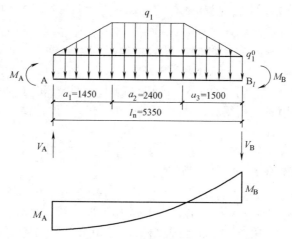

图 2-33 第 1 层 AB 跨梁跨间最大正弯矩计算（地震设计状况）

由于 $V_A<0$，可判断跨间最大正弯矩出现在 A 支座处，即
$$M_{max}=M_A=275.91\text{kN}\cdot\text{m}$$
同理，在右震（←）作用时，可求得
$$V_{Bl}=-\frac{M_A+M_{Bl}}{l_n}-\frac{1}{2}q_1^0l_n-\frac{1}{2}\left(\frac{a_1}{2}q_1+a_2q_1+\frac{a_3}{2}q_1\right)$$
$$=-\frac{-378.47-202.99}{5.35}-\frac{1}{2}\times15.13\times5.35-\frac{1}{2}\times$$
$$\left(\frac{1.45}{2}\times21.71+2.4\times21.71+\frac{1.5}{2}\times21.71\right)$$
$$=26.15\text{kN}$$

由于 $V_B>0$，可判断跨间最大正弯矩出现在 B 支座处，即
$$M_{max}=M_B=202.99\text{kN}\cdot\text{m}（梁跨间弯矩以底部受拉为正）$$

3) 梁端剪力设计值调整

梁端剪力设计值按式（2-21）确定，其中 $(M_b^l+M_b^r)$ 取左震及右震两者之中的较大值，η_{vb} 取 1.1（抗震等级为三级）。
$$V=\eta_{vb}(M_b^l+M_b^r)/l_n+V_{Gb}$$
$$=1.1\times\frac{(378.47+202.99)}{5.35}+\frac{1}{2}\times15.13\times5.35+\frac{1}{2}\times$$
$$\left(\frac{1.45}{2}\times21.71+2.4\times21.71+\frac{1.5}{2}\times21.71\right)$$
$$=119.55+82.54$$
$$=202.09\text{kN}$$

(2) 框架柱内力组合

1) 柱端截面内力组合

地震设计状况下，柱端截面组合的内力设计值应按式（1-33）进行组合。下面以第 1 层 A 柱上、下端截面的地震组合为例，说明组合方法。

在左震（→）作用时，由式（1-33）可得柱上端截面组合的 M、N 设计值：

$$M=\gamma_{\mathrm{G}}M_{\mathrm{GE}}+\gamma_{\mathrm{Eh}}M_{\mathrm{Ehk}}=1.0\times2.62+1.4\times(-133.65)=-184.49\mathrm{kN\cdot m}$$
$$N=\gamma_{\mathrm{G}}N_{\mathrm{GE}}+\gamma_{\mathrm{Eh}}N_{\mathrm{Ehk}}=1.0\times1106.55+1.4\times(-252.63)=752.87\mathrm{kN}$$

同理，可得柱下端截面组合的 M、N 设计值：
$$M=\gamma_{\mathrm{G}}M_{\mathrm{GE}}+\gamma_{\mathrm{Eh}}M_{\mathrm{Ehk}}=1.0\times1.31+1.4\times(-284.00)=-396.29\mathrm{kN\cdot m}$$
$$N=\gamma_{\mathrm{G}}N_{\mathrm{GE}}+\gamma_{\mathrm{Eh}}N_{\mathrm{Ehk}}=1.0\times1155.15+1.4\times(-252.63)=801.47\mathrm{kN}$$

在右震（←）作用时，可得柱上端截面组合的 M、N 设计值：
$$M=\gamma_{\mathrm{G}}M_{\mathrm{GE}}+\gamma_{\mathrm{Eh}}M_{\mathrm{Ehk}}=1.3\times2.62+1.4\times133.65=190.52\mathrm{kN\cdot m}$$
$$N=\gamma_{\mathrm{G}}N_{\mathrm{GE}}+\gamma_{\mathrm{Eh}}N_{\mathrm{Ehk}}=1.3\times1106.55+1.4\times252.63=1792.20\mathrm{kN}$$

以及柱下端截面组合的 M、N 设计值：
$$M=\gamma_{\mathrm{G}}M_{\mathrm{GE}}+\gamma_{\mathrm{Eh}}M_{\mathrm{Ehk}}=1.3\times1.31+1.4\times248.00=399.30\mathrm{kN\cdot m}$$
$$N=\gamma_{\mathrm{G}}N_{\mathrm{GE}}+\gamma_{\mathrm{Eh}}N_{\mathrm{Ehk}}=1.3\times1155.15+1.4\times252.63=1855.38\mathrm{kN}$$

综合左震（→）与右震（←）的组合结果，可知第 1 层 A 柱的最大组合轴力设计值为 $N=1855.38\mathrm{kN}$，则柱轴压比为
$$n=\frac{N}{f_{\mathrm{c}}A}=\frac{1855.38\times10^{3}}{14.3\times600\times600}=0.36$$

可知轴压比不大于 0.85（抗震等级三级），满足要求。

2）柱端截面弯矩设计值调整

柱端截面弯矩设计值应符合式（2-23）的要求。下面以第 1 层 B 柱为例，说明如何按式（2-23）对柱端弯矩设计值进行调整。

为了避免框架柱脚过早屈服，三级框架结构的底层，柱下端截面组合的弯矩设计值，应乘增大系数 1.3。故第 1 层 B 柱下端截面调整后的弯矩设计值 $M_{\mathrm{c}}^{\mathrm{b}}$ 为
$$M_{\mathrm{c}}^{\mathrm{b}}=1.3\times475.04=617.55\mathrm{kN\cdot m（左震，反时针）}$$

由表 2-51 可得，第 1 层 B 柱上端弯矩为 268.95kN·m（左震，反时针），第 2 层 B 柱下端弯矩为 279.78kN·m（左震，反时针），则节点上、下柱端截面反时针方向组合的弯矩设计值之和为 548.73kN·m。另由表 2-49 可知，第 1 层 B 节点左、右梁端截面顺时针方向（同为左震）组合的弯矩设计值之和为 $294.30+177.05=471.35\mathrm{kN\cdot m}<548.73\mathrm{kN\cdot m}$。因节点左、右梁端弯矩之和小于上、下柱端弯矩之和，故可直接将柱端弯矩乘 1.3，即第 1 层 B 柱上端截面调整后的弯矩设计值 $M_{\mathrm{c}}^{\mathrm{u}}$ 为
$$M_{\mathrm{c}}^{\mathrm{u}}=1.3\times268.95=349.63\mathrm{kN\cdot m}$$

第 2 层 B 柱下端截面调整后的弯矩设计值 $M_{\mathrm{c}}^{\mathrm{b}}$ 为
$$M_{\mathrm{c}}^{\mathrm{b}}=1.3\times279.78=363.71\mathrm{kN\cdot m}$$

另外，对顶层和轴压比小于 0.15 的柱，柱端组合的弯矩设计值不需要调整。

3）柱端截面剪力设计值调整

柱端截面剪力设计值按式（2-25）进行调整，其中柱端剪力增大系数取 1.2（抗震等级三级）。如对第 1 层 B 柱，其柱端剪力设计值应调整为
$$V=\eta_{\mathrm{vc}}(M_{\mathrm{c}}^{\mathrm{t}}+M_{\mathrm{c}}^{\mathrm{b}})/H_{\mathrm{n}}=1.2\times(349.63+617.55)/4.55=255.08\mathrm{kN}$$

各层柱端截面剪力设计值调整结果见表 2-50 和表 2-51。

4. 内力组合汇总

基于表 2-34～表 2-51 的组合结果，分别对框架梁、柱的内力组合设计值进行汇总，见表 2-52～表 2-54。

地震设计状况下 A 柱内力组合设计值

表 2-50

层次	截面		S_{Gk}	S_{Qk}(屋面为雪荷载)	$S_{GE}=S_{Gk}+0.5S_{Qk}$	S_{Ehk} ←	S_{Ehk} →	$\gamma_G S_{GE}+\gamma_{Eh}S_{Ehk}$ ←	$\gamma_G S_{GE}+\gamma_{Eh}S_{Ehk}$ →	$n=\dfrac{N}{f_cA}$	$\sum M_c = \eta_c \sum M_b$	H_n	$V=\eta_{vc}\dfrac{M_c^b+M_c^t}{H_n}$
5	上端	M	29.21	2.74	30.58	−59.18	59.18	−52.27	122.60		122.60	3.05	79.86
		N	179.89	5.45	182.61	−17.12	17.12	158.65	261.36	0.08	261.36		
	下端	M	24.30	6.43	27.51	−31.87	31.87	−17.10	80.38		80.38		
		N	203.52	5.45	206.24	−17.12	17.12	182.28	292.08		292.08		
4	上端	M	22.80	9.21	27.41	−91.83	91.83	−101.15	164.19		213.45	3.05	151.83
		N	383.51	59.00	413.01	−53.95	53.95	337.49	612.44	0.18	612.44		
	下端	M	23.31	8.27	27.44	−69.27	69.27	−69.54	132.66		172.46		
		N	407.14	59.00	436.64	−53.95	53.95	361.12	643.16		643.16		
3	上端	M	23.31	8.27	27.44	−118.36	118.36	−138.26	201.38		261.79	3.05	192.63
		N	587.09	112.62	643.40	−109.02	109.02	490.77	989.05	0.29	989.05		
	下端	M	26.04	8.92	30.51	−96.84	96.84	−105.07	175.23		227.80		
		N	610.72	112.62	667.03	−109.02	109.02	514.40	1019.77		1019.77		
2	上端	M	17.95	6.99	21.45	−131.73	131.73	−162.98	212.30		276.00	3.05	203.97
		N	790.32	166.17	873.40	−177.44	177.44	624.99	1383.84	0.40	1383.84		
	下端	M	9.80	5.39	12.50	−121.60	121.60	−157.74	186.49		242.44		
		N	813.95	166.17	897.03	−177.44	177.44	648.62	1414.55		1414.55		
1	上端	M	1.04	3.17	2.62	−133.65	133.65	−184.49	190.52		247.67	4.55	202.23
		N	996.42	220.26	1106.55	−252.63	252.63	752.87	1792.20	0.36	1792.20		
	下端	M	0.52	1.58	1.31	−284.00	284.00	−396.29	399.30		519.10		
		N	1045.02	220.26	1155.15	−252.63	252.63	801.47	1855.38		1855.38		

注：1. 表中弯矩的单位为 kN·m，剪力的单位为 kN；
2. 柱端弯矩、剪力均以绕杆端顺时针方向为正，轴力以受压为正。

地震设计状况下 B 柱内力组合设计值

表 2-51

层次		截面	S_{Gk}	S_{Qk}（屋面为雪荷载）	$S_{GE}=S_{Gk}+0.5S_{Qk}$	S_{Ehk}		$\gamma_G S_{GE}+\gamma_{Eh} S_{Ehk}$		$n=\dfrac{N}{f_c A}$	$\sum M_c = \eta_c \sum M_b$	$V=\eta_{vc}\dfrac{M_c^b+M_c^t}{H_n}$	
						→	←	→	←			H_n	V
5	上端	M	−22.59	−2.02	−23.60	−80.73	80.73	−143.70	89.43		−143.70	3.05	95.86
		N	202.02	7.79	205.92	−10.44	10.44	253.07	220.54	0.08	253.07		
	下端	M	−18.95	−4.67	−21.29	−51.62	51.62	−99.94	50.98		−99.94		
		N	225.65	7.79	229.55	−10.44	10.44	283.79	244.17		283.79		
4	上端	M	−18.33	−6.42	−21.54	−128.81	128.81	−208.33	158.79		−270.83	3.05	196.29
		N	460.54	91.40	506.24	−52.33	52.33	584.86	579.50	0.17	584.86		
	下端	M	−18.51	−5.90	−21.46	−105.39	105.39	−175.44	126.08		−228.08		
		N	484.17	91.40	529.87	−52.33	52.33	615.58	603.13		615.58		
3	上端	M	−18.51	−5.90	−21.46	−159.54	159.54	−251.26	201.90		−326.64	3.05	252.99
		N	719.11	174.95	806.59	−70.57	70.57	949.76	905.39	0.27	949.76		
	下端	M	−19.08	−6.09	−22.13	−153.29	153.29	−243.37	192.48		−316.38		
		N	742.74	174.95	830.22	−70.57	70.57	980.48	929.02		980.48		
2	上端	M	−17.17	−5.45	−19.89	−184.13	184.13	−283.65	237.89		−368.74	3.05	288.18
		N	978.03	258.57	1107.32	−117.35	117.35	1275.22	1271.60	0.37	1275.22		
	下端	M	−14.57	−4.70	−16.92	−184.13	184.13	−279.78	240.87		−363.71		
		N	1001.66	258.57	1130.95	−117.35	117.35	1305.94	1295.23		1305.94		
1	上端	M	−11.88	−3.94	−13.85	−179.24	179.24	−268.95	237.09		−349.63	4.55	255.08
		N	1234.08	341.64	1404.90	−166.21	166.21	1593.68	1637.59	0.33	1593.68		
	下端	M	−5.94	−1.97	−6.93	−332.88	332.88	−475.04	459.11		−617.55		
		N	1282.68	341.64	1453.50	−166.21	166.21	1656.86	1686.19		1656.86		

注：1. 表中弯矩的单位为 kN·m，剪力的单位为 kN；
2. 柱端弯矩、剪力均以绕杆端顺时针方向为正，轴力以受压为正。

框架梁内力组合设计值汇总

表 2-52

层次		截面	持久设计状况 $\gamma_G S_{Gk} \pm 1.0\times\gamma_L\gamma_w S_{wk} + \gamma_L\times 0.7\times\gamma_Q S_{Qk}$						地震设计状况 $\gamma_G S_{Gk} + 1.0\times\gamma_L\gamma_Q S_{Qk} \pm 0.6\times\gamma_L\gamma_w S_{wk}$						$\gamma_{RE}(\gamma_{GE}S_{GE}+\gamma_{Eh}S_{Ehk})$				$\eta_{vb}(M_b^l+M_b^r)/l_n+V_{Gb}$
			左风 (→)		右风 (←)				左风 (→)		右风 (←)				左震 (→)		右震 (←)		
			M	V	M	V	M	V	M	V	M	V	M	V	$\gamma_{RE}M$	$\gamma_{RE}V$	$\gamma_{RE}M$	$\gamma_{RE}V$	$\gamma_{RE}V$
5	支座	A	−16.23	55.27	−44.00	64.78	−36.69	59.19	−41.87	60.80	38.22	−82.90							
		B_l	48.46	−66.98	23.90	−57.47	47.37	−63.07	43.67	−61.45	69.19	−17.96							
		B_r	−3.19	7.88	−15.60	19.17	−11.06	12.56	−13.92	15.15	25.84	−39.63			76.33				
		C_l	15.60	−19.17	3.19	−7.88	13.92	−15.15	11.06	−12.56	39.63	−25.84							
	跨间	AB	67.18		64.70		56.78		55.88		67.05	49.77			48.14				
		BC	0.64		0.64		−2.97		−2.97		25.84	25.84							
4	支座	A	−14.74	79.77	−78.86	101.72	−63.57	88.65	−75.92	92.57	89.36	−160.33							
		B_l	79.75	−103.41	23.18	−81.47	79.78	−94.54	70.58	−90.62	136.65	−58.49			123.04				
		B_r	5.90	1.83	−22.41	27.57	−11.84	13.48	−18.93	19.93	65.66	−78.28							
		C_l	22.41	−27.57	−5.90	−1.83	18.93	−19.93	11.84	−13.48	78.28	−65.66							
	跨间	AB	97.25		93.03		64.15		61.79		104.92	75.71			92.54				
		BC	6.19		6.19		−3.68		−3.68		65.66	65.66							
3	支座	A	−3.90	76.30	−89.45	105.15	−63.95	87.78	−82.58	93.72	151.72	−222.65							
		B_l	88.02	−106.89	14.92	−78.04	84.95	−95.41	70.89	−89.47	179.75	−101.49			146.94				
		B_r	12.08	−3.79	−28.58	33.18	−11.71	11.78	−22.54	21.63	98.99	−111.57							
		C_l	28.58	−33.18	−12.08	3.79	22.54	−21.63	11.71	−11.78	111.57	−98.99							
	跨间	AB	99.71		92.88		61.60		58.13		152.11	102.27			130.30				
		BC	12.08		12.08		−5.05		−5.05		98.99	98.99							
2	支座	A	7.52	72.91	−95.69	107.83	−60.57	86.45	−84.84	94.29	192.90	−259.92							
		B_l	95.24	−110.28	6.38	−75.36	88.88	−96.74	69.99	−88.90	216.71	−139.46			164.67				
		B_r	18.04	−9.43	−35.04	38.82	−12.05	10.10	−26.57	23.30	127.41	−140.36							
		C_l	35.04	−38.82	−18.04	9.43	26.57	−23.30	12.05	−10.10	140.36	−127.41							
	跨间	AB	103.23		95.00		61.70		57.36		192.90	139.46			162.72				
		BC	18.04		18.04		−6.87		−6.87		127.41	127.41							
1	支座	A	8.36	70.54	−109.72	110.61	−68.63	86.58	−96.66	95.90	206.93	−283.85							
		B_l	93.15	−108.48	−3.12	−68.42	84.32	−92.44	62.45	−83.12	220.73	−152.24			171.78				
		B_r	23.04	−13.62	−35.02	41.67	−8.60	8.14	−24.99	23.75	132.79	−141.93							
		C_l	35.02	−41.67	−23.04	13.62	24.99	−23.75	8.60	−8.14	141.93	−132.79							
	跨间	AB	97.18		88.09		51.84		47.38		206.93	152.24			173.57				
		BC	23.04		23.04		−5.05		−5.05		132.79	132.79							

注: 1. 表中弯矩的单位为 kN·m, 剪力的单位为 kN;
2. 梁端弯矩、剪力均以绕杆端顺时针方向为正, 弯矩以底部受拉为正;
3. 地震设计状况中, 弯矩的 γ_{RE} 取 0.75, 剪力的 γ_{RE} 取 0.85。

框架 A 柱内力组合设计值汇总及不利内力   表 2-53

层次	截面		持久设计状况					地震设计状况				
			$\gamma_G S_{Gk} \pm 1.0 \times \gamma_L \gamma_w S_{wk} + \gamma_L \times 0.7 \times \gamma_Q S_{Qk}$		$\gamma_G S_{Gk} + 1.0 \times \gamma_L \gamma_Q S_{Qk} \pm 0.6 \times \gamma_L \gamma_w S_{wk}$		$\sum M_c = \eta_c \sum M_b$	$n = \dfrac{N}{f_c A}$	$\gamma_{RE} S$	$\|M_{max}\|$ 及相应的 N	N_{min} 及相应的 M	N_{max} 及相应的 M
			左风(→)	右风(←)	左风(→)	右风(←)						
5	上端	M	19.91	51.34	43.80	49.37	122.60	0.08	91.95	91.95	19.91	49.37
		N	177.20	247.85	250.01	251.62	261.36		196.02	196.02	177.20	251.62
	下端	M	19.29	43.69	41.72	44.73	80.38		60.29	60.29	19.29	44.73
		N	200.83	278.57	280.73	282.34	292.08		219.06	219.06	200.83	282.34
		V	−10.89	−26.40	−23.76	−26.14	79.86		67.88	67.88		
4	上端	M	5.59	56.36	43.21	53.54	213.45	0.18	170.76	170.76	5.59	53.54
		N	374.29	575.34	595.07	600.60	612.44		489.95	489.95	374.29	600.60
	下端	M	11.83	50.46	42.71	49.59	172.46		137.97	137.97	11.83	49.59
		N	397.92	606.06	625.79	631.32	643.16		514.53	514.53	397.92	631.32
		V	−4.84	−29.67	−23.87	−28.65	151.83		129.06	129.06		
3	上端	M	1.26	61.04	42.71	55.94	261.79	0.29	209.43	209.43	1.26	55.94
		N	567.96	906.19	940.15	951.62	989.05		791.24	791.24	567.96	951.62
	下端	M	8.00	61.28	47.26	58.09	227.80		182.24	182.24	8.00	58.09
		N	591.59	936.91	970.87	982.34	1019.77		815.82	815.82	591.59	982.34
		V	−2.57	−33.98	−24.99	−31.67	192.63		163.74	163.74		
2	上端	M	−7.73	56.33	33.78	49.19	276.00	0.40	220.80	220.80	−7.73	49.19
		N	758.12	1239.69	1284.66	1303.98	1383.84		1107.07	1107.07	758.12	1303.98
	下端	M	−13.90	42.03	20.72	34.94	242.44		193.95	193.95	−13.90	34.94
		N	781.75	1270.41	1315.38	1334.70	1414.55		1131.64	1131.64	781.75	1334.70
		V	6.01	−27.32	−15.14	−23.37	203.97		173.37	173.37		
1	上端	M	−27.42	33.01	5.93	23.00	247.67	0.36	198.14	198.14	−27.42	23.00
		N	948.68	1579.98	1633.76	1662.41	1792.20		1433.76	1433.76	948.68	1662.41
	下端	M	−59.96	62.76	2.96	39.25	519.10		415.28	415.28	−59.96	39.25
		N	997.28	1643.16	1696.94	1725.59	1855.38		1484.30	1484.30	997.28	1725.59
		V	17.48	−19.16	−1.78	−12.45	202.23		171.90	171.90		

注: 1. 表中弯矩的单位为 kN·m，剪力的单位为 kN；
2. 柱端弯矩、剪力均以绕杆端顺时针方向为正；轴力以受压为正；
3. 地震设计状况中，当柱轴压比小于 0.15 时，弯矩和轴力的 γ_{RE} 取 0.75；当轴压比不小于 0.15 时，弯矩和轴力的 γ_{RE} 取 0.80；剪力的 γ_{RE} 取 0.85。

框架 B 柱内力组合设计值汇总及不利内力

表 2-54

层次	截面		持久设计状况			地震设计状况				
			$\gamma_G S_{Gk} \pm 1.0 \times \gamma_L \gamma_w S_{wk} + \gamma_L \times 0.7 \times \gamma_Q S_{Qk}$		$\gamma_G S_{Gk} + 1.0 \times \gamma_L \gamma_Q S_{Qk} \pm 0.6 \times \gamma_L \gamma_w S_{wk}$		$\sum M_c = \eta_c \sum M_b$	$n = \dfrac{N}{f_c A}$	$\gamma_{RE} S$	$\|M_{max}\|$ 及相应的 N	N_{min} 及相应的 M	N_{max} 及相应的 M
			左风(→)	右风(←)	左风(→)	右风(←)						
5	上端	M	−45.03	−9.91	−41.24	−33.63	−143.70	0.08	−107.78	−107.78	−107.78	−33.63
		N	277.46	203.66	285.18	286.17	253.07		189.80	189.80	189.80	286.17
	下端	M	−37.88	−10.84	−36.84	−31.97	−99.94		−74.96	−74.96	−74.96	−31.97
		N	308.18	227.29	315.90	316.89	283.79		212.84	212.84	212.84	316.89
		V	23.03	5.76	21.69	18.22	95.86		81.48	81.48	81.48	
4	上端	M	−53.83	5.03	−47.33	−33.32	−270.83	0.17	−216.66	−216.66	−156.25	−33.32
		N	697.11	466.39	744.14	747.65	584.86		467.89	467.89	438.65	747.65
	下端	M	−48.61	−0.16	−43.93	−32.92	−228.08		−182.46	−182.46	−131.58	−32.92
		N	727.83	490.02	774.36	778.37	615.58		492.46	492.46	461.69	778.37
		V	28.46	−1.35	25.35	18.40	196.29		166.85	166.85	166.85	
3	上端	M	−59.99	11.21	−50.75	−32.92	−326.64	0.27	−261.31	−261.31	11.21	−32.92
		N	1114.48	731.47	1201.70	1209.11	949.76		759.81	759.81	731.47	1209.11
	下端	M	−59.76	9.48	−51.08	−33.94	−316.38		−253.10	−253.10	9.48	−33.94
		N	1145.19	755.10	1232.42	1239.83	980.48		784.38	784.38	755.10	1239.83
		V	33.26	−5.75	28.29	18.57	252.99		215.04	215.04	215.04	
2	上端	M	−63.94	18.72	−52.03	−30.49	−368.74	0.37	−294.99	−294.99	18.72	−30.49
		N	1529.95	999.31	1658.37	1671.14	1275.22		1020.18	1020.18	999.31	1671.14
	下端	M	−59.76	21.33	−47.51	−25.98	−363.71		−290.97	−290.97	21.33	−25.98
		N	1560.67	1022.94	1689.09	1701.86	1305.94		1044.75	1044.75	1022.94	1701.86
		V	34.36	−11.13	27.65	15.69	288.18		244.95	244.95	244.95	
1	上端	M	−59.92	28.47	−45.54	−21.34	−349.63	0.33	−279.70	−279.70	28.47	−21.34
		N	1939.54	1265.84	2109.53	2128.58	1593.68		1274.94	1274.94	1265.84	2128.58
	下端	M	−78.49	62.76	−51.89	−10.67	−617.55		−494.04	−494.04	62.76	−10.67
		N	2002.72	1314.44	2172.71	2191.76	1656.86		1325.49	1325.49	1314.44	2191.76
		V	27.68	−18.25	19.49	6.40	255.08		216.82	216.82	216.82	

注：1. 表中弯矩的单位为 kN·m，剪力的单位为 kN；
2. 柱端弯矩、剪力均以绕杆端顺时针方向为正；轴力以受压为正。
3. 地震设计状况中，当柱轴压比不小于 0.15 时，弯矩和轴力的 γ_{RE} 取 0.75，当轴压比不小于 0.15 时，弯矩和轴力的 γ_{RE} 取 0.80；剪力的 γ_{RE} 取 0.85。

2.8.11 框架梁、柱截面设计

1. 框架梁截面设计

框架梁截面设计方法见第 2.6.2 小节。下面以④轴线第 1 层 AB 跨梁为例，说明计算方法，其余梁配筋结果见表 2-55（纵筋）和表 2-56（箍筋）。

从表 2-52 中，挑选出第 1 层 AB 跨梁跨中及支座截面的最不利内力（在梁截面设计中，弯矩以梁截面上部受拉时为负弯矩，下部受拉时为正弯矩），即

跨中截面：$\gamma_{RE}M = 206.93 \text{kN·m}$（地震组合）

支座截面：$\begin{cases} \gamma_{RE}M_A = -283.85 \text{kN·m} \\ \gamma_{RE}V_A = 171.78 \text{kN} \end{cases}$ $\begin{cases} \gamma_{RE}M_{Bl} = -220.73 \text{kN·m} \\ \gamma_{RE}V_{Bl} = 171.78 \text{kN} \end{cases}$

截面设计时，框架梁跨中截面正弯矩设计值不应小于竖向荷载作用下按简支梁计算的跨中弯矩设计值 M_0 的 50%。

恒载：$q_1^0 = 11.64 \text{kN/m}$，$q_1 = 12.20 \text{kN/m}$

支座 $V = \frac{1}{2} \times (11.64 \times 6 + 12.20 \times 2.4 + 12.20 \times 1.8) = 60.54 \text{kN}$

弯矩 $M = 60.54 \times 3 - \frac{1}{2} \times 11.64 \times 3^2 - \frac{1}{2} \times 11.64 \times 1.8 \times (1.8/3 + 1.2) - \frac{1}{2} \times 11.64 \times 1.2^2$
$= 102.00 \text{kN·m}$

活载：$q_1 = 9.0 \text{kN/m}$

支座 $V = \frac{1}{2} \times 9.0 \times (2.4 + 1.8) = 18.9 \text{kN}$

弯矩 $M = 18.9 \times 3 - \frac{1}{2} \times 9.0 \times 1.8 \times (1.8/3 + 1.2) - \frac{1}{2} \times 9.0 \times 1.2^2 = 35.64 \text{kN·m}$

在 1.3 恒载 + 1.5 活载作用下，按简支梁计算的跨中弯矩设计值为
$$M_0 = 1.3 \times 102.00 + 1.5 \times 35.64 = 186.06 \text{kN·m}$$

可见，1/2 简支梁弯矩（$186.06 \times 0.5 = 93.03 \text{kN·m}$）小于梁跨中最大正弯矩，故取第 1 层 AB 跨梁跨中截面的计算弯矩为 $\gamma_{RE}M = 206.93 \text{kN·m}$。

梁混凝土强度等级为 C30（$f_c = 14.3 \text{kN/m}^2$，$f_t = 1.43 \text{kN/m}^2$），梁内纵向钢筋选用 HRB400 级钢筋（$f_y = f'_y = 360 \text{N/mm}^2$），梁内箍筋选用 HPB300 级钢筋（$f_y = f'_y = 270 \text{N/mm}^2$）。由表 2-10 可知，对本例，纵向受拉钢筋最小配筋百分率：梁支座截面取 0.25% 与 $0.55 f_t / f_y = 0.55 \times 1.43/360 = 0.218\%$ 中的较大者，即取 0.25%；梁跨中截面取 0.20% 与 $0.45 f_t / f_y = 0.45 \times 1.43/360 = 0.179\%$ 中的较大者，即取 0.20%。

(1) 梁正截面受弯承载力计算

先计算梁跨中截面的受弯承载力。因梁板现浇，故跨中按 T 形截面计算。$a_s = 45 \text{mm}$，$h_0 = 550 - 45 = 505 \text{mm}$。梁受压区翼缘宽度 $b'_f = 6000/3 = 2000 \text{mm}$；$b + s_n = 300 + 3325 = 3625 \text{mm}$；翼缘厚度 $h'_f = 100 \text{mm}$，$h'_f / h_0 = 100/505 = 0.20 > 0.1$，不受此项控制；故取 $b'_f = 2000 \text{mm}$。

$$\alpha_1 f_c b'_f h'_f (h_0 - h'_f/2) = 1.0 \times 14.3 \times 2000 \times 100 \times (505 - 100/2)$$
$$= 301.30 \text{kN·m} > 206.93 \text{kN·m}$$

故属于第一类 T 形截面。

$$\alpha_s = \frac{\gamma_{RE}M}{\alpha_1 f_c b'_f h_0^2} = \frac{206.93 \times 10^6}{1.0 \times 14.3 \times 2000 \times 505^2} = 0.0284$$

$$\xi = 1 - \sqrt{1-2\alpha_s} = 1 - \sqrt{1-2\times 0.0284} = 0.0288$$

$$A_s = \frac{\alpha_1 f_c b'_f h_0 \xi}{f_y} = \frac{1.0 \times 14.3 \times 2000 \times 505 \times 0.0288}{360} = 1155 \text{mm}^2$$

因 $A_s/(bh_0) = 1155/(300\times 505) = 0.76\% > 0.20\%$，满足要求。实配钢筋 4 Φ 20（$A_s = 1256\text{mm}^2$）。

将跨中截面的 4 Φ 20 全部伸入支座当中，作为支座负弯矩作用下的受压钢筋，并据此计算支座上部受拉纵筋的数量。

支座 A：

$$\gamma_{RE}M = -283.85\text{kN}\cdot\text{m}, \quad A'_s = 1256\text{mm}^2$$

$$\alpha_s = \frac{\gamma_{RE}M - f'_y A'_s(h_0 - a'_s)}{\alpha_1 f_c b h_0^2} = \frac{283.85\times 10^6 - 360\times 1256\times (505-45)}{1.0\times 14.3\times 300\times 505^2} = 0.0693$$

$$\xi = 1 - \sqrt{1-2\alpha_s} = 1 - \sqrt{1-2\times 0.0693} = 0.0719 < 0.35, \text{且小于} 2a'_s/h_0 = 90/505 = 0.178$$

$$A_s = \frac{\gamma_{RE}M}{f_y(h_0 - a'_s)} = \frac{283.85\times 10^6}{360\times (505-45)} = 1714\text{mm}^2$$

因 $A_s/(bh_0) = 1714/(300\times 505) = 1.13\% > 0.25\%$，满足要求。实配钢筋 3 Φ 22 + 2 Φ 20（$A_s = 1768\text{mm}^2$），且 $A'_s/A_s = 1256/1768 = 0.71 > 0.3$，满足要求。

支座 B_l：

$$\gamma_{RE}M = -220.73\text{kN}\cdot\text{m}, \quad A'_s = 1256\text{mm}^2$$

$$\alpha_s = \frac{\gamma_{RE}M - f'_y A'_s(h_0 - a'_s)}{\alpha_1 f_c b h_0^2} = \frac{220.73\times 10^6 - 360\times 1256\times (505-45)}{1.0\times 14.3\times 300\times 505^2} = 0.0116$$

$$\xi = 1 - \sqrt{1-2\alpha_s} = 1 - \sqrt{1-2\times 0.0116} = 0.0117 < 0.35, \text{且小于} 2a'_s/h_0 = 90/505 = 0.178$$

$$A_s = \frac{\gamma_{RE}M}{f_y(h_0 - a'_s)} = \frac{220.73\times 10^6}{360\times (505-45)} = 1333\text{mm}^2$$

因 $A_s/(bh_0) = 1333/(300\times 505) = 0.88\% > 0.25\%$，满足要求。实配钢筋 4 Φ 22（$A_s = 1520\text{mm}^2$），且 $A'_s/A_s = 1256/1520 = 0.83 > 0.3$，满足要求。

框架梁纵向钢筋计算结果 表 2-55

层次	截面		M (kN·m)	计算配筋		实际配筋		A'_s/A_s	$\rho(\%)$
				$A_s(\text{mm}^2)$	$A'_s(\text{mm}^2)$	$A_s(\text{mm}^2)$	$A'_s(\text{mm}^2)$		
5	支座	A	−82.90	501	402	2 Φ 20(628)	2 Φ 16(402)	0.64	0.41
		B_l	−69.19	418	402	2 Φ 20(628)	2 Φ 16(402)	0.64	0.41
		B_r	−39.63	355	402	2 Φ 20(628)	2 Φ 16(402)	0.64	0.59
	跨间	AB	67.18	371		2 Φ 16(402)			0.27
		BC	25.84	240		2 Φ 16(402)			0.38

续表

层次	截面		M (kN·m)	计算配筋		实际配筋		A_s'/A_s	$\rho(\%)$
				$A_s(\text{mm}^2)$	$A_s'(\text{mm}^2)$	$A_s(\text{mm}^2)$	$A_s'(\text{mm}^2)$		
4	支座	A	−160.33	968	628	3⌀22(1140)	2⌀20(628)	0.55	0.75
		B_l	−136.65	825	628	3⌀22(1140)	2⌀20(628)	0.55	0.75
		B_r	−78.28	701	628	3⌀22(1140)	2⌀20(628)	0.55	1.07
	跨间	AB	104.92	581		2⌀20(628)			0.41
		BC	65.66	525		2⌀20(628)			0.59
3	支座	A	−222.65	1345	942	4⌀22(1520)	3⌀20(942)	0.62	1.00
		B_l	−179.75	1085	942	3⌀22(1140)	3⌀20(942)	0.83	0.75
		B_r	−111.57	1000	942	3⌀22(1140)	3⌀20(942)	0.83	1.07
	跨间	AB	152.11	846		3⌀20(942)			0.62
		BC	98.99	800		3⌀20(942)			0.88
2	支座	A	−259.92	1570	1256	2⌀22+3⌀20(1702)	4⌀20(1256)	0.74	1.12
		B_l	−216.71	1309	1256	4⌀22(1520)	4⌀20(1256)	0.83	1.00
		B_r	−140.36	1258	1140	4⌀22(1520)	3⌀22(1140)	0.75	1.43
	跨间	AB	192.90	1075		4⌀20(1256)			0.83
		BC	127.41	1040		3⌀22(1140)			1.07
1	支座	A	−283.85	1714	1256	3⌀22+2⌀20(1768)	4⌀20(1256)	0.71	1.17
		B_l	−220.73	1333	1256	4⌀22(1520)	4⌀20(1256)	0.83	1.00
		B_r	−141.93	1272	1256	4⌀22(1520)	4⌀20(1256)	0.83	1.43
	跨间	AB	206.93	1155		4⌀20(1256)			0.83
		BC	132.79	1085		4⌀20(1256)			1.18

(2) 梁斜截面受剪承载力计算

支座 A、B_l 截面取相同的剪力设计值 $\gamma_{RE}V=171.78$kN。梁的跨高比 $l/h=6000/550=10.91>2.5$，故应按式（2-30）验算剪压比，即

$$0.20\beta_c f_c bh_0 = 0.2\times1.0\times14.3\times300\times505 = 433.29\text{kN} > \gamma_{RE}V = 171.78\text{kN}$$

满足要求。

框架梁斜截面抗震受剪承载力按式（2-29）计算，即

$$\frac{A_{sv}}{s} = \frac{\gamma_{RE}V - 0.42f_t bh_0}{f_{yv}h_0} = \frac{171.78\times10^3 - 0.42\times1.43\times300\times505}{270\times505} = 0.593$$

梁端箍筋加密区的箍筋直径和间距应满足表 2-11 的要求。故选双肢Φ8@100，则有 $A_{sv}/s=101/100=1.01>0.593$，满足要求。沿梁全长箍筋选用双肢Φ8@150，相应的配箍率为

$$\rho_{sv} = \frac{A_{sv}}{bs} = \frac{101}{300\times150} = 0.224\% > 0.26\frac{f_t}{f_y} = 0.26\times\frac{1.43}{270} = 0.138\%$$

满足要求。

框架梁箍筋计算结果 表 2-56

层次	截面	$\gamma_{RE}V$ (kN)	$\dfrac{A_{sv}}{s}$	梁端加密区 实配钢筋(A_{sv}/s)	沿梁全长 实配钢筋(ρ_{sv}%)
5	A、B_l	76.33	−0.11	双肢Φ8@100(1.01)	双肢Φ8@150(0.138)
	B_r	48.14	−0.17	双肢Φ8@100(1.01)	双肢Φ8@150(0.138)
4	A、B_l	123.04	0.24	双肢Φ8@100(1.01)	双肢Φ8@150(0.138)
	B_r	92.54	0.30	双肢Φ8@100(1.01)	双肢Φ8@150(0.138)
3	A、B_l	146.94	0.41	双肢Φ8@100(1.01)	双肢Φ8@150(0.138)
	B_r	130.30	0.69	双肢Φ8@100(1.01)	双肢Φ8@150(0.138)
2	A、B_l	164.67	0.54	双肢Φ8@100(1.01)	双肢Φ8@150(0.138)
	B_r	162.72	1.03	双肢Φ8@100(1.01)	双肢Φ8@150(0.138)
1	A、B_l	171.78	0.59	双肢Φ8@100(1.01)	双肢Φ8@150(0.138)
	B_r	173.57	1.14	双肢Φ8@100(1.01)	双肢Φ8@150(0.138)

2. 框架柱截面设计

(1) 柱的剪跨比和轴压比验算

柱剪跨比按式（2-32）确定，其中 M^c 取柱上、下端截面弯矩设计值的较大者。柱的剪跨比宜大于 2，柱轴压比不宜大于 0.85（抗震等级为三级）。表 2-57 给出了柱剪跨比和轴压比的验算结果，可见均满足要求。

柱剪跨比和轴压比验算 表 2-57

柱号	层次	b(mm)	h_0(mm)	f_c (N/mm^2)	M^c (kN·m)	V^c (kN)	N (kN)	$\dfrac{M^c}{V^c h_0}$	$\dfrac{N}{f_c bh}$
A柱	5	500	450	14.3	122.60	79.86	292.08	3.41	0.08
	4	500	450	14.3	164.19	116.80	643.16	3.12	0.18
	3	500	450	14.3	261.79	192.63	1019.77	3.02	0.29
	2	500	450	14.3	276.00	203.97	1414.55	3.01	0.40
	1	600	550	14.3	519.10	202.23	1855.38	4.67	0.36
B柱	5	500	450	14.3	143.70	95.86	283.79	3.33	0.08
	4	500	450	14.3	208.33	150.99	584.86	3.07	0.17
	3	500	450	14.3	326.64	252.99	980.48	2.87	0.27
	2	500	450	14.3	368.74	288.18	1305.94	2.84	0.37
	1	600	550	14.3	617.55	255.08	1656.86	4.40	0.33

(2) 柱正截面受压承载力计算

框架柱截面设计方法见 2.6.3 小节。柱混凝土强度等级为 C30（$f_c=14.3\text{kN/m}^2$，$f_t=1.43\text{kN/m}^2$），纵向钢筋选用 HRB400 级钢筋（$f_y=f_y'=360\text{N/mm}^2$）。下面以第 1 层 A 柱为例，说明计算方法。

由表 2-53 可见，A 柱上、下端截面不利内力有：

1) $\begin{cases} M_1 = \gamma_{RE}M = 198.14 \text{kN} \cdot \text{m} \\ M_2 = \gamma_{RE}M = 415.28 \text{kN} \cdot \text{m} \\ \gamma_{RE}N = 1484.30 \text{kN} \end{cases}$ 2) $\begin{cases} M_1 = -27.42 \text{kN} \cdot \text{m} \\ M_2 = -59.96 \text{kN} \cdot \text{m} \\ N = 997.28 \text{kN} \end{cases}$ 3) $\begin{cases} M_1 = 23.00 \text{kN} \cdot \text{m} \\ M_2 = 39.25 \text{kN} \cdot \text{m} \\ N = 1725.59 \text{kN} \end{cases}$

1) 第一组内力

$M_1 = \gamma_{RE}M = 198.14 \text{kN} \cdot \text{m}$，$M_2 = \gamma_{RE}M = 415.28 \text{kN} \cdot \text{m}$，$\gamma_{RE}N = 1484.30 \text{kN}$

首先判断是否需要考虑杆件自身挠曲变形的影响，由于

杆端弯矩比：$\dfrac{M_1}{M_2} = -\dfrac{198.14}{415.28} = -0.48 < 0.9$（$M_1$ 与 M_2 使柱子同侧受拉为正）

截面回转半径：$i = \dfrac{h}{2\sqrt{3}} = \dfrac{600}{2\sqrt{3}} = 173.21 \text{mm}$

长细比：$\dfrac{l_c}{i} = \dfrac{5000}{173.21} = 28.87 < 34 - 12\dfrac{M_1}{M_2} = 39.76$

轴压比：$\dfrac{N}{f_cA} = \dfrac{1484.30 \times 10^3}{14.3 \times 600 \times 600} = 0.288 < 0.9$

因此不需考虑杆件自身挠曲变形的影响，取 $M = M_2 = 415.28 \text{kN} \cdot \text{m}$。

再判别偏压类型，取

$$a_s = 50\text{mm}, \quad h_0 = h - a_s = 600 - 50 = 550 \text{mm}$$

附加偏心距取 20mm 和偏心方向尺寸 1/30 两者中的较大值，即

$$h/30 = 600/30 = 20\text{mm}, \quad 取 e_a = 20\text{mm}$$

则

$$e_0 = \dfrac{M}{N} = \dfrac{415.28 \times 10^6}{1484.30 \times 10^3} = 279.78 \text{mm}$$

$$e_i = e_0 + e_a = 279.78 + 20 = 299.78 \text{mm} < 0.3h_0 = 0.3 \times 550 = 165 \text{mm}$$

$$x = \dfrac{N}{\alpha_1 f_c b} = \dfrac{1484.30 \times 10^3}{1.0 \times 14.3 \times 600} = 173.00 \text{mm} < \xi_b h_0 = 0.518 \times 550 = 284.9 \text{mm}$$

属于大偏心受压。

计算钢筋面积：

$$e = e_i + \dfrac{h}{2} - a_s = 299.78 + 600/2 - 50 = 549.78 \text{mm}$$

$$A_s = A_s' = \dfrac{Ne - \alpha_1 f_c bx(h_0 - 0.5x)}{f_y'(h_0 - a_s')}$$

$$= \dfrac{1484.30 \times 10^3 \times 549.78 - 1.0 \times 14.3 \times 600 \times 173.00 \times (550 - 0.5 \times 173.00)}{360 \times (550 - 50)}$$

$$= 711 \text{mm}^2$$

截面总配筋率 $\rho = \dfrac{A_s + A_s'}{bh} = \dfrac{711 \times 2}{600 \times 600} = 0.40\% < 0.75\%$（抗震等级为三级），因此需按构造配筋，选 4$\Phi$22（$A_s = A_s' = 1520 \text{mm}^2$，$\rho = 0.84\%$）。

2) 第二组内力

$$M_1 = -27.42 \text{kN} \cdot \text{m}, \quad M_2 = -59.96 \text{kN} \cdot \text{m}, \quad N = 997.28 \text{kN}$$

首先判断是否需要考虑杆件自身挠曲变形的影响，由于

杆端弯矩比： $\dfrac{M_1}{M_2} = -\dfrac{27.42}{59.96} = -0.46 < 0.9$

截面回转半径： $i = \dfrac{h}{2\sqrt{3}} = \dfrac{600}{2\sqrt{3}} = 173.21 \text{mm}$

长细比： $\dfrac{l_c}{i} = \dfrac{5000}{173.21} = 28.87 < 34 - 12\dfrac{M_1}{M_2} = 39.76$

轴压比： $\dfrac{N}{f_c A} = \dfrac{997.28 \times 10^3}{14.3 \times 600 \times 600} = 0.194 < 0.9$

因此不需考虑杆件自身挠曲变形的影响，取 $M = M_2 = 59.96 \text{kN·m}$。

再判别偏压类型，取

$$a_s = 50\text{mm}, \ h_0 = h - a_s = 600 - 50 = 550\text{mm}, \ e_a = 20\text{mm}$$

则

$$e_0 = \dfrac{M}{N} = \dfrac{59.96 \times 10^6}{997.28 \times 10^3} = 60.12 \text{mm}$$

$$e_i = e_0 + e_a = 60.12 + 20 = 80.12 \text{mm} < 0.3 h_0 = 0.3 \times 550 = 165 \text{mm}$$

为小偏心受压。

$$x = \dfrac{N}{\alpha_1 f_c b} = \dfrac{997.28 \times 10^3}{1.0 \times 14.3 \times 600} = 116.23 \text{mm} < \xi_b h_0 = 0.518 \times 550 = 284.9 \text{mm}$$

为大偏心受压。

上述计算出现矛盾，说明在该组内力下构件截面并未达到承载力极限状态，无论按大、小偏心受压计算，均为构造配筋，故其配筋由最小配筋率控制。纵向受力钢筋选 4⌽22（$A_s = A_s' = 1520 \text{mm}^2$，$\rho = 0.84\%$）。

3）第三组内力

$$M_1 = 23.00 \text{kN·m}, \ M_2 = 39.25 \text{kN·m}, \ N = 1725.59 \text{kN}$$

首先判断是否需要考虑杆件自身挠曲变形的影响，由于

杆端弯矩比： $\dfrac{M_1}{M_2} = -\dfrac{23.00}{39.25} = -0.59 < 0.9$

截面回转半径： $i = \dfrac{h}{2\sqrt{3}} = \dfrac{600}{2\sqrt{3}} = 173.21 \text{mm}$

长细比： $\dfrac{l_c}{i} = \dfrac{5000}{173.21} = 28.87 < 34 - 12\dfrac{M_1}{M_2} = 39.76$

轴压比： $\dfrac{N}{f_c A} = \dfrac{1725.59 \times 10^3}{14.3 \times 600 \times 600} = 0.335 < 0.9$

因此不需考虑杆件自身挠曲变形的影响，取 $M = M_2 = 39.25 \text{kN·m}$。

再判别偏压类型，取

$$a_s = 50\text{mm}, \ h_0 = h - a_s = 600 - 50 = 550\text{mm}, \ e_a = 20\text{mm}$$

则

$$e_0 = \dfrac{M}{N} = \dfrac{39.25 \times 10^6}{1725.59 \times 10^3} = 22.75 \text{mm}$$

$$e_i = e_0 + e_a = 22.75 + 20 = 42.75\text{mm} < 0.3h_0 = 0.3 \times 550 = 165\text{mm}$$

为小偏心受压。

$$x = \frac{N}{\alpha_1 f_c b} = \frac{1725.59 \times 10^3}{1.0 \times 14.3 \times 600} = 201.12\text{mm} < \xi_b h_0 = 0.518 \times 550 = 284.9\text{mm}$$

为大偏心受压。

上述计算出现矛盾，说明在该组内力下构件截面并未达到承载力极限状态，无论按大、小偏心受压计算，均为构造配筋，故其配筋由最小配筋率控制。纵向受力钢筋选 4Φ22（$A_s = A_s' = 1520\text{mm}^2$，$\rho = 0.84\%$）。

由以上计算可见，三组不利内力下第 1 层 A 柱配筋均由构造控制。经计算可知，A、B 柱每层均按构造配筋，各层柱配筋结果见表 2-58。

框架柱纵向钢筋计算结果 表 2-58

层次	A 柱			B 柱		
	计算值 $A_s = A_s'$	实配值 $A_s = A_s'$	总配筋率 ρ（%）	计算值 $A_s = A_s'$	实配值 $A_s = A_s'$	总配筋率 ρ（%）
5	构造配筋	4Φ20(1256)	1.00	构造配筋	4Φ20(1256)	1.00
4	构造配筋	4Φ20(1256)	1.00	构造配筋	4Φ20(1256)	1.00
3	构造配筋	4Φ20(1256)	1.00	构造配筋	4Φ20(1256)	1.00
2	构造配筋	4Φ20(1256)	1.00	构造配筋	4Φ20(1256)	1.00
1	构造配筋	4Φ22(1520)	0.84	构造配筋	4Φ22(1520)	0.84

(3) 柱斜截面受剪承载力计算

柱箍筋选用 HPB300 级钢筋（$f_y = f_y' = 270\text{N/mm}^2$）。下面以第 1 层 A 柱为例，说明计算方法，其他各层柱的箍筋计算结果见表 2-59。

由表 2-53 可见，第 1 层 A 柱剪力设计值为 $\gamma_{RE}V = 171.90\text{kN}$，相应的轴力取 $N = 1855.38\text{kN}$。由表 2-57 可知，第 1 层 A 柱剪跨比为 4.67 > 2，故应按式（2-30）验算剪压比，即

$$0.20\beta_c f_c b h_0 = 0.2 \times 1.0 \times 14.3 \times 600 \times 550 = 943.80\text{kN} > \gamma_{RE}V = 171.90\text{kN}$$

满足要求。

柱箍筋数量按式（2-33）确定。由于柱剪跨比为 4.67 > 3，故式中 λ 取 3.0；由于

$$N = 1855.38\text{kN} > 0.3f_c A = 0.3 \times 14.3 \times 600^2 = 1544.40\text{kN}$$

计算时取 $N = 1544.40\text{kN}$。由式（2-33）得

$$\frac{A_{sv}}{s} = \frac{\gamma_{RE}V - \frac{1.05}{\lambda+1}f_t b h_0 - 0.056N}{f_{yv}h_0}$$

$$= \frac{171.90 \times 10^3 - \frac{1.05}{3+1} \times 1.43 \times 600 \times 550 - 0.056 \times 1544.40 \times 10^3}{270 \times 550} = -0.259$$

按照构造要求配置箍筋，采用井字复合箍，结合表 2-15 的规定，柱端加密区的箍筋选用 Φ8@100，其体积配箍率为

$$\rho_v = \frac{\sum A_{svi}l_i}{sA_{cor}} = \frac{(50.3 \times 550) \times 8}{100 \times 550^2} = 0.732\%$$

而按式（2-36），柱箍筋加密区箍筋的最小体积配筋率为 $\lambda_v f_c / f_{yv}$，其中最小配箍特征值 $\lambda_v = 0.056$（抗震等级为三级，采用复合箍，柱轴压比为 0.36），则

$$\lambda_v f_c / f_{yv} = 0.056 \times 14.3 / 270 = 0.297\% < 0.4\%$$

即最小体积配筋率取 0.4%。$\rho_v = 0.732\% > 0.4\%$，满足要求。

柱非加密区选用 $\Phi 8@150$，相应的 $\rho_v = 0.488\%$，不小于加密区的 50%，且箍筋间距 $s < 15d = 15 \times 22 = 330\text{mm}$，满足要求。

框架柱箍筋计算结果 表 2-59

柱号	层次	$\gamma_{RE}V$ (kN·m)	N (kN)	$0.3f_cA$ (kN)	$\dfrac{A_{sv}}{s}$	加密区最小体积配筋率(%)	实配箍筋 ρ_v(%) 加密区	非加密区
A柱	5	67.88	292.08	1072.50	−0.271	0.4	$\Phi 8@100(0.894)$	$\Phi 8@150(0.596)$
	4	129.06	643.16	1072.50	0.071	0.4	$\Phi 8@100(0.894)$	$\Phi 8@150(0.596)$
	3	163.74	1019.77	1072.50	0.182	0.4	$\Phi 8@100(0.894)$	$\Phi 8@150(0.596)$
	2	173.37	1414.55	1072.50	0.237	0.4	$\Phi 8@100(0.894)$	$\Phi 8@150(0.596)$
	1	171.90	1855.38	1544.40	−0.259	0.4	$\Phi 8@100(0.894)$	$\Phi 8@150(0.488)$
B柱	5	81.48	283.79	1072.50	−0.137	0.4	$\Phi 8@100(0.894)$	$\Phi 8@150(0.596)$
	4	166.85	615.58	1072.50	0.400	0.4	$\Phi 8@100(0.894)$	$\Phi 8@150(0.596)$
	3	215.04	980.48	1072.50	0.623	0.4	$\Phi 8@100(0.894)$	$\Phi 8@150(0.596)$
	2	244.95	1305.94	1072.50	0.798	0.4	$\Phi 8@100(0.894)$	$\Phi 8@150(0.596)$
	1	216.82	1656.86	1544.40	0.044	0.4	$\Phi 8@100(0.894)$	$\Phi 8@150(0.488)$

3. 梁柱节点核芯区抗震验算

以第 1 层框架中节点为例，由表 2-49 可得节点左、右梁端反时针方向组合（左震时）的弯矩设计值之和为

$$\sum M_b = 294.30 + 177.05 = 471.35 \text{kN·m}$$

节点核芯区的剪力设计值按式（2-37）计算。其中 H_c 为柱的计算高度，可采用节点上、下柱反弯点之间的距离，由表 2-35 可得

$$H_c = (1 - 0.65) \times 5.0 + 0.5 \times 3.6 = 3.55 \text{m}$$

h_b，h_{b0} 分别为梁截面高度及有效高度，节点两侧梁截面高度不等时可采用平均值，即

$$h_b = (550 + 400)/2 = 475 \text{mm}$$
$$h_{b0} = (505 + 355)/2 = 430 \text{mm}$$

节点剪力增大系数 $\eta_{jb} = 1.20$（抗震等级为三级），$a'_s = 45 \text{mm}$，将以上数据代入式（2-37）得

$$V_j = \frac{\eta_{jb} \sum M_b}{h_{b0} - a'_s} \left(1 - \frac{h_{b0} - a'_s}{H_c - h_b}\right) = \frac{1.20 \times 471.35 \times 10^6}{430 - 45} \times \left(1 - \frac{430 - 45}{3550 - 475}\right) = 1285.20 \text{kN}$$

因验算方向的梁截面宽度为 300mm，不小于该侧柱截面宽度的 1/2（600mm/2 = 300mm），故核芯区截面有效验算宽度可采用该侧柱截面宽度，即 $b_j = 600 \text{mm}$。

按式（2-41）验算剪压比，即

$0.30\eta_j f_c b_j h_j/\gamma_{RE}=0.30\times1.5\times14.3\times600\times600/0.85=2725.41\text{kN}>V_j=1285.20\text{kN}$
满足要求。

核芯区截面所需配置的箍筋数量按式（2-42）计算，其中 N 取第 2 层柱下端相应地震方向（左震时）时的轴力 $N=1305.94\text{kN}$ 和 $0.5f_c A=0.5\times14.3\times600\times600=2574\text{kN}$ 中的较小值，即取 $N=1305.94\text{kN}$。由式(2-42)可得

$$\frac{A_{svj}}{s}=\frac{\gamma_{RE}V_j-1.1\eta_j f_t b_j h_j-0.05\eta_j N b_j/b_c}{f_{yv}(h_{bo}-a_s')}$$

$$=\frac{0.85\times1285.20\times10^3-1.1\times1.5\times1.43\times600\times600-0.05\times1.5\times1305.94\times10^3}{270\times(430-45)}$$

$$=1.40$$

采用柱端箍筋加密区的箍筋数量Φ8@100（井字复合箍），相应的

$$\frac{A_{svj}}{s}=\frac{314}{100}=3.14>1.40$$

满足要求。经计算，其他节点核芯区截面的箍筋采用柱端箍筋加密区的箍筋数量均满足要求。

框架模板及配筋图见图 2-34。

2.8.12 基础设计

本例的 5 层框架结构，上部结构荷载分布比较均匀，房屋高度较小，故可采用柱下条形基础。为了提高房屋的整体性、增大基础刚度、调整不均匀沉降，本工程采用纵向条形基础。根据结构与荷载的对称性，只需进行 A 轴、B 轴的柱下基础设计。

由《建筑地基基础设计规范》可知，本工程地基基础设计等级为丙级。由于该框架结构层数少于 6 层，地基承载力特征值 $f_{ak}=180\text{kN/m}^2>130\text{kN/m}^2$，故可不进行地基变形验算。另外，由于该框架结构不超过 8 层，且高度在 24m 以下，故可不进行天然地基及基础的抗震承载力验算，框架柱传递给基础的内力采用持久设计状况下的组合内力值。

根据 1.6.4 小节中有关条形基础的构造要求，基础肋梁截面高度取 1200mm，宽度取 700mm，翼板厚度取 250mm，基础底面宽度需要根据地基承载力确定。本工程的基础埋置深度为 2.2m，地基承载力特征值 $f_{ak}=180\text{kN/m}^2$（未考虑宽度和深度修正）。由《建筑地基基础设计规范》第 5.2.4 条，可查得 $\eta_d=1.0$，$\eta_b=0$（e 或 I_L 大于等于 0.85 的黏性土）；对于条形基础，基础埋置深度应从室内地面标高算起，即 $d=2.2+0.5=2.7\text{m}$；取基础底面以上土及基础的平均重度为 $\gamma_m=20\text{kN/m}^3$，则深度修正后的地基承载力特征值为

$$f_a=f_{ak}+\eta_d\gamma_m(d-0.5)=180+1.0\times20\times(2.7-0.5)=224\text{kN/m}^2$$

1. 确定基底尺寸

根据《建筑地基基础设计规范》第 3.0.5 条，按地基承载力确定基础底面积时，上部结构传至基础的作用效应采用荷载标准组合的效应值，并满足式（1-43）和式（1-44）的要求。其中 p_k 按式（1-45）或式（1-46）确定。由表 2-47 和表 2-48 查得，第 1 层④轴线柱在持久设计状况下传至基础顶面的内力组合标准值为

A 柱：$N_k=1289.73\text{kN}$，$M_k=26.23\text{kN}\cdot\text{m}$，$V_k=-8.34\text{kN}$

B 柱：$N_k=1644.90\text{kN}$，$M_k=19.58\text{kN}\cdot\text{m}$，$V_k=-3.98\text{kN}$

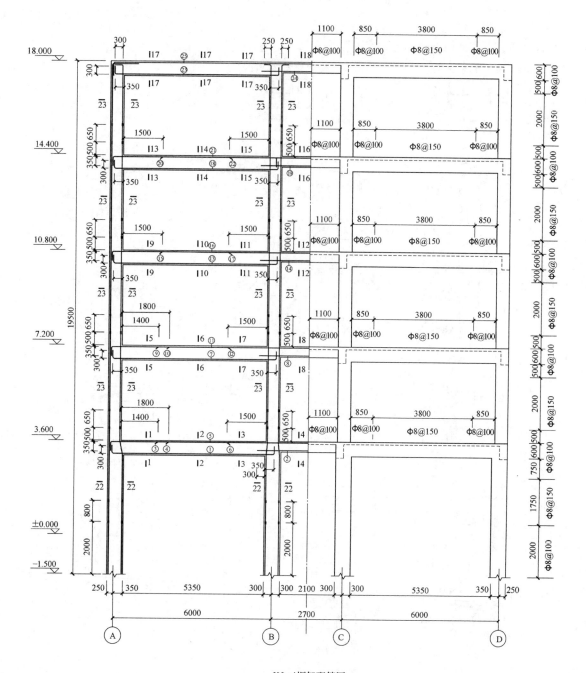

KJ-4框架配筋图 1:50

图 2-34 框架模板及配筋图

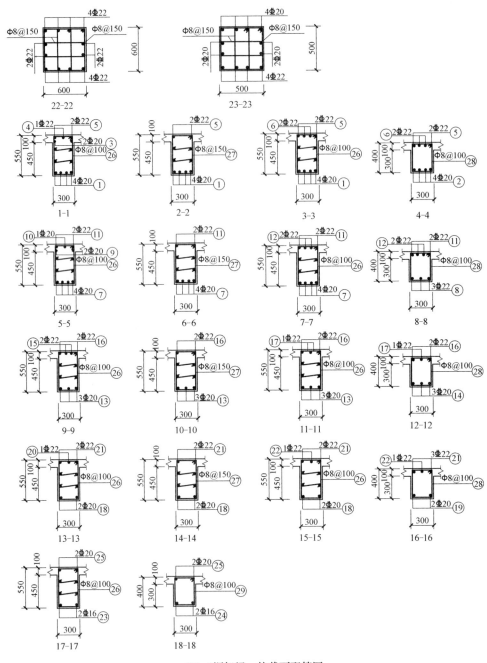

KJ-4框架梁、柱截面配筋图 1:20

说明:
1. 柱纵筋连接均采用A级机械连接;
2. 截面图中拉筋均为Φ8,间距为400mm,腰筋均为Φ12;
3. 图中AB跨与CD跨梁跨长、截面尺寸、纵向钢筋及箍筋设置均相同;
4. 图中未注明偏心尺寸的构件均与轴线居中对齐。

图 2-34 框架模板及配筋图(续)

根据各柱与④轴线 A、B 柱的负载面积比，近似确定 A、B 轴各柱传至基础顶面的内力。故①、⑨轴线柱传至基础的内力近似取④轴线柱的 0.5 倍，②、③、⑧轴线柱传至基础的内力近似取④轴线柱的 0.75 倍，⑩轴线柱传至基础的内力近似取④轴线柱的 0.25 倍，其余各轴线柱传至基础的内力与④轴线柱相同。由于上部结构传至基础的弯矩和剪力很小，可忽略不计，以下仅考虑轴力的作用。

作用于基础顶面上的荷载除了第 1 层柱底传来的内力外，还包括基础梁上第 1 层填充墙和相应门窗等重量，具体为

A 轴外墙：
$$G_{WA}=\{3.12\times[(7.2-0.6)\times(5.0-0.5)-(2.4\times2.1)\times2]+0.4\times(2.4\times2.1)\times2\}\times6+\{3.12\times[(3.6-0.6)\times(5.0-0.5)-(2.4\times2.1)]+0.4\times(2.4\times2.1)\}\times3=476.71\mathrm{kN}$$

B 轴内墙：
$$G_{WB}=\{2.62\times[(7.2-0.6)\times(5.0-0.5)-(1.5\times2.1)]+0.2\times(1.5\times2.1)\}\times6+2.62\times[(3.6-0.6)\times(5.0-0.5)-(1.0\times2.1)]+0.2\times(1.0\times2.1)=451.43\mathrm{kN}$$

AB 跨一根基础拉梁（截面 300mm×500mm，净长度为 $6.0-0.7=5.3\mathrm{m}$，其中 0.7m 为基础梁截面宽度）和相应横墙的重力荷载之和为
$$G_{W1}=2.62\times5.3\times(5.0-0.5)+0.3\times0.5\times5.3\times25=82.36\mathrm{kN}$$

BC 跨一根基础拉梁（截面 300mm×500mm，净长度为 $2.7-0.7=2.0\mathrm{m}$）的重力荷载为
$$G_{W1}=0.3\times0.5\times2.0\times25=7.50\mathrm{kN}$$

本设计中，作用在纵向基础梁顶的荷载不对称，故需确定荷载合力位置。经计算，A 轴基础梁顶荷载合力距①轴线距离为 27.059m，B 轴基础梁顶荷载合力距①轴线距离为 27.051m。为使荷载合力位置尽可能与基础底面形心重合（基底压力为均匀分布），同时满足条形基础端部向外伸出长度宜为第一跨距的 1/4（$7.2/4=1.8\mathrm{m}$）的要求，故取条形基础端部外挑的长度为分别 1.8m（①轴处）和 1.9m（⑩轴处）。则纵向基础梁总长度为
$$L=6\times7.2+3\times3.6+1.8+1.9=57.7\mathrm{m}$$

基础底面宽度按式（1-47）确定，即

A 轴：
$$b_f\geq\frac{\sum F_k}{(f_a-\gamma_m d)L}=\frac{1289.73\times(0.5\times2+0.75\times3+0.25+4)+476.71+82.36/2\times10}{(224-20\times2.2)\times57.7}$$
$$=1.02\mathrm{m}$$

取 $b_f=1.1\mathrm{m}$。

B 轴：
$$b_f\geq\frac{\sum F_k}{(f_a-\gamma_m d)L}=\frac{1644.90\times(0.5\times2+0.75\times3+0.25+4)+451.43+(82.36/2+7.5/2)\times10}{(224-20\times2.2)\times57.7}$$
$$=1.27\mathrm{m}$$

取 $b_f=1.3\mathrm{m}$。图 2-35 为柱下纵向条形基础剖面图。

2. 基底净反力计算

根据《建筑地基基础设计规范》第 3.0.5 条的规定，计算条形基础内力时，上部结构传至基础的作用效应应该采用荷载基本组合的内力设计值。由表 2-47 和表 2-48 查得，持

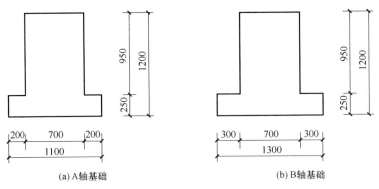

(a) A轴基础　　　　　　　　　(b) B轴基础

图 2-35　柱下纵向条形基础剖面图

久设计状况下第1层④轴线柱传至基础顶面组合的轴力设计值为

A柱：$N=1725.59$ kN

B柱：$N=2191.76$ kN

竖向荷载下（包括柱底轴力设计值和基础拉梁及其上墙重设计值，后者分项系数取1.3），基底反力呈均匀分布，则单位长度的基底净反力为

A轴：

$$p_j=\frac{\sum F}{L}=\frac{1725.59\times(0.5\times2+0.75\times3+0.25+4)+1.3\times82.36/2\times10}{57.7}$$

$$=233.57 \text{kN/m}$$

B轴：

$$p_j=\frac{\sum F}{L}=\frac{2191.76\times(0.5\times2+0.75\times3+0.25+4)+1.3\times(82.36/2+7.5/2)\times10}{57.7}$$

$$=295.04 \text{kN/m}$$

3. 基础梁内力计算

由于上部结构整体性较好，基础截面梁高度大于1/6的平均柱距，地基压缩性、柱距和荷载分布都比较均匀，因此可采用倒梁法计算基础梁的内力，即以地基净反力作为荷载，以柱作为基础梁的铰支座，按多跨连续梁分析内力，计算简图如图 2-36 所示。

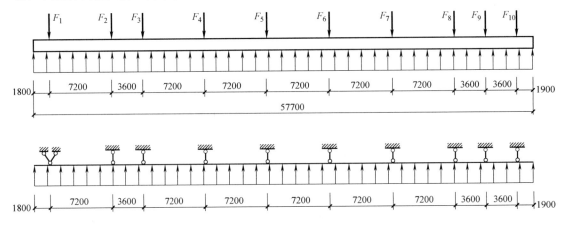

图 2-36　柱下纵向条形基础受力示意图

基础梁内力可采用力矩分配法进行分析,具体计算过程从略,基础梁内力图见图 2-37。根据《建筑地基基础设计规范》8.3.2 条规定,按倒梁法所求得的条形基础梁边跨跨中弯矩和第一内支座的弯矩值宜乘 1.2 的系数,故 A、B 轴基础梁弯矩图中,边跨跨中弯矩和第一内支座的弯矩均为乘以 1.2 后的数值。

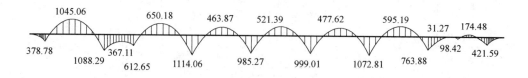

(a) A 轴纵向条形基础弯矩图

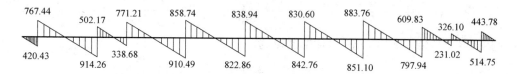

(b) A 轴纵向条形基础剪力图

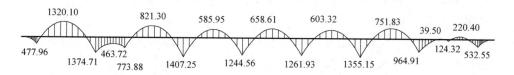

(c) B 轴纵向条形基础弯矩图

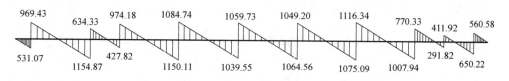

(d) B 轴纵向条形基础剪力图

图 2-37　柱下纵向条形基础内力图

4. 配筋计算

(1) 基础梁

基础梁截面高度 $h=1200$mm,宽度 $b=700$mm,混凝土强度等级为 C25（$f_c=11.9$kN/m^2,$f_t=1.27$kN/m^2）,纵筋采用 HRB400 级钢筋（$f_y=f'_y=360$N/mm^2）,箍筋采用 HPB300 级钢筋（$f_y=f'_y=270$N/mm^2）。考虑到翼板的作用,基础梁跨中按 T 形截面计算纵筋面积（布置在梁顶部）,支座按矩形截面计算纵筋面积（布置在梁底部）。柱下条形基础底部设有强度等级为 C15 的素混凝土垫层,所以保护层的厚度取 $c=45$mm。基础梁纵向受力钢筋最小配筋百分率不应小于 0.2% 和 $0.45f_t/f_y=0.45\times1.27/360=0.159\%$ 中的较大值,即取 0.20%。

1) 正截面受弯承载力计算

① 跨中截面

以 A 轴基础梁为例，①～②轴线跨中 $M=1045.06\text{kN}\cdot\text{m}$，钢筋预计布置两排，取 $a_s=65\text{mm}$，$h_0=1200-65=1135\text{mm}$，$b'_f=1100\text{mm}$，$h'_f=250\text{mm}$。

$$\alpha_1 f_c b'_f h'_f (h_0 - h'_f/2) = 1.0 \times 11.9 \times 1100 \times 250 \times (1135 - 250/2)$$
$$= 3305.23\text{kN}\cdot\text{m} > 1045.06\text{kN}\cdot\text{m}$$

故属于第一类 T 形截面。

$$\alpha_s = \frac{M}{\alpha_1 f_c b'_f h_0^2} = \frac{1045.06 \times 10^6}{1.0 \times 11.9 \times 1100 \times 1135^2} = 0.062$$

$$\xi = 1 - \sqrt{1-2\alpha_s} = 1 - \sqrt{1-2\times 0.062} = 0.064$$

$$A_s = \frac{\alpha_1 f_c b'_f h_0 \xi}{f_y} = \frac{1.0 \times 11.9 \times 1100 \times 1135 \times 0.064}{360} = 2641\text{mm}^2$$

实配钢筋 6Φ25 ($A_s = 2945\text{mm}^2$)，配筋率为

$$A_s/(bh_0) = 2945/(700 \times 1135) = 0.37\% > 0.2\%$$

满足要求。

将跨中截面的 6Φ25 全部伸入支座，作为支座截面弯矩作用下的受压钢筋，并据此计算支座截面受拉纵筋的数量。

按④～⑤轴线跨中截面弯矩 $M=650.18\text{kN}\cdot\text{m}$ 计算，需配置 4Φ25。其他轴线之间跨中弯矩虽较小，但考虑到施工简便及最小配筋率要求，均配置 4Φ25。

② 支座截面

基础梁④轴线支座截面弯矩为 $M=1114.06\text{kN}\cdot\text{m}$，$A'_s = 2945\text{mm}^2$，$b=700\text{mm}$，$h=1200\text{mm}$，$h_0=1135\text{mm}$，$a'_s=65\text{mm}$。

$$\alpha_s = \frac{M - f'_y A'_s (h_0 - a'_s)}{\alpha_1 f_c b h_0^2} = \frac{1114.06 \times 10^6 - 360 \times 2945 \times (1135-65)}{1.0 \times 11.9 \times 700 \times 1135^2} = -0.002$$

由于 $\alpha_s < 0$，说明受压钢筋不能达到其抗压强度设计值，故

$$A_s = \frac{M}{f_y (h_0 - a'_s)} = \frac{1114.06 \times 10^6}{360 \times (1135-65)} = 2892\text{mm}^2$$

实配钢筋 6Φ25 ($A_s = 2945\text{mm}^2$)，配筋率为

$$A_s/(bh_0) = 2945/(700 \times 1135) = 0.37\% > 0.25\%$$

满足要求。

从图 2-37 (a) 可见，⑤～⑦轴线支座截面弯矩与④轴线支座截面弯矩比较接近，故配置纵筋 6Φ25；考虑到施工简便及最小配筋率要求，其他支座截面均配置纵筋 4Φ25。

类似地，计算可得 B 轴基础梁跨中截面受拉钢筋为 6Φ28，支座截面受拉钢筋为 6Φ28，受压钢筋为 6Φ28。

2) 斜截面受剪承载力计算

以 A 轴基础梁为例，从图 2-37 (b) 可见，支座最大剪力为 $V=914.26\text{kN}$，$b=$

700mm，$h=1200$mm，$h_0=1135$mm。

首先验算剪压比，即

$$0.25\beta_c f_c bh_0 = 0.25 \times 1.0 \times 11.9 \times 700 \times 1135 = 2363\text{kN} > V = 914.26\text{kN}$$

满足要求。

基础梁斜截面受剪承载力按下式计算：

$$\frac{A_{sv}}{s} = \frac{V - 0.7 f_t bh_0}{f_{yv} h_0} = \frac{914.26 \times 10^3 - 0.7 \times 1.27 \times 700 \times 1135}{270 \times 1135} = 0.68$$

选用 4 肢Φ8@150，则 $A_{sv}/s = 4 \times 50.3/200 = 1.34 > 0.68$，相应的配箍率为

$$\rho_{sv} = \frac{A_{sv}}{bs} = \frac{4 \times 50.3}{700 \times 150} = 0.19\% > 0.24 \frac{f_t}{f_y} = 0.24 \times \frac{1.27}{270} = 0.11\%$$

满足要求。

从图 2-37（b）可见，除两端支座截面外，其他支座截面剪力与最大剪力相差较小。考虑到施工简便及最小配箍率要求，除两端支座截面外，其他截面配置相同数量的箍筋。

类似地，经计算可得 B 轴基础梁实配箍筋为 4 肢Φ8@150。

（2）翼板

翼板简化为均布荷载（基底净反力）作用下端部固定的悬臂板。翼板厚度应满足斜截面受剪承载力的要求，翼板配筋采用 HPB300 级钢筋。取 1.0m 宽度的翼板作为计算单元，仅对基底净反力较大的 B 轴翼板进行配筋计算。

基底净反力作用下，翼板固定端剪力为

$$V = \frac{p_j}{b_f} \times \frac{b_f - b}{2} \times 1.0 = \frac{295.04}{1.3} \times \frac{1.3 - 0.7}{2} \times 1.0 = 68.09\text{kN}$$

$$0.7 f_t bh_0 = 0.7 \times 1.27 \times 1000 \times (250 - 65) = 164.47\text{kN} > V = 68.09\text{kN}$$

翼板厚度满足要求。

翼板固端弯矩为

$$M = \frac{1}{2} \times \frac{p_j}{b_f} \times 1.0 \times \left(\frac{b_f - b}{2}\right)^2 = \frac{1}{2} \times \frac{295.04}{1.3} \times 1.0 \times \left(\frac{1.3 - 0.7}{2}\right)^2 = 10.21\text{kN} \cdot \text{m}$$

按单筋矩形截面计算翼板的受弯承载力，即

$$\alpha_s = \frac{M}{\alpha_1 f_c bh_0^2} = \frac{10.21 \times 10^6}{1.0 \times 11.9 \times 1000 \times (250 - 65)^2} = 0.025$$

$$\xi = 1 - \sqrt{1 - 2\alpha_s} = 1 - \sqrt{1 - 2 \times 0.025} = 0.025$$

$$A_s = \frac{\alpha_1 f_c bh_0 \xi}{f_y} = \frac{1.0 \times 11.9 \times 1000 \times (250 - 65) \times 0.025}{270} = 204\text{mm}^2$$

翼板受力钢筋选Φ10@200（$A_s = 393\text{mm}^2$），翼板分布钢筋取Φ8@300（$A_s = 168\text{mm}^2$）。A 轴翼板配筋选用与 B 轴相同的配筋。

基础梁模板及配筋图见图 2-38。

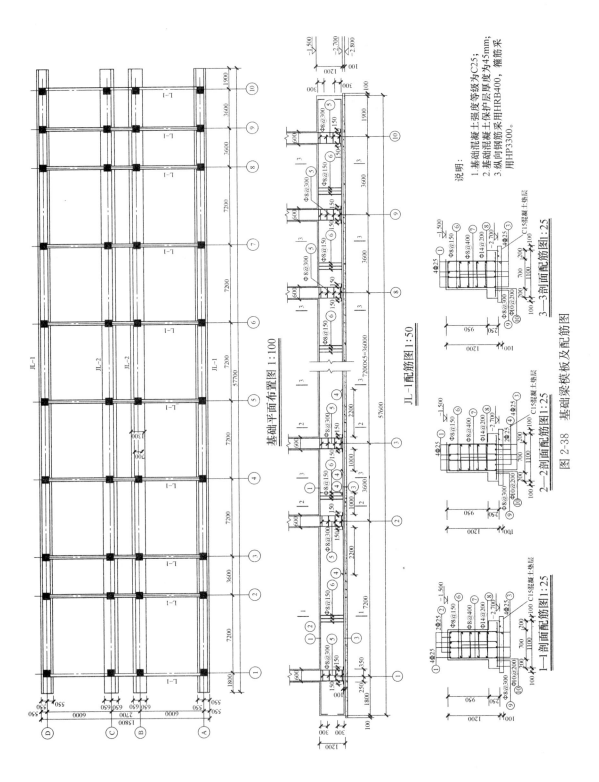

图 2-38 基础梁模板及配筋图

第3章 钢筋混凝土剪力墙结构房屋设计

3.1 结构布置

剪力墙结构房屋的总体布置原则见第1.2节，本节主要说明剪力墙结构布置的具体要求及计算简图的确定等问题。

3.1.1 剪力墙的布置

（1）剪力墙结构的平面布置宜简单、规则。剪力墙宜沿两个主轴方向或其他方向双向布置，两个方向的侧向刚度不宜相差过大，宜尽可能接近；剪力墙应尽量拉通、对直，不同方向的剪力墙宜分别联结在一起，以具有较好的空间工作性能，抗震设计时，不应采用仅单向有剪力墙的结构布置。

（2）剪力墙结构应具有适宜的侧向刚度。由于剪力墙具有较大的侧向刚度和承载力，为充分发挥剪力墙性能、减轻结构自重和增大可利用空间，剪力墙不宜布置得太密，否则容易造成侧向刚度过大，从而增大自重和地震作用，对结构受力不利。

（3）剪力墙宜自下到上连续布置，避免刚度突变；允许沿高度改变墙厚和混凝土强度等级，使侧向刚度沿高度逐渐减小。如果在某一层或几层切断剪力墙，易造成结构沿高度刚度突变，对结构抗震不利。

（4）剪力墙洞口的布置，会极大地影响剪力墙的受力性能。为此规定剪力墙的门窗洞口宜上下对齐、成列布置，形成明确的墙肢和连梁，宜避免造成墙肢宽度相差悬殊的洞口设置。剪力墙底部加强部位，是塑性铰出现及保证剪力墙安全的重要部位，抗震设计时，一、二、三级抗震等级剪力墙的底部加强部位不宜采用上下洞口不对齐的错洞墙，全高均不宜采用洞口局部重叠的叠合错洞墙；如无法避免错洞墙布置时，应控制错洞墙洞口间的水平距离不小于2m（图3-1a），设计时按有限元方法进行仔细计算分析，并在洞口周边采取有效构造措施，或在洞口不规则部位采用其他轻质材料填充将叠合洞口转化为计算上规则洞口的剪力墙或框架结构（图3-1b），图中阴影部分表示轻质材料填充墙体。

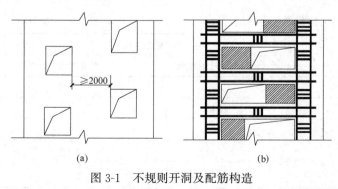

图 3-1 不规则开洞及配筋构造

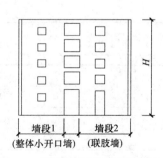

图 3-2 较长剪力墙分段示意图

(5)剪力墙结构应具有较好的延性,细高的剪力墙(高宽比大于3)容易设计成具有延性的弯曲破坏剪力墙,从而可避免发生脆性的剪切破坏,因此剪力墙不宜过长。当剪力墙的长度很长时,可用楼板(无连梁)或跨高比不小于6的连梁将其分为若干个独立的墙段(图3-2),每个独立墙段可以是实体墙、整体小开口墙、联肢墙或壁式框架,每个独立墙段的高宽比(H/h_w)不宜小于3,且墙段长度不宜大于8m。

(6)当剪力墙与平面外方向的梁连接时,会造成墙肢平面外弯矩。为控制剪力墙平面外的弯矩,当剪力墙与其平面外方向的楼面大梁连接,可采用以下措施:

1)当梁截面高度大于约2倍墙厚时,刚性连接梁的梁端弯矩将使剪力墙平面外产生较大的弯矩,可通过设置与梁相连的剪力墙、增设扶壁柱或暗柱、墙内设置与梁相连的型钢等措施,增大墙肢抵抗平面外弯矩的能力;

2)除了加强剪力墙平面外的抗弯刚度和承载力外,还可采取减小梁端弯矩的措施;

3)对截面较小的楼面梁可通过支座弯矩调幅或变截面实现梁端铰接或半刚接设计,以减小墙肢平面外的弯矩。

当房屋高度不是很大,为使整个剪力墙结构房屋的刚度适当,除抗震等级为一级的结构外,也可采用大部分由短肢剪力墙组成的剪力墙结构。短肢剪力墙是指截面厚度不大于300mm、各肢截面高度与厚度之比为4~8的剪力墙,这种墙因高宽比较大,其延性和耗能能力均比普通墙好,因而近年来得到广泛应用。对于采用刚度较大的连梁与墙肢形成的开洞剪力墙,不宜按单独墙肢判断其是否属于短肢剪力墙。

3.1.2 剪力墙厚度和混凝土强度等级的确定

剪力墙的厚度一般根据结构的刚度和承载力要求确定,此外墙厚还应考虑平面外稳定、开裂、减轻自重、轴压比的要求等因素。为了保证剪力墙出平面的刚度和稳定性能,《高层建筑混凝土结构技术规程》规定了剪力墙截面的最小厚度,也是高层建筑剪力墙截面厚度的最低要求,见表3-1。剪力墙的厚度应符合墙体稳定验算的要求,并应满足剪力墙截面最小厚度的规定。剪力墙井筒中,由于墙体不仅数量多,且无支长度不大,为了减轻结构自重,其分隔电梯井或管道井的墙肢截面厚度可适当减小,但不宜小于160mm。短肢剪力墙截面厚度除应符合上述要求外,底部加强部位尚不应小于200mm,其他部位尚不应小于180mm。

在一些情况下,剪力墙厚度还与剪力墙的无支长度有关,无支长度小,有利于保证剪力墙出平面的刚度和稳定,墙体厚度可适当减小。无支长度是指沿剪力墙长度方向没有平面外横向支承墙的长度。

为了保证剪力墙的承载能力及变形性能,混凝土强度等级不宜太低,宜采用高强高性

剪力墙截面最小厚度(mm) 表3-1

抗震等级	剪力墙部位	最小厚度	
		有端柱或翼墙	无端柱或无翼墙
一、二级	底部加强部位	200	220
	其他部位	160	180
三、四级	底部加强部位	160	180
	其他部位	160	160
持久、短暂设计状况		160	160

能混凝土。剪力墙结构的混凝土强度等级不应低于C25；筒体结构中剪力墙的混凝土强度等级不宜低于C30。

3.2 剪力墙结构内力和位移计算

剪力墙结构是由一系列竖向纵、横墙和水平楼板所组成的空间结构，承受竖向荷载以及风荷载和水平地震作用。在竖向荷载作用下，剪力墙主要产生压力，可不考虑结构的连续性，各片剪力墙承受的压力可近似按楼面传到该片剪力墙上的荷载以及墙体自重计算，具体方法见第3.4.4小节。水平荷载作用下剪力墙结构的内力和位移可采用结构分析或设计软件计算，本节主要介绍水平荷载作用下剪力墙结构的简化分析方法。

3.2.1 剪力墙的分类

剪力墙根据有无洞口、洞口大小和位置以及形状等可分为四类：整截面墙、整体小开口墙、联肢墙和壁式框架，如图3-3所示。

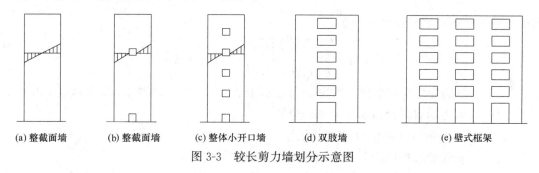

图3-3 较长剪力墙划分示意图

(1) 整截面墙。指没有洞口的实体墙或洞口很小的剪力墙（图3-3a、b），其受力状态如同竖向悬臂构件；当剪力墙高宽比较大时，受弯变形后截面仍保持平面，法向应力呈线性分布。

(2) 整体小开口墙。指洞口稍大且沿竖向成列布置的剪力墙（图3-3c），在水平荷载作用下，由于洞口的存在，剪力墙的墙肢中已出现局部弯曲，其截面应力可认为由墙体的整体弯曲和局部弯曲二者叠加组成，截面变形仍接近于整截面墙。

(3) 联肢墙。沿竖向开有一列或多列较大的洞口（图3-3d），由于洞口较大，剪力墙截面的整体性大为削弱，其截面变形已不再符合平截面假定；这类剪力墙可看成是若干单肢剪力墙或墙肢由一系列连梁联结起来组成，当开有一列洞口时称为双肢墙，当开有多列洞口时称为多肢墙。

(4) 壁式框架。当洞口大而宽、墙肢宽度相对较小，连梁的刚度接近或大于墙肢的刚度时，形成壁式框架（图3-3e）。其受力性能与框架结构相类似，特点是墙肢截面的法向应力分布明显出现局部弯矩，在许多楼层内墙肢有反弯点。

3.2.2 剪力墙分类判别

1. 剪力墙整体工作系数 α

图3-4所示为有 m 列洞口、$m+1$ 列墙肢的剪力墙。剪力墙因洞口尺寸不同而形成不同宽度的连梁和墙肢，其整体性能取决于连梁与墙肢之间的相对刚度，用剪力墙整体性系数 α 来表示，即连梁总的抗弯线刚度与墙肢总的抗弯线刚度之比为 α^2，则剪力墙整体工

作系数 α 为

$$\alpha = H\sqrt{\frac{12}{\tau h \sum_{j=1}^{m+1} I_j} \sum_{j=1}^{m} \frac{I_{bj} a_j^2}{l_{bj}^3}} \quad \text{（多肢墙）} \tag{3-1}$$

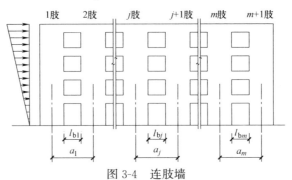

图 3-4 连肢墙

对于双肢墙，剪力墙整体性系数 α 为

$$\alpha = H\sqrt{\frac{12 I_b a^2}{h(I_1 + I_2) l_b^3} \frac{I}{I_n}} \quad \text{（双肢墙）} \tag{3-2}$$

式中 τ——轴向变形影响系数，当为 3~4 肢时取 0.8，5~7 肢时取 0.85，8 肢以上取 0.9；

I——剪力墙对组合截面形心的惯性矩；

a_j——第 j 列洞口两侧墙肢轴线距离；

I_n——扣除墙肢惯性矩后剪力墙的惯性矩，按下式计算：

$$I_n = I - \sum_{j=1}^{m+1} I_j \tag{3-3}$$

I_j——第 j 墙肢的截面惯性矩；I_{bj} 为第 j 列连梁的折算惯性矩，按下式计算：

$$I_{bj} = \frac{I_{bjo}}{1 + \frac{30\mu I_{bjo}}{A_{bj} l_{bj}^2}} \tag{3-4}$$

A_{bj}、I_{bjo}——第 j 列连梁的截面面积和惯性矩；

l_{bj}——第 j 列连梁计算跨度，按下式计算：

$$l_{bj} = l_{bjo} + \frac{1}{2} h_{bj} \tag{3-5}$$

l_{bjo}——第 j 列洞口的净宽度；

h_{bj}——第 j 列连梁的高度；

h——层高；

H——剪力墙的总高度；

μ——截面形状系数，矩形截面 $\mu=1.2$；I 形截面取 $\mu=$ 截面全面积/腹板面积；T 形截面按表 3-2 取值。

α 值反映了连梁对墙肢约束作用的程度。整体工作系数 α 越大，表明连梁的相对刚度越大，墙肢刚度相对较小，连梁对墙肢的约束作用也较大，墙的整体工作性能越好，接近于整截面墙或整体小开口墙。

T形截面剪应力不均匀系数 μ 表 3-2

h_w/t	b_f/t					
	2	4	6	8	10	12
2	1.383	1.496	1.521	1.511	1.483	1.445
4	1.441	1.876	2.287	2.682	3.061	3.424
6	1.362	1.097	2.033	2.367	2.698	3.026
8	1.313	1.572	1.838	2.106	2.374	2.641
10	1.283	1.489	1.707	1.927	2.148	2.370
12	1.264	1.432	1.614	1.800	1.988	2.178
15	1.245	1.374	1.519	1.669	1.820	1.973
20	1.228	1.317	1.422	1.534	1.648	1.763
30	1.214	1.264	1.328	1.399	1.473	1.549
40	1.208	1.240	1.284	1.334	1.387	1.442

注：b_f 为翼缘宽度；t 为剪力墙的厚度；h_w 为剪力墙截面高度。

2. 墙肢惯性矩比 I_n/I

整体工作系数 α 越大，说明剪力墙整体性越强，这样的剪力墙可能是整体小开口墙，也可能是壁式框架。因为后者梁线刚度大于柱线刚度，其 α 值很大，结构整体性也很强，但它的受力特点与框架相同。因此，除根据 α 值进行剪力墙分类判别外，还应判别沿高度方向墙肢弯矩图是否会出现反弯点。

墙肢是否出现反弯点，与墙肢惯性矩的比值 I_n/I、整体性系数 α 和层数 n 等多种因素有关。I_n/I 值反映了剪力墙截面削弱的程度，I_n/I 值大，说明截面削弱较多，洞口较宽，墙肢相对较弱。因此，当 I_n/I 增大到某一值时，墙肢出现框架柱的受力特点，即沿高度方向出现反弯点。因此，通常将 I_n/I 与其限值 ζ 的关系式作为剪力墙分类的第二个判别式。

3. 剪力墙分类判别式

（1）当剪力墙无洞口或虽有洞口但洞口面积与墙面面积之比不大于 0.16，且洞口净距及洞口边至墙边距离大于洞口长边尺寸时，按整截面墙计算。

（2）当 $\alpha<1$ 时，可不考虑连梁的约束作用，各墙肢分别按独立的悬臂墙进行计算。

（3）当 $1\leqslant\alpha<10$ 时，可按联肢墙进行计算。

（4）当 $\alpha\geqslant10$，且 $I_n/I\leqslant\zeta$ 时，可按整体小开口墙进行计算。

（5）当 $\alpha\geqslant10$，且 $I_n/I>\zeta$ 时，可按壁式框架进行计算。

其中系数 ζ 由整体性系数 α 和层数 n 按表 3-3 取值。

系数 ζ 的数值 表 3-3

α	层数 n					
	8	10	12	16	20	$\geqslant$30
10	0.886	0.948	0.975	1.000	1.000	1.000
12	0.866	0.924	0.950	0.994	1.000	1.000
14	0.853	0.908	0.934	0.978	1.000	1.000
16	0.844	0.896	0.923	0.964	0.988	1.000
18	0.836	0.888	0.914	0.952	0.978	1.000
20	0.831	0.880	0.906	0.945	0.970	1.000
22	0.827	0.875	0.901	0.940	0.965	1.000
24	0.824	0.871	0.897	0.936	0.960	0.989

续表

α	层数 n					
	8	10	12	16	20	≥30
26	0.822	0.876	0.894	0.932	0.955	0.986
28	0.820	0.864	0.890	0.929	0.952	0.982
≥30	0.818	0.861	0.887	0.926	0.950	0.979

3.2.3 剪力墙内力和位移计算

本节计算中，墙肢截面内力正负号规定如下：弯矩以截面右侧受拉为正，剪力以绕截面顺时针方向旋转为正，轴力以受压为正。

1. 整截面墙

（1）判别条件

孔洞面积/墙面面积≤0.16，且洞口净距及洞口边至墙边距离大于洞口长边尺寸。

（2）等效刚度

当剪力墙高宽比（H/h_w）小于或等于4时，应考虑剪切变形影响。在均布荷载、倒三角形分布荷载和顶点集中荷载作用下，为简化计算，整截面墙的等效刚度可近似按下式计算：

$$E_c I_{eq} = \frac{E_c I_w}{1 + \frac{9\mu I_w}{A_w H^2}} \tag{3-6}$$

式中 E_c——混凝土弹性模量，当各层 E_c 不同时，沿竖向取加权平均值；

A_w、I_w——无洞口墙的墙腹板截面面积和惯性矩，对有洞口整截面墙，由于洞口削弱影响，可按下式计算

$$A_w = \left(1 - 1.25\sqrt{\frac{A_{op}}{A_o}}\right) A \tag{3-7}$$

$$I_w = \frac{\sum I_i h_i}{\sum h_i} \tag{3-8}$$

A——墙腹板截面毛面积；

A_o、A_{op}——墙立面总面积和墙立面洞口面积；

I_i、h_i——将剪力墙沿高度分为无洞口段及有洞口段后第 i 段的惯性矩和高度；

H——剪力墙总高度；

μ——截面形状系数，矩形截面 $\mu=1.2$。

（3）墙体截面内力

在水平荷载作用下，整截面墙可视为上端自由、下端固定的竖向悬臂杆件，其任意截面的弯矩和剪力可按材料力学方法进行计算。

（4）顶点位移

$$u = \begin{cases} \dfrac{1}{8}\dfrac{V_0 H^3}{E_c I_{eq}} & \text{（均布荷载）} \\ \dfrac{11}{60}\dfrac{V_0 H^3}{E_c I_{eq}} & \text{（倒三角形分布荷载）} \\ \dfrac{1}{3}\dfrac{V_0 H^3}{E_c I_{eq}} & \text{（顶点集中荷载）} \end{cases} \tag{3-9}$$

式中 V_0——墙底截面处的总剪力。

2. 整体小开口墙

(1) 判别式

$$\alpha \geqslant 10 \text{ 且 } I_n/I \leqslant \zeta$$

(2) 等效刚度

$$E_c I_{eq} = \frac{0.8 E_c I}{1 + \frac{9\mu I}{AH^2}} \tag{3-10}$$

式中 I——组合截面惯性矩；
A——各墙肢截面面积之和。

(3) 墙肢截面内力

$$\left. \begin{aligned} \text{墙肢弯矩 } M_{wij} &= 0.85 M_{wi} \frac{I_j}{I} + 0.15 M_{wi} \frac{I_j}{\sum I_j} \\ \text{墙肢轴力 } N_{wij} &= 0.85 M_{wi} \frac{A_j y_j}{I} \\ \text{墙肢剪力 } V_{wij} &= \frac{V_{wi}}{2} \left(\frac{A_j}{\sum A_j} + \frac{I_j}{\sum I_j} \right) \end{aligned} \right\} \tag{3-11}$$

式中 M_{wi}、V_{wi}——按整体悬臂墙计算所得的第 i 层的弯矩和剪力；
I_j、A_j——第 j 墙肢的截面惯性矩和截面面积；
y_j——第 j 墙肢截面形心至组合截面形心的距离。

当剪力墙多数墙肢基本均匀，又符合整体小开口墙的条件，但夹有个别细小墙肢时，由于细小墙肢会产生显著的局部弯曲，致使墙肢弯矩增大。此时作为近似，仍可按上述整体小开口墙计算内力，但小墙肢端部宜附加局部弯矩的修正：

$$\begin{cases} M_{wij} = M_{wij0} + \Delta M_{ij} \\ \Delta M_{ij} = V_{wij} h_0/2 \end{cases} \tag{3-12}$$

式中 M_{wij0}、V_{wij}——按整体小开口墙计算的第 i 层第 j 个细小墙肢的弯矩和剪力；
ΔM_{ij}——由于小墙肢局部弯曲增加的弯矩；
h_0——细小墙肢洞口高度。

(4) 连梁内力

$$\begin{cases} V_{bij} = N_{wij} - N_{w(i-1)j} \\ M_{bij} = \frac{1}{2} l_{bj0} V_{bij} \end{cases} \tag{3-13}$$

(5) 顶点位移

整体小开口墙的顶点位移计算公式同式（3-9）。

3. 联肢墙

(1) 判别式

$$1 \leqslant \alpha < 10$$

(2) 计算方法

当剪力墙由成列洞口划分为若干墙肢，各墙肢和连梁的刚度比较均匀时，可按联肢墙的连续化方法进行内力和位移计算，计算方法详见有关参考文献。

（3）等效刚度

$$E_c I_{eq} = \begin{cases} \dfrac{E_c \sum I_j}{[1+\tau(\psi_a-1)+4\gamma^2]} & \text{（均布荷载）} \\ \dfrac{E_c \sum I_j}{[1+\tau(\psi_a-1)+3.64\gamma^2]} & \text{（倒三角形荷载）} \\ \dfrac{E_c \sum I_j}{[1+\tau(\psi_a-1)+3\gamma^2]} & \text{（顶点集中荷载）} \end{cases} \quad (3-14)$$

$$\psi_a = \begin{cases} \dfrac{8}{\alpha^2}\left(\dfrac{1}{2}+\dfrac{1}{\alpha^2}-\dfrac{1}{\alpha^2 \text{ch}\alpha}-\dfrac{\text{sh}\alpha}{\alpha \text{ch}\alpha}\right) & \text{（均布荷载）} \\ \dfrac{60}{11}\dfrac{1}{\alpha^2}\left(\dfrac{2}{3}+\dfrac{2\text{sh}\alpha}{\alpha^3 \text{ch}\alpha}-\dfrac{2}{\alpha^2 \text{ch}\alpha}-\dfrac{\text{sh}\alpha}{\alpha \text{ch}\alpha}\right) & \text{（倒三角形荷载）} \\ \dfrac{3}{\alpha^2}\left(1-\dfrac{\text{sh}\alpha}{\alpha \text{ch}\alpha}\right) & \text{（顶点集中荷载）} \end{cases} \quad (3-15)$$

式中 γ——墙肢剪切变形系数，按下式计算：

$$\gamma^2 = \dfrac{2.5\mu \sum\limits_{j=1}^{m+1} I_j}{H^2 \sum\limits_{j=1}^{m+1} A_j} \quad (3-16)$$

τ——轴向变形影响系数，按下式计算：

$$\tau = \alpha_1^2/\alpha^2 \quad (3-17)$$

α_1——考虑墙肢轴向变形的整体性系数，按下式计算：

$$\alpha_1^2 = \dfrac{6H \sum\limits_{j=1}^{m+1} D_j}{h \sum\limits_{j=1}^{m+1} I_j} \quad (3-18)$$

D_j——第 j 列连梁的刚度系数，按下式计算：

$$D_j = \dfrac{2I_{bj} a_j^2}{l_{bj}^3} \quad (3-19)$$

（4）内力计算

首先计算连梁的总约束弯矩 $m_i(\xi)$ 和第 i 层第 j 列连梁的约束弯矩 $m_{ij}(\xi)$

$$m_i(\xi) = \Phi(\xi) \tau V_0 h \quad (3-20)$$

$$m_{ij}(\xi) = \eta_j M_i(\xi) \quad (3-21)$$

$$\Phi(\xi) = \begin{cases} -\dfrac{\text{ch}\alpha(1-\xi)}{\text{ch}\alpha}+\dfrac{\text{sh}\alpha\xi}{\alpha \text{ch}\alpha}+(1-\xi) & \text{（均布荷载）} \\ \left(\dfrac{2}{\alpha^2}-1\right)\left[\dfrac{\text{ch}\alpha(1-\xi)}{\text{ch}\alpha}-1\right]+\dfrac{2}{\alpha}\dfrac{\text{sh}\alpha\xi}{\text{ch}\alpha}-\xi^2 & \text{（倒三角形荷载）} \\ \dfrac{\text{sh}\alpha}{\text{ch}\alpha}\text{sh}\alpha\xi-\text{ch}\alpha\xi+1 & \text{（顶点集中荷载）} \end{cases} \quad (3-22)$$

$$\eta_j = \frac{D_j \varphi_j}{\sum_{j=1}^{m} D_j \varphi_j} \tag{3-23}$$

$$\varphi_j = \frac{1}{1+\alpha/4} \left[1+1.5\alpha \frac{r_j}{B} \left(1 - \frac{r_j}{B}\right) \right] \tag{3-24}$$

式中 η_j ——第 j 列连梁约束弯矩分配系数；

D_j ——第 j 列连梁的刚度系数，按式（3-19）计算；

r_j ——第 j 列连梁跨度中点到墙边的距离（图 3-5）；

B ——多肢墙的总宽度。

第 i 层第 j 列连梁的剪力和梁端弯矩分别为

$$\begin{cases} V_{bij} = m_{ij}(\xi)/a_j \\ M_{bij} = V_{bij} \dfrac{l_{bj}}{2} \end{cases} \tag{3-25}$$

墙肢内力包括墙肢的弯矩、剪力和轴力，分别按下列公式计算：

$$M_{wij} = -\frac{I_j}{\sum I_j} \left[M_p(\xi) - \sum_{i}^{n} m_i(\xi) \right] \tag{3-26}$$

$$V_{wij} = \frac{I'_j}{\sum I'_j} V_p(\xi) \tag{3-27}$$

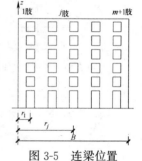

图 3-5 连梁位置

$$\begin{cases} N_{wi1} = \sum_{i}^{n} V_{bi1} \\ N_{wij} = \sum_{i}^{n} [V_{bij} - V_{bi(j-1)}] \\ N_{wi(m+1)} = \sum_{i=1}^{n} V_{bim} \end{cases} \tag{3-28}$$

式中 I'_j ——第 j 墙肢考虑剪切变形后的折算惯性矩，当 $G=0.4E$ 时可按下式计算：

$$I'_j = \frac{I_j}{1 + \dfrac{30\mu I_j}{A_j h^2}} \tag{3-29}$$

A_j、I_j ——第 j 墙肢的截面面积和惯性矩；

h ——层高；

$M_p(\xi)$、$V_p(\xi)$ ——第 i 层由外荷载所产生的弯矩和剪力。

(5) 顶点位移

联肢墙的顶点位移计算公式仍同式（3-9）。

4. 壁式框架

(1) 判别式

$$\alpha \geqslant 10 \quad 且 \quad I_n/I > \zeta$$

(2) 侧向刚度、内力及位移计算

壁式框架的侧向刚度可采用 D 值法进行计算，但应考虑带刚域杆件的刚域影响。

带刚域框架梁柱轴线由剪力墙中连梁和墙肢的形心轴线决定，梁柱相交的节点区中，梁柱的弯曲刚度为无限大而形成刚域，如图 3-6 所示，刚域的长度可按下式计算：

$$\begin{cases} l_{b1}=a_1-0.25h_b, l_{b2}=a_2-0.25h_b \\ l_{c1}=c_1-0.25h_c, l_{c2}=c_2-0.25h_c \end{cases} \quad (3\text{-}30)$$

当按上式计算的刚域长度小于零时，应取为零，可不考虑刚域的影响。

带刚域杆件（图 3-7）考虑剪切变形后的杆端转动刚度系数可按下式计算：

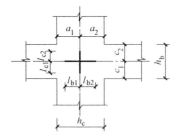

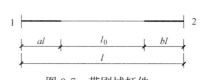

图 3-6 刚域长度取值示意图　　　　图 3-7 带刚域杆件

$$S_{12}=\frac{6EI_0}{l}\frac{1+a-b}{(1-a-b)^3(1+\beta)}$$

$$S_{21}=\frac{6EI_0}{l}\frac{1-a+b}{(1-a-b)^3(1+\beta)}$$

杆件的约束弯矩为

$$S=S_{12}+S_{21}=\frac{12EI_0}{l}\frac{1}{(1-a-b)^3(1+\beta)} \quad (3\text{-}31)$$

式中　a、b——刚域长度系数；

　　　β——考虑杆件剪切变形影响的系数，当 $G=0.4E$ 时按下式计算：

$$\beta=\frac{30\mu I_0}{Al_0^2} \quad (3\text{-}32)$$

A、I_0——杆件中段的截面面积和惯性矩。

为简化计算，可将带刚域杆件用一个具有相同长度 l 的等截面受弯构件代替，使两者具有相同的转动刚度，则可按式（3-33）求得带刚域杆件的等效刚度

$$EI=EI_0\eta_v\left(\frac{l}{l_0}\right)^3 \quad (3\text{-}33)$$

式中　l_0——杆件中段的长度；

　　　η_v——考虑剪切变形的刚度折减系数，按下式确定：

$$\eta_v=\frac{1}{1+\beta} \quad (3\text{-}34)$$

将带刚域杆件转换为具有等效刚度的等截面杆件后，可按 D 值法计算带刚域柱的侧向刚度

$$D=\alpha_c\frac{12K_c}{h^2} \quad (3\text{-}35)$$

式中　K_c——考虑刚域和剪切变形影响后的柱线刚度，$K_c=EI/h$；

　　　EI——带刚域柱的等效刚度，按式（3-33）计算；

h——层高；

α_c——柱侧移刚度修正系数，由梁柱刚度比按第 2 章表 2-2 所列公式计算；计算时梁柱均取其等效刚度，即将表 2-2 中 i_1、i_2、i_3 和 i_4 用 K_1、K_2、K_3 和 K_4 来代替，K_1、K_2、K_3、K_4 分别为上、下层带刚域梁按等效刚度计算的线刚度。

(3) 带刚域柱的反弯点高度比

带刚域柱（图 3-8）的反弯点高度比应按下式确定：

$$y = a + \frac{h_0}{h} y_n + y_1 + y_2 + y_3 \quad (3-36)$$

式中 h_0——柱中段的高度；

y_n——标准反弯点高度比，可根据框架总层数 m、所计算的楼层 n 及 $\overline{K}$ 由表 2-3～表 2-5 查取；

$\overline{K}$——梁柱的线刚度比，按下式确定：

$$\overline{K} = \frac{K_1 + K_2 + K_3 + K_4}{2 i_c} \left(\frac{h_0}{h} \right)^2$$

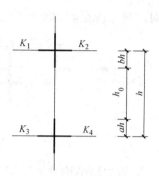

图 3-8 带刚域柱的反弯点位置

i_c——不考虑刚域及剪切变形影响时柱的线刚度，$i_c = \dfrac{EI_0}{h}$；

y_1——上、下层梁刚度变化时反弯点高度比的修正值，根据 $\overline{K}$ 及 $\alpha_1 = \dfrac{K_1 + K_2}{K_3 + K_4}$ 由表 2-6 查取；

y_2、y_3——上、下层层高变化时反弯点高度比的修正值，根据 $\overline{K}$ 及 $\alpha_2 = \dfrac{h_{上}}{h}$ 或 $\alpha_3 = \dfrac{h_{下}}{h}$ 由表 2-7 查取。

壁式框架在水平荷载作用下内力和位移计算的步骤与一般框架结构完全相同，详见第 2 章。

3.2.4 剪力墙结构平面协同工作分析

1. 基本假定

剪力墙结构是空间结构体系。在水平荷载作用下，为简化计算，作如下假定：

(1) 楼盖在自身平面内的刚度为无限大，而在其平面外的刚度很小，可以忽略不计。

(2) 各片剪力墙在其平面内的刚度较大，忽略其平面外的刚度。

(3) 水平荷载作用点与结构刚度中心重合，结构不发生扭转。

根据上述假定，可将纵、横两个方向的剪力墙分开，把空间剪力墙结构简化为平面结构，即将空间结构沿两个正交主轴划分为若干个平面抗侧力剪力墙，每个方向的水平荷载由该方向的剪力墙承受，垂直于水平荷载方向的各片剪力墙不参加工作。对于有斜交的剪力墙，可近似地将其刚度转换到主轴方向再进行荷载的分配计算。为使计算结果更符合实际，在计算剪力墙的内力和位移时，可以考虑纵、横向剪力墙的共同工作，纵墙（横墙）的一部分可以作为横墙（纵墙）的有效翼墙，翼墙的有效长度，可取剪力墙的间距、门窗间翼墙的宽度、剪力墙厚度加两侧各 6 倍翼墙厚度、剪力墙墙肢总高度的 1/10 四者中的最小值。

当剪力墙各墙段错开距离 a 不大于实体连接墙厚度的 8 倍，并且不大于 2.5m 时（图 3-9a），整片墙可以作为整体平面剪力墙考虑；计算所得的内力应乘增大系数 1.2，等效刚度应乘以折减系数 0.8。当折线形剪力墙的各墙段总转角不大于 15°时，可按平面剪力墙考虑（图 3-9b）。除上述两种情况外，对平面为折线形的剪力墙，不应将连续折线形剪力墙作为平面剪力墙计算；当将折线形（包括正交）剪力墙分为小段进行内力及位移计算时，应考虑在剪力墙转角处的竖向变形协调。

图 3-9　轴线错开剪力墙及折线形剪力墙

2. 剪力墙结构平面协同工作分析

前面将剪力墙分为整截面墙、整体小开口墙、联肢墙和壁式框架等。剪力墙结构房屋中可能包含其中几种或全部，故而在进行平面协同工作分析时应予以区别。为此，可将剪力墙分为两大类：第一类包括整截面墙、整体小开口墙和联肢墙；第二类为壁式框架。

当结构单元内只有第一类剪力墙时，各片剪力墙的协同工作计算简图如图 3-10（a）所示，可按下述方法进行剪力墙结构的内力和位移计算：

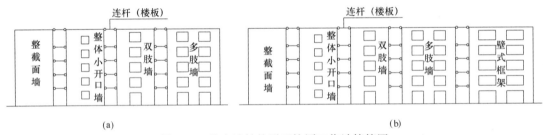

图 3-10　剪力墙结构平面协同工作计算简图

（1）将作用在结构上的水平荷载划分均布荷载、倒三角形分布荷载或顶点集中荷载，或划分为这三种荷载的某种组合。

（2）将结构单元内沿水平荷载作用方向的 m 片剪力墙合并为一竖向悬臂墙，其总刚度为 m 片剪力墙等效刚度之和，即 $E_c I_{eq} = \sum\limits_{j=1}^{m} E_c I_{eq(j)}$。

（3）计算水平荷载作用下竖向悬臂墙各楼层的总剪力 V_i 和总弯矩 M_i，并将它们分配到各片剪力墙上。第 i 层第 j 片剪力墙分配到的剪力 V_{ij} 和弯矩 M_{ij} 可按下式计算：

$$V_{ij} = \frac{E_c I_{eq(j)}}{E_c I_{eq}} V_i \tag{3-37}$$

$$M_{ij} = \frac{E_c I_{eq(j)}}{E_c I_{eq}} M_i \tag{3-38}$$

式中　$E_c I_{eq(j)}$ ——第 j 片剪力墙的等效刚度。

（4）根据各片剪力墙的内力，进行每片剪力墙中各墙肢的内力分配。对整体小开口墙，按式（3-11）和式（3-13）计算每个墙肢和连梁的内力。对于联肢墙，应将由式（3-37）所得到的沿高度分布的剪力图，按剪力图面积相等原则，简化为与剪力图相对应的荷载（如均布荷载、倒三角形分布荷载或顶点集中荷载），或简化为与剪力图相对应荷载的某种组合，然后再按式（3-20）～式（3-28）计算各连梁和墙肢的内力。

（5）按竖向悬臂墙计算水平荷载作用下各楼层标高（$\xi=z/H$）处的侧移 $u(\xi)$

$$u(\xi)=\begin{cases}\dfrac{qH^4}{24E_cI_w}(6\xi^2-4\xi^3+\xi^4)+\dfrac{\mu qH^2}{2G_cA_w}(2\xi-\xi^2) & \text{（均布荷载）}\\[2mm] \dfrac{q_{max}H^4}{120E_cI_w}(20\xi^2-10\xi^3+\xi^5)+\dfrac{\mu q_{max}H^2}{6G_cA_w}(3\xi-\xi^3) & \text{（倒三角形分布荷载）}\\[2mm] \dfrac{PH^3}{6E_cI_w}(3\xi^2-\xi^3)+\dfrac{\mu PH}{G_cA_w}\xi & \text{（顶点集中荷载）}\end{cases}$$

(3-39)

式中 E_cI_w、G_cA_w——剪力墙截面弯曲刚度和剪切刚度，当沿剪力墙高度各层的数值不同时，可取其沿高度的加权平均值。

当结构单元内同时有第一、二类墙体，即既有整截面墙、整体小开口墙和联肢墙或其中的一种或两种，又有壁式框架时，各片剪力墙的协同工作计算简图如图3-10（b）所示。此时先将水平荷载作用方向的所有第一类剪力墙合并为总剪力墙，将所有壁式框架合并为总框架，然后按照框架-剪力墙铰接体系结构分析方法，求出水平荷载作用下总剪力墙结构的内力和位移，其计算要点及步骤见第4章。

3.3 剪力墙截面设计

剪力墙通常可分为墙肢和连梁两类构件，设计时应分别计算出水平荷载和竖向荷载作用下的内力，经内力组合后，可进行截面设计。

3.3.1 剪力墙截面设计

1. 剪力墙内力组合和调整

（1）剪力墙的弯矩和轴力组合

剪力墙为偏心受力构件，与柱的受力状态相似，故其弯矩和轴力设计值的组合方法与框架柱相同，见 2.5.3 小节。

（2）剪力墙的剪力设计值

由于竖向荷载在剪力墙截面产生的剪力较小，故可只考虑由水平荷载所产生的剪力，即

$$\text{地震设计状况}\quad V=1.4V_{Ek} \tag{3-40a}$$

$$\text{持久、短暂设计状况}\quad V=1.5V_{wk} \tag{3-40b}$$

式中 V——剪力墙组合的剪力设计值；

V_{Ek}、V_{wk}——由水平地震作用、风荷载产生的剪力墙剪力标准值。

（3）剪力墙弯矩设计值的调整

1）剪力墙的加强部位

在水平地震作用下，通常剪力墙的底部截面弯矩最大，当钢筋屈服以后出现塑性铰，

并随钢筋屈服的范围扩大而形成塑性铰区。塑性铰区是剪力最大的部位,斜裂缝常常在这个部位出现,抗震设计时,为保证剪力墙底部出现塑性铰后具有足够大的延性,应对可能出现塑性铰的部位加强抗震措施,包括提高其抗剪切破坏的能力,设置约束边缘构件等,该加强部位称为剪力墙的"底部加强部位"。

抗震设计时,剪力墙底部加强部位的高度,应从地下室顶板算起,底部加强部位的高度可取底部两层和墙体总高度的1/10二者的较大值;部分框支剪力墙结构,由于结构传力路径复杂、内力变化较大,剪力墙底部加强范围亦增大,剪力墙(包括落地剪力墙和转换构件上部的剪力墙)底部加强部位的高度宜取至转换层以上两层且不宜小于房屋高度的1/10;当结构计算嵌固端位于地下一层底板或以下时,底部加强部位宜延伸到计算嵌固端。

2)剪力墙内力设计值的调整

一级抗震等级的剪力墙,应按照设计意图控制塑性铰的出现部位,在其他部位则应保证不出现塑性铰,因此,对一级抗震等级的剪力墙,各截面的弯矩设计值应符合下列规定:

① 底部加强部位应按墙肢截面地震组合弯矩设计值采用。组合剪力设计值须调整,见下述有关规定。

② 其他部位的墙肢组合弯矩设计值和剪力设计值应乘以增大系数,弯矩增大系数为1.2,剪力增大系数可取为1.3。

对于双肢剪力墙,如果有一个墙肢出现小偏心受拉,该墙肢可能会出现水平通缝而失去抗剪能力,则由荷载产生的剪力将全部转移给另一个墙肢,导致其抗剪承载力不足,因此在双肢墙中墙肢不宜出现小偏心受拉。当墙肢出现大偏心受拉时,墙肢会出现裂缝,使其刚度降低,剪力将在两墙肢中进行重分配,此时,可将另一墙肢按弹性计算的弯矩设计值和剪力设计值乘以增大系数1.25,以提高其抗剪承载力。

抗震设计时,为了实现强剪弱弯的原则,剪力设计值应予以调整。为方便计算,一、二、三级剪力墙底部加强部位的剪力设计值由计算组合剪力值乘以增大系数,按一、二、三级的不同要求,增大系数不同;对9度一级抗震剪力墙,其底部加强部位要求用实际抗弯配筋计算的受弯承载力反算其设计剪力,比较符合实际情况。《高层建筑混凝土结构技术规程》规定,底部加强部位剪力墙截面的剪力设计值,一、二、三级时应按式(3-41a)调整,9度一级剪力墙应按式(3-41b)调整;二、三级的其他部位及四级时可不调整。

$$V = \eta_{vw} V_w \qquad (3\text{-}41a)$$

$$V = 1.1 \frac{M_{wua}}{M_w} V_w \qquad (3\text{-}41b)$$

式中 V——底部加强部位剪力墙截面的剪力设计值;

V_w——底部加强部位剪力墙截面考虑地震作用组合的剪力计算值;

M_{wua}——剪力墙正截面抗震受弯承载力,应考虑承载力抗震调整系数 γ_{RE},采用实配纵筋面积、材料强度标准值和组合的轴力设计值等计算,有翼墙时应计入墙两侧各一倍翼墙厚度范围内的纵向钢筋;

M_w——底部加强部位剪力墙底截面弯矩的组合计算值;

η_{vw}——剪力增大系数,一级为1.6,二级为1.4,三级为1.2。

2. 剪力墙截面承载力计算

钢筋混凝土剪力墙应进行平面内的偏心受压或偏心受拉、平面外轴心受压承载力以及斜截面受剪承载力计算。在集中荷载作用下，墙内无暗柱时还应进行局部受压承载力计算。一般情况下主要验算剪力墙平面内的承载力，当平面外有较大弯矩时，还应验算平面外的受弯承载力。

(1) 一般要求

剪力墙的名义剪应力值过高，会在早期出现斜裂缝，抗剪钢筋不能充分发挥作用，即使配置很多的抗剪钢筋，也会过早发生剪切破坏。为此剪力墙的厚度及混凝土强度等级除满足 3.1.2 节所述的要求外，为了限制剪力墙截面的最大名义剪应力值，剪力墙的截面应符合下列要求：

永久、短暂设计状况

$$V \leqslant 0.25\beta_c f_c b_w h_{w0} \tag{3-42}$$

地震设计状况

剪跨比 λ 大于2.5时
$$V \leqslant \frac{1}{\gamma_{RE}}(0.20\beta_c f_c b_w h_{w0}) \tag{3-43a}$$

剪跨比 λ 不大于2.5时
$$V \leqslant \frac{1}{\gamma_{RE}}(0.15\beta_c f_c b_w h_{w0}) \tag{3-43b}$$

剪跨比可按下式计算：

$$\lambda = M^c/(V^c h_{w0})$$

式中 V——剪力墙墙肢截面的剪力设计值；应按式（3-41a）或式（3-41b）进行调整；

b_w、h_{w0}——剪力墙截面厚度和有效高度；

β_c——混凝土强度影响系数，当混凝土强度等级不大于 C50 时取 1.0；C80 时取 0.8，C50 和 C80 之间时可按线性内插取用；

λ——剪跨比，其中 M^c、V^c 取同一组合的、未调整的墙肢截面弯矩、剪力设计值，并取墙肢上、下端截面计算的剪跨比的较大值。

(2) 正截面偏心受压承载力计算

矩形、T形、I形偏心受压剪力墙墙肢的正截面受压承载力可按《混凝土结构设计标准》的有关规定计算，也可按下列公式计算：

持久、短暂设计状况

$$N \leqslant A'_s f'_y - A_s \sigma_s - N_{sw} + N_c \tag{3-44}$$

$$N(e_0 + h_{w0} - h_w/2) \leqslant A'_s f'_y(h_{w0} - a'_s) - M_{sw} + M_c \tag{3-45}$$

当 $x > h'_f$ 时

$$N_c = \alpha_1 f_c b_w x + \alpha_1 f_c (b'_f - b_w) h'_f \tag{3-46}$$

$$M_c = \alpha_1 f_c b_w x \left(h_{w0} - \frac{x}{2}\right) + \alpha_1 f_c (b'_f - b_w) h'_f \left(h_{w0} - \frac{h'_f}{2}\right) \tag{3-47}$$

当 $x \leqslant h'_f$ 时

$$N_c = \alpha_1 f_c b'_f x \tag{3-48}$$

$$M_c = \alpha_1 f_c b'_f x \left(h_{w0} - \frac{x}{2}\right) \tag{3-49}$$

当 $x \leqslant \xi_b h_{w0}$ 时

$$\sigma_s = f_y \tag{3-50}$$

$$N_{sw} = (h_{w0} - 1.5x) b_w f_{yw} \rho_w \tag{3-51}$$

$$M_{sw} = \frac{1}{2}(h_{w0} - 1.5x)^2 b_w f_{yw} \rho_w \tag{3-52}$$

当 $x > \xi_b h_{w0}$ 时

$$\sigma_s = \frac{f_y}{\xi_b - \beta_1}\left(\frac{x}{h_{w0}} - \beta_1\right) \tag{3-53}$$

$$\left.\begin{array}{l} N_{sw} = 0 \\ M_{sw} = 0 \end{array}\right\} \tag{3-54}$$

$$\xi_b = \frac{\beta_1}{1 + \dfrac{f_y}{E_s \varepsilon_{cu}}} \tag{3-55}$$

式中 a'_s——剪力墙受压区端部钢筋合力点到受压区边缘的距离，可取 $a'_s = b_w$；

h'_f、b'_f——分别为 T 形或 I 形截面受压区翼缘的高度和宽度；

e_0——偏心距，$e_0 = M/N$；

f_y、f'_y——分别为剪力墙端部受拉、受压钢筋强度设计值；

f_{yw}——剪力墙墙体竖向分布钢筋强度设计值；

f_c——混凝土轴心抗压强度设计值；

h_{w0}——剪力墙截面有效高度，$h_{w0} = h_w - a'_s$；

ρ_w——剪力墙竖向分布钢筋配筋率；

ξ_b——界限相对受压区高度；

α_1——受压区混凝土矩形应力图的应力与混凝土轴心抗压强度设计值的比值，混凝土强度等级不超过 C50 时取 1.0，C80 时取 0.94，C50 和 C80 之间时可按线性内插取值；

β_1——系数，当混凝土强度等级不超过 C50 时，β_1 取为 0.80，当混凝土强度等级为 C80 时，β_1 取为 0.74，其间按线性内插法确定；

ε_{cu}——混凝土极限压应变，应按《混凝土结构设计标准》的有关规定采用。

对于地震设计状况，式（3-44）及式（3-45）的右端均应除以承载力抗震调整系数 γ_{RE}，γ_{RE} 取 0.85。

（3）正截面偏心受拉承载力计算

永久、短暂设计状况

$$N \leqslant \frac{1}{\dfrac{1}{N_{ou}} + \dfrac{e_0}{M_{wu}}} \tag{3-56}$$

地震设计状况

$$N \leqslant \frac{1}{\gamma_{RE}}\left(\frac{1}{\dfrac{1}{N_{ou}} + \dfrac{e_0}{M_{wu}}}\right) \tag{3-57}$$

$$N_{ou} = 2A_s f_y + A_{sw} f_{yw} \tag{3-58}$$

$$M_{wu} = A_s f_y (h_{w0} - a_s') + A_{sw} f_{yw} \frac{h_{w0} - a_s'}{2} \tag{3-59}$$

式中 A_{sw}——剪力墙竖向分布钢筋的截面面积。

其余符号意义同前。

(4) 斜截面受剪承载力计算

1) 偏心受压剪力墙

在剪力墙设计时，通过构造措施防止发生剪拉破坏和斜压破坏，通过计算确定墙中的水平钢筋，防止发生剪切破坏。

对偏心受压构件，轴向压力有利于提高受剪承载力，但当压力增大到一定程度后，对抗剪的有利作用减小，因此对轴压力的取值应加以限制。

剪力墙在偏心受压时的斜截面受剪承载力应按下列公式计算：

永久、短暂设计状况

$$V \leqslant \frac{1}{\lambda - 0.5} \left(0.5 f_t b_w h_{w0} + 0.13 N \frac{A_w}{A} \right) + f_{yh} \frac{A_{sh}}{s} h_{w0} \tag{3-60}$$

地震设计状况

$$V \leqslant \frac{1}{\gamma_{RE}} \left[\frac{1}{\lambda - 0.5} \left(0.4 f_t b_w h_{w0} + 0.1 N \frac{A_w}{A} \right) + 0.8 f_{yh} \frac{A_{sh}}{s} h_{w0} \right] \tag{3-61}$$

式中 N——剪力墙截面轴向压力设计值，N 大于 $0.2 f_c b_w h_w$ 时取 N 等于 $0.2 f_c b_w h_w$；

A——剪力墙全截面面积；

A_w——T形或I形截面剪力墙腹板的面积，矩形截面时应取 A；

λ——计算截面的剪跨比，$\lambda = M/(V h_{w0})$，λ 小于 1.5 时应取 1.5，λ 大于 2.2 时应取 2.2；计算截面与墙底之间的距离小于 $0.5 h_{w0}$ 时，λ 应按距墙底 $0.5 h_{w0}$ 处的弯矩值和剪力值计算；

s——剪力墙水平分布钢筋间距；

f_t——混凝土轴心抗拉强度设计值；

f_{yh}——水平分布钢筋抗拉强度设计值；

A_{sh}——同一截面剪力墙水平分布钢筋的全部截面面积。

2) 偏心受拉剪力墙

偏心受拉构件中，考虑了轴向拉力的不利影响，轴力项取负值。剪力墙在偏心受拉时的斜截面受剪承载力，应按下列公式计算：

永久、短暂设计状况

$$V \leqslant \frac{1}{\lambda - 0.5} \left(0.5 f_t b_w h_{w0} - 0.13 N \frac{A_w}{A} \right) + f_{yh} \frac{A_{sh}}{s} h_{w0} \tag{3-62}$$

当公式右边计算值小于 $f_{yh} \frac{A_{sh}}{s} h_{w0}$ 时，应取等于 $f_{yh} \frac{A_{sh}}{s} h_{w0}$。

地震设计状况

$$V \leqslant \frac{1}{\gamma_{RE}} \left[\frac{1}{\lambda - 0.5} \left(0.4 f_t b_w h_{w0} - 0.1 N \frac{A_w}{A} \right) + 0.8 f_{yh} \frac{A_{sh}}{s} h_{w0} \right] \tag{3-63}$$

当公式右边计算值小于 $\dfrac{1}{\gamma_{RE}}\left(0.8f_{yh}\dfrac{A_{sh}}{s}h_{w0}\right)$ 时，应取等于 $\dfrac{1}{\gamma_{RE}}\left(0.8f_{yh}\dfrac{A_{sh}}{s}h_{w0}\right)$。

(5) 施工缝的抗滑移计算

按一级抗震等级设计的剪力墙，要防止水平施工缝处发生滑移。考虑摩擦力的有利影响，验算水平施工缝处的竖向钢筋是否足以抵抗水平剪力。其受剪承载力应符合下列要求：

$$V_{wj} \leqslant \dfrac{1}{\gamma_{RE}}(0.6f_y A_s + 0.8N) \tag{3-64}$$

式中　V_{wj}——剪力墙水平施工缝处的剪力设计值；

A_s——水平施工缝处剪力墙腹板内竖向分布钢筋和边缘构件中的竖向钢筋总面积（不包括两侧翼墙），以及在墙体中有足够锚固长度的附加竖向插筋面积；

f_y——竖向钢筋抗拉强度设计值；

N——水平施工缝处考虑地震作用组合的轴向力设计值，压力取正值，拉力取负值。

式（3-64）可验算通过水平施工缝的竖向钢筋是否足以抵抗水平剪力，如果所配置的端部和分布竖向钢筋不够，则可设置附加插筋，附加插筋在上、下层剪力墙中都要有足够的锚固长度。

3. 剪力墙轴压比限值

当偏心受压剪力墙轴力较大时，截面受压区高度增大，其延性降低。研究表明，剪力墙的边缘构件（暗柱、明柱、翼柱）由于横向钢筋的约束，可改善混凝土的受压性能，增大延性。为了保证地震作用下剪力墙具有足够的延性，《高层建筑混凝土结构技术规程》规定，抗震设计时，一、二、三级剪力墙墙肢在重力荷载代表值作用下的轴压比 $N/(f_c A_w)$ 不宜超过表 3-4 的限值。为简化计算，规程采用了重力荷载代表值作用下轴力设计值（不考虑地震作用效应组合），即考虑重力荷载分项系数后的最大轴力设计值，计算剪力墙的名义轴压比。

延性系数不仅与轴压力有关，而且还与截面的形状有关。在相同的轴压力作用下，带翼缘的剪力墙延性较好，一字形截面剪力墙最为不利，上述规定没有区分 I 形、T 形及一字形截面，因此，设计时对一字形截面剪力墙墙肢应从严掌握其轴压比。

剪力墙轴压比限值　　　　　　表 3-4

抗震等级	一级(9度)	一级(7、8度)	二级
轴压比限值	0.4	0.5	0.6

注：墙肢轴压比是指重力荷载代表值作用下墙肢承受的轴压力设计值 N 与墙肢的全截面面积 A_w 和混凝土轴心抗压强度设计值乘积之比值。

4. 剪力墙边缘构件

《高层建筑混凝土结构技术规程》规定，剪力墙两端和洞口两侧应设置边缘构件，分为约束边缘构件和构造边缘构件。当一、二、三级剪力墙底层墙肢底截面的轴压比大于表 3-5 的规定值时，应在底部加强部位及相邻的上一层设置约束边缘构件，除上述所列部位外，剪力墙应设置构造边缘构件；B 级高度高层建筑的剪力墙，宜在约束边缘构件层与构造边缘构件层之间设置 1~2 层过渡层，过渡层边缘构件的箍筋配置要求可低于约束边缘构件的要求，但应高于构造边缘构件的要求。表 3-5 为可以不设约束边缘构件的剪力墙的最大轴压比。

剪力墙可不设约束边缘构件的最大轴压比　　　　　　表 3-5

抗震等级	一级(9度)	一级(6、7、8度)	二、三级
轴压比限值	0.1	0.2	0.3

(1) 剪力墙约束边缘构件的设计

剪力墙的约束边缘构件可为暗柱、端柱和翼墙（图 3-11），约束边缘构件沿墙肢的长度 l_c 和箍筋配箍特征值 λ_v 应符合表 3-6 的要求，其体积配箍率 ρ_v 应按下式计算：

$$\rho_v = \lambda_v \frac{f_c}{f_{yv}} \tag{3-65}$$

式中 ρ_v——箍筋体积配箍率，可计入箍筋、拉筋以及符合构造要求的水平分布钢筋，计入的水平分布钢筋的体积配箍率不应大于总体积配箍率的 30%；

λ_v——约束边缘构件配箍特征值；

f_c——混凝土轴心抗压强度设计值，混凝土强度等级低于 C35 时，应取 C35 的混凝土轴心抗压强度设计值；

f_{yv}——箍筋、拉筋或水平分布钢筋的抗拉强度设计值。

约束边缘构件沿墙肢的长度 l_c 及其配箍特征值 λ_v 表 3-6

项目	一级（9 度）		一级（6、7、8 度）		二、三级	
	$\mu_N \leqslant 0.2$	$\mu_N > 0.2$	$\mu_N \leqslant 0.3$	$\mu_N > 0.3$	$\mu_N \leqslant 0.4$	$\mu_N > 0.4$
l_c（暗柱）	$0.20h_w$	$0.25h_w$	$0.15h_w$	$0.20h_w$	$0.15h_w$	$0.20h_w$
l_c（翼墙或端柱）	$0.15h_w$	$0.20h_w$	$0.10h_w$	$0.15h_w$	$0.10h_w$	$0.15h_w$
λ_v	0.12	0.20	0.12	0.20	0.12	0.20

注：1. μ_N 为墙肢在重力荷载代表值作用下的轴压比，h_w 为墙肢的长度；
2. 剪力墙的翼墙长度小于翼墙厚度的 3 倍或端柱截面边长小于 2 倍墙厚时，按无翼墙、无端柱查表；
3. l_c 为约束边缘构件沿墙肢的长度（图 3-11）。对暗柱不应小于墙厚和 400mm 的较大值；有翼墙或端柱时，不应小于翼墙厚度或端柱沿墙肢方向截面高度加 300mm。

剪力墙约束边缘构件阴影部分（图 3-11）的竖向钢筋除应满足正截面受压（受拉）承载力计算要求外，其配筋率一、二、三级时分别不应小于 1.2%、1.0% 和 1.0%，并分别不应少于 8Φ16、6Φ16 和 6Φ14 的钢筋（Φ表示钢筋直径）；约束边缘构件内箍筋或拉筋沿竖向的间距，一级不宜大于 100mm，二、三级不宜大于 150mm；箍筋、拉筋沿水平方向的肢距不宜大于 300mm，不应大于竖向钢筋间距的 2 倍。

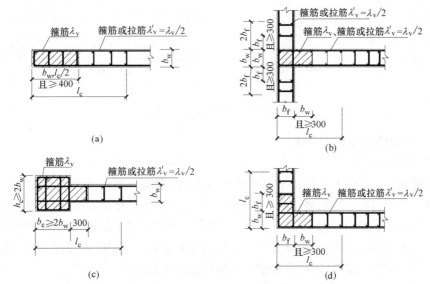

图 3-11 剪力墙的约束边缘构件

对于十字形截面剪力墙,可按两片墙分别在墙端部设置边缘约束构件,交叉部位只按构造要求配置暗柱。

(2) 剪力墙构造边缘构件的设计

剪力墙构造边缘构件按构造要求设置。剪力墙构造边缘构件的范围宜按图3-12中阴影部分采用,其最小配筋应满足表3-7的规定;竖向配筋应满足正截面受压(受拉)承载力的要求;当端柱承受集中荷载时,其竖向钢筋、箍筋直径和间距应满足框架柱的相应要求;箍筋、拉筋沿水平方向的肢距不宜大于300mm,不应大于竖向钢筋间距的2倍。持久、短暂设计状况的剪力墙,墙肢端部应配置不少于4Φ12的纵向钢筋,箍筋直径不应小于6mm、间距不宜大于250mm。

抗震设计时,对于连体结构、错层结构以及B级高度高层建筑结构中的剪力墙,其构造边缘构件的最小配筋应符合:竖向钢筋最小量应比表3-7中的数值提高$0.001A_c$采用;箍筋的配筋范围宜取图3-12中阴影部分,其配箍特征值λ_v不宜小于0.1。

剪力墙构造边缘构件的配筋要求　　　　表3-7

抗震等级	底部加强部位			其他部位		
	竖向钢筋最小量(取较大值)	箍筋		竖向钢筋最小量(取较大值)	拉筋	
		最小直径(mm)	沿竖向最大间距(mm)		最小直径(mm)	沿竖向最大间距(mm)
一级	$0.010A_c$,6Φ16	8	100	$0.008A_c$,6Φ14	8	150
二级	$0.008A_c$,6Φ14	8	150	$0.006A_c$,6Φ12	8	200
三级	$0.006A_c$,6Φ12	6	150	$0.005A_c$,4Φ12	6	200
四级	$0.005A_c$,4Φ12	6	200	$0.004A_c$,4Φ12	6	250

注:1. A_c为构造边缘构件的截面面积,即图3-12剪力墙截面的阴影部分;
    2. 符号Φ表示钢筋直径;
    3. 其他部位的转角处宜采用箍筋。

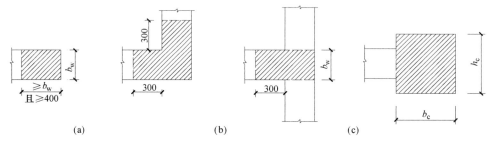

图3-12　剪力墙的构造边缘构件

3.3.2　剪力墙截面构造要求

1. 剪力墙分布钢筋

为了保证剪力墙能够有效抵抗平面外的各种作用,同时,由于剪力墙的截面厚度较大,为防止混凝土表面出现收缩裂缝,高层剪力墙中竖向和水平分布钢筋,不应采用单排配筋。

剪力墙宜采用的分布钢筋方式见表3-8。当剪力墙厚度b_w大于400mm时,如仅采用双排配筋,形成中间大面积的素混凝土会使剪力墙截面应力分布不均匀,故宜采用三排或四排配筋,受力钢筋可均匀分布成数排,或靠墙面的配筋略大。

各排分布钢筋之间的拉结筋间距不应大于600mm,直径不宜小于6mm;在底部加强部位,约束边缘构件以外的拉结筋间距尚应适当加密。

分布钢筋的配筋方式　　　　　　　　　　表 3-8

截面厚度	配筋方式
$b_w \leqslant 400mm$	双排配筋
$400mm < b_w \leqslant 700mm$	三排配筋
$b_w > 700mm$	四排配筋

2. 剪力墙分布钢筋的最小配筋率

剪力墙截面分布钢筋的配筋率按下式计算：

$$\rho_{sw} = \frac{A_{sw}}{b_w s} \tag{3-66}$$

式中　A_{sw}——间距 s 范围内配置在同一截面内的竖向或水平分布钢筋各肢总面积。

为了防止剪力墙在受弯裂缝出现后立即达到极限受弯承载力，同时，为了防止斜裂缝出现后发生脆性破坏，其竖向和水平分布钢筋应满足表 3-9 的要求。对墙体受力不利和受温度影响较大的部位，主要包括房屋的顶层墙、长矩形平面房屋的楼电梯间、纵向剪力墙端开间、山墙和纵墙的端开间等温度应力较大的部位，应适当增大其分布钢筋的配筋量，以抵抗温度应力的不利影响。

剪力墙分布钢筋最小配筋率　　　　　　　　表 3-9

类型	抗震等级	最小配筋率	最大间距	最小直径
剪力墙	一、二、三级	0.25%	300mm	8mm
	四级、非抗震	0.20%	300mm	8mm
(1)房屋顶层剪力墙 (2)长矩形平面房屋的楼、电梯间剪力墙 (3)端开间纵向剪力墙 (4)端山墙	抗震与非抗震	0.25%	200mm	8mm

为了保证分布钢筋具有可靠的混凝土握裹力，剪力墙竖向、水平分布钢筋的直径不宜大于墙肢截面厚度的 1/10，如果要求的分布钢筋直径过大，则应加大墙肢截面的厚度。

对短肢剪力墙，《高层建筑混凝土结构技术规程》规定，其全部竖向钢筋的配筋率，底部加强部位一、二级不宜小于 1.2%，三、四级不宜小于 1.0%；其他部位一、二级不宜小于 1.0%，三、四级不宜小于 0.8%。

3. 钢筋的连接和锚固

对于持久、短暂设计状况，剪力墙要求的钢筋锚固长度为 l_a；对于地震设计状况，剪力墙要求的钢筋锚固长度为 l_{aE}。

剪力墙竖向及水平分布钢筋的搭接连接如图 3-13 所示，一级、二级抗震等级剪力墙的加强部位，接头位置应错开，同一截面连接的钢筋数量不宜超过总数量的 50%，错开的净矩不宜小于 500mm；其他情况剪力墙的钢筋可在同一截面连接。对于持久、短暂设计状况，分布钢筋的搭接长度不应小于 $1.2l_a$；地震设计状况不应小于 $1.2l_{aE}$。

暗柱及端柱内纵向钢筋接头要求与框架柱相同。

3.3.3 连梁截面设计和构造要求

《高层建筑混凝土结构技术规程》规定，剪力墙开

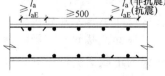

图 3-13 墙内分布钢筋的连接

洞形成的跨高比小于5的连梁，竖向荷载作用下的弯矩所占比例较小，水平荷载作用下产生的反弯使其对剪切变形十分敏感，容易出现剪切裂缝。为此对剪力墙开洞形成的跨高比小于5的连梁，应按本节的方法计算，否则宜按框架梁进行设计。

1. 连梁截面尺寸

连梁对剪力墙结构的抗震性能有较大影响，若连梁截面的平均剪应力过大，箍筋就不能充分发挥作用，连梁就会发生剪切破坏，尤其是连梁跨高比较小的情况。为限制连梁截面的平均剪应力，《高层建筑混凝土结构技术规程》规定，连梁截面尺寸应符合下列要求：

永久、短暂设计状况

$$V_b \leqslant 0.25\beta_c f_c b_b h_{b0} \tag{3-67}$$

地震设计状况

跨高比大于2.5时 $V_b \leqslant \dfrac{1}{\gamma_{RE}}(0.20\beta_c f_c b_b h_{b0})$ (3-68)

跨高比不大于2.5时 $V_b \leqslant \dfrac{1}{\gamma_{RE}}(0.15\beta_c f_c b_b h_{b0})$ (3-69)

式中 V_b——调整后的连梁截面剪力设计值；

b_b、h_{b0}——连梁截面宽度和有效高度。

2. 连梁剪力设计值的调整

为了实现梁的强剪弱弯，推迟剪切破坏，提高其延性，应将连梁的剪力设计值进行调整，即将连梁的剪力设计值乘以增大系数。

无地震作用效应组合，以及有地震作用组合的四级抗震等级时，应取考虑水平风荷载或水平地震作用效应组合的剪力设计值。

有地震作用组合的一、二、三级抗震等级时，连梁的剪力设计值应按下式进行调整：

$$V_b = \eta_{vb} \dfrac{M_b^l + M_b^r}{l_n} + V_{Gb} \tag{3-70}$$

9度设防时要求用连梁实际抗弯配筋反算该增大系数，按下式进行计算：

$$V_b = 1.1(M_{bua}^l + M_{bua}^r)/l_n + V_{Gb} \tag{3-71}$$

式中 l_n——连梁的净跨；

V_{Gb}——在重力荷载代表值作用下按简支梁计算的梁端截面剪力设计值；

M_b^l、M_b^r——梁左、右端截面顺时针或逆时针方向考虑地震作用组合的弯矩设计值，对一级抗震等级且两端均为负弯矩时，绝对值较小一端的弯矩应取为零；

M_{bua}^l、M_{bua}^r——梁左、右端顺时针或逆时针方向实配的受弯承载力所对应的弯矩值，应按实配钢筋面积（计入受压钢筋）和材料强度标准值并考虑承载力抗震调整系数计算；

η_{vb}——连梁剪力增大系数，一级为1.3，二级为1.2，三级为1.1。

3. 连梁截面承载力计算

连梁截面承载力计算包括正截面受弯及斜截面受剪承载力计算两部分。

（1）连梁正截面受弯承载力

连梁的正截面受弯承载力可按一般受弯构件的要求计算。由于连梁通常都采用对称配筋（$A_s = A_s'$），故永久、短暂设计状况时，其正截面受弯承载力可按下式计算：

$$M \leqslant f_y A_s (h_{b0} - a'_s) \tag{3-72}$$

式中 A_s——连梁纵向受力钢筋截面面积;

h_{b0}——连梁截面有效高度;

a'_s——受压区纵向钢筋合力点至受压边缘的距离。

地震设计状况时,仍按式(3-72)计算,但其右端应除以承载力抗震调整系数 γ_{RE}。

(2) 连梁斜截面受剪承载力计算

连梁的斜截面受剪承载力应按下列公式计算:

永久、短暂设计状况

$$V_b \leqslant 0.7 f_t b_b h_{b0} + f_{yv} \frac{A_{sv}}{s} h_{b0} \tag{3-73}$$

地震设计状况

跨高比大于2.5时 $\quad V_b \leqslant \dfrac{1}{\gamma_{RE}} \left(0.42 f_t b_b h_{b0} + f_{yv} \dfrac{A_{sv}}{s} h_{b0} \right) \tag{3-74}$

跨高比不大于2.5时 $\quad V_b \leqslant \dfrac{1}{\gamma_{RE}} \left(0.38 f_t b_b h_{b0} + 0.9 f_{yv} \dfrac{A_{sv}}{s} h_{b0} \right) \tag{3-75}$

式中 V_b——调整后的连梁截面剪力设计值。

当连梁不满足式(3-67)~式(3-69)或式(3-73)~式(3-75)的要求,可作如下处理:减小连梁截面高度,或采取其他减小连梁刚度的措施;对连梁的弯矩设计值进行塑性调幅,以降低其剪力设计值;当连梁破坏对承受竖向荷载无明显影响时,可按独立墙肢的计算简图进行第二次多遇地震作用下的结构内力分析,墙肢截面应按两次计算所得的较大内力进行配筋设计;采用斜向交叉配筋方式配筋。

4. 连梁的构造要求

为了防止连梁的受弯钢筋配置过多而发生剪切破坏,需要限制连梁的最小和最大配筋率。《高层建筑混凝土结构技术规程》规定,跨高比(l/h_b)不大于1.5的连梁,对于持久、短暂设计状况,其纵向钢筋的最小配筋率可取为 0.2%,地震设计状况,其纵向钢筋的最小配筋率宜符合表3-10的要求;跨高比大于1.5的连梁,其纵向钢筋的最小配筋率可按框架梁的要求采用。剪力墙结构连梁中,对于持久、短暂设计状况,顶面及底面单侧纵向钢筋的最大配筋率不宜大于2.5%;地震设计状况,连梁顶面及底面单侧纵向钢筋的最大配筋率宜符合表3-11的要求。如不满足,则应按实配钢筋进行连梁强剪弱弯的验算;跨高比超过2.5的连梁,其最大配筋率限值可按一般框架梁采用,即不宜大于2.5%。

跨高比不大于1.5的连梁纵向钢筋的最小配筋率(%) 表3-10

跨高比	最小配筋率(采用较大值)
$l/h_b \leqslant 0.5$	$0.20, 45 f_t/f_y$
$0.5 < l/h_b \leqslant 1.5$	$0.25, 55 f_t/f_y$

连梁纵向钢筋的最大配筋率(%) 表3-11

跨高比	最大配筋率
$l/h_b \leqslant 1.0$	0.6
$1.0 < l/h_b \leqslant 2.0$	1.2
$2.0 < l/h_b \leqslant 2.5$	1.5

一般连梁的跨高比都较小，容易出现剪切斜裂缝，为防止斜裂缝出现后的脆性破坏，除了减小其名义剪应力并加大其箍筋配置外，还可通过一些特殊的构造要求来保证，如钢筋锚固、箍筋加密区范围、腰筋配置等。因此，《高层建筑混凝土结构技术规程》规定连梁的配筋构造（图3-14）应符合下列要求：

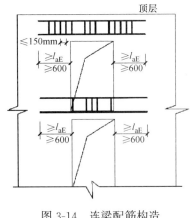

图3-14　连梁配筋构造

（1）连梁顶面、底面纵向受力钢筋伸入墙内的锚固长度，地震设计状况不应小于 l_{aE}，对于持久、短暂设计状况不应小于 l_a，且伸入墙内长度不应小于 600mm。l_a 为钢筋的锚固长度。

（2）一、二级抗震等级剪力墙，当跨高比不大于2，且墙厚不小于200mm的连梁，除普通箍筋外宜另设斜向交叉构造钢筋。

（3）地震设计状况，沿连梁全长箍筋的构造应按框架梁梁端加密区箍筋构造要求采用，对于持久、短暂设计状况，沿连梁全长箍筋直径不应小于6mm，间距不大于150mm。

（4）顶层连梁纵向水平钢筋伸入墙肢的长度范围内应配置箍筋，箍筋间距不大于150mm，直径与该连梁的箍筋直径相同。

（5）连梁高度范围内墙体水平分布钢筋应在连梁范围内拉通作为连梁的腰筋；当连梁截面高度大于700mm时，其两侧面腰筋的直径不应小于8mm，间距不大于200mm；对跨高比不大于2.5的连梁，梁两侧的纵向构造钢筋（腰筋）的面积配筋率不低于0.30%。

5. 剪力墙和连梁开洞时的构造要求

剪力墙开小洞口和连梁开洞应符合下列要求：

（1）剪力墙开有边长小于800mm的小洞口且在结构整体计算中不考虑其影响时，应在洞口上、下和左、右配置补强钢筋，补强钢筋的直径不应小于12mm，截面面积应分别不小于被截断的水平分布钢筋和竖向分布钢筋的面积（图3-15a）。

（2）穿过连梁的管道宜预埋套管，洞口上、下的截面有效高度不宜小于梁高的1/3，且不宜小于200mm；被洞口削弱的截面应进行承载力计算，洞口处应配置补强纵向钢筋和箍筋（图3-15b），补强纵向钢筋的直径不应小于12mm。

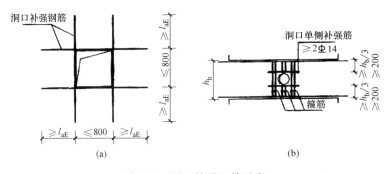

图3-15　洞口补强配筋示意

3.4 剪力墙结构房屋设计要点及步骤

3.4.1 结构布置及计算简图

剪力墙结构房屋的总体布置原则、楼面体系选择以及基础选型等见 1.2 节。剪力墙布置的具体要求、剪力墙厚度和混凝土强度等级的确定等见 3.1 节。

在水平荷载作用下,剪力墙结构平面协同工作分析简图与结构体系内包含的剪力墙类别有关,详见 3.2.4 小节。剪力墙结构房屋一般设有地下室,上部结构的固定端宜取层间刚度不小于其上一结构层刚度 2 倍的地下室顶面,否则宜取在基础顶面。

3.4.2 重力荷载及水平荷载计算

1. 重力荷载计算

剪力墙结构的重力荷载包括楼面及屋面荷载、墙体及门窗等重力荷载。楼面及屋面荷载计算方法与框架结构房屋相同,见 2.2.1 节。墙体包括承重的钢筋混凝土墙和轻质隔墙,应分别按各自的厚度及材料重度标准值计算,其两侧的粉刷层(或贴面)重量应计入墙自重内。

2. 风荷载计算

垂直于建筑物表面上的风荷载标准值按式(1-3)计算。对于特别重要和有特殊要求的高层剪力墙结构房屋,承载力设计时应按基本风压的 1.1 倍采用。

将由式(1-3)所得风荷载乘以房屋各层受风面宽度可得沿房屋高度的分布风荷载(kN/m),如图 3-16(a)所示;然后按静力等效原理将其换算为作用于各楼层标高处的集中荷载 F_i(kN),如图 3-16(b)所示。为便于利用现有公式计算内力与位移,可将作用于各楼层的风荷载折算为倒三角形分布荷载(图 3-16c)和均布荷载(图 3-16d)之叠加。根据折算前、后结构底部弯矩和底部剪力分别相等的条件得

$$q_{max}H^2/3 + qH^2/2 = M_0$$
$$(q_{max}/2 + q)H = V_0$$

联立求解上列方程组,则得

$$\begin{cases} q_{max} = \dfrac{12M_0}{H^2} - \dfrac{6V_0}{H} \\ q = \dfrac{4V_0}{H} - \dfrac{6M_0}{H^2} \end{cases} \tag{3-76a}$$

式中 M_0、V_0——风荷载(图 3-16b)产生的底部弯矩和底部剪力,即 $M_0 = \sum_{i=1}^{n} F_i H_i$,$V_0 = \sum_{i=1}^{n} F_i$。

当按式(3-76a)所计算的均布荷载较小或为负值时,可按式(3-76b)直接将水平风荷载等效为倒三角形分布荷载:

$$q_{max} = \dfrac{3M_0}{H^2} \tag{3-76b}$$

3. 水平地震作用计算

(1) 重力荷载代表值计算

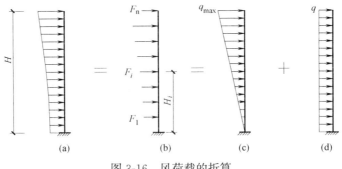

图 3-16 风荷载的折算

剪力墙结构房屋的抗震计算单元、动力计算简图和重力荷载代表值计算等，与框架结构房屋相同，可参见 2.2.3 小节。

(2) 剪力墙刚度计算

先按 3.2.2 小节所述方法判别剪力墙的类别。对于整截面墙，按式（3-6）计算其等效刚度。当各层剪力墙的厚度或混凝土强度等级不同时，式中 E_c、I_w、A_w 应取沿高度的加权平均值。同样，按式（3-10）计算整体小开口墙的等效刚度时，式中 E_c、I、A 也应沿高度取加权平均值，但只考虑带洞部分墙，不计无洞部分墙的作用。对于联肢墙，为简化计算，其等效刚度统一按倒三角形分布荷载的相应公式（式 3-14 的第二式）计算。

结构单元内所有整截面墙、整体小开口墙和联肢墙的等效刚度之和为总剪力墙的等效刚度，即

$$E_c I_{eq} = \sum E_c I_{eq(j)} \qquad (3-77)$$

式中 $E_c I_{eq(j)}$ ——一片剪力墙的等效刚度，分别按式（3-6）、式（3-10）和式（3-14）计算。

对壁式框架，按式（3-35）计算出第 i 层 j 柱的侧移刚度 D_{ij} 后，再按第 4 章式（4-3）计算总框架的层间剪切刚度 C_{fi}，进而按式（4-4）计算总框架的剪切刚度 C_f。

(3) 结构基本自振周期计算

剪力墙结构房屋的基本自振周期 T_1 可按式（2-4）计算，式中 ψ_T 取 1.0。当结构单元内只有整截面墙、整体小开口墙和联肢墙时，式（2-4）中的结构顶点假想位移 u_T 可按下式计算：

$$u_T = \frac{qH^4}{8E_c I_{eq}} \qquad (3-78)$$

式中，$q = \sum G_i / H$，其中 G_i 为集中在各层楼面处的重力荷载代表值，H 为主体结构的计算高度。

当结构单元内既有整截面墙、整体小开口墙和联肢墙，又有壁式框架时，式（2-4）中的 u_T 应按式（4-43）计算。

(4) 水平地震作用计算

当剪力墙结构房屋的高度不超过 40m，质量和刚度沿高度分布比较均匀时，其水平地震作用可用底部剪力法计算。结构总水平地震作用可按式（1-21）计算，各质点的水平地震作用可按式（1-22）计算。

对于带屋面突出间的房屋，突出间宜作为单独质点考虑，其水平地震作用仍按

式（1-22）计算，其中顶部附加水平地震作用应加在主体结构的顶部，如图 3-17（a）所示。

剪力墙结构内力与位移计算时，应将沿房屋高度实际分布的水平地震作用转化为典型水平荷载。可先将突出间的水平地震作用折算为作用于主体结构顶部的集中力 F_e 和集中力矩 M_1（图 3-17b）：

$$\begin{cases} F_e = F_{n+1} + F_{n+2} \\ M_1 = F_{n+1}h_1 + F_{n+2}(h_1+h_2) \end{cases} \tag{3-79}$$

再按照结构底部弯矩和底部剪力分别相等的条件，将原水平地震作用（图 3-17b）折算为倒三角形分布荷载（图 3-17c）和顶点集中荷载（图 3-17d）之和，即

$$\begin{cases} q_{max}H^2/3 + FH = (F_e + \Delta F_n)H + M_0 + M_1 \\ q_{max}H/2 + F = F_e + \Delta F_n + V_0 \end{cases} \tag{3-80}$$

求解上列方程组可得

$$\begin{cases} q_{max} = 6(V_0 H - M_0 - M_1)/H^2 \\ F = 3(M_0 + M_1)/H + (F_e + \Delta F_n) - 2V_0 \end{cases} \tag{3-81}$$

式中 M_0、V_0——折算前主体结构（不包括屋面突出间）的水平地震作用产生的底部弯矩和底部剪力，按下式计算：

$$M_0 = \sum_{i=1}^{n} F_i H_i,\quad V_0 = \sum_{i=1}^{n} F_i$$

当房屋顶部无突出间时，在式（3-81）中令 $F_e = 0$、$M_1 = 0$ 即可得相应的表达式。

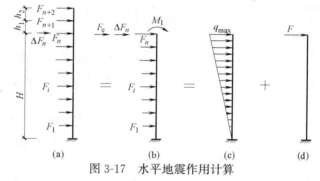

图 3-17 水平地震作用计算

3.4.3 水平荷载作用下剪力墙结构内力与位移计算

1. 位移计算及验算

在风荷载及多遇地震作用下，剪力墙结构应处于弹性状态并且有足够的刚度，避免产生过大的位移而影响结构的承载力、稳定性和使用条件。

位移验算一般宜在结构内力计算之前进行，以减少因构件刚度不合适而进行的重复计算。应分别进行风荷载和多遇地震作用下的位移计算；剪力墙结构房屋的层间位移应满足式（1-36）的要求，当不满足时应调整构件截面尺寸或混凝土强度等级，并重新验算直至满足为止。

当结构单元内只有第一类剪力墙时，可按式（3-39）计算各楼层标高处的侧移；当同时有第一、二类剪力墙时，应按第 4 章式（4-15）、式（4-20）或式（4-25）计算侧移。计算风荷载产生的侧移时，应取倒三角形分布荷载与均布荷载所产生的侧移之和（图 3-16），相应的荷载值 q_{max} 和 q 按式（3-76）计算；计算水平地震作用产生的侧移时，应

取倒三角形分布荷载与顶点集中荷载（图 3-17）所产生的侧移之和，相应的荷载值 q_{max} 和 F 按式（3-81）计算。

对于一般高层建筑结构，层间位移可按楼层的水平位移差计算，故第 i 层的层间弹性位移 Δu_e 可表示为

$$\Delta u_e = u_i - u_{i-1} \tag{3-82}$$

式中　u_i、u_{i-1}——第 i 层和 $i-1$ 层标高处的侧移。

2. 内力计算

应分别进行风荷载和水平地震作用下剪力墙结构的内力计算。

当结构单元内仅有第一类剪力墙时，应按竖向悬臂墙计算风荷载或水平地震作用下各楼层的总剪力 V_i 和总弯矩 M_i，并按式（3-37）和式（3-38）将总剪力 V_i 和总弯矩 M_i 分配给每片剪力墙；对于整体小开口墙和联肢墙，还应计算每个墙肢以及连梁的内力。

当结构单元内同时有第一、二类剪力墙时，应按框架-剪力墙结构体系的分析方法计算结构内力，其计算要点及步骤见第 4 章。

3.4.4　竖向荷载作用下剪力墙结构内力计算

竖向荷载作用下，一般取平面计算简图进行内力分析，不考虑结构单元内各片剪力墙之间的协同工作。每片剪力墙承受的竖向荷载为该片墙负载范围内的永久荷载和可变荷载。当为装配式楼盖时，各层楼面传给剪力墙的为均布荷载；当为现浇楼盖时，各层楼面传给剪力墙的可能为三角形或梯形分布荷载以及集中荷载，如图 3-18 所示。剪力墙自重按均布荷载计算。

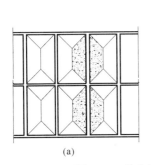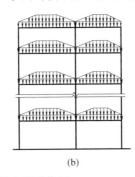

图 3-18　剪力墙的竖向荷载作用

竖向荷载作用下剪力墙内力的计算，不考虑结构的连续性，可近似地认为各片剪力墙只承受轴向力，其弯矩和剪力等于零。各片剪力墙承受的轴力由墙体自重和楼板传来的荷载两部分组成，其中楼板传来的荷载可近似地按其受荷面积进行分配。各墙肢承受的轴力以洞口中线作为荷载分界线，计算墙自重重力荷载时应扣除门洞部分。

3.4.5　内力组合和内力设计值的调整

剪力墙结构房屋的抗震等级，应根据设防烈度、房屋高度等因素按表 2-9 确定。

1. 剪力墙内力组合

剪力墙为偏心受力构件，与柱的受力状态相似，其弯矩和轴力设计值的组合方法与框架柱相同，见第 2 章有关规定；剪力墙可仅考虑由水平荷载产生的剪力。

剪力墙的弯矩和剪力设计值应符合下列规定：

（1）对一级抗震等级的剪力墙，底部加强部位按墙肢截面地震组合弯矩设计值采用，其他部位的墙肢组合弯矩设计值和剪力设计值分别乘增大系数 1.2 和 1.3。

（2）当双肢墙中墙肢出现大偏心受拉时，将另一墙肢按弹性计算的弯矩设计值和剪力设计值乘以增大系数 1.25。

（3）底部加强部位剪力墙截面的剪力设计值，一、二、三级时按式（3-41a）调整，

9度一级剪力墙按式（3-41b）调整，二、三级的其他部位及四级时可不调整。

2. 连梁内力组合

剪力墙中连梁主要承受水平荷载作用产生的内力，一般取梁端截面为控制截面。因此，连梁可参考框架梁进行梁端截面弯矩和剪力组合。

连梁的剪力设计值应符合下列规定：

（1）持久、短暂设计状况，取考虑水平风荷载组合的剪力设计值，见2.5.2小节。

（2）地震设计状况，梁端剪力设计值按式（3-70）或式（3-71）进行调整。

3.4.6 截面设计

对内力组合结果进行比较，挑选最不利内力进行截面设计计算。

1. 剪力墙截面设计

剪力墙应进行正截面偏心受压（受拉）承载力计算和斜截面受剪承载力计算。

正截面受压承载力依据《高层建筑混凝土结构技术规程》的规定按公式（3-44）和式（3-45）进行计算，对于地震设计状况，公式右端均应除以承载力抗震调整系数0.85。主要的计算步骤为：①对剪力墙墙肢进行轴压比验算，结果应满足表3-4；②按构造要求选取竖向分布钢筋，直径、间距和最小配筋率应满足表3-9；③由式（3-44）、式（3-46）、式（3-48）和式（3-50）计算截面受压区高度，判别大小偏压类型；④计算相关参数（如 M_c、M_{sw}），按式（3-45）计算纵向受拉钢筋截面面积；⑤当轴力为负值时，墙肢属于偏心受拉，按构造选取纵向受拉钢筋截面面积，并按式（3-57）~式（3-59）进行验算。

斜截面受剪承载力计算包括偏心受压和偏心受拉两种情况。首先均应计算剪跨比，按式（3-43）进行截面尺寸验算，同时按构造要求选取水平分布钢筋（方法同竖向分布钢筋）及箍筋，在此基础上，按式（3-61）或式（3-63）进行剪力墙斜截面受剪承载力计算。注意，确定箍筋直径、间距时应区分构造边缘构件和约束边缘构件两种情况。

2. 连梁截面设计

连梁应进行正截面受弯承载力计算和斜截面受剪承载力验算。当连梁跨高比大于5时，其截面设计同框架梁，详见第2章；对于跨高比小5的连梁，其截面设计按本章第3.3.2小节的方法进行。

连梁通常采用对称配筋，其正截面受弯承载力按式（3-72）进行计算，地震设计状况时，公式右端应除以承载力抗震调整系数0.8。斜截面受剪承载力计算时，先按式（3-68）或式（3-69）进行截面尺寸验算，根据构造要求（与框架梁端箍筋加密区箍筋构造要求相同）确定箍筋直径和间距，最后按式（3-74）或式（3-75）进行斜截面受剪承载力验算。

3.5 设计实例

3.5.1 工程概况

某12层高层住宅楼，采用现浇钢筋混凝土剪力墙结构、箱形基础，标准层建筑和结构平面布置如图3-19所示。主体结构高度为36.0m，层高为3.0m。室外地坪标高−0.5000m，女儿墙高度为1.5m，突出屋面电梯机房层高为3.9m，水箱间层高为3.0m，结构总高度为42.9m。

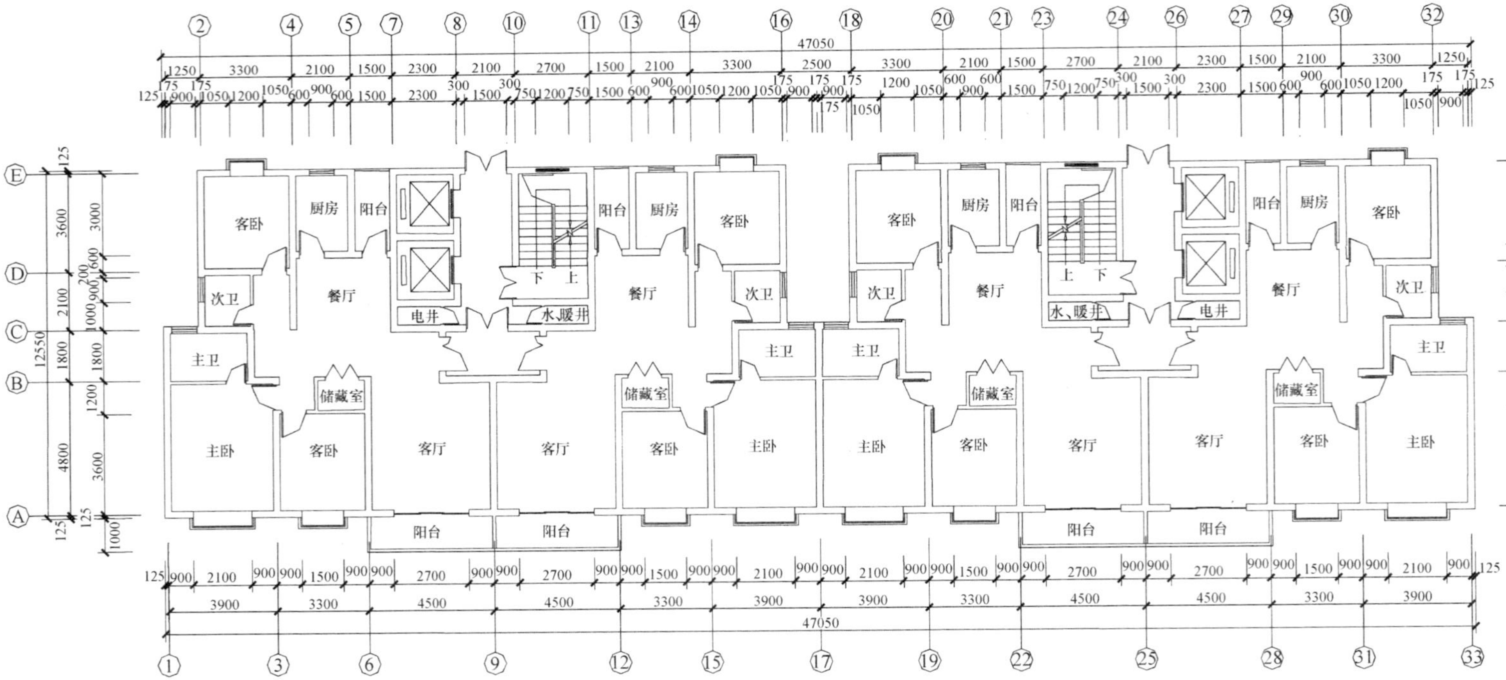

(a) 标准层建筑平面布置图

图 3-19 剪力墙平面布置图

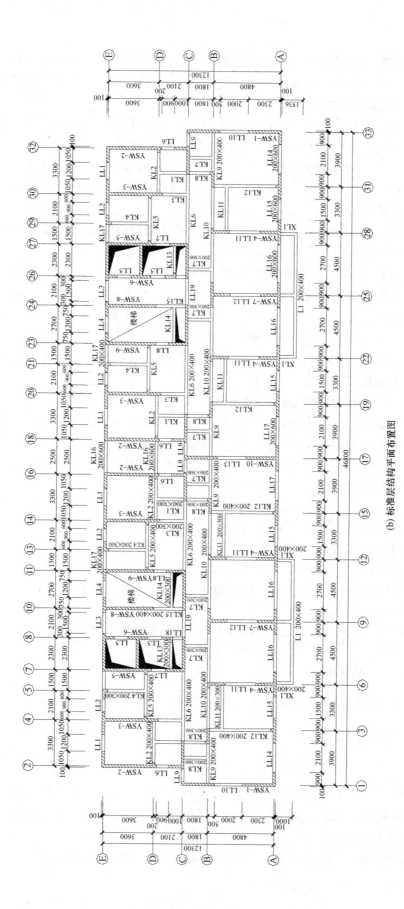

(b) 标准层结构平面布置图

图 3-19 剪力墙平面布置图（续）

该工程抗震设防烈度为 8 度，场地类别为 II 类，设计地震分组为第二组，基本风压为 $0.35kN/m^2$，地面粗糙度为 B 类；基本雪压 $s_0=0.25kN/m^2$；该房屋为丙类建筑。

3.5.2 主体结构布置

该剪力墙结构平面简单、规则、对称，凸出、凹进尺寸符合规范要求；结构侧向刚度沿竖向变化均匀，无刚度突变；主体结构高宽比为 $H/B=36.0/12.5=2.88<5$；由图 3-19 可知，每个独立墙段的高宽比均大于 2，且墙肢长度均小于 8m。剪力墙门窗洞口上下对齐，成列布置，形成明确的墙肢和连梁。选用现浇楼板，除地下室箱形基础的顶板外，各层楼板厚度均为 100mm。

基础选用整体性较好的箱形基础，由于箱形基础的层刚度比上部结构的层刚度大很多，故上部结构的嵌固部位可取至箱形基础的顶板（±0.000）处。

3.5.3 材料选用及剪力墙截面尺寸的确定

剪力墙结构的混凝土强度等级：1～5 层选用 C40，其余选用 C30；钢筋采用 HRB400 级和 HPB300 级。由表 2-9 可知，本工程剪力墙抗震等级为二级，按二级抗震等级设计的剪力墙的截面厚度，底部加强部位不应小于层高的 1/16 且不应小于 200mm，其他部位不应小于层高的 1/20 且不应小于 160mm。本工程剪力墙采用双排配筋，为方便施工和计算，剪力墙截面厚度均取为 200mm。

3.5.4 剪力墙的类型判别及刚度计算

根据抗震设计的一般原则，对结构的两个主轴方向均应进行抗震计算。限于篇幅，本算例只进行横向（Y 向）抗震计算。另外，根据《高层建筑混凝土结构技术规程》的规定，本设计在计算剪力墙结构的内力和位移时，考虑了纵、横墙的共同工作。

1. 剪力墙的类型判别

根据 3.2.4 小节关于剪力墙有效翼缘长度的取值规定，从图 3-19 中截取 Y 方向的各片剪力墙，其平面尺寸如图 3-20 所示。由图可知，YSW-3 和 YSW-8 均为整截面墙，其余均为开洞墙。其中外墙 YSW-1、YSW-2、YSW-9 和 YSW-10 的连梁高度为 600mm，内墙 YSW-4 和 YSW-5 的连梁高度为 700mm，内墙 YSW-6 和 YSW-7 的连梁高度为 900mm。

由此可以计算得到各种高度连梁的截面面积和惯性矩分别为

（1）600mm 高连梁

$$A_{bj}=0.20\times0.60=0.12m^2, \quad I_{bj0}=\frac{1}{12}\times0.20\times0.60^3=3.600\times10^{-3}m^4$$

（2）700mm 高连梁

$$A_{bj}=0.20\times0.70=0.14m^2, \quad I_{bj0}=\frac{1}{12}\times0.20\times0.70^3=5.717\times10^{-3}m^4$$

（3）900mm 高连梁

$$A_{bj}=0.20\times0.90=0.18m^2, \quad I_{bj0}=\frac{1}{12}\times0.20\times0.90^3=12.150\times10^{-3}m^4$$

对于图 3-20 所示的各片 Y 向剪力墙，按材料力学方法计算各墙肢的截面面积 A_j、惯性矩 I_j 以及组合截面形心轴位置 y_i 和惯性矩 I，其结果列于表 3-12。同理，计算各剪力墙连梁的截面面积 A_{bi}、惯性矩 I_{bi0} 和折算惯性矩 I_{bi}，结果见表 3-13，其中连梁的计算跨度及折算惯性矩分别按式（3-5）和式（3-4）计算，截面剪应力不均匀系数 $\mu=1.2$。根

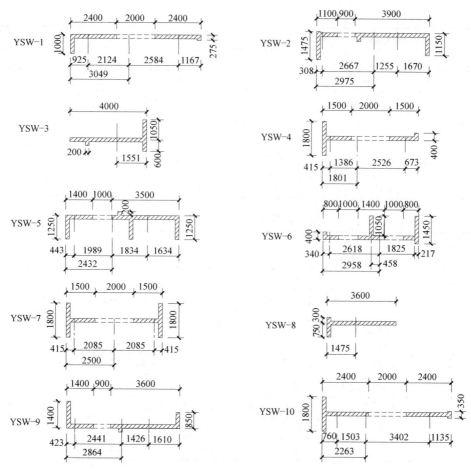

图 3-20 Y 方向各片剪力墙的截面尺寸

据表 3-12 和表 3-13 的计算结果，由式（3-1）或式（3-2）可求得各片剪力墙的整体工作系数 α（见表 3-14），再根据 α 及墙肢惯性矩比值 I_n/I 与 ζ（根据建筑层数 n 及 α 由表 3-3 确定）的关系，可进行各片剪力墙类型的判别，计算结果见表 3-14。

各片剪力墙的截面特征　　　　表 3-12

墙号	各墙肢截面面积 A_j（m²）			各墙肢截面惯性矩 I_j（m⁴）			形心轴 y_j（m）	组合截面惯性矩 I（m⁴）
	A_1	A_2	A_3	I_1	I_2	I_3		
YSW-1	0.640	0.495		0.3761	0.2481		3.049	7.000
	$\sum A_j = 1.135$			$\sum I_j = 0.6242$				
YSW-2	0.475	1.010		0.0470	1.6840		2.975	7.073
	$\sum A_j = 1.485$			$\sum I_j = 1.7310$				
YSW-4	0.620	0.340		0.1227	0.0730		1.801	3.554
	$\sum A_j = 0.960$			$\sum I_j = 0.1957$				
YSW-5	0.490	1.160		0.0896	2.0200		2.432	7.950
	$\sum A_j = 1.650$			$\sum I_j = 2.1096$				
YSW-6	0.200	0.490	0.410	0.0115	0.0464	0.0181	2.958	3.608
	$\sum A_j = 1.100$			$\sum I_j = 0.0760$				

续表

墙号	各墙肢截面面积 A_j(m²)			各墙肢截面惯性矩 I_j(m⁴)			形心轴 y_j(m)	组合截面惯性矩 I(m⁴)
	A_1	A_2	A_3	I_1	I_2	I_3		
YSW-7	0.600	0.600		0.1006	0.1006		2.500	5.772
	$\sum A_j$=1.200			$\sum I_j$=0.2012				
YSW-9	0.520	0.890		0.1097	1.1894		2.864	6.387
	$\sum A_j$=1.410			$\sum I_j$=1.2991				
YSW-10	0.800	0.510		0.5095	0.2481		2.263	9.087
	$\sum A_j$=1.310			$\sum I_j$=0.7576				

各片剪力墙连梁的折算惯性矩　　　　　　　　　　　　　　　表 3-13

墙号	洞口	l_{bj0} (m)	h_b (m)	l_{bj} (m)	A_{bj} (m²)	I_{bj0} (m⁴)	I_{bj} (m⁴)	a_j (m)	$\dfrac{I_{bj}a_j^2}{l_{bj}^3}$ (m³)	$\sum_{j=1}^{k}\dfrac{I_{bj}a_j^2}{l_{bj}^3}$ (m³)
YSW-1	1	2.00	0.60	2.30	0.12	0.003600	0.002990	4.708	0.005447	0.005447
YSW-2	1	0.90	0.60	1.20	0.12	0.003600	0.002057	3.922	0.018311	0.018311
YSW-4	1	2.00	0.70	2.35	0.14	0.005717	0.004515	3.912	0.005324	0.005324
YSW-5	1	1.00	0.70	1.35	0.14	0.005717	0.003164	3.823	0.018795	0.018795
YSW-6	1	1.00	0.90	1.45	0.18	0.012150	0.005636	2.160	0.008625	0.018261
	2	1.00	0.90	1.45	0.18	0.012150	0.005636	2.283	0.009636	
YSW-7	1	2.20	0.90	2.65	0.18	0.012150	0.009026	4.240	0.008719	0.008719
YSW-9	1	0.90	0.60	1.20	0.12	0.003600	0.002057	3.867	0.017802	0.017802
YSW-10	1	2.00	0.60	2.30	0.12	0.003600	0.002990	4.905	0.005912	0.005912

各片剪力墙类型的判别　　　　　　　　　　　　　　　表 3-14

墙号	$\sum I_j$(m⁴)	I(m⁴)	I_n(m⁴)	$\sum_{j=1}^{k}\dfrac{I_{bj}a_j^2}{l_{bj}^3}$ (m³)	τ	α	$\dfrac{I_n}{I}$	类型
YSW-1	0.6242	7.000	6.3758	0.005447		7.05<10	0.911	双肢墙
YSW-2	1.7310	7.073	5.3420	0.018311		8.52<10	0.755	双肢墙
YSW-4	0.1957	3.554	3.3583	0.005324		11.94>10	0.944<ζ=0.951	整体小开口墙
YSW-5	2.1096	7.950	5.8404	0.018795		7.97<10	0.735	双肢墙
YSW-6	0.0760	3.608	3.5320	0.018261	0.8	39.44>10	0.979>ζ=0.887	壁式框架
YSW-7	0.2012	5.772	5.5708	0.009645		15.27>10	0.965>ζ=0.927	壁式框架
YSW-9	1.2991	6.387	5.0879	0.017802		9.31<10	0.797	双肢墙
YSW-10	0.7576	9.087	8.3294	0.005912		6.65<10	0.917	双肢墙

2. 剪力墙刚度计算

(1) 各片剪力墙刚度计算

1) YSW-3 和 YSW-8（整截面墙）

整截面墙的等效刚度按式 (3-6) 计算，当各层混凝土的弹性模量 E_c 不同时，式中 E_c 应取沿竖向的加权平均值。本例 1~5 层，$E_c=3.25\times10^7 \text{kN/m}^2$，6~12 层，$E_c=3.00\times10^7 \text{kN/m}^2$，则沿竖向的加权平均值为

$$E_c = \frac{3.0 \times 3.25 \times 10^7 \times 5 + 3.0 \times 3.00 \times 10^7 \times 7}{36} = 3.104 \times 10^7 \text{kN/m}^2$$

由式（3-6）计算得到各整截面墙的等效刚度见表 3-15。

整截面墙的等效刚度 表 3-15

墙号	H(m)	A_w(m²)	I_w(m⁴)	μ	E_c(×10⁷kN/m²)	$E_c I_{eq}$(×10⁷kN·m²)
YSW-3	36	1.1300	1.93510	1.576	3.104	5.896
YSW-8		0.8900	1.17562	1.432		3.601

2) YSW-4（整体小开口墙）

由表 3-14 可知，YSW-4 为整体小开口墙，故应由式（3-10）计算其等效刚度，式中 E_c 取值同整截面墙，计算结果见表 3-16。

整体小开口墙的等效刚度 表 3-16

墙号	H(m)	A(m²)	I(m⁴)	μ	E_c(×10⁷kN/m²)	$E_c I_{eq}$(×10⁷kN·m²)
YSW-4	36	0.9600	3.554	1.529	3.104	8.466

3) YSW-1、YSW-2、YSW-5、YSW-9 和 YSW-10（双肢墙）

由表 3-14 可知，YSW-1、YSW-2、YSW-5、YSW-9 和 YSW-10 均为双肢墙。由于水平地震作用近似于倒三角形分布，故可由式（3-14）中倒三角形分布荷载的算式计算双肢墙的等效刚度，计算结果见表 3-17。表中，$\sum D_j$ 为由式（3-19）求得的各列连梁的刚度系数之和，α_1^2 为由式（3-18）求得的连梁与墙肢的刚度比，τ 为由式（3-17）求得的墙肢轴向变形影响系数，系数 ψ_a 由式（3-15）计算，γ^2 为按式（3-16）计算的墙肢剪切变形影响系数；E_c 取值仍同前。

双肢墙的等效刚度 表 3-17

墙号	$\sum D_j$(m³)	$\sum I_j$(m⁴)	α_1^2	α^2	τ	ψ_a	$\sum A_j$(m²)	γ^2	$E_c I_{eq}$(×10⁷kN·m²)
YSW-1	0.010894	0.6242	45.239	49.562	0.910	0.0538	1.135	0.00150	13.416
YSW-2	0.036621	1.7310	54.836	72.590	0.755	0.0395	1.485	0.00385	18.602
YSW-5	0.037590	2.1096	46.186	63.521	0.727	0.0441	1.650	0.00421	20.439
YSW-9	0.035602	1.2991	71.033	86.676	0.820	0.0339	1.410	0.00299	18.440
YSW-10	0.011825	0.7576	40.457	44.223	0.914	0.0590	1.310	0.00187	16.026

4) YSW-6 和 YSW-7（壁式框架）

由表 3-14 可知，YSW-6 和 YSW-7 为壁式框架。壁式框架梁柱轴线由剪力墙连梁和墙肢的形心轴线确定，壁梁和壁柱的刚域长度按式（3-30）计算。图 3-21 所示为 YSW-6 的计算简图和刚域长度。表 3-18、表 3-19 分别为由式（3-33）求得的壁梁和壁柱带刚域杆件的等效刚度，从而将壁式框架转化为具有等效刚度的等截面杆件，表中 η_v 按式（3-34）确定；$K_b = E_c I/l$、$K_c = E_c I/l$ 分别为壁梁和壁柱的线刚度；混凝土的弹性模量：1～5 层，$E_c = 3.25 \times 10^7 \text{kN/m}^2$，6～12 层，$E_c = 3.00 \times 10^7 \text{kN/m}^2$。根据梁柱线刚度比由表 2-2 可求得柱的侧向刚度修正系数，再由式（3-35）计算 YSW-6 柱的侧向刚度，并进而按第 4 章式（4-3）计算壁式框架的剪切刚度，计算结果见表 3-20。

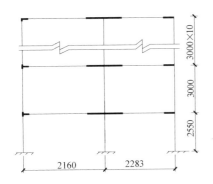
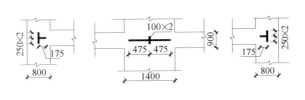

(a) 计算简图　　　　　　　　　　　　　　　(b) 刚域长度

图 3-21　YSW-6 计算简图和刚域长度

YSW-6 壁梁等效刚度计算　　　　　　　　　　　　　　表 3-18

楼层	梁号	$b_b \times h_b$ (m×m)	I_0 (m⁴)	l_0 (m)	l (m)	$\dfrac{h_b}{l_0}$	η_v	$E_c I (\times 10^4$ kN·m²)	$K_b (\times 10^4$ kN·m)
6～12	左梁	0.20 ×0.90	0.012150	1.510	2.160	0.596	0.484	51.638	23.907
	右梁			1.633	2.283	0.551	0.523	52.091	22.817
1～5	左梁			1.510	2.160	0.596	0.484	55.942	25.899
	右梁			1.633	2.283	0.551	0.523	56.431	24.718

YSW-6 壁柱等效刚度计算　　　　　　　　　　　　　　表 3-19

楼层	柱号	$b_c \times h_c$ (m×m)	I_0 (m⁴)	h_0 (m)	h (m)	$\dfrac{h_c}{h_0}$	η_v	$E_c I (\times 10^4$ kN·m²)	$K_c (\times 10^4$ kN·m)
6～12	左柱	0.20×0.80	0.0115	2.50	3.00	0.320	0.768	45.785	15.261
	中柱	0.20×1.40	0.0464	2.80		0.500	0.570	97.590	32.530
	右柱	0.20×0.80	0.0181	2.50		0.320	0.768	72.062	24.021
2～5	左柱	0.20×0.80	0.0115	2.50	3.00	0.320	0.768	49.601	16.533
	中柱	0.20×1.40	0.0464	2.80		0.500	0.570	105.722	35.240
	右柱	0.20×0.80	0.0181	2.50		0.320	0.768	78.067	26.022
1	左柱	0.20×0.80	0.0115	2.30	2.55	0.348	0.737	37.539	14.721
	中柱	0.20×1.40	0.0464	2.45		0.571	0.506	86.035	33.739
	右柱	0.20×0.80	0.0181	2.30		0.348	0.737	59.084	23.170

YSW-6 壁柱的侧向刚度及壁式框架的剪切刚度　　　　　表 3-20

楼层	柱号	h (m)	K_c ($\times 10^4$ kN·m)	$\overline{K}$	α_c	D ($\times 10^4$ kN/m)	C_f ($\times 10^4$ kN)
7～12	左柱	3.00	15.261	1.087	0.352	7.285	98.556
	中柱		32.530	1.251	0.385	17.176	
	右柱		24.021	0.659	0.248	8.391	
6	左柱	3.00	15.261	1.132	0.362	7.467	101.175
	中柱		32.530	1.303	0.395	17.610	
	右柱		24.021	0.687	0.256	8.648	

续表

楼层	柱号	h (m)	K_c ($\times 10^4 kN \cdot m$)	$\overline{K}$	α_c	D ($\times 10^4 kN/m$)	C_f ($\times 10^4 kN$)
2~5	左柱	3.00	16.533	1.087	0.352	7.892	106.767
	中柱		35.240	1.251	0.385	18.607	
	右柱		26.022	0.659	0.248	9.090	
1	左柱	2.55	14.721	1.432	0.563	15.431	182.422
	中柱		33.739	1.385	0.557	35.241	
	右柱		23.170	0.868	0.477	20.866	

图 3-22 所示为 YSW-7 的计算简图和刚域长度。在表 3-21、表 3-22、表 3-23 中分别计算了壁梁、壁柱的等效刚度和柱的侧向刚度，并进而按式（4-3）计算壁式框架的剪切刚度。

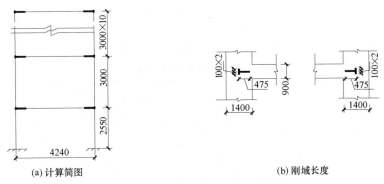

图 3-22 YSW-7 计算简图和刚域长度

YSW-7 壁梁等效刚度计算 表 3-21

楼层	$b_b \times h_b$ (m×m)	I_0 (m⁴)	l_0 (m)	l (m)	$\dfrac{h_b}{l_0}$	η_v	$E_c I$ ($\times 10^4 kN \cdot m^2$)	K_b ($\times 10^4 kN \cdot m$)
6~12	0.20 ×0.90	0.012150	3.290	4.240	0.274	0.815	63.857	14.997
1~5							68.884	16.246

YSW-7 壁柱等效刚度计算 表 3-22

楼层	柱号	$b_c \times h_c$ (m×m)	I_0 (m⁴)	h_0 (m)	h (m)	$\dfrac{h_c}{h_0}$	η_v	$E_c I$ ($\times 10^4 kN \cdot m^2$)	K_c ($\times 10^4 kN \cdot m$)
6~12	左柱	0.20×1.40	0.1006	2.80	3.00	0.500	0.570	211.584	70.528
	右柱								
2~5	左柱	0.20×1.40	0.1006	2.80	3.00	0.500	0.570	229.216	76.405
	右柱								
1	左柱	0.20×1.40	0.1006	2.45	2.55	0.571	0.506	186.532	73.149
	右柱								

（2）总框架、总剪力墙刚度及结构刚度特征值

总壁式框架各层的剪切刚度由表 3-20 和表 3-23 中各榀壁式框架的 C_{fi} 叠加而得，如

表 3-24 所示；总框架的剪切刚度按式（4-4）计算，即

$$C_\mathrm{f}=\frac{(315.600\times3.0\times6+324.222\times3.0+341.898\times3.0\times4+827.486\times2.55)\times10^4}{3.0\times6+3.0+3.0\times4+2.55}$$
$$=361.922\times10^4\mathrm{kN}$$

YSW-7 壁柱的侧向刚度及壁式框架的剪切刚度　　　　　表 3-23

楼层	柱号	h (m)	K_c ($\times10^4$kN·m)	$\overline{K}$	α_c	D ($\times10^4$kN/m)	C_f ($\times10^4$kN/m)
7～12	左柱	3.00	70.528	0.186	0.085	9.874	59.244
	右柱						
6	左柱	3.00	70.528	0.193	0.088	10.156	60.936
	右柱						
2～5	左柱	3.00	76.405	0.186	0.085	10.697	64.182
	右柱						
1	左柱	2.55	73.149	0.205	0.320	45.357	231.321
	右柱						

壁式框架的总剪切刚度　　　　　表 3-24

楼层	h(m)	$C_{\mathrm{fi}}(\times10^4\mathrm{kN})$		总壁式框架各层剪切刚度($\times10^4$kN)	总剪切刚度 $C_\mathrm{f}(\times10^4\mathrm{kN})$
		YSW-6（2片）	YSW-7（2片）		
7～12	3.00	98.556	59.244	315.600	361.922
6	3.00	101.175	60.936	324.222	
2～5	3.00	106.767	64.182	341.898	
1	2.55	182.422	231.321	827.486	

总剪力墙刚度取各片剪力墙的等效刚度之和，计算结果见表 3-25。结构刚度特征值按式（4-13）计算，即

$$\lambda=H\sqrt{\frac{C_\mathrm{f}}{\Sigma E_\mathrm{c}I_\mathrm{eq}}}=36.0\times\sqrt{\frac{361.922\times10^4}{259.674\times10^7}}=1.342$$

总剪力墙的刚度　　　　　表 3-25

墙号	墙体类型	数量	$E_\mathrm{c}I_\mathrm{eq}(\times10^7\mathrm{kN\cdot m^2})$	$\Sigma E_\mathrm{c}I_\mathrm{eq}(\times10^7\mathrm{kN\cdot m^2})$
YSW-3	整截面墙	4	5.896	259.674
YSW-8		2	3.601	
YSW-4	整体小开口墙	4	8.466	
YSW-1	双肢墙	2	13.416	
YSW-2		4	18.602	
YSW-5		2	20.439	
YSW-9		2	18.440	
YSW-10		1	16.026	

3.5.5 重力荷载计算

1. 屋面荷载

屋面恒载

40mm 厚细石混凝土保护层	$0.04×20=0.800\text{kN/m}^2$
10mm 厚低强度等级砂浆隔离层	$0.02×10=0.200\text{kN/m}^2$
4mm 厚 SBS 改性沥青防水卷材	0.060kN/m^2
20mm 厚水泥砂浆找平层	$0.02×20=0.400\text{kN/m}^2$
100mm 厚聚苯乙烯泡沫塑料板	$0.10×0.20=0.020\text{kN/m}^2$
20mm 厚水泥砂浆找平层	$0.02×20=0.400\text{kN/m}^2$
120mm 厚钢筋混凝土板	$0.12×25=3.000\text{kN/m}^2$
10mm 厚水泥砂浆打底	$0.01×20=0.200\text{kN/m}^2$
合　　计	$\sum 5.080\text{kN/m}^2$
屋面活荷载（上人屋面）	2.0kN/m^2
屋面雪荷载	0.25kN/m^2

2. 楼面荷载

楼面恒载

8mm 厚陶瓷地砖	$0.008×17.8=0.142\text{kN/m}^2$
20mm 厚干硬性水泥砂浆找平层	$0.02×20=0.400\text{kN/m}^2$
120mm 厚钢筋混凝土板	$0.12×25=3.000\text{kN/m}^2$
10mm 厚水泥砂浆打底	$0.01×20=0.200\text{kN/m}^2$
合　　计	$\sum 3.742\text{kN/m}^2$

卫生间、厨房地面恒载

8mm 厚陶瓷地砖	$0.008×17.8=0.142\text{kN/m}^2$
一层油毡防水层	0.050kN/m^2
20mm 厚干硬性水泥砂浆找平层	$0.02×20=0.400\text{kN/m}^2$
120mm 厚钢筋混凝土板	$0.12×25=3.000\text{kN/m}^2$
10mm 厚水泥砂浆打底	$0.01×20=0.200\text{kN/m}^2$
合　　计	$\sum 3.792\text{kN/m}^2$

阳台恒载

20mm 厚水泥砂浆面层	$0.02×20=0.400\text{kN/m}^2$
120mm 厚钢筋混凝土板	$0.12×25=3.000\text{kN/m}^2$
10mm 厚水泥砂浆打底	$0.01×20=0.200\text{kN/m}^2$
合　　计	$\sum 3.600\text{kN/m}^2$

楼面活荷载

住宅	2.0kN/m^2
厨房、卫生间	2.0kN/m^2
走廊、门厅、楼梯	2.0kN/m^2
阳台	2.5kN/m^2

3. 墙体自重重力荷载

外墙

6mm厚水泥砂浆罩面	$0.006 \times 20 = 0.120 kN/m^2$
12mm厚水泥砂浆	$0.012 \times 20 = 0.240 kN/m^2$
200mm厚钢筋混凝土墙	$0.20 \times 25 = 5.000 kN/m^2$
30mm厚稀土保温层	$0.03 \times 4 = 0.120 kN/m^2$
20mm厚水泥砂浆找平	$0.02 \times 20 = 0.400 kN/m^2$
合　　计	$\sum 5.880 kN/m^2$

内墙

6mm厚水泥砂浆罩面（双面）	$0.006 \times 20 \times 2 = 0.240 kN/m^2$
10mm厚水泥砂浆打底（双面）	$0.01 \times 20 \times 2 = 0.400 kN/m^2$
200mm厚钢筋混凝土墙	$0.20 \times 25 = 5.000 kN/m^2$
合　　计	$\sum 5.640 kN/m^2$

空心砖墙（填充外墙窗台）

6mm厚水泥砂浆罩面	$0.006 \times 20 = 0.120 kN/m^2$
10mm厚水泥砂浆打底	$0.01 \times 20 = 0.200 kN/m^2$
190mm厚空心砖墙	$0.19 \times 14 = 2.660 kN/m^2$
13mm厚水泥砂浆找平	$0.013 \times 20 = 0.260 kN/m^2$
合　　计	$\sum 3.240 kN/m^2$

砖墙（内隔墙）

6mm厚水泥砂浆罩面（双面）	$0.006 \times 20 \times 2 = 0.240 kN/m^2$
10mm厚水泥砂浆打底（双面）	$0.01 \times 20 \times 2 = 0.400 kN/m^2$
115mm厚空心砖墙	$0.115 \times 14 = 1.610 kN/m^2$
合　　计	$\sum 2.250 kN/m^2$

女儿墙

6mm厚水泥砂浆罩面	$0.006 \times 20 = 0.120 kN/m^2$
12mm厚水泥砂浆打底	$0.012 \times 20 = 0.240 kN/m^2$
100mm厚钢筋混凝土墙	$0.1 \times 25 = 2.500 kN/m^2$
20mm厚水泥砂浆找平	$0.02 \times 20 = 0.400 kN/m^2$
合　　计	$\sum 3.260 kN/m^2$

4. 梁自重重力荷载

200mm×400mm 梁自重

梁自重	$0.20 \times (0.40 - 0.12) \times 25 = 1.400 kN/m$
10mm厚水泥砂浆	$0.01 \times (0.40 - 0.12) \times 2 \times 20 = 0.112 kN/m$
合　　计	$\sum 1.512 kN/m$

200mm×600mm 梁自重

梁自重	$0.20 \times (0.60 - 0.12) \times 25 = 2.400 kN/m$
10mm厚水泥砂浆	$0.01 \times (0.60 - 0.12) \times 2 \times 20 = 0.192 kN/m$
合　　计	$\sum 2.592 kN/m$

200mm×700mm 梁自重

梁自重	$0.20 \times (0.70 - 0.12) \times 25 = 2.900 kN/m$

10mm 厚水泥砂浆	$0.01 \times (0.70 - 0.12) \times 2 \times 20 = 0.232 \text{kN/m}$
合　　计	$\sum 3.132 \text{kN/m}$

200mm×900mm 梁自重

梁自重	$0.20 \times (0.90 - 0.12) \times 25 = 3.900 \text{kN/m}$
10mm 厚水泥砂浆	$0.01 \times (0.90 - 0.12) \times 2 \times 20 = 0.312 \text{kN/m}$
合　　计	$\sum 4.212 \text{kN/m}$

5. 门窗自重重力荷载

木门　　0.2kN/m^2　　　　铝合金门　　0.4kN/m^2
塑钢窗　0.45kN/m^2　　　普通钢板门　0.45kN/m^2
防火门　0.45kN/m^2

6. 设备自重重力荷载

电梯轿厢及设备重量 200kN　　　水、水箱及设备重量 300kN

3.5.6 风荷载计算

垂直作用于建筑物表面上的风荷载标准值按式（1-3）计算，其中基本风压 $w_0 = 0.35 \text{kN/m}^2$。由现行《高层建筑混凝土结构技术规程》的规定可知，当房屋高宽比 H/B 不大于 4 时，矩形平面建筑的风荷载体型系数 $\mu_s = 1.3$；对本例，风向系数 k_d 和地形修正系数 η 均取 1.0。由于本例为高层建筑，因此应考虑风振系数。

房屋总高度 $H = 36.0 \text{m}$，横向总宽度为 12.3m，则剪力墙结构的横向自振周期为

$$T_1 = 0.03 + 0.03H/\sqrt[3]{B} = 0.03 + 0.03 \times 36/\sqrt[3]{12.3} = 0.50 \text{s}$$

风振系数由式（1-4）计算，其中 $g = 2.5$、$I_{10} = 0.14$ 以及 $T_1 = 0.5 \text{s}$。由式（1-6）和式（1-5）分别计算 x_1、R，其中 $k_w = 1.0$、$\zeta_1 = 0.05$，则

$$x_1 = \frac{30}{T_1 \sqrt{k_w w_0}} = \frac{30}{0.50 \times \sqrt{1.0 \times 0.35}} = 101.35 > 5$$

$$R = \sqrt{\frac{\pi}{6\zeta_1} \frac{x_1^2}{(1+x_1^2)^{4/3}}} = \sqrt{\frac{3.14}{6 \times 0.05} \times \frac{101.35^2}{(1+101.35^2)^{4/3}}} = 0.694$$

竖直方向的相关系数 ρ_z 和水平方向的相关系数 ρ_x 分别按式（1-8）、式（1-9）计算如下，其中 H 为建筑总高度，从室外地坪算起，取值为 36.5m：

$$\rho_z = \frac{10\sqrt{H + 60e^{-H/60} - 60}}{H} = \frac{10 \times \sqrt{36.5 + 60e^{-36.5/60} - 60}}{36.5} = 0.829$$

$$B = 47.05 \text{m} < 2H = 2 \times 36.5 = 73.0 \text{m}$$

$$\rho_x = \frac{10\sqrt{B + 50e^{-B/50} - 50}}{B} = \frac{10 \times \sqrt{47.05 + 50e^{-47.05/50} - 50}}{47.05} = 0.865$$

由表 1-12 得 $k = 0.637$，$a_1 = 0.216$，代入式（1-7）得脉动风荷载的背景分量因子 B_z：

$$B_z = kH^{a_1}\rho_x\rho_z \frac{\phi_1(z)}{\mu_z(z)} = 0.637 \times 36.5^{0.216} \times 0.865 \times 0.829 \frac{\phi_1(z)}{\mu_z(z)} = 0.992 \frac{\phi_1(z)}{\mu_z(z)}$$

将上述数据代入式（1-4）得

$$\beta_z = 1 + 2gI_{10}B_z\sqrt{1+R^2} = 1 + 2\times 2.5\times 0.14\times 0.992\frac{\phi_1(z)}{\mu_z(z)}\sqrt{1+0.694^2} = 1 + 0.845\frac{\phi_1(z)}{\mu_z(z)}$$

其中 $\mu_z(z)$、$\phi_1(z)$ 可分别通过表1-10和表1-11求得。

在风荷载作用下，按式（1-3）可得沿房屋高度分布风荷载标准值，即

$$q(z) = 0.35\times(0.8+0.5)\times 47.05\mu_z\beta_z = 21.408\mu_z\beta_z$$

对于突出屋面的机房和水箱间，风载体型系数 μ_s 近似取1.3，风振系数 β_z 近似取高度 $H_i = 36.0\text{m}$ 处的值，则

$$q(z) = 0.35\times 1.3\times 14.60\mu_z\beta_z = 6.643\mu_z\beta_z$$

按上述方法确定的各楼层标高处的风荷载标准值见表3-26。

各楼层风荷载计算 表3-26

层次	z(m)	$z(H_i)$	$\phi_1(z)$	μ_z	β_z	$q(z)$ (kN/m)	F_i (kN)	F_iH_i (kN·m)
水箱间	42.9			1.549	1.576	16.217	24.326	1043.585
机房	39.9			1.519	1.576	15.903	55.336	2207.906
12	36.0	1.000	1.000	1.468	1.576	49.529	178.129	6412.644
11	33.0	0.917	0.884	1.429	1.523	46.592	139.880	4616.040
10	30.0	0.833	0.780	1.390	1.474	43.862	131.763	3952.890
9	27.0	0.750	0.705	1.342	1.444	41.485	124.154	3352.158
8	24.0	0.667	0.597	1.294	1.390	38.506	115.053	2761.272
7	21.0	0.583	0.438	1.246	1.297	34.597	104.624	2197.104
6	18.0	0.500	0.380	1.190	1.270	32.354	96.715	1740.870
5	15.0	0.417	0.289	1.130	1.216	29.416	88.522	1327.870
4	12.0	0.333	0.203	1.052	1.200	27.025	81.603	979.236
3	9.0	0.250	0.125	1.000	1.200	25.690	77.738	699.642
2	6.0	0.167	0.060	1.000	1.200	25.690	77.070	462.420
1	3.0	0.083	0.017	1.000	1.200	25.690	77.070	231.210
	0.0	0.000	0.000	1.000	1.200	25.690		
合计							1371.983	31984.808

在壁式框架-剪力墙结构协同工作分析中，应将沿房屋高度的分布风荷载（图3-16a）折算为倒三角形分布荷载（图3-16c）和均布荷载（图3-16d），为此，应先将图3-16（a）所示的分布荷载 $q(z)$ 按静力等效原理折算为图3-16（b）所示的节点集中力 F_i，见表3-26。现以 F_5 为例，说明其计算方法。

$$F_5 = \frac{(29.416+27.025)\times 3.0}{2} + \frac{(32.354-29.416)\times 3.0}{6} + \frac{(29.416-27.025)\times 3.0}{3}$$
$$= 88.522\text{kN}$$

图 3-16 中的倒三角形分布荷载 q_{max} 和均布荷载 q 按式（3-76a）计算，其中

$$V_0 = \sum F_i = 1371.983 \text{kN}$$
$$M_0 = \sum F_i H_i = 31984.808 \text{kN} \cdot \text{m}$$

则

$$q_{max} = \frac{12M_0}{H^2} - \frac{6V_0}{H} = \frac{12 \times 31984.808}{36.0^2} - \frac{6 \times 1371.983}{36.0} = 67.492 \text{kN/m}$$

$$q = \frac{4V_0}{H} - \frac{6M_0}{H^2} = \frac{4 \times 1371.983}{36.0} - \frac{6 \times 31984.808}{36.0^2} = 4.365 \text{kN/m}$$

3.5.7 水平地震作用计算

1. 重力荷载代表值计算

结构地震反应分析的计算简图如图 3-23 所示，集中于各质点的重力荷载 G_i 为计算单元范围内各层楼面上的重力荷载代表值及上、下各半层的墙、柱等重力荷载。计算时各可变荷载的组合值系数按表 1-13 采用；屋面上的可变荷载取雪荷载。计算过程从略，各质点重力荷载计算结果分别为 $G_1 \sim G_{11} = 8112.532 \text{kN}$，$G_{12} = 7835.345 \text{kN}$，$G_{13} = 2464.561 \text{kN}$，$G_{14} = 1018.935 \text{kN}$（楼电梯间楼面自重重力荷载近似取一般楼面自重重力荷载的 1.2 倍）。

2. 结构基本自振周期

因屋面带有突出间，按照主体结构顶点位移相等的原则，将电梯间、水箱间质点的重力荷载代表值折算到主体结构顶层，并将各质点的重力荷载转化为均布荷载。由式（2-5）可得

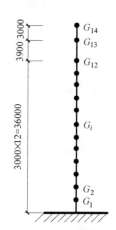

图 3-23 动力计算简图

$$G_e = G_{13}\left(1 + \frac{3}{2}\frac{h_1}{H}\right) + G_{14}\left(1 + \frac{3}{2}\frac{h_1+h_2}{H}\right)$$

$$= 2464.561 \times \left(1 + \frac{3}{2} \times \frac{3.9}{36.0}\right) + 1018.935 \times \left(1 + \frac{3}{2} \times \frac{3.9+3.0}{36.0}\right)$$

$$= 4176.931 \text{kN}$$

$$q = \frac{\sum_{i=1}^{12} G_i}{H} = \frac{8112.532 \times 11 + 7835.345}{36.0} = 2696.478 \text{kN/m}$$

将 q、G_e、λ、$E_c I_{eq}$ 分别代入第 4 章式（4-43）和式（4-44），可分别求得均布荷载作用下和集中荷载作用下结构顶点的位移为

$$u_q = \frac{1}{\lambda^4}\left[\frac{\lambda \text{sh}\lambda + 1}{\text{ch}\lambda}(\text{ch}\lambda - 1) - \lambda \text{sh}\lambda + \frac{\lambda^2}{2}\right]\frac{qH^4}{E_c I_{eq}} = \frac{1}{1.342^4}$$

$$\times \left[\frac{1.342 \times \text{sh}1.342 + 1}{\text{ch}1.342}(\text{ch}1.342 - 1) - 1.342 \times \text{sh}1.342 + \frac{1.342^2}{2}\right]$$

$$\times \frac{2696.478 \times 36.0^4}{259.674 \times 10^7} = 0.1297 \text{m}$$

$$u_{Ge} = \frac{1}{\lambda^3}(\lambda - \text{th}\lambda)\frac{G_e H^3}{E_c I_{eq}} = \frac{1}{1.342^3} \times (1.342 - \text{th}1.342) \times \frac{4176.931 \times 36.0^3}{259.674 \times 10^7} = 0.0174$$

$$u_T = u_q + u_{Ge} = 0.1297 + 0.0174 = 0.1471 \text{m}$$

由式（2-4）并取 $\psi_T = 1.0$ 可求得结构基本自振周期为

$$T_1 = 1.7\psi_T\sqrt{u_T} = 1.7 \times 1.0 \times \sqrt{0.1471} = 0.65 \text{s}$$

3. 水平地震作用计算

该房屋主体结构高度不超过 40m，且质量和刚度沿高度分布比较均匀，故可用底部剪力法计算水平地震作用。结构的等效总重力荷载为

$$G_{eq} = 0.85\sum G_i = 0.85 \times (8112.532 \times 11 + 7835.345 + 2464.561 + 1018.935) = 85473.189 \text{kN}$$

本例中结构的设防烈度为 8 度，设计地震分组为第二组，场地类别为 Ⅱ 类，由表 1-14 查得特征周期 $T_g = 0.40\text{s}$，因一般建筑结构的阻尼比为 0.05，故应按式（1-16）计算地震影响系数，采用底部剪力法按式（1-21）可求得结构的总水平地震作用标准值，即

$$F_{EK} = \left(\frac{T_g}{T_1}\right)^{0.9} \alpha_{max} G_{eq} = \left(\frac{0.40}{0.65}\right)^{0.9} \times 0.16 \times 85473.189 = 8834.498 \text{kN}$$

因为 $T_1 = 0.65\text{s} > 1.4 \times 0.40 = 0.56\text{s}$，所以应考虑顶部附加水平地震作用。顶部附加地震作用系数 δ_n 根据 T_g 由表 1-16 确定，即

$$\delta_n = 0.08T_1 + 0.01 = 0.062$$
$$\Delta F_{12} = \delta_n F_{EK} = 0.062 \times 8834.498 = 547.739 \text{kN}$$

质点 i 的水平地震作用 F_i 按式（1-22）计算，即

$$F_i = \frac{G_i H_i}{\sum_{j=1}^{n} G_j H_j} F_{EK}(1-\delta_n) = 8286.759 \frac{G_i H_i}{\sum_{j=1}^{n} G_j H_j}$$

按式（1-23）计算楼层地震剪力，并按式（1-24）验算剪重比，结果见表 3-27。查表 1-17，剪重比限值为 0.032，可见各楼层的剪重比均大于 0.032，满足要求。

各质点水平地震作用标准值计算　　　　　　　　　　　　　　　表 3-27

层次	H_i (m)	G_i (kN)	$G_i H_i$ (kN·m)	$\dfrac{G_i H_i}{\sum_{j=1}^{n} G_j H_j}$	F_i (kN)	$F_i H_i$ (kN·m)	V_{Eki} (kN)	$\dfrac{V_{Eki}}{\sum_{j=i}^{n} G_j}$
14	42.9	1018.935	43712.312	0.0215	178.165	7646.279	178.165	0.175
13	39.9	2464.561	98335.984	0.0484	401.079	16003.052	579.244	0.166
12	36.0	7835.345	282072.420	0.1389	1698.770	61155.720	2278.014	0.201
11	33.0	8112.532	267713.556	0.1319	1093.025	36069.825	3371.039	0.173
10	30.0	8112.532	243375.960	0.1199	993.582	29807.460	4364.621	0.158
9	27.0	8112.532	219038.364	0.1079	894.141	24141.807	5258.762	0.148
8	24.0	8112.532	194700.768	0.0959	794.700	19072.800	6053.462	0.138
7	21.0	8112.532	170363.172	0.0839	695.259	14600.439	6748.721	0.130
6	18.0	8112.532	146025.576	0.0719	595.818	10724.724	7344.539	0.122
5	15.0	8112.532	121687.980	0.0599	496.377	7445.655	7840.916	0.115
4	12.0	8112.532	97350.384	0.0480	397.764	4773.168	8238.680	0.108
3	9.0	8112.532	73012.788	0.0360	298.323	2684.907	8537.003	0.101
2	6.0	8112.532	48675.192	0.0239	198.054	1188.324	8735.057	0.095
1	3.0	8112.532	24337.596	0.0120	99.441	298.323	8834.498	0.088
合计		100556.693	2030402.052	1.0000	8834.498	235612.483		

剪力墙结构分析时，可按图 3-17 所示方法将各质点的水平地震作用折算为倒三角形

分布荷载 $q_{\max}$ 和顶点集中荷载 F，由式（3-79）可求得：

$$F_e = F_{13} + F_{14} = 401.079 + 178.165 = 579.244 \text{kN}$$

$$M_1 = 401.079 \times 3.9 + 178.165 \times (3.9 + 3.0) = 2793.546 \text{kN} \cdot \text{m}$$

$$V_0 = \sum_{i=1}^{12} F_i = 8255.254 \text{kN}, \quad M_0 = \sum_{i=1}^{12} F_i H_i = 211963.152 \text{kN} \cdot \text{m}$$

将上述数据代入式（3-81）可得：

$$q_{\max} = \frac{6 \times (8255.254 \times 36.0 - 211963.152 - 2793.546)}{36.0^2} = 381.632 \text{kN/m}$$

$$F = \frac{3 \times (211963.152 + 2793.546)}{36.0} + 579.244 + 547.739 - 2 \times 8255.254 = 2512.867 \text{kN}$$

3.5.8 结构层间位移、刚重比及楼层侧向刚度比验算

1. 层间位移验算

由于本例中风荷载值远小于水平地震作用，故只需进行水平地震作用下的位移验算。水平地震作用下的位移为倒三角形分布荷载和顶点集中荷载产生的位移之和，可分别按第4章式（4-20）和式（4-25）进行计算，计算时水平地震作用取标准值，剪力墙取弹性刚度。计算结果见表3-28。

在倒三角形荷载作用下

$$u_{1i} = \frac{381.632 \times 36.0^4}{259.674 \times 10^7} \times \frac{1}{1.342^2} \times \left[\left(\frac{1}{1.342^2} + \frac{\text{sh}1.342}{2 \times 1.342} - \frac{\text{sh}1.342}{1.342^3} \right) \right.$$
$$\left. \times \left(\frac{\text{ch}(1.342\xi) - 1}{\text{ch}1.342} \right) + \left(\frac{1}{2} - \frac{1}{1.342^2} \right) \times \left(\xi - \frac{\text{sh}(1.342\xi)}{1.342} \right) - \frac{\xi^3}{6} \right]$$

在顶点集中荷载作用下

$$u_{2i} = \frac{2512.867 \times 36.0^3}{259.674 \times 10^7} \times \frac{1}{1.342^3} \times [(\text{ch}(1.342\xi) - 1)\text{th}1.342 - \text{sh}(1.342\xi) + 1.342\xi]$$

水平地震作用下结构的位移计算　　表 3-28

层次	H_i (m)	ξ	倒三角形荷载 u_{1i} (mm)	顶点集中荷载 u_{2i} (mm)	总位移 u (mm)	层间位移角 $\Delta u/h$	V_i (kN)	γ_2
12	36.0	1.000	13.66	8.78	22.44	1/1209	2278.014	
11	33.0	0.917	12.24	7.72	19.96	1/1195	3371.039	1.462>0.9
10	30.0	0.833	10.79	6.66	17.45	1/1224	4364.621	1.326>0.9
9	27.0	0.750	9.36	5.64	15.00	1/1235	5258.762	1.214>0.9
8	24.0	0.667	7.92	4.65	12.57	1/1261	6053.462	1.175>0.9
7	21.0	0.583	6.48	3.71	10.19	1/1339	6748.721	1.185>0.9
6	18.0	0.500	5.10	2.85	7.95	1/1435	7344.539	1.166>0.9
5	15.0	0.417	3.79	2.07	5.86	1/1579	7840.916	1.174>0.9
4	12.0	0.333	2.59	1.37	3.96	1/1899	8238.680	1.263>0.9
3	9.0	0.250	1.57	0.81	2.38	1/2400	8537.003	1.310>0.9
2	6.0	0.167	0.75	0.38	1.13	1/3614	8735.057	1.541>0.9
1	3.0	0.083	0.20	0.10	0.30	1/10000	8834.498	2.798>1.5

由表 3-28 可知，水平地震作用下各层层间位移角均小于 1/1000，满足式 $\Delta u_e \leqslant [\theta_e] h$

的要求。

2. 刚重比验算

在水平荷载作用下，当剪力墙结构满足下式时可不考虑重力二阶效应的不利影响：

$$EJ_d \geqslant 2.7H^2 \sum_{i=1}^{n} G_i$$

由表 3-28 可见，在倒三角形水平荷载作用下，结构顶点侧移为 22.44mm；将此值及 $q=381.632\text{kN/m}$、$\lambda=1.342$ 和 $\xi=1.0$ 代入侧移计算公式（4-20）后，可得 $EJ_d = 1554364890\text{kN} \cdot \text{m}^2$，$\sum_{i=1}^{n} G_i = 100556.693\text{kN}$，则

$$\frac{EJ_d}{H^2 \sum_{i=1}^{n} G_i} = \frac{1554364890}{36.0^2 \times 100556.693} = 11.927 > 2.7$$

满足要求，故本结构可不考虑重力二阶效应的不利影响。

3. 楼层侧向刚度比验算

对剪力墙结构，楼层与其上部相邻楼层侧向刚度比 γ_2 不宜小于 0.9，楼层层高大于相邻上部楼层层高 1.5 倍时，不应小于 1.1，底部嵌固楼层不应小于 1.5。侧向刚度比 γ_2 按式（1-1）计算，即

$$\gamma_2 = \frac{V_i \Delta_{i+1}}{V_{i+1} \Delta_i} \frac{h_i}{h_{i+1}}$$

验算结果见表 3-28 的最后一列，可见满足要求。

3.5.9 水平地震作用下结构内力计算

1. 总剪力墙、总框架内力计算

结构的水平地震作用可以是自左向右（左震）或自右向左（右震）。在下面的计算中，剪力墙内力正负号规定为：弯矩以截面右侧受拉为正，剪力以绕截面顺时针方向旋转为正，轴力以受压为正。同时，各截面内力均采用左震时的正负号。

在水平地震作用下，剪力墙结构应分别按倒三角形分布荷载（$q_{\max}=381.632\text{kN/m}$）和顶点集中荷载（$F=2152.867\text{kN}$）计算内力。

（1）在倒三角形分布荷载作用下，分别按第 4 章式（4-22）、式（4-23）和式（4-24）计算总剪力墙的弯矩、剪力和总壁式框架的剪力，计算结果见表 3-29，计算公式为

$$M_w = \frac{381.632 \times 36.0^2}{1.342^2} \left[\xi + \left(\frac{1.342}{2} - \frac{1}{1.342} \right) \text{sh}(1.342\xi) - \right.$$

$$\left. \left(1 + \frac{1.342 \times \text{sh}1.342}{2} - \frac{\text{sh}1.342}{1.342} \right) \frac{\text{ch}(1.342\xi)}{\text{ch}1.342} \right]$$

$$V_w = -\frac{381.632 \times 36.0}{1.342^2} \left[\left(1.342 + \frac{1.342^2 \times \text{sh}1.342}{2} - \text{sh}1.342 \right) \right.$$

$$\left. \frac{\text{sh}(1.342\xi)}{\text{ch}1.342} - \left(\frac{1.342^2}{2} - 1 \right) \text{ch}(1.342\xi) - 1 \right]$$

$$V_f = 381.632 \times 36.0 \times \left[\left(\frac{1}{1.342} + \frac{\text{sh}1.342}{2} - \frac{\text{sh}1.342}{1.342^2} \right) \frac{\text{sh}(1.342\xi)}{\text{ch}1.342} + \right.$$

$$\left(\frac{1}{2}-\frac{1}{1.342^2}\right)1-\mathrm{ch}(1.342\xi)-\frac{\xi^2}{2}\bigg]$$

（2）在顶点集中荷载作用下，分别按第4章式（4-27）、式（4-28）和式（4-29）计算总剪力墙的弯矩、剪力和总壁式框架的剪力，计算结果见表3-29，计算公式为

$$M_\mathrm{w}=\frac{2152.867\times36.0}{1.342}[\mathrm{sh}(1.342\xi)-\mathrm{th}1.342\times\mathrm{ch}(1.342\xi)]$$

$$V_\mathrm{w}=2152.867\times[\mathrm{ch}(1.342\xi)-\mathrm{th}1.342\times\mathrm{sh}(1.342\xi)]$$

$$V_\mathrm{f}=2152.867\times[\mathrm{th}1.342\times\mathrm{sh}(1.342\xi)-\mathrm{ch}(1.342\xi)+1]$$

水平地震作用下总剪力墙和总框架内力计算　　表3-29

层次	H_i (m)	ξ	倒三角形荷载作用下			顶点集中荷载作用下			总内力		
			V_w (kN)	M_w (kN·m)	V_f (kN)	V_w (kN)	M_w (kN·m)	V_f (kN)	V_w (kN)	M_w (kN·m)	V_f (kN)
12	36.0	1.000	−1671.810	0.000	1673.030	1053.827	0.000	1099.026	−617.983	0.000	2772.056
11	33.0	0.917	−586.844	3393.355	1680.883	1060.296	−3137.364	1092.556	473.452	255.991	2773.439
10	30.0	0.833	407.361	3632.639	1696.321	1080.252	−6370.495	1072.600	1487.613	−2737.856	2768.921
9	27.0	0.750	1299.457	1055.041	1706.650	1113.466	−9644.571	1039.385	2412.923	−8589.530	2746.035
8	24.0	0.667	2112.948	−4067.547	1700.954	1160.509	−13038.429	992.342	3273.457	−17105.976	2693.296
7	21.0	0.583	2866.533	−11618.756	1668.548	1222.797	−16638.227	930.053	4089.330	−28256.983	2598.601
6	18.0	0.500	3551.612	−21226.450	1600.861	1299.618	−20402.875	853.231	4851.230	−41629.325	2454.092
5	15.0	0.417	4186.056	−32803.164	1489.175	1392.580	−24420.921	760.268	5578.636	−57224.085	2249.443
4	12.0	0.333	4784.644	−46381.762	1323.291	1504.276	−28796.395	648.570	6288.920	−75178.157	1971.861
3	9.0	0.250	5340.544	−61521.31	1099.738	1633.432	−33479.356	519.412	6973.976	−95000.666	1619.150
2	6.0	0.167	5868.028	−78277.629	809.966	1782.875	−38578.119	369.967	7650.903	−116855.748	1179.933
1	3.0	0.083	6379.630	−96805.345	442.585	1956.671	−44226.411	196.169	8336.301	−141031.756	638.754
0	0.0	0.000	6869.513	−116607.033	0.000	2152.838	−50359.761	0.000	9022.351	−166966.794	0.000

2. 剪力墙内力计算

（1）总剪力墙内力的分配

根据各片剪力墙的等效刚度与总剪力墙等效刚度的比值 $E_\mathrm{c}I_{\mathrm{eq}(j)}/\Sigma E_\mathrm{c}I_{\mathrm{eq}(j)}$，可求得各片剪力墙的等效刚度比，计算结果见表3-30。

各片剪力墙等效刚度比　　　　　　　　　　　　　　　　表 3-30

墙号	等效刚度 ($\times 10^7 \text{kN} \cdot \text{m}^2$)	每片墙等效刚度比	墙号	等效刚度 ($\times 10^7 \text{kN} \cdot \text{m}^2$)	每片墙等效刚度比
YSW-1(2片)	13.416	0.0517	YSW-5(2片)	20.439	0.0787
YSW-2(4片)	18.602	0.0716	YSW-8(2片)	3.601	0.0139
YSW-3(4片)	5.896	0.0227	YSW-9(2片)	18.440	0.0710
YSW-4(4片)	8.466	0.0326	YSW-10(1片)	16.026	0.0618

本例为节省篇幅，在下面的计算中，只对剪力墙 YSW-3（整截面墙）、YSW-4（整体小开口墙）和 YSW-1（双肢墙）进行设计计算，由式（3-37）、式（3-38）可求得上述各片剪力墙的内力，见表 3-31。

水平地震作用下各片剪力墙分配的内力　　　　　　　　　　　　表 3-31

层次	ξ	总剪力墙内力 V_{wi} (kN)	总剪力墙内力 M_{wi} (kN·m)	YSW-3 V_{wij} (kN)	YSW-3 M_{wij} (kN·m)	YSW-4 V_{wij} (kN)	YSW-4 M_{wij} (kN·m)	YSW-1 V_{wij} (kN)	YSW-1 M_{wij} (kN·m)
12	1.000	−617.983	0.000	−14.028	0.000	−20.146	0.000	−31.950	0.000
11	0.917	473.452	255.991	10.747	5.811	15.434	8.345	24.477	13.235
10	0.833	1487.613	−2737.856	33.769	−62.149	48.496	−89.254	76.910	−141.547
9	0.750	2412.923	−8589.530	54.773	−194.982	78.661	−280.019	124.748	−444.079
8	0.667	3273.457	−17105.976	74.307	−388.306	106.742	−557.655	169.238	−884.379
7	0.583	4089.330	−28256.983	92.828	−641.433	133.312	−921.178	211.418	−1460.886
6	0.500	4851.230	−41629.325	110.123	−944.986	158.150	−1357.116	250.809	−2152.236
5	0.417	5578.636	−57224.085	126.635	−1298.987	181.864	−1865.505	288.416	−2958.485
4	0.333	6288.920	−75178.157	142.759	−1706.544	205.019	−2450.808	325.137	−3886.711
3	0.250	6973.976	−95000.666	158.309	−2156.515	227.352	−3097.022	360.554	−4911.534
2	0.167	7650.903	−116855.748	173.676	−2652.515	249.419	−3809.497	395.552	−6041.442
1	0.083	8336.301	−141031.756	189.234	−3201.421	271.763	−4597.635	430.456	−7291.342
	0.000	9022.351	−166966.794	204.807	−3790.146	294.129	−5443.118	455.456	−8632.183

(2) YSW-4（整体小开口墙）墙肢和连梁内力计算

对整体小开口墙，由式（3-11）和式（3-13）可计算求得墙肢截面内力和连梁内力，其中剪力墙和连梁的截面面积、惯性矩等参数取自表 3-12 和表 3-13。

墙肢弯矩

$$M_{wi1} = 0.85 M_{wi} \times \frac{0.1227}{3.554} + 0.15 M_{wi} \times \frac{0.1227}{0.1957} = 0.1234 M_{wi}$$

$$M_{wi2} = 0.85 M_{wi} \times \frac{0.0730}{3.554} + 0.15 M_{wi} \times \frac{0.0730}{0.1957} = 0.0734 M_{wi}$$

墙肢轴力

$$N_{wi1} = 0.85 M_{wi} \frac{0.620 \times 1.386}{3.554} = 0.205 M_{wi}, \quad N_{wi2} = -N_{wi1}$$

墙肢剪力

$$V_{wi1} = \frac{V_{wi}}{2} \left(\frac{0.620}{0.960} + \frac{0.1227}{0.1957} \right) = 0.636 V_{wi}, \quad V_{wi2} = \frac{V_{wi}}{2} \left(\frac{0.340}{0.960} + \frac{0.0730}{0.1957} \right) = 0.364 V_{wi}$$

连梁内力

$$V_{bi1} = N_{wi1} - N_{w(i-1)1}, \quad M_{bi1} = V_{bi1} \frac{l_{bj0}}{2} = \frac{2.00}{2} V_{bi1} = 1.00 V_{bi1}$$

墙肢和连梁内力计算结果见表 3-32。

YSW-4 水平地震作用下的墙肢及连梁内力　　　　　表 3-32

层次	ξ	总内力		左墙肢内力			右墙肢内力			连梁	
		V_{wi} (kN)	M_{wi} (kN·m)	M_{wi1} (kN·m)	V_{wi1} (kN)	N_{wi1} (kN)	M_{wi2} (kN·m)	V_{wi2} (kN)	N_{wi2} (kN)	M_{bi1} (kN·m)	V_{bi1} (kN)
12	1.000	−20.146	0.000	0.000	−12.813	0.000	0.000	−7.333	0.000	−1.711	−1.711
11	0.917	15.434	8.345	1.030	9.816	1.711	0.613	5.618	−1.711	20.008	20.008
10	0.833	48.496	−89.254	−11.014	30.843	−18.297	−6.551	17.653	18.297	39.107	39.107
9	0.750	78.661	−280.019	−34.554	50.028	−57.404	−20.553	28.633	57.404	56.915	56.915
8	0.667	106.742	−557.655	−68.815	67.888	−114.319	−40.932	38.854	114.319	74.523	74.523
7	0.583	133.312	−921.178	−113.673	84.786	−188.842	−67.614	48.526	188.842	89.367	89.367
6	0.500	158.150	−1357.116	−167.468	100.583	−278.209	−99.612	57.567	278.209	104.219	104.219
5	0.417	181.864	−1865.505	−230.203	115.666	−382.428	−136.928	66.199	382.428	119.988	119.988
4	0.333	205.019	−2450.808	−302.430	130.392	−502.416	−179.889	74.627	502.416	132.474	132.474
3	0.250	227.352	−3097.022	−382.173	144.596	−634.890	−227.321	82.756	634.890	146.057	146.057
2	0.167	249.419	−3809.497	−470.092	158.630	−780.947	−279.617	90.789	780.947	161.568	161.568
1	0.083	271.763	−4597.635	−567.348	172.841	−942.515	−337.466	98.922	942.515	173.324	173.324
	0.000	294.129	−5443.118	−671.681	187.066	−1115.839	−399.525	107.063	1115.839		

(3) YSW-1（双肢墙）墙肢和连梁内力计算

1) 剪力图的分解

图 3-24 为 YSW-1 剪力墙实际分布的剪力图。根据剪力图面积相等的原则将曲线分布的剪力图近似简化为直线分布的剪力图（图 3-25c），并将其分解为均布荷载（图 3-25a）和顶点集中荷载（图 3-25b）作用下两种剪力图的叠加，如图 3-25 所示。由此可以计算出实际分布的剪力图负面积为 27.158kN·m，正面积为 8635.549kN·m。由图 3-25 可得：

$$\frac{1}{2}F \times \frac{F}{q} = 27.158, \quad \frac{1}{2}(qH-F)\left(H-\frac{F}{q}\right) = 8635.549$$

联立上述方程组可求得：

$$F = \left(1+\sqrt{\frac{8635.549}{27.158}}\right) \times \frac{2 \times 27.158}{36.0} = 28.413\text{kN}, \quad q = \frac{28.413^2}{2 \times 27.158} = 14.863\text{kN/m}$$

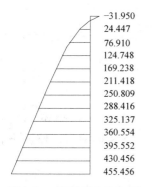

图 3-24　实际剪力分布图

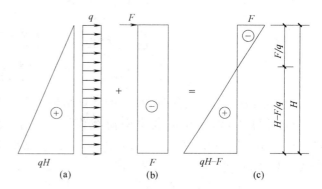

图 3-25　剪力分解图

2) 计算 YSW-1 在均布荷载作用下墙肢及连梁的内力。对于墙 YSW-1，由表 3-17 可知 $\alpha_1^2 = 45.239$、$\alpha^2 = 49.562$，则在均布荷载（$q = 14.863$kN/m）作用下，由式（3-22）可求得

$$\Phi(\xi)=-\frac{\mathrm{ch}[7.05(1-\xi)]}{\mathrm{ch}7.05}+\frac{\mathrm{sh}(7.05\xi)}{7.05\times\mathrm{ch}7.05}+(1-\xi)$$

$$V_0=qH=14.863\times36.0=535.068\mathrm{kN}$$

由式（3-17）和式（3-20）可求得第 i 层连梁的约束弯矩为

$$m_i(\xi)=\Phi(\xi)\frac{\alpha_1^2}{\alpha^2}V_0 h=\Phi(\xi)\frac{45.239}{49.562}\times535.068\times3.0=1465.191\Phi(\xi)$$

由表 3-13 可知 $a_j=4.708\mathrm{m}$，则由式（3-25）可求得第 i 层连梁的剪力和梁端弯矩分别为

$$V_{\mathrm{b}i1}=m_i(\xi)/a_j=\frac{1465.191\Phi(\xi)}{4.708}=311.213\Phi(\xi)$$

$$M_{\mathrm{b}i1}=V_{\mathrm{b}i1}\frac{l_{\mathrm{b}1}}{2}=311.213\Phi(\xi)\times\frac{2.30}{2}=357.894\Phi(\xi)$$

均布荷载在第 i 层产生的弯矩和剪力分别为

$$M_{\mathrm{p}}(\xi)=\frac{1}{2}(1-\xi)^2 qH^2=9631.224(1-\xi)^2,\quad V_{\mathrm{p}}(\xi)=qH(1-\xi)=535.068(1-\xi)$$

由表 3-12 可知墙肢 1、2 的截面面积和惯性矩，则由式（3-29）可求得两墙肢的折算惯性矩分别为

$$I_1'=\frac{0.3761}{1+\dfrac{30\times1.561\times0.3761}{0.640\times3.0^2}}=0.0927,\quad I_2'=\frac{0.2481}{1+\dfrac{30\times1.2\times0.2481}{0.495\times3.0^2}}=0.0826$$

由式（3-26）、式（3-27）、式（3-28）可求得两墙肢的弯矩、剪力和轴力分别为

$$M_{\mathrm{w}i1}=-\frac{0.3761}{0.6242}\times\left[M_{\mathrm{p}}(\xi)-\sum_{i}^{12}m_i(\xi)\right]=-0.6025\left[M_{\mathrm{p}}(\xi)-\sum_{i}^{12}m_i(\xi)\right]$$

$$M_{\mathrm{w}i2}=-\frac{0.2481}{0.6242}\times\left[M_{\mathrm{p}}(\xi)-\sum_{i}^{12}m_i(\xi)\right]=-0.3975\left[M_{\mathrm{p}}(\xi)-\sum_{i}^{12}m_i(\xi)\right]$$

$$V_{\mathrm{w}i1}=\frac{0.0927}{0.0927+0.0826}V_{\mathrm{p}}(\xi)=0.5288V_{\mathrm{p}}(\xi)$$

$$V_{\mathrm{w}i2}=\frac{0.0826}{0.0927+0.0826}V_{\mathrm{p}}(\xi)=0.4712V_{\mathrm{p}}(\xi)$$

$$N_{\mathrm{w}i1}=-N_{\mathrm{w}i2}=\sum_{i}^{12}V_{\mathrm{b}i1}$$

均布荷载作用下上述各项内力的计算结果见表 3-33。

3) 计算 YSW-1 在顶点集中荷载作用下墙肢及连梁的内力。对于墙 YSW-1，由表 3-17 可知 $\alpha_1^2=45.239$、$\alpha^2=49.562$，则在顶点集中荷载（$F=-28.413\mathrm{kN}$）作用下，由式（3-22）可求得

$$\Phi(\xi)=\frac{\mathrm{sh}7.05}{\mathrm{ch}7.05}\times\mathrm{sh}(7.05\xi)-\mathrm{ch}(7.05\xi)+1,\quad V_0=F=-28.413\mathrm{kN}$$

由式（3-20）可求得第 i 层连梁的约束弯矩为

$$m_i(\xi)=\Phi(\xi)\frac{\alpha_1^2}{\alpha^2}V_0 h=\Phi(\xi)\frac{45.239}{49.562}\times(-28.413)\times3.0=-77.804\Phi(\xi)$$

则由式（3-25）可求得第 i 层连梁的剪力和梁端弯矩分别为

$$V_{bi1}=m_i(\xi)/a=\frac{-77.804\Phi(\xi)}{4.708}=-16.526\Phi(\xi)$$

$$M_{bi1}=V_{bi1}\frac{l_{b1}}{2}=-16.526\Phi(\xi)\times\frac{2.30}{2}=-19.005\Phi(\xi)$$

顶点集中荷载在第 i 层产生的弯矩和剪力分别为

$$M_p(\xi)=FH(1-\xi)=-28.413\times36.0(1-\xi)=-1022.868(1-\xi)$$

$$V_p(\xi)=F=-28.413\text{kN}$$

则由式（3-26）～式（3-28）可求得两墙肢的弯矩、剪力和轴力分别为

$$M_{wi1}=-\frac{0.3761}{0.6242}\times\left[M_p(\xi)-\sum_i^{12}m_i(\xi)\right]=-0.6025\left[M_p(\xi)-\sum_i^{12}m_i(\xi)\right]$$

$$M_{wi2}=-\frac{0.2481}{0.6242}\times\left[M_p(\xi)-\sum_i^{12}m_i(\xi)\right]=-0.3975\left[M_p(\xi)-\sum_i^{12}m_i(\xi)\right]$$

$$V_{wi1}=\frac{0.0927}{0.0927+0.0826}\times(-28.413)=-15.025\text{kN}$$

$$V_{wi2}=\frac{0.0826}{0.0927+0.0826}\times(-28.413)=-13.388\text{kN}$$

$$N_{wi1}=-N_{wi2}=\sum_i^{12}V_{bi1}$$

顶点集中荷载作用下上述各项内力的计算结果见表 3-34；YSW-1 在地震作用下的总内力等于上述均布荷载和顶点集中荷载作用下的内力之和，见表 3-35。

3.5.10 风荷载作用下结构内力计算

1. 总剪力墙、总框架内力计算

作用在结构上的风荷载可以是自左向右（左风）或自右向左（右风），其在墙肢中产生的内力大小相等方向相反。本例仅计算左风作用下产生的内力；同时，墙肢截面内力正负号规定与水平地震作用下的相同。

在风荷载作用下，剪力墙结构应分别按倒三角形分布荷载和均布荷载作用计算内力。

（1）在倒三角形荷载作用下（$q_{max}=67.492\text{kN/m}$），分别按式（4-22）、式（4-23）和式（4-24）计算总剪力墙的弯矩、剪力和总壁式框架的剪力，计算结果见表 3-36，计算公式与水平地震作用（倒三角分布荷载）下的相似，具体公式从略。

（2）均布荷载作用下（$q=4.365\text{kN/m}$），分别按式（4-17）、式（4-18）和式（4-19）计算总剪力墙的弯矩、剪力和总壁式框架的剪力，计算结果见表 3-36，计算公式为

$$M_w=\frac{4.365\times36.0^2}{1.342^2}\left[1+1.342\times\text{sh}(1.342\xi)-\left(\frac{1.342\times\text{sh}1.342+1}{\text{ch}1.342}\right)\times\text{ch}(1.342\xi)\right]$$

$$V_w=4.365\times36.0\times\left[\text{ch}(1.342\xi)-\left(\frac{1.342\times\text{sh}1.342+1}{1.342\times\text{ch}1.342}\right)\times\text{sh}(1.342\xi)\right]$$

$$V_f=4.365\times36.0\times\left[\left(\frac{1.342\times\text{sh}1.342+1}{1.342\times\text{ch}1.342}\right)\times\text{sh}(1.342\xi)-\text{ch}(1.342\xi)-\xi+1\right]$$

YSW-1 在均布荷载作用下墙肢及连梁的内力

表 3-33

层次		ξ	$\phi(\xi)$	$m_i(\xi)$ (kN)	$\sum_{i}^{12} m_i(\xi)$ (kN)	$M_p(\xi)$ (kN·m)	$V_p(\xi)$ (kN)	左墙肢内力			右墙肢内力			连梁内力	
								M_{w1} (kN·m)	V_{w1} (kN)	N_{w1} (kN)	M_{w2} (kN·m)	V_{w2} (kN)	N_{w2} (kN)	M_{b1} (kN·m)	V_{b1} (kN)
12	顶	1.000	0.140	205.126	205.126	0.000	0.000	123.588	0.000	-43.570	81.537	0.000	43.570	50.105	43.570
	底	0.917				66.349	44.411	83.613	23.484		55.164	20.926			
11	顶	0.917	0.223	326.738	531.864	66.349	44.411	280.473	23.484	-112.971	185.042	20.926	112.971	79.810	69.401
	底	0.833				268.605	89.356	158.613	47.251		104.645	42.105			
10	顶	0.833	0.306	448.348	980.212	268.605	89.356	428.743	47.251	-208.202	282.863	42.105	208.202	109.516	95.231
	底	0.750				601.952	133.767	227.902	70.736		150.358	63.031			
9	顶	0.750	0.387	567.029	1547.241	601.952	133.767	569.537	70.736	-328.642	375.752	63.031	328.642	138.505	120.440
	底	0.667				1067.997	178.178	288.745	94.221		190.499	83.957			
8	顶	0.667	0.466	682.779	2230.020	1067.997	178.178	700.119	94.221	-473.667	461.904	83.957	473.667	166.779	145.025
	底	0.583				1674.764	223.123	334.542	117.987		220.714	105.136			
7	顶	0.583	0.542	794.134	3024.154	1674.764	223.123	813.008	117.987	-642.344	536.382	105.136	642.344	193.979	168.677
	底	0.500				2407.806	267.534	371.350	141.472		244.998	126.062			
6	顶	0.500	0.612	896.697	3920.851	2407.806	267.534	911.610	141.472	-832.806	601.435	126.062	832.806	219.031	190.462
	底	0.417				3273.547	311.945	390.001	164.957		257.303	146.989			
5	顶	0.417	0.672	984.608	4905.459	3273.547	311.945	983.227	164.957	-1041.941	648.685	146.989	1041.941	240.505	209.135
	底	0.333				4284.825	356.890	373.932	188.723		246.702	168.167			
4	顶	0.333	0.713	1044.68	5950.139	4284.825	356.890	1003.352	188.723	-1263.836	661.962	168.167	1263.836	255.178	221.895
	底	0.250				5417.564	401.301	320.876	212.208		211.698	189.039			
3	顶	0.250	0.720	1054.938	7005.077	5417.564	401.301	956.477	212.208	-1487.909	631.036	189.093	1487.909	257.684	224.073
	底	0.167				6683.000	445.712	194.051	235.693		128.026	210.020			
2	顶	0.167	0.667	977.282	7982.359	6683.000	445.712	782.864	235.693	-1695.488	516.495	210.020	1695.488	238.715	207.579
	底	0.083				8098.790	490.657	-70.150	259.459		-46.281	231.198			
1	顶	0.083	0.502	735.525	8717.884	8098.790	490.657	373.004	259.459	-1851.717	246.090	231.198	1851.717	179.663	156.229
	底					9631.224	553.068	-550.287	292.462		-363.052	260.606			

YSW-1 在顶点集中荷载作用下墙肢及连梁的内力

表 3-34

层次		ξ	$\phi(\xi)$	$m_i(\xi)$ (kN)	$\sum_i^{12} m_i(\xi)$ (kN)	$M_p(\xi)$ (kN·m)	$V_p(\xi)$ (kN)	左墙肢内力				右墙肢内力			连梁内力	
								M_{w1} (kN·m)	V_{w1} (kN)	N_{w1} (kN)		M_{w2} (kN·m)	V_{w2} (kN)	N_{w2} (kN)	M_{b1} (kN·m)	V_{b1} (kN)
12	顶	1.000	0.998	−77.648	−77.648	−0.000	−28.413	−46.783	−15.025	16.493		−30.865	−13.388	−16.493	−18.967	−16.493
	底					−84.898		4.368				2.882				
11	顶	0.917	0.998	−77.648	−155.296	−84.898	−28.413	−42.415	−15.025	32.986		−27.983	−13.388	−32.986	−18.967	−16.493
	底					−170.819		9.353				6.170				
10	顶	0.833	0.997	−77.571	−232.867	−170.819	−28.413	−37.384	−15.025	49.462		−24.664	−13.388	−49.462	−18.948	−16.476
	底					−255.717		13.767				9.083				
9	顶	0.750	0.995	−77.415	−310.282	−255.717	−28.413	−32.875	−15.025	65.905		−21.690	−13.388	−65.905	−13.910	−16.443
	底					−340.615		18.276				12.057				
8	顶	0.667	0.991	−77.104	−387.386	−340.615	−28.413	−28.180	−15.025	82.282		−18.591	−13.388	−82.282	−18.834	−16.377
	底					−426.536		23.588				15.562				
7	顶	0.583	0.984	−76.559	−463.945	−426.536	−28.413	−22.539	−15.025	98.544		−14.870	−13.388	−98.544	−18.701	−16.262
	底					−511.434		28.612				18.877				
6	顶	0.500	0.971	−75.548	−539.493	−511.434	−28.413	−16.906	−15.025	114.591		−11.153	−13.388	−114.591	−18.454	−16.047
	底					−596.322		34.239				22.590				
5	顶	0.417	0.947	−73.680	−613.173	−596.322	−28.413	−10.153	−15.025	130.241		−6.698	−13.388	−130.241	−17.998	−15.650
	底					−682.253		41.621				27.459				
4	顶	0.333	0.904	−70.335	−683.508	−682.253	−28.413	−0.756	−15.025	145.181		−0.499	−13.388	−145.181	−17.181	−14.940
	底					−767.151		50.395				33.248				
3	顶	0.250	0.828	−64.422	−747.930	−767.151	−28.413	11.581	−15.025	158.865		7.640	−13.388	−158.865	−15.736	−13.684
	底					−852.049		62.732				41.387				
2	顶	0.167	0.692	−53.840	−801.770	−852.049	−28.413	30.293	−15.025	170.301		19.986	−13.388	−170.301	−13.152	−11.436
	底					−937.970		82.061				54.140				
1	顶	0.083	0.443	−34.467	−836.237	−937.970	−28.413	61.294	−15.025	177.622		40.439	−13.388	−177.622	−8.419	−7.321
	底					−1022.868		112.445				74.186				

YSW-1 在地震作用下墙肢及连梁的总内力 表 3-35

层次		ξ	左墙肢内力			右墙肢内力			连梁内力	
			M_{wi1} (kN·m)	V_{wi1} (kN)	N_{wi1} (kN)	M_{wi2} (kN·m)	V_{wi2} (kN)	N_{wi2} (kN)	M_{bi1} (kN·m)	V_{bi1} (kN)
12	顶底	1.000	76.805 87.981	−15.025 8.459	−27.077	50.672 58.046	−13.388 7.538	27.077	31.138	27.077
11	顶底	0.917	238.058 167.966	8.459 32.226	−79.785	157.059 110.815	7.538 28.717	79.785	60.843	52.908
10	顶底	0.833	391.359 241.669	32.226 55.711	−158.740	258.199 159.441	28.717 49.643	158.740	90.568	78.755
9	顶底	0.750	536.662 307.021	55.711 79.196	−262.737	354.062 202.556	49.643 70.569	262.737	119.595	103.997
8	顶底	0.667	671.939 358.130	79.196 102.962	−391.385	443.313 236.276	70.569 91.748	391.385	147.945	128.648
7	顶底	0.583	790.469 399.962	102.962 126.447	−543.800	521.512 263.875	91.748 112.674	543.800	175.278	152.415
6	顶底	0.500	894.704 424.240	126.447 149.932	−718.215	590.282 279.893	112.674 133.601	718.215	200.577	174.415
5	顶底	0.417	973.074 415.553	149.932 173.698	−911.700	641.987 274.161	133.601 154.779	911.700	222.507	193.485
4	顶底	0.333	1002.596 371.271	173.698 197.183	−1118.655	661.463 244.946	154.779 175.651	1118.655	237.997	206.955
3	顶底	0.250	968.085 256.783	197.183 220.668	−1329.044	638.676 169.413	175.651 196.632	1329.044	241.948	210.389
2	顶底	0.167	813.157 11.911	220.668 244.434	−1525.187	536.481 7.859	196.632 217.810	1525.187	225.563	196.143
1	顶底	0.083	434.298 −437.842	244.434 277.437	−1674.095	286.529 −288.866	217.810 247.218	1674.095	171.244	148.908

风荷载作用下总剪力墙和总框架内力计算 表 3-36

层次	H_i (m)	ξ	倒三角形荷载作用下			均布荷载作用下			总内力		
			V_w (kN)	M_w (kN·m)	V_f (kN)	V_w (kN)	M_w (kN·m)	V_f (kN)	V_w (kN)	M_w (kN·m)	V_f (kN)
12	36.0	1.000	−295.612	0.000	295.612	−25.245	0.000	25.245	−320.858	0.000	320.858
11	33.0	0.917	−103.743	591.858	297.040	−12.332	56.083	25.375	−116.075	647.941	322.415
10	30.0	0.833	72.077	635.371	299.804	0.581	73.833	25.662	72.657	709.204	325.466
9	27.0	0.750	229.838	180.614	301.661	13.347	53.046	25.938	243.185	233.660	327.600
8	24.0	0.667	373.699	−724.301	300.681	26.279	−6.093	26.049	399.977	−730.394	326.730

续表

层次	H_i (m)	ξ	倒三角形荷载作用下			均布荷载作用下			总内力		
			V_w (kN)	M_w (kN·m)	V_f (kN)	V_w (kN)	M_w (kN·m)	V_f (kN)	V_w (kN)	M_w (kN·m)	V_f (kN)
7	21.0	0.583	506.965	−2058.771	294.975	39.699	−105.745	25.828	546.664	−2164.517	320.803
6	18.0	0.500	628.116	3756.994	283.026	53.455	−244.774	25.115	681.571	−4001.768	308.141
5	15.0	0.417	740.313	−5803.478	263.293	67.875	−425.855	23.737	808.188	−6229.332	287.031
4	12.0	0.333	846.168	−8204.014	233.974	83.328	−654.232	21.484	929.496	−8858.246	255.458
3	9.0	0.250	944.474	−10880.633	194.454	99.637	−927.300	18.218	1044.111	−11807.933	212.671
2	6.0	0.167	1037.754	−13843.187	143.221	117.184	−1250.896	13.714	1154.938	−15094.083	156.934
1	3.0	0.083	1128.226	−17118.999	78.261	136.425	−1633.947	7.673	1264.650	−18752.946	85.934
0	0.0	0.000	1214.856	−20620.112	0.000	157.140	−2072.079	0.000	1371.996	−22692.191	0.000

2. 各片剪力墙内力计算

（1）总剪力墙内力的分配

根据表 3-30 求得的各片剪力墙的等效刚度与总剪力墙等效刚度的比值，可由式（3-37）和式（3-38）求得各片剪力墙的内力，见表 3-37。为省略篇幅，本例仍只对剪力墙 YSW-3（整截面墙）、YSW-4（整体小开口墙）和 YSW-1（双肢墙）进行设计计算。

风荷载作用下各片剪力墙分配的内力   表 3-37

层次	ξ	总剪力墙内力		YSW-3		YSW-4		YSW-1	
		V_{wi} (kN)	M_{wi} (kN·m)	V_{wij} (kN)	M_{wij} (kN·m)	V_{wij} (kN)	M_{wij} (kN·m)	V_{wij} (kN)	M_{wij} (kN·m)
12	1.000	−320.858	0.000	−7.283	0.000	−10.460	0.000	−16.588	0.000
11	0.917	−116.075	647.941	−2.635	14.708	−3.784	21.123	−6.001	33.499
10	0.833	72.657	709.204	1.649	16.099	2.369	23.120	3.756	36.666
9	0.750	243.185	233.660	5.520	5.304	7.928	7.617	12.573	12.080
8	0.667	399.977	−730.394	9.079	−16.580	13.039	−23.811	20.679	−37.761
7	0.583	546.664	−2164.517	12.409	−49.135	17.821	−70.563	28.263	−111.906
6	0.500	681.571	−4001.768	15.472	−90.840	22.219	−130.458	35.237	−206.891
5	0.417	808.188	−6229.332	18.346	−141.406	26.347	−203.076	41.783	−322.056
4	0.333	929.496	−8858.246	21.100	−201.082	30.302	−288.779	48.055	−457.971
3	0.250	1044.111	−11807.933	23.701	−268.040	34.038	−384.939	53.981	−610.470
2	0.167	1154.938	−15094.083	26.217	−342.636	37.651	−492.067	59.710	−780.364
1	0.083	1264.650	−18752.946	28.708	−425.692	41.228	−611.346	65.382	−969.527
	0.000	1371.996	−22692.191	31.144	−515.113	44.727	−739.765	70.932	−1173.186

（2）YSW-4（整体小开口墙）墙肢和连梁内力计算

对整体小开口墙，由式（3-11）和式（3-13）可计算求得墙肢截面内力和连梁内力，具体计算公式与水平地震作用相同，此处从略。墙肢和连梁内力计算结果见表 3-38。

YSW-4 在风荷载作用下墙肢及连梁内力　　　表 3-38

层次	ξ	总内力		左墙肢内力			右墙肢内力			连梁	
		V_{wi} (kN)	M_{wi} (kN·m)	M_{wi1} (kN·m)	V_{wi1} (kN)	N_{wi1} (kN)	M_{wi2} (kN·m)	V_{wi2} (kN)	N_{wi2} (kN)	M_{bi1} (kN·m)	V_{bi1} (kN)
12	1.000	−10.460	0.000	0.000	−5.051	0.000	0.000	−2.850	0.000	−4.341	−4.341
11	0.917	−3.784	21.123	2.606	−1.827	4.341	1.493	−1.031	−4.341	−0.410	−0.410
10	0.833	2.369	23.120	2.852	1.144	4.751	1.634	0.645	−4.751	3.186	3.186
9	0.750	7.928	7.617	0.940	3.828	1.565	0.538	2.160	−1.565	6.458	6.458
8	0.667	13.039	−23.811	−2.938	6.297	−4.893	−1.683	3.553	4.893	9.608	9.608
7	0.583	17.821	−70.563	−8.706	8.606	−14.501	−4.988	4.856	14.501	12.308	12.308
6	0.500	22.219	−130.458	−16.095	10.730	−26.809	−9.222	6.055	26.809	14.923	14.923
5	0.417	26.347	−203.076	−25.055	12.723	−41.732	−14.356	7.180	41.732	17.612	17.612
4	0.333	30.302	−288.779	−35.628	14.633	−59.344	−20.415	8.257	59.344	19.761	19.761
3	0.250	34.038	−384.939	−47.492	16.437	−79.105	−27.212	9.275	79.105	22.015	22.015
2	0.167	37.651	−492.067	−60.709	18.182	−101.120	−34.786	10.260	101.120	24.512	24.512
1	0.083	41.228	−611.346	−75.425	19.909	−125.632	−43.218	11.235	125.632	26.390	26.390
	0.000	44.727	−739.765	−91.269	21.599	−152.022	−52.296	12.188	152.022		

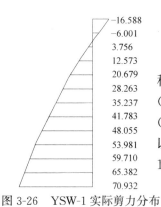

图 3-26　YSW-1 实际剪力分布

（3）YSW-1（双肢墙）墙肢和连梁内力计算

1）剪力图的分解

图 3-26 为 YSW-1 剪力墙实际分布的剪力图。根据剪力图面积相等的原则将曲线分布的剪力图近似简化为直线分布的剪力图（图 3-25c），并将其分解为均布荷载（图 3-25a）和顶点集中荷载（图 3-25b）作用下两种剪力图的叠加，如图 3-25 所示。由此可以计算出实际分布的剪力图负面积为 39.420kN·m，正面积为 1211.190kN·m。由图 3-26 可得：

$$\frac{1}{2}F \times \frac{F}{q} = 39.420, \quad \frac{1}{2}(qH-F)\left(H-\frac{F}{q}\right) = 1211.190$$

联立上述方程组可求得：

$$F = \left(1+\sqrt{\frac{1211.190}{39.420}}\right) \times \frac{2 \times 39.420}{36.0} = 14.329 \text{kN}, \quad q = \frac{14.329^2}{2 \times 39.420} = 2.604 \text{kN/m}$$

2）计算 YSW-1 在均布荷载作用下墙肢及连梁的内力。由表 3-17 可得 $\alpha_1^2 = 45.239$、$\alpha^2 = 49.562$，则由式（3-22）可求得

$$\Phi(\xi) = -\frac{\text{ch}[7.05(1-\xi)]}{\text{ch}7.05} + \frac{\text{sh}(7.05\xi)}{7.05 \times \text{ch}7.05} + (1-\xi)$$

$$V_0 = qH = 2.604 \times 36.0 = 93.744 \text{kN}$$

由式（3-20）可求得第 i 层连梁的约束弯矩为

$$m_i(\xi) = \Phi(\xi)\frac{\alpha_1^2}{\alpha^2}V_0 h$$

$$= \Phi(\xi)\frac{45.239}{49.562} \times 93.744 \times 3.0 = 256.702\Phi(\xi)$$

则由式（3-25）可求得第 i 层连梁的剪力和梁端弯矩分别为

$$V_{bi1}=m_i(\xi)/a=\frac{256.702\Phi(\xi)}{4.708}=54.525\Phi(\xi)$$

$$M_{bi1}=V_{bi1}\frac{l_{b1}}{2}=54.525\Phi(\xi)\times\frac{2.30}{2}=62.704\Phi(\xi)$$

均布荷载在第 i 层产生的弯矩和剪力分别为

$$M_p(\xi)=\frac{1}{2}(1-\xi)^2qH^2=1687.392(1-\xi)^2,\ V_p(\xi)=qH(1-\xi)=93.744(1-\xi)$$

则由式（3-26）～式（3-28）可求得两墙肢的弯矩、剪力和轴力。计算结果见表 3-39。

3）计算 YSW-1 在顶点集中荷载作用下墙肢及连梁的内力。在顶点集中荷载（$F=-14.329$kN）作用下，由式（3-22）可求得

$$\Phi(\xi)=\frac{\text{sh}7.05}{\text{ch}7.05}\times\text{sh}(7.05\xi)-\text{ch}(7.05\xi)+1,\ V_0=F=-14.329\text{kN}$$

由式（3-20）可求得第 i 层连梁的约束弯矩为

$$m_i(\xi)=\Phi(\xi)\frac{\alpha_1^2}{\alpha^2}V_0h=\Phi(\xi)\frac{45.239}{49.562}\times(-14.329)\times3.0=-39.237\Phi(\xi)$$

则由式（3-25）可求得第 i 层连梁的剪力和梁端弯矩分别为

$$V_{bi1}=m_i(\xi)/a=\frac{-39.237\Phi(\xi)}{4.708}=-8.452\Phi(\xi)$$

$$M_{bi1}=V_{bi1}\frac{l_{b1}}{2}=-8.452\Phi(\xi)\times\frac{2.30}{2}=-9.720\Phi(\xi)$$

顶点集中荷载在第 i 层产生的弯矩和剪力分别为

$$M_p(\xi)=FH(1-\xi)=-14.329\times36.0(1-\xi)=-515.844(1-\xi)$$

$$V_p(\xi)=-V_0=-14.329\text{kN}$$

则由式（3-26）～式（3-28）可求得两墙肢的弯矩、剪力和轴力分别为

$$M_{wi1}=-0.6025\times\left[M_p(\xi)-\sum_i^{12}m_i(\xi)\right],\ M_{wi2}=-0.3975\times\left[M_p(\xi)-\sum_i^{12}m_i(\xi)\right]$$

$$V_{wi1}=\frac{0.0927}{0.0927+0.0826}\times V_p(\xi)=0.5288V_p(\xi)$$

$$V_{wi2}=\frac{0.0826}{0.0927+0.0826}\times V_p(\xi)=0.4712V_p(\xi),\ N_{wi1}=-N_{wi2}=\sum_i^{12}V_{bi1}$$

顶点集中荷载作用下上述各项内力的计算结果见表 3-40；在风荷载作用下，YSW-1 的总内力等于上述均布荷载和顶点集中荷载作用下的内力之和，见表 3-41。

3.5.11 竖向荷载作用下结构内力计算

竖向荷载包括竖向恒载和竖向活载。在竖向荷载作用下，可近似地认为各片剪力墙只承受轴向力，且规定以受压为正，其弯矩和剪力等于零。各片剪力墙承受的轴力由墙体自重和楼板传来的荷载两部分组成，其中楼板传来的荷载可近似地按其受荷面积，不考虑结构的连续性进行分配计算。在计算墙肢轴力时，以洞口中线作为荷载分界线。

YSW-1 在均布荷载作用下墙肢及连梁的内力

表 3-39

层次		ξ	$\phi(\xi)$	$m_i(\xi)$ (kN)	$\sum_i^{12} m_i(\xi)$ (kN)	$M_p(\xi)$ (kN·m)	$V_p(\xi)$ (kN)	左墙肢内力 M_{w1} (kN·m)	V_{w1} (kN)	N_{w1} (kN)	右墙肢内力 M_{w2} (kN·m)	V_{w2} (kN)	N_{w2} (kN)	连梁内力 M_{b1} (kN·m)	V_{b1} (kN)
12	顶	1.000	0.140	35.797	35.797	0.000	0.000	21.568	0.000	−7.680	14.229	0.000	7.680	8.744	7.603
	底					11.624	7.781	14.564	4.114		9.609	3.666			
11	顶	0.917	0.223	57.020	92.817	11.624	7.781	48.919	4.114	−19.715	32.274	3.666	19.715	13.928	12.112
	底					47.060	15.655	27.569	8.278		18.189	7.377			
10	顶	0.833	0.306	78.243	171.060	47.060	15.655	74.710	8.278	−36.334	49.290	7.377	36.334	19.112	16.619
	底					105.462	23.436	39.523	12.393		26.075	11.043			
9	顶	0.750	0.387	98.954	270.015	105.462	23.436	99.143	12.393	−57.353	65.410	11.043	57.353	24.171	21.019
	底					187.113	31.217	49.948	16.507		32.953	14.709			
8	顶	0.667	0.466	119.154	389.169	187.113	31.217	121.739	16.507	−82.662	80.317	14.709	82.662	29.105	25.309
	底					293.419	39.091	57.689	20.671		38.061	18.420			
7	顶	0.583	0.542	138.587	527.756	293.419	39.091	141.188	20.671	−112.099	93.149	18.420	112.099	33.852	29.437
	底					421.848	46.872	63.810	24.786		42.098	22.086			
6	顶	0.500	0.612	156.486	684.242	421.848	46.872	158.092	24.786	−145.337	104.032	22.086	145.337	38.224	33.238
	底					573.526	54.653	66.706	28.900		44.010	25.752			
5	顶	0.417	0.672	171.827	856.070	573.526	54.653	170.233	28.900	−181.834	112.311	25.752	181.834	41.972	36.497
	底					750.702	62.527	63.484	33.064		41.884	29.463			
4	顶	0.333	0.713	182.310	1038.380	750.702	62.527	173.326	33.064	−220.558	114.352	29.463	220.558	44.532	38.724
	底					949.158	70.308	53.756	37.179		35.466	33.129			
3	顶	0.250	0.720	184.101	1222.482	949.158	70.308	164.678	37.179	−259.662	108.646	33.129	259.662	44.970	39.104
	底					1170.863	78.089	31.101	41.293		20.519	36.795			
2	顶	0.167	0.667	170.549	1393.031	1170.863	78.089	133.856	41.293	−295.888	83.312	36.795	295.888	41.659	36.226
	底					1418.909	85.963	−15.592	45.457		−10.287	40.506			
1	顶	0.083	0.502	128.359	1521.390	1418.909	85.963	61.745	45.457	−323.153	40.736	40.506	323.153	31.354	27.265
	底					1687.392	93.744	−100.016	49.572		−65.986	44.172			

YSW-1 在顶点集中荷载作用下墙肢及连梁的内力

表 3-40

层次		ξ	$\varphi(\xi)$	$m_i(\xi)$ (kN)	$\sum_i^{12} m_i(\xi)$ (kN)	$M_p(\xi)$ (kN·m)	$V_p(\xi)$ (kN)	左墙肢内力 M_{wi1} (kN·m)	V_{wi1} (kN)	N_{wi1} (kN)	右墙肢内力 M_{wi2} (kN·m)	V_{wi2} (kN)	N_{wi2} (kN)	连梁内力 M_{bi1} (kN·m)	V_{bi1} (kN)
12	顶	1.000	0.998	−39.679	−39.679	0.000	−14.329	−23.907	−7.577	8.277	−15.772	−6.752	−8.277	−9.520	−8.277
	底					−42.815		1.698			1.120				
11	顶	0.917	0.998	−39.679	−79.358	−42.815	−14.329	−22.107	−7.577	16.555	−14.526	−6.752	−16.555	−9.520	−8.277
	底					−86.146		4.090			2.698				
10	顶	0.833	0.997	−39.640	−118.997	−86.146	−14.329	−19.793	−7.577	24.824	−13.058	−6.752	−24.824	−9.510	−8.269
	底					−128.961		6.003			3.961				
9	顶	0.750	0.995	−39.560	−158.557	−128.961	−14.329	−17.831	−7.577	33.077	−11.764	−6.752	−33.077	−9.491	−8.253
	底					−171.776		7.965			5.255				
8	顶	0.667	0.991	−39.401	−197.958	−171.776	−14.329	−15.774	−7.577	41.296	−10.407	−6.752	−41.296	−9.453	−8.219
	底					−215.108		10.332			6.817				
7	顶	0.583	0.984	−39.122	−237.081	−215.107	−14.329	−13.239	−7.577	49.457	−8.735	−6.752	−49.457	−9.386	−8.162
	底					−257.900		12.557			8.284				
6	顶	0.500	0.971	−38.605	−275.686	−257.922	−14.329	−10.703	−7.577	57.511	−7.061	−6.752	−57.511	−9.262	−8.054
	底					−300.738		15.094			9.958				
5	顶	0.417	0.947	−37.652	−313.338	−300.738	−14.329	−7.592	−7.577	65.366	−5.009	−6.752	−65.366	−9.033	−7.855
	底					−344.068		18.515			12.215				
4	顶	0.333	0.904	−35.942	−349.280	−344.068	−14.329	−3.140	−7.577	72.864	−2.072	−6.752	−72.864	−8.623	−7.498
	底					−386.884		22.656			14.947				
3	顶	0.250	0.828	−32.920	−382.280	−386.884	−14.329	2.774	−7.577	79.732	1.830	−6.752	−79.732	−7.898	−6.868
	底					−429.699		28.570			18.849				
2	顶	0.167	0.692	−27.513	−409.714	−429.699	−14.329	12.041	−7.577	85.472	7.944	−6.752	−85.472	−6.600	−5.740
	底					−473.030		38.750			25.565				
1	顶	0.083	0.443	−17.613	−427.326	−473.030	−14.329	27.536	−7.577	89.146	18.167	−6.752	−89.146	−4.225	−3.674
	底					−515.844		53.332			35.186				

YSW-1 在风荷载作用下墙肢及连梁的总内力 表 3-41

层次		ξ	左墙肢内力			右墙肢内力			连梁内力	
			M_{wi1} (kN·m)	V_{wi1} (kN)	N_{wi1} (kN)	M_{wi2} (kN·m)	V_{wi2} (kN)	N_{wi2} (kN)	M_{bi1} (kN·m)	V_{bi1} (kN)
12	顶底	1.000	−2.339 16.263	−7.577 −3.463	0.597	−1.543 10.729	−6.752 −3.086	−0.597	−0.776	−0.674
11	顶底	0.917	26.901 31.659	−3.463 0.701	−3.160	17.748 20.887	−3.086 0.625	3.160	4.408	3.835
10	顶底	0.833	54.918 45.526	0.701 4.816	−11.510	36.232 30.036	0.625 4.291	11.510	9.602	8.350
9	顶底	0.750	81.312 57.913	4.816 8.930	−24.276	53.645 38.208	4.291 7.958	24.276	14.680	12.766
8	顶底	0.667	105.964 68.022	8.930 13.094	−41.366	69.910 44.878	7.958 11.668	41.366	19.652	17.090
7	顶底	0.583	127.949 76.367	13.094 17.209	−62.642	84.414 50.383	11.668 15.334	62.642	24.466	21.275
6	顶底	0.500	147.390 81.800	17.209 21.323	−87.826	97.241 53.968	15.334 19.001	87.825	28.962	25.184
5	顶底	0.417	162.641 81.999	21.323 25.487	−116.468	107.303 54.099	19.001 22.711	116.468	32.939	28.642
4	顶底	0.333	170.186 76.412	25.487 29.602	−147.694	112.280 50.413	22.711 26.377	147.694	35.909	31.226
3	顶底	0.250	167.451 59.670	29.602 33.716	−179.930	110.476 39.368	36.377 30.044	179.930	37.072	32.236
2	顶底	0.167	145.897 23.158	33.716 37.880	−210.416	96.256 15.279	30.044 33.754	210.416	35.059	30.486
1	顶底	0.083	89.281 −46.684	37.880 41.995	−234.007	58.903 −30.800	33.754 37.420	234.007	27.129	23.591

1. YSW-3（整截面墙）

YSW-3 楼（屋）面荷载传递方式分别如图 3-27（a）、图 3-28（a）所示。

（1）恒载

① 腹板

屋面　　5.080×1.65＝8.382kN/m　　　5.080×1.05＝5.334kN/m
　　　　5.080×1.50＝7.620kN/m

楼面　　3.742×1.65＝6.174kN/m　　　3.742×1.05＝3.929kN/m
　　　　3.742×1.50＝5.613kN/m

墙体自重　5.640×3.00＝16.920kN/m

屋面集中恒载

$P_1 = [2.1 \times 1.05 \times 0.5 + 1.5 \times 0.75 \times 0.5 + (0.6 + 3.6) \times 1.5 \times 0.5] \times 0.5 \times 5.080 + [(0.6 + 2.7) \times 1.05 \times 0.5 - 0.4 \times 0.4 \times 0.5] \times 0.25 \times 5.080 + [(1.2 + 2.7) \times 0.75 \times 0.5 - 0.4 \times 0.4 \times 0.5] \times 0.25 \times 5.080 + 3.4 \times 1.512 \times 0.5 + 2.3 \times 1.512 \times 0.25 = 19.524 \text{kN}$

楼面集中恒载

$P_1 = [2.1 \times 1.05 \times 0.5 + 1.5 \times 0.75 \times 0.5 + (0.6 + 3.6) \times 1.5 \times 0.5] \times 0.5 \times 3.742 + [(0.6 + 2.7) \times 1.05 \times 0.5 - 0.4 \times 0.4 \times 0.5] \times 0.25 \times 3.742 + [(1.2 + 2.7) \times 0.75 \times 0.5 - 0.4 \times 0.4 \times 0.5] \times 0.25 \times 3.742 + 3.4 \times 1.512 \times 0.5 + 2.3 \times 1.512 \times 0.25 = 15.357 \text{kN}$

$P_2 = 3.3 \times 1.65 \times 0.5 \times 0.5 \times 3.742 + (1.2 + 3.3) \times 1.05 \times 0.5 \times 0.5 \times 3.742 + 3.1 \times 1.512 \times 0.5 = 11.856 \text{kN}$

② 翼缘

屋面　　　　$5.080 \times 1.65 = 8.382 \text{kN/m}$　　　　　　$5.080 \times 1.05 = 5.334 \text{kN/m}$
楼面　　　　$3.742 \times 1.65 = 6.174 \text{kN/m}$　　　　　　$3.742 \times 1.05 = 3.929 \text{kN/m}$
墙体自重　　$5.880 \times 3.00 = 17.640 \text{kN/m}$
女儿墙自重　$3.260 \times 1.50 = 4.890 \text{kN/m}$

（2）活载

① 腹板

屋面活载　　$2.0 \times 1.65 = 3.300 \text{kN/m}$　　　　　　$2.0 \times 1.05 = 2.100 \text{kN/m}$
　　　　　　$2.0 \times 1.50 = 3.000 \text{kN/m}$
屋面雪载　　$0.25 \times 1.65 = 0.413 \text{kN/m}$　　　　　　$0.25 \times 1.05 = 0.263 \text{kN/m}$
　　　　　　$0.25 \times 1.50 = 0.375 \text{kN/m}$
楼面　　　　$2.0 \times 1.65 = 3.300 \text{kN/m}$　　　　　　$2.0 \times 1.05 = 2.100 \text{kN/m}$
　　　　　　$2.0 \times 1.50 = 3.000 \text{kN/m}$

屋面集中活载

$Q_1 = [2.1 \times 1.05 \times 0.5 + 1.5 \times 0.75 \times 0.5 + (0.6 + 3.6) \times 1.5 \times 0.5] \times 0.5 \times 2.0 + [(0.6 + 2.7) \times 1.05 \times 0.5 - 0.4 \times 0.4 \times 0.5] \times 0.25 \times 2.0 + [(1.2 + 2.7) \times 0.75 \times 0.5 - 0.4 \times 0.4 \times 0.5] \times 0.25 \times 2.0 = 5.905 \text{kN}$

屋面集中雪载

$Q_1 = [2.1 \times 1.05 \times 0.5 + 1.5 \times 0.75 \times 0.5 + (0.6 + 3.6) \times 1.5 \times 0.5] \times 0.5 \times 0.25 + [(0.6 + 2.7) \times 1.05 \times 0.5 - 0.4 \times 0.4 \times 0.5] \times 0.25 \times 0.25 + [(1.2 + 2.7) \times 0.75 \times 0.5 - 0.4 \times 0.4 \times 0.5] \times 0.25 \times 0.25 = 0.738 \text{kN}$

楼面集中活载

$Q_1 = [2.1 \times 1.05 \times 0.5 + 1.5 \times 0.75 \times 0.5 + (0.6 + 3.6) \times 1.5 \times 0.5] \times 0.5 \times 2.0 + [(0.6 + 2.7) \times 1.05 \times 0.5 - 0.4 \times 0.4 \times 0.5] \times 0.25 \times 2.0 + [(1.2 + 2.7) \times 0.75 \times 0.5 - 0.4 \times 0.4 \times 0.5] \times 0.25 \times 2.0 = 5.905 \text{kN}$

$Q_2 = 3.3 \times 1.65 \times 0.5 \times 0.5 \times 2.0 + (1.2 + 3.3) \times 1.05 \times 0.5 \times 0.5 \times 2.0 = 5.084 \text{kN}$

② 翼缘

屋面活载　　$2.0 \times 1.65 = 3.300 \text{kN/m}$　　　　　　$2.0 \times 1.05 = 2.100 \text{kN/m}$
屋面雪载　　$0.25 \times 1.65 = 0.413 \text{kN/m}$　　　　　　$0.25 \times 1.05 = 0.263 \text{kN/m}$
楼面　　　　$2.0 \times 1.65 = 3.300 \text{kN/m}$　　　　　　$2.0 \times 1.05 = 2.100 \text{kN/m}$

YSW-3 各屋面、楼层恒载和活载的分布分别如图 3-27（b）、图 3-28（b）所示。在恒载和活载作用下，YSW-3 整截面墙中产生的轴力分别如表 3-42 和表 3-43 所示。

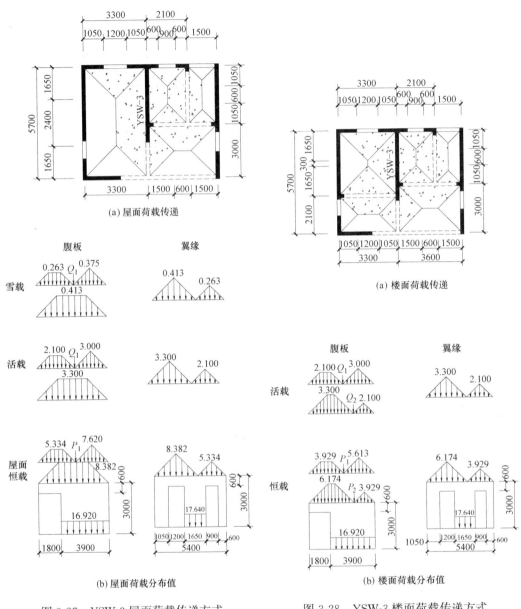

图 3-27 YSW-3 屋面荷载传递方式　　图 3-28 YSW-3 楼面荷载传递方式

2. YSW-4（整体小开口墙）

YSW-4 屋面及楼面荷载传递方式相同，如图 3-29（a）所示。

（1）恒载

① 腹板

屋面　　5.080×1.65=8.382kN/m　　　　5.080×2.25=11.430kN/m

楼面　　3.742×1.65=6.174kN/m　　　　3.742×2.25=8.420kN/m

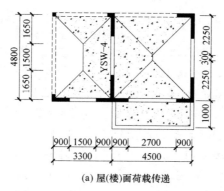

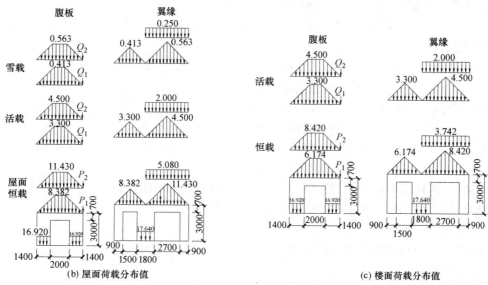

图 3-29 YSW-4 屋（楼）面荷载传递方式

墙体自重　　5.640×3.00=16.920kN/m

屋面集中恒载

$P_1=3.3\times1.65\times0.5\times0.5\times5.080+3.3\times1.512\times0.5=9.410$ kN

$P_2=(4.5\times2.25\times0.5-0.9\times0.9\times0.5)\times0.5\times5.080+3.6\times1.512\times0.5=14.552$ kN

楼面集中恒载

$P_1=3.3\times1.65\times0.5\times0.5\times3.742+3.3\times1.512\times0.5=7.588$ kN

$P_2=(4.5\times2.25\times0.5-0.9\times0.9\times0.5)\times0.5\times3.742+3.6\times1.512\times0.5=11.436$ kN

② 翼缘

屋面	5.080×1.65=8.382kN/m	5.080×2.25=11.430kN/m
		5.080×1.00=5.080kN/m
楼面	3.742×1.65=6.174kN/m	3.742×2.25=8.420kN/m
	3.742×1.00=3.742kN/m	
墙体自重	5.880×3.00=17.640kN/m	
女儿墙自重	3.260×1.50=4.890kN/m	

(2) 活载

① 腹板

屋面活载	$2.0 \times 1.65 = 3.300$ kN/m	$2.0 \times 2.25 = 4.500$ kN/m
屋面雪载	$0.25 \times 1.65 = 0.413$ kN/m	$0.25 \times 2.25 = 0.563$ kN/m
楼面	$2.0 \times 1.65 = 3.300$ kN/m	$2.0 \times 2.25 = 4.500$ kN/m

屋面集中活载　$Q_1 = 3.3 \times 1.65 \times 0.5 \times 0.5 \times 2.0 = 2.722$ kN
$Q_2 = (4.5 \times 2.25 \times 0.5 - 0.9 \times 0.9 \times 0.5) \times 0.5 \times 2.0 = 4.656$ kN

屋面集中雪载　$Q_1 = 3.3 \times 1.65 \times 0.5 \times 0.5 \times 0.25 = 0.341$ kN
$Q_2 = (4.5 \times 2.25 \times 0.5 - 0.9 \times 0.9 \times 0.5) \times 0.5 \times 0.25 = 0.582$ kN

楼面集中活载　$Q_1 = 3.3 \times 1.65 \times 0.5 \times 0.5 \times 2.0 = 2.722$ kN
$Q_2 = (4.5 \times 2.25 \times 0.5 - 0.9 \times 0.9 \times 0.5) \times 0.5 \times 2.0 = 4.656$ kN

② 翼缘

屋面活载	$2.0 \times 1.65 = 3.300$ kN/m	$2.0 \times 2.25 = 4.500$ kN/m
	$2.0 \times 1.00 = 2.000$ kN/m	
屋面雪载	$0.25 \times 1.65 = 0.413$ kN/m	$0.25 \times 2.25 = 0.563$ kN/m
	$0.25 \times 1.00 = 0.250$ kN/m	
楼面	$2.0 \times 1.65 = 3.300$ kN/m	$2.0 \times 2.25 = 4.500$ kN/m
	$2.0 \times 1.00 = 2.000$ kN/m	

YSW-4 各楼层恒载和活载的分布分别见图 3-29（b）和图 3-29（c）。在恒载和活载作用下墙体中产生的轴力分别见表 3-42 和表 3-43。

3. YSW-1（双肢墙）

YSW-1 屋面及楼面荷载传递方式相同，如图 3-30（a）所示。

(1) 恒载

① 腹板

屋面	$5.080 \times 0.9 = 4.572$ kN/m	$5.080 \times 1.95 = 9.906$ kN/m
楼面	$3.742 \times 0.9 = 3.368$ kN/m	$3.742 \times 1.95 = 7.297$ kN/m
墙体自重	$5.880 \times 3.00 = 17.640$ kN/m	
女儿墙自重	$3.260 \times 1.50 = 4.890$ kN/m	

屋面集中恒载
$P_1 = (1.2 + 3.0) \times 0.9 \times 0.5 \times 0.5 \times 5.080 + (3.9 \times 1.95 \times 0.5 - 0.9 \times 0.9 \times 0.5)$
$\quad \times 0.5 \times 5.080 + 3.0 \times 1.512 \times 0.5 = 15.698$ kN

$P_2 = 0.45 \times 0.45 \times 0.5 \times 5.080 + 0.9 \times 2.952 \times 0.5 = 1.843$ kN

楼面集中恒载
$P_1 = (1.2 + 3.0) \times 0.9 \times 0.5 \times 0.5 \times 3.742 + (3.9 \times 1.95 \times 0.5 - 0.9 \times 0.9 \times 0.5)$
$\quad \times 0.5 \times 3.742 + 3.0 \times 1.512 \times 0.5 = 12.162$ kN

$P_2 = 0.45 \times 0.45 \times 0.5 \times 3.742 + 0.9 \times 2.952 \times 0.5 = 1.707$ kN

② 翼缘

屋面	$5.080 \times 1.95 = 9.906$ kN/m
楼面	$3.742 \times 1.95 = 7.297$ kN/m
墙体自重	$5.880 \times 3.00 = 17.640$ kN/m

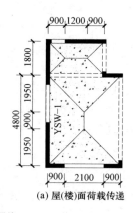

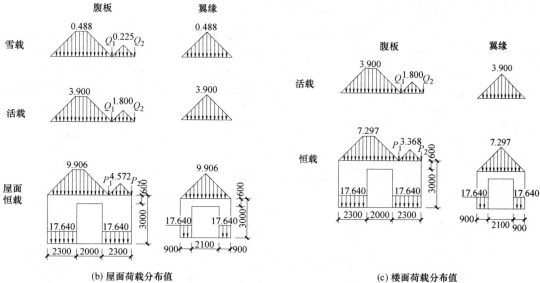

图 3-30 YSW-1 屋（楼）面荷载传递方式

女儿墙自重　$3.260 \times 1.50 = 4.890 \text{kN/m}$

（2）活载

① 腹板

屋面活载　$2.0 \times 0.9 = 1.800 \text{kN/m}$　　　　$2.0 \times 1.95 = 3.900 \text{kN/m}$

屋面雪载　$0.25 \times 0.9 = 0.225 \text{kN/m}$　　　$0.25 \times 1.95 = 0.488 \text{kN/m}$

楼面　　　$2.0 \times 0.9 = 1.800 \text{kN/m}$　　　　$2.0 \times 1.95 = 3.900 \text{kN/m}$

屋面集中活载

$Q_1 = (1.2 + 3.0) \times 0.9 \times 0.5 \times 0.5 \times 2.0 + (3.9 \times 1.95 \times 0.5 - 0.9 \times 0.9 \times 0.5)$
$\qquad \times 0.5 \times 2.0 = 5.288 \text{kN}$

$Q_2 = 0.45 \times 0.45 \times 0.5 \times 2.0 = 0.203 \text{kN}$

屋面集中雪载

$Q_1 = (1.2 + 3.0) \times 0.9 \times 0.5 \times 0.5 \times 0.25 + (3.9 \times 1.95 \times 0.5 - 0.9 \times 0.9 \times 0.5)$
$\qquad \times 0.5 \times 0.25 = 0.661 \text{kN}$

$Q_2 = 0.45 \times 0.45 \times 0.5 \times 0.25 = 0.026 \text{kN}$

楼面集中活载

$$Q_1=(1.2+3.0)\times0.9\times0.5\times0.5\times2.0+(3.9\times1.95\times0.5-0.9\times0.9\times0.5)$$
$$\times0.5\times2.0=5.288\text{kN}$$
$$Q_2=0.45\times0.45\times0.5\times2.0=0.203\text{kN}$$

② 翼缘

屋面活载　　$2.0\times1.95=3.900\text{kN/m}$

屋面雪载　　$0.25\times1.95=0.488\text{kN/m}$

楼面　　　　$2.0\times1.95=3.900\text{kN/m}$

YSW-4 各楼层恒载和活载的分布分别见图 3-30（b）和图 3-30（c）。在恒载和活载作用下墙体中产生的轴力分别见表 3-42 和表 3-43。

恒载作用下墙体中产生的轴力（kN）　　表 3-42

层次		YSW-3	YSW-4		YSW-1	
			左墙肢	右墙肢	左墙肢	右墙肢
12	顶	100.106	77.541	53.446	57.850	41.657
	底	193.508	132.981	77.134	114.298	82.229
11	顶	271.006	176.423	118.054	138.000	101.632
	底	364.681	231.863	141.742	194.448	142.204
10	顶	442.452	275.305	182.662	218.150	161.607
	底	535.854	330.745	206.350	274.598	202.179
9	顶	613.625	374.187	230.038	298.300	221.582
	底	707.027	429.627	253.726	354.748	262.154
8	顶	784.798	473.069	294.646	378.450	281.557
	底	878.200	528.509	318.334	434.898	322.129
7	顶	955.971	571.951	342.022	458.600	341.532
	底	1049.373	627.391	365.710	515.048	382.104
6	顶	1127.144	670.833	406.630	538.750	401.507
	底	1220.546	726.273	430.318	595.198	442.079
5	顶	1298.317	769.715	471.238	618.900	461.482
	底	1391.719	825.155	494.926	675.348	502.054
4	顶	1469.490	868.597	535.846	699.050	521.457
	底	1562.892	924.037	559.534	755.498	562.029
3	顶	1640.663	967.479	600.454	779.200	600.835
	底	1734.065	1022.919	624.142	835.648	641.407
2	顶	1811.836	1066.361	665.062	859.350	660.810
	底	1905.238	1121.801	688.750	915.798	701.382
1	顶	1983.009	1165.243	729.670	939.500	720.785
	底	2076.411	1220.683	753.358	995.948	761.357

活载作用下墙体中产生的轴力（kN）　　表 3-43

层次		YSW-3	YSW-4		YSW-1	
			左墙肢	右墙肢	左墙肢	右墙肢
12	顶、底	32.928(4.116)	23.220(2.903)	18.724(2.341)	12.672(1.584)	9.160(1.145)
11	顶、底	70.939(42.127)	46.440(26.123)	37.444(21.061)	25.341(14.253)	18.318(10.303)
10	顶、底	108.950(80.138)	69.660(49.343)	56.164(39.781)	38.010(26.922)	27.476(19.461)
9	顶、底	146.961(118.149)	92.880(72.563)	74.884(58.501)	50.679(39.591)	36.634(28.619)
8	顶、底	184.972(156.16)	116.100(95.783)	93.604(77.221)	63.348(52.260)	45.792(37.777)
7	顶、底	222.983(194.171)	139.320(119.003)	112.324(95.941)	76.017(64.929)	54.950(46.935)
6	顶、底	260.994(232.181)	162.540(142.223)	131.044(114.661)	88.686(77.598)	64.108(56.093)
5	顶、底	299.005(270.193)	185.760(165.443)	149.764(133.381)	101.355(90.267)	73.266(65.251)
4	顶、底	337.016(308.204)	208.980(188.663)	168.484(152.101)	114.024(102.936)	82.424(74.409)
3	顶、底	375.027(346.215)	232.200(211.883)	187.204(170.821)	126.693(115.605)	91.582(83.567)
2	顶、底	413.038(384.226)	255.420(235.103)	205.924(189.541)	139.362(128.274)	100.740(92.725)
1	顶、底	451.049(422.237)	278.640(258.323)	224.644(208.261)	152.031(140.943)	109.898(101.883)

注：括号中的数值为屋面作用雪荷载和其他层楼面作用活荷载时的内力值。

3.5.12　内力组合

1. 结构抗震等级

结构抗震等级与地震烈度、结构类型和房屋高度有关。由表 2-9 可知，对本例的钢筋混凝土剪力墙结构房屋，剪力墙的抗震等级为二级。

2. 剪力墙内力组合

剪力墙为偏心受力构件，与柱的受力相似，故取每层的底端和顶端作为控制截面，其弯矩和轴力设计值按 2.5.3 小节所述方法进行组合；剪力墙的剪力设计值按式（3-40）、式（3-41）进行调整。连梁主要承受水平荷载产生的内力，一般取梁端截面为控制截面，梁端弯矩和剪力可按 2.5.2 小节所述方法进行组合。表 3-44～表 3-51 分别为 YSW-3、YSW-4 和 YSW-1 的内力组合结果。

下面以第 1 层剪力墙上、下端截面的内力组合为例，说明组合方法。

(1) YSW-3

对于持久设计状况，以组合项 $\gamma_G S_{Gk} \pm 1.0 \times \gamma_L \gamma_w S_{wk} + \gamma_L \times 0.7 \times \gamma_Q S_{Qk}$ 为例。从表 3-37、表 3-42 和表 3-43 中，分别提取风荷载、恒载和楼面活荷载作用下第 1 层剪力墙上、下端截面的内力标准值，列于表 3-44 中 S_{Gk}、S_{Qk}、S_{wk} 各栏下。第 1 层剪力墙上（用下角标 u）、下（用下角标 b）端截面弯矩、轴力和剪力组合的设计值分别计算如下：

$$M_u = \gamma_G M_{Gk} \pm 1.0 \times \gamma_L \gamma_w M_{wk} + \gamma_L \times 0.7 \times \gamma_Q M_{Qk} = 0 + 1.0 \times 1.0 \times 1.5 \times (-425.692) + 0$$
$$= -638.538 \text{kN} \cdot \text{m}$$

$$M_b = \gamma_G M_{Gk} \pm 1.0 \times \gamma_L \gamma_w M_{wk} + \gamma_L \times 0.7 \times \gamma_Q M_{Qk} = 0 + 1.0 \times 1.0 \times 1.5 \times (-515.113) + 0$$
$$= -722.670 \text{kN} \cdot \text{m}$$

$$N_u = \gamma_G N_{Gk} \pm 1.0 \times \gamma_L \gamma_w N_{wk} + \gamma_L \times 0.7 \times \gamma_Q N_{Qk} = 1.3 \times 1983.009 + 0 + 1.0 \times 0.7 \times$$
$$1.5 \times 451.049 = 3051.513 \text{kN}$$

$$N_b = \gamma_G N_{Gk} \pm 1.0 \times \gamma_L \gamma_w N_{wk} + \gamma_L \times 0.7 \times \gamma_Q N_{Qk} = 1.3 \times 2076.411 + 0 + 1.0 \times 0.7 \times$$
$$1.5 \times 451.049 = 3172.935 \text{kN}$$

$$V_u = \gamma_G V_{Gk} \pm 1.0 \times \gamma_L \gamma_w V_{wk} + \gamma_L \times 0.7 \times \gamma_Q V_{Qk} = 0 + 1.0 \times 1.0 \times 1.5 \times 28.708 + 0$$
$$= 43.062 \text{kN}$$

$$V_b = \gamma_G V_{Gk} \pm 1.0 \times \gamma_L \gamma_w V_{wk} + \gamma_L \times 0.7 \times \gamma_Q V_{Qk} = 0 + 1.0 \times 1.0 \times 1.5 \times 31.144 + 0$$
$$= 46.716 \text{kN}$$

上述计算结果列入表 3-44 中的相应栏中。

对于地震组合，从表 3-31、表 3-42 和表 3-43 中，分别提取地震作用、恒载和楼面活荷载作用下第 1 层剪力墙上、下端的内力标准值，第 1 层剪力墙上（用上角标 u）、下（用下角标 b）端截面弯矩、轴力和剪力组合的设计值分别计算如下：

$$M_u = \gamma_G M_{GE} + \gamma_{Eh} M_{Ehk} = 0 + 1.4 \times (-3201.421) = -4481.989 \text{kN} \cdot \text{m}$$
$$M_b = \gamma_G M_{GE} + \gamma_{Eh} M_{Ehk} = 0 + 1.4 \times (-3790.146) = -5306.204 \text{kN} \cdot \text{m}$$
$$N_u = \gamma_G N_{GE} + \gamma_{Eh} N_{Ehk} = 1.3 \times (1983.009 + 0.5 \times 422.237) + 0 = 2852.366 \text{kN}$$
$$N_b = \gamma_G N_{GE} + \gamma_{Eh} N_{Ehk} = 1.3 \times (2076.411 + 0.5 \times 422.237) + 0 = 2973.788 \text{kN}$$
$$V_u = \gamma_G V_{GE} + \gamma_{Eh} V_{Ehk} = 0 + 1.4 \times 189.234 = 264.928 \text{kN}$$
$$V_b = \gamma_G V_{GE} + \gamma_{Eh} V_{Ehk} = 0 + 1.4 \times 204.807 = 286.730 \text{kN}$$

上述计算结果列入表 3-45 中的相应栏中。

(2) YSW-4

此处以左墙肢为例说明组合过程，右墙肢的内力组合方法与左墙肢相同。

对于持久设计状况，以组合项 $\gamma_G S_{Gk} \pm 1.0 \times \gamma_L \gamma_w S_{wk} + \gamma_L \times 0.7 \times \gamma_Q S_{Qk}$ 为例。从表 3-38、表 3-42 和表 3-43 中，分别提取风荷载、恒载和楼面活荷载作用下第 1 层剪力墙左墙肢上、下端的内力标准值，列于表 3-46 中 S_{Gk}、S_{Qk}、S_{wk} 各栏下。第 1 层剪力墙左墙肢上、下端截面在风荷载作用下的弯矩、轴力和剪力组合的设计值分别计算如下：

① 在左风荷载（→）作用下

$$M_u = \gamma_G M_{Gk} \pm 1.0 \times \gamma_L \gamma_w M_{wk} + \gamma_L \times 0.7 \times \gamma_Q M_{Qk} = 0 + 1.0 \times 1.0 \times 1.5 \times (-75.425) + 0$$
$$= -113.138 \text{kN} \cdot \text{m}$$
$$M_b = \gamma_G M_{Gk} \pm 1.0 \times \gamma_L \gamma_w M_{wk} + \gamma_L \times 0.7 \times \gamma_Q M_{Qk} = 0 + 1.0 \times 1.0 \times 1.5 \times (-91.269) + 0$$
$$= -136.904 \text{kN} \cdot \text{m}$$
$$N_u = 1.3 \times 1165.243 + 1.0 \times 1.0 \times 1.5 \times (-125.632) + 0.7 \times 1.5 \times 278.640 = 1618.940 \text{kN}$$
$$N_b = 1.3 \times 1220.683 + 1.0 \times 1.0 \times 1.5 \times (-152.022) + 0.7 \times 1.5 \times 278.640 = 1651.427 \text{kN}$$
$$V_u = 0 + 1.0 \times 1.0 \times 1.5 \times 19.909 + 0 = 29.864 \text{kN}$$
$$V_b = 0 + 1.0 \times 1.0 \times 1.5 \times 21.599 + 0 = 32.399 \text{kN}$$

② 在右风荷载（←）作用下

$$M_u = \gamma_G M_{Gk} \pm 1.0 \times \gamma_L \gamma_w M_{wk} + \gamma_L \times 0.7 \times \gamma_Q M_{Qk} = 0 + 1.0 \times 1.0 \times 1.5 \times 75.425 + 0$$
$$= 113.138 \text{kN} \cdot \text{m}$$
$$M_b = \gamma_G M_{Gk} \pm 1.0 \times \gamma_L \gamma_w M_{wk} + \gamma_L \times 0.7 \times \gamma_Q M_{Qk} = 0 + 1.0 \times 1.0 \times 1.5 \times 91.269 + 0$$
$$= 136.904 \text{kN} \cdot \text{m}$$
$$N_u = 1.3 \times 1165.243 + 1.0 \times 1.0 \times 1.5 \times 125.632 + 0.7 \times 1.5 \times 278.640 = 1995.836 \text{kN}$$
$$N_b = 1.3 \times 1220.683 + 1.0 \times 1.0 \times 1.5 \times 152.022 + 0.7 \times 1.5 \times 278.640 = 2107.493 \text{kN}$$
$$V_u = 0 + 1.0 \times 1.0 \times 1.5 \times (-19.909) + 0 = -29.864 \text{kN}$$
$$V_u = 0 + 1.0 \times 1.0 \times 1.5 \times (-21.599) + 0 = -32.399 \text{kN}$$

上述左墙肢的计算结果列于表 3-46 的相应栏中，右墙肢计算结果如表 3-47 所示。

对于地震组合，从表 3-32、表 3-42 和表 3-43 中，分别提取地震作用、恒载和楼面活荷载作用下第1层剪力墙左墙肢上、下端的内力标准值，该层剪力墙左墙肢上、下端截面弯矩、轴力和剪力组合的设计值分别计算如下：

① 在左震（→）作用下

$$M_u = \gamma_G M_{GE} + \gamma_{Eh} M_{Ehk} = 0 + 1.4 \times (-567.348) = -794.287 \text{kN·m}$$
$$M_b = \gamma_G M_{GE} + \gamma_{Eh} M_{Ehk} = 0 + 1.4 \times (-671.681) = -940.353 \text{kN·m}$$
$$N_u = \gamma_G N_{GE} + \gamma_{Eh} N_{Ehk} = 1.3 \times (1165.243 + 0.5 \times 258.323) + 1.4 \times (-942.515)$$
$$= 363.205 \text{kN}$$
$$N_b = \gamma_G N_{GE} + \gamma_{Eh} N_{Ehk} = 1.3 \times (1220.683 + 0.5 \times 258.323) + 1.4 \times (-1115.839)$$
$$= 194.489 \text{kN}$$
$$V_u = \gamma_G V_{GE} + \gamma_{Eh} V_{Ehk} = 0 + 1.4 \times 172.841 = 241.977 \text{kN}$$
$$V_b = \gamma_G V_{GE} + \gamma_{Eh} V_{Ehk} = 0 + 1.4 \times 187.066 = 261.892 \text{kN}$$

② 在右震（←）作用下

$$M_u = \gamma_G M_{GE} + \gamma_{Eh} M_{Ehk} = 0 + 1.4 \times 567.348 = 794.287 \text{kN·m}$$
$$M_b = \gamma_G M_{GE} + \gamma_{Eh} M_{Ehk} = 0 + 1.4 \times 671.681 = 940.353 \text{kN·m}$$
$$N_u = \gamma_G N_{GE} + \gamma_{Eh} N_{Ehk} = 1.3 \times (1165.243 + 0.5 \times 258.323) + 1.4 \times 942.515$$
$$= 3002.247 \text{kN}$$
$$N_b = \gamma_G N_{GE} + \gamma_{Eh} N_{Ehk} = 1.3 \times (1220.683 + 0.5 \times 258.323) + 1.4 \times 1115.839$$
$$= 3318.838 \text{kN}$$
$$V_u = \gamma_G V_{GE} + \gamma_{Eh} V_{Ehk} = 0 + 1.4 \times (-172.841) = -241.977 \text{kN}$$
$$V_b = \gamma_G V_{GE} + \gamma_{Eh} V_{Ehk} = 0 + 1.4 \times (-187.066) = -261.892 \text{kN}$$

同时从表3-32中提取地震作用下第1层连梁的内力标准值，该层连梁（用下角标 cb）内力组合的设计值为：

$$M_{cb} = \gamma_G M_{GE} + \gamma_{Eh} M_{Ehk} = 0 + 1.4 \times 173.324 = 242.654 \text{kN·m}$$
$$V_{cb} = \gamma_G V_{GE} + \gamma_{Eh} V_{Ehk} = 0 + 1.4 \times 173.324 = 242.654 \text{kN}$$

上述计算结果列入表3-48中的相应栏中。

(3) YSW-1

此处仍以左墙肢为例说明组合过程，右墙肢的内力组合方法与左墙肢相同。

对于持久设计状况，以组合项 $\gamma_G S_{Gk} \pm 1.0 \times \gamma_L \gamma_w S_{wk} + \gamma_L \times 0.7 \times \gamma_Q S_{Qk}$ 为例。从表3-41、表3-42和表3-43中，分别提取风荷载、恒载和楼面活荷载作用下第1层剪力墙左墙肢上、下端的内力标准值，列于表3-49中 S_{Gk}、S_{Qk}、S_{wk} 各栏下。第1层剪力墙左墙肢上、下端截面在风荷载作用下的弯矩、轴力和剪力组合的设计值分别计算如下：

① 在左风荷载（→）作用下

$$M_u = \gamma_G M_{Gk} \pm 1.0 \times \gamma_L \gamma_w M_{wk} + \gamma_L \times 0.7 \times \gamma_Q M_{Qk} = 0 + 1.0 \times 1.0 \times 1.5 \times 89.281 + 0$$
$$= 133.922 \text{kN·m}$$
$$M_b = \gamma_G M_{Gk} \pm 1.0 \times \gamma_L \gamma_w M_{wk} + \gamma_L \times 0.7 \times \gamma_Q M_{Qk} = 0 + 1.0 \times 1.0 \times 1.5 \times (-46.684) + 0$$
$$= -70.026 \text{kN·m}$$
$$N_u = 1.3 \times 939.500 + 1.0 \times 1.0 \times 1.5 \times (-234.007) + 0.7 \times 1.5 \times 152.031 = 1029.973 \text{kN}$$
$$N_b = 1.3 \times 995.948 + 1.0 \times 1.0 \times 1.5 \times (-234.007) + 0.7 \times 1.5 \times 152.031 = 1103.355 \text{kN}$$

$$V_u = 0 + 1.0 \times 1.0 \times 1.5 \times 37.880 + 0 = 56.820 \text{kN}$$
$$V_b = 0 + 1.0 \times 1.0 \times 1.5 \times 41.995 + 0 = 62.993 \text{kN}$$

② 在右风荷载（←）作用下

$$M_u = \gamma_G M_{Gk} \pm 1.0 \times \gamma_L \gamma_w M_{wk} + \gamma_L \times 0.7 \times \gamma_Q M_{Qk} = 0 + 1.0 \times 1.0 \times 1.5 \times (-89.281) + 0$$
$$= -133.922 \text{kN} \cdot \text{m}$$
$$M_b = \gamma_G M_{Gk} \pm 1.0 \times \gamma_L \gamma_w M_{wk} + \gamma_L \times 0.7 \times \gamma_Q M_{Qk} = 0 + 1.0 \times 1.0 \times 1.5 \times 46.684 + 0$$
$$= 70.026 \text{kN} \cdot \text{m}$$
$$N_u = 1.3 \times 939.500 + 1.0 \times 1.0 \times 1.5 \times 234.007 + 0.7 \times 1.5 \times 152.031 = 1731.994 \text{kN}$$
$$N_b = 1.3 \times 995.948 + 1.0 \times 1.0 \times 1.5 \times 234.007 + 0.7 \times 1.5 \times 152.031 = 1805.376 \text{kN}$$
$$V_u = 0 + 1.0 \times 1.0 \times 1.5 \times (-37.880) + 0 = -56.820 \text{kN}$$
$$V_b = 0 + 1.0 \times 1.0 \times 1.5 \times (-41.995) + 0 = -62.993 \text{kN}$$

上述左墙肢的计算结果列入表 3-49 的相应栏中，右墙肢计算结果如表 3-50 所示。

对于地震组合，从表 3-35、表 3-42 和表 3-43 中，分别提取地震作用、恒载和楼面活荷载作用下第 1 层剪力墙左墙肢上、下端的内力标准值，该层剪力墙左墙肢上、下端截面弯矩、轴力和剪力组合的设计值分别计算如下：

① 在左震（→）作用下

$$M_u = \gamma_G M_{GE} + \gamma_{Eh} M_{Ehk} = 0 + 1.4 \times 434.298 = 608.017 \text{kN} \cdot \text{m}$$
$$M_b = \gamma_G M_{GE} + \gamma_{Eh} M_{Ehk} = 0 + 1.4 \times (-437.842) = -612.979 \text{kN} \cdot \text{m}$$
$$N_u = \gamma_G N_{GE} + \gamma_{Eh} N_{Ehk} = 1.3 \times (939.500 + 0.5 \times 140.943) + 1.4 \times (-1674.095)$$
$$= -1030.770 \text{kN}$$
$$N_b = \gamma_G N_{GE} + \gamma_{Eh} N_{Ehk} = 1.3 \times (995.948 + 0.5 \times 140.943) + 1.4 \times (-1674.095)$$
$$= -956.729 \text{kN}$$
$$V_u = \gamma_G V_{GE} + \gamma_{Eh} V_{Ehk} = 0 + 1.4 \times 244.434 = 342.207 \text{kN}$$
$$V_b = \gamma_G V_{GE} + \gamma_{Eh} V_{Ehk} = 0 + 1.4 \times 277.437 = 388.412 \text{kN}$$

② 在右震（←）作用下

$$M_u = \gamma_G M_{GE} + \gamma_{Eh} M_{Ehk} = 0 + 1.4 \times (-434.298) = -608.017 \text{kN} \cdot \text{m}$$
$$M_b = \gamma_G M_{GE} + \gamma_{Eh} M_{Ehk} = 0 + 1.4 \times 437.842 = 612.979 \text{kN} \cdot \text{m}$$
$$N_u = \gamma_G N_{GE} + \gamma_{Eh} N_{Ehk} = 1.3 \times (939.500 + 0.5 \times 140.943) + 1.4 \times 1674.095$$
$$= 3656.697 \text{kN}$$
$$N_b = \gamma_G N_{GE} + \gamma_{Eh} N_{Ehk} = 1.3 \times (995.948 + 0.5 \times 140.943) + 1.4 \times 1674.095$$
$$= 3730.738 \text{kN}$$
$$V_u = \gamma_G V_{GE} + \gamma_{Eh} V_{Ehk} = 0 + 1.4 \times (-244.434) = -342.207 \text{kN}$$
$$V_b = \gamma_G V_{GE} + \gamma_{Eh} V_{Ehk} = 0 + 1.4 \times (-277.437) = -388.412 \text{kN}$$

同时从表 3-35 中提取地震作用下第 1 层连梁的内力标准值，该层连梁内力组合的设计值为：

$$M_{cb} = \gamma_G M_{GE} + \gamma_{Eh} M_{Ehk} = 0 + 1.4 \times 171.244 = 239.741 \text{kN} \cdot \text{m}$$
$$V_{cb} = \gamma_G V_{GE} + \gamma_{Eh} V_{Ehk} = 0 + 1.4 \times 148.908 = 208.471 \text{kN}$$

上述计算结果列入表 3-51 中的相应栏中。

3.5.13 截面设计

1. YSW-3（整截面墙）截面设计

剪力墙底部加强区高度可取 $H/10=36/10=3.6\text{m}$ 和底部两层二者的较大值，且不大于15m，故 1~2 层为底部加强区，截面尺寸如图 3-31 所示。现以底部加强区为例说明计算过程，3~12 层的配筋计算方法和过程（省略）与加强层一致，仅列出其配筋结果。由于地震作用和风荷载均来自两个方向，故仅选取底层最不利的组合内力的绝对值进行计算，由表 3-44 和表 3-45 可知，地震设计状况和持久设计状况下的最不利内力分别为：

地震组合的内力设计值

左震　　　　$M=-5306.204\text{kN}\cdot\text{m}$　　　$N=2976.854\text{kN}$　　　$V=286.730\text{kN}$

右震　　　　$M=5306.204\text{kN}\cdot\text{m}$　　　$N=2976.854\text{kN}$　　　$V=-286.730\text{kN}$

基本组合的内力设计值

　　　　　　$M=-722.670\text{kN}\cdot\text{m}$　　　$N=3172.935\text{kN}$　　　$V=46.716\text{kN}$

比较可见，考虑地震组合的内力为最不利内力，故下面仅按这两组内力进行截面配筋计算。剪力墙截面采用对称配筋，纵向受力钢筋集中配置在截面两端边缘构件内。纵向受力钢筋采用 HRB400 级钢筋，箍筋和分布钢筋采用 HPB300 级钢筋。

（1）验算墙肢截面尺寸

$$h_{w0}=h_w-a_s=4000-200=3800\text{mm}$$

由底层墙端截面组合的弯矩计算值 M、对应的截面组合的剪力计算值 V，可求得计算截面处的剪跨比为

$$\lambda=\frac{M}{Vh_{w0}}=\frac{5306.204\times10^3}{286.730\times3800}=4.87>2.5$$

此外，对剪力墙底部加强区范围内的剪力设计值尚需按式（3-41a）进行调整，即

$$V_w=1.4V'_w=1.4\times286.730=401.422\text{kN}$$

$$\frac{1}{\gamma_{RE}}(0.2\beta_c f_c b_w h_{w0})=\frac{1}{0.85}\times0.2\times1.0\times19.1\times200\times3800=3415.529\times10^3\text{N}$$
$$=3415.529\text{kN}>V_w=401.422\text{kN}$$

满足要求。

（2）轴压比验算

$$\frac{N}{f_c A_w}=\frac{2976.854\times10^3}{19.1\times(3800+1650)\times200}=0.14<0.6$$

满足要求。

（3）偏心受压正截面承载力计算

墙体竖向分布钢筋选取双排Φ10@200，则由式（3-66）可求得竖向分布钢筋的配筋率为

$$\rho_w=\frac{78.5\times2}{200\times200}=0.39\%>\rho_{\min}=0.25\%$$

竖向分布钢筋沿截面高度可布置 $2\times21=42$ 根，则

$$A_{sw}=78.5\times42=3297\text{mm}^2$$

由式（3-55）可求得剪力墙截面相对界限受压区高度为

$$\xi_b=\frac{0.8}{1+\dfrac{360}{0.0033\times2.0\times10^5}}=0.518$$

持久设计状况下 YSW-3（实体墙）基本组合的内力设计值

表 3-44

层次		S_{Gk} N (kN)	S_{Qk} N (kN)	S_{wk} M (kN·m)		V (kN)	$\gamma_G S_{Gk} \pm 1.0 \times \gamma_L \gamma_w S_{wk} + \gamma_L \times 0.7 \times \gamma_Q S_{Qk}$ N (kN)		M (kN·m)	V (kN)	$\gamma_G S_{Gk} + 1.0 \times \gamma_L \gamma_Q S_{Qk} \pm 0.6 \times \gamma_L \gamma_w S_{wk}$ N (kN)	M (kN·m)	V (kN)
12	顶	100.106	32.928	0.000		−7.283	164.712		0.000	−10.925	179.529	0.000	−6.555
	底	193.508		14.708		−2.635	286.134		22.062	−3.953	300.952	13.237	−2.372
11	顶	271.006	70.939	14.708		−2.635	426.793		22.062	−3.953	458.716	13.237	−2.372
	底	364.681		16.099		1.649	548.571		24.149	2.474	580.493	14.489	1.484
10	顶	442.452	108.950	16.099		1.649	689.585		24.149	2.474	738.612	14.489	1.484
	底	535.854		5.304		5.520	811.007		7.956	8.280	860.035	4.774	4.968
9	顶	613.652	146.961	5.304		5.520	952.021		7.956	8.280	1018.153	4.774	4.968
	底	707.027		−16.580		9.079	1073.444		−24.870	13.619	1139.576	−14.922	8.171
8	顶	784.798	184.972	−16.580		9.079	1214.457		−24.870	13.919	1297.695	−14.922	8.171
	底	878.200		−49.135		12.409	1335.880		−73.703	18.614	1419.117	−44.222	11.168
7	顶	955.971	222.983	−49.135		12.409	1476.894		−73.703	18.614	1577.236	−44.222	11.168
	底	1049.373		−90.840		15.472	1598.317		−136.260	23.208	1698.659	−81.756	13.925
6	顶	1127.144	260.994	−90.840		15.472	1739.330		−136.260	23.208	1856.778	−81.756	13.925
	底	1220.546		−141.406		18.346	1860.753		−212.109	27.519	1978.200	−127.265	16.511
5	顶	1298.317	299.005	−141.406		18.346	2001.767		−212.109	27.519	2136.319	−127.265	16.511
	底	1391.719		−201.082		21.100	2123.189		−301.623	31.650	2257.742	−180.974	18.990
4	顶	1469.490	337.016	−201.082		21.100	2264.203		−301.623	31.650	2415.860	−180.974	18.990
	底	1562.892		−268.040		23.701	2385.626		−402.060	35.552	2537.283	−241.236	21.331
3	顶	1640.663	375.027	−268.040		23.701	2526.640		−402.060	35.552	2695.402	−241.236	21.331
	底	1734.065		−342.636		26.217	2648.062		−513.954	39.326	2816.824	−308.372	23.595
2	顶	1811.836	413.038	−342.636		26.217	2789.076		−513.954	39.326	2974.943	−308.372	23.595
	底	1905.238		−425.692		28.708	2910.499		−638.538	43.062	3096.366	−383.123	25.837
1	顶	1983.009	451.049	−425.692		28.708	3051.513		−638.538	43.062	3254.485	−383.123	25.837
	底	2076.411		−515.113		31.144	3172.935		−722.670	46.716	3375.907	−463.602	28.030

注：表中为左风作用下的组合内力；在右风作用下，弯矩和剪力大小相等，符号相反。同时，规定墙肢轴力以受压为正，受拉为负。

① 按左震计算（$M=-5306.204\text{kN}\cdot\text{m}$，$N=2976.854\text{kN}$）

此时为T形截面，假定 $\sigma_s=f_y$，则由式（3-44）、式（3-48）和式（3-51）可求得截面受压区高度为

$$x=\frac{\gamma_{RE}N+b_w h_{w0}f_{yw}\rho_w}{\alpha_1 f_c b'_f+1.5b_w f_{yw}\rho_w}=\frac{0.85\times 2976.854\times 10^3+200\times 3800\times 270\times 0.0039}{1.0\times 19.1\times 1650+1.5\times 200\times 270\times 0.0039}$$

$$=104.63\text{mm}<\xi_b h_{w0}=0.518\times 3800=1968.40\text{mm}$$

属于大偏心受压，则由式（3-49）和式（3-52）可得

$$M_c=\alpha_1 f_c b'_f x\left(h_{w0}-\frac{x}{2}\right)=1.0\times 19.1\times 1650\times 104.63\times\left(3800-\frac{104.63}{2}\right)$$

$$=1235.818\times 10^7\text{N}\cdot\text{m}$$

地震设计状况下 YSW-3（实体墙）地震组合内力设计值 表3-45

层次		1.3S_{GE}			1.4S_{Ehk}	
		1.3N_{Gk}(kN)	1.3×(0.5N_{Qk})(kN)	N_{GE}(kN)	M(kN·m)	V(kN)
12	顶	130.137	2.675	132.813	0.000	−19.639
	底	251.560		254.235	7.554	353.313
11	顶	352.307	27.383	379.690	8.135	15.046
	底	474.085		501.467	−80.794	581.855
10	顶	575.187	52.090	627.277	−87.009	47.277
	底	696.610		748.699	−253.477	810.069
9	顶	797.712	76.797	874.509	−272.975	76.682
	底	919.135		995.931	−504.798	1038.283
8	顶	1020.237	101.504	1121.741	−543.628	104.030
	底	1141.659		1243.163	−833.863	1266.497
7	顶	1242.762	126.211	1368.973	−898.006	129.959
	底	1364.184		1490.396	−1228.482	1494.711
6	顶	1465.287	150.918	1616.204	−1322.980	154.172
	底	1586.709		1737.627	−1688.683	1722.926
5	顶	1687.812	175.625	1863.437	−1818.582	177.289
	底	1809.234		1984.860	−2218.507	1951.140
4	顶	1910.336	200.333	2110.669	−2389.162	199.863
	底	2031.759		2232.092	−2803.470	2179.354
3	顶	2132.861	225.040	2357.901	−3019.121	221.633
	底	2254.284		2479.324	−3448.270	2407.568
2	顶	2355.386	249.747	2605.133	−3713.521	243.146
	底	2476.809		2726.556	−4161.847	2635.783
1	顶	2577.911	274.454	2852.365	−4481.989	264.928
	底	2699.334		2976.854	−5306.204	286.730

注：表中为左震作用下的组合内力；在右震作用下，弯矩和剪力大小相等，符号相反。同时，规定墙肢轴力以受压为正，受拉为负。

$$M_{sw}=\frac{1}{2}(h_{w0}-1.5x)^2 b_w f_{yw}\rho_w$$

$$=\frac{1}{2}\times(3800-1.5\times 104.63)^2\times 200\times 270\times 0.0039=139.752\times 10^7\text{N}\cdot\text{m}$$

$$e_0=\frac{M}{N}=\frac{5306.204\times 10^6}{2976.854\times 10^3}=1782.49\text{mm}$$

由式（3-45）可求得

持久设计状况下 YSW-4（整体小开口墙）左墙肢基本组合的内力设计值

表 3-46

层次		S_{Gk} N (kN)	S_{Qk} N (kN)	S_{wk} N (kN)	S_{wk} M (kN·m)	S_{wk} V (kN)	$\gamma_G S_{Gk} \pm 1.0\times\gamma_L\gamma_w S_{wk} + \gamma_L\times 0.7\gamma_Q S_{Qk}$ 左风 N (kN)	右风 N (kN)	M (kN·m)	V (kN)	$\gamma_G S_{Gk} + 1.0\times\gamma_L\gamma_Q S_{Qk} \pm 0.6\times\gamma_L\gamma_w S_{wk}$ 左风 N (kN)	右风 N (kN)	M (kN·m)	V (kN)
12	顶	77.541	23.220	0.000	0.000	-5.051	125.185	125.185	0.000	-7.577	135.634	135.634	0.000	-4.546
	底	132.981		4.341	2.606	-1.827	203.768	190.745	3.909	-2.741	211.613	203.799	2.345	-1.644
11	顶	176.423	46.440	4.341	2.606	-1.827	284.624	271.601	3.909	-2.741	302.917	295.104	2.345	-1.644
	底	231.863		4.751	2.852	1.144	357.311	343.058	4.278	1.716	375.358	366.807	2.567	1.030
10	顶	275.306	69.660	4.751	2.852	1.144	438.167	423.914	4.278	1.716	466.663	458.111	2.567	1.030
	底	330.745		1.565	0.940	3.828	505.460	500.765	1.410	5.742	535.868	533.051	0.846	3.445
9	顶	374.187	92.880	1.565	0.940	3.828	586.315	581.620	1.410	5.724	627.172	624.355	0.846	3.445
	底	429.627		-4.893	-2.938	6.297	648.700	663.379	-4.407	9.446	693.432	702.239	-2.644	5.667
8	顶	473.069	116.100	-4.893	-2.938	6.297	729.556	744.235	-4.407	9.446	784.737	793.544	-2.644	5.667
	底	528.509		-14.501	-8.706	8.606	787.216	830.719	-13.059	12.909	848.161	874.263	-7.835	7.745
7	顶	571.591	139.320	-14.501	-8.706	8.606	868.071	911.574	-13.059	12.909	939.466	965.568	-7.835	7.745
	底	627.391		-26.809	-16.905	10.730	921.681	1002.108	-25.358	16.095	1000.461	1048.717	-15.215	9.657
6	顶	670.833	162.540	-26.809	-16.905	10.730	1002.537	1082.964	-25.358	16.095	1091.765	1140.022	-15.215	9.657
	底	726.273		-41.372	-25.055	12.723	1052.224	1177.420	-37.583	19.085	1150.407	1225.524	-22.550	11.451
5	顶	769.715	185.760	-41.372	-25.055	12.723	1133.080	1258.276	-37.583	19.085	1241.711	1316.829	-22.550	11.451
	底	825.155		-59.344	-35.628	14.633	1178.734	1356.766	-53.442	21.950	1297.932	1404.752	-32.065	13.170
4	顶	868.597	208.980	-59.344	-35.628	14.633	1259.590	1437.622	-53.442	21.950	1389.237	1496.056	-32.065	13.170
	底	924.037		-79.105	-47.492	15.437	1302.020	1539.335	-71.238	23.156	1443.524	1585.913	-42.743	13.893
3	顶	967.479	232.200	-79.105	-47.492	15.437	1382.876	1620.191	-71.238	23.156	1534.829	1677.218	-42.743	13.893
	底	1022.919		-101.120	-60.709	18.182	1421.925	1725.285	-91.064	27.273	1587.087	1769.103	-54.638	16.364
2	顶	1066.361	255.420	-101.120	-60.709	18.182	1502.781	1806.141	-91.064	27.273	1678.392	1860.408	-54.638	16.364
	底	1121.801		-125.632	-75.425	19.909	1538.085	1914.981	-113.138	29.864	1728.403	1954.541	-67.883	17.918
1	顶	1165.243	278.640	-125.632	-75.425	19.909	1618.940	1995.836	-113.138	29.864	1819.708	2045.845	-67.883	17.918
	底	1220.683		-152.022	-91.269	21.599	1651.427	2107.493	-136.904	32.399	1868.029	2141.668	-82.142	19.439

注：表中弯矩和剪力为左风作用下的组合结果，右风作用下其大小相等，符号相反。同时，规定墙肢轴力以受压为正，受拉为负。

持久设计状况下 YSW-4（整体小开口墙）右墙肢基本组合的内力设计值

表 3-47

层次		S_{Gk} N (kN)	S_{Qk} N (kN)	S_{wk}			$\gamma_G S_{Gk} \pm 1.0\times\gamma_L\gamma_w S_{wk} + \gamma_L\times 0.7\times\gamma_Q S_{Qk}$				$\gamma_G S_{Gk} + 1.0\times\gamma_L\gamma_Q S_{Qk} \pm 0.6\times\gamma_L\gamma_w S_{wk}$			
				N (kN)	M (kN·m)	V (kN)	左风 N (kN)	右风 N (kN)	M (kN·m)	V (kN)	左风 N (kN)	右风 N (kN)	M (kN·m)	V (kN)
12	顶	53.446	18.724	0.000	0.000	−2.850	89.140	89.140	0.000	−4.275	97.566	97.566	0.000	−2.565
	底	77.134		−4.341	1.493	−1.031	113.423	126.446	2.240	−1.547	124.454	132.267	1.344	−0.928
11	顶	118.054	37.444	−4.341	1.493	−1.031	186.275	199.298	2.240	−1.547	205.730	213.543	1.344	−0.928
	底	141.742		−4.751	1.634	0.645	216.455	230.708	2.451	0.968	236.155	244.707	1.471	0.581
10	顶	182.662	56.164	−4.751	1.634	0.645	289.307	303.560	2.451	0.968	317.431	325.983	1.471	0.581
	底	206.350		−1.565	0.538	2.160	324.880	329.575	0.807	3.240	351.093	353.910	0.484	1.944
9	顶	230.038	74.884	−1.565	0.538	2.160	375.330	380.025	0.807	3.240	409.967	412.784	0.484	1.944
	底	253.726		4.893	−1.683	3.553	415.812	401.133	−2.525	5.330	446.967	437.766	−1.515	3.198
8	顶	294.646	93.604	4.893	−1.683	3.553	488.664	473.985	−2.525	5.330	527.850	519.042	−1.515	3.198
	底	318.334		14.501	−4.988	4.856	533.870	490.367	−7.482	7.284	567.850	541.190	−4.489	4.370
7	顶	342.022	112.324	14.501	−4.988	4.856	584.321	540.818	−7.482	7.284	626.166	600.064	−4.489	4.370
	底	365.710		26.809	−9.222	6.055	633.577	553.150	−13.833	9.083	668.037	619.781	−8.300	5.450
6	顶	406.630	131.044	26.809	−9.222	6.055	706.429	626.002	−13.833	9.083	749.313	701.057	−8.300	5.450
	底	430.318		41.732	−14.356	7.180	759.608	634.412	−21.534	10.770	793.538	718.421	−12.920	6.462
5	顶	471.238	149.764	41.732	−14.356	7.180	832.460	707.264	−21.534	10.770	874.814	799.697	−12.920	6.462
	底	494.926		59.344	−20.145	8.257	889.672	711.640	−30.218	12.386	921.460	814.640	−18.131	7.431
4	顶	535.846	168.484	59.344	−20.145	8.257	962.524	784.492	−30.218	12.386	1002.736	895.916	−18.131	7.431
	底	559.534		79.105	−27.212	9.275	1022.960	785.645	−40.818	13.913	1051.315	908.926	−24.491	8.348
3	顶	600.454	187.204	79.105	−27.212	9.275	1095.812	858.497	−40.818	13.913	1132.591	990.202	−24.491	8.348
	底	624.142		101.120	−34.786	10.260	1159.629	856.269	−52.179	15.390	1183.199	1001.183	−31.037	9.234
2	顶	665.062	205.924	101.120	−34.786	10.260	1232.481	929.121	−52.179	15.390	1264.475	1082.459	−31.037	9.234
	底	688.750		125.632	−43.218	11.235	1300.043	923.147	−64.827	16.853	1317.330	1091.192	−38.896	10.112
1	顶	729.670	224.644	125.632	−43.218	11.235	1372.895	995.999	−64.827	16.853	1398.606	1172.468	−38.896	10.112
	底	753.358		152.022	−52.296	12.188	1443.275	987.209	−78.444	18.282	1453.151	1179.512	−47.066	10.969

注：表中弯矩和剪力为左风作用下的组合结果，右风作用下其大小相等，符号相反。同时，规定墙肢轴力以受压为正，受拉为负。

地震设计状态况下YSW-4（整体小开口墙）地震组合内力设计值

表 3-48

层次		左墙肢内力					右墙肢内力					连梁内力	
		$1.3S_{GE}$	$1.4S_{Ehk}$			$1.3S_{GE}+1.4S_{Ehk}$		$1.3S_{GE}$	$1.4S_{Ehk}$			$1.3S_{GE}+1.4S_{Ehk}$	$1.4S_{Ehk}$
		N (kN)	N (kN)	V (kN)	M (kN·m)	N(左震) (kN)	N(右震) (kN)	N (kN)	N (kN)	V (kN)	M (kN·m)	N(左震) (kN)	N(右震) (kN)	V (kN)	M (kN·m)
12	顶	102.691	0.000	−17.938	0.000	102.691	102.691	71.002	0.000	−10.266	0.000	71.002	71.002	−2.395	−2.395
	底	174.763	2.395	13.742	1.442	177.158	172.367	101.796	−2.395	7.865	0.858	99.401	104.192		
11	顶	246.330	2.395	13.742	1.442	248.726	243.935	167.160	−2.395	7.865	0.858	164.765	169.556	28.011	28.011
	底	318.402	−25.616	43.180	−15.420	292.787	344.018	197.955	25.616	24.714	−9.171	223.570	172.339		
10	顶	389.970	−25.616	43.180	−15.420	364.354	415.586	263.319	25.616	24.714	−9.171	288.934	237.703	54.750	54.750
	底	462.042	−80.366	70.039	−48.376	381.676	542.408	294.113	80.366	40.086	−28.774	374.479	213.747		
9	顶	533.610	−80.366	70.039	−48.376	453.244	613.975	337.075	80.366	40.086	−28.774	417.441	256.710	79.681	79.681
	底	605.682	−160.047	95.043	−96.341	445.635	765.728	367.870	160.047	54.396	−57.305	527.916	207.823		
8	顶	677.249	−160.047	95.043	−96.341	517.203	837.296	433.234	160.047	54.396	−57.305	593.280	273.187	104.332	104.332
	底	749.321	−264.379	118.700	−159.142	484.942	1013.700	464.028	264.379	67.936	−94.660	728.407	199.649		
7	顶	820.889	−264.379	118.700	−159.142	556.510	1085.268	506.991	264.379	67.936	−94.660	771.369	242.612	125.114	125.114
	底	892.961	−389.493	140.816	−234.455	503.468	1282.453	537.785	389.493	80.594	−139.457	927.278	148.292		
6	顶	964.528	−389.493	140.816	−234.455	575.036	1354.021	603.149	389.493	80.594	−139.457	992.642	213.656	145.907	145.907
	底	1036.600	−535.399	161.932	−322.284	501.201	1572.000	633.943	535.399	92.679	−191.699	1169.343	98.544		
5	顶	1108.168	−535.399	161.932	−322.284	572.769	1643.567	699.307	535.399	92.679	−191.699	1234.707	163.908	167.983	167.983
	底	1180.240	−703.382	182.549	−423.402	476.858	1883.622	730.102	703.382	104.478	−251.845	1433.484	26.719		
4	顶	1251.808	−703.382	182.549	−423.402	548.425	1955.190	795.466	703.382	104.478	−251.845	1498.848	92.083	185.464	185.464
	底	1323.880	−888.846	202.434	−535.042	435.034	2212.726	826.260	888.846	115.858	−318.249	1715.106	−62.586		
3	顶	1395.447	−888.846	202.434	−535.042	506.601	2284.293	891.624	888.846	115.858	−318.249	1780.470	2.778	204.480	204.480
	底	1467.519	−1093.326	222.082	−658.129	374.193	2560.845	922.419	1093.326	127.105	−391.464	2015.744	−170.907		
2	顶	1539.087	−1093.326	222.082	−658.129	445.761	2632.413	987.783	1093.326	127.105	−391.464	2081.108	−105.542	226.195	226.195
	底	1611.159	−1319.521	241.977	−794.287	291.638	2930.680	1018.577	1319.521	138.491	−472.452	2338.098	−300.944		
1	顶	1682.726	−1319.521	241.977	−794.287	363.205	3002.247	1083.941	1319.521	138.491	−472.452	2403.462	−235.580	242.654	242.654
	底	1754.798	−1562.175	261.892	−940.353	194.489	3318.838	1114.735	1562.175	149.888	−559.335	2677.879	−446.470		

注：此处规定墙肢轴力以受压为正，受拉为负。

持久设计状况下 YSW-1（双肢墙）左墙肢基本组合的内力设计值

表 3-49

层次		S_{Gk} N (kN)	S_{Qk} N (kN)	S_{wk} N (kN)	S_{wk} M (kN·m)	S_{wk} V (kN)	$\gamma_G S_{Gk} \pm 1.0 \times \gamma_L \gamma_w S_{wk} + \gamma_L \times 0.7 \times \gamma_Q S_{Qk}$ 左风 N (kN)	右风 N (kN)	M (kN·m)	V (kN)	$\gamma_G S_{Gk} + 1.0 \times \gamma_L \gamma_Q S_{Qk} \pm 0.6 \times \gamma_L \gamma_w S_{wk}$ 左风 N (kN)	右风 N (kN)	M (kN·m)	V (kN)
12	顶	57.850	12.672	0.597	-2.339	-7.577	89.407	87.616	-3.509	-11.366	94.751	93.676	-2.105	-6.819
	底	114.298		-3.160	16.263	-3.463	157.154	166.634	24.395	-5.195	164.752	170.440	14.637	-3.117
11	顶	138.000	25.341	-3.160	26.091	-3.463	201.269	210.749	40.352	-5.195	214.568	220.256	24.211	-3.117
	底	194.448		-11.510	31.659	0.701	262.126	296.656	47.489	1.052	280.435	301.153	28.493	0.631
10	顶	218.150	38.010	-11.510	54.918	0.701	306.241	340.771	82.377	1.052	330.252	350.970	49.426	0.631
	底	274.598		-24.276	45.526	4.816	360.474	433.302	68.289	7.224	392.145	435.841	40.973	4.334
9	顶	298.300	50.679	-24.276	81.312	4.816	404.589	477.417	121.968	7.224	441.961	485.657	73.181	4.334
	底	354.748		-41.366	57.913	8.930	452.337	576.435	86.870	13.395	499.962	574.421	52.122	8.037
8	顶	378.450	63.348	-41.366	105.964	8.930	496.452	620.550	158.946	13.395	549.778	624.237	95.368	8.037
	底	434.898		-62.642	68.022	13.094	537.920	725.846	102.033	19.641	604.012	716.768	61.220	11.785
7	顶	458.600	76.017	-62.642	127.949	13.094	582.130	770.056	191.924	19.641	653.963	766.719	115.154	11.785
	底	515.048		-87.826	76.367	17.209	617.736	881.214	114.551	25.814	704.680	862.767	68.730	15.488
6	顶	538.750	88.686	-87.826	147.390	17.209	661.767	925.235	221.085	25.814	754.361	912.448	132.651	15.488
	底	595.198		-116.468	81.800	21.323	692.176	1041.580	122.700	31.985	801.966	1011.608	73.620	19.191
5	顶	618.900	101.355	-116.468	162.641	21.323	736.291	1085.695	243.962	31.985	851.782	1061.424	146.377	19.191
	底	675.348		-147.694	81.999	25.487	762.835	1205.917	122.999	38.231	897.061	1162.919	73.799	22.938
4	顶	699.050	114.024	-147.694	170.186	25.487	806.950	1250.032	255.279	38.231	946.877	1212.726	153.167	22.938
	底	755.498		-179.930	76.412	29.602	831.978	1371.768	114.618	44.403	991.247	1315.121	68.771	26.642
3	顶	779.200	126.693	-179.930	167.451	29.602	876.093	1415.883	251.177	44.403	1041.063	1364.937	150.706	26.642
	底	835.648		-210.416	59.670	33.716	903.741	1534.995	89.505	50.574	1087.008	1465.757	53.703	30.344
2	顶	859.350	139.362	-210.416	145.897	33.716	947.862	1579.110	218.846	50.574	1136.824	1515.573	131.307	30.344
	底	915.798		-234.007	23.158	37.880	985.858	1687.879	34.737	56.820	1188.975	1610.187	20.842	34.092
1	顶	939.500	152.031	-234.007	89.281	37.880	1029.973	1731.994	133.922	56.820	1238.791	1660.003	80.353	34.092
	底	995.948		-234.007	-46.684	41.995	1103.355	1805.376	-70.026	62.993	1312.173	1733.386	-42.016	37.796

注：表中弯矩和剪力为左风作用下的组合结果，右风作用下其大小相等、符号相反。同时，规定墙肢轴力以受压为正，受拉为负。

持久设计状况下 YSW-1（双肢墙）右墙肢基本组合的内力设计值

表 3-50

层次		S_{Gk} N (kN)	S_{Qk} N (kN)	S_{wk} N (kN)	S_{wk} M (kN·m)	S_{wk} V (kN)	$\gamma_G S_{Gk}+1.0\times\gamma_w S_{wk}+\gamma_L\times 0.7\times\gamma_Q S_{Qk}$ 左风 N (kN)	右风 N (kN)	M (kN·m)	V (kN)	$\gamma_G S_{Gk}+1.0\times\gamma_L\gamma_Q S_{Qk}\pm 0.6\times\gamma_L\gamma_w S_{wk}$ 左风 N (kN)	右风 N (kN)	M (kN·m)	V (kN)
12	顶	41.657	9.160	−0.597	−1.543	−6.572	62.877	64.668	−2.315	−9.858	67.357	68.432	−1.389	−5.915
	底	82.229		3.160	10.729	−3.086	121.256	111.776	16.094	−4.629	123.482	117.794	9.656	−2.777
11	顶	101.632	18.318	3.160	17.748	−3.086	156.096	146.616	26.622	−4.629	162.443	156.755	15.973	−2.777
	底	142.204		11.510	20.887	0.625	221.364	186.834	31.331	0.938	222.701	201.983	18.798	0.563
10	顶	161.607	27.476	11.510	36.232	0.625	256.204	221.674	54.348	0.938	261.662	240.944	32.609	0.563
	底	202.179		24.276	30.036	4.291	328.097	255.269	45.054	6.437	325.895	282.298	27.032	3.862
9	顶	221.582	36.634	24.276	53.645	4.291	362.936	290.108	80.468	6.437	364.856	321.159	48.281	3.862
	底	262.154		41.366	38.208	7.958	441.315	317.217	57.312	11.937	432.981	358.522	34.387	7.162
8	顶	281.557	45.792	41.366	69.910	7.958	476.155	352.057	104.865	11.937	471.942	397.483	62.919	7.162
	底	322.129		62.642	44.878	11.668	560.812	372.886	37.317	17.502	543.834	431.078	40.390	10.501
7	顶	341.532	54.95	62.642	84.414	11.668	595.652	407.726	126.621	17.502	582.795	470.039	75.973	10.501
	底	382.104		87.825	50.383	15.334	686.170	422.695	75.575	23.001	658.203	500.118	45.345	13.801
6	顶	401.507	64.108	87.825	97.241	15.334	721.010	457.535	145.862	23.001	697.164	539.079	87.517	13.801
	底	442.079		116.468	53.968	19.001	816.718	467.314	80.952	28.502	775.686	566.040	48.571	17.101
5	顶	461.482	73.266	116.468	107.303	19.001	851.558	502.154	160.955	28.502	814.647	605.005	96.573	17.101
	底	502.054		147.694	54.090	22.711	951.141	508.059	81.149	34.067	895.494	629.645	48.689	20.440
4	顶	521.457	82.424	147.694	112.280	22.711	988.080	544.998	168.420	34.067	937.455	671.606	101.052	20.440
	底	562.029		179.930	50.413	26.377	1089.178	549.388	75.620	39.566	1019.211	695.337	45.372	23.739
3	顶	600.835	91.582	179.930	110.476	26.377	1147.142	607.352	165.714	39.566	1080.396	756.522	99.428	23.739
	底	641.407		210.416	39.368	30.044	1245.614	614.366	59.052	45.066	1160.577	781.828	35.341	27.040
2	顶	660.810	100.74	210.416	96.256	30.044	1280.454	649.206	144.384	45.066	1199.538	820.789	86.630	27.040
	底	701.382		234.007	15.279	33.754	1368.584	666.563	22.919	50.631	1273.513	852.300	13.751	30.379
1	顶	720.785	109.898	234.007	58.903	33.754	1403.424	701.403	88.355	50.631	1312.474	891.261	53.013	30.379
	底	761.357		234.007	−30.800	37.420	1456.168	754.147	−46.200	50.631	1365.218	944.005	−27.720	33.678

注：表中弯矩和剪力组合结果，右风作用下其大小相等，符号相反。同时，规定墙肢轴力以受压为正，受拉为负。左风作用下的组合结果。

表 3-51

地震设计状况下 YSW-1（双肢墙）地震组合内力设计值

层次		左墙肢内力						右墙肢内力						连梁内力	
		$1.3S_{GE}$	$1.4S_{Ehk}$			$1.3S_{GE}+1.4S_{Ehk}$		$1.3S_{GE}$	$1.4S_{Ehk}$			$1.3S_{GE}+1.4S_{Ehk}$		$1.4S_{Ehk}$	
		N (kN)	N (kN)	V (kN)	M (kN·m)	$N(左震)$ (kN)	$N(右震)$ (kN)	N (kN)	N (kN)	V (kN)	M (kN·m)	$N(左震)$ (kN)	$N(右震)$ (kN)	V (kN)	M (kN·m)
12	顶	76.235	−37.908	−21.036	107.528	38.327	114.143	54.898	37.908	−18.743	70.941	92.806	16.991	37.908	43.593
	底	149.618	−111.700	11.843	123.173	37.918	261.317	107.642	111.700	10.553	81.265	219.342	−4.507		
11	顶	188.665	−111.700	11.843	333.281	76.965	300.365	138.819	111.700	10.553	219.883	250.518	27.119	74.071	85.180
	底	262.047	−222.236	45.117	235.153	39.811	484.238	191.562	222.236	40.204	155.142	413.798	−30.674		
10	顶	301.095	−222.236	45.117	547.903	78.859	523.331	222.739	222.236	40.204	383.017	444.795	0.503	110.258	126.795
	底	374.477	−367.832	77.995	338.337	6.646	742.309	275.482	367.832	69.500	223.217	643.314	−92.349		
9	顶	413.525	−367.832	77.995	751.327	45.693	781.356	306.659	367.832	69.500	495.687	674.491	−61.173	145.596	167.434
	底	486.904	−547.940	110.875	429.829	−61.032	1034.847	359.403	547.940	98.797	283.579	907.342	−188.537		
8	顶	525.955	−547.940	110.875	940.715	−2.985	1073.894	390.579	547.940	98.797	620.638	938.519	−157.360	180.107	207.124
	底	599.337	−761.320	144.147	501.382	−161.983	1360.657	443.323	761.320	128.447	330.787	1204.643	−317.997		
7	顶	638.384	−761.320	144.147	1106.657	−122.936	1399.704	474.499	761.320	128.447	730.117	1235.819	−286.821	213.382	245.389
	底	711.767	−1005.500	177.026	559.947	−293.734	1717.267	527.243	1005.500	157.743	369.426	1532.744	−478.257		
6	顶	750.814	−1005.500	177.026	1252.585	−254.183	1756.315	558.420	1005.500	157.743	826.395	1563.920	−447.081	244.182	280.808
	底	824.197	−1276.380	209.905	593.936	−452.183	2100.577	611.163	1276.380	187.041	391.850	1887.543	−665.217		
5	顶	863.244	−1276.380	209.905	1362.303	−413.136	2139.624	642.340	1276.380	187.041	898.782	1918.720	−634.040	270.880	311.510
	底	936.626	−1566.118	243.177	581.774	−629.491	2502.744	695.083	1566.118	216.691	383.825	2261.201	−871.034		
4	顶	975.674	−1566.118	243.177	1403.635	−590.444	2541.791	726.260	1566.118	216.691	926.048	2292.378	−839.857	289.738	333.196
	底	1049.056	−1860.661	276.056	519.779	−811.605	2909.718	779.004	1860.661	245.911	342.925	2639.665	−1081.658		
3	顶	1088.104	−1860.661	276.056	1355.320	−772.558	2948.765	835.404	1860.661	245.911	894.147	2696.066	−1025.257	294.545	338.727
	底	1161.486	−2135.262	308.935	359.496	−973.776	3296.748	888.148	2135.262	275.285	237.178	3023.409	−1247.114		
2	顶	1200.534	−2135.262	308.935	1138.420	−934.728	3335.795	919.324	2135.262	275.285	751.073	3054.586	−1215.937	274.600	315.788
	底	1273.916	−2343.734	342.207	16.675	−1069.818	3617.650	972.068	2343.734	304.934	11.003	3315.802	−1371.666		
1	顶	1312.963	−2343.734	342.207	608.017	−1030.770	3656.697	1003.245	2343.734	304.934	401.141	3346.978	−1340.489	208.471	239.741
	底	1386.346	−2343.734	388.412	−612.979	−956.729	3730.738	1055.988	2343.734	346.105	−404.413	3400.210	−1287.257		

注：此处规定墙肢轴力以受压为正，受拉为负。

$$A_s=A'_s=\frac{\gamma_{RE}N\left(e_0+h_{w0}-\dfrac{h_w}{2}\right)+M_{sw}-M_c}{f'_y(h_{w0}-a'_s)}$$

$$=\frac{0.85\times2976.854\times10^3\times\left(1782.49+3800-\dfrac{4000}{2}\right)+139.752\times10^7-1235.818\times10^7}{360\times(3800-200)}<0$$

② 按右震计算（$M=5306.204$kN·m，$N=2976.854$kN）

此时为矩形截面，可求得截面受压区高度为

$$x=\frac{\gamma_{RE}N+b_wh_{w0}f_{yw}\rho_w}{\alpha_1f_cb_w+1.5b_wf_{yw}\rho_w}=\frac{0.85\times2976.854\times10^3+200\times3800\times270\times0.0039}{1.0\times19.1\times200+1.5\times200\times270\times0.0039}$$

$$=805.29\text{mm}<\xi_bh_{w0}=0.518\times3800=1968.40\text{mm}$$

属于大偏心受压，则

$$M_c=\alpha_1f_cb_wx\left(h_{w0}-\frac{x}{2}\right)=1.0\times19.1\times200\times805.29\times\left(3800-\frac{805.29}{2}\right)=1045.099\times10^7\text{N·m}$$

$$M_{sw}=\frac{1}{2}(h_{w0}-1.5x)^2b_wf_{yw}\rho_w$$

$$=\frac{1}{2}\times(3800-1.5\times805.29)^2\times200\times270\times0.0039=70.749\times10^7\text{N·m}$$

$$e_0=\frac{M}{N}=\frac{5306.204\times10^6}{2976.854\times10^3}=1782.49\text{mm}$$

则进一步可得

$$A_s=A'_s=\frac{\gamma_{RE}N\left(e_0+h_{w0}-\dfrac{h_w}{2}\right)+M_{sw}-M_c}{f'_y(h_{w0}-a'_s)}$$

$$=\frac{0.85\times2976.854\times10^3\times\left(1782.49+3800-\dfrac{4000}{2}\right)+70.749\times10^7-1045.099\times10^7}{360\times(3800-200)}<0$$

故按构造要求配筋，则翼缘应取 $0.008A_c=0.008\times200\times(200+300)=800\text{mm}^2$ 和 6Φ14 的较大值，因此选取纵筋为 6Φ14（$A_s=923\text{mm}^2$）。另一端应取 $0.008A_c=0.008\times200\times400=640\text{mm}^2$ 和 6Φ14 的较大值，因此选取纵筋为 6Φ14（$A_s=923\text{mm}^2$），箍筋为Φ8@150。

(4) 斜截面受剪承载力计算

斜截面受剪承载力按式（3-61）计算。因剪跨比 $\lambda=4.87>2.2$，故计算时取 $\lambda=2.2$。又因为

$$N=2976.854\times10^3\text{N}<0.2f_c(b_wh_w+b'_fh'_f)$$

$$=0.2\times19.1\times(200\times3800+200\times1650)=4163.800\times10^3\text{N}$$

故取 $N=2976.854\times10^3$N 计算，同时选取水平分布钢筋为双排Φ10@200，则由式（3-61）得

$$\frac{1}{\gamma_{RE}}\left[\frac{1}{\lambda-0.5}\left(0.4f_tb_wh_{w0}+0.1N\frac{A_w}{A}\right)+0.8f_{yh}\frac{A_{sh}}{s}h_{w0}\right]$$

$$=\frac{1}{0.85}\times\left[\frac{1}{2.2-0.5}\times\left(0.4\times1.71\times200\times3800+0.1\times2976.854\times10^3\times\frac{200\times3800}{200\times(3800+1650)}\right)\right.$$
$$\left.+0.8\times270\times\frac{2\times78.5}{200}\times3800\right]=1261.424\times10^3\text{N}=1261.424\text{kN}>V_\text{w}=401.422\text{kN}$$

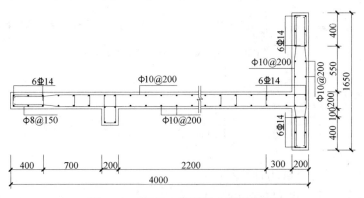

图 3-31 YSW-3 截面尺寸及配筋图

整截面墙 YSW-3 底部 1~2 层的配筋计算结果如表 3-52 所示，截面配筋如图 3-31 所示。其他各层配筋计算从略。

YSW-3（整截面墙）各层配筋计算结果　　表 3-52

层次	竖向分布钢筋	水平分布钢筋	端柱配筋
1~2 层	Φ10@200，双排	Φ10@200，双排	纵筋 6Φ14，箍筋Φ8@150
3~12 层	Φ8@200，双排	Φ8@200，双排	纵筋 6Φ12，箍筋Φ8@150

2. YSW-4（整体小开口墙）截面设计

剪力墙截面尺寸如图 3-32 所示，仍取 1~2 层为底部加强区，选取底层最不利组合内力的绝对值进行计算。剪力墙截面采用对称配筋，纵向受力钢筋采用 HRB400 级钢筋，箍筋和分布钢筋采用 HPB300 级钢筋。

（1）左墙肢

由表 3-46 和表 3-48 可知，地震设计状况和持久设计状况下的最不利内力分别为：

地震组合的内力设计值

左震　　　$M=-940.353\text{kN·m}$　　　$N=194.489\text{kN}$　　　$V=261.892\text{kN}$

右震　　　$M=940.353\text{kN·m}$　　　$N=3318.838\text{kN}$　　　$V=-261.892\text{kN}$

基本组合的内力设计值

　　　　　$M=-136.904\text{kN.m}$　　　$N=1651.427\text{kN}$　　　$V=32.399\text{kN}$

比较可见，考虑地震组合的内力为最不利内力，故下面仅按这两组内力对底部加强区进行截面配筋计算。

1）验算墙体截面尺寸

$$h_\text{w0}=h_\text{w}-a_\text{s}=1500-200=1300\text{mm}$$

由底层墙端截面组合的弯矩计算值 M、对应的截面组合的剪力计算值 V，可求得计算截面处的剪跨比为

$$\lambda = \frac{M}{Vh_{w0}} = \frac{940.353 \times 10^3}{261.892 \times 1300} = 2.76 > 2.5$$

此外，对剪力墙底部加强区范围内的剪力设计值尚需按式（3-41a）进行调整，即
$$V_w = 1.4V'_w = 1.4 \times 261.892 = 366.649 \text{kN}$$
$$\frac{1}{\gamma_{RE}}(0.2\beta_c f_c b_w h_{w0}) = \frac{1}{0.85} \times 0.2 \times 1.0 \times 19.1 \times 200 \times 1300 = 1168.470 \times 10^3 \text{N}$$
$$= 1168.470 \text{kN} > V_w = 366.649 \text{kN}$$

满足要求。

2）轴压比验算
$$\frac{N}{f_c A_w} = \frac{3318.838 \times 10^3}{19.1 \times (1300+1800) \times 200} = 0.28 < 0.6$$

满足要求。

3）偏心受压正截面承载力计算

墙体竖向分布钢筋选取双排Φ10@200，则由式（3-66）可求得竖向分布钢筋的配筋率为
$$\rho_w = \frac{78.5 \times 2}{200 \times 200} = 0.39\% > \rho_{min} = 0.25\%$$

竖向分布钢筋沿截面高度可布置 $2 \times 8 = 16$ 根，则
$$A_{sw} = 78.5 \times 16 = 1256 \text{mm}^2$$

① 按左震计算（$M = -940.353 \text{kN} \cdot \text{m}$，$N = 194.489 \text{kN}$）

此时为矩形截面，假定 $\sigma_s = f_y$，则由式（3-44）、式（3-48）和式（3-51）可求得截面受压区高度为
$$x = \frac{\gamma_{RE}N + b_w h_{w0} f_{yw}\rho_w}{\alpha_1 f_c b_w + 1.5 b_w f_{yw}\rho_w} = \frac{0.85 \times 194.489 \times 10^3 + 200 \times 1300 \times 270 \times 0.0039}{1.0 \times 19.1 \times 200 + 1.5 \times 200 \times 270 \times 0.0039}$$
$$= 106.17 \text{mm} < \xi_b h_{w0} = 0.518 \times 1300 = 673.40 \text{mm}$$

属于大偏心受压，则
$$M_c = \alpha_1 f_c b_w x \left(h_{w0} - \frac{x}{2}\right) = 1.0 \times 19.1 \times 200 \times 106.17 \times \left(1300 - \frac{106.17}{2}\right) = 505.696 \times 10^6 \text{N} \cdot \text{m}$$

$$M_{sw} = \frac{1}{2}(h_{w0} - 1.5x)^2 b_w f_{yw}\rho_w$$
$$= \frac{1}{2} \times (1300 - 1.5 \times 106.17)^2 \times 200 \times 270 \times 0.0039 = 137.028 \times 10^6 \text{N} \cdot \text{m}$$

$$e_0 = \frac{M}{N} = \frac{940.353 \times 10^6}{194.489 \times 10^3} = 4834.99 \text{mm}$$

由式（3-45）可求得

$$A_s = A'_s = \frac{\gamma_{RE}N\left(e_0 + h_{w0} - \frac{h_w}{2}\right) + M_{sw} - M_c}{f'_y(h_{w0} - a'_s)}$$

$$= \frac{0.85 \times 194.489 \times 10^3 \times \left(4834.99 + 1300 - \frac{1500}{2}\right) + 137.028 \times 10^6 - 505.696 \times 10^6}{360 \times (1300 - 200)} = 1317.06 \text{mm}^2$$

② 按右震计算（$M=940.353$kN·m，$N=3318.838$kN）

此时为 T 形截面，假定 $\sigma_s=f_y$，则由式（3-44）、式（3-48）和式（3-51）可求得截面受压区高度为

$$x=\frac{\gamma_{RE}N+b_wh_{w0}f_{yw}\rho_w}{\alpha_1f_cb'_f+1.5b_wf_{yw}\rho_w}=\frac{0.85\times3318.838\times10^3+200\times1300\times270\times0.0039}{1.0\times19.1\times1800+1.5\times200\times270\times0.0039}$$

$$=89.20\text{mm}<\xi_bh_{w0}=0.518\times1300=673.40\text{mm}$$

属于大偏心受压，则由式（3-49）和式（3-52）可得

$$M_c=\alpha_1f_cb'_fx\left(h_{w0}-\frac{x}{2}\right)=1.0\times19.1\times1800\times89.20\times\left(1300-\frac{89.20}{2}\right)=384.983\times10^7\text{N}\cdot\text{m}$$

$$M_{sw}=\frac{1}{2}(h_{w0}-1.5x)^2b_wf_{yw}\rho_w$$

$$=\frac{1}{2}\times(1300-1.5\times89.20)^2\times200\times270\times0.0039=143.211\times10^6\text{N}\cdot\text{m}$$

$$e_0=\frac{M}{N}=\frac{940.353\times10^6}{3318.838\times10^3}=283.34\text{mm}$$

由式（3-45）可求得

$$A_s=A'_s=\frac{\gamma_{RE}N\left(e_0+h_{w0}-\frac{h_w}{2}\right)+M_{sw}-M_c}{f'_y(h_{w0}-a'_s)}$$

$$=\frac{0.85\times3318.838\times10^3\times\left(283.34+1300-\frac{1500}{2}\right)+143.211\times10^6-384.983\times10^7}{360\times(1300-200)}<0$$

则翼缘应取 1317.06mm²、$0.008A_c=0.008\times200\times(200+300)=800$mm² 和 6Φ14 的较大值，因此选取纵筋为 6Φ18（$A'_s=1526$mm²）。另一端应取 1317.06mm²、$0.008A_c=0.008\times200\times400=640$mm² 和 6Φ14 的较大值，因此选取纵筋为 6Φ18（$A_s=1526$mm²），箍筋为Φ8@150。

4）斜截面受剪承载力计算

斜截面受剪承载力计算时取 $\lambda=2.2$，又由于

$$N=194.489\times10^3\text{N}<0.2f_c(b_wh_w+b'_fh'_f)$$

$$=0.2\times19.1\times(200\times1300+200\times1800)=2368.400\times10^3\text{N}$$

故取 $N=194.489\times10^3$N 计算，同时选取水平分布钢筋为双排Φ10@200，则由式（3-61）得

$$\frac{1}{\gamma_{RE}}\left[\frac{1}{\lambda-0.5}\left(0.4f_tb_wh_{w0}+0.1N\frac{A_w}{A}\right)+0.8f_{yh}\frac{A_{sh}}{s}h_{w0}\right]$$

$$=\frac{1}{0.85}\times\left[\frac{1}{2.2-0.5}\times\left(0.4\times1.71\times200\times1300+0.1\times194.489\times10^3\times\frac{200\times1300}{200\times(1300+1800)}\right)\right.$$

$$\left.+0.8\times270\times\frac{2\times78.5}{200}\times1300\right]=388.044\times10^3\text{N}=388.044\text{kN}>V_w=366.649\text{kN}$$

满足要求。

（2）右墙肢

由表 3-47 和表 3-48 可知，地震设计状况和持久设计状况下的最不利内力分别为：

地震组合的内力设计值

左震 $M=-559.335\text{kN}\cdot\text{m}$ $N=2677.879\text{kN}$ $V=149.888\text{kN}$

右震 $M=559.335\text{kN}\cdot\text{m}$ $N=-446.470\text{kN}$ $V=-149.888\text{kN}$

基本组合的内力设计值

         $M=-78.444\text{kN}\cdot\text{m}$ $N=987.209\text{kN}$ $V=18.282\text{kN}$

比较可见，考虑地震组合的内力为最不利内力，故下面仅按这两组内力对底部加强区进行截面配筋计算。

1) 验算墙体截面尺寸

$$h_{w0}=h_w-a_s=1500-200=1300\text{mm}$$

由底层墙端截面组合的弯矩计算值 M、对应的截面组合的剪力计算值 V，可求得计算截面处的剪跨比为

$$\lambda=\frac{M}{Vh_{w0}}=\frac{559.335\times 10^3}{149.888\times 1300}=2.87>2.5$$

此外，对剪力墙底部加强区范围内的剪力设计值尚需按式（3-41a）进行调整，即

$$V_w=1.4V'_w=1.4\times 149.888=209.843\text{kN}$$

$$\frac{1}{\gamma_{RE}}(0.2\beta_c f_c b_w h_{w0})=\frac{1}{0.85}\times 0.2\times 1.0\times 19.1\times 200\times 1300=1168.470\times 10^3\text{N}$$

$$=1168.470\text{kN}>V_w=209.843\text{kN}$$

满足要求。

2) 轴压比验算

$$\frac{N}{f_c A_w}=\frac{2677.879\times 10^3}{19.1\times(1500+200)\times 200}=0.41<0.6$$

满足要求。

3) 偏心受压正截面承载力计算

墙体竖向分布钢筋选取双排$\Phi 10@200$，则由式（3-66）可求得竖向分布钢筋的配筋率为

$$\rho_w=\frac{78.5\times 2}{200\times 200}=0.39\%>\rho_{\min}=0.25\%$$

竖向分布钢筋沿截面高度可布置 $2\times 8=16$ 根，则

$$A_{sw}=78.5\times 16=1256\text{mm}^2$$

① 按左震计算（$M=-559.335\text{kN}\cdot\text{m}$，$N=2677.879\text{kN}$）

假定 $\sigma_s=f_y$，则由式（3-44）、式（3-48）和式（3-51）可求得截面受压区高度为

$$x=\frac{\gamma_{RE}N+b_w h_{w0}f_{yw}\rho_w}{\alpha_1 f_c b_w+1.5b_w f_{yw}\rho_w}=\frac{0.85\times 2677.879\times 10^3+200\times 1300\times 270\times 0.0039}{1.0\times 19.1\times 200+1.5\times 200\times 270\times 0.0039}$$

$$=616.55\text{mm}<\xi_b h_{w0}=0.518\times 1300=673.40\text{mm}$$

属于大偏心受压，则

$$M_c=\alpha_1 f_c b_w x\left(h_{w0}-\frac{x}{2}\right)+\alpha_1 f_c(b'_f-b_w)h'_f\left(h_{wo}-\frac{h'_f}{2}\right)=1.0\times 19.1\times 200\times 616.55\times$$

$$\left(1300-\frac{616.55}{2}\right)+1.0\times 19.1\times(400-200)\times 200\times\left(1300-\frac{200}{2}\right)=325.252\times 10^7\text{N}\cdot\text{m}$$

$$M_{sw} = \frac{1}{2}(h_{w0} - 1.5x)^2 b_w f_{yw} \rho_w$$

$$= \frac{1}{2} \times (1300 - 1.5 \times 616.55)^2 \times 200 \times 270 \times 0.0039 = 14.822 \times 10^6 \text{N} \cdot \text{m}$$

$$e_0 = \frac{M}{N} = \frac{559.335 \times 10^6}{2677.879 \times 10^3} = 208.87 \text{mm}$$

由式（3-45）可求得

$$A_s = A'_s = \frac{\gamma_{RE} N \left(e_0 + h_{w0} - \frac{h_w}{2}\right) + M_{sw} - M_c}{f'_y (h_{w0} - a'_s)}$$

$$= \frac{0.85 \times 2677.879 \times 10^3 \times \left(208.87 + 1300 - \frac{1500}{2}\right) + 14.822 \times 10^6 - 325.252 \times 10^7}{360 \times (1300 - 200)} < 0$$

因轴压比大于 0.3，应按照《高层建筑混凝土结构技术规程》规定设置约束边缘构件，则翼缘取 $0.010 A_c = 0.010 \times 200 \times 500 = 1000 \text{mm}^2$ 和 6 Φ 16（$A'_s = 1206 \text{mm}^2$）的较大值。另一端应取 $0.010 A_c = 0.010 \times 200 \times 400 = 800 \text{mm}^2$ 和 6 Φ 16 的较大值，因此选取纵筋为 6 Φ 16（$A_s = 1206 \text{mm}^2$）。

在二级抗震等级下，约束边缘构件的配箍特征值 λ_v 为 0.20，则体积配箍率应满足：

$$\rho_v \geq \lambda_v \frac{f_c}{f_{yv}} = 0.20 \times \frac{16.7}{270} = 0.01237$$

当配箍为 Φ 8@100 时，ρ_v 满足要求。

② 按右震计算（$M = 559.335 \text{kN} \cdot \text{m}$，$N = -446.470 \text{kN}$）

墙肢在该组内力下属于偏心受拉，应按式（3-58）、式（3-59）和式（3-57）进行计算。取 $A_s = 1206 \text{mm}^2$，则

$$N_{ou} = 2A_s f_y + A_{sw} f_{yw} = 2 \times 1206 \times 360 + 1256 \times 270 = 1207.44 \times 10^3 \text{N} = 1207.44 \text{kN}$$

$$M_{wu} = A_s f_y (h_{w0} - a'_s) + A_{sw} f_{yw} \frac{h_{w0} - a'_s}{2}$$

$$= 1206 \times 360 \times (1300 - 200) + 1256 \times 270 \times \frac{1300 - 200}{2} = 664.092 \times 10^6 \text{N} \cdot \text{mm} = 664.092 \text{kN} \cdot \text{m}$$

$$e_0 = \frac{M}{N} = \frac{559.335 \times 10^6}{446.470 \times 10^3} = 1252.79 \text{mm}$$

$$\frac{1}{\gamma_{RE}} \left(\frac{1}{\frac{1}{N_{ou}} + \frac{e_0}{M_{wu}}}\right) = \frac{1}{0.85} \times \left(\frac{1}{\frac{1}{1207.44} + \frac{1252.79}{664.092 \times 10^3}}\right) = 433.374 \text{kN} < N = 446.470 \text{kN}$$

可见，按照左震计算配筋结果不满足右震偏心受拉要求，调整端柱配筋为 6 Φ 18（$A_s = 1526 \text{mm}^2$），计算结果为：

$$N_{ou} = 2A_s f_y + A_{sw} f_{yw} = 2 \times 1526 \times 360 + 1256 \times 270 = 1437.840 \times 10^3 \text{N} = 1437.840 \text{kN}$$

$$M_{wu} = A_s f_y (h_{w0} - a'_s) + A_{sw} f_{yw} \frac{h_{w0} - a'_s}{2}$$

$$= 1526 \times 360 \times (1300 - 200) + 1256 \times 270 \times \frac{1300 - 200}{2}$$

$$= 790.812 \times 10^6 \text{N} \cdot \text{mm} = 790.812 \text{kN} \cdot \text{m}$$

$$\frac{1}{\gamma_{RE}}\left(\frac{1}{\frac{1}{N_{ou}}+\frac{e_0}{M_{wu}}}\right)=\frac{1}{0.85}\times\left(\frac{1}{\frac{1}{1437.840}+\frac{1252.79}{790.812\times10^3}}\right)=516.069\text{kN}>N=446.470\text{kN}$$

满足要求。

4）斜截面受剪承载力计算

因剪跨比 $\lambda=2.87>2.2$，故斜截面受剪承载力计算时取 $\lambda=2.2$，取轴向拉力 N 为 446.470kN，同时选取水平分布钢筋为双排Φ8@200，则应按式（3-63）进行偏心受拉时的斜截面承载力计算，即

$$\frac{1}{\gamma_{RE}}\left[\frac{1}{\lambda-0.5}\left(0.4f_tb_wh_{w0}-0.1N\frac{A_w}{A}\right)+0.8f_{yh}\frac{A_{sh}}{s}h_{w0}\right]$$

$$=\frac{1}{0.85}\times\left[\frac{1}{2.2-0.5}\times\left(0.4\times1.71\times200\times1300-0.1\times446.470\times10^3\times\frac{200\times1500}{200\times(1500+200)}\right)+\right.$$

$$\left.0.8\times270\times\frac{2\times50.3}{200}\times1300\right]$$

$$=261.978\times10^3\text{N}=261.978\text{kN}>V_w=209.843\text{kN}$$

满足要求。

（3）连梁设计

由表 3-48 选取地震组合的内力设计值 $V_b=242.654\text{kN}$、$M_b=242.654\text{kN·m}$ 为最不利内力进行计算。

1）验算连梁截面尺寸

该剪力墙抗震等级为二级，在承载力计算时，忽略连梁上重力荷载代表值的作用，连梁的剪力设计值应按式（3-70）进行调整：

$$V_b=1.2\times242.654=291.185\text{kN}$$
$$h_{b0}=h_b-a_s=700-40=660\text{mm}$$

因 $l_0/h_b=2000/700=2.86>2.5$，则由式（3-68）可得

$$\frac{1}{\gamma_{RE}}(0.2\beta_cf_cb_bh_{b0})=\frac{1}{0.85}\times0.2\times1.0\times19.1\times200\times660=593.223\times10^3\text{N}$$
$$=593.223\text{kN}>V_b=291.185\text{kN}$$

故截面尺寸满足要求。

2）正截面受弯承载力计算

连梁的纵向钢筋按式（3-72）计算

$$A_s=A_s'=\frac{\gamma_{RE}M}{f_y(h_{b0}-a_s')}=\frac{0.85\times242.654\times10^6}{360\times(660-40)}=924.086\text{mm}^2$$

故可选取纵筋为 2Φ25（$A_s=A_s'=982\text{mm}^2$）。

3）斜截面受剪承载力验算

根据构造要求（与框架梁端箍筋加密区箍筋构造要求相同），选取箍筋为双肢Φ8@100，则由式（3-74）得

$$\frac{1}{\gamma_{RE}}\left(0.42f_tb_bh_{b0}+f_{yv}\frac{A_{sv}}{s}h_{b0}\right)=\frac{1}{0.85}\times\left(0.42\times1.71\times200\times660+270\times\frac{2\times50.3}{100}\times660\right)$$
$$=322.437\text{kN}>V_b=291.185\text{kN}$$

满足要求。

整体小开口墙 YSW-4 底部 1~2 层的配筋计算结果见表 3-53，截面配筋如图 3-32 所示。其他各层的配筋计算从略。

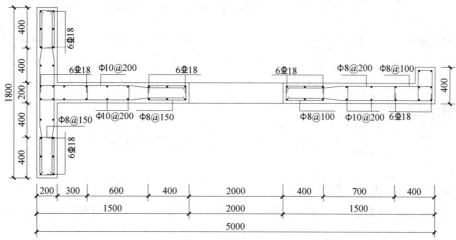

图 3-32　YSW-4 截面尺寸及配筋图

YSW-4（整体小开口墙）各层配筋计算结果　　　　表 3-53

楼层	左墙肢		右墙肢		连梁	
	水平、竖向分布筋	端柱配筋	水平、竖向分布筋	端柱配筋	纵筋	箍筋
1~2 层	φ10@200，双排	纵筋 6Φ18 箍筋 φ8@150	水平：φ8@200，双排 竖向：φ10@200，双排	纵筋 6Φ18 箍筋 φ8@100	2Φ25	2φ8@100
3~12 层	φ8@200，双排	纵筋 6Φ14 箍筋 φ8@150	水平：φ8@200，双排 竖向：φ8@200，双排	纵筋 6Φ14 箍筋 φ8@100	2Φ25	2φ8@100

3. YSW-1（双肢墙）截面设计

剪力墙截面尺寸如图 3-33 所示。仍以底层为例说明计算过程。由于地震作用和风荷载均来自两个方向，故仅选取底层最不利组合内力的绝对值进行计算。墙肢截面采用对称配筋，纵向受力钢筋采用 HRB400 级钢筋，箍筋和分布钢筋采用 HPB300 级钢筋。

(1) 左墙肢

由表 3-49 和表 3-51 可知，地震设计状况和持久设计状况下的最不利内力分别为：
地震组合的内力设计值
左震　　$M=-612.979 \text{kN} \cdot \text{m}$　　$N=-956.729 \text{kN}$　　$V=388.412 \text{kN}$
右震　　$M=612.979 \text{kN} \cdot \text{m}$　　$N=3730.738 \text{kN}$　　$V=-388.412 \text{kN}$
基本组合的内力设计值
　　　　$M=-70.026 \text{kN} \cdot \text{m}$　　$N=1103.355 \text{kN}$　　$V=62.993 \text{kN}$

比较可见，考虑地震组合的内力为最不利内力，故下面仅按这两组内力对底部加强区进行截面配筋计算。

1) 验算墙体截面尺寸
$$h_{w0}=h_w-a_s=2400-200=2200 \text{mm}$$

由底层墙端截面组合的弯矩设计值 M、对应的截面组合的剪力设计值 V，可求得计算截面处的剪跨比为

$$\lambda = \frac{M}{Vh_{w0}} = \frac{612.979 \times 10^3}{388.412 \times 2200} = 0.72 < 2.5$$

此外，对剪力墙底部加强区范围内的剪力设计值尚需按式（3-41a）进行调整，即

$$V_w = 1.4V'_w = 1.4 \times 388.412 = 543.777 \text{kN}$$

$$\frac{1}{\gamma_{RE}}(0.15\beta_c f_c b_w h_{w0}) = \frac{1}{0.85} \times 0.15 \times 1.0 \times 19.1 \times 200 \times 2200 = 1483.058 \text{kN} > V_w = 543.777 \text{kN}$$

满足要求。

2）轴压比验算

$$\frac{N}{f_c A_w} = \frac{3730.738 \times 10^3}{19.1 \times (2200+1000) \times 200} = 0.31 < 0.6$$

满足要求。

3）偏心受压正截面承载力计算

墙体竖向分布钢筋选取双排$\phi 10@200$，则由式（3-66）可求得竖向分布钢筋的配筋率为

$$\rho_w = \frac{78.5 \times 2}{200 \times 200} = 0.39\% > \rho_{min} = 0.25\%$$

竖向分布钢筋沿截面高度可布置$2 \times 12 = 24$根，则

$$A_{sw} = 78.5 \times 24 = 1884 \text{mm}^2$$

① 按右震计算（$M = 612.979 \text{kN} \cdot \text{m}$，$N = 3730.738 \text{kN}$）

此时为 T 形截面，假定$\sigma_s = f_y$，$x \leqslant h'_f = 200 \text{mm}$，则由式（3-44）、式（3-48）和式（3-51）可求得截面受压区高度为

$$x = \frac{\gamma_{RE}N + b_w h_{w0} f_{yw} \rho_w}{\alpha_1 f_c b'_f + 1.5 b_w f_{yw} \rho_w} = \frac{0.85 \times 3730.738 \times 10^3 + 200 \times 2200 \times 270 \times 0.0039}{1.0 \times 19.1 \times 1000 + 1.5 \times 200 \times 270 \times 0.0039}$$

$$= 187.189 \text{mm} < \xi_b h_{w0} = 0.518 \times 2200 = 1139.60 \text{mm}$$

且$x \leqslant h'_f$，满足初始假定，所得x值有效。

属于大偏心受压，则由式（3-49）和式（3-52）可得

$$M_c = \alpha_1 f_c b'_f x \left(h_{w0} - \frac{x}{2}\right) = 1.0 \times 19.1 \times 1000 \times 187.189 \times \left(2200 - \frac{187.189}{2}\right)$$

$$= 753.106 \times 10^7 \text{N} \cdot \text{m}$$

$$M_{sw} = \frac{1}{2}(h_{w0} - 1.5x)^2 b_w f_{yw} \rho_w$$

$$= \frac{1}{2} \times (2200 - 1.5 \times 187.189)^2 \times 200 \times 270 \times 0.0039 = 387.861 \times 10^6 \text{N} \cdot \text{m}$$

$$e_0 = \frac{M}{N} = \frac{612.979 \times 10^6}{3730.738 \times 10^3} = 164.31 \text{mm}$$

由式（3-45）可求得

$$A_s = A_s' = \frac{\gamma_{RE} N \left(e_0 + h_{w0} - \dfrac{h_w}{2}\right) + M_{sw} - M_c}{f_y'(h_{w0} - a_s')}$$

$$= \frac{0.85 \times 3730.738 \times 10^3 \times \left(164.31 + 2200 - \dfrac{2400}{2}\right) + 387.861 \times 10^6 - 753.106 \times 10^7}{360 \times (2200 - 200)} < 0$$

因轴压比大于 0.3，应按照《高层建筑混凝土结构技术规程》规定设置约束边缘构件，则翼缘取 $0.010 A_c = 0.010 \times 200 \times 500 = 1000 \text{mm}^2$ 和 6Φ16 ($A_s' = 1206 \text{mm}^2$) 的较大值。另一端应取 $0.010 A_c = 0.010 \times 200 \times 400 = 800 \text{mm}^2$ 和 6Φ16 的较大值，因此选取纵筋为 6Φ16 ($A_s = 1206 \text{mm}^2$)，箍筋为Φ8@100，满足体积配箍率要求。

② 按左震计算（$M = -612.979 \text{kN·m}$，$N = -956.729 \text{kN}$）

墙肢在该组内力下属于偏心受拉，应按式（3-58）、式（3-59）和式（3-57）进行计算。取 $A_s = 1206 \text{mm}^2$，则

$$N_{ou} = (A_s + A_s')f_y + A_{sw}f_{yw} = 2 \times 1206 \times 360 + 1884 \times 270 = 1377.000 \times 10^3 \text{N} = 1377.000 \text{kN}$$

$$M_{wu} = A_s f_y (h_{w0} - a_s') + A_{sw} f_{yw} \frac{h_{w0} - a_s'}{2}$$

$$= 1206 \times 360 \times (2200 - 200) + 1884 \times 270 \times \frac{2200 - 200}{2}$$

$$= 1377.000 \times 10^6 \text{N·mm} = 1377.000 \text{kN·m}$$

$$e_0 = \frac{M}{N} = \frac{612.979 \times 10^6}{956.729 \times 10^3} = 640.70 \text{mm}$$

$$\frac{1}{\gamma_{RE}} \left(\frac{1}{\dfrac{1}{N_{ou}} + \dfrac{e_0}{M_{wu}}}\right) = \frac{1}{0.85} \times \left(\frac{1}{\dfrac{1}{1377.000} + \dfrac{640.70}{1377.000 \times 10^3}}\right) = 987.382 \text{kN} > N = 956.729 \text{kN}$$

按右震计算配筋可满足要求。

4) 斜截面受剪承载力计算

因剪跨比 $\lambda = 0.72 < 1.5$，故斜截面受剪承载力计算时取 $\lambda = 1.5$，取轴向拉力 N 为 956.729kN，同时选取水平分布钢筋为双排Φ10@200，则应按式（3-63）进行偏心受拉时的斜截面承载力计算，即

$$\frac{1}{\gamma_{RE}} \left[\frac{1}{\lambda - 0.5}\left(0.4 f_t b_w h_{w0} - 0.1 N \frac{A_w}{A}\right) + 0.8 f_{yh} \frac{A_{sh}}{s} h_{w0}\right]$$

$$= \frac{1}{0.85} \times \left[\frac{1}{1.5 - 0.5} \times \left(0.4 \times 1.71 \times 200 \times 2200 - 0.1 \times 956.729 \times 10^3 \times \frac{200 \times 2200}{200 \times (2200 + 1000)}\right)\right.$$

$$\left. + 0.8 \times 270 \times \frac{2 \times 78.5}{200} \times 2200\right] = 715.549 \times 10^3 \text{N} = 715.549 \text{kN} > V_w = 543.777 \text{kN}$$

满足要求。

（2）右墙肢

由表3-50和表3-51可知，地震设计状况和持久设计状况下的最不利内力分别为

地震组合的内力设计值

左震　　　　$M=-404.413$ kN·m　　　$N=3400.210$ kN　　　$V=346.105$ kN

右震　　　　$M=404.413$ kN·m　　　　$N=-1287.257$ kN　　$V=-346.105$ kN

基本组合的内力设计值

$$M=-46.200 \text{ kN·m} \quad N=754.147 \text{ kN} \quad V=50.631 \text{ kN}$$

比较可见，考虑地震组合的内力为最不利内力，故下面仅按这两组内力对底部加强区进行截面配筋计算。

1）验算墙体截面尺寸

$$h_{w0}=h_w-a_s=2400-200=2200 \text{ mm}$$

由底层墙端截面组合的弯矩设计值 M 和对应的截面组合的剪力设计值 V，可求得计算截面处的剪跨比为

$$\lambda=\frac{M}{Vh_{w0}}=\frac{404.413\times10^3}{346.105\times2200}=0.53<2.5$$

此外，对剪力墙底部加强区范围内的剪力设计值尚需按式（3-41a）进行调整，即

$$V_w=1.4V'_w=1.4\times346.105=484.547 \text{ kN}$$

$$\frac{1}{\gamma_{RE}}(0.15\beta_c f_c b_w h_{w0})=\frac{1}{0.85}\times0.15\times1.0\times19.1\times200\times2200=1483.058\times10^3 \text{ N}$$

$$=1483.058 \text{ kN}>V_w=484.547 \text{ kN}$$

满足要求。

2）轴压比验算

$$\frac{N}{f_c A_w}=\frac{3400.210\times10^3}{19.1\times(2400+75)\times200}=0.39<0.6$$

满足要求。

3）偏心受压正截面承载力计算

墙体竖向分布钢筋选取双排Φ10@200，则由式（3-66）可求得竖向分布钢筋的配筋率为

$$\rho_w=\frac{78.5\times2}{200\times200}=0.39\%>\rho_{min}=0.25\%$$

竖向分布钢筋沿截面高度可布置 $2\times12=24$ 根，则

$$A_{sw}=78.5\times24=1884 \text{ mm}^2$$

① 按左震计算（$M=-404.413$ kN·m，$N=3400.21$ kN）

假定 $\sigma_s=f_y$，则由式（3-44）、式（3-48）和式（3-51）可求得截面受压区高度为

$$x=\frac{\gamma_{RE}N+b_w h_{w0}f_{yw}\rho_w}{\alpha_1 f_c b_w+1.5b_w f_{yw}\rho_w}=\frac{0.85\times3400.21\times10^3+200\times2200\times270\times0.0039}{1.0\times19.1\times200+1.5\times200\times270\times0.0039}$$

$$=810.827\text{mm}<\xi_b h_{w0}=0.518\times2200=1139.60\text{mm}$$

属于大偏心受压，则

$$M_c=\alpha_1 f_c b_w x\left(h_{w0}-\frac{x}{2}\right)=1.0\times19.1\times200\times810.827\times\left(2200-\frac{810.827}{2}\right)=555.848\times10^7\text{N}\cdot\text{m}$$

$$M_{sw}=\frac{1}{2}(h_{w0}-1.5x)^2 b_w f_{yw}\rho_w$$

$$=\frac{1}{2}\times(2200-1.5\times810.827)^2\times200\times270\times0.0039=101.908\times10^6\text{N}\cdot\text{m}$$

$$e_0=\frac{M}{N}=\frac{404.413\times10^6}{3400.210\times10^3}=118.94\text{mm}$$

由式（3-45）可求得

$$A_s=A'_s=\frac{\gamma_{RE}N\left(e_0+h_{w0}-\frac{h_w}{2}\right)+M_{sw}-M_c}{f'_y(h_{w0}-a'_s)}$$

$$=\frac{0.85\times3400.210\times10^3\times\left(118.94+2200-\frac{2400}{2}\right)+101.908\times10^6-555.848\times10^7}{360\times(2200-200)}<0$$

因轴压比大于0.3，应按照《高层建筑混凝土结构技术规程》规定设置约束边缘构件，则翼缘取$0.010A_c=0.010\times200\times500=1000\text{mm}^2$ 和 $6\Phi16$（$A'_s=1206\text{mm}^2$）的较大值。另一端应取$0.010A_c=0.010\times200\times400=800\text{mm}^2$ 和 $6\Phi16$ 的较大值，因此选取纵筋为 $6\Phi16$（$A_s=1206\text{mm}^2$），箍筋为$\Phi8@100$，满足体积配箍率要求。

② 按右震计算（$M=404.413\text{kN}\cdot\text{m}$，$N=-1287.257\text{kN}$）

墙肢在该组内力下属于偏心受拉，应按式（3-58）、式（3-59）和式（3-57）进行计算。取 $A_s=1206\text{mm}^2$，则

$$N_{ou}=(A_s+A'_s)f_y+A_{sw}f_{yw}=2\times1206\times360+1884\times270=1377.000\times10^3\text{N}=1377.000\text{kN}$$

$$M_{wu}=A_s f_y(h_{w0}-a'_s)+A_{sw}f_{yw}\frac{h_{w0}-a'_s}{2}$$

$$=1206\times360\times(2200-200)+1884\times270\times\frac{2200-200}{2}$$

$$=1377.000\times10^6\text{N}\cdot\text{mm}=1377.000\text{kN}\cdot\text{m}$$

$$e_0=\frac{M}{N}=\frac{404.413\times10^6}{1287.257\times10^3}=314.17\text{mm}$$

$$\frac{1}{\gamma_{RE}}\left(\frac{1}{\frac{1}{N_{ou}}+\frac{e_0}{M_{wu}}}\right)=\frac{1}{0.85}\times\left(\frac{1}{\frac{1}{1377.000}+\frac{314.17}{1377.000\times10^3}}\right)=1232.721\text{kN}<N=1287.257\text{kN}$$

可见，按左震配筋计算结果不满足偏心受拉要求，调整端柱配筋为 $6\Phi18$（$A_s=1526\text{mm}^2$），计算结果为

$$N_{\mathrm{ou}}=(A_{\mathrm{s}}+A'_{\mathrm{s}})f_{\mathrm{y}}+A_{\mathrm{sw}}f_{\mathrm{yw}}=2\times1526\times360+1884\times270=1607.400\times10^3\mathrm{N}=1607.400\mathrm{kN}$$

$$M_{\mathrm{wu}}=A_{\mathrm{s}}f_{\mathrm{y}}(h_{\mathrm{w0}}-a'_{\mathrm{s}})+A_{\mathrm{sw}}f_{\mathrm{yw}}\frac{h_{\mathrm{w0}}-a'_{\mathrm{s}}}{2}$$

$$=1526\times360\times(2200-200)+1884\times270\times\frac{2200-200}{2}$$

$$=1607.400\times10^6\mathrm{N}\cdot\mathrm{mm}=1607.400\mathrm{kN}\cdot\mathrm{m}$$

$$\frac{1}{\gamma_{\mathrm{RE}}}\left(\frac{1}{\frac{1}{N_{\mathrm{ou}}}+\frac{e_0}{M_{\mathrm{wu}}}}\right)=\frac{1}{0.85}\times\left(\frac{1}{\frac{1}{1607.400}+\frac{314.17}{1607.400\times10^3}}\right)=1438.980\mathrm{kN}>N=1287.257\mathrm{kN}$$

满足要求。

4）斜截面受剪承载力计算

因剪跨比 $\lambda=0.53<1.5$，故斜截面受剪承载力计算时取 $\lambda=1.5$，取轴向拉力 N 为 1287.257kN，同时选取水平分布钢筋为双排Φ10@200，则应按式（3-63）进行偏心受拉时的斜截面承载力计算，即

$$\frac{1}{\gamma_{\mathrm{RE}}}\left[\frac{1}{\lambda-0.5}\left(0.4f_{\mathrm{t}}b_{\mathrm{w}}h_{\mathrm{w0}}-0.1N\frac{A_{\mathrm{w}}}{A}\right)+0.8f_{\mathrm{yh}}\frac{A_{\mathrm{sh}}}{s}h_{\mathrm{w0}}\right]$$

$$=\frac{1}{0.85}\times\left[\frac{1}{1.5-0.5}\times\left(0.4\times1.71\times200\times2200-0.1\times1287.257\times10^3\times\frac{200\times2200}{200\times(2200+275)}\right)\right.$$

$$\left.+0.8\times270\times\frac{2\times78.5}{200}\times2200\right]=658.317\times10^3\mathrm{N}=658.317\mathrm{kN}>V_{\mathrm{w}}=484.547\mathrm{kN}$$

满足要求。

（3）连梁设计

由表 3-51 选取地震组合的内力设计值 $V_{\mathrm{b}}=208.471\mathrm{kN}$、$M_{\mathrm{b}}=239.741\mathrm{kN}\cdot\mathrm{m}$ 为最不利内力进行计算。

1）连梁截面尺寸验算

跨高比

$$\frac{l_0}{h_{\mathrm{b}}}=\frac{2000}{600}=3.33>2.5$$

$$h_{\mathrm{b0}}=h_{\mathrm{b}}-a_{\mathrm{s}}=600-40=560\mathrm{mm}$$

该剪力墙抗震等级为二级，在承载力计算时，忽略连梁上重力荷载代表值的作用，连梁的剪力设计值应按式（3-70）进行调整：

$$V_{\mathrm{b}}=1.2\times208.471=250.165\mathrm{kN}$$

$$\frac{1}{\gamma_{\mathrm{RE}}}(0.2\beta_{\mathrm{c}}f_{\mathrm{c}}b_{\mathrm{b}}h_{\mathrm{b0}})=\frac{1}{0.85}\times0.2\times1.0\times19.1\times200\times560=503.341\times10^3\mathrm{N}$$

$$=503.341\mathrm{kN}>V_{\mathrm{b}}=250.165\mathrm{kN}$$

故截面尺寸满足要求。

2) 正截面受弯承载力计算

连梁的纵向钢筋按式（3-72）计算

$$A_s = A'_s = \frac{\gamma_{RE} M}{f_y(h_{b0}-a'_s)} = \frac{0.85 \times 239.741 \times 10^6}{360 \times (560-40)} = 1088.57 \text{mm}^2$$

故可选取纵筋为 3Φ22（$A_s = A'_s = 1140\text{mm}^2$）。

3) 斜截面受剪承载力验算

根据构造要求，选取箍筋为双肢φ8@100，则由式（3-74）得

$$\frac{1}{\gamma_{RE}}\left(0.42 f_t b_b h_{b0} + f_{yv}\frac{A_{sv}}{s}h_{b0}\right) = \frac{1}{0.85} \times \left(0.42 \times 1.71 \times 200 \times 560 + 270 \times \frac{2 \times 50.3}{100} \times 560\right)$$

$$= 273.583 \text{kN} > V_b = 250.165 \text{kN}$$

满足要求。

双肢剪力墙 YSW-1 底部 1~2 层的配筋计算结果见表 3-54，截面配筋如图 3-33 所示。其他各层的配筋计算从略。

综合以上计算结果，以剪力墙 YSW-1 为例绘出其模板配筋图，如图 3-34 所示，由于篇幅所限，图 3-34 仅为左墙肢及连梁的配筋结果，右墙肢的绘制方法同左墙肢。

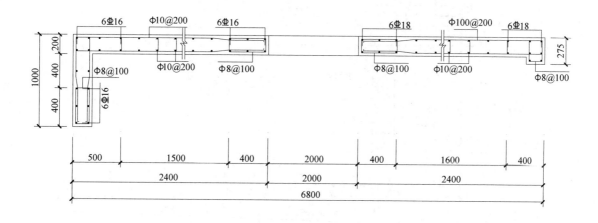

图 3-33 YSW-1 截面尺寸及配筋图

YSW-1（双肢墙）各层配筋计算结果　　　　表 3-54

层次	左墙肢		右墙肢		连梁	
	水平、竖向分布筋	端柱配筋	水平、竖向分布筋	端柱配筋	纵筋	箍筋
1~2层	φ10@200，双排	纵筋 6Φ16 箍筋 φ8@100	φ10@200，双排	纵筋 6Φ18 箍筋 φ8@100	3Φ22	2φ8@100
3~12层	φ8@200，双排	纵筋 6Φ14 箍筋 φ8@150	φ8@200，双排	纵筋 6Φ14 箍筋 φ8@150	3Φ22	2φ8@100

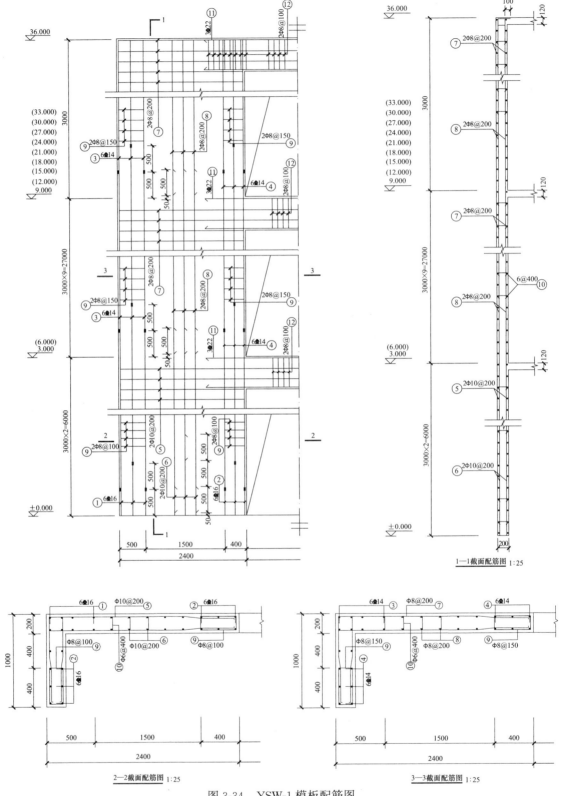

图 3-34 YSW-1 模板配筋图

第 4 章 框架-剪力墙结构房屋设计

4.1 结 构 布 置

4.1.1 结构布置

框架-剪力墙结构房屋的总体平面布置、竖向布置及变形缝设置等,见第 1.2 节所述。这种房屋的具体结构布置除应符合下述的规定外,其框架和剪力墙的布置尚应分别符合第 2.1 节和第 3.1 节的有关规定。

1. 框架-剪力墙结构应设计成双向抗侧力体系,主体结构构件之间除个别节点外不应采用铰接。抗震设防时,两主轴方向均应布置剪力墙。梁与柱或柱与剪力墙的中心宜重合,框架的梁与柱中线之间的偏心距不宜大于柱宽的 1/4。

2. 框架-剪力墙结构中剪力墙的布置宜符合下列要求:

(1) 为了增强整体结构的抗扭能力,弥补结构平面形状凹凸引起的薄弱部位,减小剪力墙设置在房屋外围而受室内外温度变化的不利影响,剪力墙宜均匀布置在建筑物的周边附近、楼梯间、电梯间、平面形状变化或恒载较大的部位,剪力墙的间距不宜过大;平面形状凹凸较大时,宜在凸出部分的端部附近布置剪力墙。

(2) 纵、横向剪力墙宜组成 L 形、T 形和匚形等形式,以使纵墙(横墙)可以作为横墙(纵墙)的翼缘,从而提高其刚度、承载力和抗扭能力;楼、电梯间等竖井宜尽量与靠近的抗侧力结构结合布置,以增强其空间刚度和整体性。

(3) 剪力墙布置不宜过分集中,单片剪力墙底部承担的水平剪力不宜超过结构底部总剪力的 30%,以免结构的刚度中心与房屋的质量中心偏离过大、墙截面配筋过多以及不合理的基础设计。当剪力墙墙肢截面高度过大时,可用门窗洞口或施工洞形成联肢墙。

(4) 剪力墙宜贯通建筑物全高,避免刚度突变;剪力墙开洞时,洞口宜上下对齐。抗震设计时,剪力墙的布置宜使结构各主轴方向的侧向刚度接近。

(5) 在长矩形平面中,如果两片横向剪力墙的间距过大,或两墙之间的楼盖开大洞时,楼盖在自身平面内的变形过大,不能保证框架与剪力墙协同工作,框架承受的剪力将增大;如果纵向剪力墙集中布置在房屋两端,中间部分楼盖受到两端剪力墙的约束,在混凝土收缩或温度变化时容易出现裂缝。因此,长矩形平面或平面有一部分较长的建筑中,其剪力墙的布置宜符合下列要求:①横向剪力墙沿房屋长方向的间距宜满足表 4-1 的要求,当这些剪力墙之间的楼盖有较大开洞时,剪力墙的间距应适当减小;当房屋端部布置剪力墙时,第一片剪力墙与房屋端部的距离,不宜大于表中剪力墙间距的 1/2,以保证端部框架与剪力墙的协同工作;②纵向剪力墙不宜集中布置在房屋的两尽端。

(6) 有边框剪力墙的布置除应符合上述要求外,尚应符合:墙端处的柱(框架柱)应予保留,柱截面应与该榀框架其他柱的截面相同;剪力墙平面的轴线宜与柱截面轴线重合;与剪力墙重合的框架梁宜保留,梁的配筋按框架梁的构造要求配置。该梁亦可做成宽

剪力墙的间距限值（m） 表4-1

楼面形式	持久、短暂设计状况（取较小值）	抗震设防烈度（取较小值)			
		6度、7度	8度	9度	
现浇	$5.0B, 60$	$4.0B, 50$	$3.0B, 40$	$2.0B, 30$	
装配整体	$3.5B, 50$	$3.0B, 40$	$2.5B, 30$		

注：1. 表中B表示剪力墙之间的楼面宽度，单位为m；
    2. 装配整体式楼盖指装配式楼盖上设有配筋现浇层；
    3. 现浇层厚度大于60mm的预应力叠合板可作为现浇板考虑。

度与墙厚度相同的暗梁，暗梁高度可取墙厚的2倍。

4.1.2 梁、柱截面尺寸及剪力墙数量的初步确定

1. 梁、柱截面尺寸

框架梁截面尺寸一般根据工程经验确定；框架柱截面尺寸可根据轴压比要求确定，详见第2.1.3小节。应当注意，框架-剪力墙结构中的框架一般应按框架-剪力墙结构房屋确定其抗震等级（表2-9），进而确定其轴压比限值（表2-12）；当底层框架部分所承担的地震倾覆力矩大于结构总地震倾覆力矩的50%时，其框架的抗震等级应按框架结构确定，剪力墙的抗震等级可与其框架的抗震等级相同。

2. 剪力墙数量

框架梁、柱截面尺寸确定之后，应在充分发挥框架抗侧移能力的前提下，按层间弹性侧移角限值确定剪力墙数量。在初步设计阶段，可采用下述方法近似确定剪力墙数量。

根据框架梁、柱截面尺寸和混凝土强度等级，计算总框架的剪切刚度C_f，然后由表4-2查得参数ψ值，按下式求出参数β值：

$$\beta = \psi H^{0.45} \left(\frac{C_f}{G_E}\right)^{0.55} \quad (4-1)$$

式中 H——建筑物总高度；
        G_E——总重力荷载代表值。

已知β值后，查表4-3得结构刚度特征值λ，可按下式求得所需的总剪力墙刚度EI_w：

$$EI_w = \frac{H^2 C_f}{\lambda^2} \quad (4-2)$$

上述方法适用于结构总高度不超过50m，质量和刚度沿高度分布比较均匀的框架-剪力墙结构，并假定框架与剪力墙之间为铰接。

设计时，首先按前述的剪力墙布置要求，进行剪力墙布置，应注意对于带边框的剪力墙，其墙板的厚度不应小于160mm，且不应小于层高的1/20，其混凝土强度等级宜与边柱相同。然后按实际布置的剪力墙计算实际的剪力墙总截面惯性矩I_w，并使其满足式(4-2)的要求。

ψ值 表4-2

设防烈度	$\Delta u/h$	α_{max}	设计地震分组	场地类别			
				Ⅰ	Ⅱ	Ⅲ	Ⅳ
7	1/800	0.08	第一组	0.341	0.252	0.201	0.144
			第二组	0.290	0.224	0.168	0.127
			第三组	0.252	0.201	0.144	0.108

续表

设防烈度	$\Delta u/h$	$\alpha_{\max}$	设计地震分组	场地类别			
				Ⅰ	Ⅱ	Ⅲ	Ⅳ
7	1/800	0.12	第一组	0.228	0.168	0.134	0.096
			第二组	0.193	0.149	0.112	0.085
			第三组	0.168	0.134	0.096	0.072
8	1/800	0.16	第一组	0.171	0.126	0.101	0.072
			第二组	0.145	0.112	0.084	0.063
			第三组	0.126	0.101	0.072	0.054
		0.24	第一组	0.114	0.084	0.067	0.048
			第二组	0.097	0.075	0.056	0.042
			第三组	0.084	0.067	0.048	0.036
9	1/800	0.32	第一组	0.085	0.063	0.050	
			第二组	0.072	0.056	0.042	
			第三组	0.063	0.050	0.036	

λ 值　　　　　　　　　　表 4-3

λ	β	λ	β	λ	β
1.00	2.454	1.50	3.258	2.00	3.788
1.05	2.549	1.55	3.321	2.05	3.829
1.10	2.640	1.60	3.383	2.10	3.873
1.15	2.730	1.65	3.440	2.15	3.911
1.20	2.815	1.70	3.497	2.20	3.948
1.25	2.897	1.75	3.550	2.25	3.985
1.30	2.977	1.80	3.602	2.30	4.020
1.35	3.050	1.85	3.651	2.35	4.055
1.40	3.122	1.90	3.699	2.40	4.085
1.45	3.192	1.95	3.746		

4.2 框架-剪力墙结构内力和位移分析

水平荷载作用下框架-剪力墙结构的内力和位移可采用结构分析或设计软件计算，本节仅介绍简化分析方法。

4.2.1 框架与剪力墙的协同工作

框架-剪力墙结构是由框架和剪力墙组成的结构体系。在水平荷载作用下，框架和剪力墙是变形特点不同的两种结构，当用平面内刚度很大的楼盖将二者组合在一起组成框架-剪力墙结构时，框架与剪力墙在楼盖处的变形必须协调一致，即二者之间存在协同工作问题。

在水平荷载作用下，单独剪力墙的变形曲线如图 4-1（a）中虚线所示，以弯曲变形为主；单独框架的总体变形曲线如图 4-1（b）中虚线所示，以剪切变形为主。但是，在框架-剪力墙结构中，框架与剪力墙是相互连接在一起的一个整体结构，并不是单独分开，故其变形曲线介于弯曲型与剪切型之间。图 4-2 中绘出了三种侧移曲线及其相互关系。

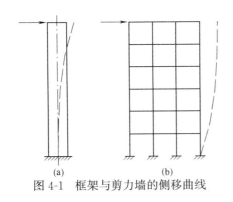

图 4-1 框架与剪力墙的侧移曲线

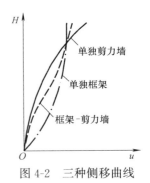

图 4-2 三种侧移曲线

4.2.2 基本假定与计算简图

在框架-剪力墙结构分析中，一般采用如下的假定：

(1) 楼板在自身平面内的刚度为无限大。这保证了楼板将整个结构单元内的所有框架和剪力墙连为整体，不产生相对变形。现浇楼板和装配整体式楼板均可采用刚性楼板的假定。此外，横向剪力墙的间距宜满足表 4-1 的要求。

(2) 房屋的刚度中心与作用在结构上的水平荷载（风荷载或水平地震作用）的合力作用点重合，在水平荷载作用下房屋不产生绕竖轴的扭转。

在这两个基本假定的前提下，同一楼层标高处，各榀框架和剪力墙的水平位移相等。此时，可将结构单元内所有剪力墙综合在一起，形成一榀假想的总剪力墙，总剪力墙的弯曲刚度等于各榀剪力墙弯曲刚度之和；把结构单元内所有框架综合起来，形成一榀假想的总框架，总框架的剪切刚度等于各榀框架剪切刚度之和。

按照剪力墙之间和剪力墙与框架之间有无连梁，或者是否考虑这些连梁对剪力墙转动的约束作用，框架-剪力墙结构可分为下列两类：

1) 框架-剪力墙铰接体系。对于图 4-3 (a) 所示结构单元平面，如沿房屋横向的三榀剪力墙均为双肢墙，因连梁的转动约束作用已考虑在双肢墙的刚度内，且楼板在平面外的转动约束作用很小可予以忽略，则总框架与总剪力墙之间可按铰接考虑，其横向计算简图如图 4-3 (b) 所示。其中总剪力墙代表图 4-3 (a) 中的 3 榀双肢墙，总框架则代表 6 榀框架的综合。在总框架与总剪力墙之间的每个楼层标高处，有一根两端铰接的连杆。这一列铰接连杆代表各层楼板，把各榀框架和剪力墙连成整体，共同抗御水平荷载的作用。连杆是刚性的（即轴向刚度 $EA \to \infty$），反映了刚性楼板的假定，保证总框架与总剪力墙在同一楼层标高处的水平位移相等。

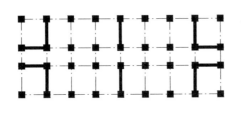
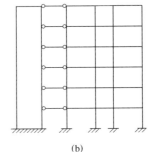

图 4-3 框架-剪力墙铰接体系计算简图

2) 框架-剪力墙刚接体系。对于图 4-4（a）所示结构单元平面，沿房屋横向有 3 片剪力墙，剪力墙与框架之间有连梁连接，当考虑连梁的转动约束作用时，连梁两端可按刚接考虑，其横向计算简图如图 4-4（b）所示。此处，总剪力墙代表图 4-4（a）中②、⑤、⑧轴线的 3 片剪力墙；总框架代表 9 榀框架的综合，其中①、③、④、⑥、⑦、⑨轴线均是三跨框架，②、⑤、⑧轴线为单跨框架。在总剪力墙与总框架之间有一列总连梁，把两者连为整体。总连梁代表②、⑤、⑧轴线三列连梁的综合。总连梁与总剪力墙刚接的一列梁端，代表了三列连梁与三片墙刚接的综合；总连梁与总框架刚接的一列梁端，代表了②、⑤、⑧轴线处三个梁端与单跨框架的刚接以及楼板与其他各榀框架的铰接。

此外，对于图 4-3（a）和图 4-4（a）所示的结构布置情况，当考虑连梁的转动约束作用时，其纵向计算简图均可按刚接体系考虑。

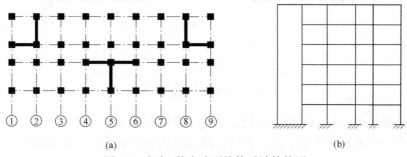

图 4-4 框架-剪力墙刚接体系计算简图

4.2.3 基本计算参数

1. 总框架的剪切刚度

框架柱的侧向刚度定义为：使框架柱两端产生单位相对侧移所需施加的水平剪力（图 4-5a），用符号 D 表示同层各柱侧向刚度的总和。总框架的剪切刚度 C_{fi} 定义为：使总框架在楼层间产生单位剪切变形（$\phi=1$）所需施加的水平剪力（图 4-5b），则 C_{fi} 与 D 有如下关系：

$$C_{fi} = Dh = h\sum D_{ij} \tag{4-3}$$

式中 D_{ij}——第 i 层第 j 根柱的侧向刚度；

D——同一层内所有框架柱的 D_{ij} 之和；

h——层高。

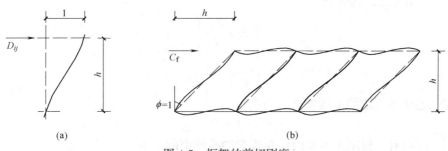

图 4-5 框架的剪切刚度

当各层 C_{fi} 不相同时，计算中所用的 C_f 可近似地以各层的 C_{fi} 按高度取平均值，即

$$C_f = \frac{C_{f_1} h_1 + C_{f_2} h_2 + \cdots + C_{f_n} h_n}{h_1 + h_2 + \cdots + h_n} \tag{4-4}$$

2. 连梁的约束刚度

框架-剪力墙刚接体系的连梁进入墙的部分刚度很大，因此连梁应作为带刚域的梁进行分析。剪力墙间的连梁是两端带刚域的梁（图 4-6a），剪力墙与框架间的连梁是一端带刚域的梁（图 4-6b）。

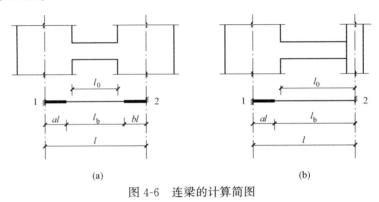

图 4-6 连梁的计算简图

在水平荷载作用下，根据刚性楼板的假定，同层框架与剪力墙的水平位移相同，同时假定同层所有节点的转角 θ 也相同，则可得两端带刚域连梁的杆端转动刚度，即

$$\left. \begin{aligned} S_{12} &= \frac{6EI_0}{l} \frac{1+a-b}{(1-a-b)^3 (1+\beta)} \\ S_{21} &= \frac{6EI_0}{l} \frac{1-a+b}{(1-a-b)^3 (1+\beta)} \end{aligned} \right\} \tag{4-5}$$

在上式中令 $b=0$，可得一端带刚域连梁的杆端转动刚度，即

$$\left. \begin{aligned} S_{12} &= \frac{6EI_0}{l} \frac{1+a}{(1-a)^3 (1+\beta)} \\ S_{21} &= \frac{6EI_0}{l} \frac{1}{(1-a)^2 (1+\beta)} \end{aligned} \right\} \tag{4-6}$$

式中符号意义同 3.2.3 节。

当采用连续化方法计算框架-剪力墙结构内力时，应将 S_{12} 和 S_{21} 化为沿层高 h 的线约束刚度 C_{12} 和 C_{21}，其值为

$$\left. \begin{aligned} C_{12} &= \frac{S_{12}}{h} \\ C_{21} &= \frac{S_{21}}{h} \end{aligned} \right\} \tag{4-7}$$

单位高度上连梁两端线约束刚度之和为

$$C_b = C_{12} + C_{21}$$

当同一层内有 s 根刚接连梁时，总连梁的线约束刚度为

$$C_{bi} = \sum_{j=1}^{s} (C_{12} + C_{21})_j \tag{4-8}$$

上式适用于两端与墙连接的连梁，对一端与墙、另一端与柱连接的连梁，应令与柱连接端的 C_{21} 为零。

当各层总连梁的 C_{bi} 不同时，可近似地以各层的 C_{bi} 按高度取平均值，即

$$C_b = \frac{C_{b_1}h_1 + C_{b_2}h_2 + \cdots + C_{b_n}h_n}{h_1 + h_2 + \cdots + h_n} \tag{4-9}$$

3. 剪力墙的弯曲刚度

先按 3.2.2 小节所述方法判别剪力墙类别。对整截面墙，按式（3-6）计算等效刚度，当各层剪力墙的厚度或混凝土强度等级不同时，式中 E_c、I_w、A_w、μ 应取沿高度的加权平均值。同样，按式（3-10）计算整体小开口墙的等效刚度时，式中 E_c、I、A、μ 也应沿高度取加权平均值，但只考虑带洞部分的墙，不计无洞部分墙的作用。对联肢墙，可按式（3-14）计算等效刚度。

总剪力墙的等效刚度为结构单元内所有剪力墙等效刚度之和，即

$$E_c I_{eq} = \sum (E_c I_{eq})_j \tag{4-10}$$

4.2.4 框架-剪力墙铰接体系结构分析

框架-剪力墙铰接体系的计算简图如图 4-7（a）所示。当采用连续化方法计算时，把连杆作为连续栅片，则在任意水平荷载 $q(z)$ 作用下，总框架与总剪力墙之间存在连续的相互作用力 $q_f(z)$，如图 4-7（b）所示。

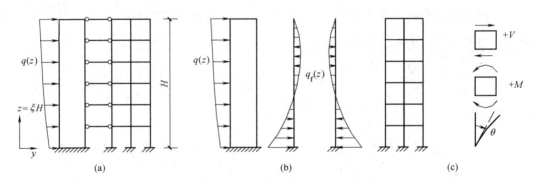

图 4-7 框架-剪力墙铰接体系协同工作计算简图

如以总剪力墙为隔离体，并采用图 4-7（c）所示的正、负号规定，则根据材料力学可得如下微分方程：

$$E_c I_{eq} \frac{d^4 y}{dz^4} = q(z) - q_f(z)$$

式中，$q_f(z)$ 表示框架与剪力墙的相互作用力，可表示为

$$q_f(z) = -C_f \frac{d^2 y}{dz^2} \tag{4-11}$$

将式（4-11）代入微分方程，并引入 $\xi = z/H$，则得

$$\frac{d^4 y}{d\xi^4} - \lambda^2 \frac{d^2 y}{d\xi^2} = \frac{q(\xi)H^4}{E_c I_{eq}} \tag{4-12}$$

式中 λ——框架-剪力墙铰接体系的刚度特征值，按下式确定：

$$\lambda = H\sqrt{\frac{C_f}{E_c I_{eq}}} \tag{4-13}$$

解微分方程（4-12），可得框架-剪力墙结构任意截面的侧移 y，从而可得转角 θ，以及总剪力墙的弯矩 M_w、剪力 V_w、总框架的剪力 V_f，即

$$\left.\begin{aligned} y &= C_1 + C_2\xi + C_3 \mathrm{sh}\lambda\xi + C_4 \mathrm{ch}\lambda\xi + y_1 \\ \theta &= \frac{\mathrm{d}y}{\mathrm{d}z} = \frac{1}{H} \cdot \frac{\mathrm{d}y}{\mathrm{d}\xi} \\ M_w &= -E_c I_{eq} \frac{\mathrm{d}^2 y}{\mathrm{d}z^2} = -\frac{E_c I_{eq}}{H^2} \cdot \frac{\mathrm{d}^2 y}{\mathrm{d}\xi^2} \\ V_w &= -E_c I_{eq} \frac{\mathrm{d}^3 y}{\mathrm{d}z^3} = -\frac{E_c I_{eq}}{H^3} \cdot \frac{\mathrm{d}^3 y}{\mathrm{d}\xi^3} \\ V_f &= C_f \frac{\mathrm{d}y}{\mathrm{d}z} = \frac{C_f}{H} \cdot \frac{\mathrm{d}y}{\mathrm{d}\xi} \end{aligned}\right\} \tag{4-14}$$

式（4-14）中的待定常数 C_1、C_2、C_3、C_4 和特解 y_1，应根据结构的边界条件和作用在结构上的荷载形式等确定。对于常见的三种荷载，结构的内力和侧移按下列公式计算。

1. 均布荷载作用下内力及侧移计算

当作用均布荷载时，式（4-12）中 $q(\xi) = q$，式（4-14）中的特解 $y_1 = -\frac{qH^2}{2C_f}\xi^2$，引入边界条件后可得内力和侧移的计算公式：

$$y = \frac{qH^4}{E_c I_{eq}} \cdot \frac{1}{\lambda^4} \left[\left(\frac{\lambda\mathrm{sh}\lambda + 1}{\mathrm{ch}\lambda}\right)(\mathrm{ch}\lambda\xi - 1) - \lambda\mathrm{sh}\lambda\xi + \lambda^2\left(\xi - \frac{\xi^2}{2}\right) \right] \tag{4-15}$$

$$\theta = \frac{qH^3}{E_c I_{eq}} \cdot \frac{1}{\lambda^2} \left[\left(\frac{\lambda\mathrm{sh}\lambda + 1}{\lambda\mathrm{ch}\lambda}\right)\mathrm{sh}\lambda\xi - \mathrm{ch}\lambda\xi - \xi + 1 \right] \tag{4-16}$$

$$M_w = -\frac{E_c I_{eq}}{H^2} \cdot \frac{\mathrm{d}^2 y}{\mathrm{d}\xi^2} = \frac{qH^2}{\lambda^2} \left[1 + \lambda\mathrm{sh}\lambda\xi - \left(\frac{\lambda\mathrm{sh}\lambda + 1}{\mathrm{ch}\lambda}\right)\mathrm{ch}\lambda\xi \right] \tag{4-17}$$

$$V_w = -\frac{E_c I_{eq}}{H^3} \cdot \frac{\mathrm{d}^3 y}{\mathrm{d}\xi^3} = qH\left[\mathrm{ch}\lambda\xi - \left(\frac{\lambda\mathrm{sh}\lambda + 1}{\lambda\mathrm{ch}\lambda}\right)\mathrm{sh}\lambda\xi\right] \tag{4-18}$$

$$V_f = \frac{C_f}{H} \cdot \frac{\mathrm{d}y}{\mathrm{d}\xi} = qH\left[\left(\frac{\lambda\mathrm{sh}\lambda + 1}{\lambda\mathrm{ch}\lambda}\right)\mathrm{sh}\lambda\xi - \mathrm{ch}\lambda\xi - \xi + 1\right] \tag{4-19}$$

2. 倒三角形分布水平荷载作用下内力及侧移计算

倒三角形分布荷载作用时，$q(z) = q\frac{z}{H} = q\xi$，相应的特解 $y_1 = -\frac{qH^2}{6C_f}\xi^3$，结构的内力和侧移计算公式为

$$y = \frac{qH^4}{E_c I_{eq}} \cdot \frac{1}{\lambda^2} \left[\left(\frac{1}{\lambda^2} + \frac{\mathrm{sh}\lambda}{2\lambda} - \frac{\mathrm{sh}\lambda}{\lambda^3}\right)\left(\frac{\mathrm{ch}\lambda\xi - 1}{\mathrm{ch}\lambda}\right) + \left(\frac{1}{2} - \frac{1}{\lambda^2}\right)\left(\xi - \frac{\mathrm{sh}\lambda\xi}{\lambda}\right) - \frac{\xi^3}{6} \right] \tag{4-20}$$

$$\theta = \frac{1}{H} \cdot \frac{\mathrm{d}y}{\mathrm{d}\xi} = \frac{qH^3}{E_c I_{eq}} \cdot \frac{1}{\lambda^2}\left[\left(\frac{1}{\lambda} + \frac{\mathrm{sh}\lambda}{2} - \frac{\mathrm{sh}\lambda}{\lambda^2}\right)\frac{\mathrm{sh}\lambda\xi}{\mathrm{ch}\lambda} + \left(\frac{1}{2} - \frac{1}{\lambda^2}\right)(1 - \mathrm{ch}\lambda\xi) - \frac{\xi^2}{2}\right] \tag{4-21}$$

$$M_w = -\frac{E_c I_{eq}}{H^2} \cdot \frac{\mathrm{d}^2 y}{\mathrm{d}\xi^2} = \frac{qH^2}{\lambda^2}\left[\xi + \left(\frac{\lambda}{2} - \frac{1}{\lambda}\right)\mathrm{sh}\lambda\xi - \left(1 + \frac{\lambda\mathrm{sh}\lambda}{2} - \frac{\mathrm{sh}\lambda}{\lambda}\right)\frac{\mathrm{ch}\lambda\xi}{\mathrm{ch}\lambda}\right] \tag{4-22}$$

$$V_w = -\frac{E_c I_{eq}}{H^3} \cdot \frac{d^3 y}{d\xi^3} = -\frac{qH}{\lambda^2}\left[\left(\lambda + \frac{\lambda^2 \mathrm{sh}\lambda}{2} - \mathrm{sh}\lambda\right)\frac{\mathrm{sh}\lambda\xi}{\mathrm{ch}\lambda} - \left(\frac{\lambda^2}{2} - 1\right)\mathrm{ch}\lambda\xi - 1\right] \quad (4\text{-}23)$$

$$V_f = \frac{C_f}{H} \cdot \frac{dy}{d\xi} = qH\left[\left(\frac{1}{\lambda} + \frac{\mathrm{sh}\lambda}{2} - \frac{\mathrm{sh}\lambda}{\lambda^2}\right)\frac{\mathrm{sh}\lambda\xi}{\mathrm{ch}\lambda} + \left(\frac{1}{2} - \frac{1}{\lambda^2}\right)(1 - \mathrm{ch}\lambda\xi) - \frac{\xi^2}{2}\right] \quad (4\text{-}24)$$

3. 顶点集中水平荷载作用下内力及侧移计算

顶点集中荷载 F 作用时，$q(z)=0$，式 (4-12) 为齐次方程，特解 $y_1=0$，结构的内力和侧移计算公式为

$$y = \frac{FH^3}{E_c I_{eq}} \cdot \frac{1}{\lambda^3}\left[(\mathrm{ch}\lambda\xi - 1)\mathrm{th}\lambda - \mathrm{sh}\lambda\xi + \lambda\xi\right] \quad (4\text{-}25)$$

$$\theta = \frac{FH^2}{E_c I_{eq}} \cdot \frac{1}{\lambda^2}(\mathrm{th}\lambda\,\mathrm{sh}\lambda\xi - \mathrm{ch}\lambda\xi + 1) \quad (4\text{-}26)$$

$$M_w = \frac{FH}{\lambda}(\mathrm{sh}\lambda\xi - \mathrm{th}\lambda\,\mathrm{ch}\lambda\xi) \quad (4\text{-}27)$$

$$V_w = F(\mathrm{ch}\lambda\xi - \mathrm{th}\lambda\,\mathrm{sh}\lambda\xi) \quad (4\text{-}28)$$

$$V_f = F(\mathrm{th}\lambda\,\mathrm{sh}\lambda\xi - \mathrm{ch}\lambda\xi + 1) \quad (4\text{-}29)$$

4.2.5 框架-剪力墙刚接体系结构分析

当剪力墙间和剪力墙与框架之间有连梁，并考虑连梁对剪力墙转动的约束作用时，框架-剪力墙结构可按刚接体系计算，如图 4-8 (a) 所示。把框架-剪力墙结构沿连梁的反弯点切开，可显示出连梁的轴力和剪力，如图 4-8 (b) 所示。连梁的轴力体现了总框架与总剪力墙之间相互作用的水平力 $q_f(z)$；连梁的剪力则体现了两者之间相互作用的竖向力。把总连梁沿高度连续化后，连梁剪力就化为沿高度的连续分布剪力 $v(z)$。将分布剪力向剪力墙轴线简化，则剪力墙将产生分布轴力 $v(z)$ 和线约束弯矩 $m(z)$，如图 4-8 (c) 所示。

在框架-剪力墙结构任意高度 z 处，存在下列平衡关系：

$$q(z) = q_w(z) + q_f(z) \quad (4\text{-}30)$$

式中 $q(z)$、$q_w(z)$、$q_f(z)$——结构 z 高度处的外荷载、总剪力墙承受的荷载和总框架承受的荷载。

总剪力墙的受力情况如图 4-8 (c) 所示。从图中截取高度为 dz 的微段，并在两个横截面中引入截面内力，如图 4-8 (d) （图中未画分布轴力）。由该微段水平方向力的平衡条件及对截面下边缘形心的力矩平衡条件，可得下列关系式：

$$\frac{dV_w}{dz} = -q_w(z) \quad (4\text{-}31)$$

$$\frac{dM_w}{dz} = V_w - m \quad (4\text{-}32)$$

将式 (4-14) 中的 M_w 代入式 (4-32)，得

$$V_w = -E_c I_{eq}\frac{d^3 y}{dz^3} + m \quad (4\text{-}33)$$

上式即为框架-剪力墙刚接体系中剪力墙剪力的表达式。

由式 (4-7) 及杆端转动刚度 S 的定义，总连梁的约束刚度 C_b 可写成

$$C_b = \sum\frac{S_{ij}}{h} = \sum\frac{M_{ij}}{\theta\,h} \quad (4\text{-}34)$$

式中 S_{ij}、M_{ij}——第 i 层第 j 连梁与剪力墙刚接端的转动刚度和弯矩。

注意其中不包括连梁与框架柱刚接端的转动刚度和弯矩，这部分的影响在框架分析中考虑。

总连梁的线约束弯矩 $m(z)$ 可表示为

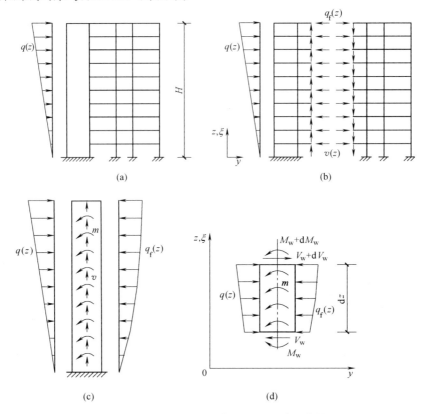

图 4-8 框架-剪力墙刚接体系协同工作计算简图

$$m(z)=\sum \frac{M_{ij}}{h}=C_b\theta=C_b\frac{\mathrm{d}y}{\mathrm{d}z} \tag{4-35}$$

将式（4-33）代入式（4-31），并利用式（4-35）得

$$q_w(z)=E_cI_{eq}\frac{\mathrm{d}^4y}{\mathrm{d}z^4}-C_b\frac{\mathrm{d}^2y}{\mathrm{d}z^2} \tag{4-36}$$

将式（4-11）和式（4-36）代入式（4-30）得

$$E_cI_{eq}\frac{\mathrm{d}^4y}{\mathrm{d}z^4}-(C_b+C_f)\frac{\mathrm{d}^2y}{\mathrm{d}z^2}=q(z)$$

引入无量纲坐标 $\xi=z/H$，上式经整理后得

$$\frac{\mathrm{d}^4y}{\mathrm{d}\xi^4}-\lambda^2\frac{\mathrm{d}^2y}{\mathrm{d}\xi^2}=\frac{q(\xi)H^4}{E_cI_{eq}} \tag{4-37}$$

式中 λ——框架-剪力墙刚接体系的刚度特征值，按下式计算：

$$\lambda=H\sqrt{\frac{C_b+C_f}{E_cI_{eq}}} \tag{4-38}$$

与铰接体系的刚度特征值（式4-13）相比，上式仅在根号内分子项多了一项C_b，C_b反映了连梁对剪力墙的约束作用。

式（4-37）即为框架-剪力墙刚接体系的微分方程，与式（4-12）形式上完全相同。与式（4-37）相应的框架-剪力墙结构的内力和侧移为

$$\left.\begin{aligned} y &= C_1 + C_2\xi + C_3 \text{sh}\lambda\xi + C_4 \text{ch}\lambda\xi + y_1 \\ \theta &= \frac{dy}{dz} = \frac{1}{H}\frac{dy}{d\xi} \\ M_w &= -E_c I_{eq} \frac{d^2 y}{dz^2} = -\frac{E_c I_{eq}}{H^2} \cdot \frac{d^2 y}{d\xi^2} \\ V_w &= -E_c I_{eq} \frac{d^3 y}{dz^3} + m = -\frac{E_c I_{eq}}{H^3} \cdot \frac{d^3 y}{d\xi^3} + m \\ V_f &= V - \left(-\frac{E_c I_{eq}}{H^3} \cdot \frac{d^3 y}{d\xi^3} + m\right) = V'_f - m \\ m &= C_b \frac{dy}{dz} = \frac{C_b}{H} \cdot \frac{dy}{d\xi} \end{aligned}\right\} \quad (4-39)$$

式中 V'_f——总框架的名义剪力。

将式(4-37)~式(4-39)与铰接体系的相应公式(4-12)~式（4-14）比较，可知二者有下列异同点：

(1) 结构体系的侧移y、转角θ以及总剪力墙弯矩M_w，刚接体系与铰接体系具有完全相同的表达式。因而4.2.4节对于铰接体系所推导的相应公式，对于刚接体系也完全适用，但各式中的结构刚度特征值λ，对刚接体系须按式（4-38）计算。

(2) 总剪力墙剪力的表达式不同。比较式（4-14）与式（4-39）的第四式，可见刚接体系总剪力墙剪力表达式中的第一项与铰接体系总剪力墙剪力的形式相同，因而对于铰接体系所推导的相应公式，可用于计算刚接体系总剪力墙剪力的第一项$\left(-\frac{E_c I_{eq}}{H^3} \cdot \frac{d^3 y}{d\xi^3}\right)$，其中结构刚度特征值$\lambda$须按式（4-38）计算。

(3) 总框架剪力的表达式也不同。由式(4-39)可见，对刚接体系，$V_f = V'_f - m$，其中总框架的名义剪力V'_f与铰接体系中总框架剪力的表达式相同，但式中的λ须按式(4-38)计算。另外，对于刚接体系还应计算总连梁的线约束弯矩m。

对于刚接体系，总框架剪力V_f与总连梁的线约束弯矩m，通常直接按下式计算：

$$\left.\begin{aligned} V_f &= \frac{C_f}{C_f + C_b} V'_f \\ m &= \frac{C_b}{C_f + C_b} V'_f \end{aligned}\right\} \quad (4-40)$$

式中 V'_f——总框架的名义剪力，对均布荷载、倒三角形分布荷载和顶点集中荷载，分别按式（4-19）、式（4-24）和式（4-29）计算，但式中的λ须按式（4-38）计算。在结构抗震计算时，式（4-40）中的C_b应乘折减系数η，η取值同式（4-41）。

4.3 框架-剪力墙结构房屋设计要点及步骤

4.3.1 结构布置及计算简图

框架-剪力墙结构房屋的总体布置原则、楼面体系选择和基础选型等见第 1.2 节。这种结构中框架的布置原则，包括柱网和层高、框架的承重方案等见第 2.1 节；剪力墙数量的确定方法及布置原则见第 4.1 节。

在结构方案确定之后，水平荷载作用下框架-剪力墙结构协同工作计算简图可按 4.2.2 小节所述方法确定。当框架与剪力墙之间布置有连梁时，一般宜采用刚接体系的计算简图（图 4-4）。

4.3.2 重力荷载及水平荷载计算

1. 重力荷载计算

框架-剪力墙结构房屋的重力荷载包括楼面及屋面荷载、框架梁柱自重、墙体及门窗等重力荷载。楼面及屋面荷载、框架梁柱自重的计算方法与框架结构房屋相同，见 2.2.1 小节。墙体包括抗侧力的钢筋混凝土剪力墙和轻质填充墙，应分别按各自的厚度及材料重度标准值计算，其两侧的粉刷层（或贴面）应计入墙自重内。

2. 风荷载计算

垂直于建筑物表面上的风荷载标准值按式（1-3）计算。对于风荷载比较敏感的高层框架-剪力墙结构房屋，承载力设计时基本风压应提高 10%。

对框架-剪力墙结构房屋，应计算整个结构单元上的风荷载，并将其折算为倒三角形分布荷载和均布荷载，详见图 3-16，其中 q_{max} 和 q 按式（3-76）确定。

3. 水平地震作用计算

（1）重力荷载代表值计算

框架-剪力墙结构房屋的抗震计算单元、动力计算简图和重力荷载代表值计算等，与框架结构房屋相同，详见 2.2.3 小节。

（2）刚度计算

1) 总框架的剪切刚度 C_f

先按 2.2.3 小节所述方法计算框架梁线刚度 i_b、柱线刚度 i_c 及柱侧移刚度 D（式 2-3），再由式（4-3）计算总框架各层的剪切刚度 C_{fi}，并由式（4-4）计算总框架剪切刚度 C_f。

2) 总剪力墙的等效刚度 $E_c I_{eq}$

根据设防烈度、层间侧移角限值、场地类别和设计地震分组，由表 4-2 确定参数 ψ，并按式（4-1）确定 β，再根据 β 值由表 4-3 确定刚度特征值 λ；最后由式（4-2）估算满足层间侧移角限值的剪力墙刚度需求。

总剪力墙的等效刚度按式（4-10）计算，其中每片剪力墙的刚度计算方法见 4.2.3 小节。总剪力墙的等效刚度应大于或等于由式（4-2）估算的剪力墙刚度需求。

3) 总连梁的约束刚度 C_b

先按式（4-6）计算连梁梁端转动刚度 S_{ij}，并将其化为沿层高的线约束刚度（式 4-7），第 i 层总连梁的线约束刚度 C_{bi} 按式（4-8）计算。框架-剪力墙协同工作计算时所

用的约束刚度 C_b 按式（4-9）确定。

4）结构刚度特征值 λ

在总框架的剪切刚度 C_f、总连梁的约束刚度 C_b 和总剪力墙的等效刚度 $E_c I_{eq}$ 求出之后，可按下式确定框架-剪力墙结构的刚度特征值 λ：

$$\lambda = H\sqrt{\frac{C_f + \eta C_b}{E_c I_{eq}}} \tag{4-41}$$

式中 η——连梁的刚度折减系数，当设防烈度为 6、7 度时折减系数可取 0.7；8、9 度时，折减系数可取 0.5；折减系数不宜小于 0.5。计算风荷载作用下的内力和位移时，取 $\eta=1.0$。

当框架与剪力墙按铰接考虑时，式（4-41）中 C_b 取零。

(3) 结构基本自振周期计算

框架-剪力墙结构房屋的基本自振周期 T_1 可按式（2-4）计算，式中 ψ_T 取 0.7～0.8。对于屋面局部带突出间的房屋，式中的 u_T 应取主体结构顶点位移。此时应按图 2-5 所示方法，将突出间的重力荷载折算到主体结构顶层，并按式（2-5）确定折算重力荷载 G_e。u_T 按下式计算：

$$u_T = u_q + u_{Ge} \tag{4-42}$$

$$u_q = \frac{qH^4}{E_c I_{eq}} \cdot \frac{1}{\lambda^4}\left[\left(\frac{\lambda\,\mathrm{sh}\lambda + 1}{\mathrm{ch}\lambda}\right)(\mathrm{ch}\lambda - 1) - \lambda\,\mathrm{sh}\lambda + \frac{\lambda^2}{2}\right] \tag{4-43}$$

$$u_{Ge} = \frac{G_e H^3}{E_c I_{eq}} \cdot \frac{1}{\lambda^3}(\lambda - \mathrm{th}\lambda) \tag{4-44}$$

式中 u_q、u_{Ge}——均布荷载和顶点集中荷载作用下框架-剪力墙结构的顶点位移；

q——均布荷载，$q = \sum G_i / H$，其中 G_i 为集中在各层楼面处的重力荷载代表值。

(4) 水平地震作用计算

当框架-剪力墙结构房屋的高度不超过 40m，质量和刚度沿高度分布比较均匀时，其水平地震作用可用底部剪力法计算。结构总水平地震作用可按式（1-21）计算，各质点的水平地震作用可按式（1-22）计算。

对于屋面局部带突出间的框架-剪力墙结构房屋，突出间宜作为单独质点考虑，其水平地震作用仍按式（1-22）计算，其中顶部附加水平地震作用应加在主体结构的顶部，如图 3-17（a）所示。此时应按图 3-17 所示方法，将作用于各层的水平地震作用折算为倒三角形分布荷载和顶点集中荷载，并按式（3-81）确定倒三角形分布荷载峰值 q_{max} 和顶点集中荷载 F。

(5) 楼层地震剪力计算及剪重比验算

按式（1-23）计算楼层地震剪力，并按式（1-24）验算剪重比。

(6) 重力二阶效应及结构稳定性

对框架-剪力墙结构，如果满足式（1-25），可不考虑重力二阶效应的影响；如果不满足式（1-25），但满足式（1-27），应考虑重力二阶效应的影响，此时可按式（1-31）、式（1-32）计算位移和内力增大系数；如果不满足式（1-27），则应增大结构刚度，使其满足式（1-26）的要求。

4.3.3 水平荷载作用下框架-剪力墙结构内力与位移计算

1. 位移计算及验算

在水平荷载（风荷载或多遇地震作用）作用下，框架-剪力墙结构应处于弹性状态并且有足够的刚度，避免产生过大的位移而影响结构的承载力、稳定性和使用条件。

应进行风荷载和多遇地震作用下的位移计算。框架-剪力墙结构房屋的层间位移应满足式（1-36）的要求，当不满足时应调整构件截面尺寸或混凝土强度等级，并重新验算直至满足为止。

计算风荷载产生的侧移时，应取倒三角形分布荷载与均布荷载所产生的侧移之和（图 3-16），相应的荷载值 q_{max} 和 q 按式（3-76）计算；计算水平地震作用产生的侧移时，应取倒三角形分布荷载与顶点集中荷载所产生的侧移之和（图 3-17），相应的荷载值 q_{max} 和 F 按式（3-81）计算。框架-剪力墙结构在均布荷载、倒三角形分布荷载及顶点集中荷载作用下的侧移，应分别按式（4-15）、式（4-20）和式（4-25）计算，式中的结构刚度特征值 λ 按式（4-38）计算；当框架-剪力墙结构按铰接体系分析时，式（4-38）中的 C_b 取零。如需考虑重力二阶效应，则应将上述侧移计算值乘考虑二阶效应的侧移增大系数。

2. 总框架、总连梁及总剪力墙内力

(1) 对于框架-剪力墙铰接体系，按式（4-19）、式（4-24）和式（4-29）计算总框架剪力 V_f；如为刚接体系，则按上述公式计算所得的值是 V_f'，然后按式（4-40）计算总框架剪力 V_f 和总连梁的线约束弯矩 m。

(2) 总剪力墙弯矩，对铰接和刚接体系，均按式（4-17）、式（4-22）和式（4-27）计算。总剪力墙剪力，对铰接体系按式（4-18）、式（4-23）和式（4-28）计算；对刚接体系，按上述公式计算所得的值是式（4-39）第四式中的 $\left(-\dfrac{E_c I_{eq}}{H^3} \cdot \dfrac{d^3 y}{d\xi^3}\right)$，然后将其与上面所计算出的总连梁的线约束弯矩 m 相加，即得总剪力墙剪力。

如需考虑重力二阶效应，则应将上述弯矩、剪力计算值乘以考虑二阶效应的内力增大系数。

3. 构件内力

(1) 框架梁柱内力

框架与剪力墙按协同工作分析时，假定楼板为绝对刚性，但楼板实际上有一定的变形，框架与剪力墙的变形不能完全协调，故框架实际承受的剪力比计算值大。此外，在地震作用过程中，剪力墙开裂后框架承担的剪力比例将增加，剪力墙屈服后，框架将承担更大的剪力。因此，抗震设计时，按上述方法求得的总框架各层剪力 V_f 应按下列方法调整。

1) 对 $V_f \geqslant 0.2V_0$ 的楼层不必调整，V_f 可直接采用计算值；对 $V_f < 0.2V_0$ 的楼层，V_f 取 $0.2V_0$ 和 $1.5V_{max,f}$ 中的较小值；其中 V_0 为地震作用产生的结构底部总剪力，$V_{max,f}$ 为各层框架部分所承担总剪力中的最大值。

2) 各层框架所承担的地震总剪力按 1) 调整后，按调整前、后总剪力的比值调整每根框架柱和与之相连框架梁的剪力及端部弯矩标准值，框架柱的轴力标准值可不予调整。

3) 按振型分解反应谱法计算地震作用时，第 1) 项规定的调整可在振型组合之后并在满足式（1-24）的前提下进行。

根据各层框架的总剪力 V_f，可用 D 值法计算梁柱内力，计算公式及步骤见 2.3.2 小节。

(2) 连梁内力

按式（4-40）求得总连梁的线约束弯矩 $m(z)$ 后，将 $m(z)$ 乘以层高 h 得到该层所有

与剪力墙刚接的梁端弯矩 M_{ij} 之和，即

$$\sum M_{ij} = m(z)h$$

式中　z——从结构底部至所计算楼层高度。

将 $m(z)h$ 按下式分配给各梁端：

$$M_{ij} = \frac{S_{ij}}{\sum S_{ij}} m(z)h \tag{4-45}$$

式中，S_{ij} 按式（4-5）或式（4-6）计算。按上式求得的弯矩是连梁在剪力墙形心轴处的弯矩。计算连梁截面配筋时，应按非刚域段的端弯矩计算，如图 4-9 所示。对于两剪力墙之间的连梁，由图 4-9（a）所示的平衡关系得

$$\left.\begin{array}{l} M_{12}^c = M_{12} - a(M_{12} + M_{21}) \\ M_{21}^c = M_{21} - b(M_{12} + M_{21}) \end{array}\right\} \tag{4-46}$$

式中，M_{12} 和 M_{21} 按式（4-45）计算。对于剪力墙与柱之间的连梁，由图 4-9（b）所示的几何关系得

$$M_{12}^c = M_{12} - a(M_{12} + M_{21}) \tag{4-47}$$

式中，M_{12} 由式（4-45）计算。假定连梁两端转角相等，则

$$M_{12} = S_{12}\theta$$

$$M_{21} = S_{21}\theta = \frac{S_{21}}{S_{12}} M_{12}$$

将式（4-6）代入上式，得

$$M_{21} = \left(\frac{1-a}{1+a}\right) M_{12} \tag{4-48}$$

即式（4-47）中的 M_{21} 应按（4-48）计算。

对于图 4-9 所示的两种情况，连梁剪力均可按下式计算：

$$V_b = \frac{M_{12} + M_{21}}{l} \tag{4-49}$$

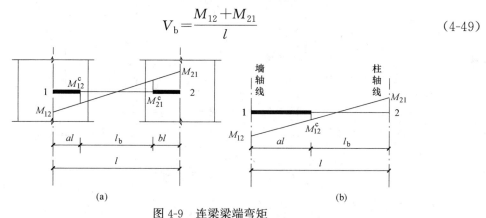

图 4-9　连梁梁端弯矩

（3）各片剪力墙内力

第 i 层第 j 片剪力墙的弯矩按下式计算：

$$M_{wij} = \frac{(E_c I_{eq})_{ij}}{\sum\limits_{j}(E_c I_{eq})_{ij}} M_{wi} \tag{4-50}$$

第 i 层第 j 片剪力墙的剪力按下式计算：

$$V_{wij} = \frac{(E_c I_{eq})_{ij}}{\sum_j (E_c I_{eq})_{ij}}(V_{wi} - m_i) + m_{ij} \qquad (4\text{-}51)$$

式中 V_{wi}——第 i 层总剪力墙剪力；

m_i，m_{ij}——第 i 层总连梁及第 i 层与第 j 片剪力墙刚接的连梁端线约束弯矩。

第 i 层第 j 片剪力墙的轴力按下式计算：

$$N_{wij} = \sum_{k=i}^{n} V_{bkj} \qquad (4\text{-}52)$$

式中 V_{bkj}——第 k 层与第 j 片剪力墙刚接的连梁剪力。

当框架-剪力墙结构按铰接体系分析时，可令式（4-51）中的线约束弯矩 m 等于零，即可得相应的墙肢剪力。

4.3.4 竖向荷载作用下框架-剪力墙结构内力计算

框架-剪力墙结构中的各榀框架和各片剪力墙，承担各自负载范围内的竖向荷载。现以图 4-4（a）所示框架-剪力墙结构为例，说明内力计算方法。对于①、③、④、⑥、⑦、⑨轴线的各榀框架，其计算简图、荷载及内力计算方法与框架结构相同，详见第 2.4 节。对于②、⑤、⑧轴线的各片剪力墙，在楼板传来荷载作用下的计算简图、荷载及内力计算方法与剪力墙结构相同，见 3.4.4 小节。对于②、⑤、⑧轴线的各榀框架，在竖向荷载作用下的计算简图如图 4-10（a）所示。为便于计算，可进一步近似简化为图 4-10（c）。作用于框架上的竖向荷载对剪力墙的影响可近似按图 4-10（b）计算，即把与剪力墙刚接端的连梁梁端弯矩和剪力反向施加于剪力墙上。计算剪力墙内力时，应把图 4-10（b）进一步转化为图 4-10（d），并与楼板传来的荷载相叠加。

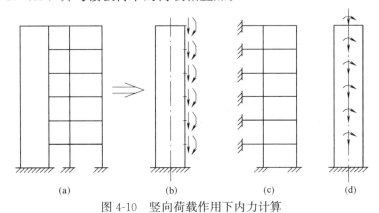

图 4-10 竖向荷载作用下内力计算

4.3.5 内力组合

框架-剪力墙结构中框架梁、柱内力组合及调整等与框架结构相同，详见第 2.5 节；剪力墙内力组合及调整等与剪力墙结构相同，连梁内力组合及调整方法与剪力墙结构中连梁的内力组合及调整方法相同，见 3.4.5 小节。内力调整时，框架与剪力墙的抗震等级一般应按框架-剪力墙结构确定。

4.3.6 截面设计和构造要求

框架-剪力墙结构中框架梁、柱的截面设计及构造要求与框架结构相同，详见第 2.6

节；剪力墙的截面设计及构造要求与剪力墙结构相同，详见 3.4.6 小节。

框架-剪力墙结构的截面设计和构造要求除应符合上述规定外，尚应符合下列要求。

1. 设计方法

框架-剪力墙结构在规定的水平力作用下，应根据结构底层框架部分承受的地震倾覆力矩与结构总地震倾覆力矩的比值，按下述规定确定相应的设计方法。

（1）当框架部分承担的倾覆力矩不大于结构总倾覆力矩的 10%时，表明结构中框架承担的地震作用较小，绝大部分均由剪力墙承担，其工作性能接近于纯剪力墙结构。此时结构中的剪力墙抗震等级可按剪力墙结构的规定执行；其最大适用高度可按剪力墙结构的要求执行；其中的框架部分应按框架-剪力墙结构的框架进行设计，并应对框架部分承受的剪力进行调整，其侧向位移控制指标按剪力墙结构采用。

（2）当框架部分承受的地震倾覆力矩大于结构总地震倾覆力矩的 10%但不大于 50%时，属于一般框架-剪力墙结构，按框架-剪力墙结构的有关规定进行设计。

（3）当框架部分承受的倾覆力矩大于结构总倾覆力矩的 50%但不大于 80%时，表明结构中剪力墙的数量偏少，框架承担较大的地震作用。此时框架部分的抗震等级和轴压比限值宜按框架结构的规定执行，剪力墙部分的抗震等级和轴压比限值按框架-剪力墙结构的规定采用；其最大适用高度不宜再按框架-剪力墙结构的要求执行，但可比框架结构的要求适当提高，提高的幅度可视剪力墙承担的地震倾覆力矩来确定。

（4）当框架部分承受的倾覆力矩大于结构总倾覆力矩的 80%时，表明结构中剪力墙的数量极少。此时框架部分的抗震等级和轴压比限值应按框架结构的规定执行，剪力墙部分的抗震等级和轴压比限值按框架-剪力墙结构的规定采用；其最大适用高度宜按框架结构采用。对于这种少墙框架-剪力墙结构，由于其抗震性能较差，不宜采用，以避免剪力墙受力过大、过早破坏。不可避免时，宜采取将此种剪力墙减薄、开竖缝、开结构洞、配置少量单排钢筋等措施，减小剪力墙的作用。

2. 带边框剪力墙的构造要求

框架-剪力墙结构中的剪力墙周边一般与梁、柱连接在一起，形成带边框的剪力墙。为了使墙板与边框能整体工作，墙板自身应有一定的厚度以保证其稳定性。一般情况下，剪力墙的截面厚度不应小于 160mm，且不应小于层高的 1/20；抗震设计时，一、二级抗震等级剪力墙的底部加强部位均不应小于 200mm，且不应小于层高的 1/16。当剪力墙截面厚度不满足上述要求时，应对墙体进行稳定性验算。剪力墙的水平分布钢筋应全部锚入边框内，锚固长度不应小于 l_a（持久、短暂设计状况）或 l_{aE}（地震设计状况）。

与剪力墙重合的框架梁可保留，亦可做成宽度与墙厚相同的暗梁，暗梁截面高度可取墙厚的 2 倍或与该片框架梁截面等高。暗梁的配筋可按构造配置且应符合一般框架梁相应抗震等级的最小配筋要求。

带边框剪力墙宜按工字形截面计算其正截面承载力，端部的纵向受力钢筋应配置在边框柱截面内。

带边框剪力墙的混凝土强度等级宜与边框柱相同。边框柱宜与该榀框架其他柱的截面相同，且应符合一般框架柱的构造配筋规定。剪力墙底部加强部位边框柱的箍筋宜沿全高加密；当带边框剪力墙上的洞口紧邻边框柱时，边框柱的箍筋宜沿全高加密。

4.4 设 计 实 例

4.4.1 工程概况

某 10 层框架-剪力墙结构房屋,位于抗震设防烈度 8 度区,场地类别Ⅱ类,设计地震分组为第一组。基本雪压 $s_0 = 0.25\text{kN/m}^2$,基本风压 $w_0 = 0.40\text{kN/m}^2$,地面粗糙度为 B 类。该房屋为丙类建筑。

根据结构使用功能要求,标准层建筑平面示意图见图 4-11,剖面示意图见图 4-12,该建筑设有整体刚度较大的地下室,楼梯间、电梯间突出主体一层高度(4.8m)。

4.4.2 结构布置及计算简图

根据对结构使用功能要求及技术经济指标等因素的综合分析,该建筑采用钢筋混凝土框架-剪力墙结构。标准层结构平面布置图见图 4-13。

1. 梁、板截面尺寸

根据 2.1.3 小节的有关规定,梁截面高度 $h=(1/12\sim1/8)l$,l 为梁跨度,由此估算的梁截面尺寸见表 4-4。双向板厚度可取 1/40 板短边长度,本工程取 150mm。

梁、板截面尺寸 (mm) 表 4-4

横梁($b \times h$)		纵梁($b \times h$)		板
Ⓐ~Ⓑ、Ⓑ~Ⓒ	Ⓒ~Ⓓ	②~⑪	①~②	150
300×600	300×400	300×600	300×400	

2. 柱截面尺寸

柱截面尺寸可根据轴压比限值由式(2-2)确定。房屋高度为 36.15m,由表 2-9 可知该框架-剪力墙结构中的框架为二级抗震等级,查表 2-12 得轴压比限值 $[\mu_N]$ 为 0.85。单位面积上的重力荷载代表值近似取 12kN/m^2,底层混凝土强度等级取 C40($f_c = 19.1\text{N/mm}^2$)。由式(2-1)及式(2-2)可得底层中柱及边柱的截面尺寸为

中柱 $\quad A_c = \dfrac{N}{[\mu_N]f_c} = \dfrac{1.40 \times (6.6 \times 6.3) \times 12 \times 10}{0.85 \times 19.1 \times 10^3} = 0.430\text{m}^2$

柱截面尺寸可取为 600mm×700mm。

边柱 $\quad A_c = \dfrac{N}{[\mu_N]f_c} = \dfrac{1.45 \times (6.6 \times 3.3) \times 12 \times 10}{0.85 \times 19.1 \times 10^3} = 0.233\text{m}^2$

可取 600mm×600mm。

另外,柱截面高度不宜小于 400mm,柱净高与截面长边尺寸之比宜大于 4。经综合分析,本工程各层柱截面尺寸及混凝土强度等级按表 4-5 采用。

各层柱截面尺寸及混凝土强度等级 表 4-5

层次	混凝土强度等级	Ⓑ轴柱(mm)	Ⓐ、Ⓒ轴柱(mm)	Ⓓ 轴柱(mm)
5~10	C35	600×600	500×500	400×400
1~4	C40	600×700	600×600	500×500

3. 剪力墙布置

根据 4.1.2 小节的有关规定,对于带边框的剪力墙,其墙板厚度不应小于 160mm,且不应小于层高的 1/20。本例层高为 3.6m,故墙板厚度不应小于 180mm,各层均可取 200mm。

在③、④、⑥、⑦和⑩轴线布置 5 道横向剪力墙,在 B 轴线布置 3 片纵向剪力墙,另外在电梯间和竖井处采用钢筋混凝土墙,如图 4-13 所示。

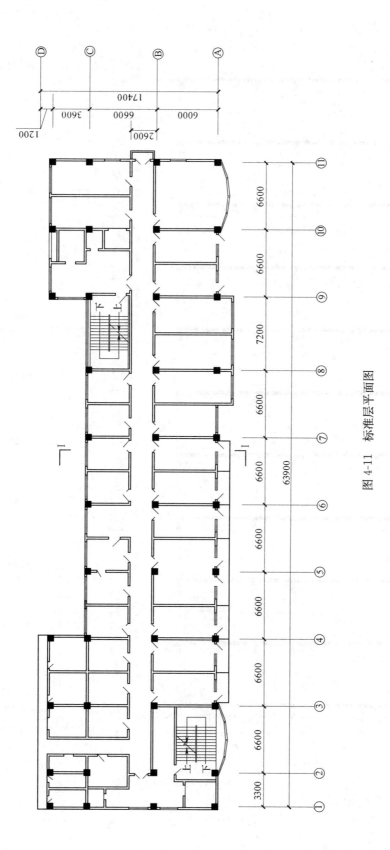

图 4-11 标准层平面图

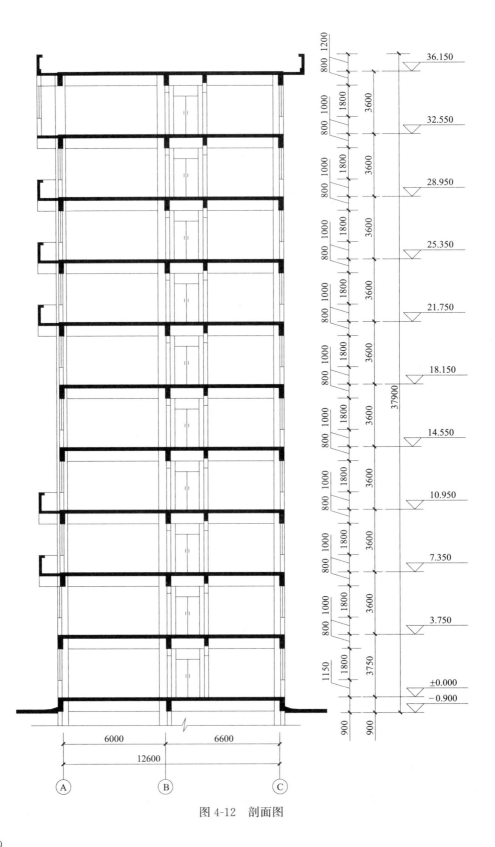

图 4-12 剖面图

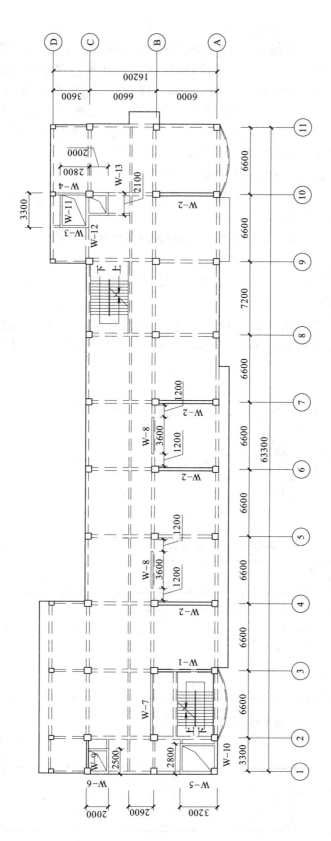

图 4-13 标准层结构平面布置图

4. 计算简图

根据 4.2.2 小节所述原则，对于图 4-13 所示结构平面布置情况，无论是横向还是纵向，均可按连梁刚接考虑，其计算简图如图 4-14 所示。对于横向，总剪力墙代表 W-1～W-6 共 11 片剪力墙的综合；对于纵向，总剪力墙代表 W-7～W-13 共 8 片剪力墙的综合。因该建筑设有整体刚度较大的地下室，因而底层柱的下端取至地下室的顶部；因梁板现浇，所以其他各层均取板底为梁截面的形心线。

限于篇幅，本例只对房屋的横向进行分析计算，纵向计算从略。

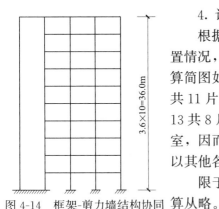

图 4-14 框架-剪力墙结构协同工作计算简图

4.4.3 剪力墙、框架及连梁的刚度计算

1. 框架剪切刚度计算

框架第 i 层的剪切刚度按式（4-3）计算，其中柱的侧移刚度 D_{ij} 按式（2-3）计算。

（1）梁线刚度 i_b 和柱线刚度 i_c

各层各跨梁线刚度 i_b 计算结果见表 4-6，表中 I_0 表示按矩形截面所计算的惯性矩；$2EI_0/l$，$1.5EI_0/l$ 分别表示中框架梁和边框架梁的线刚度。各层柱线刚度 i_c 计算结果见表 4-7。

（2）柱侧移刚度

柱侧移刚度按式（2-3）计算，现以第二层Ⓑ列⑤轴柱为例，说明计算方法，其余各柱侧移刚度计算结果见表 4-8～表 4-11。

$$\overline{K}=\frac{(5.85+5.318)\times 2}{2\times 15.483}=0.721, \quad \alpha_c=\frac{0.721}{2+0.721}=0.265$$

$$D=0.265\times \frac{12\times 15.483\times 10^{10}}{3600^2}=37991\text{N/mm}$$

横梁线刚度 i_b 计算表　　　　　　　　　　　　　　　表 4-6

类别	层次	E_c (10^4N/mm²)	$b\times h$ (mm×mm)	l (mm)	I_0 (10^9mm⁴)	i_b(10^{10} N·mm)		
						E_cI_0/l	$1.5E_cI_0/l$	$2E_cI_0/l$
AB跨	5～10	3.15	300×600	6000	5.4	2.835	4.253	5.670
	1～4	3.25	300×600	6000	5.4	2.925	4.388	5.850
BC跨	5～10	3.15	300×600	6600	5.4	2.577	3.866	5.155
	1～4	3.25	300×600	6600	5.4	2.659	3.989	5.318
CD跨	5～10	3.15	300×400	3600	1.6	1.400	2.100	2.800
	1～4	3.25	300×400	3600	1.6	1.444	2.167	2.889

各层柱线刚度 i_c 计算表　　　　　　　　　　　　　　　表 4-7

类别	层次	E_c (10^4N/mm²)	$b_c\times h_c$ (mm×mm)	h (mm)	I_c (10^9mm⁴)	$i_c=E_cI_c/h$ (10^{10} N·mm)
Ⓑ 列柱	5～10	3.15	600×600	3600	10.800	9.450
	1～4	3.25	600×700	3600	17.150	15.483
Ⓐ Ⓒ 列柱	5～10	3.15	500×500	3600	5.208	4.557
	1～4	3.25	600×600	3600	10.800	9.750

续表

类别	层次	E_c (10^4N/mm^2)	$b_c \times h_c$ (mm×mm)	h (mm)	I_c (10^9mm^4)	$i_c = E_c I_c / h$ (10^{10} N·mm)
⑪ 列柱	5~10	3.15	400×400	3600	2.133	1.867
	1~4	3.25	500×500	3600	5.208	4.702

Ⓐ列柱侧移刚度 D（N/mm）计算表　　　　　　　　　　　　　　　　表 4-8

层次	②轴柱			⑤、⑧、⑨轴柱			⑪轴柱			$\sum D_{ij}$
	$\overline{K}$	α_c	D_{i1}	$\overline{K}$	α_c	D_{i2}	$\overline{K}$	α_c	D_{i3}	
6~10	0.622	0.237	10000	1.244	0.383	16160	0.933	0.318	13418	71898
5	0.632	0.240	10127	1.264	0.387	16329	0.948	0.322	13587	72701
2~4	0.300	0.130	11736	0.600	0.231	20854	0.450	0.184	16611	90909
1	0.300	0.348	31417	0.600	0.423	38188	0.450	0.388	35028	181009

Ⓑ列柱侧移刚度 D（N/mm）计算表　　　　　　　　　　　　　　　　表 4-9

层次	①轴柱			②轴柱			$\sum D_{ij}$
	$\overline{K}$	α_c	D_{i1}	$\overline{K}$	α_c	D_{i2}	
6~10	0.709	0.262	22925	0.846	0.297	25988	48913
5	0.720	0.265	23188	0.859	0.300	26250	49438
2~4	0.447	0.183	26235	0.532	0.210	30106	56341
1	0.447	0.387	55481	0.532	0.408	58491	113972
层次	⑤、⑧、⑨轴柱			⑪轴柱			$\sum D_{ij}$
	$\overline{K}$	α_c	D_{i1}	$\overline{K}$	α_c	D_{i2}	
6~10	1.146	0.364	31850	0.859	0.300	26250	121800
5	1.164	0.368	32200	0.873	0.304	26600	123200
2~4	0.721	0.265	37991	0.541	0.213	30536	144509
1	0.721	0.449	64369	0.541	0.410	58778	251885

Ⓒ列柱侧移刚度 D（N/mm）计算表　　　　　　　　　　　　　　　　表 4-10

层次	②、③轴柱			④轴柱			$\sum D_{ij}$
	$\overline{K}$	α_c	D_{i1}	$\overline{K}$	α_c	D_{i2}	
6~10	1.746	0.466	19663	1.592	0.443	18692	58018
5	1.773	0.470	19831	1.617	0.447	18861	58523
2~4	0.842	0.296	26722	0.768	0.277	25007	78451
1	0.842	0.472	42611	0.768	0.458	41347	126569
层次	⑤、⑥、⑦、⑧轴柱			⑨、⑪轴柱			$\sum D_{ij}$
	$\overline{K}$	α_c	D_{i1}	$\overline{K}$	α_c	D_{i2}	
6~10	1.131	0.361	15232	1.309	0.396	16709	94346
5	1.149	0.365	15401	1.330	0.399	16836	95276
2~4	0.545	0.214	19319	0.631	0.240	21667	120610
1	0.545	0.411	37104	0.631	0.430	38819	226054

Ⓓ列柱侧移刚度 D（N/mm）计算表　　　　　　　　　　　　　　　　表 4-11

层次	①、④、⑨、⑪轴柱			②、③轴柱			$\sum D_{ij}$
	$\overline{K}$	α_c	D_{i1}	$\overline{K}$	α_c	D_{i2}	
6~10	1.125	0.360	6223	1.500	0.429	7416	39724
5	1.143	0.364	6292	1.524	0.432	7468	40104
2~4	0.461	0.187	8141	0.614	0.235	10231	53026
1	0.461	0.390	16979	0.614	0.426	18547	105010

(3) 总框架的剪切刚度 C_f

按式（4-3）计算各层的 C_{fi} 值，按式（4-4）计算总框架的剪切刚度，计算过程和结果列入表 4-12。

$$C_f = \frac{C_{f_1}h_1 + C_{f_2}h_2 + \cdots + C_{f_n}h_n}{h_1 + h_2 + \cdots + h_n}$$

$$= \frac{(36.16196 + 19.57846 \times 3 + 15.81271 + 15.64916 \times 5) \times 3.6 \times 10^8}{36.0} = 18.89559 \times 10^8 \text{N}$$

总框架的剪切刚度 C_f 表 4-12

层次	框架			壁式框架		
	h_i	D_i	$D_i h_i$ (N)	h_i	D_i	$D_i h_i$ (N)
6～10	3600	434699	15.64916×10⁸	3600	260150	9.36540×10⁸
5	3600	439242	15.81271×10⁸	3600	262318	9.44345×10⁸
2～4	3600	543846	19.57846×10⁸	3600	289237	10.41253×10⁸
1	3600	1004499	36.16196×10⁸	3150	376338	11.85465×10⁸
C_f	18.89559×10⁸			9.93627×10⁸		

2. 剪力墙截面刚度计算

（1）满足层间侧移角限值所需要的总剪力墙数量

由图 4-11 可得每楼层建筑面积约为 953.64m^2，单位面积上的重力荷载代表值近似取 12kN/m^2，则该建筑总重力荷载代表值为

$$G_E = 12 \times 953.64 \times 10 = 114436.800 \text{kN}$$

设防烈度为 8 度，设计地震分组为第一组，场地类别为 Ⅱ 类，层间侧移角限值为 1/800（见表 1-19），据此查表 4-2 得 $\psi = 0.126$，则由式（4-1）得

$$\beta = \psi H^{0.45}\left(\frac{C_f}{G_E}\right)^{0.55} = 0.126 \times 36.0^{0.45}\left(\frac{1889559.0}{114436.800}\right)^{0.55} = 2.95457$$

已知 β 值后，查表 4-3 得结构刚度特征值 $\lambda = 1.298$，按式（4-2）求得所需的总剪力墙刚度 EI_w：

$$EI_w = \frac{H^2 C_f}{\lambda^2} = \frac{36000^2 \times 18.89559 \times 10^8}{1.298^2} = 1.4535034 \times 10^{18} \text{N} \cdot \text{mm}$$

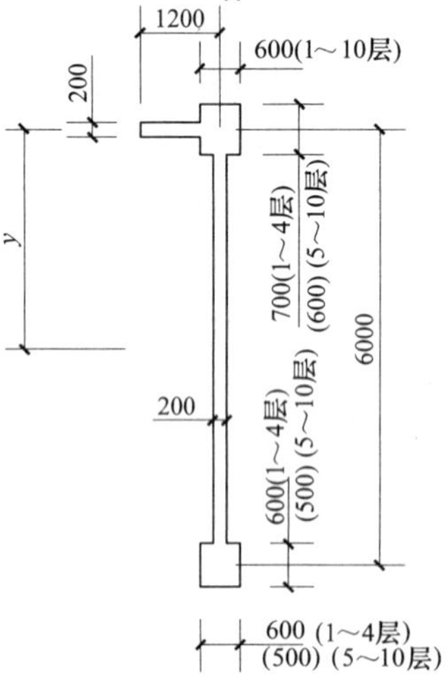

这就是满足层间侧移角限值所要求的总剪力墙截面抗弯刚度，可称之为刚度需求。

（2）横向剪力墙截面刚度

根据图 4-13 所布置的横向剪力墙 W-1～W-6，计算其截面抗弯刚度。现以剪力墙 W-1 和 W-3 为例说明剪力墙截面刚度计算方法，其他剪力墙刚度的计算结果列于表 4-13。

W-1 墙为带翼缘的整截面墙，其有效翼缘宽度可根据第 3.2.4 小节的有关规定确定。本例中有效翼缘宽度取 6 倍的翼缘厚度，即 1200mm，如图 4-15 所示。

图 4-15 墙 W-1 考虑翼缘作用的横截面图

整截面墙的等效刚度按式（3-6）计算，为此

应先计算式中的 A_w、I_w 和 μ 值。

1～4 层：

$$A_w = 600 \times 700 + 600 \times 600 + 200 \times 5350 + 200 \times 900 = 2.03 \times 10^6 \text{mm}^2$$

$$y = \frac{200 \times 5350 \times \left(\frac{5350}{2} + 350\right) + 600^2 \times 6000}{2.03 \times 10^6} = 2658 \text{mm}$$

$$I_w = \frac{1}{12} \times 600 \times 700^3 + 600 \times 700 \times 2658^2 + 200 \times 900 \times 2658^2$$
$$+ \frac{1}{12} \times 600^4 + 600^2 \times 3342^2 + \frac{1}{12} \times 200 \times 5350^3 + 200 \times 5350 \times 367^2$$
$$= 10.98405 \times 10^{12} \text{mm}^4$$

$b_f = 1200 + 100 = 1300 \text{mm}$；$h_w = 6000 + 300 + 350 = 6650 \text{mm}$；$b_f/t = \frac{1300}{200} = 6.5$，$h_w/t = 6650/200 = 33.25$，由表 3-1 查得 $\mu = 1.330$。

5～10 层：

$$A_w = 600 \times 600 + 500 \times 500 + 200 \times 5450 + 200 \times 900 = 1.88 \times 10^6 \text{mm}^2$$

$$y = \frac{200 \times 5450 \times (5450/2 + 300) + 500^2 \times 6000}{1.88 \times 10^6} = 2552 \text{mm}$$

$$I_w = \frac{1}{12} \times 600^4 + 600^2 \times 2552^2 + 200 \times 900 \times 2552^2 + \frac{1}{12} \times 500^4 + 500^2 \times 3448^2$$
$$+ \frac{1}{12} \times 200 \times 5450^3 + 200 \times 5450 \times 473^2 = 9.46689 \times 10^{12} \text{mm}^4$$

$b_f = 1300 \text{mm}$；$h_w = 6000 + 300 + 250 = 6550 \text{mm}$；$b_f/t = 6.5$，$h_w/t = 6550/200 = 32.75$，由表 3-2 查得 $\mu = 1.333$。

按式（3-6）计算等效刚度时，式中 E_c、A_w、I_w、μ 应沿房屋高度取加权平均值。由表 4-5 可知，1～4 层混凝土强度等级为 C40（$E_c = 3.25 \times 10^4 \text{N/mm}^2$），5～10 层为 C35（$E_c = 3.15 \times 10^4 \text{N/mm}^2$），故得

$$E_c = \frac{(3.25 \times 4 + 3.15 \times 6) \times 10^4}{10} = 3.19 \times 10^4 \text{N/mm}^2$$

$$A_w = \frac{(2.03 \times 4 + 1.88 \times 6) \times 10^6}{10} = 1.94 \times 10^6 \text{mm}^2$$

$$I_w = \frac{(10.98405 \times 4 + 9.46689 \times 6) \times 10^{12}}{10} = 10.07375 \times 10^{12} \text{mm}^4$$

$$\mu = \frac{1.330 \times 4 + 1.333 \times 6}{10} = 1.332$$

将上列数据代入式（3-6）后得

$$E_c I_{eq} = \frac{3.19 \times 10^4 \times 10.07375 \times 10^{12}}{1 + \frac{9 \times 1.332 \times 10.07375 \times 10^{12}}{1.94 \times 10^6 \times (36000)^2}} = 3.06625 \times 10^{17} \text{N} \cdot \text{mm}^2$$

W-3 墙考虑翼缘作用的截面图如图 4-16（a）所示。根据 3.2 节的有关规定，当两

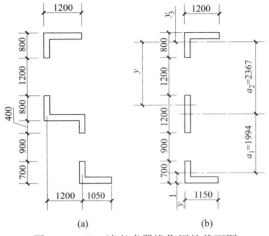

图 4-16 W-3 墙考虑翼缘作用的截面图

段墙错开距离 $a=1.2\mathrm{m}<0.2\times 8=1.6\mathrm{m}$，并且不大于 2.5m 时，整片墙可以作为整体平面剪力墙考虑，如图 4-16（b）所示，但所得等效刚度应乘折减系数 0.8，内力应乘增大系数 1.2。

对于图 4-16（b）所示剪力墙，首先应按 3.3.2 小节所述方法判别剪力墙类别。由于洞口将整片墙分为三肢，故应按式（3-1）计算剪力墙整体性系数 α。

各墙肢截面面积 A_j，惯性矩 I_j 计算如下：

$$A_1=200\times(1150+500)=0.33\times 10^6\mathrm{mm}^2$$

$$y_1=\frac{200\times 1150\times 100+200\times 500\times 450}{0.33\times 10^6}=206\mathrm{mm}$$

$$I_1=200\times 1150\times 106^2+\frac{1}{12}\times 200\times 500^3+200\times 500\times 244^2=1.06212\times 10^{10}\mathrm{mm}^4$$

$$A_2=200\times 1200=0.24\times 10^6\mathrm{mm}^2,\quad I_2=\frac{1}{12}\times 200\times 1200^3=2.88\times 10^{10}\mathrm{mm}^4$$

$$A_3=200\times 1200+200\times 600=0.36\times 10^6\mathrm{mm}^2$$

$$y_3=\frac{200\times 1200\times 100+200\times 600\times 500}{0.36\times 10^6}=233\mathrm{mm}$$

$$I_3=200\times 1200\times 133^2+\frac{1}{12}\times 200\times 600^3+200\times 600\times 267^2=1.64\times 10^{10}\mathrm{mm}^4$$

$$\sum I_i=(1.06212+2.88+1.64)\times 10^{10}=5.58212\times 10^{10}\mathrm{mm}^4$$

剪力墙对组合截面形心的惯性矩 I 计算如下：

$$y=\frac{0.24\times 10^6\times 2367+0.33\times 10^6\times 4361}{(0.33+0.24+0.36)\times 10^6}=2158\mathrm{mm}$$

$$I=5.58212\times 10^{10}+0.33\times 10^6\times(2367-2158+1994)^2+0.24\times 10^6\times(2367-2158)^2+0.36\times 10^6\times 2158^2$$
$$=3.34437\times 10^{12}\mathrm{mm}^4$$

$$I_n=I-\sum I_i=3.34437\times 10^{12}-5.58212\times 10^{10}=3.28855\times 10^{12}\mathrm{mm}^4$$

洞口上连梁的折算惯性矩 I_{bj} 计算如下：

洞口高度除底层为 2.55m 外，其余层均为 2.4m，故连梁截面高度为：底层 $3.75-2.55=1.2$m，其余层 $3.6-2.4=1.2$m。由式（3-5）可得各列连梁的计算跨度 l_{bj} 分别为

$$l_{b1}=0.9+1.2/2=1.5\mathrm{m}\quad l_{b2}=1.2+1.2/2=1.8\mathrm{m}$$

各列连梁的截面面积和惯性矩为

$$A_{b1}=A_{b2}=200\times 1200=0.24\times 10^6\mathrm{mm}^2$$

$$I_{b10}=I_{b20}=\frac{1}{12}\times 200\times 1200^3=2.88\times 10^{10}\mathrm{mm}^4$$

由式（3-4）可得各列连梁的折算惯性矩 I_{bj} 分别为

$$I_{b1}=\frac{2.88\times10^{10}}{1+\dfrac{30\times1.2\times2.88\times10^{10}}{0.24\times10^{6}\times1500^{2}}}=0.98630\times10^{10}\ \text{mm}^{4}$$

$$I_{b2}=\frac{2.88\times10^{10}}{1+\dfrac{30\times1.2\times2.88\times10^{10}}{0.24\times10^{6}\times1800^{2}}}=1.23429\times10^{10}\ \text{mm}^{4}$$

将上述数据及 $\tau=I_n/I=3.28855/3.34437=0.98$，$h=3.6\text{m}$，$a_1=1.994\text{m}$，$a_2=2.367\text{m}$ 代入式（3-1），得

$$\alpha=36\sqrt{\frac{12}{0.98\times3.6\times0.0558212}\left(\frac{0.009863\times1.994^{2}}{1.5^{3}}+\frac{0.0123429\times2.367^{2}}{1.8^{3}}\right)}=43.1$$

$I_n/I=0.98$，由表 3-2 查得 $\zeta=0.861$。因 $\alpha>10$，$I_n/I>\zeta$，故该墙为壁式框架。壁式框架的刚度应计入总框架的剪切刚度之内，具体计算见后。

横向总剪力墙的等效刚度等于各片横向剪力墙等效刚度之和，其值见表 4-13 中的最末一栏。可见，全部横向剪力墙等效刚度略大于刚度需求，满足要求。

横向剪力墙等效刚度计算表　　表 4-13

墙编号	层次	E_c (10^4N/mm^2)	A_w (10^6mm^2)	I_w (10^{12}mm^4)	μ	$E_c I_{eq}$ ($10^{17}\text{N}\cdot\text{mm}^2$)	截面图	墙类别
W-1	1～4	3.25	2.03	10.98405	1.330	3.06625		整截面墙
	5～10	3.15	1.88	9.46689	1.333			
		3.19	1.94	10.07375	1.332			
W-2 (4 片)	1～4	3.25	1.85	9.58810	1.391	2.66118		整截面墙
	5～10	3.15	1.70	8.15075	1.298			
		3.19	1.76	8.72569	1.335			

续表

墙编号	层次	E_c (10^4N/mm²)	A_w (10^6mm²)	I_w (10^{12}mm⁴)	μ	$E_c I_{eq}$ (10^{17}N·mm²)	截面图	墙类别
W-4	1~4	3.25	1.73	5.92991	1.302	1.69892		整截面墙
	5~10	3.15	1.56	5.19341	1.303			
		3.19	1.63	5.48801	1.303			
W-5 (2片)	1~4	3.25	0.96	1.25087	1.500	0.39368		整截面墙
	5~10	3.15	0.96	1.25087	1.500			
		3.19	0.96	1.25087	1.500			
W-6 (2片)	1~4	3.25	0.72	0.38507	1.800	0.12202		整截面墙
	5~10	3.15	0.72	0.38507	1.800			
		3.19	0.72	0.38507	1.800			
∑						1.644129×10¹⁸ N·mm²		

(3) 壁式框架侧向刚度

前面已判别出 W-3 墙为壁式框架。W-3 墙的立面示意图及壁梁和壁柱的刚域长度等尺寸见图 4-17。

带刚域框架梁、柱的刚域长度按式（3-30）计算如下：

左跨梁
$$l_{b1} = 494 - 0.25 \times 1200 = 194 \text{mm}, \quad l_{b2} = 600 - 0.25 \times 1200 = 300 \text{mm}$$
$$l_0 = 1994 - 194 - 300 = 1500 \text{mm}$$

右跨梁
$$l_{b1} = 600 - 0.25 \times 1200 = 300 \text{mm}, \quad l_{b2} = 567 - 0.25 \times 1200 = 267 \text{mm}$$
$$l_0 = 2367 - 300 - 267 = 1800 \text{mm}$$

左柱 $l_{c1} = l_{c2} = 600 - 0.25 \times 700 = 425 \text{mm}$

底层 $l_0 = 3150 - 425 = 2725 \text{mm}$; 一般层 $l_0 = 3600 - 2 \times 425 = 2750 \text{mm}$

中柱　$l_{c1}=l_{c2}=600-0.25\times1200=300$mm

底层　$l_0=3150-300=2850$mm；一般层　$l_0=3600-2\times300=3000$mm

右柱　$l_{c1}=l_{c2}=600-0.25\times800=400$mm

底层　$l_0=3150-400=2750$mm；一般层　$l_0=3600-2\times400=2800$mm

带刚域杆件的等效刚度按式（3-33）计算，其中 $\eta_v=1/(1+\beta)$，β 按式（3-32）计算。壁梁的等效线刚度计算结果见表4-14，壁柱的等效线刚度计算结果见表4-15。在表4-14中，计算 β 时 μ 取1.2；在表4-15中，计算 β 时，因左、中、右柱分别为T形、矩形和T形截面，按表3-2确定的左、中、右柱的 μ 分别为2.056、1.2和2.287。

壁梁和壁柱的等效刚度求出后，壁式框架就可视为普通框架，如图4-18所示，图中注明了梁和柱的相对线刚度（实际线刚度/10^{11}）。由图4-18可求得壁式框架柱的侧向刚度，计算结果见表4-16。

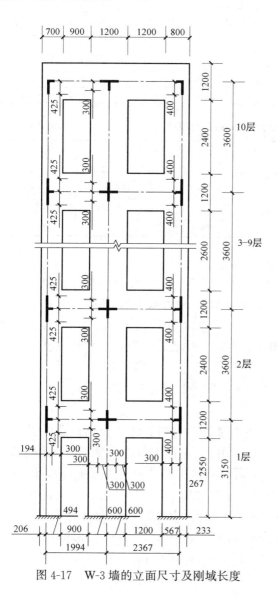

图 4-17　W-3 墙的立面尺寸及刚域长度　　　　图 4-18　壁式框架的等效刚度

壁式框架梁等效线刚度计算表 表 4-14

类别	层次	E_c (10^4N/mm^2)	l_0 (mm)	l (mm)	A (10^6mm^2)	I_0 (10^{10}mm^4)	β	η_v	EI/l (10^{11}N·mm)
左跨梁	5～10	3.15	1500	1994	0.24	2.88	1.920	0.342	3.655
	1～4	3.25	1500	1994	0.24	2.88	1.920	0.342	3.771
右跨梁	5～10	3.15	1800	2367	0.24	2.88	1.333	0.429	3.739
	1～4	3.25	1800	2367	0.24	2.88	1.333	0.429	3.858

壁式框架柱等效线刚度计算表 表 4-15

类别	层次	E_c (10^4N/mm^2)	l_0 (mm)	l (mm)	A (10^6mm^2)	I_0 (10^{10}mm^4)	β	η_v	EI/l (10^{11}N·mm)
左柱	5～10	3.15	2750	3600	0.33	1.06212	0.263	0.792	1.651
	2～4	3.25	2750	3600	0.33	1.06212	0.263	0.792	1.704
	1	3.25	2725	3150	0.33	1.06212	0.267	0.789	1.336
中柱	5～10	3.15	3000	3600	0.24	2.88	0.48	0.676	2.944
	2～4	3.25	3000	3600	0.24	2.88	0.48	0.676	3.037
	1	3.25	2850	3150	0.24	2.88	0.532	0.653	2.620
右柱	5～10	3.15	2800	3600	0.36	1.64	0.399	0.715	2.181
	2～4	3.25	2800	3600	0.36	1.64	0.399	0.715	2.250
	1	3.25	2750	3150	0.36	1.64	0.413	0.708	1.800

壁式框架柱侧向刚度 D（N/mm）计算表 表 4-16

层次	左柱 $\overline{K}$	左柱 α_c	左柱 D_{i1}	中柱 $\overline{K}$	中柱 α_c	中柱 D_{i2}	右柱 $\overline{K}$	右柱 α_c	右柱 D_{i3}	$\sum D_{ij}$
6～10	2.214	0.525	80257	2.512	0.557	151834	1.714	0.461	93096	325187
5	2.249	0.529	80868	2.551	0.561	152924	1.742	0.466	94106	327898
2～4	2.213	0.525	82833	2.512	0.557	156630	1.715	0.596	122083	361546
1	2.823	0.689	111323	2.912	0.695	220215	2.143	0.638	138884	470422

（4）总框架的剪切刚度 C_f

总框架的剪切刚度按式（4-4）计算，计算结果见表 4-12。由于 W-3 墙为错轴墙，故表 4-12 中壁式框架各层的 D_i 等于表 4-16 中各层的 $\sum D_{ij}$ 乘折减系数 0.8。

在框架-剪力墙结构协同工作计算中所用的总框架剪切刚度 C_f 按式（4-4）计算，计算结果列于表 4-12 中的最末一栏。将框架和壁式框架合并成总框架，其剪切刚度等于二者剪切刚度之和，即

$$C_f = (18.89559 + 9.93627) \times 10^8 = 28.83186 \times 10^8 \text{ N}$$

3. 连梁的约束刚度

为了简化计算，计算连梁的约束刚度时，可不考虑剪力墙翼缘的影响，这样图 4-13 中③、④、⑥、⑦轴线的连梁可视为相同的连梁。另外，本例中各连梁净跨长与截面高度之比均大于 4，故可不考虑剪切变形的影响。下面以⑩轴线连梁为例（图 4-19），说明连梁刚度计算方法，其他连梁刚度计算结果见表 4-17。

连梁的转动刚度按式（4-5）计算，对于 1～4 层连梁，其刚域长度为

$$al = 2917 + 700/2 - 0.25 \times 600 = 3117 \text{mm}, \quad bl = 3040 - 0.25 \times 600 = 2890 \text{mm}$$
$$l = 2917 + (6600 + 3600 - 2560) = 10557 \text{mm}$$
$$a = 3117/10557 = 0.295, \quad b = 2890/10557 = 0.274$$

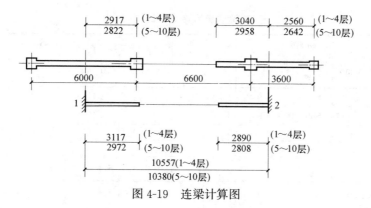

图 4-19 连梁计算图

将上列数据代入式（4-5），其中 I_0 由表 4-6 取值，考虑到梁与楼板现浇为整体，故将 I_0 乘 2。

$$S_{12}=\frac{6\times3.25\times10^4\times5.4\times10^9\times2}{10557}\cdot\frac{(1+0.295-0.274)}{(1-0.295-0.274)^3}=25.43969\times10^{11}\,\text{N}\cdot\text{mm/rad}$$

$$S_{21}=\frac{6\times3.25\times10^4\times5.4\times10^9\times2}{10557}\cdot\frac{(1-0.295+0.274)}{(1-0.295-0.274)^3}=24.39320\times10^{11}\,\text{N}\cdot\text{mm/rad}$$

连梁的约束刚度按式（4-7）计算如下：

$$C_{12}=25.43969\times10^{11}/3600=7.06658\times10^8\,\text{N}$$
$$C_{21}=24.39320\times10^{11}/3600=6.77589\times10^8\,\text{N}$$

则

$$C_b=C_{12}+C_{21}=(7.06658+6.77589)\times10^8=13.84247\times10^8\,\text{N}$$

同理，对于 5～10 层连梁，计算结果如下：

$$al=2822+600/2-0.25\times600=2972\,\text{mm},\ bl=2958-0.25\times600=2808\,\text{mm}$$
$$l=2822+(6600+3600-2642)=10380\,\text{mm}$$
$$a=2972/10380=0.286,\ b=2808/10380=0.271$$

$$S_{12}=\frac{6\times3.15\times10^4\times5.4\times10^9\times2}{10380}\cdot\frac{(1+0.286-0.271)}{(1-0.286-0.271)^3}=22.95848\times10^{11}\,\text{N}\cdot\text{mm/rad}$$

$$S_{21}=\frac{6\times3.15\times10^4\times5.4\times10^9\times2}{10380}\cdot\frac{(1-0.286+0.271)}{(1-0.286-0.271)^3}=22.27990\times10^{11}\,\text{N}\cdot\text{mm/rad}$$

$$C_{12}=22.95848\times10^{11}/3600=6.37736\times10^8\,\text{N}$$
$$C_{21}=22.27990\times10^{11}/3600=6.18886\times10^8\,\text{N}$$
$$C_b=(6.37736+6.18886)\times10^8=12.56622\times10^8\,\text{N}$$

注意，在表 4-17 计算中，对一端带刚域的连梁，C_{bi} 取刚域端的 S_{12}/h_i 或 S_{21}/h_i；对两端带刚域的连梁，C_{bi} 取 $(S_{12}+S_{21})/h_i$。

各层总连梁的约束刚度 C_{bi} 取各层所有连梁约束刚度之和，其结果见表 4-17 的最末一栏。在框架-剪力墙结构协同工作分析中，所用的总连梁约束刚度按式（4-9）确定，即

$$C_b=\frac{(29.66226\times4+27.31852\times6)\times10^8\times3600}{10\times3600}=28.25602\times10^8\,\text{N}$$

连梁约束刚度 C_{bi} 计算表　　　　表 4-17

类别	层次	h_i (mm)	$b \times h$ (mm×mm) (端柱)	l (mm)	a	b	E_c (N/mm²)	I_0 (10^9 mm⁴)	S_{12} (10^{11} N·mm)	S_{21} (10^{11} N·mm)	C_{bi} (10^8 N)
③、④、⑥、⑦轴线连梁	5~10	3600	600×600	9422	0.315		3.15×10⁴	5.4×2	8.86332	4.61702	2.46201
	1~4	3600	600×700	9577	0.328		3.25×10⁴	5.4×2	9.68386	4.90027	2.68996
⑩轴线连梁	5~10	3600	600×600	10380	0.286	0.271	3.15×10⁴	5.4×2	22.95848	22.27990	12.56622
	1~4	3600	600×700	10557	0.295	0.274	3.25×10⁴	5.4×2	25.43969	24.39320	13.84247
①轴线Ⓐ、Ⓑ跨连梁	5~10	3600		4700	0.309		3.15×10⁴	5.4×1.5	12.92273	6.82171	3.58965
	1~4	3600		4700	0.309		3.25×10⁴	5.4×1.5	13.33298	7.03827	3.70361
①轴线Ⓑ、Ⓒ跨连梁	5~10	3600		5900		0.144	3.15×10⁴	5.4×1.5	3.54117	4.73260	1.31461
	1~4	3600		5900		0.144	3.25×10⁴	5.4×1.5	3.65359	4.88284	1.35634
Σ	5~10								74.87566	52.30229	27.31852
	1~4								81.16170	55.91539	29.66226

4. 结构刚度特征值 λ

结构刚度特征值 λ 按式（4-41）计算。计算地震作用下框架-剪力墙结构的内力和位移时，式中的 η 可取 0.55，即

$$\lambda = 36000 \times \sqrt{\frac{(28.83186 + 0.55 \times 28.25602) \times 10^8}{16.44129 \times 10^{17}}} = 1.887$$

计算风荷载作用下框架-剪力墙结构的内力和位移时，η 可取 1.0，即

$$\lambda = 36000 \times \sqrt{\frac{(28.83186 + 28.25602) \times 10^8}{16.44129 \times 10^{17}}} = 2.138$$

4.4.4 重力荷载及水平荷载计算

1. 重力荷载

（1）屋面荷载

屋面恒载：　30mm 厚细石混凝土保护层　　20×0.03＝0.60kN/m²
　　　　　　三毡四油防水层　　　　　　　　　　　　0.40kN/m²
　　　　　　20mm 厚水泥砂浆找平层　　　20×0.02＝0.40kN/m²
　　　　　　150mm 厚水泥蛭石保温层　　　6×0.15＝0.90kN/m²
　　　　　　150mm 厚钢筋混凝土板　　　　25×0.15＝3.75kN/m²
　　　　　　V 形轻钢龙骨吊顶　　　　　　　　　　　0.20kN/m²
　　　　　　　　　　　　　　　　　　　　　　　　　6.25kN/m²

屋面雪载：　　　　　0.25kN/m²

屋面活载（上人屋面）：　2.0kN/m²

（2）楼面荷载

楼面恒载：　瓷砖地面（包括水泥粗砂打底）　　　　0.55kN/m²
　　　　　　150mm 厚钢筋混凝土板　　　　25×0.15＝3.75kN/m²
　　　　　　V 形轻钢龙骨吊顶　　　　　　　　　　　0.2kN/m²
　　　　　　　　　　　　　　　　　　　　　　　　　4.5kN/m²

楼面活载： 2.5kN/m²

(3) 梁、柱、墙及门、窗重力荷载

计算梁重力荷载时应从梁截面高度中减去板厚，本工程因设有吊顶，故梁表面没有粉刷层。横梁、纵梁（包括次梁）重力荷载计算结果见表 4-18 和表 4-19，表中 h_n、l_n 分别表示梁截面净高度和净跨长，g 表示单位长度梁重力荷载。

各层横梁重力荷载计算表 表 4-18

类别	层次	$b \times h_n$ (m×m)	g (kN/m)	l_n (m)	n (根数)	G_i (kN)	$\sum G_i$ (kN)
AB 跨	5～10	0.3×0.45	3.375	5.45	6	110.363	5～10 层 370.407
	1～4	0.3×0.45	3.375	5.35	6	108.338	
BC 跨	5～10	0.3×0.45	3.375	6.05	11	224.606	
	1～4	0.3×0.45	3.375	5.95	11	220.894	1～4 层 363.545
CD 跨	5～10	0.3×0.25	1.875	3.15	6	35.438	
	1～4	0.3×0.25	1.875	3.05	6	34.313	

注：钢筋混凝土重度取 25kN/m³。

各层纵梁重力荷载计算表 表 4-19

类别	层次	$b \times h_n$ (m×m)	g (kN/m)	l_n (m)	n (根数)	G_i (kN)	$\sum G_i$ (kN)
①-② 轴梁	5～10	0.3×0.25	1.875	2.8	3	15.750	5～10 层 847.350
	1～4	0.3×0.25	1.875	2.7	3	15.188	
⑧-⑨ 轴梁	5～10	0.3×0.45	3.375	6.7	4	90.450	
	1～4	0.3×0.45	3.375	6.6	4	89.100	1～4 层 833.288
其余梁	5～10	0.3×0.45	3.375	6.1	36	741.150	
	1～4	0.3×0.45	3.375	6.0	36	729.000	

为了简化计算，计算柱重力荷载时近似取 1.1 倍柱自重以考虑柱面粉刷层的重力荷载。柱净高可取层高减去板厚。柱重力荷载计算结果见表 4-20。

各层柱重力荷载计算表 表 4-20

类别	层次	$b \times h_n$ (m×m)	g (kN/m)	l_n (m)	n (根数)	G_i (kN)	$\sum G_i$ (kN)
Ⓐ Ⓒ 列柱	5～10	0.5×0.5	6.25	3.45	14	332.063	
	2～4	0.6×0.6	9.00	3.45	14	478.170	5～10 层 628.073
	1	0.6×0.6	9.00	3.60	14	498.960	
Ⓑ 列柱	5～10	0.6×0.6	9.00	3.45	6	204.930	
	2～4	0.6×0.7	10.50	3.45	6	239.085	2～4 层 859.568
	1	0.6×0.7	10.50	3.60	6	249.480	
Ⓓ 列柱	5～10	0.4×0.4	4.00	3.45	6	91.080	
	2～4	0.5×0.5	6.25	3.45	6	142.313	1 层 896.940
	1	0.5×0.5	6.25	3.60	6	148.500	

内、外围护墙均采用240mm厚的水泥空心砖（重度9.6kN/m²）。内墙两侧采用石灰粗砂粉刷（0.34kN/m²）；外墙面为贴瓷砖墙面（0.5kN/m²），外墙内表面为石灰粗砂粉面。内、外墙及钢筋混凝土剪力墙单位面积上的重力荷载为：

内墙	石灰粗砂粉刷层	$0.34 \times 2 = 0.680 \text{kN/m}^2$
	240mm厚水泥空心砖	$9.6 \times 0.24 = 2.304 \text{kN/m}^2$
		2.984kN/m^2
外墙	瓷砖墙面	0.5kN/m^2
	240mm厚水泥空心砖	$9.6 \times 0.24 = 2.304 \text{kN/m}^2$
	石灰粗砂粉刷层	0.34kN/m^2
		3.144kN/m^2
钢筋混凝土剪力墙	粉刷层	$0.34 \times 2 = 0.68 \text{kN/m}^2$
	200mm厚钢筋混凝土墙	$25 \times 0.2 = 5.00 \text{kN/m}^2$
		5.68kN/m^2

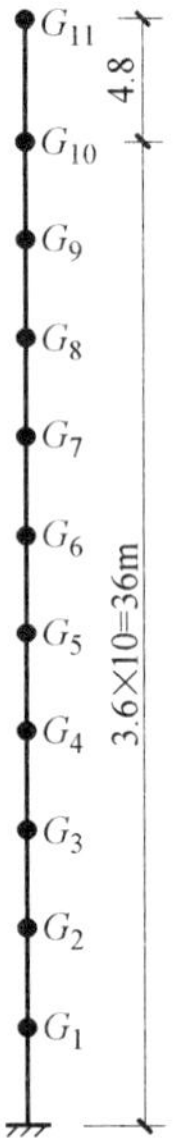

采用铝合金玻璃窗，房间门用木门，底层入口处门用铝合金玻璃门。其单位面积重力荷载为：

铝合金玻璃门、窗　　0.4kN/m^2
木门　　　　　　　　0.2kN/m^2

图 4-20 动力计算简图

（4）重力荷载代表值

结构抗震分析时所采用的计算简图如图4-20所示。集中于各质点的重力荷载代表值G_i为计算单元范围内各层楼面上的重力荷载代表值及上、下各半层的墙、柱等重力荷载。计算G_i时，各可变荷载的组合值系数按表1-13采用；屋面上的可变荷载取雪荷载。

按上述方法所计算的各质点的重力荷载代表值G_i见表4-21，计算过程从略。

各质点的重力荷载代表值 G_i　　　　表 4-21

质点	1	2~8	9	10	11
G_i(kN)	12074.878	12403.367	12313.659	11410.882	676.445

2. 横向风荷载

垂直于建筑物表面上的风荷载标准值按式（1-3）计算。其中基本风压$w_0 = 0.4 \text{kN/m}^2$；对本工程，风向影响系数k_d和地形修正系数η均取1.0，风载体型系数μ_s可按图4-21的规定采用。

因本例为高层建筑，故应考虑风压脉动的影响。按式（1-10）确定房屋的横向基本周期T_1，其中$B = 6.0 + 6.6 + 3.6/2 = 14.4$m，即

$$T_1 = 0.25 + 0.53 \times 10^{-3} \times 36.0^2 / \sqrt[3]{14.4} = 0.53 \text{s}$$

风振系数由式（1-4）计算，其中，$g = 2.5$，$I_{10} = 0.14$。由式（1-6）和式（1-5）分别计算x_1、R，其中$k_w = 1.0$，$\zeta_1 = 0.05$，则

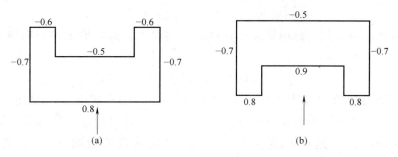

图 4-21 风载体型系数

$$x_1=\frac{30}{T_1\sqrt{k_w w_0}}=\frac{30}{0.53\times\sqrt{1.0\times 0.4}}=89.498>5$$

$$R=\sqrt{\frac{\pi}{6\zeta_1}\frac{x_1^2}{(1+x_1^2)^{4/3}}}=\sqrt{\frac{3.1416}{6\times 0.05}\times\frac{(89.498)^2}{(1+89.498^2)^{4/3}}}=0.723$$

竖直方向的相关系数 ρ_z 和水平方向的相关系数 ρ_x 分别按式（1-8）、式（1-9）计算如下：

室外地坪标高为 $-0.9\mathrm{m}$，故建筑总高度为 36.9m，则

$$\rho_z=\frac{10\sqrt{H+60e^{-H/60}-60}}{H}=\frac{10\sqrt{36.9+60e^{-36.9/60}-60}}{36.9}=0.828$$

$$B=63.9\mathrm{m}<2H=2\times 36.9=73.9\mathrm{m}$$

$$\rho_x=\frac{10\sqrt{B+50e^{-B/50}-50}}{B}=\frac{10\sqrt{63.9+50e^{-63.9/50}-50}}{63.9}=0.826$$

由表 1-12 得 $k=0.621$，$a_1=0.205$，代入式（1-7）得脉动风荷载的背景分量因子 B_z：

$$B_z=kH^{a_1}\rho_x\rho_z\frac{\phi_1(z)}{\mu_z(z)}=0.621\times 36.9^{0.205}\times 0.826\times 0.828\frac{\phi_1(z)}{\mu_z(z)}=0.888\frac{\phi_1(z)}{\mu_z(z)}$$

将上述数据代入式（1-4）得

$$\beta_z=1+2gI_{10}B_z\sqrt{1+R^2}=1+2\times 2.5\times 0.14\times 0.888\frac{\phi_1(z)}{\mu_z(z)}\sqrt{1+0.723^2}=1+0.767\frac{\phi_1(z)}{\mu_z(z)}$$

注意，由上式所得的 β_z 小于 1.20 时，应取 $\beta_z=1.20$。

现设定图 4-21（a）所示风向为左风向，图 4-21（b）所示风向为右风向，则在左风作用下，沿房屋高度的分布风荷载标准值为

$$q_1(z)=(k_d\eta\beta_z\mu_s\mu_z w_0)B=(1.0\times 1.0\times 0.8\times 0.4\times \mu_z\beta_z)\times 63.9=20.448\mu_z\beta_z$$

$$q_2(z)=(k_d\eta\beta_z\mu_s\mu_z w_0)B=1.0\times 1.0\times 0.4\times(30.3\times 0.6+33.6\times 0.5)\mu_z\beta_z=13.992\mu_z\beta_z$$

则总风荷载为

$$q_左(z)=q_1(z)+q_2(z)=34.440\mu_z\beta_z$$

同理，在右风作用下沿房屋高度的分布风荷载标准值为

$$q_1(z)=1.0\times 1.0\times 0.4\times(30.3\times 0.8+33.6\times 0.9)\mu_z\beta_z=21.792\mu_z\beta_z$$

$$q_2(z)=(1.0\times1.0\times0.4\times0.5\mu_z\beta_z)\times63.9=12.780\mu_z\beta_z$$
$$q_{右}(z)=34.572\mu_z\beta_z$$

由上述可见,两方向的总风荷载比较接近。为简化计算,假定两方向的风荷载相同,即取

$$q(z)=34.572\mu_z\beta_z$$

μ_z 根据地面粗糙度 B 由表 1-10 确定;振型系数 $\phi_1(z)$ 按表 1-11 确定。按上述方法确定的各楼层标高处的风荷载标准值 $q(z)$ 见表 4-22。计算屋面突出部分(第 11 层)的风荷载时,μ_s 取 1.3,迎风面宽度为 20.4m,风振系数近似取 1.522,则 $q(40.8)=(1.3\times1.528\times1.522\times0.4)\times20.4=24.670$ kN/m。风荷载沿房屋高度的分布见图 4-22(a)。

横向风荷载计算表　　　　表 4-22

层次	H_i (m)	$\phi_1(z)$	μ_z	β_z	$q(z)$ (kN/m)	F_i (kN)	F_iH_i (kN·m)
11	40.8		1.528	1.522	24.670		
10	36.0	1.00	1.468	1.522	77.244	195.054	7021.944
9	32.4	0.86	1.421	1.464	71.922	259.172	8397.173
8	28.8	0.74	1.371	1.414	67.021	241.889	6966.403
7	25.2	0.67	1.313	1.391	63.142	224.972	5669.294
6	21.6	0.45	1.256	1.275	55.364	201.491	4352.206
5	18.0	0.38	1.190	1.245	51.220	183.876	3309.768
4	14.4	0.27	1.114	1.200	46.216	167.120	2406.528
3	10.8	0.17	1.021	1.200	42.358	154.208	1665.446
2	7.2	0.08	1.000	1.200	41.486	149.884	1079.165
1	3.6	0.02	1.000	1.200	41.486	149.350	537.660
						1927.016	41405.587

在框架-剪力墙结构协同工作分析中,应将沿房屋高度的分布风荷载(图 4-22a)折算为倒三角形分布荷载(图 4-22c)和均布荷载(图 4-22d)。为此,应先将图 4-22(a)所示的分布荷载 $q(z)$ 按静力等效原理折算为图 4-22(b)所示的节点集中力 F_i。现以 F_5 为例,说明计算方法,其余集中力计算结果见表 4-22。

$$F_5=\frac{(46.216+51.220)\times3.6}{2}+\frac{(51.220-46.216)\times3.6}{3}+\frac{(55.364-51.220)\times3.6}{6}$$
$$=183.876\text{kN}$$

图 4-22 中的 q_{max} 和 q 按式(3-76)确定,其中 $V_0=\sum F_i=1927.016$ kN;$M_0=\sum F_iH_i=41405.587$ kN·m(V_0、M_0 计算过程见表 4-22),$H=36.0$m。将这些数据代入式(3-76),得

$$q_{max}=\frac{12\times41405.587}{36^2}-\frac{6\times1927.016}{36}=62.216\text{kN/m}$$

$$q=\frac{4\times1927.016}{36}-\frac{6\times41405.587}{36^2}=22.420\text{kN/m}$$

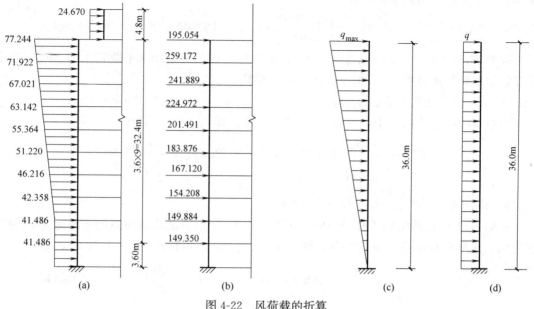

图 4-22 风荷载的折算

3. 横向水平地震作用

（1）结构基本自振周期 T_1

结构动力计算简图如图 4-20 所示，基本自振周期可按式（2-4）计算。因屋面带有突出间（G_{11}），故应按式（2-5）将 G_{11} 折算到主体结构的顶层处，即

$$G_e = 676.445 \times \left(1 + \frac{3}{2} \times \frac{4.8}{36}\right) = 811.734 \text{kN}$$

结构顶点假想侧移 u_T 应按式（4-42）计算，其中 q 为

$$q = \frac{\sum G_i}{H} = \frac{12074.878 + 12403.367 \times 7 + 12313.659 + 11410.882}{36} = 3406.194 \text{kN/m}$$

将 q、G_e 以及 $\lambda = 1.887$ 和 $E_c I_{eq} = 16.44129 \times 10^{17}$ N·mm² 分别代入式（4-42）和式（4-43），得

$$u_q = 0.18713 \text{m}, \quad u_{G_e} = 0.00319 \text{m}$$

则

$$u_T = 0.18713 + 0.00319 = 0.19032 \text{m}$$

取 $\psi_T = 0.8$，由式（2-4）得

$$T_1 = 1.7 \times 0.8 \times \sqrt{0.19032} = 0.59 \text{s}$$

（2）水平地震作用

该房屋主体结构高度不超过 40m，且质量和刚度沿高度分布比较均匀，故可用底部剪力法计算水平地震作用。结构等效总重力荷载 G_{eq} 为

$$G_{eq} = 0.85 G_E = 0.85 \times (12074.878 + 12403.367 \times 7 + 12313.659 + 11410.882 + 676.445)$$
$$= 104804.518 \text{kN}$$

根据场地类别Ⅱ类，设计地震分组为第一组，由表 1-14 查得特征周期 $T_g = 0.35$s。因一般建筑的阻尼比取 0.05，故应按式（1-16a）确定地震影响系数 α_1，并按式（1-21）

计算总水平地震作用标准值，即

$$F_{\text{Ek}}=\left(\frac{T_{\text{g}}}{T_1}\right)^{0.9}\alpha_{\max}G_{\text{eq}}=\left(\frac{0.35}{0.59}\right)^{0.9}\times 0.16\times 104804.518=10480.800\text{kN}$$

因为 $T_1=0.59\text{s}>1.4\times 0.35=0.49\text{s}$，所以应考虑顶部附加水平地震作用 ΔF_n，其中顶部附加地震作用系数 δ_n 根据 T_{g} 由表1-16确定。ΔF_n 为

$$\Delta F_n=(0.08\times 0.59+0.07)\times 10480.800=1228.350\text{kN}$$

质点 i 的水平地震作用 F_i 按式（1-22）计算，即

$$F_i=\frac{G_iH_i}{\sum_{j=1}^{n}G_jH_j}F_{\text{Ek}}(1-\delta_n)=9252.450\times\frac{G_iH_i}{\sum_{j=1}^{n}G_jH_j}$$

F_i 和 F_iH_i 的具体计算过程见表4-23。

框架-剪力墙结构协同工作分析时，可按图3-17所示方法将各质点的水平地震作用折算为倒三角形分布荷载和顶点集中荷载。其中 $q_{\max}$ 和 F 可按式（3-81）计算，式中

$$M_1=101.777\times 4.8=488.530\text{kN}\cdot\text{m}; \qquad V_0=\sum_{i=1}^{10}F_i=10379.023\text{kN}$$

$$M_0=\sum_{i=1}^{10}F_iH_i=273218.778\text{kN}\cdot\text{m}; \qquad F_e=101.777\text{kN}$$

本例在计算时已将 ΔF_{10} 合并到 F_{10} 中，故在式（3-81）中 $\Delta F_n=0$。将上述数据代入式（3-81）得

$$q_{\max}=6\times(10379.023\times 36-273218.778-488.530)/36^2=462.674\text{kN/m}$$
$$F=3\times(273218.778+488.530)/36+101.777-2\times 10379.023=2152.673\text{kN}$$

横向水平地震作用计算表　　　　表4-23

层次	H_i (m)	G_i (kN)	G_iH_i (kN·m)	$\dfrac{G_iH_i}{\sum_{j=1}^{n}G_jH_j}$	F_i (kN)	F_iH_i (kN·m)	$V_{\text{Ek}i}$ (kN)	$\dfrac{V_{\text{Ek}i}}{\sum_{j=i}^{n}G_j}$
11	40.8	676.445	27598.956	0.011	101.777			
10	36.0	11410.882	410791.752	0.168	2782.762	100179.432	2884.539	0.239
9	32.4	12313.659	398962.552	0.163	1508.149	48864.028	4392.688	0.180
8	28.8	12403.367	357216.970	0.146	1350.858	38904.710	5743.546	0.156
7	25.2	12403.367	312564.848	0.128	1184.314	29844.713	6927.860	0.141
6	21.6	12403.367	267912.727	0.110	1017.770	21983.832	7945.630	0.129
5	18.0	12403.367	223260.606	0.091	841.973	15155.514	8787.603	0.119
4	14.4	12403.367	178608.485	0.073	675.429	9726.178	9463.032	0.110
3	10.8	12403.367	133956.364	0.055	508.885	5495.958	9971.917	0.101
2	7.2	12403.367	89304.242	0.037	342.341	2464.855	10314.258	0.093
1	3.6	12074.878	43469.561	0.018	166.544	599.558	10480.802	0.085
Σ		123299.433	2443647.063		10480.802	273218.778		

4. 楼层地震剪力计算及剪重比验算

按式（1-23）计算楼层地震剪力，并按式（1-24）验算剪重比，结果见表 4-23。查表 1-17，剪重比限值为 0.032，可见各楼层的剪重比均大于 0.032，满足要求。

4.4.5 水平荷载作用下框架-剪力墙结构内力与位移计算

1. 层间侧移、刚重比和楼层侧向刚度比验算

（1）侧移计算及层间侧移验算

由于本例中风荷载值远小于水平地震作用，故只需进行水平地震作用下的弹性位移验算。计算水平地震作用下的侧移时，应取倒三角形分布荷载与顶点集中荷载产生的侧移之和，相应的侧移应分别按式（4-20）和式（4-25）计算，计算结果见表 4-24。计算侧移时，水平地震作用取标准值，框架和剪力墙均取弹性刚度。

表 4-24 中，u_{1i}、u_{2i} 分别表示倒三角形荷载和顶点集中荷载作用下各层的侧移，$u_i = u_{1i} + u_{2i}$；$\Delta u_i = u_i - u_{i-1}$。由上表可见，各层层间位移角均小于 1/800，满足式（1-36）的要求。

横向水平地震作用下结构侧移计算表　　　　表 4-24

层次	H_i (m)	ξ	h_i (m)	u_{1i} (mm)	u_{2i} (mm)	u_i (mm)	$\Delta u_i / h_i$	V_{Eki} (kN)	γ_2
10	36.0	1.00	3.6	18.48	8.48	26.96	1/1071	2884.539	
9	32.4	0.90	3.6	16.34	7.26	23.60	1/1065	4392.688	1.51
8	28.8	0.80	3.6	14.14	6.08	20.22	1/1062	5743.546	1.30
7	25.2	0.70	3.6	11.90	4.93	16.83	1/1062	6927.860	1.21
6	21.6	0.60	3.6	9.60	3.84	13.44	1/1094	7945.630	1.18
5	18.0	0.50	3.6	7.32	2.83	10.15	1/1169	8787.603	1.18
4	14.4	0.40	3.6	5.15	1.92	7.07	1/1310	9463.032	1.21
3	10.8	0.30	3.6	3.17	1.15	4.32	1/1607	9971.917	1.29
2	7.2	0.20	3.6	1.54	0.54	2.08	1/2384	10314.258	1.54
1	3.6	0.10	3.6	0.43	0.14	0.57	1/6316	10480.802	2.69

（2）刚重比验算

对框架-剪力墙结构，如果满足式（1-25），可不考虑重力二阶效应的影响。式（1-25）中的 EJ_d 为结构一个主轴方向的弹性等效侧向刚度，可按倒三角形分布水平荷载作用下结构顶点位移相等的原则，将结构的侧向刚度折算为竖向悬臂受弯构件的等效侧向刚度。为此，令式（4-20）中的 $\xi = 1.0$，将其改写为下式：

$$EJ_d = \frac{q_{max} H^4}{u_{10}} \cdot \frac{1}{\lambda^2} \left[\left(\frac{1}{\lambda^2} + \frac{\mathrm{sh}\lambda}{2\lambda} - \frac{\mathrm{sh}\lambda}{\lambda^3} \right) \left(\frac{\mathrm{ch}\lambda - 1}{\mathrm{ch}\lambda} \right) + \left(\frac{1}{2} - \frac{1}{\lambda^2} \right) \left(1 - \frac{\mathrm{sh}\lambda}{\lambda} \right) - \frac{1}{6} \right]$$

将 $q_{max} = 462.674 \mathrm{kN/m}$，$H = 36\mathrm{m}$，$\lambda = 1.887$，以及表 4-24 中的 $u_{10} = 18.48\mathrm{mm}$ 代入上式，可得 $EJ_d = 1.64436 \times 10^9 \mathrm{kN \cdot m^2}$；由于式（1-25）中的 G_i 应取重于荷载设计值，故此处近似地将重力荷载代表值乘 1.35，则得

$$\frac{EJ_d}{H^2\sum_{i=1}^{n}G_i}=\frac{1.64436\times10^9}{36.0^2\times1.35\times123299.433}=7.6>2.7$$

即本例不需要考虑重力二阶效应的影响。

(3) 楼层侧向刚度比验算

对框架-剪力墙结构，楼层与其上部相邻楼层侧向刚度比 γ_2 不宜小于 0.9，楼层层高大于相邻上部楼层层高 1.5 倍时，不应小于 1.1，底部嵌固楼层不应小于 1.5。侧向刚度比 γ_2 按式 (1-1) 计算，其中各楼层地震剪力取自表 4-23 的第 8 列，层间侧移比取自表 4-24 的第 8 列，验算结果见表 4-24 的最后一列，可见满足要求。

2. 总框架、总剪力墙和总连梁内力计算

(1) 横向风荷载作用下

计算风荷载作用下框架-剪力墙结构内力时，结构刚度特征值应取 $\lambda=2.138$。应分别计算倒三角形分布荷载（荷载峰值 $q_{max}=62.216\text{kN/m}$）和均布荷载（$q=22.420\text{kN/m}$）作用下的内力。

总框架的剪力和总连梁的约束弯矩按式 (4-40) 计算，其中总框架的名义剪力 V'_f 应按式 (4-24) 和式 (4-19) 计算；总剪力墙弯矩按式 (4-22) 和式 (4-17) 计算；总剪力墙剪力按式 (4-23) 和式 (4-18) 计算式 (4-39) 第四式中的 $\left(-\frac{E_cI_{eq}}{H^3}\cdot\frac{d^3y}{d\xi^3}\right)$，并与总连梁的约束弯矩 m 相加。计算结果见表 4-25。两种荷载共同作用下框架-剪力墙结构的内力见表 4-26。

横向风荷载（倒三角形分布荷载和均布荷载）作用下内力计算表　　　　表 4-25

层次	H_i (m)	倒三角形分布荷载作用						均布荷载作用					
		M_{wi} (kN·m)	V'_{wi} (kN)	V'_{fi} (kN)	V_{fi} (kN)	m_i (kN)	V_{wi} (kN)	M_{wi} (kN·m)	V'_{wi} (kN)	V'_{fi} (kN)	V_{fi} (kN)	m_i (kN)	V_{wi} (kN)
10	36.0	0	−384.250	384.250	194.063	190.187	−194.063	0.000	−179.467	179.467	90.638	88.829	−90.638
9	32.4	1000.751	−177.587	391.390	197.669	193.721	16.134	505.180	−102.256	182.968	92.406	90.562	−11.694
8	28.8	1315.459	−1.664	406.764	205.434	201.331	199.667	741.868	−29.738	191.162	96.544	94.617	64.880
7	25.2	1039.894	151.591	422.301	213.280	209.021	360.611	720.925	41.417	200.719	101.371	99.348	140.765
6	21.6	242.741	289.210	430.968	217.657	213.311	502.520	441.390	114.472	208.376	105.238	103.138	217.610
5	18.0	−1031.250	417.508	426.450	215.376	211.075	628.583	−109.563	192.779	210.781	106.453	104.328	297.107
4	14.4	−2759.205	542.372	402.861	203.462	199.399	741.771	−957.216	279.932	204.340	103.200	101.140	381.072
3	10.8	−4939.081	669.532	354.471	179.024	175.448	844.980	−2140.462	379.929	185.055	93.460	91.595	471.524
2	7.2	−7589.575	804.821	275.451	139.112	136.334	941.155	−3713.594	497.360	148.336	74.916	73.421	570.780
1	3.6	−10750.972	954.448	159.577	80.593	78.984	1033.432	−5748.796	637.612	88.796	44.846	43.951	681.562
	0	−14487.006	1125.278	0	0	0	1125.278	−8339.452	807.120	0.000	0.000	0.000	807.120

横向风荷载作用下总框架、总剪力墙和总连梁内力 表 4-26

层次	H_i (m)	M_{wi} (kN·m)	V'_{wi} (kN)	m_i (kN)	V_{wi} (kN)	V_{fi} (kN)
10	36.0	0	−563.717	279.016	−284.701	284.701
9	32.4	1505.931	−279.843	284.283	4.440	290.075
8	28.8	2057.327	−31.402	295.948	264.547	301.978
7	25.2	1760.819	193.008	308.369	501.376	314.651
6	21.6	684.131	403.682	316.449	720.130	322.895
5	18.0	−1140.813	610.287	315.403	925.690	321.829
4	14.4	−3716.421	822.304	300.539	1122.843	306.662
3	10.8	−7079.543	1049.461	267.043	1316.504	272.484
2	7.2	−11303.169	1302.181	209.755	1511.935	214.028
1	3.6	−16499.768	1592.060	122.935	1714.994	125.439
	0	−22826.458	1932.398	0	1932.398	0

（2）横向水平地震作用下

计算水平地震作用下框架-剪力墙结构内力时，结构刚度特征值取 $\lambda=1.887$。应分别计算倒三角形分布荷载（峰值 $q_{max}=462.674\text{kN/m}$）和顶点集中荷载（$F=2152.673\text{kN}$）作用下的内力。

总框架的剪力和总连梁的约束弯矩按式（4-40）计算，其中总框架的名义剪力 V_f 应按式（4-24）和式（4-29）计算；总剪力墙弯矩按式（4-22）和式（4-27）计算；总剪力墙剪力按式（4-23）和式（4-28）计算式（4-39）第四式中的 $\left(-\dfrac{E_c I_{eq}}{H^3}\cdot\dfrac{d^3 y}{d\xi^3}\right)$，并与总连梁的约束弯矩 m 相加，计算结果见表 4-27。两种荷载共同作用下框架-剪力墙结构的内力见表 4-28。

横向水平地震作用（倒三角形分布荷载和顶点集中荷载）下内力计算表 表 4-27

层次	H_i (m)	倒三角形分布荷载作用					顶点集中荷载作用				
		M_{wi} (kN·m)	V'_{wi} (kN)	V'_{fi} (kN)	V_{fi} (kN)	m_i (kN)	V_{wi} (kN)	M_{wi} (kN·m)	V'_{wi} (kN)	V'_{fi} (kN)	V_{fi} (kN)	m_i (kN)	V_{wi} (kN)
10	36.0	0	−2671.311	2671.311	1744.362	926.563	−1744.748	0	637.728	1514.945	989.476	525.469	1163.197
9	32.4	6767.146	−1127.105	2709.358	1769.598	939.760	−187.346	−2309.472	649.116	1503.557	982.038	521.518	1170.635
8	28.8	8363.622	209.800	2788.152	1821.063	967.018	1176.818	−4701.421	683.686	1468.987	959.459	509.529	1193.214
7	25.2	5447.819	1387.152	2859.948	1867.955	991.993	2379.145	−7261.277	742.673	1410.000	920.932	489.069	1231.741
6	21.6	−1483.023	2446.994	2882.699	1882.815	999.883	3446.877	−10080.455	828.183	1324.490	865.082	459.408	1287.591
5	18.0	−12075.065	3427.180	2818.561	1840.924	977.637	4404.817	−13259.643	943.271	1209.402	789.912	419.490	1362.761
4	14.4	−26105.202	4362.715	2632.507	1719.405	913.103	5275.818	−16912.379	1092.046	1060.627	692.741	367.886	1459.932
3	10.8	−43473.139	5287.010	2291.148	1496.447	794.700	6081.710	−21169.114	1279.821	872.852	570.097	302.755	1582.576

续表

层次	H_i (m)	倒三角形分布荷载作用						顶点集中荷载作用					
		M_{wi} (kN·m)	V'_{wi} (kN)	V'_{fi} (kN)	V_{fi} (kN)	m_i (kN)	V_{wi} (kN)	M_{wi} (kN·m)	V'_{wi} (kN)	V'_{fi} (kN)	V_{fi} (kN)	m_i (kN)	V_{wi} (kN)
2	7.2	-64197.769	6233.074	1761.466	1150.490	610.976	6844.050	-26181.873	1513.304	639.369	417.599	221.770	1735.074
1	3.6	-88417.867	7234.696	1009.674	659.462	350.212	7584.908	-32129.676	1800.831	351.842	229.803	122.039	1922.870
	0	-116397.046	8327.646	0	0	0	8327.646	-39224.943	2152.673	0	0	0	2152.673

注：V'_w、V'_f 分别表示总剪力墙和总框架的名义剪力，分别按式（4-23）、式（4-24）、式（4-28）和式（4-29）计算。

横向水平地震作用下总框架、总剪力墙和总连梁内力　　表 4-28

层次	H_i (m)	M_{wi} (kN·m)	V'_{wi} (kN)	m_i (kN)	V_{wi} (kN)	V_{fi} (kN)
10	36.0	0	-2033.583	1452.032	-581.551	2733.838
9	32.4	4457.674	-477.989	1461.278	983.289	2751.637
8	28.8	3662.201	893.486	1476.547	2370.032	2780.522
7	25.2	-1813.458	2129.825	1481.062	3610.886	2788.887
6	21.6	-11563.478	3275.177	1459.291	4734.468	2747.898
5	18.0	-25334.708	4370.451	1397.127	5767.578	2630.836
4	14.4	-43017.582	5454.761	1280.989	6735.750	2412.146
3	10.8	-64642.254	6566.831	1097.455	7664.286	2066.544
2	7.2	-90379.642	7746.378	832.746	8579.124	1568.089
1	3.6	-120547.544	9035.527	472.250	9507.778	889.265
	0	-155621.988	10480.319	0	10480.319	0

在横向水平地震作用下，总剪力墙的弯矩、剪力，总框架的剪力以及总连梁的约束弯矩沿房屋高度的分布规律如图 4-23 所示。

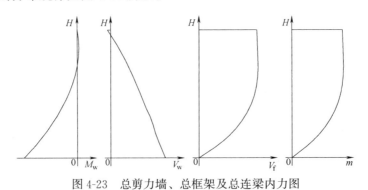

图 4-23　总剪力墙、总框架及总连梁内力图

3．横向风荷载作用下构件内力计算

（1）框架梁、柱内力

以图 4-13 中⑤轴线横向框架梁、柱内力计算为例，说明梁、柱内力计算方法，其余框架梁、柱内力计算从略。

先按式（2-12）计算各柱的剪力，然后按式（2-13）计算柱端弯矩。其中ΣD_{ij}（为框架与壁式框架二者D_i值之和）取自表4-12，D_{ij}取自表4-8～表4-11，V_i为表4-26中的V_{fi}。按式（2-14）确定各柱反弯点高度比y时，应分别按均布荷载和倒三角形分布荷载计算，但这将使计算工作量增加很多，本例中倒三角形分布荷载产生的层间剪力约占总层间剪力的78%，为了简化计算，标准反弯点高度比y_n近似按倒三角形分布荷载（表2-4）的情况确定。柱端弯矩的具体计算过程见表4-29。

梁端弯矩按式（2-15）计算，然后由梁自身的平衡条件（即式2-16）确定梁端剪力，再由节点两侧梁端剪力计算柱轴力（式2-17），计算过程见表4-30。

横风向荷载作用下框架弯矩图如图4-24所示。

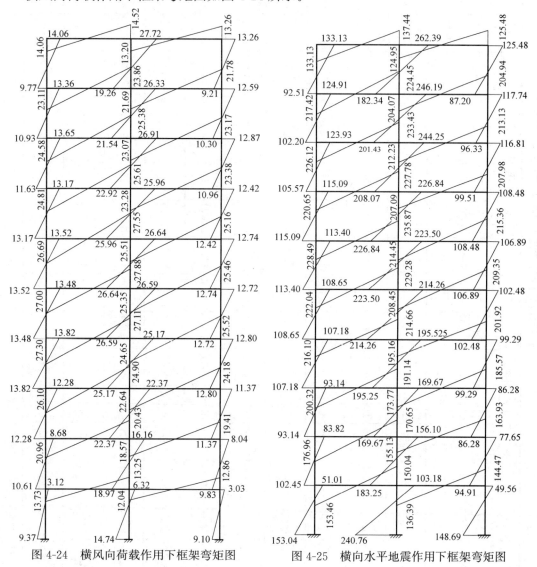

图4-24 横风向荷载作用下框架弯矩图　　图4-25 横向水平地震作用下框架弯矩图

（2）连梁内力

本例仅计算⑥轴线剪力墙和相应连梁的内力，其余计算从略。下面以第10层连梁内力计算为例，说明连梁内力计算过程，其他各层连梁内力计算结果见表4-31。

表 4-29 风荷载作用下⑤轴线横向框架柱端弯矩计算表

层次	h_i (m)	V_{fi} (kN)	ΣD_{ij} (kN/m)	Ⓐ轴柱 D_{i1} (kN/m)	V_{i1} (kN)	$\overline{K}$	y	M_{i1}^b (kN·m)	M_{i1}^u (kN·m)	Ⓑ轴柱 D_{i2} (kN/m)	V_{i2} (kN)	$\overline{K}$	y	M_{i2}^b (kN·m)	M_{i2}^u (kN·m)	Ⓒ轴柱 D_{i3} (kN/m)	V_{i3} (kN)	$\overline{K}$	y	M_{i3}^b (kN·m)	M_{i3}^u (kN·m)
10	3.6	284.701	694849	16160	6.621	1.244	0.41	9.773	14.063	31850	13.050	1.146	0.41	19.262	27.718	15232	6.241	1.131	0.41	9.212	13.256
9	3.6	290.075	694849	16160	6.746	1.244	0.45	10.929	13.357	31850	13.296	1.146	0.45	21.540	26.327	15232	6.359	1.131	0.45	10.301	12.591
8	3.6	301.978	694849	16160	7.023	1.244	0.46	11.630	13.653	31850	13.842	1.146	0.46	22.922	26.909	15232	6.620	1.131	0.46	10.963	12.869
7	3.6	314.651	694849	16160	7.318	1.244	0.50	13.172	13.172	31850	14.422	1.146	0.50	25.961	25.961	15232	6.897	1.131	0.50	12.415	12.415
6	3.6	322.895	694849	16160	7.510	1.244	0.50	13.517	13.517	31850	14.800	1.146	0.50	26.641	26.641	15232	7.078	1.131	0.50	12.741	12.741
5	3.6	321.829	701560	16329	7.491	1.264	0.50	13.483	13.483	32200	14.771	1.146	0.50	26.588	26.588	15401	7.065	1.149	0.50	12.717	12.717
4	3.6	306.662	833083	20854	7.676	0.600	0.50	13.818	13.818	37991	13.985	0.721	0.50	25.172	25.172	19319	7.112	0.545	0.50	12.801	12.801
3	3.6	272.484	833083	20854	6.821	0.600	0.50	12.278	12.278	37991	12.482	0.721	0.50	22.367	22.367	19319	6.318	0.545	0.50	11.374	11.374
2	3.6	214.028	833084	20854	5.357	0.600	0.55	10.608	8.679	37991	9.760	0.721	0.54	18.974	16.163	19319	4.963	0.545	0.55	9.827	8.040
1	3.6	125.439	1380837	38188	3.469	0.600	0.75	9.366	3.122	64369	5.848	0.721	0.70	14.736	6.315	37104	3.371	0.545	0.75	9.100	3.034

注：M_i^b、M_i^u 分别表示 i 层柱的下端和上端弯矩。

风荷载作用下梁端弯矩、剪力及柱轴力计算表　　　　　　表 4-30

层次	Ⓐ Ⓑ 跨梁 M_b^l (kN·m)	M_b^r (kN·m)	l (m)	V_b (kN)	Ⓑ Ⓒ 跨梁 M_b^l (kN·m)	M_b^r (kN·m)	l (m)	V_b (kN)	柱轴力(kN) Ⓐ轴柱	Ⓑ轴柱	Ⓒ轴柱
10	14.063	14.518	6.0	4.764	13.200	13.256	6.6	4.008	−4.764	0.756	4.008
9	23.108	23.857	6.0	7.828	21.689	21.782	6.6	6.587	−12.592	1.997	10.595
8	24.582	25.377	6.0	8.328	23.072	23.170	6.6	7.007	−20.920	3.318	17.602
7	24.805	25.607	6.0	8.402	23.281	23.380	6.6	7.070	−29.322	4.650	24.672
6	26.689	27.552	6.0	9.040	25.505	25.156	6.6	7.676	−38.362	6.014	32.348
5	27.000	27.881	6.0	9.147	25.348	25.458	6.6	7.703	−47.509	7.458	40.051
4	27.301	27.113	6.0	9.069	24.647	25.518	6.6	7.601	−56.578	8.926	47.652
3	26.096	24.902	6.0	8.500	22.637	24.175	6.6	7.093	−65.078	10.333	54.745
2	20.957	20.427	6.0	6.897	18.570	19.414	6.6	5.755	−71.975	11.475	60.500
1	13.730	13.247	6.0	4.496	12.042	12.861	6.6	3.773	−76.471	12.198	64.273

注：柱轴力中的负号表示拉力。

由式（4-45），并根据表 4-17 和表 4-26 中的有关数据，得

$$M_{12}=\frac{S_{ij}}{\sum S_{ij}}m(z)h=\frac{8.86332}{74.87566}\times 279.016\times 3.6=118.902\text{kN}\cdot\text{m}$$

另由式（4-48）得

$$M_{21}=\left(\frac{1-a}{1+a}\right)M_{12}=\left(\frac{1-0.315}{1+0.315}\right)\times 118.902=61.938\text{kN}\cdot\text{m}$$

由式（4-47）得连梁刚域端的弯矩

$$M_{12}^c=118.902-0.315\times(118.902+61.938)=61.938\text{kN}\cdot\text{m}$$

由式（4-49）得连梁剪力

$$V_b=\frac{118.902+61.938}{9.422}=19.193\text{kN}$$

风荷载作用下连梁内力及剪力墙轴力计算　　　　　　表 4-31

层次	h_i (m)	m_i (kN)	m_ih_i (kN·m)	$\dfrac{S_{ij}}{\sum S_{ij}}$	$\dfrac{1-a}{1+a}$	M_{12} (kN·m)	M_{21} (kN·m)	M_{12}^c (kN·m)	V_{bi} (kN)	N_{wi} (kN)
10	3.6	279.016	1004.458	0.118	0.521	118.902	61.938	61.937	19.193	19.193
9	3.6	284.283	1023.419	0.118	0.521	120.763	62.918	62.904	19.495	38.688
8	3.6	295.948	1065.413	0.118	0.521	125.719	65.499	65.485	25.764	64.452
7	3.6	308.369	1110.128	0.118	0.521	130.995	68.248	68.233	21.147	85.599
6	3.6	316.449	1139.216	0.118	0.521	134.427	70.037	70.021	21.701	107.300
5	3.6	315.403	1135.451	0.118	0.521	133.983	69.805	69.790	21.629	128.929
4	3.6	300.539	1081.940	0.119	0.506	128.751	65.150	65.152	20.247	149.176
3	3.6	267.043	961.355	0.119	0.506	114.401	57.887	57.891	17.990	167.166
2	3.6	209.755	755.118	0.119	0.506	89.859	45.469	45.472	14.131	181.297
1	3.6	122.935	442.566	0.119	0.506	52.665	26.649	26.650	8.282	189.579

注：1~4 层：$a=0.328$，$l=9.577$m；5~10 层：$a=0.315$，$l=9.422$m。

(3) 剪力墙内力

下面以⑥轴线剪力墙第8层的内力计算为例，说明计算方法，其余各层内力计算结果见表4-32。

风荷载作用下⑥轴线剪力墙弯矩和剪力计算　　　　表4-32

层次	H_i (m)	M_{wi} (kN·m)	V'_{wi} (kN)	$\dfrac{(E_c I_{eq})_{ij}}{\sum(E_c I_{eq})_{ij}}$	M_{wij} (kN·m)	m_{ij} (kN)	V_{wij} (kN)
10	36.0	0	−563.717	0.162	0	33.028	−58.294
9	32.4	1505.931	−279.843	0.162	243.961	33.545	−11.790
8	28.8	2057.327	−31.402	0.162	333.287	34.922	29.835
7	25.2	1760.819	193.008	0.162	285.253	36.388	67.655
6	21.6	684.131	403.682	0.162	110.829	37.341	102.737
5	18.0	−1140.813	610.287	0.162	−184.811	37.218	136.084
4	14.4	−3716.421	822.304	0.162	−602.060	35.764	168.977
3	10.8	−7079.543	1049.461	0.162	−1146.886	31.778	201.791
2	7.2	−11303.169	1302.181	0.162	−1831.113	24.961	235.914
1	3.6	−16499.768	1592.060	0.162	−2672.962	14.629	272.543
	0	−22826.458	1932.398	0.162	−3697.886	0	313.048

剪力墙弯矩按式（4-50）计算，将表4-13的剪力墙等效刚度 $E_c I_{eq}$ 及表4-26中的总剪力墙弯矩 M_{wi} 代入，得

$$M_{w8j} = \frac{2.66118}{16.44129} \times 2057.327 = 0.162 \times 2057.327 = 333.287 \text{kN·m}$$

剪力墙的剪力按式（4-51）计算，式中（$V_{wi} - m_i$）等于表4-26中的 V'_{wi}，m_{ij} 等于表4-31中的 $M_{12}/h_i = 125.719/3.6 = 34.922$ kN，将上述数据代入后得

$$V_{w8j} = \frac{2.66118}{16.44129} \times (-31.402) + 34.922 = 29.835 \text{kN}$$

剪力墙轴力按式（4-52）计算，由表4-31中连梁的剪力可得

$$N_{w8} = 19.193 + 19.495 + 25.764 = 64.452 \text{kN}$$

其余各层剪力墙轴力计算结果见表4-31。

4. 横向水平地震作用下构件内力计算

(1) 框架梁、柱内力

计算水平地震作用下框架梁、柱内力时，应先按4.3.3小节的有关规定对框架各层剪力 V_{fi} 进行调整。本例结构底部总剪力 $V_0 = 10480.800$ kN，$0.2V_0 = 2096.160$ kN；由表4-28可见，第4层以上各层 $V_{fi} > 0.2V_0$，故第4层及其以上各层的框架总剪力不必调整；第4层以下各层框架总剪力应予以调整。由于 $1.5V_{\text{max,f}} = 1.5 \times 2066.544 = 3099.816$ kN$> 0.2V_0$，所以1~3层调整后的总框架剪力均取 $0.2V_0$。

各层框架总剪力调整后，按调整前后总剪力的比值调整柱和梁的剪力及端部弯矩，柱的轴力不必调整。框架梁柱内力计算过程与风荷载作用下的相同，计算结果见表4-33和表4-34。

横向水平地震作用下框架弯矩图如图4-25所示。

表 4-33 横向水平地震作用下⑤轴线横向框架柱端弯矩计算表

层次	h_i (m)	V_{fi} (kN)	$\sum D_{ij}$ (kN/m)	Ⓐ轴柱 D_{i1} (kN/m)	V_{i1} (kN)	y	M_{i1}^b (kN·m)	M_{i1}^u (kN·m)	Ⓑ轴柱 D_{i2} (kN/m)	V_{i2} (kN)	y	M_{i2}^b (kN·m)	M_{i2}^u (kN·m)	Ⓒ轴柱 D_{i3} (kN/m)	V_{i3} (kN)	y	M_{i3}^b (kN·m)	M_{i3}^u (kN·m)
10	3.6	2733.838	694849	16160	62.678	0.41	92.513	133.128	31850	123.534	0.41	182.337	262.386	15232	59.079	0.41	87.201	125.484
9	3.6	2751.637	694849	16160	63.087	0.45	102.201	124.912	31850	124.338	0.45	201.428	246.189	15232	59.464	0.45	96.332	117.739
8	3.6	2780.522	694849	16160	63.749	0.46	105.567	123.928	31850	125.643	0.46	208.065	244.250	15232	60.088	0.46	99.506	116.811
7	3.6	2788.887	694849	16160	63.941	0.50	115.093	115.093	31850	126.022	0.50	226.839	226.839	15232	60.269	0.50	108.484	108.484
6	3.6	2747.898	694849	16160	63.001	0.50	113.402	113.402	31850	124.169	0.50	223.504	223.504	15232	59.383	0.50	106.889	106.889
5	3.6	2630.836	701560	16329	60.362	0.50	108.652	108.652	32200	119.031	0.50	214.256	214.256	15401	56.931	0.50	102.476	102.476
4	3.6	2412.146	833083	20854	59.543	0.50	107.178	107.178	37991	108.472	0.50	195.251	195.251	19319	55.160	0.50	99.288	99.288
3	3.6	2066.544	833083	20854	51.012	0.50	91.821	91.821	37991	92.931	0.50	167.276	167.276	19319	47.257	0.50	85.063	85.063
2	3.6	1568.089	833083	20854	38.707	0.55	76.641	62.706	37991	70.516	0.54	137.084	116.775	19319	35.859	0.55	71.001	58.091
1	3.6	889.265	1380837	38188	24.046	0.75	64.924	21.641	64369	40.532	0.70	102.142	43.775	37104	23.364	0.75	63.083	21.027
3*	3.6	2096.160	833083	20854	51.743	0.50	93.137	93.137	37991	94.263	0.50	169.674	169.674	19319	47.934	0.50	86.281	86.281
2*	3.6	2096.160	833083	20854	51.743	0.55	102.451	83.824	37991	94.263	0.54	183.248	156.100	19319	47.934	0.55	94.909	77.653
1*	3.6	2096.160	1380837	38188	56.681	0.75	153.039	51.013	64369	95.541	0.70	240.763	103.184	37104	55.072	0.75	148.694	49.564

注：1. 1^*、2^*、3^* 表示 1～3 层框架总剪力调整后对应的框架内力，4～10 层框架内力不必调整；
2. M_i^b、M_i^u 分别表示 i 层柱的下端和上端弯矩。

横向水平地震作用下梁端弯矩、剪力和柱轴力计算

表 4-34

层次	AB跨梁端弯矩、剪力							BC跨梁端弯矩、剪力						柱轴力		
	调整前			调整后				调整前			调整后					
	M_b^A	M_b^B	V_b	M_b^A	M_b^B	V_b	l	M_b^B	M_b^C	V_b	M_b^B	M_b^C	V_b	A柱	B柱	C柱
10	133.128	137.435	45.094	133.128	137.435	45.094	6.0	124.951	125.484	37.945	124.951	125.484	37.945	−45.094	7.149	37.945
9	217.421	224.451	73.645	217.421	224.451	73.645	6.0	204.065	204.935	61.969	204.065	204.935	61.969	−118.739	18.825	99.969
8	226.116	233.428	76.591	226.116	233.428	76.591	6.0	212.225	213.132	66.488	212.225	213.132	66.488	−195.330	28.928	166.402
7	220.645	227.780	74.737	220.645	227.780	74.737	6.0	207.091	207.975	62.889	207.091	207.975	62.889	−270.067	40.776	229.291
6	228.485	235.873	77.393	228.485	235.873	77.393	6.0	214.449	215.363	65.123	214.449	215.363	65.123	−347.460	53.046	294.414
5	222.037	229.276	75.219	222.037	229.276	75.219	6.0	208.451	209.348	63.303	208.451	209.348	63.303	−422.679	64.962	357.717
4	216.097	214.657	71.792	216.097	214.657	71.792	6.0	195.160	201.917	60.163	195.160	201.917	60.163	−494.471	76.591	417.880
3	198.987	189.875	64.810	200.315	191.144	65.243	6.0	172.628	184.339	54.086	173.770	185.569	54.445	−559.281	87.315	471.966
2	154.519	148.773	50.549	176.961	170.647	57.934	6.0	135.261	143.145	42.183	155.127	163.934	48.343	−609.830	95.681	514.149
1	98.276	94.726	32.167	153.464	150.039	50.583	6.0	86.122	92.022	26.991	136.393	144.473	42.556	−641.997	100.857	541.140

注：表中剪力和轴力的单位为 kN；弯矩的单位为 kN·m；梁跨度 l 的单位为 m。柱轴力中的负号表示拉力。

（2）连梁内力

水平地震作用下连梁内力计算方法与风荷载作用下的相同，不再赘述。仍取⑥轴线连梁，其内力计算结果见表4-35，其中总连梁的约束弯矩m_i取自表4-28。

（3）剪力墙内力

水平地震作用下剪力墙内力计算方法与风荷载作用下的相同。⑥轴线剪力墙的内力计算结果见表4-36，其中总剪力墙弯矩M_{wi}及名义剪力V'_{wi}取自表4-28。

水平地震作用下⑥轴线连梁内力及剪力墙轴力计算表　　　　表4-35

层次	h_i (m)	m_i (kN)	$m_i h_i$ (kN·m)	$\dfrac{S_{ij}}{\sum S_{ij}}$	$\dfrac{1-a}{1+a}$	M_{12} (kN·m)	M_{21} (kN·m)	M_{12}^c (kN·m)	V_{bi} (kN)	N_{wi} (kN)
10	3.6	1452.032	5227.315	0.118	0.521	616.823	321.365	321.294	99.567	99.567
9	3.6	1461.278	5260.601	0.118	0.521	620.750	323.411	323.340	98.587	198.154
8	3.6	1476.547	5315.569	0.118	0.521	627.237	326.791	326.718	98.596	297.211
7	3.6	1481.062	5331.823	0.118	0.521	629.155	327.790	327.717	99.921	397.132
6	3.6	1459.291	5253.448	0.118	0.521	619.907	322.972	322.900	98.453	495.585
5	3.6	1397.127	5029.657	0.118	0.521	593.499	309.213	309.144	94.258	589.843
4	3.6	1280.989	4611.560	0.119	0.506	548.776	277.680	277.699	87.715	677.558
3	3.6	1097.455	3950.838	0.119	0.506	470.150	237.895	237.911	75.148	752.706
2	3.6	832.746	2997.886	0.119	0.506	356.749	180.515	180.526	57.022	809.728
1	3.6	472.250	1700.100	0.119	0.506	202.312	102.370	102.377	32.337	842.065

注：1～4层：$a=0.328$，$l=9.577$m；5～10层：$a=0.315$，$l=9.422$m。

水平地震作用下⑥轴线剪力墙弯矩和剪力计算表　　　　表4-36

层次	H_i (m)	M_{wi} (kN·m)	V'_{wi} (kN)	$\dfrac{(E_c I_{eq})_{ij}}{\sum(E_c I_{eq})_{ij}}$	M_{wij} (kN·m)	m_{ij} (kN)	V_{wij} (kN)
10	36.0	0	−2033.583	0.162	0	171.340	−158.100
9	32.4	4457.674	−477.989	0.162	722.143	172.431	94.997
8	28.8	3662.201	893.486	0.162	593.277	174.233	318.978
7	25.2	−1813.458	2129.825	0.162	−293.779	174.765	519.797
6	21.6	−11563.478	3275.177	0.162	−1873.283	172.196	702.775
5	18.0	−25334.708	4370.451	0.162	−4104.223	164.861	872.874
4	14.4	−43017.582	5454.761	0.162	−6968.848	152.438	1036.109
3	10.8	−64642.254	6566.831	0.162	−10472.045	130.597	1194.424
2	7.2	−90379.642	7746.378	0.162	−14641.502	99.097	1354.010
1	3.6	−120547.544	9035.527	0.162	−19528.702	56.198	1519.953
	0	−155621.988	10480.319	0.162	−25210.762	0	1697.812

4.4.6 竖向荷载作用下框架-剪力墙结构内力计算

1. 计算单元及计算简图

仍取⑤轴线横向框架和⑥轴线横向剪力墙进行计算。由于楼面荷载均匀分布，故取两轴线中线之间的长度为计算单元宽度，如图4-26所示。

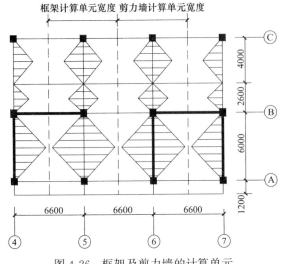

图4-26 框架及剪力墙的计算单元

因梁板现浇为整体，且各区格为双向板，故直接传给横梁（或横向剪力墙）的楼面荷载为三角形荷载，计算单元范围内的其余荷载通过纵梁以集中荷载的形式传给横向框架。另外，本例中纵梁轴线与柱轴线不重合，以及悬臂构件在柱轴线上产生力矩等，所以作用在框架上的荷载还有集中力矩。框架横梁自重以及直接作用在横梁上的填充墙体自重则按均布荷载考虑。竖向荷载作用下框架结构计算简图如图4-27所示。

直接传给横向剪力墙的楼面荷载为三角形荷载，通过纵梁传给剪力墙的楼面荷载为集中荷载和集中力矩，如图4-28（a）所示。BC跨连梁对剪力墙的作用，可按图4-28（b）所示简图近似算出与剪力墙连接端的弯矩及剪力，然后反向作用于剪力墙。作用于剪力墙上的荷载为上述两种情况之和，如图4-28（c）所示。活荷载作用下剪力墙受力情况与上述相似，如图4-29所示。

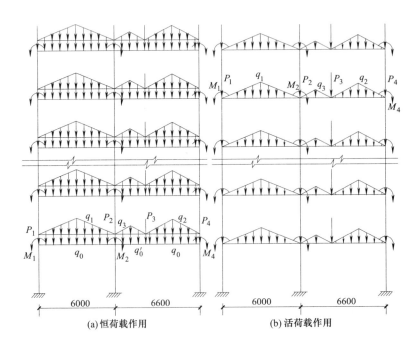

图4-27 竖向荷载作用下框架计算简图

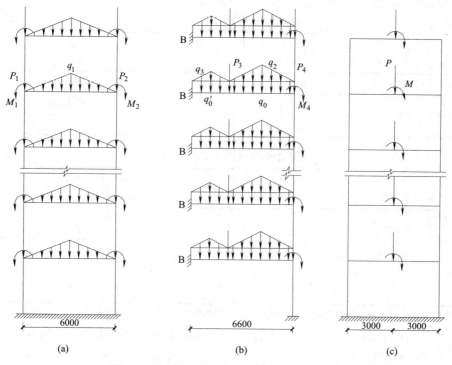

图 4-28 竖向恒荷载作用下剪力墙计算简图

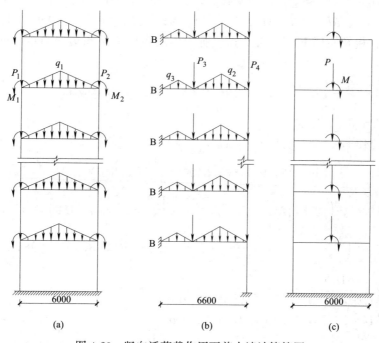

图 4-29 竖向活荷载作用下剪力墙计算简图

2. 荷载计算

下面以 1~9 层的框架恒载计算为例,说明荷载计算方法,其余荷载计算过程从略。

271

计算结果见表 4-37 和表 4-38。

框架恒载（图 4-27a）计算表　　　　　　　　　　表 4-37

层次	q_0 (kN/m)	q_0' (kN/m)	q_1 (kN/m)	q_2 (kN/m)	q_3 (kN/m)	P_1 (kN)	P_2 (kN)	P_3 (kN)	P_4 (kN)	M_1 (kN·m)	M_2 (kN·m)	M_4 (kN·m)
10	3.375	3.375	37.5	25.0	16.25	139.230	65.406	122.838	131.255	−31.347	6.541	13.126
5～9	12.327	3.375	27.0	18.0	11.7	176.922	76.784	153.763	118.242	−52.936	7.678	11.824
1～4										−59.208	11.518	17.736

框架活荷载（图 4-27b）计算表　　　　　　　　　　表 4-38

层次	q_1 (kN/m)	q_2 (kN/m)	q_3 (kN/m)	P_1 (kN)	P_2 (kN)	P_3 (kN)	P_4 (kN)	M_1 (kN·m)	M_2 (kN·m)	M_4 (kN·m)
屋面活载	12.0	8.0	5.2	37.440	17.690	32.180	34.240	−11.664	1.769	11.344
屋面雪载	1.5	1.0	0.65	4.680	2.211	4.023	4.280	−1.458	0.221	1.418
楼面活载	15.0	10.0	6.5	46.800	22.113	40.225	42.800	−14.580	2.211	14.180

注：屋面（上人屋面）活荷载均取 $2.0kN/m^2$；屋面雪荷载取 $0.25kN/m^2$；楼面活荷载取 $2.5kN/m^2$。

图 4-27（a）中，q_0 包括梁重（扣除板重）和隔墙重，由 4.4.4 小节的有关数据得

$$q_0 = 3.375 + 2.984 \times (3.6 - 0.6) = 12.327 kN/m, q_0' = 3.375 kN/m$$

q_1、q_2、q_3 为板自重传给横梁的三角形荷载峰值，由图 4-26 所示的几何关系得

$$q_1 = 4.5 \times 6.0 = 27.0 kN/m, q_2 = 4.5 \times 4.0 = 18.0 kN/m, q_3 = 4.5 \times 2.6 = 11.7 kN/m$$

P_1、M_1、P_2、M_2、P_3、M_3、P_4、M_4 为通过纵梁传给柱的板自重、纵梁自重、纵墙自重、悬臂板及栏杆重（2.4kN/m）所产生的集中荷载和集中力矩，根据图 4-26 所示负载面积可得

$$P_1 = \left[4.5 \times \left(\frac{3.3+0.3}{2}\right) \times 3.0 \times 2 + (3.375 + 3.144 \times 3.0) \times 6.0\right] + 4.5 \times 6.6 \times 1.2 + 2.4 \times 6.6$$

$$= 125.442 + 35.640 + 15.840 = 176.922 kN$$

5～9 层：$M_1 = -\left(125.442 \times 0.1 + 35.640 \times \frac{1.2}{2} + 15.840 \times 1.2\right) = -52.936 kN·m$

1～4 层：$M_1 = -\left(125.442 \times 0.15 + 35.640 \times \frac{1.2}{2} + 15.840 \times 1.2\right) = -59.208 kN·m$

$$P_2 = 4.5 \times \left(\frac{3.3+0.3}{2} \times 3.0 + \frac{3.3+2.0}{2} \times 1.3\right) + (3.375 + 2.984 \times 3.0) \times 3.0$$

$$= 76.784 kN$$

5～9 层：$M_2 = 76.784 \times 0.1 = 7.678 kN·m$

1～4 层：$M_2 = 76.784 \times 0.15 = 11.518 kN·m$

$$P_3 = 4.5 \times \left(\frac{3.3+2.0}{2} \times 1.3 + \frac{3.3+1.3}{2} \times 2.0\right) \times 2 + (3.375 + 2.984 \times 3.0) \times 6.6$$

$$= 153.763 kN$$

$$M_3 = 0$$

$$P_4 = 4.5 \times \left(\frac{3.3+1.3}{2} \times 2.0\right) \times 2 + (3.375 + 3.144 \times 3.0) \times 6.0 = 118.242 \text{kN}$$

5~9 层：$M_4 = 118.242 \times 0.1 = 11.824 \text{kN} \cdot \text{m}$

1~4 层：$M_4 = 118.242 \times 0.15 = 17.736 \text{kN} \cdot \text{m}$

由图 4-26 可见，⑥轴线剪力墙及框架与⑤轴线框架的负载面积相同，因而二者所受荷载基本相同（除 AB 跨梁自重略有不同外）。因此，图 4-28（a）、(b) 中所示恒荷载值可按表 4-37 采用。同样，图 4-29（a）、(b) 中所示的活荷载值可按表 4-38 采用。

竖向荷载作用下剪力墙各截面内力可按图 4-28（c）（恒载作用）和图 4-29（c）（活荷载作用）计算。为此，应将图 4-28（a）、(b) 转化为图 4-28（c），将图 4-29（a）、(b) 转化为图 4-29（c）。此处以图 4-28 的转化为例，说明如下：

首先计算图 4-28（b）所示结构在竖向荷载作用下的内力（计算结果见图 4-31 和表 4-43，B 端的弯矩和剪力列于表 4-39），然后将 B 端的弯矩和剪力反向施加于图 4-28（a）所示剪力墙上，再按静力等效方法将竖向集中荷载和集中力矩移至剪力墙形心处。下面以第 1 层为例说明计算方法，其余各层计算结果见表 4-39。

$$P = 176.922 + 76.784 + 146.870 + 27 \times 6 \times \frac{1}{2} = 481.576 \text{kN}$$

$$M = -176.922 \times 3.0 + (76.784 + 146.870) \times 3.0 - 59.208 + 11.518 + 210.020$$
$$= 302.526 \text{kN} \cdot \text{m}$$

竖向活荷载作用下剪力墙各层的集中荷载和集中力矩见表 4-40，其中图 4-29（a）、(b) 中的有关荷载值取自表 4-38；图 4-29（b）中 B 端的剪力和弯矩列于表 4-40（取自图 4-31 和表 4-43）；表 4-40 中第 10 层第 1、2 行分别表示屋面雪荷载和活荷载作用下的集中荷载和集中力矩。

恒载产生的剪力墙各层集中荷载及集中力矩计算表 表 4-39

层次	剪力墙形心处（图 4-28a）		B 端剪力及弯矩（图 4-28b）		剪力墙形心处（图 4-28c）	
	P(kN)	M(kN·m)	P(kN)	M(kN·m)	P(kN)	M(kN·m)
10	317.136	−221.472	131.270	−187.050	448.406	334.582
9	334.706	−300.414	146.800	−213.870	481.506	308.598
8	334.706	−300.414	149.090	−214.940	483.796	316.538
7	334.706	−300.414	149.030	−214.810	483.736	316.228
6	334.706	−300.414	148.990	−214.710	483.696	316.008
5	334.706	−300.414	149.360	−215.520	484.066	317.928
4	334.706	−300.414	147.150	−210.660	481.856	304.006
3	334.706	−300.414	146.060	−208.260	480.766	298.846
2	334.706	−300.414	146.160	−208.470	480.866	298.846
1	334.706	−300.414	146.870	−210.020	481.576	302.526

注：表中弯矩方向与图 4-28（c）相同时为正。

活荷载产生的剪力墙各层集中荷载和集中力矩计算表 表 4-40

层次	剪力墙形心处（图 4-29a）		B 端剪力及弯矩（图 4-29b）		剪力墙形心处（图 4-29c）	
	$P(kN)$	$M(kN \cdot m)$	$P(kN)$	$M(kN \cdot m)$	$P(kN)$	$M(kN \cdot m)$
10	11.391	−7.407	4.095	−5.864	15.486	9.505
	91.130	−59.250	32.760	−46.910	123.890	76.045
9	113.913	−74.063	39.563	−55.613	153.475	87.869
8	113.913	−74.063	39.788	−56.088	153.700	89.019
7	113.913	−74.063	39.763	−56.025	153.675	88.881
6	113.913	−74.063	39.750	−56.013	153.663	88.831
5	113.913	−74.063	39.813	−56.138	154.975	89.144
4	113.913	−74.063	39.438	−55.313	158.350	87.194
3	113.913	−74.063	39.213	−54.813	153.125	86.019
2	113.913	−74.063	39.225	−54.863	153.138	86.106
1	113.913	−74.063	39.375	−55.163	153.288	86.856

注：表中弯矩方向与图 4-29（c）相同时为正。

3. 内力计算

（1）框架内力计算

竖向荷载作用下框架内力可采用弯矩二次分配法计算，具体计算过程可参见第 2 章的设计实例。恒载及活荷载作用下⑤轴线框架的弯矩图见图 4-30，梁端剪力、柱端剪力和轴力见表 4-41 和表 4-42。恒载及活荷载作用下⑥轴线框架（连梁）的弯矩图见图 4-31，梁端剪力见表 4-43。对于屋面活荷载，上述计算均是按上人屋面活荷载（2.0kN/m²）考虑的。

恒载作用下⑤轴线框架梁端剪力、柱端剪力及轴力（kN） 表 4-41

层次	梁端剪力				柱端剪力			A 柱轴力		B 柱轴力		C 柱轴力	
	A 端	B 左端	B 右端	C 端	A 柱	B 柱	C 柱	上端	下端	上端	下端	上端	下端
10	57.74	75.01	127.84	88.37	−10.65	−35.59	46.24	196.97	219.47	268.26	300.66	219.65	242.15
9	73.80	81.16	146.30	116.76	−6.32	−30.24	36.56	470.19	492.69	604.91	637.31	477.15	499.65
8	73.42	81.55	146.98	116.08	−6.79	−31.27	38.06	743.03	765.53	942.61	975.01	733.97	756.47
7	73.52	81.44	146.94	116.11	−6.77	−30.95	37.72	1015.98	1038.48	1280.17	1312.57	990.83	1013.33
6	73.55	81.41	146.92	116.14	−6.92	−31.65	38.57	1288.95	1311.45	1617.68	1650.08	1247.71	1270.21
5	73.21	81.75	147.13	115.92	−5.33	−28.35	33.68	1561.59	1584.09	1955.74	1988.14	1504.37	1562.87
4	74.64	80.32	145.44	117.61	−6.91	−36.10	43.01	1835.65	1868.35	2290.68	2328.48	1762.63	1795.13
3	75.40	79.57	144.83	118.23	−6.52	−31.79	38.31	2120.37	2152.77	2629.66	2667.46	2031.60	2064.00
2	75.29	79.67	144.86	118.20	−6.36	−35.47	41.84	2404.98	2437.38	2968.47	3006.57	2300.44	2332.84
1	74.68	80.28	145.20	117.86	−4.40	−21.07	25.47	2688.99	2721.39	3308.83	3346.63	2568.94	2601.34

注：梁端剪力均以向上为正；柱端轴力以受压为正；柱端剪力对柱端截面而言，顺时针方向旋转为正。

活荷载作用下⑤轴线框架梁端剪力、柱端剪力及轴力（kN）　　　表 4-42

层次	梁端剪力				柱端剪力			柱轴力		
	A端	B左端	B右端	C端	A柱	B柱	C柱	A柱	B柱	C柱
10	19.65	25.35	39.54	29.14	−2.73	−8.28	11.00	66.45	87.00	71.94
9	20.78	24.23	38.53	30.15	−2.21	−5.06	7.28	134.03	171.87	144.89
8	20.60	24.40	38.69	29.99	−2.20	−5.71	7.91	201.43	257.07	217.69
7	20.63	24.38	38.66	30.09	−2.23	−5.56	7.79	268.86	342.23	290.50
6	20.63	24.38	38.66	30.01	−2.24	−5.71	7.95	336.29	427.36	363.31
5	20.58	24.43	38.67	29.98	−1.98	−5.08	7.05	403.67	512.60	436.09
4	20.88	24.13	38.43	30.25	−2.85	−6.38	9.23	471.35	597.26	509.14
3	21.09	23.91	38.28	30.40	−2.56	−5.64	8.20	539.24	681.55	582.34
2	21.13	23.88	38.33	30.35	−2.65	−6.31	8.96	607.17	765.88	655.48
1	21.16	23.84	38.57	30.10	−1.71	−3.76	5.48	675.13	850.40	728.39

注：梁端剪力均以向上为正；柱端轴力以受压为正；柱端剪力对柱端截面而言，顺时针方向旋转为正。

竖向荷载作用下⑥轴线框架梁端剪力及柱剪力（kN）　　　表 4-43

层次	恒载作用			活荷载作用		
	梁端剪力		ⓒ柱剪力	梁端剪力		ⓒ柱剪力
	B端	C端		B端	C端	
10	131.27	84.96	43.00	32.76	22.18	9.56
9	148.60	114.45	35.87	39.56	29.11	6.60
8	149.09	113.97	36.82	39.79	28.89	7.03
7	149.03	114.02	36.61	39.76	28.91	6.96
6	148.99	114.07	37.37	39.75	28.93	7.05
5	149.36	113.70	32.45	39.81	28.86	6.28
4	147.15	115.91	42.23	39.44	29.24	8.38
3	146.06	116.99	37.82	39.21	29.46	7.48
2	146.16	116.90	40.69	39.23	29.45	8.04
1	146.87	116.19	25.42	39.38	29.30	4.99

注：梁端剪力以向上为正；柱端剪力，对柱端截面而言，顺时针方向旋转为正。

（2）剪力墙内力计算

竖向恒载和活荷载作用下剪力墙内力可分别按图 4-28(c) 和图 4-29(c) 进行近似计算。在图示荷载作用下，剪力墙各截面的弯矩和轴力可用平衡条件求出，剪力等于零，计算结果见图 4-32，其中恒载作用下的轴力图中未包括剪力墙自重。

4.4.7 作用效应组合

1. 结构抗震等级

结构抗震等级应根据设防烈度、结构类型和房屋高度按表 2-9 确定。对框架-剪力墙结构，还应判别总框架承受的地震倾覆力矩是否大于总地震倾覆力矩的 50%。为此，应计算总框架承受的地震倾覆力矩。由表 4-28 可得各层总框架承受的剪力 V_{fi}，再按下式计

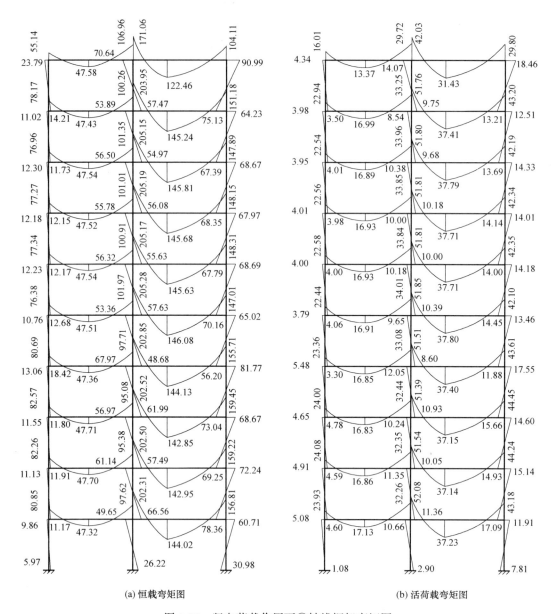

(a) 恒载弯矩图　　　　　　　　(b) 活荷载弯矩图

图 4-30　竖向荷载作用下⑤轴线框架弯矩图

算相应的地震倾覆力矩 M_{ov}，即

$$M_{ov}=\sum_{i=1}^{10}V_{fi}h_i=84130.783\text{kN}\cdot\text{m}$$

另由表 4-23 得总地震倾覆力矩 M_o 为

$$M_o=273218.778+101.777\times40.8=277371.280\text{kN}\cdot\text{m}$$

则　　　　　　$M_{ov}/M_o=84130.783/277371.280=0.30<0.50$

因此，本工程应按框架-剪力墙结构中的框架确定其框架的抗震等级。由表 2-9 可知，本工程的框架为二级抗震等级，剪力墙为一级抗震等级。

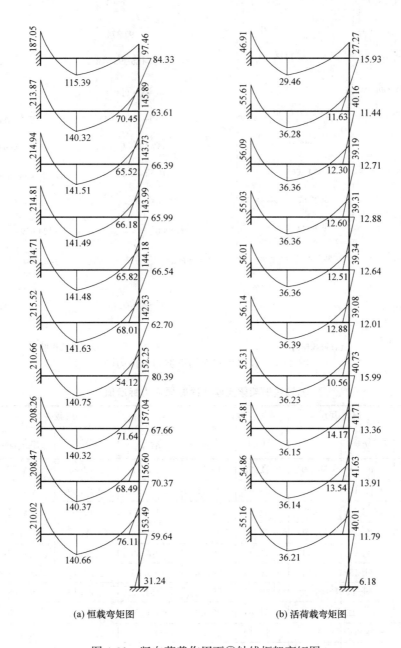

(a) 恒载弯矩图　　　　　　(b) 活荷载弯矩图

图 4-31　竖向荷载作用下⑥轴线框架弯矩图

2. 框架梁弯矩和剪力设计值

为了节省篇幅，本例仅对 1、4、7、10 层各构件内力进行组合，其余层计算从略。

(1) 梁支座边缘截面内力标准值

表 4-44 是 1、4、7、10 层框架梁在竖向荷载（恒载、活荷载）和水平荷载（风荷载和水平地震作用）作用下梁支座边缘截面的内力标准值。下面以第 1 层梁 A 支座边缘截面的弯矩和剪力计算为例，说明计算方法。

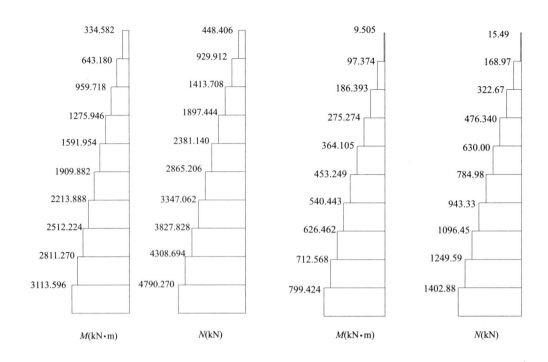

(a) 恒载作用　　　　　　　　　　(b) 活荷载作用

图 4-32　竖向荷载作用下剪力墙内力图

⑤轴线框架梁支座边缘截面内力标准值　　　　　　表 4-44

层次	截面	恒载内力		活载内力		重力荷载代表值内力 M_{GE}	风载内力		地震内力
		M_{Gk}	V_{Gk}	M_{Qk}	V_{Qk}		$\pm M_{wk}$	$\pm V_{wk}$	$\pm M_{Ek}$
10	A	−40.71	56.90	−12.08	15.72	−41.47	±12.87	±4.77	±121.86
	B_l	−84.46	74.00	−23.64	20.28	−85.94	±13.09	±4.77	±123.91
	B_r	−132.71	126.83	−32.53	31.63	−134.74	±11.99	±4.01	±113.57
	C	−82.02	87.53	−23.97	23.31	−83.52	±12.26	±4.01	±116.00
7	A	−58.89	70.44	−17.41	20.63	−67.60	±22.74	±8.42	±201.96
	B_l	−76.58	77.74	−26.54	24.38	−89.85	±23.12	±8.42	±205.36
	B_r	−161.11	145.93	−40.21	38.66	−181.22	±21.19	±7.08	±188.23
	C	−119.12	113.03	−34.81	30.09	−136.53	±21.65	±7.08	±192.26
4	A	−58.30	70.94	−17.10	20.88	−66.85	±24.68	±9.11	±194.39
	B_l	−69.60	76.01	−24.64	24.13	−81.92	±24.04	±9.11	±189.38
	B_r	−151.95	144.26	−38.06	38.43	−170.98	±22.08	±7.63	±173.96
	C	−120.43	113.91	−34.54	30.25	−137.70	±23.34	±7.63	±183.72
1	A	−58.45	70.98	−17.58	21.16	−67.24	±12.49	±4.54	±139.28
	B_l	−69.52	75.97	−23.93	23.84	−81.49	±11.77	±4.54	±132.33
	B_r	−151.49	144.02	−38.58	38.58	−170.78	±10.82	±3.81	±121.50
	C	−121.45	114.16	−34.15	30.10	−138.53	±11.83	±3.81	±131.70

注：1. 弯矩的单位为 kN·m，剪力的单位为 kN；
　　2. 梁截面弯矩以截面下部受拉为正，剪力以向上为正。

恒载作用下，由图 4-30（a）和表 4-41 中的有关数据，可得第 1 层梁 A 端支座边缘截面的弯矩和剪力为

$$M_A = 80.85 - 74.68 \times \frac{0.6}{2} = 58.45 \text{ kN} \cdot \text{m}, V_A = 74.68 - 12.327 \times \frac{0.6}{2} = 70.98 \text{ kN}$$

在水平地震作用下，由图 4-25 和表 4-34 中的有关数据，可得第 1 层梁 A 端支座边缘截面的弯矩和剪力为

$$M_A = 153.464 - 50.583 \times \frac{0.6}{2} = 138.289 \text{kN} \cdot \text{m}, V_A = 50.583 \text{kN}$$

另外，表 4-44 还列出了重力荷载代表值产生的弯矩 $M_{GE} = M_{Gk} + 0.5 M_{Qk}$。由于前面计算活荷载作用下框架内力时，屋面取活荷载（2kN/m^2），而此处的 M_{Qk} 应是由屋面作用雪荷载（0.25kN/m^2），其他各层作用楼面活荷载产生的。因此，计算第 10 层框架梁端弯矩和剪力时，可近似将 M_{Qk} 乘系数 $0.25/2$。

（2）梁内力组合值

框架梁内力组合按 2.5.2 小节所述方法进行，组合值见表 4-45（持久设计状况下的基本组合）和表 4-46（地震组合）。组合时竖向荷载作用下的梁端截面负弯矩乘了弯矩调整系数 0.8。下面分别说明第 1 层 BC 跨梁在持久设计状况下的基本组合（表 4-45）以及第 10 层 AB 跨梁在地震设计状况下的地震组合（表 4-46）中各内力组合值的计算方法。

1）第 1 层 BC 跨梁在持久设计状况下的基本组合

仅以组合项 $S = \gamma_G S_{Gk} \pm 1.0 \times \gamma_L \gamma_w S_{wk} + \gamma_L \times 0.7 \times \gamma_Q S_{Qk}$ 为例予以说明。

在左风荷载（→）作用时，B_r 和 C 端截面弯矩组合值按式（1-13a）计算，由表 4-44 中有关数据得

$$M_{Br} = \gamma_G M_{Gk} \pm 1.0 \times \gamma_L \gamma_w M_{wk} + \gamma_L \times 0.7 \times \gamma_Q M_{Qk}$$
$$= 1.0 \times 0.8 \times (-151.49) + 1.0 \times 1.0 \times 1.5 \times 10.82 + 1.0 \times 0.7 \times 0 \times 0.8 \times (-38.58)$$
$$= -104.96 \text{kN} \cdot \text{m}$$

$$M_C = \gamma_G M_{Gk} \pm 1.0 \times \gamma_L \gamma_w M_{wk} + \gamma_L \times 0.7 \times \gamma_Q M_{Qk}$$
$$= 1.3 \times 0.8 \times (-121.45) + 1.0 \times 1.0 \times 1.5 \times (-11.83) + 1.0 \times 0.7 \times 1.5 \times 0.8 \times (-34.15)$$
$$= -172.74 \text{kN} \cdot \text{m}$$

同理，在右风荷载（←）作用时，B_r 和 C 端截面弯矩组合值按式（1-13a）计算，由表 4-44 中有关数据得

$$M_{Br} = \gamma_G M_{Gk} \pm 1.0 \times \gamma_L \gamma_w M_{wk} + \gamma_L \times 0.7 \times \gamma_Q M_{Qk}$$
$$= 1.3 \times 0.8 \times (-151.49) + 1.0 \times 1.0 \times 1.5 \times (-10.82) + 1.0 \times 0.7 \times 1.5 \times 0.8 \times (-38.58)$$
$$= -206.19 \text{kN} \cdot \text{m}$$

$$M_C = \gamma_G M_{Gk} \pm 1.0 \times \gamma_L \gamma_w M_{wk} + \gamma_L \times 0.7 \times \gamma_Q M_{Qk}$$
$$= 1.0 \times 0.8 \times (-121.45) + 1.0 \times 1.0 \times 1.5 \times 11.83 + 1.0 \times 0.7 \times 0 \times 0.8 \times (-34.15)$$
$$= -79.42 \text{kN} \cdot \text{m}$$

梁跨间最大弯矩值及梁端截面剪力值可根据梁端弯矩组合值及梁上荷载设计值由平衡条件确定，如图 4-33 所示。作用于梁上的荷载设计值为

$$q_0 = 1.3 \times 12.327 = 16.03 \text{kN/m}, q_0' = 1.3 \times 3.375 = 4.39 \text{kN/m}$$
$$q_2 = 1.3 \times 18.0 + 0.7 \times 1.5 \times 10.0 = 33.90 \text{kN/m}$$

$$q_3 = 1.3 \times 11.7 + 0.7 \times 1.5 \times 6.5 = 22.04 \text{kN/m}$$
$$P_3 = 1.3 \times 153.763 + 0.7 \times 1.5 \times 40.225 = 242.13 \text{kN}$$

由于梁端弯矩系支座边缘截面处的弯矩值，故计算时应取净跨：
$$l_n = 6.6 - 0.30 - 0.35 = 5.95 \text{m}$$

根据图 4-33 的平衡条件，可得梁两端剪力以及梁跨间最大弯矩。由于梁跨间作用较大集中荷载 P_3，故梁跨间最大弯矩应位于集中荷载作用点处。计算过程如下：

$$\begin{aligned} V_{\text{Br}} &= -\left(\frac{172.72 - 104.96}{5.95}\right) + \frac{(4.39 \times 2.25 + 22.04 \times 2.25/2) \times (3.70 + 2.25/2)}{5.95} \\ &\quad + \frac{(16.03 \times 3.70 + 33.90 \times 3.70/2) \times 3.70/2}{5.95} + \frac{242.13 \times 3.70}{5.95} \\ &= -11.39 + 28.12 + 37.94 + 150.57 \\ &= 205.24 \text{kN} \end{aligned}$$

$$\begin{aligned} V_C &= (4.39 \times 2.25 + 22.04 \times 2.25/2) + (16.03 \times 3.70 + 33.90 \times 3.70/2) \\ &\quad + 242.13 - 205.24 \\ &= 398.83 - 205.24 \\ &= 193.59 \text{kN} \end{aligned}$$

$$\begin{aligned} M &= -104.96 + 205.24 \times 2.25 - (4.39 \times 2.25 + 22.04 \times 2.25/2) \times 2.25/2 \\ &= 317.83 \text{kN} \cdot \text{m} \end{aligned}$$

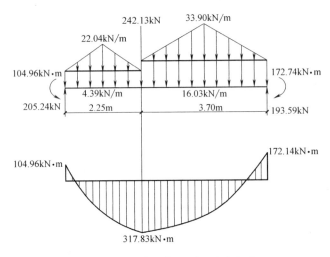

图 4-33 BC 跨梁弯矩图（基本组合）

2）第 10 层 AB 跨梁在地震设计状况下的地震组合

在左震（→）作用时，A 端截面弯矩组合值按式（2-20）计算，B_l 端截面弯矩组合值按式（2-18）计算。由表 4-44 中有关数据得

$$M_A = 1.4 \times 121.86 - 0.8 \times 41.47 = 129.13 \text{kN} \cdot \text{m}$$
$$M_B^l = -(0.8 \times 1.3 \times 85.94 + 1.4 \times 123.91) = -262.85 \text{kN} \cdot \text{m}$$

表 4-45 梁控制截面组合的内力设计值（持久设计状况下的基本组合）

层次	截面		$\gamma_G S_{Gk} \pm 1.0 \times \gamma_L \gamma_w S_{wk}$		$\gamma_G S_{Gk} + 1.0 \times \gamma_L \gamma_w S_{wk} + \gamma_L \times 0.7 \times \gamma_Q S_{Qk}$				$\gamma_G S_{Gk} + 1.0 \times \gamma_L \gamma_Q S_{Qk} \pm 0.6 \times \gamma_L \gamma_w S_{wk}$			
			→		→						→	
			M	V	M	V	M	V	M	V	M	V
10	支座	A	−13.26	75.89	−71.79	99.93	−20.99	83.28	−68.42	105.23		
		B_l	−120.16	115.21	−47.93	91.17	−127.99	122.54	−55.79	100.59		
		B_r	−88.18	175.82	−183.33	159.21	−95.38	203.02	−187.85	203.69		
		C	−123.83	151.44	−47.23	168.05	−125.10	148.21	−54.58	123.57		
	跨中	1	104.36		108.43		109.84		119.45			
		2	269.43		136.08		321.69		230.77			
7	支座	A	−13.00	90.28	−109.98	128.27	−26.65	102.77	−102.60	133.56		
		B_l	−136.62	136.65	−26.58	97.66	−132.30	141.55	−40.46	110.76		
		B_r	−97.10	202.49	−233.12	245.27	−109.82	221.22	−234.88	262.11		
		C	−185.60	198.76	−62.82	155.98	−185.14	209.92	−62.82	169.03		
	跨中	1	114.54		118.89		122.00		131.45			
		2	327.87		290.24		354.36		323.35			
4	支座	A	−9.62	91.04	−112.02	129.92	−24.43	101.39	−101.36	132.50		
		B_l	−129.15	134.90	−19.62	96.01	−123.59	138.45	−34.04	107.34		
		B_r	−88.44	199.69	−223.12	243.82	−101.69	219.15	−223.57	258.52		
		C	−189.27	199.14	−61.33	155.01	−187.70	209.39	−75.34	170.02		
	跨中	1	119.73		121.76		123.13		128.14			
		2	321.86		286.47		348.70		315.40			
1	支座	A	−28.03	97.91	−94.29	123.30	−35.52	105.70	−93.13	127.41		
		B_l	−110.06	128.02	−37.96	102.63	−111.61	134.14	−48.55	112.43		
		B_r	−104.96	205.24	−206.19	237.94	−111.45	222.44	−213.58	212.25		
		C	−172.74	193.59	−79.42	160.68	−177.94	206.10	−86.51	216.29		
	跨中	1	118.06		120.07		122.58		126.54			
		2	317.83		290.17		346.34		221.28			

注：弯矩 M 的单位为 $kN \cdot m$；剪力 V 的单位为 kN；支座截面上部受拉时为负弯矩 $(-M)$，下部受拉时为正弯矩 (M)，表中跨中 1 为 AB 跨的跨中；跨中 2 为 BC 跨的跨中。

在右震（←）作用时，A 端截面弯矩组合值按式（2-18）计算，B_l 端截面弯矩组合值按式（2-20）计算。由表 4-43 中有关数据得

$$M_A = -(0.8 \times 1.3 \times 41.47 + 1.4 \times 121.86) = -213.73 \text{kN} \cdot \text{m}$$

$$M_B^l = 1.4 \times 123.91 - 0.8 \times 85.94 = 104.72 \text{kN} \cdot \text{m}$$

梁跨间最大弯矩值可根据梁端弯矩组合值及梁上荷载设计值由平衡条件确定，如图 4-34 所示。荷载设计值为

$$q_0 = 1.3 \times 3.375 = 4.39 \text{kN/m}, \quad q_1 = 1.3 \times (37.5 + 0.5 \times 1.5) = 49.73 \text{kN/m}$$

由于梁端弯矩系支座边缘截面处的弯矩值，故计算时应取净跨：

$$l_n = 6.0 - 0.25 - 0.30 = 5.45 \text{m}$$

根据图 4-34 的平衡条件，可得 A 端剪力为 $V_A = 7.797 \text{kN}$，B 端剪力为 $V_B = 151.643 \text{kN}$，假定梁跨中最大弯矩距 A 端为 x，则最大弯矩处的剪力应满足下列条件：

$$V(x) = 7.797 - 4.39x - \left(\frac{49.73}{2.725}x\right)\frac{x}{2} = 0$$

由此得 $x = 0.715 \text{m} < 2.725 \text{m}$，与初始假定相符，所得 x 有效。梁跨中最大弯矩为

$$M = 7.797 \times 0.715 + 129.13 - \frac{1}{2} \times 4.39 \times 0.715^2 - \frac{1}{2} \times$$
$$\left(\frac{49.73}{2.725} \times 0.715\right) \times \frac{0.715^2}{3}$$
$$= 132.47 \text{kN} \cdot \text{m}$$

梁端剪力设计值按式（2-21）确定，其中 $(M_b^l + M_b^r)$ 取左震及右震两者之中的较大值，η_{vb} 取 1.2。

$$V = \eta_{vb} \frac{M_b^l + M_b^r}{l_n} + V_{Gb}$$
$$= \frac{1.2 \times (129.13 + 262.85)}{5.45} + \frac{4.39 \times 5.45 + 49.73 \times 5.45/2}{2}$$
$$= 86.308 + 79.720$$
$$= 166.028 \text{kN}$$

则

$$\gamma_{RE} V = 0.85 \times 166.028 = 141.124 \text{kN}$$

同样，按左震作用下计算，可得跨间最大弯矩为 122.01kN·m，小于右震作用下的计算结果。

框架梁弯矩、剪力组合表（地震组合）　　　　　　　　　　　　　　　　　　表 4-46

层次	截面		$M(\text{kN} \cdot \text{m})$				$V(\text{kN})$		
			$\gamma_G S_{GE} + \gamma_{Eh} S_{Ehk}$		$\gamma_{RE}(\gamma_G S_{GE} + \gamma_{Eh} S_{Ehk})$		$\eta_{vb}(M_b^l + M_b^r)/l_n + V_{Gb}$		
			→	←	→	←	l_n	V_{Gb}	$\gamma_{RE} V$
10	支座	A	+129.13	−213.73	+96.85	−160.30	5.45	79.72	141.12
		B_l	−262.85	+104.72	−197.14	+78.54			
		B_r	+51.21	−299.13	+38.41	−224.35	6.05	155.44	193.12
		C	−249.26	+95.58	−186.95	+71.69		130.15	157.06
	跨中	1	132.47		99.35				
		2	263.51		197.63				

续表

层次	截面		M(kN·m)				V(kN)		
			$\gamma_G S_{GE}+\gamma_{Eh}S_{Ehk}$		$\gamma_{RE}(\gamma_G S_{GE}+\gamma_{Eh}S_{Ehk})$		$\eta_{Vb}(M_b^l+M_b^r)/l_n+V_{Gb}$		
			→	←	→	←	l_n	V_{Gb}	$\gamma_{RE}V$
7	支座	A	+228.66	−353.05	+171.50	−264.79	5.45	104.79	203.16
		B_l	−380.95	+215.62	−285.71	+161.72			
		B_r	+118.55	−451.99	+88.91	−338.99	6.05	202.40	275.21
		C	−411.16	+159.94	−308.37	+119.96		172.27	235.73
	跨中	1	228.66		171.50				
		2	345.36		259.02				
4	支座	A	+218.67	−341.67	+164.00	−256.25	5.35	102.87	195.92
		B_l	−350.33	+199.62	−262.75	+149.72			
		B_r	+106.76	−421.36	+80.07	−316.02	5.95	201.95	269.10
		C	−400.42	+147.05	−300.32	+110.29		170.46	231.41
	跨中	1	218.67		164.00				
		2	333.64		250.23				
1	支座	A	+141.20	−264.92	+105.90	−198.69	5.35	102.87	165.84
		B_l	−270.01	+120.07	−202.51	+90.05			
		B_r	+33.48	−347.71	+25.11	−260.78	5.95	201.95	231.84
		C	−328.45	+73.56	−246.34	+55.17		170.46	200.94
	跨中	1	156.44		117.33				
		2	315.28		236.46				

注：1. 梁端弯矩以截面下部受拉为正；
2. 表中跨中 1 为 AB 跨的跨中；跨中 2 为 BC 跨的跨中。

3. 框架柱弯矩、轴力及剪力设计值

（1）柱截面内力标准值

恒载、活荷载、风荷载及地震作用下柱各控制截面的弯矩、轴力和剪力标准值见表 4-47。其中恒、活荷载作用下的柱端弯矩取自图 4-30，柱端剪力和轴力取自表 4-41、表 4-42；风荷载作用下的柱端剪力和弯矩取自表 4-29，柱轴力取自表 4-30；地震作用下的柱端剪力和弯矩取自表 4-33，柱轴力取自表 4-34。由于前面在

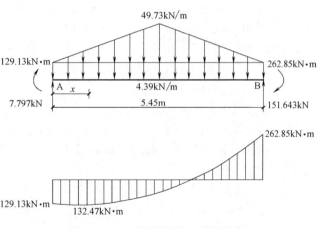

图 4-34 AB 跨弯矩图（地震组合）

计算活荷载内力时，上人屋面取活荷载（$2kN/m^2$），而计算重力荷载代表值产生的内力 M_{GE} 及 N_{GE} 时，屋面应取雪荷载（$0.25kN/m^2$），楼面活荷载取 $2.5kN/m^2$。因此，计算各层柱的 N_{GE} 时，第 10 层柱取 $N_{Gk}+0.5(N_{Qk}/8)$，其他层取 $N_{Gk}+0.5\left(N_{Qk}-\dfrac{7}{8}N_{Qk10}\right)$，其中 N_{Qk10} 表示第 10 层楼面活荷载产生的柱轴力。例如，对于 A 柱，第 10 层上、下端截面的 N_{GE} 分别为

$$N_{GE}^u = 196.97 + 0.5 \times (66.45/8) = 201.12 \text{kN}$$
$$N_{GE}^b = 219.47 + 0.5 \times (66.45/8) = 223.62 \text{kN}$$

同样，对 A 柱，第 4 层上、下端截面的 N_{GE} 分别为

$$N_{GE}^u = 1835.65 + 0.5 \times \left(471.35 - \frac{7}{8} \times 66.45\right) = 2042.25 \text{kN}$$
$$N_{GE}^b = 1868.35 + 0.5 \times \left(471.35 - \frac{7}{8} \times 66.45\right) = 2074.95 \text{kN}$$

（2）柱端截面内力设计值

柱端截面组合的内力设计值应按第 2.5.3 小节的规定进行组合。其中持久设计状况下，应按式（1-13）进行组合。柱弯矩、轴力及剪力的正负号规定见图 2-10。下面以第 10 层 A 柱上、下端截面的内力组合为例，说明组合方法。

1) 持久设计状况下

仅以组合项 $\gamma_G S_{Gk} \pm 1.0 \times \gamma_L \gamma_w S_{wk} + \gamma_L \times 0.7 \times \gamma_Q S_{Qk}$ 为例，予以说明。

①在左风荷载（→）作用下，由式（1-13a）可得

柱上端截面组合的内力设计值为

$$M_c^u = \gamma_G M_{Gk} \pm 1.0 \times \gamma_L \gamma_w M_{wk} + \gamma_L \times 0.7 \times \gamma_Q M_{Qk}$$
$$= 1.0 \times (-23.97) + 1.0 \times 1.0 \times 1.5 \times 14.06 + 1.0 \times 0.7 \times 0 \times (-5.43)$$
$$= -2.88 \text{kN} \cdot \text{m}$$
$$N_c^u = 1.0 \times 196.97 + 1.0 \times 1.0 \times 1.5 \times (-4.76) = 189.83 \text{kN}$$
$$V_c^u = 1.0 \times (-10.65) + 1.0 \times 1.0 \times 1.5 \times 6.62 = -0.72 \text{kN}$$

柱下端截面组合的内力设计值为

$$M_c^b = \gamma_G M_{Gk} \pm 1.0 \times \gamma_L \gamma_w M_{wk} + \gamma_L \times 0.7 \times \gamma_Q M_{Qk}$$
$$= 1.0 \times 14.21 + 1.0 \times 1.0 \times 1.5 \times (-9.77) + 1.0 \times 0.7 \times 0 \times (-4.38)$$
$$= -0.45 \text{kN} \cdot \text{m}$$
$$N_c^b = 1.0 \times 219.47 + 1.0 \times 1.0 \times 1.5 \times (-4.76) = 212.33 \text{kN}$$
$$V_c^b = 1.0 \times (-10.65) + 1.0 \times 1.0 \times 1.5 \times 6.62 = -0.72 \text{kN}$$

② 在右风荷载（←）作用下

柱上端截面组合的内力设计值为

$$M_c^u = \gamma_G M_{Gk} \pm 1.0 \times \gamma_L \gamma_w M_{wk} + \gamma_L \times 0.7 \times \gamma_Q M_{Qk}$$
$$= 1.3 \times (-23.97) + 1.0 \times 1.0 \times 1.5 \times (-14.06) + 1.0 \times 0.7 \times 1.5 \times (-5.43)$$
$$= -57.95 \text{kN} \cdot \text{m}$$
$$N_c^u = 1.3 \times 196.97 + 1.0 \times 1.0 \times 1.5 \times 4.76 + 1.0 \times 0.7 \times 1.5 \times 66.45 = 332.97 \text{kN}$$
$$V_c^u = 1.3 \times (-10.65) + 1.0 \times 1.0 \times 1.5 \times (-6.62) + 1.0 \times 0.7 \times 1.5 \times (-2.73)$$
$$= -26.64 \text{kN}$$

柱下端截面组合的内力设计值为

$$M_c^b = \gamma_G M_{Gk} \pm 1.0 \times \gamma_L \gamma_w M_{wk} + \gamma_L \times 0.7 \times \gamma_Q M_{Qk}$$
$$= 1.3 \times (-14.21) + 1.0 \times 1.0 \times 1.5 \times (-9.77) + 1.0 \times 0.7 \times 1.5 \times (-4.38)$$
$$= -30.74 \text{kN} \cdot \text{m}$$
$$N_c^b = 1.3 \times 219.47 + 1.0 \times 1.0 \times 1.5 \times 4.76 + 1.0 \times 0.7 \times 1.5 \times 66.45 = 362.22 \text{kN}$$
$$V_c^b = 1.3 \times (-10.65) + 1.0 \times 1.0 \times 1.5 \times (-6.62) + 1.0 \times 0.7 \times 1.5 \times (-2.73)$$
$$= -26.64 \text{kN}$$

2）地震设计状况下

地震设计状况下，柱端截面组合的内力设计值应按式（1-33）进行组合。柱弯矩、轴力及剪力的正负号规定见图 2-10。下面以第 10 层 A 柱上、下端截面的地震组合为例，说明组合方法。

① 在左震（→）作用下，由式（1-33）可得柱上端截面 M、N 组合的设计值：

$M_c^u = \gamma_G M_{GE} + \gamma_{Eh} M_{Ehk} = 1.0 \times (-26.69) + 1.4 \times 133.13 = 159.69 \text{kN} \cdot \text{m}$

$N_c^u = 1.0 \times 201.12 + 1.4 \times (-45.09) = 137.99 \text{kN}$

同理可得柱下端截面 M、N 的组合的设计值：

$M_c^b = \gamma_G M_{GE} + \gamma_{Eh} M_{Ehk} = 1.0 \times (-16.40) + 1.4 \times 92.51 = 113.11 \text{kN} \cdot \text{m}$

$N_c^b = 1.0 \times 223.62 + 1.4 \times (-45.09) = 160.49 \text{kN}$

② 在右震（←）作用下，由式（1-33）可得柱上端截面 M、N 组合的设计值：

$M_c^u = \gamma_G M_{GE} + \gamma_{Eh} M_{Ehk} = 1.3 \times (-26.69) + 1.4 \times (-133.13) = -221.08 \text{kN} \cdot \text{m}$

$N_c^u = 1.3 \times 201.12 + 1.4 \times 45.09 = 324.58 \text{kN}$

柱下端截面 M、N 组合的设计值：

$M_c^b = \gamma_G M_{GE} + \gamma_{Eh} M_{Ehk} = 1.3 \times (-16.40) + 1.4 \times (-92.51) = -150.83 \text{kN} \cdot \text{m}$

$N_c^b = 1.3 \times 223.62 + 1.4 \times 45.09 = 353.83 \text{kN}$

③ 柱端截面弯矩设计值的调整：柱端截面弯矩设计值应符合式（2-23）的要求。因第 10 层柱的轴压比小于 0.15，故弯矩和轴力的 γ_{RE} 取 0.75，且不需按式（2-23）进行柱端弯矩设计值的调整。

④ 柱端截面剪力设计值：柱端截面剪力设计值按式（2-25）进行调整，其中柱端剪力增大系数 η_{vc} 取 1.2，柱净高 H_n 取 3.0m，柱上、下端截面弯矩值之和取调整后的弯矩设计值并取左震和右震作用下的较大值，则

$V = \eta_{vc}(M_c^t + M_c^b)/H_n = 1.2 \times (221.08 + 150.83)/3.0 = 148.76 \text{kN}$

$\gamma_{RE} V = 0.85 \times 148.76 = 126.45 \text{kN}$

对于中间节点柱，B 轴柱端截面弯矩设计值的调整与边柱 A 不同。下面以第 3 层 B 轴柱为例，说明如何按式（2-23）对柱端弯矩设计值进行调整。

由表 4-49 可得，在地震组合中，第 3 层柱上端截面弯矩为 318.26kN·m，第 4 层柱下端截面弯矩为 361.05kN·m，则节点上、下柱端截面反时针方向组合的弯矩设计值之和为 679.31kN·m。另由表 4-46 可知，节点左、右梁端截面顺时针方向组合的弯矩设计值之和为 199.62＋421.36＝620.98kN·m＜679.31kN·m。因节点左、右梁端弯矩之和小于上、下柱端弯矩之和，故可直接将柱端弯矩乘 1.2，即第 3 层柱上端截面调整后的弯矩设计值 M_c^u 为

$M_c^u = 0.8 \times (1.2 \times 318.26) = 305.53 \text{kN} \cdot \text{m}$

第 4 层柱下端截面调整后的弯矩设计值 M_c^b 为

$M_c^b = 0.8 \times (1.2 \times 361.05) = 346.61 \text{kN} \cdot \text{m}$

其中 0.8 为 γ_{RE}。

柱端截面内力设计值见表 4-48～表 4-50。

从表 4-48 可见，对 A 轴柱来说，柱截面不利内力 $|M_{max}|$，N；N_{min}，M 均取自 $(\gamma_G S_{GE} + \gamma_{Eh} S_{Ehk})$ 组合项；而 N_{max}，M 仅取自 $\gamma_G S_{Gk} + 1.0 \times \gamma_L \gamma_Q S_{Qk} \pm 0.6 \times \gamma_L \gamma_w S_{wk}$ 组合项，故组合 B 柱和 C 柱内力时，只考虑地震组合以及组合项 $\gamma_G S_{Gk} + 1.0 \times \gamma_L \gamma_Q S_{Qk} \pm 0.6 \times \gamma_L \gamma_w S_{wk}$，见表 4-49 和表 4-50。

框架柱截面内力标准值汇总表

表 4-47

层次		截面	恒载内力			活载内力			重力荷载代表值内力		地震内力			风载内力		
			M_{Gk}	N_{Gk}	V_{Gk}	M_{Qk}	N_{Qk}	V_{Qk}	M_{GE}	N_{GE}	M_{Ek}	N_{Ek}	V_{Ek}	M_{wk}	N_{wk}	V_{wk}
10	A柱	上	−23.97	196.97	−10.65	−5.43	66.45	−2.73	−26.69	201.12	±133.13	∓45.09	±62.67	±14.06	∓4.76	±6.62
		下	−14.21	219.47		−4.38			−16.40	223.62	±92.51			±9.77		
	B柱	上	−70.64	268.26	−35.59	−17.59	87.00	−8.28	−79.44	273.69	±262.39	±7.15	±123.53	±27.72	±0.76	±13.05
		下	−57.47	300.66		−12.19			−63.57	306.10	±182.34			±19.26		
	C柱	上	90.99	219.65	46.24	23.08	71.94	11.00	102.53	224.15	±125.48	∓37.95	±59.08	±13.26	±4.01	±6.24
		下	75.13	242.15		16.51			83.39	246.65	±87.20			±9.21		
9	A柱	上	−11.02	470.19	−6.32	−3.98	134.03	−2.21	−13.01	508.13	±124.94	∓118.74	±63.09	±13.36	∓12.59	±6.75
		下	−11.73	492.69		−4.01			−13.74	530.66	±102.20			±10.93		
	B柱	上	−53.89	604.50	−30.24	−8.54	171.87	−5.06	−58.16	661.37	±246.19	±18.83	±124.34	±26.33	±2.00	±13.30
		下	−54.97	637.30		−9.68			−59.81	694.17	±201.43			±21.54		
	C柱	上	64.23	477.15	36.56	12.51	144.89	7.28	70.49	520.53	±117.74	∓99.97	±59.46	±12.59	±10.60	±6.36
		下	67.39	499.65		13.69			74.24	543.03	±96.33			±10.30		
8	A柱	上	−12.30	743.03	−6.79	−3.95	201.43	−2.20	−14.28	814.68	±123.93	∓195.33	±63.75	±13.65	∓20.92	±7.02
		下	−12.15	765.53		−3.98			−14.14	837.18	±105.57			±11.63		
	B柱	上	−55.50	942.61	−31.27	−10.38	257.07	−5.71	−61.69	1042.08	±244.25	±28.93	±125.64	±26.91	±3.32	±13.84
		下	−56.08	975.01		−10.18			−61.17	1074.48	±208.07			±22.92		
	C柱	上	68.67	733.97	38.06	14.33	217.69	7.91	75.84	813.75	±116.81	∓166.40	±60.09	±12.87	±17.60	±6.62
		下	68.35	756.47		14.14			75.42	836.25	±99.51			±10.96		
7	A柱	上	−12.18	1015.98	−6.77	−4.01	268.86	−2.23	−14.19	1121.34	±115.09	∓270.07	±63.94	±13.17	∓29.32	±7.32
		下	−12.17	1038.48		−4.00			−14.17	1143.84	±115.09			±13.17		
	B柱	上	−55.78	1280.18	−30.95	−10.00	342.23	−5.56	−60.78	1422.23	±226.84	±40.78	±126.02	±25.96	±4.65	±14.42
		下	−55.63	1312.58		−10.00			−60.63	1454.63	±226.84			±25.96		

续表

层次	截面		恒载内力			活载内力			重力荷载代表值内力		地震内力			风载内力		
			M_{Gk}	N_{Gk}	V_{Gk}	M_{Qk}	N_{Qk}	V_{Qk}	M_{GE}	N_{GE}	M_{Ek}	N_{Ek}	V_{Ek}	M_{wk}	N_{wk}	V_{wk}
7	C柱	上	67.97	990.82	37.72	14.01	290.50	7.79	74.98	1107.00	±108.49	±229.29	±60.27	±12.42	±24.67	±6.90
		下	67.79	1013.32		14.0C			74.79	1129.50	±108.49	±229.29	±60.27	±12.42	±24.67	±6.90
6	A柱	上	−12.23	1288.95	−6.92	−4.00	336.29	−2.24	−14.23	1428.00	±113.40	∓347.46	±63.00	±13.52	∓38.36	±7.51
		下	−12.68	1311.45		−4.06			−14.71	1450.50	±113.40	∓347.46	±63.00	±13.52	∓38.36	±7.51
	B柱	上	−53.36	1617.69	−31.65	−10.18	427.36	−5.71	−58.45	1802.30	±223.50	±53.05	±124.17	±26.64	±6.01	±14.80
		下	−48.68	1650.09		−10.39			−53.88	1834.70	±223.50	±53.05	±124.17	±26.64	±6.01	±14.80
	C柱	上	67.02	1247.71	38.57	14.18	363.31	7.95	74.11	1400.31	±106.89	±294.41	±59.38	±12.74	±32.35	±7.08
		下	56.20	1270.21		14.45			63.43	1422.81	±106.89	±294.41	±59.38	±12.74	±32.35	±7.08
5	A柱	上	−10.76	1561.58	−5.33	−3.79	403.67	−1.98	−12.66	1734.35	±108.65	∓422.68	±60.36	±13.48	∓47.51	±7.49
		下	−8.42	1584.08		−3.30			−10.07	1756.85	±108.65	∓422.68	±60.36	±13.48	∓47.51	±7.49
	B柱	上	−53.36	1955.76	−28.35	−9.65	512.60	−5.08	−58.19	2182.99	±214.26	±64.96	±119.03	±26.59	±7.46	±14.77
		下	−48.68	1988.16		−8.60			−52.98	2215.83	±214.26	±64.96	±119.03	±26.59	±7.46	±14.77
	C柱	上	65.02	1504.37	33.68	13.46	436.09	7.05	71.75	1729.35	±102.48	±357.72	±56.93	±12.72	±40.05	±7.07
		下	56.20	1526.87		11.88			62.14	1715.85	±102.48	±357.72	±56.93	±12.72	±40.05	±7.07
4	A柱	上	−13.06	1835.64	−6.91	−5.48	471.35	−2.85	−15.80	2042.25	±107.18	∓494.47	±59.54	±13.82	∓56.58	±7.58
		下	−11.80	1868.04		−4.78			−14.19	2074.95	±107.18	∓494.47	±59.54	±13.82	∓56.58	±7.58
	B柱	上	−67.97	2290.70	−36.10	−12.05	597.26	−6.38	−74.00	2560.26	±195.25	∓76.59	±108.47	±25.17	∓8.93	±13.99
		下	−61.99	2328.50		−10.93			−67.46	2598.06	±195.25	∓76.59	±108.47	±25.17	∓8.93	±13.99
	C柱	上	81.77	1762.72	43.01	17.55	501.14	9.23	90.55	1984.22	±99.29	±417.88	±55.16	±12.80	±47.65	±7.11
		下	73.04	1795.12		15.66			80.87	2016.62	±99.29	±417.88	±55.16	±12.80	±47.65	±7.11

续表

层次	截面		恒载内力			活载内力			重力荷载代表值内力		地震内力			风载内力		
			M_{Gk}	N_{Gk}	V_{Gk}	M_{Qk}	N_{Qk}	V_{Qk}	M_{GE}	N_{GE}	M_{Ek}	N_{Ek}	V_{Ek}	M_{wk}	N_{wk}	V_{wk}
3	A柱	上	−11.55	2120.36	−6.52	−4.65	539.24	−2.56	−13.88	2360.91	±93.14	∓559.28	±51.74	±12.28	∓65.08	±6.82
		下	−11.91	2152.76		−4.59			−14.21	2393.31	±93.14	±87.32	±94.26	±12.28	±10.33	±12.48
	B柱	上	−56.97	2629.68	−31.79	−10.24	681.55	−5.64	−62.09	2941.39	±169.97	±87.32	±94.26	±22.37	±10.33	±12.48
		下	−57.49	2667.48		−10.05			−62.52	2979.19	±169.67	±471.97	±47.94	±22.37	±54.74	±6.32
	C柱	上	38.67	2031.59	38.31	14.60	582.34	8.20	75.97	2293.69	±86.28	±471.97	±47.94	±11.37	±54.74	±6.32
		下	69.25	2063.99		14.93			76.72	2326.09	±86.28	∓609.83	±51.74	±11.37	∓71.98	±5.36
2	A柱	上	−11.13	2404.97	−6.36	−4.91	607.17	−2.65	−13.59	2679.49	±83.82	∓609.83	±51.74	±8.68	∓71.98	±5.36
		下	−11.17	2437.37		−4.60			−13.47	2711.89	±102.45	±95.68	±94.26	±10.61	±11.48	±9.76
	B柱	上	−61.14	2968.80	−35.47	−11.35	765.88	−6.31	−66.82	3322.67	±156.10	±95.68	±94.26	±16.16	±11.48	±9.76
		下	−66.56	3006.60		−11.36			−72.24	3360.47	±183.25	±514.15	±47.93	±18.97	±60.50	±4.96
	C柱	上	72.24	2300.43	41.84	15.14	655.48	8.96	79.81	2599.10	±77.65	±514.15	±47.93	±8.04	±60.50	±4.96
		下	78.36	2332.83		17.09			86.91	2631.50	±94.91	∓642.00	±56.68	±9.83	∓76.47	±3.47
1	A柱	上	−9.86	2688.99	−4.40	−5.08	675.13	−1.71	−12.40	2997.49	±51.03	∓642.00	±56.68	±3.12	∓76.47	±3.47
		下	−5.97	2721.39		−1.08			−6.51	3029.89	±153.04	±100.86	±95.54	±9.37	±12.20	±5.85
	B柱	上	−49.65	3308.86	−21.07	−10.66	850.40	−3.76	−54.98	3704.99	±103.18	±100.86	±95.54	±6.32	±12.20	±5.85
		下	−26.22	3346.66		−2.90			−27.67	3742.79	±240.76	±541.14	±55.07	±14.74	±64.28	±3.37
	C柱	上	60.71	2568.94	25.47	11.91	728.39	5.48	66.67	2904.07	±49.56	±541.14	±55.07	±3.03	±64.28	±3.37
		下	30.98	2601.34		7.81			34.89	2936.47	±148.69			±9.10		

注：1. M 的单位为 kN·m，N 和 V 的单位为 kN；
2. 表中上、下表示本层柱的上、下端截面；
3. 柱端弯矩以绕柱端截面反时针方向旋转为正，柱端剪力以顺时针方向为正。

A 轴柱内力组合表

表 4-48

层次	截面		$\gamma_G S_{Gk} \pm 1.0 \times \gamma_L \gamma_w S_{wk} + \gamma_L \times 0.7 \times \gamma_Q S_{Qk}$		$\gamma_G S_{Gk} + 1.0 \times \gamma_L \gamma_Q S_{wk} \pm 0.6 \times \gamma_L \gamma_w S_{Qk}$		$\gamma_G S_{GE} + \gamma_{Eh} S_{Ehk}$		$\gamma_{RE}(\gamma_G S_{GE} + \gamma_{Eh} S_{Ehk})$		$\gamma_{RE}(\sum M_c = 1.2\sum M_b)$	$\|M\|_{max}$ N	N_{max} M	N_{min} M
			↑	↓	↑	↓	↑	↓	↑	↓				
10	上端	M	−2.88	−57.95	−11.32	−51.96	159.69	−221.08	119.77	−165.81		−165.81	−51.96	119.77
		N	189.83	332.97	192.69	360.02	137.99	324.58	103.49	243.44		243.44	360.02	103.49
	下端	M	−0.45	−37.73	−5.42	−33.84	113.11	−150.84	84.83	−113.13		−113.13	−33.84	84.83
		N	212.33	362.22	215.19	389.27	160.49	353.83	120.37	265.37		265.37	389.27	120.37
		V	−0.72	−26.64	−4.69	−23.90	109.12	−148.76	92.75	−126.45			126.45	
9	上端	M	9.02	−38.55	1.00	−32.32	161.86	−191.79	129.49	−153.43	−184.11	−184.11	−32.32	129.49
		N	451.31	770.86	458.86	832.61	341.89	826.81	273.51	661.45	661.45	661.45	832.61	273.51
	下端	M	4.67	−35.85	−1.89	−31.10	129.34	−160.94	103.47	−128.75	−154.50	−154.50	−31.10	103.47
		N	473.81	800.11	481.36	852.87	364.42	856.09	291.54	684.87	684.87	684.87	852.87	291.54
		V	3.81	−20.66	−0.25	−17.61	116.48	−141.09	99.01	−119.93			143.91	
8	上端	M	8.18	−40.61	−0.02	−34.20	159.22	−192.07	127.38	−153.66	−184.39	−184.39	−34.20	127.38
		N	711.65	1208.82	724.20	1286.91	541.22	1332.55	432.98	1006.04	967.39	967.39	1286.91	432.98
	下端	M	5.30	−37.42	−1.68	−32.23	133.66	−166.18	106.93	−132.94	−158.99	−158.99	−32.23	106.93
		N	734.15	1238.07	746.70	1316.16	563.72	1363.10	450.98	1090.48	988.99	988.99	1316.16	450.98
		V	3.74	−21.67	−0.47	−18.45	117.15	−143.30	99.58	−121.81			146.17	
7	上端	M	7.58	−39.80	−0.32	−33.70	146.94	−179.57	117.55	−143.66	−172.39	−172.39	−33.70	117.55
		N	972.00	1647.06	989.59	1750.45	743.24	1835.84	587.39	1468.72	1468.72	1468.72	1750.45	587.39
	下端	M	7.59	−39.82	−0.32	−33.67	146.96	−179.55	117.57	−143.64	−172.37	−172.37	−33.67	117.57
		N	994.50	1676.31	1012.09	1779.70	765.74	1865.09	612.59	1492.07	1492.07	1492.07	1779.70	612.59
		V	4.21	−22.12	−0.18	−18.73	117.56	−143.64	99.93	−122.09			146.52	

续表

层次	截面		$\gamma_G S_{Gk} \pm 1.0 \times \gamma_L \gamma_w S_{wk}$ $+ \gamma_L \times 0.7 \gamma_Q S_{Qk}$		$\gamma_G S_{Gk} + 1.0 \times \gamma_L \gamma_Q S_{Qk}$ $\pm 0.6 \times \gamma_L \gamma_w S_{wk}$		$\gamma_G S_{GE} + \gamma_{Eh} S_{Ehk}$		$\gamma_{RE}(\gamma_G S_{GE} + \gamma_{Eh} S_{Ehk})$		$\gamma_{RE}(\sum M_c = 1.2\sum M_b)$	$\|M\|_{max}$ N	N_{max} M	N_{min} M
			↑	↓	↑	↓	↑	↓	↑	↓				
6	上端	M	8.05	−40.38	−0.06	−34.07	144.53	−177.26	115.62	−141.81	−170.17	−170.17	−34.07	115.62
		N	1231.41	2086.28	1254.43	2214.59	941.56	2342.84	753.25	1874.27	1874.27	1874.27	2214.59	753.25
	下端	M	7.60	−41.03	−0.51	−37.42	144.05	−177.88	115.24	−142.30	−170.76	−170.76	−37.42	115.24
		N	1253.91	2097.85	1276.93	2243.84	964.06	2372.09	771.25	−142.06	−120.75	1897.67	2243.84	771.25
		V	4.35	−20.36	−0.16	−19.12	115.43	−142.06	98.12	−120.75			144.90	
5	上端	M	9.46	−38.19	1.37	−31.81	139.45	−168.57	111.56	−134.86	−161.83	−161.83	−31.81	111.56
		N	1490.32	2525.17	1518.82	2678.32	1142.60	2846.41	913.65	2277.13	2277.13	2277.13	2678.32	913.65
	下端	M	9.46	−34.63	3.71	−28.03	142.04	−165.20	113.63	−132.16	−158.59	−158.59	−28.03	113.63
		N	1512.82	2554.42	1541.32	2707.57	1165.10	2875.66	932.08	2300.53	2300.53	2300.53	2707.57	932.08
		V	5.91	−20.24	1.41	−16.64	112.60	−133.51	95.71	−113.48			136.18	
4	上端	M	7.67	−43.46	−0.62	−37.64	134.25	−170.59	107.40	−136.47	−163.77	−163.77	−37.64	107.40
		N	1750.77	2966.12	1784.72	3144.28	1349.99	3347.18	1079.99	2677.74	2677.74	2677.74	3144.28	1079.99
	下端	M	8.93	−41.09	0.64	−34.95	135.86	−168.50	108.69	−134.80	−161.76	−161.76	−34.95	108.69
		N	1783.17	3008.24	1817.12	3186.40	1382.69	3389.69	1106.15	2711.75	2711.75	2711.75	3186.40	1106.15
		V	4.61	−23.50	0.02	−20.17	108.04	−135.64	92.51	−115.29			138.35	
3	上端	M	6.87	−38.32	−0.50	−32.97	116.52	−148.44	93.22	−118.75	−142.50	142.50	−32.97	93.22
		N	2022.74	3420.29	2061.79	3623.90	1577.92	3852.18	1262.34	3081.74	3081.74	3081.74	3623.90	1262.34
	下端	M	6.51	−38.72	−0.86	−33.42	116.19	−148.87	92.95	−119.10	−142.92	142.92	−33.42	92.95
		N	2055.14	3462.41	2094.19	3666.02	1610.32	3894.30	1288.26	3115.44	3115.44	3115.44	3666.02	1288.26
		V	−3.71	−21.39	−0.38	−18.45	93.08	−118.92	79.12	−101.08			121.30	

续表

层次	截面		$\gamma_G S_{Gk} \pm 1.0 \times \gamma_L \gamma_Q S_{Qk} + \gamma_L \times 0.7 \times \gamma_Q S_{Qk}$		$\gamma_G S_{Gk} + 1.0 \times \gamma_L \gamma_Q S_{Qk} \pm 0.6 \times \gamma_L \gamma_w S_{wk}$		$\gamma_G S_{GE} + \gamma_{Eh} S_{Ehk}$		$\gamma_{RE}(\gamma_G S_{GE} + \gamma_{Eh} S_{Ehk})$		$\gamma_{RE}(\sum M_c = 1.2\sum M_b)$	$\|M\|_{max}$ / N	N_{max} / M	N_{min} / M
			←	→	←	→	←	→	←	→				
2	上端	M	-32.64	1.89	-31.38	-3.32	-135.02	83.01	-108.02	-129.62	-129.62	-129.62	15.10	77.17
		N	3871.96	2297.00	4102.00	2340.19	4337.10	1460.58	1825.73	3469.68	3469.68	3469.68	3722.70	1477.99
	下端	M	-35.27	4.75	-30.97	-1.59	-160.94	103.97	-128.75	-154.50	-154.50	-154.50	14.95	96.24
		N	3914.08	2329.40	4144.12	2372.59	4379.22	1486.50	1858.13	3503.38	3503.38	3503.38	3766.44	1503.91
		V	-19.09	1.68	-17.07	-1.54	-118.38	79.47	-100.62				120.75	
1	上端	M	-22.83	-5.18	-23.25	-7.05	-87.56	47.23	-70.05	-84.06	-84.06	-84.06	-23.25	47.23
		N	4319.28	2574.29	4577.21	2620.17	4795.54	1678.95	2098.69	3836.43	3836.43	3836.43	4577.21	1678.95
	下端	M	-22.95	8.09	-17.81	2.46	-222.72	166.20	-178.18	-213.82	-213.82	-213.82	-17.81	166.20
		N	4361.40	2606.69	4619.33	2652.57	4837.66	1704.87	2131.09	3870.13	3870.13	3870.13	4619.33	1704.37
		V	-12.72	0.81	-11.41	-1.28	-124.11	90.71	-105.49				126.59	

注：1. 表中 M (kN·m)、N (kN)、V (kN)；
2. 柱端弯矩以反时针方向为正，剪力以顺时针方向为正，轴力以受压为正。

B 轴柱内力组合表 表 4-49

层数	截面		$\gamma_G S_{Gk} + 1.0 \times \gamma_L \gamma_Q S_{Qk} \pm 0.6 \times \gamma_L \gamma_w S_{wk}$		$\gamma_G S_{GE} + \gamma_{Eh} S_{Ehk}$		$\gamma_{RE}(\gamma_G S_{GE} + \gamma_{Eh} S_{Ehk})$		$\gamma_{RE}(\sum M_c = 1.2\sum M_b)$	$\|M_{max}\|$ / N	N_{max} / M	N_{min} / M
			←	→	←	→	←	→				
10	上端	M	-143.17	287.91	-470.62	215.93	-352.97			352.97	-143.17	215.93
		N	479.92	263.68	365.81	197.76	274.36			274.36	479.92	197.76
	下端	M	-110.33	191.71	-337.92	143.78	-253.44			253.44	-110.33	143.78
		N	522.04	296.09	407.94	222.07	305.96			305.96	522.04	222.07
		V	-70.43	191.85	-323.42	163.07	-274.90			274.90		

续表

层数	截面		$\gamma_G S_{Gk}+1.0\times\gamma_L\gamma_Q S_{Qk}$ $\pm 0.6\times\gamma_L\gamma_w S_{wk}$	$\gamma_G S_{GE}+\gamma_{Eh} S_{Ehk}$		$\gamma_{RE}(\gamma_G S_{GE}+\gamma_{Eh} S_{Ehk})$		$\gamma_{RE}(\sum M_c = 1.2\sum M_b)$	$\|M_{max}\|$		N_{max}		N_{min}	
					←	→	←			N	M	M	M
9	上端	M	−106.56	286.51	−420.27	229.21	−336.22	403.46	403.46	−106.56	229.21
		N	1045.45	635.01	886.14	508.01	708.91	708.91	708.91	1045.45	508.01
	下端	M	−105.37	222.19	−359.76	177.75	−287.81	345.37	345.37	−105.37	177.75
		N	1088.10	667.81	928.78	534.25	743.02	743.02	743.02	1088.10	534.25
		V	−58.87	203.48	−312.01	172.96	−265.21			318.25	
8	上端	M	−113.24	280.26	−422.15	224.21	−337.72	405.26	405.26	−113.24	224.21
		N	1613.99	1001.58	1395.21	801.26	1116.17	1116.17	1116.17	1613.99	801.26
	下端	M	−108.80	230.13	−370.82	184.10	−296.66	355.99	355.99	−108.80	184.10
		N	1656.11	1033.98	1437.33	827.18	1149.86	1149.86	1149.86	1656.11	827.18
		V	−61.67	204.16	−317.19	173.54	−269.61			269.61	
7	上端	M	−110.88	256.80	−396.59	205.44	−317.27	380.73	380.73	−110.88	205.44
		N	2181.76	1365.14	1905.73	1092.11	1542.58	1542.58	1542.58	2181.76	1092.11
	下端	M	−110.68	256.95	−396.40	205.56	−317.12	380.54	380.54	−110.68	205.56
		N	2223.89	1397.54	1948.11	1118.03	1558.49	1558.49	1558.49	2223.89	1118.03
		V	−6.55	205.50	−317.19	174.68	−269.61			323.54	
6	上端	M	−103.61	254.45	−388.89	203.56	−311.11	373.33	373.33	−103.61	203.56
		N	2749.45	1728.03	2417.26	1382.42	1933.81	1933.81	1933.81	2749.45	1382.42
	下端	M	−102.85	259.02	−382.94	207.22	−306.35	367.62	367.62	−102.85	207.22
		N	2791.57	1760.43	2459.38	1408.34	1967.50	1967.50	1967.50	2791.57	1408.34
		V	−63.04	205.39	−308.73	174.58	−262.42			314.91	
5	上端	M	−107.77	241.77	−375.61	193.42	−300.49	360.59	360.59	−107.77	193.42
		N	3318.10	2092.05	2928.83	1673.64	2343.06	2343.96	2343.96	3318.10	1673.64
	下端	M	−100.12	246.98	−368.84	197.58	−295.07	236.06	236.06	−100.12	197.58
		N	3360.22	2124.89	2971.52	1701.51	2377.22	2377.22	2377.22	3360.22	1701.51
		V	57.77	195.50	−297.78	166.18	−253.11			303.74	

续表

层数	截面		$\gamma_G S_{Gk}+1.0\times\gamma_L\gamma_Q S_{Qk}\pm 0.6\times\gamma_L\gamma_w S_{wk}$		$\gamma_G S_{GE}+\gamma_{Eh} S_{Ehk}$		$\gamma_{RE}(\gamma_G S_{GE}+\gamma_{Eh} S_{Ehk})$		$\gamma_{RE}(\sum M_c = 1.2\sum M_b)$	$\lvert M_{max}\rvert$		N_{max}		N_{min}	
			←	→	←	→	←	→			N	M	N	M	N
4	上端	M	−129.09		199.35	−369.55	159.48	−295.64	354.77	354.77	−129.09		159.48	
		N	3881.84		2453.03	3435.56	1962.42	2748.45	2748.45	2748.45	3881.84		1962.42	
	下端	M	−119.64		205.89	−361.05	164.71	−288.84	346.61	346.61	−119.64		164.71	
		N	3930.98		2490.83	3484.70	1992.66	2787.76	2787.76	2787.76	3930.98		1992.66	
		V	−69.09		162.10	−292.24	137.79	−248.40		298.08				
3	上端	M	−109.55		175.45	−318.26	140.36	−254.61	305.53	305.53	−109.55		140.36	
		N	4450.21		2819.14	3946.06	2255.31	3156.85	3156.85	3156.85	4450.21		2255.31	
	下端	M	−109.95		175.02	−318.81	140.02	−255.05	306.06	306.06	−109.95		140.02	
		N	4499.35		2856.94	3995.20	2285.55	3196.16	3196.16	3196.16	4499.35		2285.55	
		V	−61.02		140.19	−254.83	119.16	−216.60		259.92				
2	上端	M	−111.05		151.72	−305.41	121.38	−244.33	293.20	293.20	−111.05		121.38	
		N	5018.59		3188.72	4453.42	2550.98	3562.74	3562.74	3562.74	5018.59		2550.98	
	下端	M	−120.64		184.31	−350.46	147.45	−280.37	336.44	336.44	−120.64		147.45	
		N	5067.73		3226.52	4502.56	2581.22	3602.05	3602.05	3602.05	5067.73		2581.22	
		V	−64.36		134.41	−262.35	114.25	−223.00		267.59				
1	上端	M	−86.22		89.47	−215.93	71.58	−172.74	207.29	207.29	−86.22		71.58	
		N	5588.10		3563.79	4957.69	2851.03	3966.15	3966.15	3966.15	5588.10		2851.03	
	下端	M	−51.70		309.39	−373.04	247.51	−298.43	358.12	358.12	−51.70		247.51	
		N	5754.24		3601.59	5006.83	2881.27	4005.46	4005.46	4005.46	5754.24		2881.27	
		V	−39.30		159.55	−235.59	166.22	−200.25		240.30				

注：1. 表中 M 单位为 kN·m，轴力 N 和剪力 V 的单位为 kN。
2. 柱端弯矩以反时针方向为正，剪力以顺时针方向为正，轴力以受压为正。

C轴柱内力组合表

表 4-50

层次	截面		$\gamma_G S_{GE}+1.0\times\gamma_L\gamma_Q S_{Qk}$ $\pm 0.6\times\gamma_L\gamma_w S_{wk}$	$\gamma_G S_{GE}+\gamma_{Eh}S_{Ehk}$		$\gamma_{RE}(\gamma_G S_{GE}+\gamma_{Eh}S_{Ehk})$		$\gamma_{RE}(\sum M_c$ $=1.2\sum M_b)$	$\|M\|_{max}$ N	N_{max} M	N_{min} M
				→	↓	→	↓				
10	上端	M	164.84	73.14	−308.96	54.86	−231.72		231.72	164.84	54.86
		N	397.06	171.02	344.53	128.27	258.40		258.40	397.06	128.27
	下端	M	130.72	38.69	−230.49	29.02	−172.87		−172.87	130.72	29.02
		N	426.31	193.52	373.78	145.14	280.34		280.34	426.31	145.14
		V	83.64	44.73	−215.79	38.02	−183.42			183.42	
9	上端	M	113.60	94.35	−256.47	78.45	−205.18	246.22	246.22	113.60	78.45
		N	847.17	380.57	816.65	304.46	653.32	653.32	653.32	847.17	304.46
	下端	M	117.41	60.62	−231.37	48.50	−185.10	222.12	222.12	117.41	48.50
		N	876.42	403.07	845.90	322.46	676.72	676.72	676.72	876.42	322.46
		V	55.47	61.99	−195.14	52.69	−165.87			199.04	
8	上端	M	122.35	87.69	−262.13	70.15	−209.70	251.64	251.64	122.35	70.15
		N	1296.54	580.79	1290.84	464.63	1032.67	1032.67	1032.67	1296.54	464.63
	下端	M	119.93	63.84	−237.36	51.07	−189.89	227.87	227.87	119.93	51.07
		N	1325.79	603.29	1320.09	482.63	1056.07	1056.07	1056.07	1325.79	482.63
		V	67.30	60.63	−199.80	51.54	−169.83			203.79	
7	上端	M	120.55	76.91	−249.36	61.53	−199.49	239.39	239.39	120.55	61.53
		N	1746.02	786.00	1760.11	628.80	1408.09	1408.09	1408.09	1746.02	628.80
	下端	M	120.31	77.10	−249.11	61.68	−199.29	239.15	239.15	120.31	61.68
		N	1775.27	808.49	1789.36	646.79	1431.49	1431.49	1431.49	1775.27	646.79
		V	66.93	61.60	−199.39	49.28	−169.48			203.38	
6	上端	M	119.86	75.54	−245.99	64.21	−209.09	250.91	250.91	119.86	64.21
		N	2196.10	988.14	2232.58	790.51	1786.06	1786.06	1786.06	2196.10	790.51
	下端	M	106.20	86.22	−232.11	68.98	−185.69	222.83	222.83	106.20	68.98
		N	2225.35	1010.64	2261.83	808.51	1809.46	1809.46	1809.46	2225.35	808.51
		V	68.44	64.70	−191.24	55.00	−162.55			195.06	

续表

层次	截面		$\gamma_G S_{Gk}+1.0\times\gamma_L\gamma_Q S_{Qk}\pm 0.6\times\gamma_L\gamma_w S_{wk}$ →	$\gamma_G S_{GE}+\gamma_{Eh}S_{Ehk}$ →	$\gamma_G S_{GE}+\gamma_{Eh}S_{Ehk}$ ←	$\gamma_{RE}(\gamma_G S_{GE}+\gamma_{Eh}S_{Ehk})$ →	$\gamma_{RE}(\gamma_G S_{GE}+\gamma_{Eh}S_{Ehk})$ ←	$\gamma_{RE}(\sum M_c=1.2\sum M_b)$	$\|M\|_{max}$, N	N_{max}, M	N_{min}, M
5	上端	M	116.16	71.72	−236.75	57.38	−189.40	226.85	226.85	116.16	57.38
		N	2645.86	1371.63	2749.00	1097.30	2199.20	2199.20	2199.20	2645.86	1097.30
	下端	M	102.33	81.33	−224.25	65.06	−179.40	215.28	215.28	102.33	65.06
		N	2675.11	1358.13	2731.41	1086.50	2185.13	2185.13	2185.13	2675.11	1086.50
		V	60.72	61.22	−184.40	52.04	−156.74			188.09	
4	上端	M	144.15	48.46	−256.72	38.77	−205.38	246.46	246.46	144.15	38.77
		N	3086.13	1399.19	3164.52	1119.35	2531.62	2531.62	2531.62	3086.13	1119.35
	下端	M	129.96	58.14	−244.14	46.51	−195.31	234.37	234.37	129.96	46.51
		N	3128.25	1431.59	3206.64	1145.27	2565.31	2565.31	2565.31	3128.25	1145.27
		V	76.16	42.64	−200.34	36.24	−170.29			204.35	
3	上端	M	121.40	44.82	−219.55	35.86	−175.64	210.77	210.77	121.40	35.86
		N	3563.85	1632.93	3642.56	1306.34	2914.05	2914.05	2914.05	3563.85	1306.34
	下端	M	122.65	44.07	−220.53	35.26	−176.42	211.70	211.70	122.65	35.25
		N	3605.97	1665.33	3684.68	1332.26	2947.74	2947.74	2947.74	3605.97	1332.26
		V	67.79	35.56	−176.03	30.23	−149.63			179.55	
2	上端	M	123.86	28.90	−212.46	23.12	−169.97	203.96	203.96	123.86	23.12
		N	4028.23	1879.29	4098.64	1503.43	3278.91	3278.91	3278.91	4028.23	1503.43
	下端	M	136.35	45.96	−245.86	36.77	−196.69	236.03	236.03	136.35	36.77
		N	4070.35	1911.69	4140.76	1529.35	3312.61	3312.61	3312.61	4070.35	1529.35
		V	72.30	29.95	−183.33	25.46	−155.83			186.99	
1	上端	M	99.52	2.71	−156.06	2.17	−124.85	149.82	149.82	99.52	2.17
		N	4490.06	2146.47	4532.89	1717.18	3626.31	3626.31	3626.31	4490.06	1717.18
	下端	M	60.18	173.28	−253.52	138.62	−202.82	243.38	243.38	60.18	138.62
		N	4532.18	2178.87	4575.01	1743.10	3660.01	3660.01	3660.01	4532.18	1743.10
		V	44.36	70.39	−163.83	59.83	−139.26			167.11	

注：1. 表中 M (kN·m)、N (kN)、V (kN)；
2. 柱端弯矩以反时针方向为正，剪力以顺时针方向为正，轴力以受压为正。

4. 剪力墙弯矩、轴力及剪力设计值

剪力墙弯矩、轴力及剪力设计值的组合方法与柱相似。由表 4-48～表 4-50 的组合结果来看，对本例来说，除地震组合项和组合项 $\gamma_G S_{Gk}+1.0\times\gamma_L \gamma_Q S_{Qk}\pm 0.6\times\gamma_L\gamma_w S_{wk}$ 外，其余组合项均不起控制作用。因此，在剪力墙内力组合中仅考虑上述两种组合。

(1) 剪力墙内力标准值

为了便于计算，将⑥轴线剪力墙 1、4、7、10 层的内力标准值汇总于表 4-51，其中竖向荷载内力取自图 4-32，风荷载内力取自表 4-30 和表 4-31，水平地震内力取自表 4-35 和表 4-36。在恒载内力 N_{Gk} 中，计入了剪力墙的自重。每层剪力墙的自重：1～4 层为 172.8kN；5～10 层为 153kN。

⑥轴线剪力墙内力标准值　　表 4-51

层次	截面	恒载内力		活载内力		风载内力		重力荷载代表值内力		地震内力(→)		
		M_{Gk}	N_{Gk}	M_{Qk}	N_{Qk}	M_{wk}	N_{wk}	M_{GE}	N_{GE}	M_{Ek}	N_{Ek}	V_{Ek}
10	上	-334.58	448.41	-9.51	15.49	0	25.49	-339.34	465.16	0	-99.57	-158.10
	下	-334.58	601.41	-9.51	15.49	243.96	25.49	-339.34	609.16	722.14	-99.57	95.00
7	上	-1275.95	2356.44	-275.27	476.34	285.25	106.21	-1413.59	2594.61	-293.78	-397.13	519.80
	下	-1275.95	2509.44	-275.27	476.34	110.83	106.21	-1413.59	2747.61	-1873.28	-397.13	702.78
4	上	-2213.89	4265.06	-540.44	943.44	-602.06	189.16	-2484.11	4736.78	-6968.85	-677.56	1036.11
	下	-2213.89	4437.86	-540.44	943.44	-1146.89	189.16	-2484.11	4909.58	-10472.05	-677.56	1194.42
1	上	-3113.60	6226.67	-799.42	1402.88	-2672.96	240.58	-3513.31	6928.11	-19528.70	-842.07	1519.95
	下	-3113.60	6399.47	-799.42	1402.88	-3697.89	240.58	-3513.31	7100.91	-25210.76	-842.07	1697.82

注：1. 表中上、下表示各层剪力墙的上、下端截面；
　　2. 弯矩的单位为 kN·m，轴力和剪力的单位为 kN；
　　3. 弯矩以剪力墙截面 B 侧边缘受拉为正，轴力以受压为正；表中地震内力正、负号为左震作用下的情况。

(2) 剪力墙内力设计值

剪力墙内力组合方法与柱相同，结果见表 4-52。下面说明剪力墙内力调整方法。

由于 36/10=3.6m，底部两层高度为 7.2m，故底部加强部位的高度取 7.2m。因本工程的剪力墙为一级抗震等级，所以底部加强部位（第 1、2 层）剪力墙的弯矩设计值直接取组合的弯矩设计值；底部加强部位以上（第 3～10 层）剪力墙的弯矩设计值取 1.2 倍的组合弯矩设计值。

底部加强部位的剪力设计值按式 (3-41a) 进行调整，对表 4-52 中第一层剪力墙墙肢上、下端截面调整后的剪力设计值为

$$V_w^u=(0.85\times 2127.93)\times 1.6=2893.98\text{kN}\cdot\text{m}$$
$$V_w^b=(0.85\times 2376.95)\times 1.6=3232.65\text{kN}\cdot\text{m}$$

其中 0.85 为剪力墙受剪承载力抗震调整系数；1.6 为剪力墙剪力增大系数。

其他部位剪力墙的剪力增大系数取 1.3。

5. 连梁弯矩及剪力设计值

连梁的内力组合方法与框架梁相同，这里仅对⑥轴线连梁内力进行组合，其余连梁从略。

⑥轴线剪力墙内力组合表

表 4-52

层数	截面		$\gamma_G S_{Gk}+1.0\times \gamma_L\gamma_Q S_{Qk}\pm 0.6\times\gamma_L\gamma_w S_{wk}$	$\gamma_G S_{GE}+\gamma_{Eh}S_{Ehk}$		$\gamma_{RE}(\gamma_G S_{GE}+\gamma_{Eh}S_{Ehk})$		设计值调整	$\lvert M\rvert_{max}$ N	N_{max} M	N_{min} M
				→	←	→	←				
10	上端	M	−449.22	−441.14	−441.14	−374.97	−374.97	449.96	449.96	449.96	374.97
		N	629.11	325.76	744.11	276.90	632.49	632.49	632.49	632.49	276.90
		V		221.34		188.14		244.56	244.58		
	下端	M	−668.78	671.66	−1452.14	570.91	−1234.32	1481.18	1481.18	668.78	570.91
		N	828.01	469.76	931.31	399.30	791.61	791.61	791.61	828.01	399.30
		V		133.00		113.05		146.97		146.97	
7	上端	M	−2071.54	−2248.96	−1824.32	−1911.62	−1550.67	2293.94	2293.94	2071.54	1911.62
		N	3777.88	2811.16	3146.09	2389.49	2674.18	2389.49	2389.49	3777.88	2389.49
		V		727.72		618.56		804.09	804.09		
	下端	M	−2071.54	−4460.22	1209.00	−3791.19	1207.65	4549.43	4549.43	2071.54	3791.19
		N	3976.78	3015.91	4127.88	2563.52	3508.70	2563.52	2563.52	3976.78	2563.52
		V		983.89		836.31		1087.20	1087.20		
4	上端	M	−4230.57	−12985.73	7272.28	−11037.87	6181.44	13245.44	13245.44	4230.57	11037.87
		N	7129.98	5209.23	7106.40	4427.85	6040.44	4427.85	4427.85	7129.98	4427.85
		V		1450.55		1232.97		1602.86		1602.86	
	下端	M	−4720.92	−17890.21	12176.76	−15206.68	10350.25	18248.02	18248.02	4720.92	15206.68
		N	7354.62	5433.87	7331.04	4618.79	6231.38	4618.79	4618.79	7354.62	4618.79
		V		1672.19		1421.36		1847.77	1847.77		
1	上端	M	−7652.47	−31907.48	23826.87	−27121.36	20252.84	27121.36	27121.36	7652.47	27121.36
		N	10415.51	7827.65	8107.01	6653.50	6890.96	6653.50	6653.50	10415.51	6653.50
		V		2127.93		1808.74		2893.98		2893.98	
	下端	M	−8574.91	−39862.37	31781.75	−33883.01	27014.49	33883.01	33883.01	8574.91	33883.01
		N	10640.15	8052.29	8279.81	6844.44	7037.84	6844.44	6844.44	10640.15	6844.44
		V		2375.95		2020.41		3232.65	3232.65		

注：弯矩的单位为 kN·m，轴力和剪力的单位为 kN。

(1) 连梁支座边缘截面内力标准值

连梁支座边缘截面的弯矩和剪力见表 4-53，其中竖向荷载作用下连梁支座处的内力取自图 4-31 和表 4-43，水平荷载作用下的内力取自表 4-34。其中第 10 层"活载内力（此处屋面应取雪荷载 0.25kN/m^2）"，是将图 4-31（a）中的数值（按上人屋面活荷载 2kN/m 计算所得）除以 8 所得。B 端的弯矩为支座边缘处的，C 端的弯矩为支座中心处，尚应确定支座边缘处的内力。例如，对于第 10 层计算如下：

$M_{Gk} = 97.46 - 84.96 \times 0.5/2 = 72.22 \text{kN} \cdot \text{m}$

$M_{Qk} = 27.27/8 - (22.18/8) \times 0.5/2 = 2.72 \text{kN} \cdot \text{m}$

$M_{Ek} = 321.94 - 99.567 \times 0.5/2 = 290.40 \text{kN} \cdot \text{m}$

⑥轴线连梁支座边缘截面内力标准值　　　　表 4-53

层次	截面	恒载内力		活载内力		重力荷载代表值内力 M_{GE}	地震内力 $\pm M_{Ek}$
		M_{Gk}	V_{Gk}	M_{Qk}	V_{Qk}		
10	B	−187.05	131.27	−5.86	4.10	−189.98	±321.29
	C	−76.22	84.96	−2.72	2.77	−77.58	±296.40
7	B	−214.81	149.03	−56.03	39.76	−242.83	±327.72
	C	−115.49	114.02	−26.92	28.91	−128.95	±302.81
4	B	−210.66	147.15	−53.31	39.44	−237.32	±277.70
	C	−117.48	115.91	−31.95	29.24	−133.46	±251.37
1	B	−210.02	146.87	−55.16	39.38	−237.60	±102.38
	C	−118.63	116.19	−32.22	29.30	−134.74	±92.66

注：1. 弯矩的单位为 kN·m，剪力的单位为 kN；
　　2. 弯矩以截面下部受拉为正，剪力以向上为正。

(2) 连梁内力设计值

在水平地震作用下，连梁受力较大。因此，对连梁仅考虑地震组合。梁端弯矩设计值按式（1-33）进行组合，其中 M_{GE} 应乘以弯矩调整系数 0.8；梁端剪力设计值按式（2-21）进行调整。连梁跨间最大弯矩确定方法与本小节框架梁相同。1、4、7、10 层连梁内力设计值见表 4-54。

⑥轴线连梁内力组合表　　　　表 4-54

层次	截面		$M(\text{kN} \cdot \text{m})$				$V(\text{kN})$		
			$\gamma_G S_{GE} + \gamma_{Eh} S_{Ehk}$		$\gamma_{RE}(\gamma_G S_{GE} + \gamma_{Eh} S_{Ehk})$		$\eta_{vb}(M_b^l + M_b^r)/l_n + V_{Gb}$		
			→	←	→	←	l_n	V_{Gb}	$\gamma_{kE} V$
10	支座	B	+297.82	−647.39	+223.37	−485.54	6.05	152.05	297.90
		C	−495.64	+352.90	−371.73	+246.68		120.00	235.77
	跨中		352.90		246.68				
7	支座	B	+264.54	−711.35	+198.41	−533.51	6.05	202.40	354.44
		C	−558.04	+320.75	−418.53	+240.56		172.27	285.11
	跨中		380.03		285.02				

续表

层次	截面		M(kN·m)				V(kN)		
			$\gamma_G S_{GE}+\gamma_{Eh} S_{Ehk}$		$\gamma_{RE}(\gamma_G S_{GE}+\gamma_{Eh} S_{Ehk})$		$\eta_{vb}(M_b^l+M_b^r)/l_n+V_{Gb}$		
			→	←	→	←	l_n	V_{Gb}	$\gamma_{kE}V$
4	支座	B	+199.00	−635.59	+149.25	−476.69	5.95	204.73	325.00
		C	−490.72	+245.15	−368.04	+183.86		167.68	306.78
	跨中		363.11		272.33				
1	支座	B	−46.75	−390.90	−32.06	−293.18	5.95	204.73	244.71
		C	−269.90	+21.93	−202.43	+16.45		167.68	196.81
	跨中		289.32		216.99				

注：表中弯矩以截面下部受拉为正，剪力以向上为正。

4.4.8 构件截面设计

1. 框架梁

梁正截面、斜截面设计方法见 2.6.2 小节。下面以⑤轴线第 4 层 AB 跨梁为例，说明计算方法，其余梁配筋计算结果见表 4-55（纵筋）和表 4-56（箍筋）。

框架梁纵向钢筋计算表   表 4-55

层次	截面		M	ξ	A_s'	A_s	A_s'/A_s	$\rho(\%)$	实配钢筋(A_s)
10	支座	A	−160.30	0.048<0.143	509	891	0.57	0.55	2Φ20+1Φ18(883)
		B_l	−197.14	0.075<0.143	509	1095	0.46	0.68	2Φ20+2Φ18(1137)
	跨中		99.35	0.0098		495		0.30	2Φ18(509)
	支座	B_r	−224.35	0.030<0.143	1008	1246	0.81	0.77	2Φ20+3Φ18(1391)
		C	−186.95	0.0038<0.143	1008	1039	0.97	0.64	2Φ20+2Φ18(1137)
	跨中		197.63	0.0190		987		0.58	2Φ20+1Φ22(1008)
7	支座	A	−264.79	0.075<0.143	883	1471	0.60	0.91	4Φ22(1520)
		B_l	−285.71	0.091<0.143	883	1587	0.56	0.98	4Φ22(1520)
	跨中		171.50	0.0165		857		0.51	2Φ20+1Φ18(883)
	支座	B_r	−338.99	0.063<0.143	1388	1883	0.74	1.16	5Φ22(1900)
		C	−308.37	0.041<0.143	1388	1713	0.81	1.06	4Φ22+1Φ20(1834)
	跨中		259.02	0.0250		1299		0.77	2Φ22+2Φ20(1388)
4	支座	A	−256.25	0.045<0.143	942	1520	0.62	0.94	4Φ22(1520)
		B_l	−262.75	0.049<0.143	942	1520	0.62	0.94	4Φ22(1520)
	跨中		164.00	0.0138		820		0.49	3Φ20(942)
	支座	B_r	−316.02	0.027<0.143	1254	1756	0.71	1.08	2Φ25+2Φ22(1742)
		C	−300.32	0.025<0.143	1254	1668	0.75	1.03	2Φ25+2Φ22(1742)
	跨中		250.23	0.0211		1254		0.90	4Φ22(1250)
1	支座	A	−198.69	0.037<0.143	763	1104	0.69	0.68	2Φ20+2Φ18(1137)
		B_l	−202.51	0.040<0.143	763	1125	0.68	0.69	2Φ20+2Φ18(1137)
	跨中		117.33	0.0098		582		0.35	3Φ18(763)

续表

层次	截面		M	ξ	A'_s	A_s	A'_s/A_s	$\rho(\%)$	实配钢筋(A_s)
1	支座	B_r	−260.78	0.034<0.143	1140	1449	0.79	0.89	5Φ20(1570)
		C	−246.34	0.025<0.143	1140	1369	0.83	0.85	2Φ22+2Φ20(1388)
	跨中		236.46	0.0199		1185		0.71	3Φ22(1140)

注：1. 弯矩的单位为 kN·m；A_s，A'_s 的单位为 mm²；
    2. $2a'_s/h_0=0.143$。

框架梁箍筋数量计算表　　　　　　　　　　　　　表 4-56

层次	截面	$\gamma_{RE}V$ (kN)	$0.2\beta_c f_c bh_0$ (kN)	$\dfrac{A_{sv}}{s}=\dfrac{\gamma_{RE}V-0.42f_t bh_0}{f_{yv}h_0}$	梁端加密区 实配钢筋$\left(\dfrac{A_{sv}}{s}\right)$	沿梁全长 实配钢筋($\rho_{sv}\%$)
10	A B_l	141.12	541.08>V	0.235	双肢Φ8@100(1.01)	双肢Φ8@150(0.224)
	B_r	193.12	541.08>V	0.592	双肢Φ8@100(1.01)	双肢Φ8@150(0.224)
	C	157.06	541.08>V	0.345	双肢Φ8@100(1.01)	双肢Φ8@150(0.224)
7	A B_l	203.16	541.08>V	0.661	双肢Φ8@100(1.01)	双肢Φ8@150(0.224)
	B_r	275.21	541.08>V	1.155	双肢Φ10@100(1.57)	双肢Φ8@150(0.224)
	C	235.73	541.08>V	0.884	双肢Φ8@100(1.01)	双肢Φ8@150(0.224)
4	A B_l	195.92	618.84>V	0.546	双肢Φ8@100(1.01)	双肢Φ8@150(0.224)
	B_r	269.10	618.84>V	1.048	双肢Φ8@100(1.01)	双肢Φ8@150(0.224)
	C	231.41	618.84>V	0.789	双肢Φ8@100(1.01)	双肢Φ8@150(0.224)
1	A B_l	165.84	618.84>V	0.339	双肢Φ8@100(1.01)	双肢Φ8@150(0.224)
	B_r	231.84	618.84>V	0.792	双肢Φ8@100(1.01)	双肢Φ8@150(0.224)
	C	206.94	618.84>V	0.621	双肢Φ8@100(1.01)	双肢Φ8@150(0.224)

注：沿梁全长箍筋配箍率应满足 $\rho_{sv}\geqslant 0.28f_t/f_y$，其中 $0.28f_t/f_y$，对于 1~4 层梁为 0.177%；对于 5~10 层梁为 0.163%。

从表 4-45（持久设计状态下的基本组合）和表 4-46（地震组合）中挑选出 AB 跨梁跨中截面及支座截面的最不利内力，即

跨中截面　　$\gamma_{RE}M=164.00$kN·m

支座截面　　$\gamma_{RE}M_A=256.25$kN·m，

　　　　　　$\gamma_{RE}M_{Bl}=-262.75$kN·m，$\gamma_{RE}V=195.92$kN

其中跨中截面弯矩取支座正弯矩 164.00kN·m，跨中正弯矩 128.14kN·m（持久设计状态下的基本组合）和 1/2 简支梁弯矩（122.46kN·m）三者之中的最大值，即取 164.00kN·m。

其中简支梁弯矩计算如下：

$q_0=1.3\times 12.327=16.025$kN/m，　　$q_1=1.3\times 27.00+1.5\times 15.00=57.60$kN/m

$$M_0 = \frac{1}{2}\left(\frac{1}{8} \times 16.025 \times 6^2 + \frac{1}{12} \times 57.6 \times 6^2\right) = 122.46 \text{kN·m}$$

第 4 层的混凝土强度等级为 C40（$f_c = 19.1 \text{N/mm}^2$，$f_t = 1.71 \text{N/mm}^2$），梁内纵向钢筋选 HRB 400 级钢筋（$f_y = f'_y = 360 \text{N/mm}^2$）。

(1) 梁正截面承载力计算

先计算跨中截面。因梁板现浇，故跨中按 T 形截面计算。梁受压区翼缘宽度 $b'_f = \frac{1}{3} \times 6000 = 2000 \text{mm}$，翼缘厚度 $h'_f = 150 \text{mm}$，$a_s = a'_s = 40 \text{mm}$，$h_0 = 560 \text{mm}$。

$\alpha_1 f_c b'_f h'_f (h_0 - h'_f/2) = 1.0 \times 19.1 \times 2000 \times 150 \times (560 - 150/2) = 2799.050 \text{kN·m} > \gamma_{RE} M$

故属第一类 T 形截面。

$$\alpha_s = \frac{\gamma_{RE} M}{\alpha_1 f_c b'_f h_0^2} = \frac{164.00 \times 10^6}{1.0 \times 19.1 \times 2000 \times 560^2} = 0.0137, \quad \xi = 1 - \sqrt{1 - 2 \times 0.0137} = 0.0138$$

$$A_s = \alpha_1 f_c b'_f h_0 \xi / f_y = 1.0 \times 19.1 \times 2000 \times 560 \times 0.0138 / 360 = 820 \text{ mm}^2$$

因 $A_s/bh_0 = 820/(300 \times 560) = 0.49\% > 0.25\%$（表 2-10），满足要求。实配钢筋 3 Φ 20（$A_s = 942 \text{mm}^2$）。

再将跨中截面的 3 Φ 20 全部伸入支座，作为支座负弯矩作用下的受压钢筋（$A'_s = 942 \text{mm}^2$），据此计算支座上部钢筋数量。因支座 A 与支座 B_l 的负弯矩值很接近，故仅取支座 B_l 进行配筋计算，两支座采用相同配筋。取 $h_0 = 600 - 60 = 540 \text{mm}$。

支座 B_l　$\gamma_{RE} M = -262.75 \text{kN·m}$，$A'_s = 942 \text{mm}^2$

$$\alpha_s = \frac{\gamma_{RE} M - f'_y A'_s (h_0 - a'_s)}{\alpha_1 f_c b h_0^2} = \frac{262.75 \times 10^6 - 360 \times 942 \times (540 - 60)}{1.0 \times 19.1 \times 300 \times 540^2} = 0.0558$$

$$\xi = 1 - \sqrt{1 - 2 \times 0.0558} = 0.0575 < 0.35 \quad 且 \quad < 2a'_s/h_0 = 120/540 = 0.222$$

$$A_s = \frac{\gamma_{RE} M}{f_y (h_0 - a'_s)} = \frac{262.75 \times 10^6}{360 \times (540 - 60)} = 1460 \text{mm}^2$$

因 $A'_s/A_s = 942/1460 = 0.65 > 0.30$ 且 $A_s/bh_0 = 1460/(300 \times 540) = 0.90\% > 0.30\%$（表 2-10），故满足要求。实配钢筋 4 Φ 22（$A_s = 1520 \text{mm}^2$）。

(2) 梁斜截面受剪承载力计算

支座 A、B_l 截面取相同的剪力设计值 $\gamma_{RE} V = 195.92 \text{kN}$。梁支座截面有效高度为 540 mm，梁的跨高比 $l/h = 6000/600 = 10 > 2.5$，故应按式（2-30）验算剪压比，即

$$0.2\beta_c f_c b h_0 = 0.2 \times 1.0 \times 19.1 \times 300 \times 540 = 618.84 \text{kN} > \gamma_{RE} V = 195.92 \text{kN}$$

满足要求。

箍筋采用 HPB 300 级钢筋（$f_{yv} = 270 \text{N/mm}^2$），由式（2-29）得

$$\frac{A_{sv}}{s} = \frac{\gamma_{RE} V - 0.42 f_t b h_0}{f_{yv} h_0} = \frac{195.92 - 0.42 \times 1.71 \times 300 \times 540}{270 \times 540} = 0.546$$

梁端箍筋加密区的箍筋直径和间距应满足表 2-11 的要求，故选双肢Φ8@100，则有 $A_{sv}/s = 101/100 = 1.01 > 0.546$，满足要求。沿梁全长箍筋选双肢Φ8@150，相应的配箍率 ρ_{sv} 为

$$\rho_{sv} = \frac{A_{sv}}{bs} = \frac{101}{300 \times 150} = 0.224\% > 0.25 f_t / f_y = 0.25 \times 1.71 / 270 = 0.158\%$$

满足要求。

由上述计算结果及表 4-56 可知，梁箍筋数量基本由构造要求控制，仅第 7 层的 Br 支座由计算控制。

2. 框架柱

(1) 剪跨比及轴压比验算

柱的剪跨比按式 (2-32) 确定，其中 M^c 取柱上、下端截面弯矩设计值的较大者；M^c、V^c 在表 4-48～表 4-50 的 $\gamma_G S_{GE}+\gamma_{Eh} S_{Ehk}$ 项中选取。表 4-57 是柱剪跨比和轴压比的验算结果。柱的剪跨比宜大于 2，轴压比不宜大于 0.85（二级抗震等级）。由表 4-57 可见，本工程各柱轴压比均满足要求，除第 4 层 B 柱剪跨比略小于 2 外，其他各柱的剪跨比均满足要求。

柱的剪跨比及轴压比验算　　　　　表 4-57

柱号	层次	b(mm)	h_0(mm)	f_c (N/mm²)	M^c (kN·m)	V^c(kN)	N (kN)	$\dfrac{M^c}{V^c h_0}$	$N/(f_c bh)$
A 柱	10	500	460	16.7	221.08	148.76	353.83	3.23>2	0.08<0.85
	7	500	460	16.7	179.57	143.54	1865.09	2.72>2	0.45<0.85
	4	600	560	19.1	170.59	135.64	3389.69	2.24>2	0.49<0.85
	1	600	560	19.1	222.72	124.11	4837.66	3.20>2	0.70<0.85
B 柱	10	600	560	16.7	470.62	351.42	407.94	2.39>2	0.07<0.85
	7	600	560	16.7	396.57	317.19	1948.11	2.23>2	0.32<0.85
	4	600	660	19.1	369.55	292.24	3484.70	1.92<2	0.43<0.85
	1	600	660	19.1	373.04	235.59	5006.83	2.40>2	0.62<0.85
C 柱	10	500	460	16.7	308.96	215.79	373.78	3.11>2	0.09<0.85
	7	500	460	16.7	249.36	199.39	1789.36	2.72>2	0.43<0.85
	4	600	560	19.1	256.72	200.34	3206.64	2.29>2	0.47<0.85
	1	600	560	19.1	245.86	183.33	4140.76	2.40>2	0.60<0.85

(2) 柱正截面受压承载力计算

柱正截面受压承载力计算方法见 2.6.3 小节。纵向钢筋选用 HRB 400 级钢筋（$f_y=f'_y=360\text{N/mm}^2$），各层的混凝土轴心抗压强度设计值见表 4-57。下面以 A 轴第 10 层柱为例说明柱受压承载力计算方法。

由表 4-48 可见，A 轴柱上、下端截面共 6 组内力，先取 $|M|_{max}$ 一组的柱上、下端弯矩及相应的轴力 N 进行计算。

$$\gamma_{RE}M=M_2=-165.81\text{kN·m}, \quad \gamma_{RE}M=M_1=113.13\text{kN·m}, \quad \gamma_{RE}N=243.44\text{kN}$$

由于

杆端弯矩比　　　　　　$\dfrac{M_1}{M_2}=\dfrac{113.13}{-165.81}=-0.682<0.9$

轴压比　　　　　　　　$\dfrac{N}{f_c A}=\dfrac{243.44\times 10^3}{14.3\times 500\times 500}=0.068<0.9$

截面回转半径　　　　　$i=\dfrac{h}{2\sqrt{3}}=\dfrac{500}{2\sqrt{3}}=144.34\text{mm}$

长细比 $\dfrac{l_c}{i} = \dfrac{3600}{144.34} = 24.94 < 34 - 12\dfrac{M_1}{M_2} = 42.18$

故不需要考虑杆件自身挠曲的影响。

附加偏心距 e_a 取 20mm 和偏心方向截面尺寸的 1/30 两者中的较大值，即 500/30 = 17mm，故取 $e_a = 20$mm。

$$e_0 = M/N = 165.81 \times 10^6 / (243.44 \times 10^3) = 681 \text{mm}$$

$$e_i = e_0 + e_a = 681 + 20 = 701 \text{mm} > 0.3h_0 = 0.3 \times 460 = 138 \text{ mm}$$

故为大偏心受压。

$$\xi = \dfrac{\gamma_{RE} N}{\alpha_1 f_c b h_0} = \dfrac{243.44 \times 10^3}{1.0 \times 16.7 \times 500 \times 460} = 0.063 < 2a_s'/h_0 = 80/460 = 0.154$$

$$e' = e_i - h/2 + a_s' = 701 - 250 + 40 = 491 \text{ mm}$$

$$A_s = \dfrac{\gamma_{RE} N e'}{f_y (h_0 - a_s')} = \dfrac{243.44 \times 10^3 \times 491}{360 \times (460 - 40)} = 791 \text{mm}^2 > 0.002bh = 500 \text{mm}^2$$

再取轴力最大的一组计算：

$$M = M_2 = -51.96 \text{kN} \cdot \text{m}, \quad M = M_1 = 33.84 \text{kN} \cdot \text{m}, \quad N = 389.27 \text{kN}$$

由于

杆端弯矩比 $\dfrac{M_1}{M_2} = \dfrac{33.84}{-51.96} = -0.651 < 0.9$

轴压比 $\dfrac{N}{f_c A} = \dfrac{389.27 \times 10^3}{14.3 \times 500 \times 500} = 0.109 < 0.9$

截面回转半径 $i = \dfrac{h}{2\sqrt{3}} = \dfrac{500}{2\sqrt{3}} = 144.34 \text{mm}$

长细比 $\dfrac{l_c}{i} = \dfrac{3600}{144.34} = 24.94 < 34 - 12\dfrac{M_1}{M_2} = 42.18$

故不需要考虑杆件自身挠曲的影响。

$$e_0 = \dfrac{M}{N} = \dfrac{51.96 \times 10^6}{389.27 \times 10^3} = 133 \text{mm}$$

$$e_i = 133 + 20 = 153 \text{ mm} < 0.3h_0 = 138 \text{mm}$$

$$e = e_i + h/2 - a_s' = 153 + 250 - 40 = 363 \text{mm}$$

故为小偏心受压。

对称配筋的小偏心受压柱，按下式近似计算 ξ：

$$\xi = \dfrac{N - \xi_b \alpha_1 f_c b h_0}{\dfrac{Ne - 0.43 \alpha_1 f_c b h_0^2}{(0.8 - \xi_b)(h_0 - a_s')} + \alpha_1 f_c b h_0} + \xi_b$$

上式应满足 $N > \xi_b \alpha_1 f_c b h_0$ 和 $Ne > 0.43 \alpha_1 f_c b h_0^2$，否则为构造配筋。

$N = 389.27 < \xi_b \alpha_1 f_c b h_0 = 0.518 \times 1.0 \times 16.7 \times 500 \times 460 = 1989.64 \text{kN}$

$Ne = 389.27 \times 0.363 = 141.31 \text{kN} \cdot \text{m} < 0.43 \times 1.0 \times 16.7 \times 500 \times 460^2 = 759.75 \text{kN} \cdot \text{m}$

所以按这组内力计算时为构造配筋。

本层其他 4 组内力计算配筋的过程从略，结果均为构造配筋。另外，对 A 柱其他层计算结果表明，A 轴柱只有第 10 层是按计算配筋，其余层均按构造要求配筋。B、C 轴柱配筋计算结果与 A 轴柱相似（计算过程从略）。根据表 2-14 的构造要求，全部纵向钢筋的总配筋率不应小于 0.85%（二级抗震等级），同时柱截面每一侧配筋率不应小于 0.2%。综合计算结果与构造要求，各柱配筋结果见表 4-58。

框架柱纵筋数量表 表 4-58

柱号	层次	计算值 A_s	实配值 A_s	每一侧配筋率	总配率
A柱	10	791	4 Φ 18(1018)	5～10 层:0.44% 1～4 层:0.30%	5～10 层:1.22% 1～4 层:0.85%
A柱	1～9	构造配筋	4 Φ 18(1018)	5～10 层:0.44% 1～4 层:0.30%	5～10 层:1.22% 1～4 层:0.85%
B柱	10	1535	4 Φ 22(1520)	5～10 层:0.45% 1～4 层:0.38%	5～10 层:1.27% 1～4 层:1.09%
B柱	1～9	构造配筋	4 Φ 22(1520)	5～10 层:0.45% 1～4 层:0.38%	5～10 层:1.27% 1～4 层:1.09%
C柱	10	1208	4 Φ 20(1256)	5～10 层:0.55% 1～4 层:0.37%	5～10 层:1.51% 1～4 层:1.05%
C柱	1～9	构造配筋	4 Φ 20(1256)	5～10 层:0.55% 1～4 层:0.37%	5～10 层:1.51% 1～4 层:1.05%

（3）柱斜截面受剪承载力计算

以 A 轴第 10 层柱为例。该柱的剪力设计值及相应的轴力设计值分别为

$$\gamma_{RE}V = 126.45\text{kN}, \quad N = 243.44\text{kN}$$

由表 4-57 可知，剪跨比为 3.23>2，故剪力设计值应满足式（2-30），即

$$0.2\beta_c f_c b h_0 = 0.2 \times 1.0 \times 16.7 \times 500 \times 460 = 768.20\text{kN} > \gamma_{RE}V = 126.45\text{kN}$$

满足要求。

柱箍筋数量按式（2-33）确定。式中 λ 由表 4-57 得 $\lambda = 3.23 > 3$，取 3.0；由于

$$N = 243.44\text{kN} < 0.3 f_c A = 0.3 \times 16.7 \times 500^2 = 1252.50\text{kN}$$

计算时取 $N = 243.44\text{kN}$。由式（2-33）得

$$\frac{1.05}{\lambda+1} f_t b h_0 + 0.056N = \frac{1.05}{3.0+1} \times 1.57 \times 500 \times 460 + 0.056 \times 243.44 \times 10^3 = 108.42\text{kN} < \gamma_{RE}V$$

所以该层柱应按计算配置箍筋。

由式（2-33）可得

$$\frac{A_{sv}}{s} = \frac{\gamma_{RE}V - \left(\frac{1.05}{\lambda+1} f_t b h_0 + 0.056N\right)}{f_{yv} h_0} = \frac{126450 - 108420}{270 \times 460} = 0.145$$

根据表 2-15 的规定，柱端加密区的箍筋选用 Φ8@100；其最小体积配箍率 ρ_v 应满足式（2-36），其中 $\lambda_v = 0.08$（采用复合箍，轴压比为 0.08），箍筋采用 HPB 300 级钢筋（$f_{yv} = 270\text{N/mm}^2$），则

$$\lambda_v f_c / f_{yv} = 0.08 \times 16.7 / 270 = 0.495\% < 0.6\%$$

即最小体积配箍率限值取 0.6%。采用复合箍筋，如图 4-35 所示，相应的体积配箍率 ρ_v（式 2-35）为

$$\rho_v = \frac{\sum A_{svi} l_i}{s A_{cor}} = \frac{(50.3 \times 460) \times 8}{100 \times 460^2} = 0.875\% > 0.6\%$$

满足要求。

柱非加密区箍筋采用 4 肢Φ8@150，相应的 $\rho_v=0.583\% > (0.495\%)/2$，且箍筋间距 $s=150\text{mm}<10d=180\text{mm}$，满足要求。

其他各层各柱箍筋的配置结果见表 4-59。各柱均采用井字形复合箍筋，如图 4-35 所示。

框架柱箍筋数量表　　　　表 4-59

柱号	层次	f_t (N/mm²)	$\gamma_{RE}V$ (kN)	$0.2\beta_c f_c bh_0$ (kN)	N (kN)	$0.3f_cA$ (kN)	$1.05f_tbh_0/(\lambda+1)+0.056N$	A_{sv}/s	$\lambda_v f_c/f_{yv}$ (%)	实配箍筋(ρ_v) 加密区	实配箍筋(ρ_v) 非加密区
A柱	10	1.57	126.45	768.20	243.44	1252.50	108.42	0.145	0.495	4Φ8@100 $\rho_v=0.875\%$	4Φ8@150 $\rho_v=0.583\%$
	7	1.57	146.52	768.20	1468.72	1252.50	172.06	负值	0.619		
	4	1.71	138.35	1283.52	2677.74	2062.80	301.72	负值	0.771	4Φ12@100 $\rho_v=1.616\%$	4Φ12@150 $\rho_v=1.077\%$
	1	1.71	126.59	1283.52	3836.43	2062.80	266.34	负值	1.061		
B柱	10	1.57	274.90	1122.24	273.36	1803.60	178.70	0.775	0.495	4Φ10@100 $\rho_v=1.121\%$	4Φ10@150 $\rho_v=0.748\%$
	7	1.57	323.54	1122.24	1542.58	1803.60	257.87	0.529	0.507		
	4	1.71	298.08	1512.72	2748.45	2406.60	378.27	负值	0.679	4Φ12@100 $\rho_v=1.371\%$	4Φ12@150 $\rho_v=0.914\%$
	1	1.71	240.30	1512.72	3966.15	2406.60	343.89	负值	0.948		
C柱	10	1.57	183.42	768.20	258.40	1252.50	109.26	0.597	0.495	4Φ8@100 $\rho_v=0.875\%$	4Φ8@150 $\rho_v=0.583\%$
	7	1.57	203.38	768.20	1408.09	1252.50	172.06	0.252	0.594		
	4	1.71	204.35	1283.52	2531.62	2062.80	298.89	负值	0.686	4Φ12@100 $\rho_v=1.616\%$	4Φ12@150 $\rho_v=1.077\%$
	1	1.71	167.11	1283.52	3626.31	2062.80	292.95	负值	0.920		

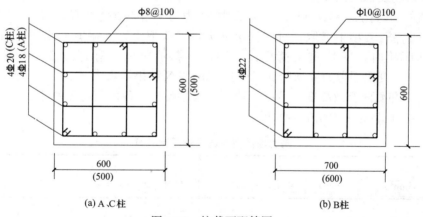

图 4-35 柱截面配筋图

(4) 梁柱节点受剪承载力计算

以第 7 层中间节点（B柱节点）为例。由表 4-46 可得节点左、右梁端顺时针方向组合的弯矩设计值之和为

$$\sum M_b = 215.62 + 451.99 = 667.71 \text{kN} \cdot \text{m}$$

节点核心区的剪力设计值按式（2-37）计算。其中 $H_c=3.6\text{m}$，$h_b=600\text{mm}$，$h_{b0}=560\text{mm}$，$a'_s=40\text{mm}$，节点剪力增大系数 η_{jb} 取 1.2，将上述数据代入式（2-37），得

$$V_j = \frac{1.2 \times 667.61 \times 10^6}{560-40}\left(1 - \frac{560-40}{3600-600}\right) = 1273.59 \text{kN}$$

因验算方向的梁截面宽度为 300mm≥600/2mm，故核心区截面有效验算宽度 b_j 取 600mm。

节点核心区的剪力设计值应满足式（2-47），即

$(0.30\eta_j f_c b_j h_j)/\gamma_{RE} = (0.3\times1.5\times16.7\times600\times600)/0.85 = 3183.82\text{kN} > 1273.59\text{kN}$

满足要求。

核心区截面所需配置的箍筋数量按式（2-42）计算，其中 N 应取第 8 层柱下端相应地震方向时的轴力 1149.86kN 和 $0.5f_c A = 3006.00\text{kN}$ 二者中的较小值，即取 1149.86kN，f_{yv} 取 270N/mm^2。由式（2-42）得

$$\frac{A_{svj}}{s} = \frac{0.85\times1273.59\times10^3 - (1.1\times1.5\times1.57\times600\times600 + 0.05\times1.5\times1149.86\times10^3)}{270\times(560-40)}$$

$$= 0.454$$

采用柱端加密区的箍筋数量 4 肢ϕ10@100，相应的

$$\frac{A_{svj}}{s} = \frac{314}{100} = 3.14 > 0.454$$

满足要求。

上述计算取 ΣM_b 最大，柱截面较小且混凝土强度等级较低的节点计算，计算结果表明，采用柱端加密区的箍筋数量可满足节点核心区截面的受剪承载力。其他节点不必验算，节点核心区截面的箍筋采用柱端加密区的箍筋数量即可。

3. 剪力墙

（1）剪跨比及轴压比验算

剪力墙的剪跨比 $\lambda = M/(Vh_{w0})$，其中 M 为与 V 相应的弯矩值，M、V 应在表 4-52 的 $\gamma_G S_{GE} + \gamma_{Eh} S_{Ehk}$ 项中选取；对同一层剪力墙，应取上、下端剪跨比计算结果的较大值。计算轴压比时，N 取重力荷载设计值，计算轴压比不宜超过表 3-4 规定的限值 （0.5）。表 4-60 列出了剪力墙剪跨比及轴压比的验算结果，表中 A_w、h_{w0} 分别表示剪力墙的截面面积和截面有效高度。可见，轴压比满足要求；各层剪跨比均小于 2.5，这就要求按式（3-43a）验算剪力墙的截面尺寸。

剪力墙的剪跨比及轴压比验算　　表 4-60

层次	A_w (mm²)	h_{w0} (mm)	f_c (N/mm²)	M (kN·m)	V (kN)	N (kN)	$\dfrac{M}{Vh_{w0}}$	$\dfrac{N}{f_c A_w}$
10	1.7×10^6	6250	16.7	441.14	221.34	931.31	0.32<2.5	0.03<0.5
				1452.14	133.00		1.75<2.5	
7	1.7×10^6	6250	16.7	1824.32	727.72	4127.88	0.40<2.5	0.15<0.5
				1209.00	983.89		0.20<2.5	
4	1.85×10^6	6350	19.1	7272.28	1450.55	7331.04	0.79<2.5	0.21<0.5
				12176.76	1672.19		1.15<2.5	
1	1.85×10^6	6350	19.1	23826.87	2127.93	8297.95	1.76<2.5	0.23<0.5
				31781.75	2376.95		2.11<2.5	

（2）正截面受压承载力计算

以第 1 层剪力墙为例。由表 4-52 得第 1 层的最不利内力为

$$\gamma_{RE}M = 33883.01 \text{kN} \cdot \text{m}, \gamma_{RE}N = 6844.44 \text{kN}$$

剪力墙的翼缘宽度 $b'_f = 600\text{mm}$, 翼缘厚度 $h'_f = 600\text{mm}$, $b_w = 200\text{mm}$, $h_w = 6650\text{mm}$, $h_{wo} = 6350\text{mm}$, $a'_s = 300\text{mm}$。纵向钢筋采用 HRB 400 级 ($f_y = f'_y = 360\text{N/mm}^2$)。竖向及水平分布钢筋均采用 HPB300 级钢筋 ($f_{yw} = f_{yv} = 270\text{N/mm}^2$)。竖向分布钢筋采用 2 排 Φ12@200，相应的配筋率为

$$\rho_w = \frac{A_{sw}}{b_w s} = \frac{226}{200 \times 200} = 0.565\%$$

该值大于表 3-9 规定的最小配筋率 0.25%，故满足要求。

采用对称配筋，先假定 $\sigma_s = f_y$，且 $x < h'_f$，则由式（3-44）、式（3-48）和式（3-51）得

$$x = \frac{\gamma_{RE}N + b_w h_{wo} f_{yw} \rho_w}{\alpha_1 f_c b'_f + 1.5 b_w f_{yw} \rho_w}$$

将上述有关数据代入后得

$$x = \frac{6844.44 \times 10^3 + 200 \times 6350 \times 270 \times 0.00565}{1.0 \times 19.1 \times 600 + 1.5 \times 200 \times 270 \times 0.00565} = 737\text{mm} > h'_f$$

说明中和轴位于腹板内，应重新计算 x。由式（3-44）、式（3-46）、式（3-51）得

$$x = \frac{\gamma_{RE}N + b_w h_{wo} f_{yw} \rho_w - \alpha_1 f_c (b'_f - b_w) h'_f}{\alpha_1 f_c b_w + 1.5 b_w f_{yw} \rho_w}$$

即

$$x = \frac{6844.44 \times 10^3 + 200 \times 6350 \times 270 \times 0.00565 - 1.0 \times 19.1 \times (600 - 200) \times 600}{1.0 \times 19.1 \times 200 + 1.5 \times 200 \times 270 \times 0.00565} = 981\text{mm}$$

所得 $x < \xi_b h_{wo} = 0.518 \times 6350 = 3289\text{mm}$ 且 $x > 2a'_s = 600\text{mm}$，故可按式（3-45）计算钢筋面积，其中

$$M_{sw} = \frac{1}{2}(h_{wo} - 1.5x)^2 b_w f_{yw} \rho_w$$

$$= \frac{1}{2}(6350 - 1.5 \times 981)^2 \times 200 \times 270 \times 0.00565 = 3.63065 \times 10^9 \text{N} \cdot \text{mm}$$

$$M_c = \alpha_1 f_c \left[b_w x \left(h_{wo} - \frac{x}{2} \right) + (b'_f - b_w) h'_f \left(h_{wo} - \frac{h'_f}{2} \right) \right]$$

$$= 1.0 \times 19.1 \times \left[200 \times 981 \times \left(6350 - \frac{981}{2} \right) + (600 - 200) \times 600 \times \left(6350 - \frac{600}{2} \right) \right]$$

$$= 4.96912 \times 10^{10} \text{N} \cdot \text{mm}$$

将 M_{sw} 及 M_c 代入式（3-45），并注意到 $M = Ne_0$，则得

$$A_s = A'_s = \frac{M + N(h_{wo} - h_w/2) + M_{sw} - M_c}{f'_y (h_{wo} - a'_s)}$$

$$= \frac{33883.01 \times 10^6 + 6844.44 \times 10^3 \times (6350 - 6650/2) + 3.63065 \times 10^9 - 4.96912 \times 10^{10}}{360 \times (6350 - 300)}$$

$$= 3915 \text{mm}^2$$

由表 4-60 可知，剪力墙底层下端截面的轴压比为 0.23 > 0.2（表 3-5），所以应设置约束

边缘构件。在这种情况下，纵向钢筋面积应不小于图 3-11（c）中的阴影面积的 1.2%，即
$$A_s = 0.012 \times (600 \times 600 + 300 \times 200) = 5040 \text{mm}^2 > 3915 \text{mm}^2$$

选 $8\Phi25 + 4\Phi20$（$A_s = 5183 \text{mm}^2$）。

剪力墙其他各层的纵筋计算结果见表 4-61。

剪力墙纵向钢筋计算表 表 4-61

层次	M (kN·m)	N (kN)	A_s (mm²)	构造要求 A_s (mm²)	实配钢筋 A_s (mm²)
10	1481.18	791.61	负值	2000	12Φ16（2412）
7	4549.43	2563.52	负值	2000	12Φ16（2412）
4	18248.02	4618.79	1964	2880	12Φ18（3054）
1	33883.01	6844.44	3915	5040	8Φ25+4Φ20（5183）

（3）斜截面受剪承载力计算

以第 1 层剪力墙为例。由表 4-52 得第 1 层剪力墙的剪力设计值及相应的轴力设计值为
$$\gamma_{RE}V = 3232.65 \text{kN}, \quad \gamma_{RE}N = 6844.44 \text{kN}$$

由表 4-60 可知，该层墙的剪跨比为 2.11 < 2.5，故应按式（3-43b）验算剪力墙的截面尺寸，即
$$0.15\beta_c f_c b_w h_{w0} = 0.15 \times 1.0 \times 19.1 \times 200 \times 6350 = 3638.55 \text{kN} > \gamma_{RE}V$$
满足要求。

剪力墙的水平分布钢筋按式（3-61）确定，其中 $\lambda = 2.11 < 2.2$，计算时取 2.11；又由于
$$0.2 f_c b_w h_w = 5080.6 \text{kN} < 6844.44 \text{kN}$$

故计算时取 $N = 5080.6 \text{kN}$。剪力墙分布钢筋采用 HPB300 级钢筋（$f_{yv} = 270 \text{N/mm}^2$），将上述数据代入式（3-61）得

$$\frac{A_{sh}}{s} = \frac{\gamma_{RE}V - (0.4 f_t b_w h_{w0} + 0.1 N A_w/A)/(\lambda - 0.5)}{0.8 f_{yv} h_{w0}}$$

$$= \frac{3232.65 \times 10^3 - \frac{1}{2.11 - 0.5}[0.4 \times 1.71 \times 200 \times 6350 + 0.1 \times 5080.6 \times 10^3 \times 200 \times 5350/(1.85 \times 10^6)]}{0.8 \times 270 \times 6350}$$

$$= 1.830$$

选用 2 排 Φ12@100，相应的 $A_{sh}/s = 2.26 > 1.830$，配筋率为
$$\rho_{sh} = \frac{A_{sh}}{bs} = \frac{226}{200 \times 100} = 1.13\% > 0.25\%$$

满足要求。

剪力墙其他各层水平分布钢筋计算结果见表 4-62。

剪力墙水平分布钢筋计算表 表 4-62

层次	$\gamma_{RE}V$ (kN)	$0.15\beta_c f_c b_w h_{w0}$ (kN)	N (kN)	$0.2 f_c b_w h_w$ (kN)	$\dfrac{A_{sh}}{s}$	实配钢筋 数量	$\dfrac{A_{sh}}{s}$	ρ_{sh} (%)
10	244.58	3131.25>$\gamma_{kE}V$	632.49	4375.40	负值	2Φ12@200	1.13	0.565
7	1087.20	3131.25>$\gamma_{kE}V$	2563.52	4375.40	负值	2Φ12@200	1.13	0.565
4	1847.77	3638.55>$\gamma_{kE}V$	4618.79	5080.60	负值	2Φ12@200	1.13	0.565
1	3232.65	3638.55>$\gamma_{kE}V$	6844.44	5080.60	1.83	2Φ12@100	2.26	1.13

(4) 剪力墙约束边缘构件或构造边缘构件

对本例而言，第 1、2 层为底部加强部位，应设置约束边缘构件，其箍筋应满足体积配筋率的要求。第 1 层剪力墙轴压比为 0.23＜0.3，查表 3-6，取 $\lambda_v=0.12$，则要求的体积配筋率为

$$\lambda_v \frac{f_c}{f_{yv}} = 0.12 \times \frac{19.1}{270} = 0.849\%$$

如采用图 4-36 所示的复合箍筋，且选用Φ8@100，则相应的体积配筋率为

$$\rho_v = \frac{\sum A_{svi} l_i}{s A_{cor}} = \frac{(50.3 \times 560) \times 8}{100 \times 560^2} = 1.121\% > 0.849\%$$

满足要求。

对于第 3～10 层，应设置构造边缘构件。由表 3-7 可知，构造边缘构件内的箍筋可取Φ8@150。

4. 连梁

(1) 连梁正截面受弯承载力计算

因连梁的跨高比 $l_0/h=6.6/0.6=11>5$，故与框架梁的受弯承载力计算方法相同，计算结果见表 4-63，其中弯矩设计值取自表 4-54，纵筋采用 HRB 400 级钢筋；连梁截面翼缘有效宽度取 $b'_f=2100\text{mm}$，连梁跨中截面有效高度取 560mm，支座截面有效高度取 540mm。

(2) 连梁斜截面受剪承载力计算

连梁的斜截面受剪承载力计算方法与框架梁相同，计算结果见表 4-64。其中 $\gamma_{RE}V$ 取自表 4-54，箍筋采用 HPB300 级钢筋（$f_{yv}=270\text{N/mm}^2$）。连梁跨高比为 $6600/600=11>2.5$，故应按式（2-30）验算剪压比；支座截面有效高度为 540mm。

连梁纵向钢筋计算表　　　　　　　　　　　　　　　　　表 4-63

层次	截面		M (kN·m)	ξ	A'_s (mm²)	A_s (mm²)	A'_s/A_s	ρ (%)	实配钢筋(A_s/mm²)
10	支座	B	−485.54	0.197＜0.222	1256	2697	0.47	1.66	4Φ25+2Φ22(2724)
		C	−371.73	0.105＜0.222	1256	2065	0.61	1.27	2Φ25+4Φ20(2238)
	跨中		246.68	0.0227		1238		0.74	4Φ20(1256)
7	支座	B	−533.51	0.197＜0.222	1520	2964	0.51	1.83	6Φ25(2945)
		C	−418.53	0.105＜0.222	1520	2325	0.65	1.44	2Φ25+4Φ22(2502)
	跨中		285.02	0.0263		1435		0.85	4Φ22(1520)
4	支座	B	−476.69	0.146＜0.222	1388	2648	0.52	1.63	4Φ25+2Φ22(2724)
		C	−368.04	0.073＜0.222	1388	2045	0.68	1.26	2Φ25+3Φ22(2122)
	跨中		272.33	0.0219		1366		0.81	2Φ22+2Φ20(1388)
1	支座	B	−293.18	0.054＜0.222	1140	1629	0.70	1.01	2Φ25+2Φ22(1742)
		C	−202.43	0＜0.222	1140	1125	1.01	0.69	2Φ25+1Φ18(1236)
	跨中		216.99	0.0174		1086		0.65	3Φ22(1140)

注：$2a'/h_0 = 2 \times 60/540 = 0.222$。

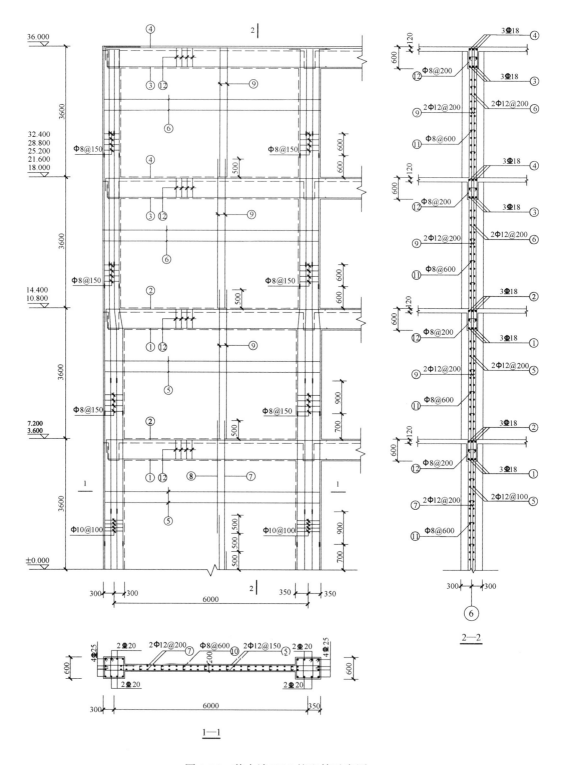

图 4-36 剪力墙 W-2 的配筋示意图

连梁箍筋计算表 表 4-64

层次	截面	$\gamma_{RE}V$ (kN)	$0.2\beta_c f_c bh_0$ (kN)	$\dfrac{A_{sv}}{s}=\dfrac{\gamma_{RE}V-0.42f_t bh_0}{f_{yv}h_0}$	实配箍筋 $\left(\dfrac{A_{sv}}{s}\right)$
10	B	297.90	541.08>$\gamma_{RE}V$	1.311	双肢Φ10@100(1.57)
	C	235.77	541.08>$\gamma_{RE}V$	0.884	双肢Φ10@100(1.57)
7	B	354.44	541.08>$\gamma_{RE}V$	1.698	双肢Φ12@100(2.26)
	C	285.11	541.08>$\gamma_{RE}V$	1.223	双肢Φ10@100(1.57)
4	B	325.00	618.84>$\gamma_{RE}V$	1.431	双肢Φ10@100(1.57)
	C	306.78	618.84>$\gamma_{RE}V$	1.306	双肢Φ10@100(1.57)
1	B	244.71	618.84>$\gamma_{RE}V$	0.880	双肢Φ8@100(1.01)
	C	196.81	618.84>$\gamma_{RE}V$	0.552	双肢Φ8@100(1.01)

剪力墙 W-2 的配筋示意图见图 4-36。由于篇幅所限，仅绘出其中的 4 层墙体配筋情况；横剖面也仅给出一个；与剪力墙相连的连梁的配筋也未在图中表示。边缘柱的纵向受力钢筋采用机械连接，两个接头之间的距离取大于等于 $35d$（d 为纵筋直径）；边缘柱的约束箍筋在相应的层高范围内均匀配置。剪力墙中的暗梁按二级框架梁的最小配筋要求配置纵筋和箍筋。剪力墙腹板内的竖向分布钢筋采用搭接连接。

第 5 章 钢筋混凝土柱单层厂房结构设计

本章关于单层厂房的结构设计内容及设计实例适用于单层装配式钢筋混凝土柱厂房。根据高校土木工程专业本科生的培养计划和毕业设计训练要求,并考虑毕业设计的时间长度和设计深度,本章所讨论的单层厂房除钢筋混凝土柱和基础外,其他所有结构构件均选用国家建筑标准设计图集。在此基础上,简要介绍上述单层厂房在持久设计状况和地震设计状况下结构设计的一般方法、步骤和要点,对持久设计状况尚未包括耐久性设计;不考虑偶然设计状况;对于短暂设计状况仅考虑柱子在吊装时的承载能力极限状态和正常使用极限状态设计,不考虑其他情况。

5.1 结构布置及柱截面尺寸的初步拟定

根据现行国家标准《建筑抗震设计标准》的规定,位于地震区的装配式单层钢筋混凝土柱厂房的结构布置、结构构件选型、屋盖及柱间支撑的布置应符合以下要求。

5.1.1 厂房的结构布置

厂房的结构布置应符合下列要求:

(1)厂房的平、立面布置应力求简单、规则;多跨厂房宜等高和等长,高低跨厂房不宜采用一端开口的结构布置;厂房柱距宜相等,各柱列的侧向刚度宜均匀,当有抽柱时,应采取抗震加强措施。

(2)厂房的贴建房屋和构筑物,不宜布置在厂房角部和紧邻防震缝处。当厂房体型复杂或有贴建的房屋和构筑物时,宜设防震缝;在厂房纵横跨交接处、大柱网厂房或不设柱间支撑的厂房,防震缝宽度可采用 100~150mm,其他情况可采用 50~90mm。两个主厂房之间的过渡跨至少应有一侧采用防震缝与主厂房脱开。

(3)厂房内上起重机的铁梯不应靠近防震缝设置;多跨厂房各跨上起重机的铁梯不宜布置在同一横向轴线附近。

(4)厂房内的工作平台、刚性工作间宜与厂房主体结构脱开。厂房的同一结构单元内,不应采用不同的结构型式;厂房端部应设屋架,不应采用山墙承重;厂房单元内不应采用横墙和排架混合承重。

5.1.2 厂房结构构件选型

1. 天窗架

厂房天窗架的设置,应符合下列要求:天窗宜采用突出屋面较小的避风型天窗,有条件或抗震设防烈度为 9 度时宜采用下沉式天窗;突出屋面的天窗宜采用钢天窗架;6~8 度时可采用矩形截面杆件的钢筋混凝土天窗架;天窗架不宜从厂房结构单元第一开间设置;8 度和 9 度时,天窗架宜从厂房单元端部的第三柱间开始设置;天窗屋盖、端壁板和侧板,宜采用轻型板材;不应采用端壁板代替端天窗架。

2. 屋架

厂房屋架的设置,应符合下列要求:厂房宜采用钢屋架或重心较低的预应力混凝土、钢筋混凝土屋架；跨度不大于15m时，可采用钢筋混凝土屋面梁；跨度大于24m，或8度Ⅲ、Ⅳ类场地和9度时，应优先采用钢屋架；柱距为12m时，可采用预应力混凝土托架（梁）；当采用钢屋架时，亦可采用钢托架（梁）；有突出屋面天窗架的屋盖不宜采用预应力混凝土或钢筋混凝土空腹屋架；8度（0.3g）和9度时，跨度大于24m的厂房不宜采用大型屋面板。

3. 柱子

厂房柱的设置，应符合下列规定：8度和9度时，宜采用矩形、工字形截面柱或斜腹杆双肢柱，不宜采用薄壁工字形柱、腹板开孔工字形柱、预制腹板的工字形柱和管柱；柱底至室内地坪以上500mm范围内和阶形柱的上柱宜采用矩形截面。

4. 围护墙

厂房的围护墙除应符合《建筑抗震设计标准》对于一般非承重墙的抗震要求外，尚应符合下列要求：

（1）单层钢筋混凝土柱厂房的围护墙宜采用轻质墙板或钢筋混凝土大型墙板，外侧柱距为12m时应采用轻质墙板或钢筋混凝土大型墙板；不等高厂房的高跨封墙和纵横向厂房交接处的悬墙宜采用轻质墙板。刚性围护墙沿纵向宜均匀对称布置，不宜一侧为外贴式，另一侧为嵌砌式或开敞式；不宜一侧采用砌体墙一侧采用轻质墙板。

（2）单层钢筋混凝土柱厂房的砌体隔墙和围护墙应符合下列要求：

1）砌体隔墙与柱宜脱开或柔性连接，并应采取措施使墙体稳定，隔墙顶部应设现浇钢筋混凝土压顶梁。

2）厂房的砌体围护墙应采用外贴式并与柱可靠拉结；对于不等高厂房的高跨封墙和纵横向厂房交接处的悬墙，6、7度采用砌体时不应直接砌在低跨屋面上。

3）砌体围护墙在下列部位应设置现浇钢筋混凝土圈梁：梯形屋架上弦和柱顶标高处应各设一道，但屋架端部高度不大于900mm时可合并设置；应按上密下稀的原则每隔4m左右在窗顶增设一道圈梁，不等高厂房的高低跨封墙和纵横跨交接处的悬墙，圈梁的竖向间距不应大于3m；山墙沿屋面应设钢筋混凝土卧梁，并应与屋架端部上弦标高处的圈梁连接。圈梁宜闭合，圈梁截面宽度宜与墙厚相同，截面高度不应小于180mm；圈梁应与柱或屋架牢固连接，山墙卧梁应与屋面板拉结。

4）8度Ⅲ、Ⅳ类场地和9度时，砖围护墙下的预制基础梁应采用现浇接头；当另设条形基础时，在柱基础顶面标高处应设置连续的现浇钢筋混凝土圈梁。

5）墙梁宜采用现浇，当采用预制墙梁时，梁底应与砖墙顶面牢固拉结并应与柱锚拉；厂房转角处相邻的墙梁，应相互可靠连接。

6）砌体女儿墙高度不宜大于1m，且应采取措施防止地震时倾倒。

5.1.3 屋盖支撑

1. 屋盖支撑设置的原则

屋盖支撑的设置应遵循以下原则：

（1）在任何情况下，厂房必须设置屋盖支撑；屋盖支撑应有效地传递水平作用力，所有支撑杆件均按受力构件设计；

（2）整个屋盖支撑的布置（包括横向与纵向）必须为封闭型，以保证厂房的整体空间刚度和稳定性；每一厂房单元或天窗单元的支撑应分别设置成独立的空间稳定的支撑体系；

（3）支撑布置应使地震力的传递路线短、传力明确；天窗支撑、屋架上下弦支撑、屋架跨中及端部竖向支撑与柱顶系杆、上下柱支撑的布置应互相协调，以保证地震作用简捷地通过支撑系统传至基础；支撑杆件的刚度应适当，避免过大或过柔。

2. 屋盖支撑的布置

无檩屋盖的支撑布置宜符合表 5-1 的要求，同时，屋盖支撑尚应符合下列要求：

（1）天窗开洞范围内，在屋架脊点处应设上弦通长水平压杆；8 度Ⅲ、Ⅳ类场地和 9 度时，梯形屋架端部上节点应沿厂房纵向设置通长水平系杆。

（2）屋架跨中竖向支撑在跨度方向的间距，6~8 度时不大于 15m，9 度时不大于 12m；当仅在跨中设一道时，应设在跨中屋架屋脊处；当设二道时，应在跨度方向均匀布置，屋架上、下弦通长水平系杆与竖向支撑宜配合设置。

（3）柱距不小于 12m 且屋架间距为 6m 的厂房，托架（梁）区段及其相邻开间应设下弦纵向水平支撑；屋盖支撑杆件宜用型钢。

（4）8 度时跨度不小于 18m 的多跨厂房中柱列和 9 度时多跨厂房各个柱列，柱顶宜设置通长水平压杆，此压杆可与梯形屋架支座处通长水平系杆合并设置，钢筋混凝土系杆端头与屋架间的空隙应采用混凝土填实。

无檩屋盖的支撑布置　　　　　　　　表 5-1

支撑名称			烈度		
			6、7	8	9
屋架支撑	上弦横向支撑		屋架跨度小于 18m 时同持久设计状况，跨度不小于 18m 时在厂房单元端开间各设一道	单元端开间及柱间支撑开间各设一道，天窗开洞范围的两端各增设局部的支撑一道	
	上弦通长水平系杆		同持久设计状况	沿屋架跨度不大于 15m 设一道，但装配整体式屋面可仅在天窗开洞范围内设置；围护墙在屋架上弦高度有现浇圈梁时，其端部处可不另设	沿屋架跨度不大于 12m 设一道，但装配整体式屋面可仅在天窗开洞范围内设置；围护墙在屋架上弦高度有现浇圈梁时，其端部处可不另设
	下弦横向支撑		同持久设计状况	同持久设计状况	同上弦横向支撑
	跨中竖向支撑				
	两端竖向支撑	屋架端部高度 ≤900mm		单元端开间各设一道	单元端开间及每隔 48m 各设一道
		屋架端部高度 >900mm	单元端开间各设一道	单元端开间及柱间支撑开间各设一道	单元端开间、柱间支撑开间及每隔 30m 各设一道
天窗架支撑	天窗两侧竖向支撑		厂房单元天窗端开间及每隔 30m 各设一道	厂房单元天窗端开间及每隔 24m 各设一道	厂房单元天窗端开间及每隔 18m 各设一道
	上弦横向支撑		同持久设计状况	天窗跨度≥9m 时，单元天窗端开间及柱间支撑开间各设一道	单元端开间及柱间支撑开间各设一道

5.1.4 柱间支撑

1. 柱间支撑设置的原则

柱间支撑的设置应遵循以下原则：除大柱网厂房外，厂房沿纵向柱列一般均应设置柱间支撑；柱间支撑的设置应尽可能与屋盖横向水平支撑的布置相协调和配套；厂房每一单元中的各柱列，都应设置柱间支撑，边柱列与中柱列的柱间支撑应在同一开间设置；当所设柱间支撑的刚度或强度不能满足抗震要求时，宜采用增设柱间支撑的多道支撑方案；柱间支撑的刚度应合理选择，避免过大或过小。

2. 柱间支撑的布置

柱间支撑的布置应符合下列要求：一般情况下，应在厂房单元中部设置上、下柱柱间支撑，且下柱支撑与上柱支撑配套设置；有起重机或8度和9度时，宜在厂房单元两端增设上柱支撑；厂房单元较长或8度Ⅲ、Ⅳ类场地和9度时，可在厂房单元中部1/3区段内设置两道柱间支撑。

3. 柱间支撑的构造要求

厂房柱间支撑的构造应符合以下要求：柱间支撑应采用型钢，支撑形式宜采用交叉式，其斜杆与水平面的交角不宜大于55°；支撑杆件的长细比，不宜超过表5-2的规定。

交叉支撑斜杆的最大长细比 表5-2

位 置	烈 度			
	6度和7度 Ⅰ、Ⅱ类场地	7度Ⅲ、Ⅳ类场地 和8度Ⅰ、Ⅱ类场地	8度Ⅲ、Ⅳ类场地 和9度Ⅰ、Ⅱ类场地	9度Ⅲ、Ⅳ类场地
上柱支撑	250	250	200	150
下柱支撑	200	150	120	120

下柱支撑的下节点位置和构造措施，应保证将地震作用直接传给基础；当6度和7度（0.10g）不能直接传给基础时，应计及支撑对柱和基础的不利影响采取加强措施。

交叉支撑在交叉点应设置节点板，其厚度不应小于10mm，斜杆与交叉节点板应焊接，与端节点板宜焊接。

5.1.5 柱截面尺寸的初步拟定

单层厂房柱常用的截面形式有矩形、I形和双肢柱。当厂房跨度、高度和吊车起重量不大、柱截面尺寸较小时，多采用矩形或I形截面。表5-3给出了柱距为6m的单跨或多跨厂房柱最小截面尺寸的限值。对于一般的单层厂房，如柱截面尺寸满足表5-3的限值，则厂房的横向刚度可以得到保证。表5-4是吊车工作级别为A5的厂房柱截面形式和尺寸的参考表。设计时，可根据厂房跨度、高度和吊车起重量等因素参考确定。

6m柱距单层厂房矩形、I形截面柱截面尺寸限值 表5-3

柱的类型	b 或 b_f	h		
		$Q \leqslant 10t$	$10t < Q < 30t$	$30t \leqslant Q \leqslant 50t$
有吊车厂房下柱	$\geqslant \dfrac{H_l}{22}$	$\geqslant \dfrac{H_l}{14}$	$\geqslant \dfrac{H_l}{12}$	$\geqslant \dfrac{H_l}{10}$
露天吊车柱	$\geqslant \dfrac{H_l}{25}$	$\geqslant \dfrac{H_l}{10}$	$\geqslant \dfrac{H_l}{8}$	$\geqslant \dfrac{H_l}{7}$

续表

柱的类型	b 或 b_f	h		
		$Q \leqslant 10t$	$10t < Q < 30t$	$30t \leqslant Q \leqslant 50t$
单跨无吊车厂房柱	$\geqslant \dfrac{H}{30}$	$\geqslant \dfrac{1.5H}{25}$		
多跨无吊车厂房柱	$\geqslant \dfrac{H}{30}$	$\geqslant \dfrac{H}{20}$		
仅承受风载与自重的山墙抗风柱	$\geqslant \dfrac{H_b}{40}$	$\geqslant \dfrac{H_l}{25}$		
同时承受由连系梁传来山墙重的山墙抗风柱	$\geqslant \dfrac{H_b}{30}$	$\geqslant \dfrac{H_l}{25}$		

注：H_l——下柱高度（基础顶面至牛腿顶面）；
H——柱全高（基础顶面至柱顶）；
H_b——山墙抗风柱从基础顶面至柱平面外（柱宽）方向支撑点的高度；
Q——吊车的起重量。

厂房柱截面形式和尺寸参考表（工作级别为 A5） 表 5-4

吊车起重量 (t)	轨顶高度 (m)	6m 柱距（边柱）		6m 柱距（中柱）	
		上柱(mm)	下柱(mm)	上柱(mm)	下柱(mm)
≤5	6～8	矩 400×400	I 400×600×100	矩 400×400	I 400×600×100
10	8	矩 400×400	I 400×700×100	矩 400×600	I 400×800×150
	10	矩 400×400	I 400×800×150	矩 400×600	I 400×800×150
15～20	8	矩 400×400	I 400×800×150	矩 400×600	I 400×800×150
	10	矩 400×400	I 400×900×150	矩 400×600	I 400×1000×150
	12	矩 500×400	I 500×1000×200	矩 500×600	I 500×1200×200
30	8	矩 400×400	I 400×1000×150	矩 400×600	I 400×1000×150
	10	矩 400×500	I 400×1000×150	矩 500×600	I 500×1200×200
	12	矩 500×500	I 500×1000×200	矩 500×600	I 500×1200×200
	14	矩 600×500	I 600×1200×200	矩 600×600	I 600×1200×200
50	10	矩 500×500	I 500×1200×200	矩 500×700	双 500×1600×300
	12	矩 500×600	I 500×1400×200	矩 500×700	双 500×1600×300
	14	矩 600×600	I 600×1400×200	矩 600×700	双 600×1800×300

注：表中的截面形式采用下述符号：矩为矩形截面 $b \times h$（宽度×高度）；I 为工字形截面 $b \times h \times h_f$（h_f 为翼缘高度）；双为双肢柱 $b \times h \times h_z$（h_z 为肢杆高度）。

5.2 持久设计状况下厂房横向排架内力分析及内力组合

横向排架内力分析的主要目的是计算排架柱及基础在各种荷载作用下产生的内力，并通过内力组合确定排架柱各控制截面的最不利内力，作为柱和基础设计的依据。

5.2.1 计算简图

1. 计算单元

由于单层厂房的屋面荷载和风荷载等一般为均匀分布,所以,对柱距排列规律的排架结构,可以取一个柱距的平面排架作为单层厂房结构计算单元。对于图 5-1 所示的两跨单层厂房,取图中阴影部分作为结构的计算单元。该计算单元范围内的竖向荷载和风荷载由相应的平面排架承受。

2. 计算假定和计算简图

对装配式钢筋混凝土排架结构进行内力分析时,通常采用以下计算假定:

(1) 柱下端与基础顶面刚接;
(2) 柱上端与排架横梁(屋架或屋面梁)铰接;
(3) 横梁(屋架或屋面梁)为轴向刚度很大的刚性连杆。

以上假定是有条件的。如果地基土质较差,变形过大或有较大的地面荷载,则应考虑基础转动和位移对排架内力的影响。如果采用下弦刚度较小的钢筋混凝土组合式屋架或带钢拉杆的两铰、三铰拱屋架时,则应考虑横梁轴向变形对排架内力的影响。

根据上述假定,一两跨不等高厂房横向排架的计算简图如图 5-2 所示。其中柱的计算轴线为柱的几何中心线,当为变截面柱时,上段表示上柱几何中心线,下段表示下柱几何中心线。

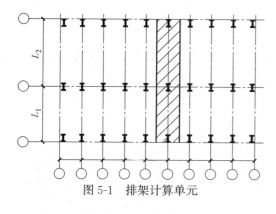

图 5-1 排架计算单元

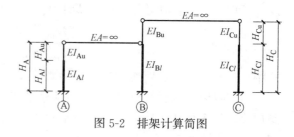

图 5-2 排架计算简图

5.2.2 排架上的荷载

1. 永久荷载

(1) 屋盖自重重力荷载。包括屋面构造层、屋面板、天沟板、天窗架、屋架或屋面梁、屋盖支撑以及与屋架连接的设备、管道等重力荷载。屋盖支撑可按均布荷载考虑,屋面构造层自重重力荷载按实际构造查《建筑结构荷载规范》或查表 1-6 确定。屋盖自重通过屋架的支承点以集中荷载的形式作用于柱顶面。

(2) 柱自重重力荷载。上、下柱自重重力荷载分别以集中荷载的形式作用于上柱中心和下柱中心。

(3) 吊车梁、轨道及轨道连接件自重重力荷载。该项自重以集中荷载的形式沿吊车梁中心线作用于牛腿顶面。

(4) 墙体和窗自重重力荷载。基础梁和其上墙体自重重力荷载通过基础梁直接传给基础。如果厂房外墙或大型墙板支承在柱牛腿上,则应按实际作用位置计算。

2. 屋面可变荷载

屋面均布活荷载标准值和屋面雪荷载标准值按《建筑结构荷载规范》的规定确定。对于生产中有大量排灰的厂房及其邻近建筑，应考虑积灰荷载。屋面水平投影面上的积灰荷载标准值按《建筑结构荷载规范》的规定采用。

考虑到屋面可变荷载同时出现的可能性，《建筑结构荷载规范》规定：不上人的屋面均布活荷载可不与雪荷载进行组合，取屋面均布活荷载和雪荷载两者中的较大值；积灰荷载应与雪荷载或不上人的屋面均布活荷载两者中的较大值同时考虑。

3. 吊车荷载

（1）吊车竖向荷载

桥式吊车的跨度 L_k、吊车桥宽 B、轮距 K、大车自重 G、小车自重 g、最大轮压 P_{max} 和最小轮压 P_{min} 等数据，可由所选用的吊车产品目录中查得。计算吊车竖向荷载时，可按照每跨两台吊车满载并行且小车处于极限位置考虑。吊车竖向轮压是一组移动的集中荷载，需利用支座反力影响线求出吊车竖向轮压在所计算排架柱上引起的最大支座反力，图 5-3 为两台四轮桥式吊车的支座反力影响线。

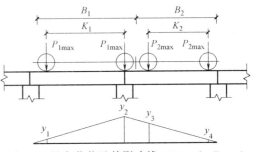

图 5-3　吊车荷载及其影响线（$P_{1max} > P_{2max}$）

最大轮压 P_{max} 在一侧排架柱上产生的最大支座反力为 D_{max}，最小轮压 P_{min} 在另一侧排架柱上产生的最大支座反力为 D_{min}。D_{max} 和 D_{min} 标准值可分别按下式计算：

$$D_{max} = \sum P_{imax} y_i \atop D_{min} = \sum P_{imin} y_i \right\} \quad (5-1)$$

式中　y_i——与各轮对应的支座反力影响线的竖向坐标。

《建筑结构荷载规范》规定：当计算排架考虑多台吊车竖向荷载时，对单层吊车的单跨厂房的每个排架，参与组合的吊车台数不宜多于 2 台；对单层吊车的多跨厂房的每个排架，不宜多于 4 台。

（2）吊车横向水平荷载

对于一般的四轮桥式吊车，每个轮子施加于吊车梁上的横向水平荷载标准值 T 为

$$T = \frac{1}{4}\alpha(Q+Q_1)g \quad (5-2)$$

式中　Q——吊车的额定起重量（t）；
　　　Q_1——横行小车重量（t）；
　　　g——重力加速度；
　　　α——横向水平荷载系数，对于软钩吊车，当 $Q \leqslant 10t$ 时，$\alpha = 0.12$，当 $Q = (16 \sim 50)t$ 时，$\alpha = 0.1$，当 $Q \geqslant 75t$ 时，$\alpha = 0.08$；对于硬钩吊车，$\alpha = 0.2$。

考虑 2 台吊车并行同向制动时，一侧排架柱受到的吊车横向水平荷载标准值 T_{max} 按下式计算：

$$T_{max} = \sum T_i y_i \quad (5-3)$$

式中，y_i 与式（5-1）的相同。

《建筑结构荷载规范》规定，考虑多台吊车水平荷载时，对单跨或多跨厂房的每个排架，参与组合的吊车台数不应多于 2 台。

4. 风荷载

垂直于单层厂房表面上的风荷载标准值按《建筑结构荷载规范》的规定计算。作用于柱顶以下墙面上的水平风荷载近似按均布荷载计算，以柱顶标高确定风压高度变化系数；作用于屋盖部分的风荷载仍近似按均布考虑，其总水平力以集中力的形式作用于排架柱顶，相应的风压高度变化系数按屋架檐口标高（无天窗时）或天窗檐口标高（有天窗时）确定。仅考虑屋盖上风荷载的水平分力对排架的作用。

5.2.3 排架内力分析

不等高排架结构的内力一般采用结构力学的力法进行计算。对于图 5-4 所示的两跨不等高排架，可建立典型力法方程如下：

$$\begin{cases} \delta_{11}x_1+\delta_{12}x_2+\Delta_{1p}=0 \\ \delta_{21}x_1+\delta_{22}x_2+\Delta_{2p}=0 \end{cases} \tag{5-4}$$

式中 x_i ——横梁轴向力，由解力法方程确定；

δ_{ij} ——柔度系数，表示在 $x_j=1$ 单独作用下沿 x_i 方向所产生的位移，该位移与 x_i 方向一致时为正，相反时为负；

Δ_{ip} ——在外荷载作用下沿 x_i 方向所产生的位移。

5.2.4 排架柱、基础内力组合

1. 柱的控制截面

在荷载作用下，柱子的内力是沿高度变化的，设计时应根据内力图和截面变化情况选取几个控制截面进行最不利内力组合。对于图 5-5 所示的单阶柱，一般取上柱底截面作为上柱的控制截面，取下柱顶截面和底截面作为下柱的控制截面。

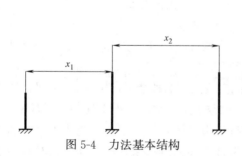

图 5-4 力法基本结构

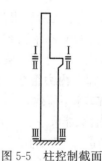

图 5-5 柱控制截面

2. 荷载效应组合

按照《建筑结构可靠性设计统一标准》GB 50068—2018（后文简称《建筑结构可靠性设计统一标准》）的规定，计算排架柱控制截面承载力时，应采用荷载基本组合的效应设计值；验算排架柱裂缝宽度时，采用荷载准永久组合的效应值；验算排架柱基础的地基承载力时，采用荷载标准组合的效应值。根据《建筑地基基础设计规范》的规定，计算柱下基础的受冲切、受剪、底板受弯承载力时，应采用荷载基本组合的效应设计值。荷载的基本组合、准永久组合和标准组合应按《建筑结构荷载规范》的规定进行。

对有吊车的单层厂房，当组合多台吊车荷载时，应乘荷载折减系数，见表 5-5。

多台吊车的荷载折减系数　　　　　表 5-5

参与组合的吊车台数	吊车工作级别	
	A1～A5	A6～A8
2	0.90	0.95
3	0.85	0.90
4	0.80	0.85

3. 不利内力组合

排架柱控制截面上同时作用有弯矩 M、轴力 N 和剪力 V，通常选择以下四种内力组合作为可能的最不利内力组合：

(1) $+M_{max}$ 及相应的 N、V

(2) $-M_{max}$ 及相应的 N、V

(3) N_{max} 及相应的 M、V

(4) N_{min} 及相应的 M、V

一般情况下，以上四种内力组合已能满足工程设计的要求。但有时可能最不利内力的组合并未包括在这四组组合之内，在进行内力组合时，如果发现更不利的内力组合应列出。

内力组合时应注意下列问题：

(1) 每次内力组合时，都必须考虑永久荷载所产生的内力。当其效应对结构不利时，永久荷载的分项系数不应小于 1.3；对结构有利时，不应大于 1.0。

(2) 每次内力组合时，只能以一种内力（$+M_{max}$ 或 $-M_{min}$ 或 N_{max} 或 N_{min}）为目标来决定可变荷载的取舍，并求得相应的另外两种内力。当以最大正弯矩或最大负弯矩为目标组合时，相应的轴力和剪力是确定的，只有一种组合。当以最大轴力或最小轴力为目标时，则所对应的弯矩不是唯一的，应取相应可能产生最大正弯矩或最大负弯矩的组合。

(3)《建筑结构荷载规范》规定，对于不上人的屋面均布活荷载，可不与雪荷载进行组合。即：屋面均布活荷载与雪荷载不同时选择。

(4) 对同一根柱的牛腿，吊车竖向荷载有最大反力 D_{max} 作用和最小反力 D_{min} 作用两种情况，每次内力组合只能选择一种。

(5) 吊车水平荷载 T_{max} 的方向有向左或向右两种情况，相应的产生两组弯矩、轴力和剪力。每次组合只能取一个方向，且应取与该方向吊车水平荷载对应的一组弯矩、轴力和剪力。

(6) 当选择某跨的吊车水平荷载参与组合时，意味着吊车进入所计算排架并产生了刹车力，则该跨的吊车竖向荷载应参与组合。而当选择某跨的吊车竖向荷载组合时，不一定要组合该跨的吊车水平荷载，即吊车进入所计算排架但不一定产生刹车力。但由于吊车水平荷载的方向可以向左，也可以向右，组合吊车水平荷载可以使目标内力值增加，故一般都会组合该跨的吊车水平荷载，但应注意吊车台数的限制。

(7) 对单层吊车的多跨厂房，当组合吊车竖向荷载时，不宜多于 4 台。考虑 4 台吊车的竖向荷载，意味着有 4 台吊车同时停在所计算的排架。而不论单跨或多跨厂房，当吊车水平荷载参与组合时，吊车台数不应多于 2 台。考虑 2 台吊车的水平荷载，意味着有 2 台吊车同时对所计算的排架产生了刹车力。

组合多台吊车荷载时，应乘荷载折减系数。当进行一项内力组合时，如果吊车竖向荷载考虑了 4 台，吊车水平荷载考虑了 2 台，则荷载折减系数应分别采用，即考虑 4 台吊车的荷载折减系数与吊车竖向荷载所产生的内力相乘，考虑 2 台吊车的荷载折减系数与吊车水平荷载所产生的内力相乘，并且对弯矩、轴力和剪力所乘的荷载折减系数应相同。

（8）左吹风和右吹风每次组合只能选择一种。

5.3 地震设计状况下厂房横向抗震计算

单层厂房可以分别取横向和纵向两个方向进行抗震计算。《建筑抗震设计标准》规定，对于 7 度 Ⅰ、Ⅱ 类场地，柱高不超过 10m 且结构单元两端均有山墙的单跨及等高多跨厂房（锯齿形厂房除外），当按规定采取抗震构造措施时，可不进行横向和纵向抗震验算。

混凝土无檩和有檩屋盖厂房的横向抗震计算，一般情况下，宜计及屋盖的横向弹性变形，按多质点空间结构分析。当符合 5.3.6 节的条件时，可按平面排架计算，但应考虑结构扭转和空间工作的影响。

5.3.1 计算简图

当采用底部剪力法计算横向排架地震作用时，对于柱距均相等的厂房，可以取相邻柱距中心线之间的范围作为计算单元。

排架的计算质点均假定集中在柱顶，对于单跨和等高多跨厂房，其计算简图可以取为单质点体系（图5-6）；不等高厂房，取两质点体系（图5-7）；三跨屋盖且均不等高的厂房，取三质点体系（图5-8）。有突出屋面天窗的厂房，计算排架基本周期时，可将天窗屋盖重力荷载与厂房屋盖合并为一个质点，其计算简图与无天窗时相同（图5-9a），在计算天窗屋盖处的横向水平地震作用时，则将天窗重力荷载部分视为一个质点，集中到天窗屋盖标高处，如图5-9（b）所示。

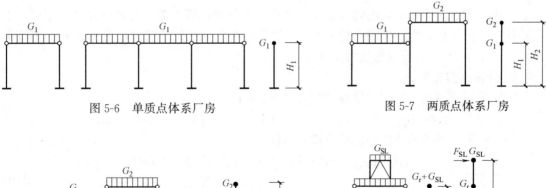

图5-6 单质点体系厂房　　　　　　　图5-7 两质点体系厂房

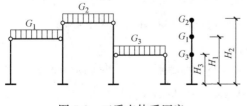

图5-8 三质点体系厂房　　　　　　　图5-9 带天窗架厂房

吊车重力荷载对排架自振周期的影响很小，一般情况下不作为一个单独的质点对待，只有在吊车台数较多，吊车吨位较大的情况下，才考虑将其重力荷载（取分配到每榀排架的平均值）集中到柱顶进行排架基本自振周期计算。而在计算排架地震作用时，则假定吊车重力荷载所在的吊车梁顶面标高处为一单独集中质点，并计算作用在此集中质点上的吊车水平地震作用。

5.3.2 重力荷载代表值

计算厂房横向水平地震作用时，重力荷载代表值按《建筑与市政工程抗震通用规范》的规定计算，其中吊车重力荷载按下述原则计算。

对单跨厂房，取一台吊车（选吨位最大的）；对多跨厂房，取每跨一台吊车（并不超过两台）；其重力荷载，对软钩吊车只取桥架（包括小车）自重，不考虑吊重；对硬钩吊车，除桥架自重外，再加30%吊重。对夜间停放吊车的端部排架，应考虑每跨一台吊车自重，软、硬钩吊车均不考虑吊重。

5.3.3 质点等效集中重力荷载

质点等效集中重力荷载按前述重力荷载代表值乘等效集中系数采用，等效集中系数分别按原体系与简化体系的基本自振周期等效和地震作用效应等效确定。

1. 计算基本自振周期时

(1) 单跨或等高多跨厂房柱顶质点（图5-6）

$$g_1 = 1.0(G_{屋盖} + 0.5G_{雪} + 0.5G_{灰}) + 0.5G_{吊车梁} + 0.25(G_{柱} + G_{墙}) \tag{5-5}$$

(2) 一低一高不等高厂房的低跨与高跨柱顶质点（图5-7）

$$G_1 = 1.0(G_{低跨屋盖} + 0.5G_{低跨雪} + 0.5G_{低跨灰}) + 0.5G_{低跨吊车梁} + \\ 0.5G^*_{高跨吊车梁(中)} + 0.25(G_{低跨边柱} + G_{中柱下柱} + G_{低跨外墙}) + \\ 0.5(G_{中柱上柱} + G_{高跨封墙}) \tag{5-6}$$

$$G_2 = 1.0(G_{高跨屋盖} + 0.5G_{高跨雪} + 0.5G_{高跨灰}) + 0.5G_{高跨吊车梁(边)} + \\ 0.5G^*_{高跨吊车梁(中)} + 0.25(G_{高跨边柱} + G_{高跨外墙}) + \\ 0.5(G_{中柱上柱} + G_{高跨封墙}) \tag{5-7}$$

式中 * 表示高跨吊车梁的等效集中系数取值与所处位置有关，此处按高跨吊车梁位于高跨柱顶与低跨柱顶之间考虑，故取0.5。如果高跨吊车梁位于低跨屋盖标高处，则将高跨吊车梁集中到G_1，等效系数取1.0。

2. 计算地震作用时

(1) 单跨或等高多跨厂房柱顶的质点（图5-6）

$$G_1 = 1.0(G_{屋盖} + 0.5G_{雪} + 0.5G_{灰}) + 0.75G_{吊车梁} + 0.5(G_{柱} + G_{墙}) \tag{5-8}$$

(2) 一低一高不等高厂房的柱顶质点（图5-7）

$$G_1 = 1.0(G_{低跨屋盖} + 0.5G_{低跨雪} + 0.5G_{低跨灰}) + 0.75G_{低跨吊车梁} + \\ 0.75G^*_{高跨吊车梁(中)} + 0.5(G_{低跨边柱} + G_{中柱下柱} + G_{低跨外墙}) + \\ 0.5(G_{中柱上柱} + G_{高跨封墙}) \tag{5-9}$$

$$G_2 = 1.0(G_{高跨屋盖} + 0.5G_{高跨雪} + 0.5G_{高跨灰}) + 0.75G_{高跨吊车梁(边)} + \\ 0.75G^*_{高跨吊车梁(中)} + 0.5(G_{高跨边柱} + G_{高跨外墙}) + \\ 0.5(G_{中柱上柱} + G_{高跨封墙}) \tag{5-10}$$

(3) 集中于吊车梁顶面标高处的质点

在计算排架的地震作用时,假定吊车桥架在吊车梁顶面处为一单独集中质点,符号为 G_{cri},表示第 i 跨一台吊车桥架(不包括吊重)重力荷载产生的轮压在一根柱子上的牛腿反力。计算一台吊车桥架(不包括吊重)重力荷载所产生的轮压时,可近似认为大车自重居吊车跨度中央,小车自重全部作用在大车一侧轮子上。多跨厂房应每跨取一台吨位最大的吊车分别计算。集中重力荷载 G_{cri} 仅用于计算吊车桥架在此标高处产生的水平地震作用。

5.3.4 结构基本周期

1. 单跨或等高多跨厂房——单质点系

对于单跨或等高多跨厂房,可以采用能量法计算排架的基本自振周期,计算公式如下:

$$T_1 = 2\psi_T \sqrt{G\delta_{11}} \tag{5-11}$$

式中 G——按周期等效的柱顶质点重力荷载(kN),按式(5-5)计算确定;

ψ_T——排架基本自振周期修正系数,考虑屋架与柱顶连接节点及纵墙刚度对排架侧移的影响,由钢筋混凝土屋架或钢屋架与钢筋混凝土柱组成的排架,有纵墙时取 0.8,无纵墙时取 0.9;

δ_{11}——排架柱顶作用单位水平力时柱顶的侧移(图 5-10),单位 m/kN。

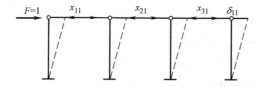

图 5-10 等高排架柔度系数计算简图

2. 一低一高不等高厂房或二低一高不等高厂房——两质点系

排架基本周期自振计算公式为

$$T_1 = 2\psi_T \sqrt{\frac{G_1 u_1^2 + G_2 u_2^2}{G_1 u_1 + G_2 u_2}} \tag{5-12}$$

$$u_1 = G_1 \delta_{11} + G_2 \delta_{12} \tag{5-13}$$

$$u_2 = G_1 \delta_{21} + G_2 \delta_{22} \tag{5-14}$$

式中 G_1、G_2——按周期等效的低跨柱顶和高跨柱顶质点的等效集中重力荷载(kN),按式(5-6)和式(5-7)计算确定;

δ_{11},δ_{21}——排架低跨柱顶作用单位水平力时,分别在低跨柱顶和高跨柱顶产生的侧移,单位 m/kN,见图 5-11(a);

δ_{12},δ_{22}——排架高跨柱顶作用单位水平力时,分别在低跨柱顶和高跨柱顶产生的侧移,单位 m/kN,见图 5-11(b);

u_1、u_2——在低跨柱顶 G_1 和高跨柱顶 G_2 共同作用下,分别在低跨柱顶和高跨柱顶产生的侧移,单位 m。

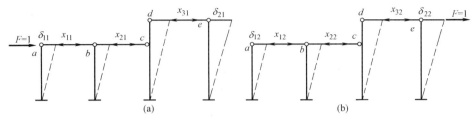

图 5-11 不等高排架柔度系数计算简图

5.3.5 平面排架横向水平地震作用计算

单层厂房的质量主要集中在柱顶，可以采用底部剪力法计算横向排架的地震作用。

1. 排架柱顶横向水平地震作用

排架横向总水平地震作用标准值及作用于排架各屋盖处的水平地震作用标准值按《建筑抗震设计标准》的底部剪力法公式计算，其中，G_{eq} 为集中到排架柱顶的等效总重力荷载，对不等高厂房，$G_{eq}=0.85\sum G_i$（$i=1,2,3\cdots$）。式中的 G_i 以及 G_{eq} 中的 G_i 分别按式（5-8）～式（5-10）确定。

2. 吊车桥架产生的横向水平地震作用（吊车梁顶面标高处）

一台吊车桥架重力荷载产生的作用于一根柱上的吊车水平地震作用标准值 F_{cri} 为：

$$F_{cri}=\alpha_1 G_{cri}\frac{h_{cri}}{H} \tag{5-15}$$

式中 G_{cri}——第 i 跨吊车桥架作用在一根柱上的重力荷载，其数值取一台吊车桥架自重轮压在一根柱上的牛腿反力；

h_{cri}——第 i 跨吊车梁顶面标高处的高度；

H——吊车所在跨柱顶的高度；

α_1——对应于厂房横向平面排架基本周期的地震影响系数。

当为多跨厂房时，各跨的吊车横向水平地震作用应分别进行计算。

3. 突出屋面天窗架的横向水平地震作用

对于有斜撑杆的三铰拱式钢筋混凝土和钢天窗架，可采用底部剪力法计算其横向水平地震作用。天窗架的横向水平地震作用标准值 F_{sl} 按下式计算：

$$F_{sl}=\frac{G_{sl}H_{sl}}{\sum_{j=1}^{n}G_jH_j}F_{Ek} \tag{5-16}$$

$$G_{sl}=1.0(G_{天窗屋盖}+0.5G_{天窗积雪}+0.5G_{天窗积灰}) \tag{5-17}$$

式中 G_{sl}——突出屋面部分天窗架的等效集中重力荷载代表值；

H_{sl}——天窗屋盖标高的高度，由厂房柱基础顶面算起；

F_{Ek}——结构总水平地震作用标准值；

G_j、H_j——集中于质点 j 的重力荷载代表值及质点 j 的计算高度。

5.3.6 横向平面排架地震作用效应的调整

1. 排架柱地震剪力和弯矩考虑空间工作和扭转影响的调整系数

《建筑抗震设计标准》规定，钢筋混凝土屋盖的单层钢筋混凝土柱厂房，按平面排架采用式（5-11）或式（5-12）计算结构基本自振周期，且按平面排架计算排架柱地震剪力和弯矩,当符合下列要求时,可考虑空间工作和扭转影响,调整排架柱的地震剪力和弯矩。

(1) 7度和8度;

(2) 厂房单元屋盖长度与总跨度之比小于8或厂房总跨度大于12m。屋盖长度指山墙到山墙的间距,仅一端有山墙时,应取所考虑排架至山墙的距离;高低跨相差较大的不等高厂房,总跨度可不包括低跨;

(3) 山墙的厚度不小于240mm,开洞所占的水平截面积不超过总面积的50%,并与屋盖系统有良好的连接;

(4) 柱顶高度不大于15m。

《建筑抗震设计标准》附录J规定,除高低跨交接处上柱以外的钢筋混凝土柱,排架柱的地震剪力和弯矩应分别乘表5-6中相应的调整系数。注意,仅对屋盖处水平地震作用产生的效应进行此项调整,调整的是除了高低跨交接处上柱以外的整个排架柱的其他各截面的地震内力。

钢筋混凝土柱(除高低跨交接处上柱外)考虑空间工作和扭转影响的效应调整系数　　　　表5-6

屋盖	山墙		屋盖长度(m)										
			≤30	36	42	48	54	60	66	72	78	84	90	96
钢筋混凝土无檩屋盖	两端山墙	等高厂房			0.75	0.75	0.75	0.80	0.80	0.80	0.85	0.85	0.85	0.90
		不等高厂房			0.85	0.85	0.85	0.90	0.90	0.90	0.95	0.95	0.95	1.00
	一端山墙		1.05	1.15	1.20	1.25	1.30	1.30	1.30	1.30	1.35	1.35	1.35	1.35
钢筋混凝土有檩屋盖	两端山墙	等高厂房			0.80	0.85	0.90	0.95	0.95	1.00	1.00	1.05	1.05	1.10
		不等高厂房			0.85	0.90	0.95	1.00	1.05	1.05	1.10	1.10	1.10	1.15
	一端山墙		1.0	1.05	1.10	1.10	1.15	1.15	1.15	1.20	1.20	1.20	1.25	1.25

2. 高低跨交接处钢筋混凝土上柱空间工作影响系数

大量震害表明,不等高厂房高低跨交接处中柱支承低跨屋盖牛腿以上柱截面普遍出现横向开裂,明显地反映了高振型地震作用的效应。因此,对于高低跨交接处的钢筋混凝土柱的支承低跨屋盖牛腿以上各截面,按底部剪力法求得的地震剪力和弯矩应乘增大系数,其值按下式采用:

$$\eta = \zeta \left(1 + 1.7 \frac{n_h}{n_0} \frac{G_{EL}}{G_{Eh}}\right) \tag{5-18}$$

式中 η——地震剪力和弯矩的增大系数;

ζ——不等高厂房高低跨交接处的空间工作影响系数,按表5-7采用;

n_h——高跨的跨数;

n_0——计算跨数,仅一侧有低跨时应取总跨数,两侧均有低跨时应取总跨数与高跨跨数之和;

G_{EL}——集中于交接处一侧各低跨屋盖标高处的总重力荷载代表值;

G_{Eh}——集中于高跨柱顶标高处的总重力荷载代表值。

注意,仅对屋盖处水平地震作用所产生的效应乘此调整系数,调整的是高低跨交接处上柱各个截面的地震内力,整个排架柱的其他各截面不做此项调整。

高低跨交接处钢筋混凝土上柱空间工作影响系数 表 5-7

屋盖	山墙	屋盖长度(m)									
		≤36	42	48	54	60	66	72	78	84	90	96
钢筋混凝土无檩屋盖	两端山墙		0.70	0.76	0.82	0.88	0.94	1.00	1.06	1.06	1.06	1.06
	一端山墙	1.25										
钢筋混凝土有檩屋盖	两端山墙		0.90	1.00	1.05	1.10	1.10	1.15	1.15	1.15	1.20	1.20
	一端山墙	1.05										

3. 吊车桥架引起的地震作用效应的增大系数

地震时，吊车桥架将引起厂房局部的强烈振动，增大了上柱的地震作用效应。因此，《建筑抗震设计标准》附录 J 规定，钢筋混凝土柱单层厂房的吊车梁顶标高处的上柱截面，由起重机桥架引起的地震剪力和弯矩应乘增大系数，当按底部剪力法等简化计算方法计算时，其值可按表 5-8 采用。

注意，此效应增大系数增大的只是由于吊车桥架产生的地震剪力和弯矩，仅对吊车所在跨左右柱的吊车梁顶面标高处的截面做此项调整。

桥架引起的地震剪力和弯矩增大系数 表 5-8

屋盖类型	山墙	边柱	高低跨柱	其他中柱
钢筋混凝土无檩屋盖	两端山墙	2.0	2.5	3.0
	一端山墙	1.5	2.0	2.5
钢筋混凝土有檩屋盖	两端山墙	1.5	2.0	2.5
	一端山墙	1.5	2.0	2.0

4. 突出屋面的顶部结构地震作用效应增大系数

《建筑抗震设计标准》规定，有斜撑杆的三铰拱式钢筋混凝土和钢天窗架的横向抗震计算可采用底部剪力法；跨度大于 9m 或 9 度时，混凝土天窗架的地震作用效应应乘以增大系数，其值可采用 1.5。

5.3.7 地震作用效应及与其组合的荷载效应计算

以两跨不等高排架为例说明地震作用效应及与其组合的荷载效应计算。

1. 厂房横向地震作用效应计算

（1）柱顶水平地震作用下排架内力计算

按图 5-12 所示计算简图计算排架柱地震剪力和弯矩，方法与持久设计状况下排架的内力分析相同。然后按 5.3.6 节中所述方法，对地震剪力和弯矩乘空间工作和扭转影响的调整系数（表 5-6、表 5-7）。

（2）吊车桥架引起的横向水平地震作用下排架内力计算

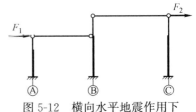
图 5-12 横向水平地震作用下排架计算简图

在吊车桥架引起的横向水平地震作用 F_{cri} 作用下，可按图 5-13 所示简图计算排架内力；当吊车吨位在 30t 以下时，也可近似地按柱顶为不动铰支座的计算简图（图 5-14）计算排架内力。吊车梁顶标高处的上柱截面的弯矩和剪力应乘增大系数（表 5-8）。

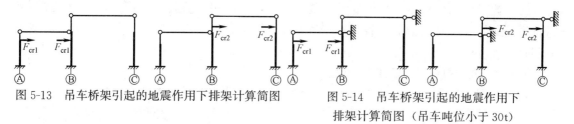

图 5-13 吊车桥架引起的地震作用下排架计算简图　　图 5-14 吊车桥架引起的地震作用下排架计算简图（吊车吨位小于 30t）

2. 与横向水平地震作用效应进行组合的荷载效应

根据《建筑与市政工程抗震通用规范》的规定，一般的单层厂房不需要考虑竖向地震作用。对于一般的建筑结构，风荷载的组合系数取 0.0。因吊车水平制动力或其他振动荷载的作用时间短暂，横向水平地震作用效应不考虑与吊车水平制动力和其他振动荷载（如锻锤、空压机、风机等）效应进行组合。

与横向水平地震作用效应进行组合的有以下几种荷载效应：
（1）结构自重重力荷载效应；
（2）50%屋面积雪荷载效应；
（3）50%屋面积灰荷载效应；
（4）AB 跨一台吊车桥架重力荷载效应；
（5）AB 跨一台吊车最大吊重重力荷载效应；
（6）BC 跨一台吊车桥架重力荷载效应；
（7）BC 跨一台吊车最大吊重重力荷载效应。

以上 7 项荷载效应的计算与持久设计状况下排架的内力分析方法相同。

5.3.8 地震作用效应与其他荷载效应的组合

地震作用效应与其他荷载效应按上述原则进行组合，组合时应注意下列问题：

（1）结构重力荷载代表值所产生的水平地震作用效应每次均应参与组合。

（2）重力荷载代表值包含结构自重、50%的雪荷载和 50%的屋面积灰荷载，因此，三者的重力荷载效应每次均应参与组合。

（3）吊车桥架所产生的水平地震作用效应按对排架柱截面最不利荷载效应组合的原则确定是否选取。每次组合最多考虑两台吊车。采用底部剪力法计算水平地震作用是按照第一振型考虑的，水平地震作用的方向可以向左也可以向右，内力组合时，吊车桥架的水平地震作用方向应与结构重力荷载代表值所产生的水平地震作用方向一致。

（4）吊车桥架自重重力荷载效应与吊车桥架水平地震作用效应必须对应同时选取。例如，选取了某跨的吊车桥架水平地震作用效应项，则必须同时选取该跨吊车桥架重力荷载效应项。是否选取该跨吊重的重力荷载效应项，按对排架柱截面最不利荷载效应组合的原则确定。

（5）对同一根柱的牛腿，吊车桥架自重荷载有最大反力 D'_{max} 作用和最小反力 D'_{min} 作用两种情况，每次内力组合只能选择一种。同样，吊重最大反力 D''_{max} 也分作用在某跨的左侧和右侧两种情况，每次只能选择一种。而且，吊重的位置应与吊车桥架小车的极限位置一致。例如：选择了吊车桥架自重重力荷载的最大反力 D'_{max} 作用于某跨的左侧，则吊

重最大反力 D''_{max} 也应作用在左侧。

（6）当上述结构自重、50%的雪荷载、50%的屋面积灰荷载、吊车桥架自重荷载和吊重自重荷载等效应对结构的承载力不利时，取分项系数大于等于1.3，当对结构的承载力有利时，取分项系数小于等于1.0。

5.3.9 横向排架的弹塑性变形验算

根据《建筑抗震设计标准》的规定，对位于8度Ⅲ、Ⅳ类场地和9度区的高大单层钢筋混凝土柱厂房横向排架，应进行罕遇地震作用下的排架上柱的弹塑性变形验算。高大厂房一般是指屋架的下弦标高大于或等于18m的单层钢筋混凝土柱厂房，或是起重量大于或等于75t的厂房，以及排架基本周期 $T_1 \geqslant 1.5s$ 的较柔厂房。

验算单层厂房排架柱的弹塑性变形时，不考虑厂房空间工作对地震作用的影响，也不考虑地震作用效应的调整。

《建筑抗震设计标准》规定，对于单层钢筋混凝土柱厂房可以采用简化方法验算弹塑性变形，步骤如下：

（1）计算罕遇地震作用标准值作用下在排架柱顶产生的地震剪力所引起的按平面排架弹性分析计算所得的上柱根部截面的地震弯矩 M_e；

（2）按排架上柱截面的实际配筋面积、材料强度标准值和轴向力计算正截面受弯承载力 M_y^a；

（3）计算排架柱的楼层屈服强度系数 ξ_y（$\xi_y = M_y^a / M_e$）；

（4）计算罕遇地震作用标准值作用下排架柱上柱的弹性位移 Δu_e；

（5）根据计算所得的 ξ_y 确定弹塑性位移增大系数 η_p；

（6）计算排架柱上柱在罕遇地震作用下的弹塑性位移 Δu_p，验算是否满足要求。对单层厂房上柱，弹塑性位移角限值为1/30。

5.4 钢筋混凝土柱设计

在持久设计状况下，承载能力极限状态设计包括柱正截面受压承载力计算、斜截面受剪承载力计算、牛腿局部受压承载力计算、牛腿受弯拉和斜截面受剪承载力计算；正常使用极限状态设计包括柱裂缝开展宽度验算、牛腿的裂缝控制验算。在地震设计状况下，承载能力极限状态设计包括柱正截面受压承载力计算、斜截面受剪承载力计算和牛腿受弯拉承载力计算。在短暂设计状况下，计算柱在吊装时的正截面受弯承载力和验算裂缝开展宽度。下面分别说明。

5.4.1 柱正截面受压承载力计算及纵筋构造要求

1. 柱正截面受压承载力计算

采用持久设计状况下基本组合的效应设计值和地震设计状况下地震组合的效应设计值进行正截面受压承载力计算，确定柱纵向受力钢筋的用量和配置。注意，地震设计状况下的受压承载力计算时，应采用承载力抗震调整系数 γ_{RE} 对地震组合的效应设计值进行调整。

单层厂房柱常采用对称配筋。当按偏心受压构件计算柱正截面受压承载力时，可按以下步骤选取不利内力：

(1) 计算控制截面界限破坏时对应的轴向力 N_b：

矩形截面 $\qquad N_b = \alpha_1 f_c b \xi_b h_0 \qquad$ (5-19)

I 形截面 $\qquad N_b = \alpha_1 f_c [b \xi_b h_0 + (b'_f - b) h'_f] \qquad$ (5-20)

当 $N \leqslant N_b$ 时，属于大偏心受压情况；

当 $N > N_b$ 时，属于小偏心受压情况。

(2) 根据大、小偏压判别条件，将柱内力组合表中各控制截面的所有内力划分为大偏心受压组和小偏心受压组。

(3) 对大偏心受压组，按照"弯矩相差不多时，轴力越小越不利；轴力相差不多时，弯矩越大越不利"的原则进行比较，选出最不利内力。

(4) 对小偏心受压组，按照"弯矩相差不多时，轴力越大越不利；轴力相差不多时，弯矩越大越不利"的原则进行比较，选出最不利内力。

当按轴心受压构件验算垂直于弯矩作用平面的受压承载力时，应在柱内力组合表中选取最大轴力作为控制截面的最不利内力。

单层厂房排架柱在排架方向和垂直排架方向的计算长度按表 5-9 采用。

刚性屋盖单层房屋排架柱、露天吊车柱和栈桥柱的计算长度 表 5-9

柱的类别		l_0		
		排架方向	垂直排架方向	
			有柱间支撑	无柱间支撑
无吊车房屋柱	单跨	1.5H	1.0H	1.2H
	两跨及多跨	1.25H	1.0H	1.2H
有吊车房屋柱	上柱	2.0H_u	1.25H_u	1.5H_u
	下柱	1.0H_l	0.8H_l	1.0H_l
露天吊车柱和栈桥柱		2.0H_l	1.0H_l	

注：1. 表中 H 为从基础顶面算起的柱子全高；H_l 为从基础顶面至装配式吊车梁底面或现浇式吊车梁顶面的柱子下部高度；H_u 为从装配式吊车梁底面或从现浇式吊车梁顶面算起的柱子上部高度。

2. 表中有吊车房屋排架柱的计算长度，当计算中不考虑吊车荷载时，可按无吊车房屋柱的计算长度采用，但上柱的计算长度仍可按有吊车房屋采用。

3. 表中有吊车房屋排架柱的上柱在排架方向的计算长度，仅适用于 H_u/H_l 不小于 0.3 的情况；当 H_u/H_l 小于 0.3 时，计算长度宜采用 2.5H_u。

2. 柱纵向受力钢筋的构造要求

柱中纵向受力钢筋直径不宜小于 12mm，全部纵向钢筋的配筋率不宜大于 5%；当偏心受压柱的截面高度不小于 600mm 时，在柱的侧面上应设置直径不小于 10mm 的纵向构造钢筋，并相应设置复合箍筋或拉筋；柱内纵向钢筋的净间距不应小于 50mm，且不宜大于 300mm；对于水平浇筑的预制柱，纵向钢筋的最小净间距不应小于 25mm 和钢筋直径；在偏心受压柱中，垂直于弯矩作用平面的侧面上的纵向受力钢筋，其中距不宜大于 300mm。

此外，混凝土保护层、钢筋的锚固长度、纵向钢筋的最小配筋率等应符合《混凝土结构设计标准》的相关规定。柱中纵向受力钢筋宜采用热轧带肋钢筋。

5.4.2 裂缝宽度验算

结构构件应根据结构类型和混凝土结构的环境类别，选用不同的裂缝控制等级及最大裂缝宽度限值 w_{lim}。室内干燥环境下混凝土结构的环境类别为一类，一类环境类别的钢筋混凝土结构的裂缝控制等级属于三级。

对于裂缝控制等级为三级的钢筋混凝土结构构件，可按荷载准永久组合并考虑长期作用影响的效应计算最大裂缝宽度 w_{max}，应符合下列规定：

$$w_{max} \leqslant w_{lim} \qquad (5-21)$$

处于工作状态的吊车，一般很少会停留在某一个位置上，所以在正常条件下，吊车荷载的作用都是短时间的。《建筑结构荷载规范》规定，厂房排架设计时，在荷载准永久组合中可不考虑吊车荷载。对于不上人屋面均布活荷载的准永久值系数为 0.0。风荷载的准永久值系数取为 0.0，也不考虑风荷载。雪荷载的准永久值系数应按雪荷载分区确定对于相对偏心距 $e_0/h_0 \leqslant 0.55$ 的偏心受压构件，可不验算裂缝宽度。

5.4.3 牛腿设计

1. 牛腿的截面尺寸

(1) 牛腿的截面尺寸应满足下列裂缝控制要求：

$$F_{vk} \leqslant \beta \left(1 - 0.5 \frac{F_{hk}}{F_{vk}}\right) \frac{f_{tk} b h_0}{0.5 + \dfrac{a}{h_0}} \qquad (5-22)$$

式中 F_{vk}——作用于牛腿顶部按荷载效应标准组合计算的竖向力值；

F_{hk}——作用于牛腿顶部按荷载效应标准组合计算的水平拉力值；

β——裂缝控制系数，支承吊车梁的牛腿取 0.65；其他牛腿取 0.80；

a——竖向力的作用点至下柱边缘的水平距离，应考虑安装偏差 20mm；当考虑安装偏差后的竖向力作用点仍位于下柱截面以内时取等于 0；

b——牛腿宽度；

h_0——牛腿与下柱交接处的垂直截面有效高度，取 $h_1 - a_s + c\tan\alpha$；当 α 大于 45°时，取 45°，c 为下柱外边缘到牛腿外边缘的水平长度。

(2) 牛腿截面尺寸的构造规定

牛腿的截面尺寸除应满足式 (5-22) 的要求外，还应满足图 5-15 的构造规定。

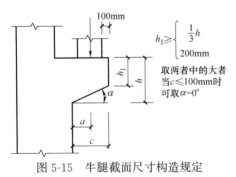

图 5-15 牛腿截面尺寸构造规定

(3) 局部压应力验算

为防止牛腿垫板下混凝土发生局部受压破坏，由竖向力 F_{vk} 所引起的局部压应力应满足下式的要求：

$$\frac{F_{vk}}{A} \leqslant 0.75 f_c \qquad (5-23)$$

式中 A——牛腿面上的局部受压面积（加载板面积），$A = ab$，其中，a、b 分别为垫板的长度和宽度。

如果不满足上式的要求，则应采取加大受压面积，提高混凝土强度等级或设置钢筋网等有效措施。

2. 牛腿纵向受力钢筋计算及构造要求

(1) 持久设计状况下纵筋计算

在牛腿中，由承受竖向力所需的受拉钢筋截面面积和承受水平拉力所需的锚筋截面面积所组成的纵向受力钢筋的总截面面积，应符合下列规定：

$$A_s \geqslant \frac{F_v a}{0.85 f_y h_0} + 1.2 \frac{F_h}{f_y} \tag{5-24}$$

当 a 小于 $0.3h_0$ 时，取 a 等于 $0.3h_0$。

式中 F_v——作用在牛腿顶部的竖向力设计值；

F_h——作用在牛腿顶部的水平拉力设计值。

(2) 地震设计状况下纵筋计算

在地震组合的竖向力和水平拉力作用下，不等高厂房中，支承低跨屋盖的柱牛腿（柱肩）的纵向受拉钢筋截面面积，应按下式确定：

$$A_s \geqslant \left(\frac{N_G a}{0.85 h_0 f_y} + 1.2 \frac{N_E}{f_y} \right) \gamma_{RE} \tag{5-25}$$

式中 A_s——纵向水平受拉钢筋的截面面积；

N_G——柱牛腿面上重力荷载代表值产生的压力设计值；

a——重力作用点至下柱近侧边缘的距离，当小于 $0.3h_0$ 时采用 $0.3h_0$；

h_0——牛腿最大竖向截面的有效高度；

N_E——柱牛腿面上地震组合的水平拉力设计值；

f_y——钢筋抗拉强度设计值；

γ_{RE}——承载力抗震调整系数，可采用 1.0。

支承低跨屋盖的中柱牛腿（柱肩）的预埋件，应与牛腿（柱肩）中按计算承受水平拉力部分的纵向钢筋焊接，且焊接的钢筋，6 度和 7 度时不应少于 2Φ12，8 度时不应少于 2Φ14，9 度时不应少于 2Φ16。

(3) 构造要求

沿牛腿顶部配置的纵向受力钢筋，宜采用 HRB400 级或 HRB500 级热轧带肋钢筋。全部纵向受力及弯起钢筋宜沿牛腿外边缘向下伸入下柱内 150mm 后截断（图 5-17）。

纵向受力钢筋及弯起钢筋伸入上柱的锚固长度，当采用直线锚固时，不应小于纵向受拉钢筋的锚固长度 l_a，受拉钢筋的基本锚固长度 l_{ab} 按下式计算：

$$l_{ab} = \alpha \frac{f_y}{f_t} d \tag{5-26}$$

式中 f_y——锚固钢筋的抗拉强度设计值；

f_t——锚固区混凝土轴心抗拉强度设计值，当混凝土强度等级高于 C60 时，按 C60 取值；

d——锚固钢筋的直径；

α——锚固钢筋的外形系数，带肋钢筋 $\alpha=0.14$。

纵向受拉钢筋的锚固长度应根据锚固条件对基本锚固长度乘以锚固长度修正系数，修正后的锚固长度不应小于 200mm。

当上柱尺寸不足时，牛腿纵向受力钢筋及弯起钢筋应伸至上柱外侧纵向钢筋内边并向下弯折，其包含弯弧段在内的水平投影长度不应小于 $0.4l_a$，包含弯弧段在内的垂直投影长度不应小于 $15d$，此时，锚固长度应从上柱内边算起（图 5-16、图 5-17）。

当牛腿设于上柱柱顶时，宜将牛腿对边的柱外侧纵向受力钢筋沿柱顶水平弯入牛腿，作为牛腿纵向受拉钢筋使用。当牛腿顶面纵向受拉钢筋与牛腿对边的柱外侧纵向钢筋分开配置时，牛腿顶面纵向受拉钢筋应弯入柱外侧，应与柱外侧纵向钢筋可靠搭接，并应符合《混凝土结构设计标准》有关钢筋搭接的规定。

承受竖向力所需的纵向受力钢筋的配筋率不应小于 0.2% 及 $0.45f_t/f_y$，也不宜大于 0.6%，钢筋根数不宜少于 4 根，直径不宜小于 12mm（图 5-16）。

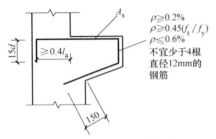

图 5-16 牛腿内纵向受拉钢筋的构造要求

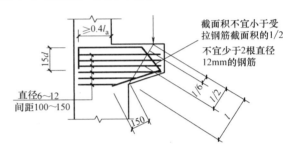

图 5-17 牛腿内箍筋及弯筋的构造要求

3. 牛腿箍筋及弯筋的构造要求

当牛腿的截面尺寸满足式（5-22）的斜截面抗裂要求后，可不进行斜截面受剪承载力计算，只需按以下构造要求配置水平箍筋和弯起钢筋（图 5-17）。

牛腿水平箍筋的直径宜为 6～12mm，间距宜为 100～150mm，在上部 $2h_0/3$ 范围内的箍筋总截面面积不宜小于承受竖向力的受拉钢筋截面面积的 1/2。

当牛腿的剪跨比不小于 0.3 时，宜设置弯起钢筋。弯起钢筋宜采用 HRB400 级或 HRB500 级热轧带肋钢筋，并宜使其与集中荷载作用点到牛腿斜边下端点连线的交点位于牛腿上部 $l/6～l/2$ 之间的范围内，l 为该连线的长度（图 5-17），弯起钢筋截面面积不宜小于承受竖向力的受拉钢筋截面面积的 1/2，且不宜少于 2 根直径 12mm 的钢筋（图 5-17）。纵向受拉钢筋不得兼做弯起钢筋。

牛腿内设置的弯起钢筋，宜沿牛腿外缘伸入下柱 $15d$ 后截断。弯起钢筋伸入上柱的锚固长度，与纵向受力钢筋伸入上柱的锚固长度要求相同。

5.4.4 施工阶段柱吊装验算

1. 吊装验算时的计算简图和计算截面

柱在吊装时的受力情况与使用阶段不同，故应按吊装时的受力状态和荷载设计值进行吊装验算。荷载为柱子自重，同时应考虑吊装时的动力作用，动力系数可取 1.5。柱在平吊和翻身吊装时，吊点一般设在牛腿根部，当吊点离开地面时，为柱子的最不利受力状态，其计算简图为悬臂外伸梁，如图 5-18 所示。一般取上柱底、牛腿根部和下柱跨中三个截面作为控制截面。

按平吊方式验算时，对于矩形截面柱，分别取柱截面的长边和短边作为简支外伸梁计算截面的宽度和高度。对于 I 形截面柱，不计腹板的作用，近似将两个翼缘合并成一个矩形截面考虑，取两倍的翼缘厚度为该矩形截面的宽度，取翼缘宽度作为该矩形截面的高度，如图 5-19（b）所示。截面内只考虑两翼缘最外边的上、下钢筋作为受弯钢筋，如在翼缘最外边还有构造用架立钢筋，可计入受弯钢筋。按翻身吊方式验算时，不论矩形或I形截面柱，吊装验算时的计算截面与正截面受压承载力计算时的计算截面完全相同，布置于两侧翼缘的受力钢筋可全部作为受弯钢筋计算（图 5-19a）。

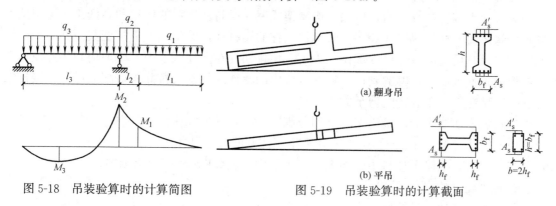

图 5-18　吊装验算时的计算简图　　　　图 5-19　吊装验算时的计算截面

2. 受弯承载力验算

按受弯构件验算正截面受弯承载力，柱自重重力荷载分项系数取 1.3。按《建筑结构可靠性设计统一标准》的规定，当结构的安全等级为二级时，短暂设计状况下的结构重要性系数 γ_0 取 1.0。

3. 裂缝宽度验算

柱在吊装阶段的裂缝宽度验算，《混凝土结构设计标准》未作专门的规定，可以按照使用阶段允许出现裂缝的控制等级计算。裂缝宽度计算公式中按荷载准永久组合计算的纵向受拉钢筋应力 σ_{sq} 可按下式计算：

$$\sigma_{sq}=\frac{M_q}{0.87h_0 A_s} \tag{5-27}$$

式中　M_q——按荷载准永久组合计算的弯矩值。

当吊装验算不满足要求时，应优先采用调整吊点位置或增加吊点以减小计算截面弯矩或采用夹板等临时加固措施来解决；当上下柱变截面处配筋不足时，可在局部区段配置短钢筋。

5.4.5　柱斜截面受剪承载力计算及箍筋构造要求

1. 持久设计状况下

一般单层厂房钢筋混凝土柱的斜截面受剪承载力较大，而剪力比较小，箍筋数量由构造要求确定。持久设计状况下箍筋的设置应满足下列要求：

（1）箍筋的直径不应小于 $d/4$，且不应小于 6mm，d 为纵向钢筋的最大直径。

（2）箍筋间距不应大于 400mm 及构件截面的短边尺寸，且不应大于 $15d$，d 为纵向受力钢筋的最小直径。

（3）柱的周边箍筋应做成封闭式，且末端应做成 135°弯钩，弯钩末端平直段长度不应小于 $5d$，d 为箍筋直径。

（4）当柱截面短边尺寸大于 400mm 且各边纵向钢筋多于 3 根时，或当柱截面短边尺寸不大于 400mm 但各边纵向钢筋多于 4 根时，应设置复合箍筋。

(5) 当柱中全部纵向受力钢筋的配筋率大于3%时，箍筋直径不应小于8mm，间距不应大于10d，且不应大于200mm，d 为纵向受力钢筋的最小直径。箍筋末端应做成135°弯钩，且弯钩末端平直段长度不应小于箍筋直径的10倍。

2. 地震设计状况下

国内地震震害调查表明，单层厂房屋架或屋面梁与柱连接的柱顶和高低跨厂房交接处支承低跨屋盖的柱牛腿损坏较多，阶形柱上柱的震害往往发生在上下柱变截面处（上柱根部）和与吊车梁上翼缘连接的部位。为了避免排架柱在上述区段内产生剪切破坏并使排架柱在形成塑性铰后有足够的延性，这些区段内的箍筋应加密。按此构造配箍后，铰接排架柱在一般情况下可不进行受剪承载力计算。

有抗震设防要求的铰接排架柱下列范围内柱的箍筋应加密：

(1) 柱头，取柱顶以下500mm并不小于柱截面长边尺寸；
(2) 上柱，取阶形柱自牛腿面至吊车梁顶面以上300mm高度范围内；
(3) 牛腿（柱肩），取全高；
(4) 柱根，取下柱柱底至室内地坪以上500mm；
(5) 柱间支撑与柱连接节点和柱变位受平台等约束的部位，取节点上、下各300mm。

加密区箍筋间距不应大于100mm，箍筋肢距和最小直径应符合表5-10的规定。

柱加密区箍筋最大肢距和最小箍筋直径 表5-10

烈度和场地类别		6度和7度Ⅰ、Ⅱ类场地	7度Ⅲ、Ⅳ类场地和8度Ⅰ、Ⅱ类场地	8度Ⅲ、Ⅳ类场地和9度
箍筋最大肢距(mm)		300	250	200
箍筋最小直径	一般柱头和柱根	Φ6	Φ8	Φ8(Φ10)
	角柱柱头	Φ8	Φ10	Φ10
	上柱牛腿和有支撑的柱根	Φ8	Φ8	Φ10
	有支撑的柱头和柱变位受约束部位	Φ8	Φ10	Φ12

注：括号内数值用于柱根。

5.5 钢筋混凝土柱下单独基础设计

柱下独立基础根据其受力性能可分为轴心受压基础和偏心受压基础两类。在基础的形式和埋置深度确定后，还包括以下设计内容：在持久设计状况下，地基承载力计算和变形验算（地基基础设计等级为丙级的建筑，当符合一定条件时可不验算地基变形）、基础受冲切或受剪承载力计算以及基础底板受弯承载力计算；当基础的混凝土强度等级小于柱的混凝土强度等级时，还应验算柱下基础顶面的局部受压承载力；对于一些地质条件比较复杂的地基或地下构筑物存在上浮的情况，尚应进行地基的稳定性验算或抗浮验算。根据《建筑抗震设计标准》的规定，在地震设计状况下，应验算天然地基和基础的抗震承载力（对地基主要受力层范围内不存在软弱黏性土层的一般单层厂房可不进行天然地基及基础的抗震承载力验算）。

本节主要介绍持久设计状况下柱下独立基础的地基承载力计算、基础受冲切承载力、受剪承载力、底板受弯承载力计算以及基础的构造要求。

5.5.1 地基承载力计算

根据地基承载力计算确定基础的底面尺寸。由于基础刚度较大，假定在上部结构传来的荷载及基础和覆土重力荷载作用下，基础底面的压力为线性分布。

1. 轴心受压基础

在轴心荷载作用下，基础底面的压力为均匀分布，如图 5-20 所示，设计时应满足下式的要求：

$$p_k = \frac{N_k + G_k}{A} \leqslant f_a \tag{5-28}$$

式中 p_k——相应于作用的标准组合时，基础底面处的平均压力值；
  N_k——相应于作用的标准组合时，上部结构传至基础顶面的竖向力值；
  G_k——基础自重和基础上的土重，可近似取 $G_k = \gamma_m dA$；
  A——基础底面面积，$A = bl$，b、l 为基础底面的边长；
  f_a——经过深度和宽度修正后的地基承载力特征值。

将 $G_k = \gamma_m dA$ 代入式（5-28），可得基础底面面积为

$$A \geqslant \frac{N_k}{f_a - \gamma_m d} \tag{5-29}$$

式中 γ_m——基础与其上填土的平均重度，可取 $\gamma_m = 20 \text{kN/m}^3$；
  d——基础的埋置深度，宜自室外地面标高算起。

应用式（5-29）时，先采用经深度修正后的地基承载力特征值，根据计算得到的底面面积确定基础的长度和宽度，假如基础宽度 b 大于 3m，还应对地基承载力特征值做宽度的修正，重新进行上述计算。

2. 偏心受压基础

偏心受压基础在轴力和弯矩的共同作用下，基础底面的压力分布如图 5-21 所示。需要先估算基础底面面积，然后，按以下步骤验算地基承载力并确定基础底面面积：

(1) 按轴心受压基础初步估算底面面积。先按式（5-29）计算基础底面面积，再适当放大 10%～40%。偏心受压基础底面一般采用矩形，长、短边之比一般为 1.5～2，多用 1.5 左右。基础边长应为 100mm 的倍数。

(2) 计算基础底面内力。相应于作用的标准组合时，基础底面处的弯矩、轴向压力和剪力值分别按下列公式计算：

$$N_{bk} = N_k + G_k + N_{wk} \tag{5-30}$$

$$M_{bk} = M_k \pm V_k h \pm N_{wk} e_w \tag{5-31}$$

$$V_{bk} = V_k \tag{5-32}$$

式中 M_{bk}、N_{bk}、V_{bk}——相应于作用的标准组合时，作用于基础底面处的弯矩、竖向压力和剪力值；
  M_k、N_k、V_k——相应于作用的标准组合时，作用于基础顶面处的弯矩、轴向压力和剪力值；
  N_{wk}——相应于作用的标准组合时，基础梁传来的竖向力值；

e_w——基础梁中心线至基础底面中心线的距离；

h——基础高度。

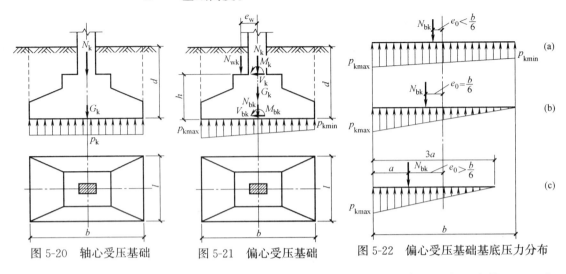

图 5-20 轴心受压基础　　图 5-21 偏心受压基础　　图 5-22 偏心受压基础基底压力分布

（3）计算基底压力值。相应于作用的标准组合时基础底面边缘的最大压力值 p_{kmax} 和最小压力值 p_{kmin}，可按下列公式计算：

$$\frac{p_{kmax}}{p_{kmin}} = \frac{N_{bk}}{A} \pm \frac{M_{bk}}{W} \qquad (5-33)$$

式中　p_{kmax}、p_{kmin}——相应于作用的标准组合时，基础底面边缘的最大和最小压力值；

W——基础底面的弹性抵抗矩，$W = lb^2/6$；

l——垂直于弯矩作用方向的基础底面边长；

A——基础底面面积，$A = b \times l$，b 为基础底面宽度（即：弯矩作用方向的基础底面边长）。

根据 $e_0 = M_{bk}/N_{bk}$ 的不同，由式（5-33）所得的基底压力分布如图 5-22 所示。当 $e_0 > b/6$ 时（图 5-22c），应按下式重新计算最大基底压力值：

$$p_{kmax} = \frac{2N_{bk}}{3al} \qquad (5-34)$$

式中　a——基底偏心压力 N_{bk} 作用点至基础底面最大压力边缘的距离，$k = \frac{b}{2} - e_0$。

（4）验算地基承载力。对于偏心受压基础，由式（5-33）或式（5-34）所得基底压力应满足下列要求：

$$\frac{p_{kmax} + p_{kmin}}{2} \leqslant f_a \qquad (5-35)$$

$$p_{kmax} \leqslant 1.2 f_a \qquad (5-36)$$

如果地基承载力不满足要求，可调整基础底面面积，重复上述步骤直至满足要求。

5.5.2 基础受冲切、受剪承载力计算

1. 基础受冲切承载力计算

为防止基础发生冲切破坏，当柱冲切破坏锥体落在基础底面以内时，柱与基础交接处（图 5-23a）以及基础变阶处（图 5-23b）的受冲切承载力应符合下列规定：

$$F_l \leqslant 0.7\beta_{hp} f_t a_m h_0 \quad (5\text{-}37)$$
$$F_l = p_j A_l \quad (5\text{-}38)$$
$$a_m = \frac{a_t + a_b}{2} \quad (5\text{-}39)$$

式中 F_l——相应于作用的基本组合时,作用在 A_l 上的地基土净反力设计值;

β_{hp}——受冲切承载力截面高度影响系数,当 h 不大于 800mm 时,β_{hp} 取 1.0;当 h 大于或等于 2000mm 时,β_{hp} 取 0.9,其间按线性内插法取用;

f_t——混凝土轴心抗拉强度设计值;

p_j——扣除基础自重及其上土重后相应于作用的基本组合时的地基土单位面积净反力,对偏心受压基础可取基础边缘处最大地基土单位面积净反力;

A_l——冲切验算时取用的部分基底面积(图 5-23 中的阴影面积 $ABCDEF$);

a_m——冲切破坏锥体最不利一侧的计算长度;

a_t——冲切破坏锥体最不利一侧斜截面的上边长,当计算柱与基础交接处的受冲切承载力时,取柱宽;当计算基础变阶处的受冲切承载力时,取上阶宽;

a_b——冲切破坏锥体最不利一侧斜截面在基础底面积范围内的下边长,当冲切破坏锥体的底面落在基础底面以内,计算柱与基础交接处的受冲切承载力时,取柱宽加两倍基础有效高度;当计算基础变阶处的受冲切承载力时,取上阶宽加两倍该处的基础有效高度;

h_0——基础冲切破坏锥体的有效高度。

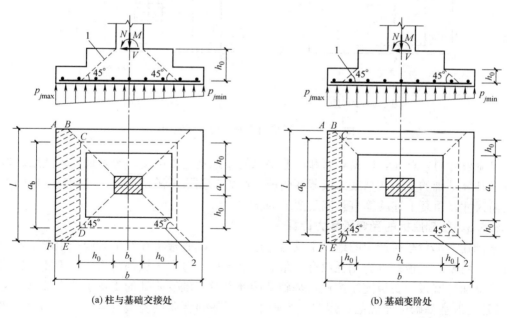

(a) 柱与基础交接处 (b) 基础变阶处

图 5-23 计算阶形基础的受冲切承载力截面位置
1—冲切破坏锥体最不利一侧斜截面;2—冲切破坏锥体的底面线

2. 基础截面受剪承载力计算

对基础底面短边尺寸小于或等于柱宽加两倍基础有效高度的柱下独立基础,柱与基础交接处（图 5-24a）及变阶处（图 5-24b）截面受剪承载力应符合下式的要求：

$$V_s \leqslant 0.7\beta_{hs} f_t A_0 \tag{5-40}$$

$$\beta_{hs} = \left(\frac{800}{h_0}\right)^{1/4} \tag{5-41}$$

式中 V_s——相应于作用的基本组合时，柱与基础交接处的剪力设计值，图 5-24 中的阴影面积（ABCD）乘基底平均净反力；

β_{hs}——受剪切承载力截面高度影响系数，当 $h_0 < 800\mathrm{mm}$ 时，取 $h_0 = 800\mathrm{mm}$；当 $h_0 > 2000\mathrm{mm}$ 时，取 $h_0 = 2000\mathrm{mm}$；

A_0——验算截面处基础的有效截面面积。当验算截面为阶形或锥形时，可将其截面折算成矩形截面，截面的折算宽度和截面的有效高度按照《建筑地基基础设计规范》的附录 U 计算。

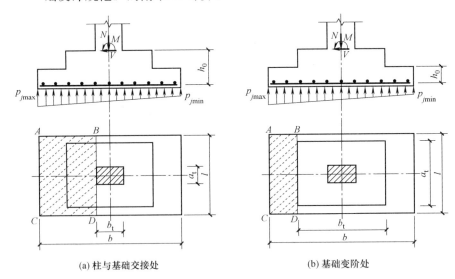

图 5-24　阶形基础受剪承载力示意图

基础设计时，首先，根据经验和构造要求初步拟定基础高度、台阶尺寸；然后，按上述要求计算基础的受冲切承载力或截面受剪承载力，如果不满足要求，可调整基础的高度或台阶尺寸，重复上述验算直至满足要求为止。

5.5.3　基础底板的受弯承载力计算

基础在上部荷载所产生的地基土反力作用下，基础底板将在两个方向产生弯矩，为简化计算，将基础底板划分为相互没有联系的四个区块，每个区块都视为固定于柱周边的倒置的变截面悬臂板，底板配筋按柱与基础交接处以及基础变阶处的受弯承载力计算确定。

《建筑地基基础设计规范》规定，当矩形独立基础台阶的宽高比小于或等于 2.5 时，认为基底反力呈直线分布，可按如下方法计算基础与柱交接处及变阶处截面的弯矩。

1. 轴心受压基础

柱与基础交接处（图 5-25a）L-L 和 B-B 截面产生的弯矩设计值为

$$M_L = \frac{p_j}{24}(b-b_t)^2(2l+a_t) \tag{5-42}$$

$$M_B = \frac{p_j}{24}(l-a_t)^2(2b+b_t) \tag{5-43}$$

按照《建筑地基基础设计规范》的规定，L-L 和 B-B 截面所需的受力钢筋截面面积分别按下列公式计算：

$$A_{sL} = \frac{M_L}{0.9h_0 f_y} \tag{5-44}$$

$$A_{sB} = \frac{M_B}{0.9(h_0-d)f_y} \tag{5-45}$$

式中　h_0——L-L 计算截面处基础的有效高度；
　　　d——受力钢筋直径；
　　　f_y——钢筋的抗拉强度设计值。
　　p_j 含义同公式（5-38）。

当计算基础变阶处（图 5-25b）L-L 和 B-B 截面由基础底面地基反力设计值产生的弯矩时，式（5-42）和式（5-43）中的 a_t 和 b_t 应取为台阶的宽度和长度。L-L 和 B-B 截面的钢筋截面面积仍按式（5-44）和式（5-45）计算，但式中的 h_0 应为变阶处的截面有效高度。

基础底板两个方向的配筋均应取柱与基础交接处以及基础变阶处计算所得钢筋截面积的较大者。

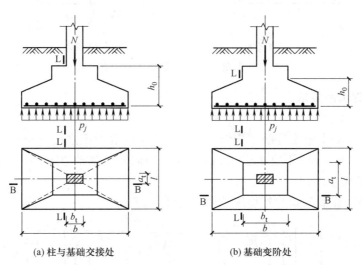

(a) 柱与基础交接处　　　　(b) 基础变阶处

图 5-25　基础底板的受弯承载力计算截面

2. 偏心受压基础

对于偏心距小于或等于 1/6 基础宽度的偏心受压基础，（基础底面与地基土之间不出现零应力区）如图 5-26 所示，《建筑地基基础设计规范》给出了计算任意截面弯矩的公式，按此公式得到柱与基础交接处（图 5-26a）L-L 和 B-B 截面的弯矩如下：

$$M_L = \frac{1}{48}(b-b_t)^2[(2l+a_t)(p_{j,\max}+p_{j,L})+(p_{j,\max}-p_{j,L})l] \tag{5-46}$$

$$M_B = \frac{1}{48}(l-a_t)^2(2b+b_t)(p_{j,\max}+p_{j,\min}) \tag{5-47}$$

式中 $p_{j,\max}$、$p_{j,\min}$——相应于荷载效应的基本组合时,基础底面边缘的最大和最小地基净压力设计值;

$p_{j,L}$——相应于荷载效应的基本组合时,柱与基础交接处基础底面地基净反力设计值。

当计算基础变阶处(图5-26b) L-L 和 B-B 截面由基础底面地基反力设计值产生的弯矩以及计算底板配筋时,式(5-46)和式(5-47)中的 a_t 和 b_t 应取为台阶的宽度和长度。式(5-46)中的 $p_{j,L}$ 应取变阶处的基础底面地基净反力设计值。

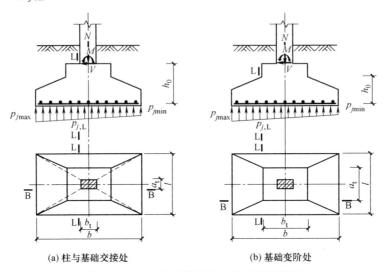

(a) 柱与基础交接处 (b) 基础变阶处

图 5-26 基础底板的受弯承载力计算截面

5.5.4 基础构造要求

1. 材料

基础采用的混凝土强度等级不应低于C25;垫层的混凝土强度等级不宜低于C10,垫层的厚度一般为100mm,不宜小于70mm,垫层四周伸出基础边缘100mm。

2. 基础外形尺寸

锥形基础和阶梯形基础的外形尺寸要求见图5-27和图5-28。

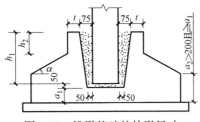

图 5-27 锥形基础的外形尺寸

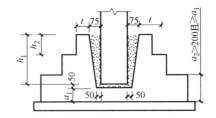

图 5-28 阶梯形基础的外形尺寸

(1) 杯口深度

杯口的深度等于柱的插入深度 h_1+50mm,一般 h_1 可按表5-11选用,杯口深度应满足柱内纵向钢筋的锚固长度 $l_a(l_{aE})$ 及吊装时柱的稳定性要求(即不小于吊装时柱长的0.05倍)。在任何情况下,h_1 值不得小于500mm。

柱的插入深度 h_1 (mm) 表 5-11

矩形或I形柱				双肢柱
h_c＜500	500≤h_c＜800	800≤h_c≤1000	h_c＞1000	
h_c～1.2h_c	h_c	0.9h_c 且≥800	0.8h_c ≥1000	(1/3～2/3)h_a (1.5～1.8)h_b

注：1. h_c 为柱截面长边尺寸；h_a 为双肢柱全截面长边尺寸；h_b 为双肢柱全截面短边尺寸；
2. 柱轴心受压或小偏心受压时，h_1 可适当减小，偏心距大于 2h_c 时，h_1 应适当加大。

（2）杯底厚度和杯壁厚度

基础的杯底厚度和杯壁厚度可按表 5-12 选用。

基础的杯底厚度和杯壁厚度 表 5-12

柱截面长边尺寸 h_c(mm)	杯底厚度 a_1(mm)	杯壁厚度 t(mm)
h_c＜500	≥150	150～200
500≤h_c＜800	≥200	≥200
800≤h_c＜1000	≥200	≥300
1000≤h_c＜1500	≥250	≥350
1500≤h_c＜2000	≥300	≥400

注：1. 双肢柱的杯底厚度值，可适当加大；
2. 当有基础梁时，基础梁下的杯壁厚度，应满足其支承宽度的要求；
3. 柱子插入杯口部分的表面应凿毛，柱子与杯口之间的空隙，应用比基础混凝土强度等级高一级的细石混凝土充填密实，当达到材料强度的 70% 以上时，方能进行上部吊装。

（3）台阶高度

锥形基础的边缘高度 a_2 应大于或等于杯底厚度 a_1 和 1/4h_c（h_c 为预制柱的截面高度）并不宜小于 200mm，且两个方向的坡度不宜大于 1：3。

钢筋混凝土阶梯形基础的每阶高度宜为 300～500mm，当基础高度 h≤500mm 时宜采用一阶；当 500＜h≤900mm 时宜采用二阶；当 h＞900mm 时宜采用三阶。

3. 配筋构造要求

基础底板受力钢筋最小配筋率不应小于 0.15%，最小直径不应小于 10mm，间距不应大于 200mm，也不应小于 100mm。短边方向的钢筋应置于长边方向钢筋之上。当有垫层时钢筋保护层厚度不应小于 40mm；无垫层时不应小于 70mm。

计算最小配筋率时，对阶形或锥形基础截面，可将其截面折算成矩形截面，截面的折算宽度和截面的有效高度，按《建筑地基基础设计规范》附录 U 计算。

当柱下钢筋混凝土独立基础的边长大于或等于 2.5m 时，底板受力钢筋的长度可取边长的 0.9 倍，并宜交错布置，见图 5-29。

当柱下独立基础底面长短边之比 ω 在大于或等于 2、小于或等于 3 的范围时，基础底板短向钢筋应按下述方法布置：将短向全部钢筋面积乘以 λ 后求得的钢筋数量，均匀分布在与柱中心线重合的宽度等于基础短边的中间带宽范围内（图 5-30），其余的短向钢筋则均匀分布在中间带宽的两侧。长向钢筋应均匀分布在基础全宽范围内。λ 按下式计算：

$$\lambda = 1 - \frac{\omega}{6} \tag{5-48}$$

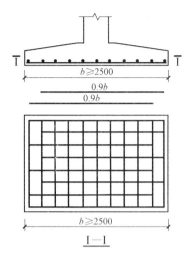

图 5-29 柱下独立基础底板受力钢筋布置

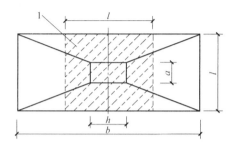

图 5-30 基础底板短向钢筋布置示意图

1—λ 倍短向全部钢筋面积均匀布置在阴影范围内

钢筋混凝土柱纵向受力钢筋在基础内的锚固长度 l_a 及在地震区钢筋的抗震锚固长度 l_{aE} 应根据现行国家标准《混凝土结构设计标准》的有关规定确定。当基础高度小于 l_a (l_{aE}) 时,纵向受力钢筋的锚固总长度除应符合上述要求外,其最小直锚段的长度不应小于 $20d$,弯折段的长度不应小于 150mm。

当柱为轴心受压或小偏心受压且 $t/h_2 \geq 0.65$ 时,或大偏心受压且 $t/h_2 \geq 0.75$ 时,杯壁可不配筋;当柱为轴心受压或小偏心受压且 $0.5 \leq t/h_2 < 0.65$ 时,杯壁可按表 5-13 构造配筋,配筋方式见图 5-31;其他情况下,应按计算配筋。

杯壁构造配筋 表 5-13

柱截面长边尺寸(mm)	$h_c < 1000$	$1000 \leq h_c < 1500$	$1500 \leq h_c \leq 2000$
钢筋直径(mm)	8~10	10~12	12~16

注:表中钢筋置于杯口顶部,每边两根。

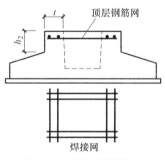

图 5-31 杯口配筋构造

5.6 地震设计状况下厂房纵向抗震计算

根据厂房的不同情况,纵向抗震计算可以采用空间分析法、修正刚度法、拟能量法和柱列分片计算法。本节依据一般土木工程专业本科毕业设计所涉及的厂房类型，介绍厂房纵向抗震计算的拟能量法。拟能量法仅适用于钢筋混凝土无檩和有檩屋盖的两跨不等高厂房的纵向地震作用计算。

拟能量法是以剪扭振动空间分析结果为标准，运用"能量法"原理，进行试算对比，找出各柱列按跨度中线划分质量的调整系数，从而得到各柱列作为分离体时的有效质量。然后，用能量法公式确定整个厂房的振动周期，并按单独柱列分别计算出各个柱列的水平地震作用。

5.6.1 柱间支撑布置及杆件截面的初步拟定

柱间支撑一般包括上柱柱间支撑和下柱柱间支撑。阶形柱的上柱柱间支撑布置在柱子截面的形心轴线上，其上、下节点分别设在上柱的柱顶和根部；当下柱截面为I形时，下柱柱间支撑布置在下柱截面翼缘部分的形心轴线上，其上、下节点分别设在牛腿顶面和基础顶面（或室内地面标高）。

柱间支撑的形式有十字交叉形支撑、空腹门形支撑、实腹门形支撑、八字形支撑、斜柱形支撑和人字形支撑六类。一般情况下宜采用十字交叉形支撑。交叉杆件的倾角一般做成35°~55°。在特殊情况下，如因生产工艺的要求及结构空间的限制，可以采用其他支撑形式。当柱距与支撑高度比大于等于2时，可采用人字形支撑；当柱距与支撑高度比大于等于2.5时，可采用八字形支撑。

为减小柱间支撑在支撑平面外的计算长度，可将两个柱肢平面内的两片柱间支撑以缀条连接。当两片支撑间距等于或小于600mm时采用直缀条；当两片支撑间距大于600mm时采用斜缀条连接。

柱间支撑一般采用钢结构，钢结构支撑拉杆宜采用单角钢或双角钢，压杆采用双角钢组成的十字形或T字形截面。

柱间支撑的最小截面，采用角钢时不小于∟75×6；采用槽钢时不小于[12。柱间支撑截面可根据经验并参考柱间支撑标准图集确定。

5.6.2 重力荷载代表值的计算

厂房纵向抗震计算时，重力荷载代表值按《建筑与市政工程抗震通用规范》的方法确定，吊车荷载按下述原则计算。

厂房纵向抗震计算时，通常将各构件自重重力荷载集中到一个或两个质点。各构件等效集中到质点的重力荷载，在计算厂房纵向自振周期时按能量相等的原则确定，在计算柱列纵向水平地震作用时，应按柱底作用效应相等的原则确定。为了减少手算工作量，在拟能量法中统一采用后一数值，同时对纵向自振周期乘以根据比较计算得出的修正系数ψ_T。

各构件质量集中到相应高度处的换算系数，是按底部剪力相等的原则确定的。对于无吊车厂房或较小吨位吊车厂房，为了简化计算，质量全部集中到柱顶；而对有较大吨位吊车的厂房，则应在支承吊车梁的牛腿顶面处增设一个质点，除将吊车梁和吊车桥架重力荷载集中在此处外，还将柱的一部分质量就近集中于此处。集中到该质点的吊车重力荷载，可取该柱列左右跨吊车桥架自重重力荷载之和的一半，硬钩吊车考虑吊重重力荷载的30%。

1. 无吊车厂房或有较小吨位吊车厂房（图5-32）

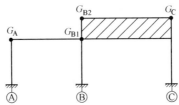

图 5-32　无吊车厂房或较小吨位吊车厂房纵向各质点

$$G_A = 1.0\left(G_{\frac{1}{2}AB跨屋盖} + 0.5G_{\frac{1}{2}AB跨雪} + 0.5G_{\frac{1}{2}AB跨灰}\right) + 0.5G_{A列柱}$$
$$+ 0.5G_{\frac{1}{2}AB跨横墙} + 0.7G_{A列纵墙} + 0.75\left(G_{\frac{1}{2}AB跨吊车梁} + G_{\frac{1}{2}AB跨吊车桥架}\right) \tag{5-49}$$

$$G_{B1} = 1.0\left(G_{\frac{1}{2}AB跨屋盖} + 0.5G_{\frac{1}{2}AB跨雪} + 0.5G_{\frac{1}{2}AB跨灰}\right) + 0.5G_{B列下柱}$$
$$+ 0.5\left(G_{\frac{1}{2}AB跨横墙} + G_{\frac{1}{2}BC跨横墙(下部)}\right) + 0.75\left(G_{\frac{1}{2}AB跨吊车梁} + G_{\frac{1}{2}AB跨吊车桥架}\right) \tag{5-50}$$
$$+ 1.0\left(G_{\frac{1}{2}BC跨吊车梁} + G_{\frac{1}{2}BC跨吊车桥架}\right) + 0.5\left(G_{B列上柱} + G_{高跨封墙}\right)$$

$$G_{B2} = 1.0\left(G_{\frac{1}{2}BC跨屋盖} + 0.5G_{\frac{1}{2}BC跨雪} + 0.5G_{\frac{1}{2}BC跨灰}\right)$$
$$+ 0.5G_{\frac{1}{2}BC跨横墙(上部)} + 0.5\left(G_{B列上柱} + G_{高跨封墙}\right) \tag{5-51}$$

$$G_C = 1.0\left(G_{\frac{1}{2}BC跨屋盖} + 0.5G_{\frac{1}{2}BC跨雪} + 0.5G_{\frac{1}{2}BC跨灰}\right) + 0.5G_{C列柱}$$
$$+ 0.5G_{\frac{1}{2}BC跨横墙} + 0.7G_{C列纵墙} + 0.75\left(G_{\frac{1}{2}BC跨吊车梁} + G_{\frac{1}{2}BC跨吊车桥架}\right) \tag{5-52}$$

2. 有较大吨位吊车的厂房（图 5-33）

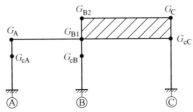

图 5-33　大吨位吊车厂房纵向各质点

$$G_{cA} = 0.4G_{A列柱} + 1.0G_{\frac{1}{2}AB跨吊车梁} + 1.0G_{\frac{1}{2}AB跨吊车桥架} \tag{5-53}$$

$$G_A = 1.0\left(G_{\frac{1}{2}AB跨屋盖} + 0.5G_{\frac{1}{2}AB跨雪} + 0.5G_{\frac{1}{2}AB跨灰}\right) \tag{5-54}$$
$$+ 0.1G_{A列柱} + 0.7G_{A列纵墙} + 0.5G_{\frac{1}{2}AB跨横墙}$$

$$G_{cB} = 0.4G_{B列下柱} + 1.0G_{\frac{1}{2}AB跨吊车梁} + 1.0G_{\frac{1}{2}AB跨吊车桥架} \tag{5-55}$$

$$G_{B1} = 1.0\left(G_{\frac{1}{2}AB跨屋盖} + 0.5G_{\frac{1}{2}AB跨雪} + 0.5G_{\frac{1}{2}AB跨灰}\right) + 1.0\left(G_{\frac{1}{2}BC跨吊车梁}\right.$$
$$\left. + G_{\frac{1}{2}BC跨吊车桥架}\right) + 0.1G_{B列下柱} + 0.5\left(G_{\frac{1}{2}AB跨横墙}\right. \tag{5-56}$$
$$\left. + G_{\frac{1}{2}BC跨横墙(下部)}\right) + 0.5\left(G_{B列上柱} + G_{高跨封墙}\right)$$

$$G_{B2}=1.0\Big(G_{\frac{1}{2}BC跨屋盖}+0.5G_{\frac{1}{2}BC跨雪}+0.5G_{\frac{1}{2}BC跨灰}\Big) \tag{5-57}$$
$$+0.5G_{\frac{1}{2}BC横跨墙(上部)}+0.5\big(G_{B列上柱}+G_{高跨封墙}\big)$$

$$G_{cC}=0.4G_{C列柱}+1.0\Big(G_{\frac{1}{2}BC跨吊车梁}+G_{\frac{1}{2}BC跨吊车桥架}\Big) \tag{5-58}$$

$$G_{C}=1.0\Big(G_{\frac{1}{2}BC跨屋盖}+0.5G_{\frac{1}{2}BC跨雪}+0.5G_{\frac{1}{2}BC跨灰}\Big) \tag{5-59}$$
$$+0.1G_{C列柱}+0.5G_{\frac{1}{2}BC跨横墙}+0.7G_{C列纵墙}$$

注意，以上各式中纵墙自重重力荷载向柱顶集中时，分为底层窗间墙半高以上到柱顶及柱顶以上两部分，前者等效集中系数按 0.7 采用，后者等效集中系数按 1.0 采用。

5.6.3 柱、纵墙和支撑刚度

1. 柱的侧向刚度

（1）单阶柱一个力作用于柱顶端（图 5-34）

单阶柱一个力作用于柱顶端时，柱的侧向刚度按下式计算：

$$K_c=\frac{\psi}{\delta_c} \tag{5-60}$$

式中 δ_c——单位力 $F=1$ 作用于柱顶端时，柱顶的侧移；

ψ——屋盖、吊车梁等纵向构件对柱侧向刚度的影响系数，无吊车梁时，取 $\psi=1.1$；有吊车梁时，取 $\psi=1.5$。

（2）单阶柱两个力分别作用于柱顶和柱变截面处（图 5-35）

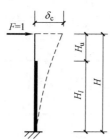

图 5-34 单阶柱一个力作用于柱顶

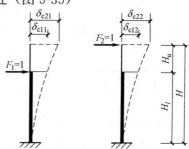

图 5-35 单阶柱两个力分别作用于柱顶和柱变截面处

柱的侧向刚度为：

$$[K_c]=\psi[\delta_c]^{-1}=\frac{\psi}{|\delta_c|}\begin{bmatrix}\delta_{c22} & -\delta_{c21}\\ -\delta_{c12} & \delta_{c11}\end{bmatrix} \tag{5-61}$$

式中，$|\delta_c|=\delta_{c11}\delta_{c22}-(\delta_{c12})^2$，$\delta_{c11}$，$\delta_{c12}$，$\delta_{c21}$，$\delta_{c22}$ 含义见图 5-35。

2. 纵墙刚度

（1）无洞砖墙的刚度

1）底端固定上端自由的悬臂墙（图 5-36）

悬臂墙顶端在单位水平力作用下的侧移为

$$\delta=\frac{h^3}{3EI}+\frac{\xi h}{GA} \tag{5-62}$$

将 $I=tb^3/12$，$A=tb$ 代入并令 $\rho=h/b$，上式变为

$$\delta=\frac{4\rho^3+3\rho}{Et} \tag{5-63}$$

悬臂墙顶端的刚度系数为：

$$K_w = \frac{Et}{4\rho^3 + 3\rho} = EtK_0' \tag{5-64}$$

2）上下两端均为嵌固的墙肢（图 5-37）

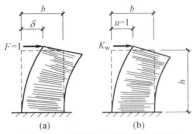

图 5-36　悬臂墙的柔度和刚度

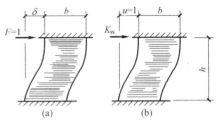

图 5-37　上下嵌固墙的柔度和刚度

墙肢上端的柔度和侧向刚度系数分别为

$$\delta = \frac{\rho^3 + 3\rho}{Et} \tag{5-65}$$

$$K_w = \frac{Et}{\rho^3 + 3\rho} = EtK_0 \tag{5-66}$$

式中　h、b、t——悬臂墙或墙肢的高度、宽度和厚度；

　　　E，G——砖砌体的弹性模量和剪切模量，$G = 0.4E$，E 值查《砌体结构设计规范》GB 50003—2011（后文简称《砌体结构设计规范》）确定；

　　　ξ——剪应变不均匀系数，矩形截面时，$\xi = 1.2$；

　　　K_0'、K_0——悬臂墙或墙肢的相对刚度，根据墙段的高宽比 ρ 值查表 5-14。

墙段的相对侧向刚度 K_0 和 K_0'　　　　表 5-14

ρ	0.1	0.2	0.4	0.6	0.8	1.0	1.2	1.4	1.6	1.8	2.0	2.5	3.0
K_0	3.322	1.644	0.791	0.496	0.343	0.250	0.188	0.144	0.112	0.089	0.071	0.043	0.028
K_0'	3.289	1.582	0.687	0.375	0.225	0.143	0.095	0.066	0.047	0.035	0.026	0.014	0.009

（2）多洞砖墙的刚度（图 5-38）

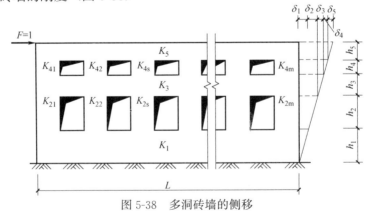

图 5-38　多洞砖墙的侧移

墙顶端的刚度系数

$$K_w = \frac{1}{\delta}, \quad \delta = \sum_{i=1}^{n} \delta_i, \quad \delta_i = \frac{1}{K_i} \tag{5-67}$$

对水平无洞墙带
$$K_i = Et(K_0)_i \qquad (i=1,3,5) \tag{5-68}$$

对有洞口的墙段（具有多肢墙的墙段）
$$K_i = \sum_{s=1}^{m} K_{is} = Et \sum_{s=1}^{m}(K_0)_{is} \qquad (i=2,4) \tag{5-69}$$

式中 $(K_0)_i$——沿墙高第 i 段墙的相对刚度 K_0，根据 i 段墙的高宽比 ρ 值查表 5-14；

$(K_0)_{is}$——第 i 段墙中的 s 墙肢的相对刚度 K_0，根据第 s 墙肢的高宽比 ρ 值查表 5-14；

t——砖墙的厚度；

n——沿高度划分的墙段数，图 5-38 中 $n=5$；

m——有洞口墙段的墙肢数。

(3) 贴砌墙刚度

对贴砌于钢筋混凝土柱边的砖墙，其侧向刚度按下式计算：
$$K_w = \gamma_1 \frac{1}{\sum_{i=1}^{n} \delta_i} \tag{5-70}$$

式中 γ_1——计算周期时，$\gamma_1 = 1$；计算地震作用时，考虑砖墙由于开裂以及与柱子的非整体连接等因素所引起的刚度折减系数，对于纵向无筋砌体，7、8、9 度时，γ_1 分别取 0.6、0.4、0.2；

δ_i——各墙段的侧移，按多洞墙的公式（5-67）计算。

3. 柱间支撑的侧向刚度

(1) 柔性交叉支撑（$\lambda > 200$）的柔度系数（图 5-39）

在单位力 $F_1 = 1$ 作用下，节点①和节点②的侧移为
$$\delta_{11} = \delta_{21} = \frac{1}{EL^2}\left(\frac{l_1^3}{A_1} + \frac{l_2^3}{A_2}\right) \tag{5-71}$$

在单位力 $F_2 = 1$ 作用下，节点②和节点①的侧移为
$$\delta_{22} = \frac{1}{EL^2}\left(\frac{l_1^3}{A_1} + \frac{l_2^3}{A_2} + \frac{l_3^3}{A_3}\right) \tag{5-72}$$

$$\delta_{12} = \delta_{21} \tag{5-73}$$

(2) 半刚性交叉支撑（$\lambda \leqslant 200$）的柔度系数（图 5-40）

在单位力 $F_1 = 1$ 作用下，节点①和节点②的侧移为
$$\delta_{11} = \delta_{21} = \frac{1}{EL^2}\left[\frac{l_1^3}{(1+\varphi_1)A_1} + \frac{l_2^3}{(1+\varphi_2)A_2}\right] \tag{5-74}$$

在单位力 $F_2 = 1$ 作用下，节点②和节点①的侧移为
$$\delta_{22} = \frac{1}{EL^2}\left[\frac{l_1^3}{(1+\varphi_1)A_1} + \frac{l_2^3}{(1+\varphi_2)A_2} + \frac{l_3^3}{(1+\varphi_3)A_3}\right] \tag{5-75}$$

$$\delta_{12} = \delta_{21} \tag{5-76}$$

式中 l_i、A_i——各节间斜杆的长度和截面面积（$i=1,2,3$）；

E——钢材的弹性模量；

L——柱间支撑的宽度；

φ_i——i 节间斜杆轴心受压稳定系数，根据杆件的最大计算长细比 λ 查《钢结构设计标准》GB 50017—2017（后文简称《钢结构设计标准》）确定（$i=1,2,3$）。

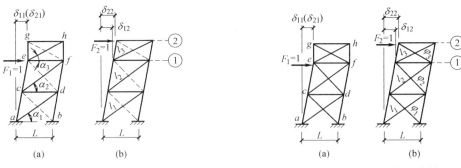

图 5-39　柔性交叉支撑　　　　　　　图 5-40　半刚性交叉支撑

当支撑斜杆为单面连接的单角钢，且按轴心受压杆确定其稳定系数 φ_i 值时，φ_i 值应乘折减系数 η，当 $\lambda \leqslant 100$ 时，$\eta = 0.7$；当 $\lambda \geqslant 200$ 时，$\eta = 1.0$；当 $100 < \lambda < 200$ 时，η 值按线性插入取值。

（3）交叉支撑的刚度

柱间支撑两个高度处的刚度系数（图 5-41）为

$$\begin{bmatrix} K_{11} & K_{12} \\ K_{21} & K_{22} \end{bmatrix} = \begin{bmatrix} \delta_{11} & \delta_{12} \\ \delta_{21} & \delta_{22} \end{bmatrix}^{-1} = \frac{1}{|\delta|} \begin{bmatrix} \delta_{22} & -\delta_{21} \\ -\delta_{12} & \delta_{11} \end{bmatrix} \tag{5-77}$$

$$|\delta| = \delta_{11}\delta_{22} - \delta_{12}^2 \tag{5-78}$$

式中　δ_{11}、δ_{12}、δ_{21}、δ_{22}——根据支撑形状和杆件长细比的不同情况分别按公式（5-71）～式（5-76）计算。

5.6.4　柱列刚度 K_s 和柱列柔度 δ_s

1. 仅柱顶设水平连杆的纵向柱列（图 5-42）

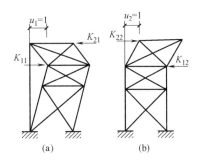
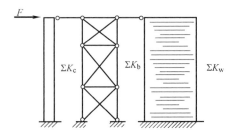

图 5-41　交叉支撑的刚度系数　　　　图 5-42　柱顶设水平连杆的纵向柱列

仅在柱顶设水平连杆时，柱列刚度 K_s 按下式计算：

$$K_s = \sum K_c + \sum K_b + \sum K_w \tag{5-79}$$

式中　K_c、K_b、K_w——一根柱子、一片支撑和一片纵墙的侧向刚度。

为进一步简化计算，对于钢筋混凝土厂房，可粗略地假定柱列内所有柱子的刚度总和为柱间支撑刚度的 10%，即取 $\sum K_c = 0.1 \sum K_b$。

2. 有两根连杆的纵向柱列

当两个力分别作用于柱顶和柱中部时（图 5-43a、b），或者仅有一个力作用于柱顶，但采取两根连杆（分别设在屋盖和吊车梁高度处）的计算简图时（图 5-44a、b），根据工程设计的计算精度要求，可采用下述的一般方法或简化法计算柱列刚度。

当工程设计精度要求不高时，也可粗略地假定柱子为剪切杆，并取整个柱列的柱子总刚度为该柱列支撑刚度的 10%。

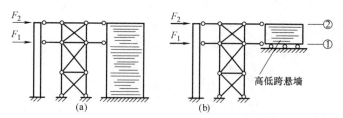

图 5-43 有两根连杆的纵向柱列（两个力作用于柱列）

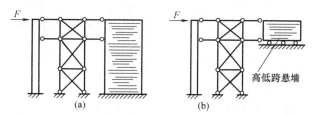

图 5-44 有两根连杆的纵向柱列（一个力作用于柱列）

(1) 一般方法

第 s 柱列的刚度矩阵

$$[K_s] = \begin{bmatrix} K_{11} & K_{12} \\ K_{21} & K_{22} \end{bmatrix} = [K_c] + [K_b] + [K_w] \tag{5-80}$$

式中 $[K_c]$、$[K_b]$、$[K_w]$ ——第 s 柱列中 n 根柱子总的刚度矩阵、支撑侧向刚度矩阵、纵向砖墙刚度矩阵。

$$[K_c] = \begin{bmatrix} K_{c11} & K_{c12} \\ K_{c21} & K_{c22} \end{bmatrix} = \frac{n\psi}{|\delta_c|} \begin{bmatrix} \delta_{c22} & -\delta_{c21} \\ -\delta_{c12} & \delta_{c11} \end{bmatrix} \tag{5-81}$$

$$[K_b] = \begin{bmatrix} K_{b11} & K_{b12} \\ K_{b21} & K_{b22} \end{bmatrix} \tag{5-82}$$

$$[K_w] = \begin{bmatrix} K_{w11} & K_{w12} \\ K_{w21} & K_{w22} \end{bmatrix} \tag{5-83}$$

对于图 5-45（a）所示情况，

$$K_{w12} = K_{w21} = -K_{w22} \tag{5-84}$$

$$K_{w11} = K_{w22} + K'_{11} \tag{5-85}$$

对于图 5-45（b）所示悬墙情况，

$$K_{w12} = K_{w21} = -K_{w22} \tag{5-86}$$

$$K_{w22} = K_{w11} \tag{5-87}$$

K_{w11}、K_{w12}、K_{w21}、K_{w22}、K'_{11} 根据图 5-45 按式（5-63）～式（5-70）计算，K'_{11} 为点①以下墙段的侧向刚度。

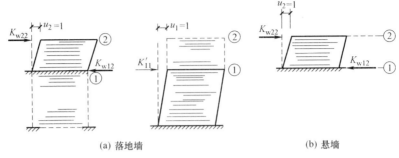

图 5-45 墙体刚度

第 s 柱列的柱列柔度矩阵

$$[\delta_s] = \begin{bmatrix} \delta_{11} & \delta_{12} \\ \delta_{21} & \delta_{22} \end{bmatrix} = [K_s]^{-1} = \frac{1}{|K|} \begin{bmatrix} K_{22} & -K_{21} \\ -K_{12} & K_{22} \end{bmatrix} \tag{5-88}$$

$$|K| = K_{11}K_{22} - K_{12}^2$$

（2）简化法

1）单位力作用于点②（图 5-46）

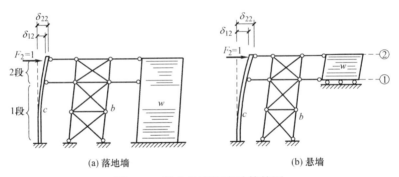

图 5-46 纵向柱列刚度计算简图

整个柱列 2 段的刚度：

$$K_2 = \frac{1}{\delta_{c22} - \delta_{c12}} + \frac{1}{\delta_{b22} - \delta_{b12}} + \frac{1}{\delta_{w22} - \delta_{w12}} \tag{5-89}$$

整个柱列 1 段的刚度：

$$K_1 = \frac{1}{\delta_{c12}} + \frac{1}{\delta_{b12}} + \frac{1}{\delta_{w12}} \tag{5-90}$$

上式中的 K_1 和 K_2 为近似的剪切刚度。

柱列柔度系数

$$\delta_{22} = \frac{1}{K_1} + \frac{1}{K_2} \quad \delta_{12} = \frac{1}{K_1} \tag{5-91}$$

2）单位力作用于点①（图 5-47）

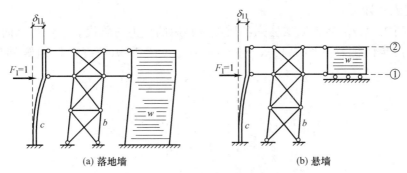

图 5-47 纵向柱列刚度计算简图

$$\frac{1}{K'_1}=\frac{1}{\delta_{c11}}+\frac{1}{\delta_{b11}}+\frac{1}{\delta_{w11}}=\frac{1}{\delta_{c12}}+\frac{1}{\delta_{b12}}+\frac{1}{\delta_{w12}} \tag{5-92}$$

柱列柔度系数：

$$\delta_{21}=\delta_{11}=\frac{1}{K'_1} \tag{5-93}$$

式中 $\delta_{c11}\cdots\delta_{c22}$——$n$ 根柱子的柔度系数，但计算结果应再除以刚度影响系数 ψ；

$\delta_{b11}\cdots\delta_{b22}$——支撑柔度系数，按式（5-71）～式（5-78）计算；

$\delta_{w11}\cdots\delta_{w22}$——砖墙柔度系数，按式（5-63）～式（5-70）计算，但对图（5-46）和图（5-47）中的高低跨悬墙：

$$\frac{1}{\delta_{w12}}=\frac{1}{\delta_{w11}}=0,\ \frac{1}{\delta_{w22}}-\frac{1}{\delta_{w12}}=K_w \tag{5-94}$$

5.6.5 厂房纵向基本自振周期

1. 按厂房空间作用对质点等效重力荷载代表值进行调整

按厂房空间作用对质点等效重力荷载代表值进行如下调整：

屋盖处质点：

高低跨柱列 $\qquad G'_{si}=\upsilon G_{si} \tag{5-95}$

边柱列 $\qquad G'_{si}=G_{si}+(1-\upsilon)G_{si(高低跨柱列)} \tag{5-96}$

牛腿面质点 $\qquad G'_{si}=G_{si} \tag{5-97}$

式中 υ——按跨度中线划分的柱列质量的调整系数，中柱列的高、低跨屋盖处的质量调整系数，取同一数值，按表 5-15 采用。

G_{si},G'_{si}——按厂房空间作用进行质量调整前和调整后，s 柱列第 i 质点的重力荷载代表值。

中柱列质量调整系数 υ　　　表 5-15

纵向围护墙和地震烈度		钢筋混凝土无檩屋盖		钢筋混凝土有檩屋盖	
240 砖墙	370 砖墙	边跨无天窗	边跨有天窗	边跨无天窗	边跨有天窗
	7 度	0.50	0.55	0.60	0.65
7 度	8 度	0.60	0.65	0.70	0.75
8 度	9 度	0.70	0.75	0.80	0.85
9 度		0.75	0.80	0.85	0.90
无墙、石棉瓦、瓦楞铁或挂板		0.90	0.90	1.0	1.0

2. 柱列侧移计算

将各柱列作为分离体,以本柱列各质点调整后的重力荷载代表值作为纵向水平力,计算 i 质点处产生的侧移(图 5-48),对于图 5-48(a)所示情况,柱列侧移按下列公式计算:

$$\left.\begin{aligned} u_A &= G'_A \delta_A \\ u_{B1} &= G'_{B1} \delta_{B11} + G'_{B2} \delta_{B12} \\ u_{B2} &= G'_{B1} \delta_{B21} + G'_{B2} \delta_{B22} \\ u_C &= G'_C \delta_C \end{aligned}\right\} \quad (5\text{-}98)$$

式中 δ_A、δ_C——A、C 柱列柔度系数;

δ_{B11}、δ_{B12}、δ_{B21}、δ_{B22}——B 柱列柔度系数。

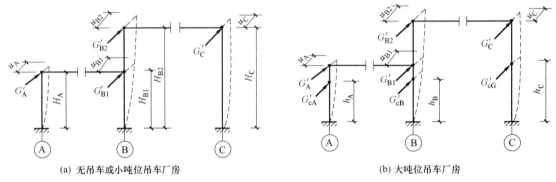

(a) 无吊车或小吨位吊车厂房　　　　　　　(b) 大吨位吊车厂房

图 5-48　厂房各质点纵向侧移

对于牛腿面有质点的柱列(图 5-48b),作为一种近似计算,牛腿面质点处侧移 u_i 也可取等于屋盖(中柱列则为低跨屋盖处)质点侧移乘以吊车牛腿面高度 h_s 与该跨柱顶高度 H_s 的比值。即:

$$u_i(\text{牛腿面}) = \frac{h_s}{H_s} u_i (\text{屋盖处}) \quad (5\text{-}99)$$

3. 厂房纵向基本自振周期

厂房纵向基本自振周期 T_1 可按下式计算:

$$T_1 = 2\psi_T \sqrt{\frac{\sum G'_{si} u_i^2}{\sum G'_{si} u_i}} \quad (5\text{-}100)$$

式中 i——总的质点序号,包括所有柱列的所有质点(集中于屋盖处的质点和集中于牛腿面处的质点);

ψ_T——拟能量法周期修正系数,无围护墙时,取 0.9,有围护墙(砖墙、挂板、石棉瓦或瓦楞铁皮)时,取 0.8;

G'_{si}——按厂房空间作用进行质量调整后的 s 柱列第 i 质点重力荷载代表值;

u_i——各柱列作为分离体,在本柱列调整后的质点重力荷载代表值 G'_{si} 作为纵向水平力的共同作用下,i 质点处产生的侧移。

5.6.6 柱列水平地震作用

作用于第 s 柱列（分离体）屋盖高度处的纵向水平地震作用（图5-49）按下式计算：

边柱列

$$F_s = \alpha_1 G'_s \tag{5-101}$$

高低跨柱列

$$F_s = \alpha_1 (G'_{s1} + G'_{s2}) \frac{G'_{sj} H_{sj}}{G'_{s1} H_{s1} + G'_{s2} H_{s2}} \quad (j=1,2) \tag{5-102}$$

式中 α_1——相应于结构基本自振周期的水平地震影响系数值；

G'_{s1}、G'_{s2}——s 柱列第1、2质点经调整后的重力荷载代表值；

H_{s1}、H_{s2}——s 柱列第1、2质点的计算高度。

对于有较大吨位吊车的厂房，作用于第 s 柱列吊车牛腿面高度处（图5-49b）的纵向水平地震作用为：

$$F_{cs} = \alpha_1 G'_{cs} \frac{h_s}{H_s} \tag{5-103}$$

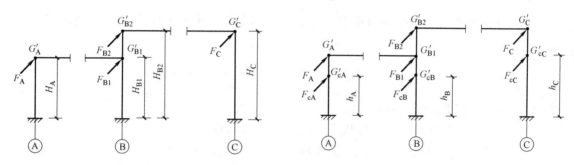

(a) 无吊车或小吨位吊车厂房 (b) 大吨位吊车厂房

图 5-49 柱列水平地震作用

5.6.7 构件水平地震作用

1. 集中在屋盖处重力荷载产生的水平地震作用

由集中在屋盖处的重力荷载产生的纵向水平地震作用按如下公式计算。

（1）边柱列（图5-50）

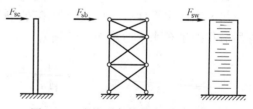

图 5-50 边柱列各构件水平地震作用

边柱列中一根柱、一片支撑及一片砖墙在柱顶高度处的水平地震作用分别为：

$$F_{sc} = \frac{K_c}{K'_s} F_s, \quad F_{sb} = \frac{K_b}{K'_s} F_s, \quad F_{sw} = \psi_1 \frac{K_w}{K'_s} F_s \tag{5-104}$$

$$K'_s = \sum K_c + \sum K_b + \psi_1 \sum K_w \tag{5-105}$$

式中 K_c、K_b、K_w——一根柱、一片支撑、一片砖墙的刚度；

K'_s——砖墙开裂后柱列的刚度；

ψ_1——砖墙开裂后刚度降低系数，当烈度为7、8、9度时，ψ_1分别取0.6、0.4、0.2。

（2）高低跨柱列

高低跨柱列上的水平地震作用，不能直接按构件刚度比例分配，应按同一柱列内构件与柱列的变形协调原则分配纵向地震作用。需先计算柱列侧移，再乘构件的刚度矩阵，得到各构件的水平地震作用（可参见柱列法）。如果粗略地假定柱子为等效剪切杆，则整个柱列为剪切型构件，柱列的水平地震作用，可直接按构件刚度比例分配，假定整个柱列内所有柱子的刚度是柱列内支撑刚度的10%，则 s 柱列各构件的水平地震作用可按以下公式计算（图5-51）：

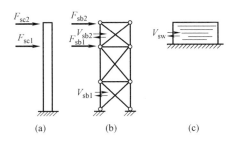

图5-51 有悬墙的高低跨柱列构件水平地震作用

对于有悬墙的柱列（图5-51），作用于整片悬墙上的地震剪力 V_{sw}、上柱支撑的总地震剪力 V_{sb2} 及下柱支撑的总地震剪力 V_{sb1} 分别按下式计算：

$$V_{sw}=\frac{\psi_1}{\delta_{sw}K_{s2}}F_{s2}, \quad V_{sb2}=\frac{10}{11}(F_{s2}-V_{sw}), \quad V_{sb1}=\frac{10}{11}(F_{s1}+F_{s2}) \quad (5-106)$$

作用于一根柱柱顶水平地震作用 F_{sc2} 及低跨屋盖处水平地震作用 F_{sc1} 分别按下列各式计算：

$$F_{sc2}=\frac{1}{11n}(F_{s2}-V_{sw}), \quad F_{sc1}=\frac{1}{11n}(V_{sb1}-V_{sb2}) \quad (5-107)$$

式中　　n——高低跨柱列柱的根数；

ψ_1——砖墙开裂后刚度降低系数，同式（5-104）；

δ_{sw}——悬墙的侧移柔度（图5-52）；

K_{s2}——整个柱列2段的侧向刚度，按式（5-89）计算；

F_{s1}、F_{s2}——作用于低跨、高跨屋盖处柱列的水平地震作用。

2. 集中在牛腿面标高处的重力荷载产生的水平地震作用（图5-53）

吊车纵向水平地震作用，因偏离砖墙较远，仅由柱和柱间支撑分担。一根柱、一片支撑所分担的吊车水平地震作用分别为

$$F'_c=\frac{1}{11n}F_{cs} \qquad F'_b=\frac{K_b}{1.1\sum K_b}F_{cs} \quad (5-108)$$

图5-52 悬墙的侧移柔度系数

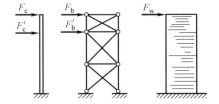

图5-53 有吊车柱列各构件的地震作用

5.6.8 柱间支撑的承载力验算

在求得每片柱间支撑承受的地震作用之后，便可确定支撑杆件内力。对于长细比不大于200（图5-40）的斜杆截面可仅按抗拉验算，但应考虑压杆的卸载影响，其拉力可按下

式确定：

$$N_t = \frac{l_i}{(1+\psi_c \varphi_i)s_c} V_{bi} \tag{5-109}$$

式中 N_t——i 节间支撑斜杆抗拉验算时的轴向拉力设计值；
　　l_i——i 节间斜杆的全长；
　　ψ_c——压杆卸载系数，压杆长细比为 60、100 和 200 时，可分别采用 0.7、0.6 和 0.5；
　　V_{bi}——i 节间支撑承受的地震剪力设计值；
　　s_c——支撑所在柱间的净距。

然后，按《钢结构设计标准》进行截面承载力验算，并应考虑承载力抗震调整系数。

5.7 设 计 实 例

5.7.1 设计资料及设计内容

1. 工程概况

某机床制造厂机械加工车间，位于西安市区。根据工艺要求和前期建筑设计，确定车间为装配式两跨不等高钢筋混凝土排架结构。车间总长度为 72m，柱距均为 6m，低跨跨度 18m，高跨跨度 24m。两跨各设有两台工作级别为 A5 的吊车。厂房无天窗，为不上人屋面。围护墙采用 240mm 厚的双面清水砖墙砌筑。门窗均采用钢框玻璃门窗，窗户宽度为 4.2m。基础采用柱下独立基础，顶面标高 −0.500m。厂房柱网布置见图 5-54，厂房结构剖面见图 5-55。

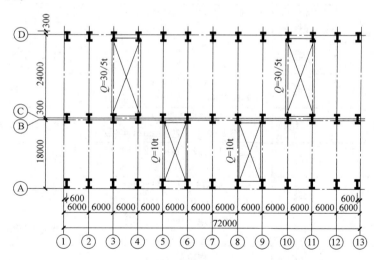

图 5-54 厂房柱网布置

2. 结构设计技术条件

厂房结构设计技术条件及取值依据见表 5-16。本厂房全长 72m，根据《混凝土结构设计标准》第 8.1.1 条的规定，不需要设置伸缩缝。厂房下地基土基本均匀，无较大差异，上部结构布置方案符合《建筑抗震设计标准》的相关规定，不需要设置抗震缝。

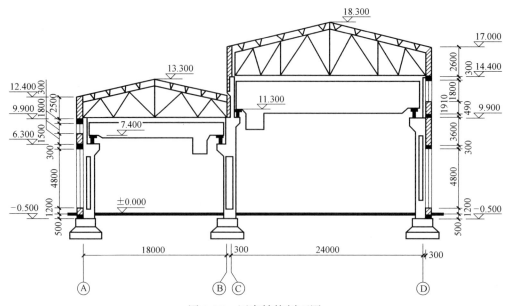

图 5-55 厂房结构剖面图

结构设计技术条件及取值依据　　　　　　　　　　　表 5-16

技术指标	取值	取值依据	
		规范、标准	规范、标准条款
设计工作年限	50 年	《工程结构通用规范》GB 55001—2021	第 2.2.2 条
建筑结构安全等级	二级	《工程结构通用规范》GB 55001—2021	第 2.2.1 条
建筑抗震设防类别	丙类 标准设防类	《建筑与市政工程抗震通用规范》GB 55002—2021	第 2.3.1 条
抗震设防烈度	8 度	《建筑抗震设计标准》GB/T 50011—2010(2024 年版)	第 3.2.4 条、附录 A.0.27
设计基本地震加速度值	0.20g	《建筑抗震设计标准》GB/T 50011—2010(2024 年版)	第 3.2.4 条、附录 A.0.27
设计地震分组	第二组	《建筑抗震设计标准》GB/T 50011—2010(2024 年版)	第 3.2.4 条、附录 A.0.27
场地类别	Ⅱ 类	《建筑与市政工程抗震通用规范》GB 55002—2021	按 3.1.3 条确定,过程略
混凝土结构的环境类别	一类	《混凝土结构设计标准》GB/T 50010—2010(2024 年版)	第 3.5.2 条
地基基础设计等级	丙级	《建筑地基基础设计规范》GB 50007—2011	第 3.0.1 条
地基承载力特征值	164kPa	地质勘察报告	
地下水位	−13.5m	地质勘察报告	
土壤冻结深度	0.3m	地质勘察报告	
地面粗糙度类别	C 类	《建筑结构荷载规范》GB 50009—2012	第 8.2.1 条
基本风压	0.35kN/m²	《工程结构通用规范》GB 55001—2021	第 4.6.2 条
		《建筑结构荷载规范》GB 50009—2012	第 8.1.3 条、附录 E 表 E.5

续表

技术指标	取值	取值依据	
		规范、标准	规范、标准条款
基本雪压	0.25kN/m²	《工程结构通用规范》GB 55001—2021	第4.5.2条
		《建筑结构荷载规范》GB 50009—2012	第7.1.3条，附录E表E.5

3. 材料选用

排架柱、基础、柱间支撑、外围护墙体选用材料见表5-17。

材料选用 表5-17

构件	混凝土强度等级/砖强度等级	钢筋
柱	C30	纵筋、箍筋：HRB400 构造钢筋：HPB300
基础	基础：C25，素混凝土垫层：C10	底板纵筋：HRB400
围护砖墙	机器制普通砖：MU10，砂浆：M2.5	
钢支撑		Q235钢

4. 结构设计内容

主要设计内容包括选用国家建筑标准设计图集，确定厂房屋架、屋面板、吊车梁、连系梁和基础梁等主要结构构件的型号；持久设计状况下厂房的横向计算；地震设计状况下厂房的横向、纵向抗震验算；设计柱和基础，短暂设计状况下（柱吊装）排架柱的承载能力极限状态计算和正常使用极限状态验算。

5.7.2 结构构件选用及其重力荷载

1. 结构构件选用

根据前期建筑设计确定的厂房屋面构造，该厂房的屋面建筑构造荷载标准值为 1.24kN/m²，屋盖支撑及吊管线自重重力荷载标准值取为 0.15kN/m²。

查《建筑结构荷载规范》附录A常用材料和构件的自重，钢框玻璃窗自重重力荷载标准值取 0.45kN/m²；机器制普通砖的自重为 19kN/m³，则240mm厚清水砖墙体的自重重力荷载标准值为 $19 \times 0.24 = 4.56$kN/m²。

本厂房除排架柱及柱下独立基础外，其他所有的结构构件均选用国家建筑标准设计图集。各构件的标准图集号、标准图集名称、型号及构件的自重重力荷载标准值见表5-18。

结构构件选用及构件自重重力荷载标准值 表5-18

构件名称	标准图集号 标准图集名称	构件型号、构件尺寸	构件自重 重力荷载标准值
屋面板	04G410-1 1.5m×6.0m预应力混凝土屋面板	Y-WB-2Ⅱ	1.5kN/m² （包括灌缝重）
屋架	04G415-1 预应力混凝土折线形屋架	AB跨：YWJ-18—2Aa CD跨：YWJ-24—1Aa	AB跨：65.5kN/榀 CD跨：112.75kN/榀

续表

构件名称	标准图集号 标准图集名称	构件型号、构件尺寸	构件自重 重力荷载标准值
吊车梁	15G323-2 钢筋混凝土吊车梁 (A4、A5 级)	AB 跨：DL-6Z(中跨)、DL-6B(边跨) $b \times h \times b'_f \times h'_f = 250\text{mm} \times 900\text{mm} \times 500\text{mm} \times 120\text{mm}$ CD 跨：DL-10Z(中跨)、DL-10B(边跨) $b \times h \times b'_f \times h'_f = 300\text{mm} \times 1200\text{mm} \times 500\text{mm} \times 120\text{mm}$	AB 跨：27.5kN/根 CD 跨：40.4kN/根
轨道及联结件	17G325 吊车轨道联结件及车挡		AB 跨：0.49kN/m CD 跨：0.65kN/m
连系梁	04G321 钢筋混凝土连系梁	LL4-4-8 $b \times h = 240\text{mm} \times 490\text{mm}$	17.5kN/根
基础梁	16G320 钢筋混凝土基础梁	JL-3a $b \times h = 240\text{mm} \times 450\text{mm}$	16.1kN/根

2. 确定排架柱截面尺寸

根据厂房跨度、高度和吊车起重量并参考表 5-3 和表 5-4，确定柱的截面尺寸，上柱截面为矩形，下柱取为 I 形截面，具体截面尺寸和相应的自重重力荷载标准值见表 5-19 和图 5-56。

柱截面尺寸及自重重力荷载标准值　　　　　表 5-19

柱列	上柱			下柱		
	截面尺寸 $b \times h$(mm)	截面积 （mm²）	自重 (kN/m)	截面尺寸 $b_f \times h \times b \times h_f$(mm)	截面积 （mm²）	自重 (kN/m)
A 列	□400×400	160000	4.00	I 400×800×100×150	I 177500 □ 320000	I 4.44 □ 8.00
B、C 列	□500×600	300000	7.50	I 500×1200×120×200	I 305500 □ 600000	I 7.64 □ 15.00
D 列	□500×500	250000	6.25	I 500×1200×120×200	I 305500 □ 600000	I 7.64 □ 15.00

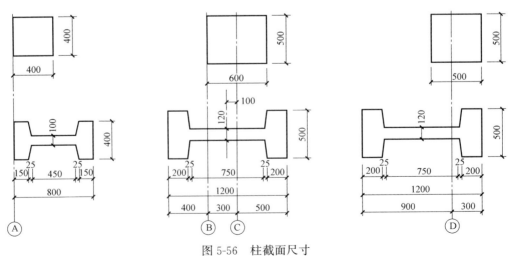

图 5-56　柱截面尺寸

柱截面尺寸验算见表 5-20，满足表 5-3 对 6m 柱距的多跨厂房柱最小截面尺寸的限值要求，则厂房的横向刚度可以得到保证。

柱截面尺寸验算　　　　　　　　　　　　　　　　　表 5-20

A 柱下柱	截面宽度	$b=400\text{mm}>\dfrac{H_l}{25}=\dfrac{6800}{25}=272\text{mm}$
	截面高度	$h=800\text{mm}>\dfrac{H_l}{14}=\dfrac{6800}{14}=486\text{mm}$
BC 柱下柱 D 柱下柱	截面宽度	$b=500\text{mm}>\dfrac{H_l}{25}=\dfrac{10400}{25}=416\text{mm}$
	截面高度	$h=1200\text{mm}>\dfrac{H_l}{10}=\dfrac{10400}{10}=1040\text{mm}$

3. 确定吊车有关参数

车间内安装有 4 台大连起重机器厂生产的吊车，由产品样本查得吊车相关数据，列于表 5-21。

吊车有关数据　　　　　　　　　　　　　　　　　表 5-21

类别	AB 跨 10t （吊车工作级别为 A5）	CD 跨 30/5t （吊车工作级别为 A5）
吊车跨度 L_k(m)	16.5	22.5
吊车最大宽度 B(m)	5.15	6.13
大车轮距 K(m)	4.05	4.70
轨道中心到吊车外缘的距离 B_1(mm)	230	300
吊车轨顶到小车顶面的距离(mm)	1876	2469
大车重量 G(t)	13.56	28.98
小车重量 Q_1(t)	3.58	11.22
最大轮压 P_{max}(kN)	110	277
最小轮压 P_{min}(kN)	24	70

4. 复核吊车安全运行尺寸

由表 5-21 及标准图集 15G323-2 和 17G325 查得吊车、吊车梁及轨道的相关尺寸，将吊车与厂房纵向定位轴线和排架柱的关系绘于图 5-57。两跨吊车的轨道中心到该侧厂房的纵向定位轴线距离均为 750mm。吊车桥架最外端至柱边缘的空隙等于 750 减吊车轨道中心至吊车桥架最外端的距离再减柱边缘至厂房纵向定位轴线的距离。按此式计算，AB 跨吊车两侧的空隙均为 120mm，CD 跨吊车两侧的空隙分别为 150mm 和 250mm，均大于吊车运行要求的横向最小空隙尺寸 80mm，即 A 柱上柱、BC 柱和 D 柱上柱的柱截面高度均符合吊车运行要求。

AB 跨吊车小车顶面与 A 柱列顶面间的空隙高度＝3600－900－200－1876＝624mm，CD 跨吊车小车顶面与 D 柱列顶面间的空隙高度＝4500－1200－200－2469＝631mm，均大于吊车运行要求的最小空隙高度 300mm 的规定，即 A 柱列的上柱高度、BC 柱列和 D 柱列的上柱高度均符合吊车运行要求。

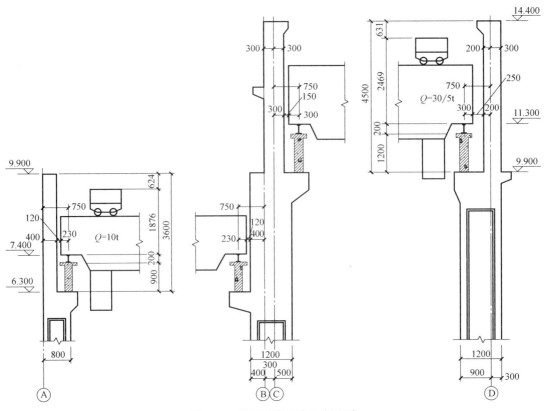

图 5-57 复核吊车安全运行空隙

5.7.3 持久设计状况下厂房横向排架计算

在持久设计状况下，纵向平面排架主要承受纵向风荷载和吊车纵向水平荷载作用，每根柱子承受的水平力不大，本设计通过合理地设置柱间支撑等措施从构造上予以加强，故不必进行纵向平面排架结构的计算。横向平面排架是厂房的主要承重结构，必须对其进行计算。

1. 计算单元及计算简图

本厂房柱距均相等，取柱距中心线之间的范围作为计算单元。持久设计状况下厂房横向排架计算的计算单元及计算简图分别如图 5-58 及图 5-59 所示。

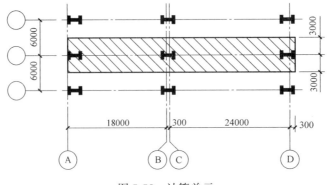

图 5-58 计算单元

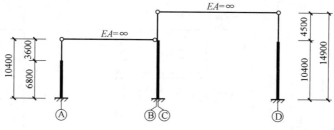

图 5-59 排架计算简图

2. 荷载计算

(1) 永久荷载标准值

1) 屋盖结构自重重力荷载

包括屋面构造层自重、屋面板及灌缝自重、屋盖支撑及吊管线自重重力荷载（数据取自 5.7.2 小节）。

AB 跨 $G_{A1}=G_{B1}=(1.24+0.15+1.5)\times 9\times 6+65.5\times 0.5=188.81\text{kN}$

CD 跨 $G_{C1}=G_{D1}=(1.24+0.15+1.5)\times 12\times 6+112.75\times 0.5=264.46\text{kN}$

2) 柱自重重力荷载

根据《建筑抗震设计标准》第 9.1.4 条、第 9.1.20 条及柱牛腿的构造要求，基础顶面到室内地坪以上 500mm 范围、牛腿根部以下 200mm 到吊车梁以上 300mm 范围以及上柱截面均为矩形，下柱其他范围取为 I 形截面。初步估算牛腿的截面高度，大致确定下柱矩形段和 I 形段的长度。以下计算中柱单位长度自重重力荷载标准值取自表 5-19。

A 柱　　　上柱　$G_{A2}=4\times 3.6=14.40\text{kN}$

　　　　　下柱　$G_{A3}=4.44\times 5.0+8\times(0.8+1)\times 1.05=37.32\text{kN}$

BC 柱　　上柱　$G_{BC2}=7.5\times 4.5=33.75\text{kN}$

　　　　　下柱　$G_{BC3}=7.64\times 5+15\times(4.4+1)\times 1.05=123.25\text{kN}$

D 柱　　　上柱　$G_{D2}=6.25\times 4.5=28.13\text{kN}$

　　　　　下柱　$G_{D3}=7.64\times 8.3+15\times(1.1+1)\times 1.05=96.49\text{kN}$

上述计算式中的系数 1.05 为考虑牛腿挑出部分的自重。

3) 吊车梁、轨道及轨道联结件自重重力荷载（数据取自表 5-18）

　　AB 跨　　　$G_{A4}=G_{B4}=27.5+0.49\times 6=30.44\text{kN}$

　　CD 跨　　　$G_{C4}=G_{D4}=40.4+0.65\times 6=44.30\text{kN}$

4) 钢窗及墙体自重重力荷载

图 5-60 为计算单元范围内各柱列的墙体尺寸。

A 列柱外墙

$G_{A5}=16.1+0.45\times(4.8+1.8)\times 4.2+4.56\times[12.9\times 6-0.45\times 6-(4.8+1.8)\times 4.2]$

$=242.80\text{kN}$

BC 列柱高跨封墙

$G_{B5}=17.5+4.56\times 3.86\times 6=123.11\text{kN}$

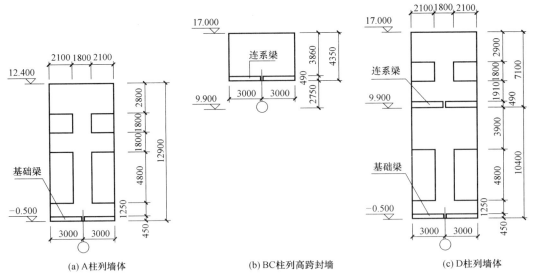

(a) A柱列墙体 (b) BC柱列高跨封墙 (c) D柱列墙体

图 5-60 计算单元范围内各柱列墙体

D列柱外墙

$G_{D5}=17.5+0.45\times1.8\times4.2+4.56\times(7.1\times6-0.49\times6-1.8\times4.2)=167.28\text{kN}$

$G_{D6}=16.1+0.45\times4.8\times4.2+4.56\times(10.4\times6-0.45\times6-4.8\times4.2)=205.47\text{kN}$

各柱永久荷载的作用位置见图 5-61。

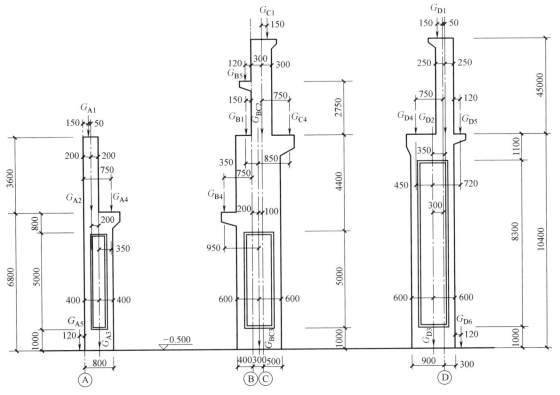

图 5-61 永久荷载作用位置

(2) 屋面可变荷载标准值

考虑到屋面可变荷载同时出现的可能性，《建筑结构荷载规范》第5.3.3条规定，不上人的屋面均布活荷载，可不与雪荷载进行组合，故取屋面均布活荷载和雪荷载两者中的较大值计算。本厂房及其邻近建筑没有大量排灰源，不考虑屋面积灰荷载。

查《工程结构通用规范》GB 55001—2021（后文简称《工程结构通用规范》）第4.2.7条，对于不上人屋面，厂房水平投影面上的屋面均布活荷载标准值为 0.5kN/m^2。

查《建筑结构荷载规范》表7.2.1，屋面积雪分布系数，高低跨交接处最大，取平均值1.5估算，按照《工程结构通用规范》第4.5.1条，屋面均布雪荷载标准值为

$$s_k = \mu_r s_0 = 1.5 \times 0.25 = 0.38 \text{kN/m}^2 < 0.5 \text{kN/m}^2$$

故应按屋面均布活荷载考虑。

AB跨　　$Q_{A1} = Q_{B1} = 0.5 \times 9 \times 6 = 27 \text{kN}$

CD跨　　$Q_{C1} = Q_{D1} = 0.5 \times 12 \times 6 = 36 \text{kN}$

屋面活荷载作用位置与屋盖结构自重作用位置相同，如图5-64所示。

(3) 吊车荷载标准值

与吊车有关的数据见表5-21。

1) 吊车竖向荷载

按每跨两台吊车满载并行且小车处于极限位置考虑。图5-62是AB跨两台10t吊车在竖向荷载作用下的支座反力影响线，图5-63是CD跨两台30t吊车在竖向荷载作用下的支座反力影响线。

AB跨在两台吊车竖向荷载作用下，一侧排架柱上的支座反力为

$$D_{max} = P_{max} \sum y_i = 110 \times (0.325 + 1 + 0.817 + 0.142) = 251.24 \text{kN}$$

$$D_{min} = P_{min} \sum y_i = 24 \times (0.325 + 1 + 0.817 + 0.142) = 54.82 \text{kN}$$

CD跨在两台吊车竖向作用下，一侧排架柱上的支座反力为

$$D_{max} = P_{max} \sum y_i = 277 \times (0.217 + 1 + 0.762) = 548.18 \text{kN}$$

$$D_{min} = P_{min} \sum y_i = 70 \times (0.217 + 1 + 0.762) = 138.53 \text{kN}$$

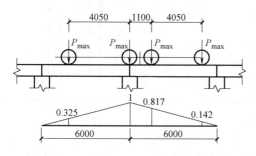

图5-62　AB跨两台10t吊车荷载作用下支座反力影响线

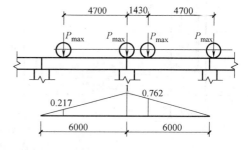

图5-63　CD跨两台30t吊车荷载作用下支座反力影响线

2) 吊车横向水平荷载

按照《建筑结构荷载规范》第6.1.2条的规定计算吊车横向水平荷载。

AB跨10t吊车大车每个轮子传递给吊车梁上的横向水平荷载为

$$T = \frac{1}{4} \alpha (Q + Q_1) g = \frac{1}{4} \times 0.12 \times (10 + 3.58) \times 9.8 = 3.99 \text{kN}$$

考虑 2 台 10t 吊车并行同向制动时，一侧排架柱受到的吊车横向水平荷载标准值 T_{max} 为

$$T_{max} = T\sum y_i = 3.99 \times (0.325+1+0.817+0.142) = 9.11 \text{kN}$$

CD 跨 30t 吊车大车每个轮子传递给吊车梁上的横向水平荷载为

$$T = \frac{1}{4}\alpha(Q+Q_1)g = \frac{1}{4} \times 0.1 \times (30+11.22) \times 9.8 = 10.10 \text{kN}$$

考虑 2 台 30t 吊车并行同向制动时，一侧排架柱受到的吊车横向水平荷载标准值 T_{max} 为

$$T_{max} = T\sum y_i = 10.10 \times (0.217+1+0.762) = 19.99 \text{kN}$$

吊车竖向及横向水平荷载作用位置如图 5-64 所示。

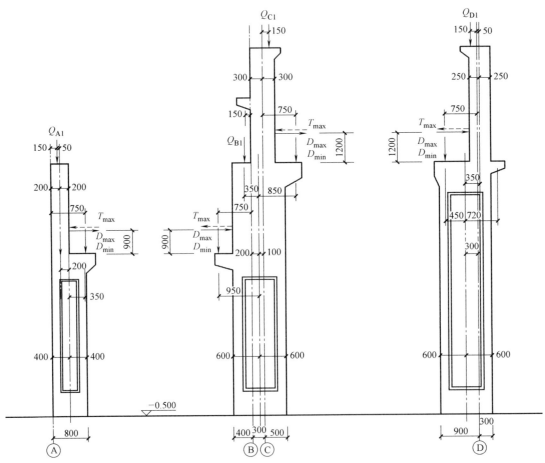

图 5-64 屋面活荷载、吊车荷载作用位置

（4）风荷载标准值

地面粗糙度类别为 C 类，查《建筑结构荷载规范》表 8.2.1，风压高度变化系数为

AB 跨　　柱顶标高处　　（$H=9.9$m）　　$\mu_z=0.65$
　　　　　檐口标高处　　（$H=12.4$m）　　$\mu_z=0.65$
CD 跨　　柱顶标高处　　（$H=14.4$m）　　$\mu_z=0.65$
　　　　　檐口标高处　　（$H=17.0$m）　　$\mu_z=0.69$

查《建筑结构荷载规范》表 8.3.1，确定左吹风、右吹风时的风荷载体型系数，分别如图 5-65 和图 5-66 所示。

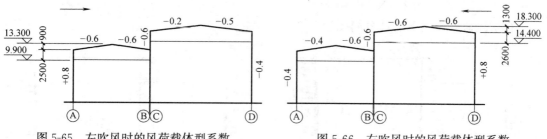

图 5-65　左吹风时的风荷载体型系数　　　　图 5-66　右吹风时的风荷载体型系数

查《工程结构通用规范》第 4.6.7 条，风向影响系数 k_d 取 1.0；第 4.6.6 条，地形修正系数 η 取 1.0。查《建筑结构荷载规范》第 8.4.1 条，取风振系数 $\beta_z=1.0$。依据《工程结构通用规范》第 4.6.1 条，垂直作用于厂房表面上的风荷载标准值为

$$w_k = k_d \eta \beta_z \mu_z \mu_s w_0 = 1.0 \times 1.0 \times 1.0 \times \mu_z \mu_s \times 0.35 = 0.35 \mu_z \mu_s$$

1) 左吹风

作用于 A 柱列、高低跨封墙和 D 柱列上的风荷载分别为（以向右为正）：

$$q_1 = w_k B = 0.35 \mu_z \mu_s B = 0.35 \times 0.65 \times 0.8 \times 6 = 1.09 \text{kN/m} (\rightarrow)$$
$$q_2 = w_k B = 0.35 \mu_z \mu_s B = -0.35 \times 0.65 \times 0.6 \times 6 = -0.82 \text{kN/m} (\leftarrow)$$
$$q_3 = w_k B = 0.35 \mu_z \mu_s B = 0.35 \times 0.65 \times 0.4 \times 6 = 0.55 \text{kN/m} (\rightarrow)$$

作用于低跨柱顶和高跨柱顶的集中风荷载分别为（以向右为正）

$$\begin{aligned} F_{w1} &= \sum w_k B h_i = \sum 0.35 \mu_z \mu_{si} B h_i = 0.35 \mu_z B \sum \mu_{si} h_i \\ &= 0.35 \times 0.65 \times 6 \times (0.8 \times 2.5 - 0.6 \times 0.9 + 0.6 \times 0.9) \\ &= 2.73 \text{kN} (\rightarrow) \end{aligned}$$

$$\begin{aligned} F_{w2} &= \sum w_k B h_i = \sum 0.35 \mu_z \mu_{si} B h_i = 0.35 \mu_z B \sum \mu_{si} h_i \\ &= 0.35 \times 0.69 \times 6 \times (-0.6 \times 2.6 - 0.2 \times 1.3 + 0.5 \times 1.3 + 0.4 \times 2.6) \\ &= -0.19 \text{kN} (\leftarrow) \end{aligned}$$

左吹风荷载作用下的计算简图示于图 5-67。

2) 右吹风

作用于 A 柱列、高低跨封墙和 D 柱列上的风荷载分别为（以向右为正）

$$q_1 = w_k B = 0.35 \mu_z \mu_s B = -0.35 \times 0.65 \times 0.4 \times 6 = -0.55 \text{kN/m} (\leftarrow)$$
$$q_2 = w_k B = 0.35 \mu_z \mu_s B = -0.35 \times 0.65 \times 0.6 \times 6 = -0.82 \text{kN/m} (\leftarrow)$$
$$q_3 = w_k B = 0.35 \mu_z \mu_s B = -0.35 \times 0.65 \times 0.8 \times 6 = -1.09 \text{kN/m} (\leftarrow)$$

作用于低跨柱顶和高跨柱顶的集中风荷载分别为（以向右为正）

$$\begin{aligned} F_{w1} &= \sum w_k B h_i = \sum 0.35 \mu_z \mu_{si} B h_i = 0.35 \mu_z B \sum \mu_{si} h_i \\ &= 0.35 \times 0.65 \times 6 \times (-0.4 \times 2.5 - 0.4 \times 0.9 + 0.6 \times 0.9) \\ &= -1.12 \text{kN} (\leftarrow) \end{aligned}$$

$$F_{w2}=\sum w_k Bh_i=\sum 0.35\mu_z\mu_{si}Bh_i=0.35\mu_z B\sum\mu_{si}h_i$$
$$=0.35\times 0.69\times 6\times(-0.6\times 2.6-0.6\times 1.3+0.6\times 1.3-0.8\times 2.6)$$
$$=-5.27\text{kN}(\leftarrow)$$

右吹风荷载作用下的计算简图示于图 5-68。

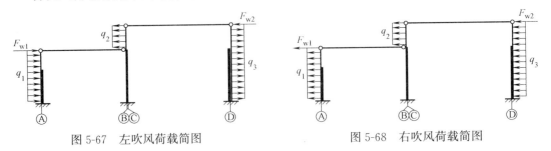

图 5-67　左吹风荷载简图　　　　　　　图 5-68　右吹风荷载简图

3. 柱形常数及载常数计算

各柱的柱高和截面惯性矩（横向排架平面内）见表 5-22，表 5-23 和表 5-24 分别为柱形常数及载常数的计算过程。

柱截面惯性矩及柱高　　　　　　表 5-22

柱类别	$I_u(\text{m}^4)$	$I_l(\text{m}^4)$	$H_u(\text{m})$	$H_l(\text{m})$	$H(\text{m})$
A 柱	0.2133×10^{-2}	1.4380×10^{-2}	3.6	6.8	10.4
BC 柱	0.9000×10^{-2}	5.7245×10^{-2}	4.5	10.4	14.9
D 柱	0.5208×10^{-2}	5.7245×10^{-2}	4.5	10.4	14.9

柱形常数计算　　　　　　表 5-23

符号	简图	计算公式	结果
δ_A		$\delta_A=\dfrac{1}{3EI_l}\left[H^3+\left(\dfrac{I_l}{I_u}-1\right)H_u^3\right]$ $=\dfrac{1}{3E\times 1.4380\times 10^{-2}}\times\left[10.4^3+\left(\dfrac{1.4380\times 10^{-2}}{0.2133\times 10^{-2}}-1\right)\times 3.6^3\right]$	$\dfrac{32284}{E}$
δ_{BC1}		$\delta_{BC1}=\dfrac{H_l^3}{3EI_l}=\dfrac{10.4^3}{3E\times 5.7245\times 10^{-2}}$	$\dfrac{6550}{E}$
δ_{BC2}		$\delta_{BC2}=\dfrac{1}{3EI_l}\left[H^3+\left(\dfrac{I_l}{I_u}-1\right)H_u^3\right]$ $=\dfrac{1}{3E\times 5.7245\times 10^{-2}}\times\left[14.9^3+\left(\dfrac{5.7245\times 10^{-2}}{0.9000\times 10^{-2}}-1\right)\times 4.5^3\right]$	$\dfrac{22106}{E}$

续表

符号	简图	计算公式	结果
δ_{BC3}		$\delta_{BC3}=\dfrac{1}{2EI_l}H_l^2\left(H-\dfrac{1}{3}H_l\right)$ $=\dfrac{1}{2E\times5.7245\times10^{-2}}\times10.4^2\times\left(14.9-\dfrac{1}{3}\times10.4\right)$	$\dfrac{10801}{E}$
δ_D		$\delta_D=\dfrac{1}{3EI_l}\left[H^3+\left(\dfrac{I_l}{I_u}-1\right)H_u^3\right]$ $=\dfrac{1}{3E\times5.7245\times10^{-2}}\times$ $\left[14.9^3+\left(\dfrac{5.7245\times10^{-2}}{0.5208\times10^{-2}}-1\right)\times4.5^3\right]$	$\dfrac{24564}{E}$

柱载常数计算 表 5-24

符号	简图	计算公式	结果
Δ_{A1}		$\Delta_{A1}=\dfrac{1}{2EI_l}\left[H^2+\left(\dfrac{I_l}{I_u}-1\right)H_u^2\right]$ $=\dfrac{1}{2E\times1.4380\times10^{-2}}\times\left[10.4^2+\left(\dfrac{1.4380\times10^{-2}}{0.2133\times10^{-2}}-1\right)\times3.6^2\right]$	$\dfrac{6348}{E}$
Δ_{A2}		$\Delta_{A2}=\dfrac{1}{EI_l}\left(H-\dfrac{H_l}{2}\right)H_l$ $=\dfrac{1}{E\times1.4380\times10^{-2}}\left(10.4-\dfrac{6.8}{2}\right)\times6.8$	$\dfrac{3310}{E}$
Δ_{A3} $H_1=0.9m$ $H_2=7.7m$		$\Delta_{A3}=\dfrac{1}{2EI_l}\left[H_2^2\left(H-\dfrac{1}{3}H_2\right)+\left(\dfrac{I_l}{I_u}-1\right)H_1^2\left(H_u-\dfrac{1}{3}H_1\right)\right]$ $=\dfrac{1}{2E\times1.4380\times10^{-2}}\left[7.7^2\times\left(10.4-\dfrac{1}{3}\times7.7\right)+\left(\dfrac{1.4380\times10^{-2}}{0.2133\times10^{-2}}-1\right)\times0.9^2\times\left(3.6-\dfrac{1}{3}\times0.9\right)\right]$	$\dfrac{16682}{E}$
Δ_{A4}		$\Delta_{A4}=\dfrac{1}{8EI_l}\left[H^4+\left(\dfrac{I_l}{I_u}-1\right)H_u^4\right]$ $=\dfrac{1}{8E\times1.4380\times10^{-2}}\times\left[10.4^4+\left(\dfrac{1.4380\times10^{-2}}{0.2133\times10^{-2}}-1\right)\times3.6^4\right]$	$\dfrac{110074}{E}$

续表

符号	简图	计算公式	结果
Δ_{BC1}		$\Delta_{BC1}=\dfrac{H_l^2}{2EI_l}=\dfrac{10.4^2}{2E\times 5.7245\times 10^{-2}}$	$\dfrac{944.7}{E}$
Δ_{BC2}		$\Delta_{BC2}=\dfrac{1}{2EI_l}\left[H^2+\left(\dfrac{I_l}{I_u}-1\right)H_u^2\right]$ $=\dfrac{1}{2E\times 5.7245\times 10^{-2}}\times\left[14.9^2+\left(\dfrac{5.7245\times 10^{-2}}{0.9000\times 10^{-2}}-1\right)\times 4.5^2\right]$	$\dfrac{2887}{E}$
Δ_{BC3}		$\Delta_{BC3}=\dfrac{H_l^2}{2EI_l}=\dfrac{10.4^2}{2E\times 5.7245\times 10^{-2}}$	$\dfrac{944.7}{E}$
Δ_{BC4}	$H_1=2.75\text{m}$ $H_2=13.15\text{m}$	$\Delta_{BC4}=\dfrac{1}{EI_l}\left[\left(H-\dfrac{H_2}{2}\right)H_2+\left(\dfrac{I_l}{I_u}-1\right)\left(H_u-\dfrac{H_1}{2}\right)H_1\right]$ $=\dfrac{1}{E\times 5.7245\times 10^{-2}}\times\left[(14.9-\dfrac{13.15}{2})\times 13.15+\left(\dfrac{5.7245\times 10^{-2}}{0.9000\times 10^{-2}}-1\right)\times\left(4.5-\dfrac{2.75}{2}\right)\times 2.75\right]$	$\dfrac{2717}{E}$
Δ_{BC5}		$\Delta_{BC5}=\dfrac{H_l^2}{2EI_l}=\dfrac{10.4^2}{2E\times 5.7245\times 10^{-2}}$	$\dfrac{944.7}{E}$
Δ_{BC6}		$\Delta_{BC6}=\dfrac{1}{EI_l}\left(H-\dfrac{H_l}{2}\right)H_l$ $=\dfrac{1}{E\times 5.7245\times 10^{-2}}\times\left(14.9-\dfrac{10.4}{2}\right)\times 10.4$	$\dfrac{1762}{E}$
Δ_{BC7}		$\Delta_{BC7}=\dfrac{1}{EI_l}\left(H_l-\dfrac{H_2}{2}\right)H_2=\dfrac{1}{E\times 5.7245\times 10^{-2}}\times\left(10.4-\dfrac{6.8}{2}\right)\times 6.8$	$\dfrac{831.5}{E}$
Δ_{BC8}	$H_2=6.8\text{m}$	$\Delta_{BC8}=\dfrac{1}{EI_l}\left(H-\dfrac{H_2}{2}\right)H_2=\dfrac{1}{E\times 5.7245\times 10^{-2}}\times\left(14.9-\dfrac{6.8}{2}\right)\times 6.8$	$\dfrac{1366}{E}$
Δ_{BC9}		$\Delta_{BC9}=\dfrac{1}{2EI_l}H_l^2\left(H_2-\dfrac{H_l}{3}\right)$ $=\dfrac{1}{2E\times 5.7245\times 10^{-2}}\times 10.4^2\times\left(11.6-\dfrac{10.4}{3}\right)$	$\dfrac{7684}{E}$
Δ_{BC10}	$H_1=1.2\text{m}$ $H_2=11.6\text{m}$	$\Delta_{BC10}=\dfrac{1}{2EI_l}\left[H_2^2\left(H-\dfrac{H_2}{3}\right)+\left(\dfrac{I_l}{I_u}-1\right)H_1^2\left(H_u-\dfrac{H_1}{3}\right)\right]$ $=\dfrac{1}{2E\times 5.7245\times 10^{-2}}\times\left[11.6^2\times\left(14.9-\dfrac{11.6}{3}\right)+\left(\dfrac{5.7245\times 10^{-2}}{0.9000\times 10^{-2}}-1\right)\times 1.2^2\times\left(4.5-\dfrac{1.2}{3}\right)\right]$	$\dfrac{13244}{E}$

续表

符号	简图	计算公式	结果
Δ_{BC11}	(简图: $H_3=7.7m$)	$\Delta_{BC11}=\dfrac{1}{2EI_l}H_3^2\left(H_l-\dfrac{H_3}{3}\right)$ $=\dfrac{1}{2E\times 5.7245\times 10^{-2}}\times 7.7^2\times\left(10.4-\dfrac{7.7}{3}\right)$	$\dfrac{4057}{E}$
Δ_{BC12}		$\Delta_{BC12}=\dfrac{1}{2EI_l}H_3^2\left(H-\dfrac{H_3}{3}\right)$ $=\dfrac{1}{2E\times 5.7245\times 10^{-2}}\times 7.7^2\times\left(14.9-\dfrac{7.7}{3}\right)$	$\dfrac{6387}{E}$
Δ_{BC13}	(简图)	$\Delta_{BC13}=\dfrac{1}{EI_l}\left(\dfrac{H_u H_l^3}{3}+\dfrac{H_u^2 H_l^2}{4}\right)$ $=\dfrac{1}{E\times 5.7245\times 10^{-2}}\left(\dfrac{4.5\times 10.4^3}{3}+\dfrac{4.5^2\times 10.4^2}{4}\right)$	$\dfrac{39040}{E}$
Δ_{BC14}		$\Delta_{BC14}=\dfrac{1}{8EI_l}\left[H^4+\left(\dfrac{I_l}{I_u}-1\right)H_u^4\right]-\dfrac{1}{6EI_l}\left(H-\dfrac{H_l}{4}\right)H_l^3$ $=\dfrac{1}{8E\times 5.7245\times 10^{-2}}\times\left[14.9^4+\left(\dfrac{5.7245\times 10^{-2}}{0.9000\times 10^{-2}}-1\right)\times 4.5^4\right]$ $-\dfrac{1}{6E\times 5.7245\times 10^{-2}}\times\left(14.9-\dfrac{10.4}{4}\right)\times 10.4^3$	$\dfrac{72143}{E}$
Δ_{D1}	(简图)	$\Delta_{D1}=\dfrac{1}{2EI_l}\left[H^2+\left(\dfrac{I_l}{I_u}-1\right)H_u^2\right]$ $=\dfrac{1}{2E\times 5.7245\times 10^{-2}}\times\left[14.9^2+\left(\dfrac{5.7245\times 10^{-2}}{0.5208\times 10^{-2}}-1\right)\times 4.5^2\right]$	$\dfrac{3706}{E}$
Δ_{D2}	(简图)	$\Delta_{D2}=\dfrac{1}{EI_l}\left(H-\dfrac{H_l}{2}\right)H_l$ $=\dfrac{1}{E\times 5.7245\times 10^{-2}}\times\left(14.9-\dfrac{10.4}{2}\right)\times 10.4$	$\dfrac{1762}{E}$
Δ_{D3}	(简图: $H_1=1.2m$, $H_2=11.6m$)	$\Delta_{D3}=\dfrac{1}{2EI_l}\left[H_2^2\left(H-\dfrac{H_2}{3}\right)+\left(\dfrac{I_l}{I_u}-1\right)H_1^2\left(H_u-\dfrac{H_1}{3}\right)\right]$ $=\dfrac{1}{2E\times 5.7245\times 10^{-2}}\times\left[11.6^2\times\left(14.9-\dfrac{11.6}{3}\right)+\left(\dfrac{5.7245\times 10^{-2}}{0.5208\times 10^{-2}}-1\right)\times 1.2^2\times\left(4.5-\dfrac{1.2}{3}\right)\right]$	$\dfrac{13483}{E}$

续表

符号	简图	计算公式	结果
Δ_{D4}		$\Delta_{D4}=\dfrac{1}{8EI_l}\left[H^4+\left(\dfrac{I_l}{I_u}-1\right)H_u^4\right]$ $=\dfrac{1}{8E\times 5.7245\times 10^{-2}}\times\left[14.9^4+\left(\dfrac{5.7245\times 10^{-2}}{0.5208\times 10^{-2}}-1\right)\times 4.5^4\right]$	$\dfrac{116573}{E}$

4. 力法基本结构及基本方程

采用力法对排架结构进行各种荷载作用下的内力分析，力法基本结构见图 5-69。

根据力法基本结构建立力法方程如下：

$$\begin{cases}\delta_{11}x_1+\delta_{12}x_2+\Delta_{1p}=0\\ \delta_{21}x_1+\delta_{22}x_2+\Delta_{2p}=0\end{cases} \quad (5\text{-}110)$$

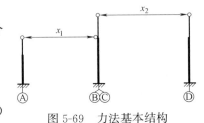

图 5-69 力法基本结构

将上式写成矩阵形式并解得：

$$\begin{Bmatrix}x_1\\x_2\end{Bmatrix}=-\begin{bmatrix}\delta_{11}&\delta_{12}\\\delta_{21}&\delta_{22}\end{bmatrix}^{-1}\begin{Bmatrix}\Delta_{1p}\\\Delta_{2p}\end{Bmatrix} \quad (5\text{-}111)$$

其中

$$\delta_{11}=\delta_A+\delta_{BC1}=\dfrac{32284}{E}+\dfrac{6550}{E}=\dfrac{38834}{E}$$

$$\delta_{22}=\delta_{BC2}+\delta_D=\dfrac{22106}{E}+\dfrac{24564}{E}=\dfrac{46670}{E}$$

$$\delta_{12}=\delta_{21}=-\delta_{BC3}=-\dfrac{10801}{E}$$

$$\begin{bmatrix}\delta_{11}&\delta_{12}\\\delta_{21}&\delta_{22}\end{bmatrix}=\dfrac{1}{E}\begin{bmatrix}38834&-10801\\-10801&46670\end{bmatrix}$$

$$\begin{bmatrix}\delta_{11}&\delta_{12}\\\delta_{21}&\delta_{22}\end{bmatrix}^{-1}=E\times 10^{-5}\begin{bmatrix}2.4193&0.5599\\0.5599&2.0131\end{bmatrix}$$

将上式代入式（5-111）得

$$\begin{Bmatrix}x_1\\x_2\end{Bmatrix}=-E\times 10^{-5}\begin{bmatrix}2.4193&0.5599\\0.5599&2.0131\end{bmatrix}\begin{Bmatrix}\Delta_{1p}\\\Delta_{2p}\end{Bmatrix} \quad (5\text{-}112)$$

将每种荷载作用于排架时的 Δ_{1p}、Δ_{2p} 代入式（5-112），即可求得横梁内力 x_1、x_2。

5. 荷载作用下横向排架内力分析

各种荷载作用下排架结构的内力分析见表 5-25。作用于排架柱上的力矩等于竖向力与其偏心距（竖向力作用点到柱形心轴的距离）的乘积，力矩使柱的左侧受拉时为正。计算 Δ_{1p} 或 Δ_{2p} 时，柱上的荷载使柱产生的位移与 x_1 或 x_2 的方向（图 5-69）一致时为正。

各种荷载作用下排架内力分析 表 5-25

荷载工况	荷载简图	作用于柱上的弯矩（kN·m）	Δ_{1P}、Δ_{2P}	x_1、x_2 (kN)
①永久荷载作用下	$\bar{G}_A = G_{A2}+G_{A4}$ $\bar{G}_B = G_{B1}+G_{BC2}+G_{C4}$ $\bar{G}_D = G_{D2}+G_{D4}+G_{D5}$	$M_{A1} = -G_{A1}\times 0.05 = -188.81\times 0.05 = -9.44$ $M_{A2} = -(G_{A1}+G_{A2})\times 0.2 + G_{A4}\times 0.35$ $= -(188.81+14.40)\times 0.2 + 30.44\times 0.35$ $= -29.99$ $M_{BC1} = G_{C1}\times 0.15 = 264.46\times 0.15 = 39.67$ $M_{BC2} = -G_{B5}\times 0.42 = -123.11\times 0.42$ $= -51.71$ $M_{BC3} = -G_{B1}\times 0.35 + G_{C4}\times 0.85 + (G_{C1} + G_{BC2}+G_{B5})\times 0.1$ $= -188.81\times 0.35 + 44.30\times 0.8 +$ $(264.46+33.75+123.11)\times 0.1$ $= 11.49$ $M_{BC4} = -G_{B1}\times 0.95 = -30.44\times 0.95 = -28.92$ $M_{D1} = -G_{D1}\times 0.2 = -264.46\times 0.2 = -52.89$ $M_{D2} = -G_{D4}\times 0.45 + G_{D5}\times 0.72 + (G_{D1} + G_{D2})\times 0.35$ $= -44.30\times 0.5 + 167.28\times 0.72 +$ $(264.46+28.13)\times 0.35$ $= 200.70$	$\Delta_{1P} = \Delta_{A1}M_{A1} + \Delta_{A2}M_{A2} + \Delta_{BC1}M_{BC1} - \Delta_{BC3}M_{BC2} + \Delta_{BC5}M_{BC3} - \Delta_{BC7}M_{BC4}$ $= \dfrac{6348}{E}\times 9.44 + \dfrac{3310}{E}\times 29.99 +$ $\dfrac{944.7}{E}\times 39.67 - \dfrac{944.7}{E}\times 51.71 +$ $\dfrac{944.7}{E}\times 11.49 - \dfrac{831.5}{E}\times 28.92$ $= 1.3463\times\dfrac{10^5}{E}$ $\Delta_{2P} = -\Delta_{BC2}M_{BC1} + \Delta_{BC4}M_{BC2} - \Delta_{BC6}M_{BC3} + \Delta_{BC8}M_{BC4} - \Delta_{D1}M_{D1} + \Delta_{D2}M_{D2}$ $= -\dfrac{2887}{E}\times 39.67 + \dfrac{944.7}{E}\times 51.71 -$ $\dfrac{1762}{E}\times 11.49 + \dfrac{1366}{E}\times 28.92 - \dfrac{3706}{E}\times$ $52.89 + \dfrac{1762}{E}\times 200.70$ $= 2.0285\times\dfrac{10^5}{E}$	$x_1 = -4.393$ $x_2 = -4.837$
②屋面活荷载作用于AB跨		$M_{A1} = -Q_{A1}\times 0.05 = -27\times 0.05 = -1.35$ $M_{A2} = -Q_{A1}\times 0.2 = -27\times 0.2 = -5.40$ $M_{BC1} = -Q_{B1}\times 0.35 = -27\times 0.35 = -9.45$	$\Delta_{1P} = \Delta_{A1}M_{A1} + \Delta_{A2}M_{A2} - \Delta_{BC5}M_{BC1}$ $= \dfrac{6348}{E}\times 1.35 + \dfrac{3310}{E}\times 5.40 - \dfrac{944.7}{E}\times 9.45$ $= 0.1752\times\dfrac{10^5}{E}$ $\Delta_{2P} = \Delta_{BC6}M_{BC1} = \dfrac{1762}{E}\times 9.45 = 0.1665\times\dfrac{10^5}{E}$	$x_1 = -0.517$ $x_2 = -0.433$

续表

荷载工况	荷载简图	作用于柱上的弯矩（kN·m）	Δ_{1p}, Δ_{2p}	x_1, x_2 (kN)
③屋面活荷载作用于CD跨		$M_{BC1}=Q_{C1}\times 0.15=36\times 0.15=5.40$ $M_{BC2}=Q_{C1}\times 0.10=36\times 0.10=3.60$ $M_{D1}=-Q_{D1}\times 0.20=-36\times 0.20=-7.20$ $M_{D2}=Q_{D1}\times 0.35=36\times 0.35=12.60$	$\Delta_{1p}=\Delta_{BC1}M_{BC1}+\Delta_{BC5}M_{BC2}$ $=\dfrac{944.7}{E}\times 5.40+\dfrac{944.7}{E}\times 3.60$ $=0.0850\times\dfrac{10^5}{E}$ $\Delta_{2p}=-\Delta_{BC2}M_{BC1}-\Delta_{BC6}M_{BC2}-\Delta_{D1}M_{D1}+\Delta_{D2}M_{D2}$ $=-\dfrac{2887}{E}\times 5.40-\dfrac{1762}{E}\times 3.60-\dfrac{3706}{E}\times 7.20+\dfrac{1762}{E}\times 12.60$ $=-0.2642\times\dfrac{10^5}{E}$	$x_1=-0.058$ $x_2=0.484$
④AB跨D_{max}作用于A柱，D_{min}作用于BC柱		$M_{A1}=D_{max}\times 0.35=251.24\times 0.35=87.93$ $M_{BC1}=-D_{min}\times 0.95=-54.82\times 0.95=-52.08$	$\Delta_{1p}=-\Delta_{A2}M_{A1}-\Delta_{BC7}M_{BC1}$ $=-\dfrac{3310}{E}\times 87.93-\dfrac{831.5}{E}\times 52.08$ $=-3.3435\times\dfrac{10^5}{E}$ $\Delta_{2p}=\Delta_{BC8}M_{BC1}=\dfrac{1366}{E}\times 52.08$ $=0.7114\times\dfrac{10^5}{E}$	$x_1=7.691$ $x_2=0.440$
⑤AB跨D_{min}作用于A柱，D_{max}作用于BC柱		$M_{A1}=D_{min}\times 0.35=54.82\times 0.35=19.19$ $M_{BC1}=-D_{max}\times 0.95=-251.24\times 0.95=-238.68$	$\Delta_{1p}=-\Delta_{A2}M_{A1}-\Delta_{BC7}M_{BC1}$ $=-\dfrac{3310}{E}\times 19.19-\dfrac{831.5}{E}\times 238.68$ $=-2.6198\times\dfrac{10^5}{E}$ $\Delta_{2p}=\Delta_{BC8}M_{BC1}=\dfrac{1366}{E}\times 238.68$ $=3.2604\times\dfrac{10^5}{E}$	$x_1=4.513$ $x_2=-5.097$

续表

荷载工况	荷载简图	作用于柱上的弯矩（kN·m）	Δ_{1p}、Δ_{2p}	x_1、x_2 (kN)
⑥AB跨T_{max}作用于A柱和BC柱			$\Delta_{1p}=-\Delta_{A3}T_{max}+\Delta_{BC11}T_{max}$ $=\dfrac{16682}{E}\times 9.11+\dfrac{4057}{E}\times 9.11$ $=-1.1501\times\dfrac{10^5}{E}$ $\Delta_{2p}=-\Delta_{BC12}T_{max}=-\dfrac{6387}{E}\times 9.11$ $=-0.5819\times\dfrac{10^5}{E}$	$x_1=3.108$ $x_2=1.815$
⑦CD跨D_{max}作用于BC柱，D_{min}作用于D柱		$M_{BC1}=D_{max}\times 0.85=548.18\times 0.85=465.95$ $M_{D1}=-D_{min}\times 0.45=-138.53\times 0.45$ $=-62.34$	$\Delta_{1p}=\Delta_{BC5}M_{BC1}=\dfrac{944.7}{E}\times 465.95$ $=4.4018\times\dfrac{10^5}{E}$ $\Delta_{2p}=-\Delta_{BC6}M_{BC1}-\Delta_{D2}M_{D1}$ $=-\dfrac{1762}{E}\times 465.95-\dfrac{1762}{E}\times 62.34$ $=-9.3085\times\dfrac{10^5}{E}$	$x_1=-5.437$ $x_2=16.274$
⑧CD跨D_{min}作用于BC柱，D_{max}作用于D柱		$M_{BC1}=D_{min}\times 0.85=138.53\times 0.85=117.75$ $M_{D1}=-D_{max}\times 0.45=-548.18\times 0.45$ $=-246.68$	$\Delta_{1p}=\Delta_{BC5}M_{BC1}=\dfrac{944.7}{E}\times 117.75$ $=1.1124\times\dfrac{10^5}{E}$ $\Delta_{2p}=-\Delta_{BC6}M_{BC1}-\Delta_{D2}M_{D1}$ $=-\dfrac{1762}{E}\times 117.75-\dfrac{1762}{E}\times 246.68$ $=-6.4213\times\dfrac{10^5}{E}$	$x_1=0.904$ $x_2=12.304$

续表

荷载工况	荷载简图	作用于柱上的弯矩(kN·m)	$x_1、x_2$ (kN)
⑨CD 跨 T_{max} 作用于 BC 柱和 D 柱		$\Delta_{1p} = \Delta_{BC9} T_{max} = \dfrac{7684}{E} \times 19.99$ $= 1.5360 \times \dfrac{10^5}{E}$ $\Delta_{2p} = -\Delta_{BC10} T_{max} + \Delta_{D3} T_{max}$ $= -\dfrac{13244}{E} \times 19.99 + \dfrac{13483}{E} \times 19.99$ $= 0.0478 \times \dfrac{10^5}{E}$	$x_1 = -3.743$ $x_2 = -0.956$
⑩左吹风		$\Delta_{1p} = \Delta_{A4} q_1 + \delta_A F_{w1} - \Delta_{BC13} q_2$ $-\dfrac{110074}{E} \times 1.09 - \dfrac{32284}{E} \times 2.73 -$ $\dfrac{39040}{E} \times 0.82$ $= -2.4013 \times \dfrac{10^5}{E}$ $\Delta_{2p} = \Delta_{BC14} q_2 + \Delta_{D4} q_3 - \delta_D F_{w2}$ $\dfrac{72143}{E} \times 0.82 + \dfrac{116573}{E} \times 0.55 -$ $\dfrac{24564}{E} \times 0.19$ $= 1.1861 \times \dfrac{10^5}{E}$	$x_1 = 5.145$ $x_2 = -1.043$
⑪右吹风		$\Delta_{1p} = \Delta_{A4} q_1 + \delta_A F_{w1} - \Delta_{BC13} q_2$ $\dfrac{110074}{E} \times 0.55 + \dfrac{32284}{E} \times 1.12 - \dfrac{39040}{E} \times 0.82$ $= 0.6469 \times \dfrac{10^5}{E}$ $\Delta_{2p} = \Delta_{BC14} q_2 - \Delta_{D4} q_3 - \delta_D F_{w2}$ $\dfrac{72143}{E} \times 0.82 - \dfrac{116573}{E} \times 1.09 - \dfrac{24564}{E} \times 5.27$ $= -1.9736 \times \dfrac{10^5}{E}$	$x_1 = -0.460$ $x_2 = 3.611$

注：排架柱上竖向力的作用点到柱形心轴的距离取自图 5-61 和图 5-64。

将 Δ_{1p} 和 Δ_{2p} 代入式（5-112），由力法方程计算得出横梁内力 x_1 和 x_2，正值表示与图 5-69 所示的方向一致，负值则表示相反。排架荷载简图上的力矩、竖向荷载、水平荷载以及 x_1 和 x_2 均按实际方向标注。

排架柱内力弯矩、剪力和轴力的正负号规定如图 5-70 所示。根据柱上的荷载及由力法计算得到的 x_1 和 x_2 绘出排架柱的弯矩图和轴力图，分别如图 5-71～图 5-81 所示。在排架内力图中，弯矩画在柱的受拉侧，柱底剪力按实际方向标出，不再标注正负号。

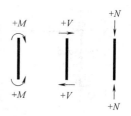

图 5-70　排架柱内力正负号规定

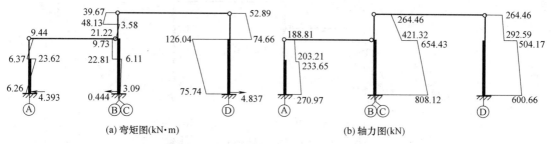

图 5-71　永久荷载作用下排架内力图

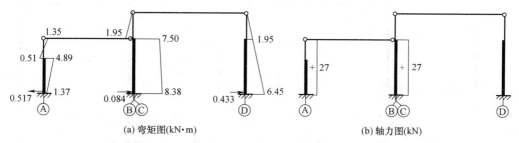

图 5-72　屋面活荷载作用于 AB 跨时排架内力图

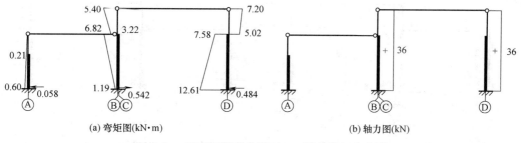

图 5-73　屋面活荷载作用于 CD 跨时排架内力图

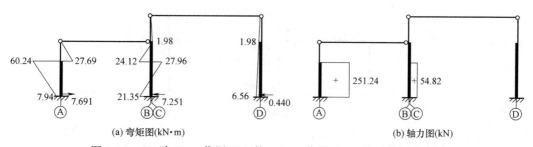

图 5-74　AB 跨 $D_{\max}$ 作用于 A 柱，$D_{\min}$ 作用于 BC 柱时排架内力图

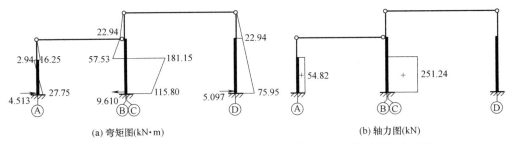

图 5-75 AB 跨 D_{min} 作用于 A 柱，D_{max} 作用于 BC 柱时排架内力图

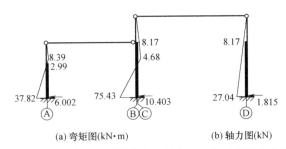

图 5-76 AB 跨 T_{max} 作用于 A 柱和 BC 柱时排架内力图

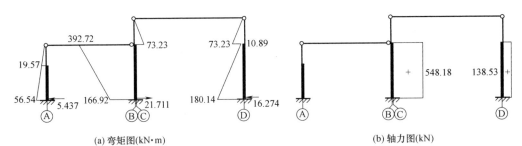

图 5-77 CD 跨 D_{max} 作用于 BC 柱，D_{min} 作用于 D 柱时排架内力图

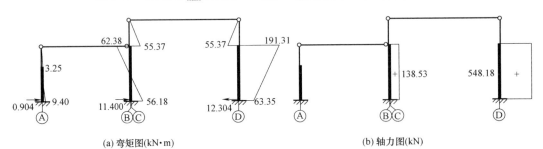

图 5-78 CD 跨 D_{min} 作用于 BC 柱，D_{max} 作用于 D 柱时排架内力图

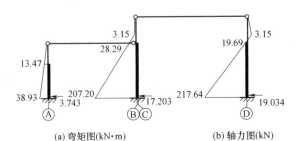

图 5-79 CD 跨 T_{max} 作用于 BC 柱和 D 柱时排架内力图

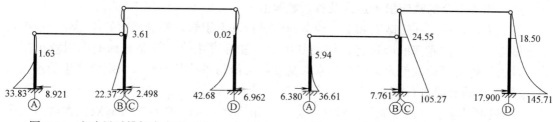

图 5-80　左吹风时排架内力图（kN·m）　　　图 5-81　右吹风时排架内力图（kN·m）

6. 作用效应组合

以 A 柱为例对排架柱在各种荷载作用下的作用效应进行组合，选取控制截面为 A 柱的上柱底截面、下柱顶截面和下柱底截面。为节省教材篇幅，略去 BC 柱和 D 柱的作用效应组合。

（1）柱承载能力极限状态设计时的作用效应组合

按照《建筑结构可靠性设计统一标准》第 4.3.1 条、第 4.3.2 条的规定，排架柱在持久设计状况下，应计算正截面受压承载力和斜截面受剪承载力，计算时应采用基本组合的效应设计值。一般来讲，单层厂房钢筋混凝土柱由于其截面尺寸较大，故其斜截面受剪承载力较大，而组合的剪力设计值相对比较小，箍筋数量一般由构造要求确定。因此，基本组合只需组合各控制截面的弯矩和轴力的效应设计值，可以不组合剪力的效应设计值。

（2）柱正常使用极限状态设计时的作用效应组合

按照《建筑结构可靠性设计统一标准》第 4.3.1 条的规定，排架柱在持久设计状况下，尚应验算裂缝宽度。查《混凝土结构设计标准》第 3.4.5 条，本厂房钢筋混凝土结构构件的裂缝控制等级为三级，$w_{\lim}=0.30\mathrm{mm}$。第 7.1.1 条规定，钢筋混凝土构件的最大裂缝宽度可按荷载准永久组合并考虑长期作用影响的效应计算。

查《工程结构通用规范》第 4.2.8 条，不上人屋面均布活荷载的准永久值系数为 0.0；《建筑结构荷载规范》第 6.4.2 条规定，厂房排架设计时，在荷载准永久组合中可不考虑吊车荷载。第 8.1.4 条规定，风荷载的准永久值系数为 0.0；查《建筑结构荷载规范》附录 E.5，西安市的雪荷载准永久值系数分区为 Ⅱ 区，按第 7.1.5 条规定，雪荷载的准永久值系数取 0.2。因此，荷载准永久组合为永久荷载标准值和雪荷载准永久值组合产生的效应值。

（3）柱牛腿设计和柱吊装验算时的作用效应值

柱牛腿在持久设计状况下的承载能力和正常使用极限状态设计，直接采用吊车梁传来的荷载计算。柱在短暂设计状况下的吊装验算，包括承载能力和裂缝宽度验算，采用按照吊装时的受力方式计算的效应值，不需要进行内力组合。

（4）地基及基础验算时的作用效应组合

根据《建筑与市政地基基础通用规范》GB 55003—2021（后文简称《建筑与市政地基基础通用规范》）和《建筑地基基础设计规范》的规定，持久设计状况下地基承载力验算，应采用作用效应的标准组合。基础受冲切承载力或受剪承载力计算以及基础底板受弯承载力计算，均应采用作用基本组合的效应设计值。因此，对柱底截面应进行作用的基本组合和标准组合，两种组合均包括柱底截面的弯矩、轴力和剪力。

(5) 作用组合的效应值表达式及各系数取值

综上所述，对上柱底截面和下柱顶截面应进行基本组合，控制截面的作用效应包括弯矩和轴力。对下柱底截面应进行作用的基本组合和标准组合，控制截面的作用效包括弯矩、轴力和剪力。荷载准永久组合为永久荷载标准值与雪荷载准永久值组合产生的效应值（柱裂缝宽度验算时进行组合）。

1) 根据《建筑结构可靠性设计统一标准》第 8.2.4 条，基本组合的效应设计值按下式中最不利值计算，式中各分项系数按表 5-26 取用。

$$S_d = \gamma_G S_{G_k} + \gamma_{Q_1} \gamma_{L_1} S_{Q_{1k}} + \sum_{j>1} \gamma_{Q_j} \psi_{cj} \gamma_{L_j} S_{Q_{jk}}$$

计算系数取值　　　　　　　表 5-26

系数	系数取值	取值依据
永久荷载分项系数 γ_G	当作用效应对承载力不利时，$\gamma_G=1.3$ 当作用效应对承载力有利时，$\gamma_G \leqslant 1.0$	《建筑结构可靠性设计统一标准》 GB 50068—2018 第 8.2.9 条
可变荷载分项系数 γ_Q	当作用效应对承载力不利时，$\gamma_Q=1.5$ 当作用效应对承载力有利时，$\gamma_Q=0$	
考虑结构设计工作年限的荷载调整系数 γ_L	设计工作年限为 50 年时，$\gamma_L=1.0$	《建筑结构可靠性设计统一标准》 GB 50068—2018 第 8.2.10 条
不上人屋面活荷载组合值系数 ψ_c	$\psi_c=0.7$	《工程结构通用规范》GB 55001—2021 第 4.2.8 条
吊车荷载的组合值系数 ψ_c	工作级别为 A5 级的软钩吊车，$\psi_c=0.7$	《建筑结构荷载规范》 GB 50009—2012 第 6.4.1 条
风荷载的组合值系数 ψ_c	$\psi_c=0.6$	《建筑结构荷载规范》 GB 50009—2012 第 8.1.4 条
多台吊车的荷载折减系数	工作级别为 A5 级吊车， 2 台吊车参与组合时，取 0.9 4 台吊车参与组合时，取 0.8	《建筑结构荷载规范》 GB 50009—2012 第 6.2.2 条

所以，上式成为　　$S_d = \gamma_G S_{G_k} + \gamma_{Q_1} S_{Q_{1k}} + \sum_{j>1} \gamma_{Q_j} \psi_{cj} S_{Q_{jk}}$

2) 根据《建筑结构可靠性设计统一标准》第 8.3.2 条，标准组合的效应值按下式计算：

$$S_d = S_{G_k} + S_{Q_{1k}} + \sum_{j>1} \psi_{cj} S_{Q_{jk}}$$

准永久组合的效应值按下式计算：

$$S_d = S_{G_k} + \psi_q S_{Q_k}$$

3) 对柱各控制截面进行基本组合和标准组合时均应考虑以下四种组合，即

$+M_{max}$ 及相应的 N、V

$-M_{max}$ 及相应的 N、V

N_{max} 及相应的 M、V

N_{min} 及相应的 M、V

表 5-27 为在持久设计状况下 A 柱各控制截面的效应标准值汇总。表 5-28 为 A 柱各控制截面的基本组合和标准组合。准永久组合在排架柱裂缝宽度验算时组合。

持久设计状况下 A 柱控制截面效应标准值汇总

表 5-27

控制截面及正向内力	截面	内力	永久荷载 ①	屋面活荷载 作用于AB跨 ②	屋面活荷载 作用于CD跨 ③	AB跨吊车荷载 D_{max}作用于A柱 ④	AB跨吊车荷载 D_{min}作用于A柱 ⑤	AB跨吊车荷载 T_{max}作用于A柱,BC柱 ⑥	CD跨吊车荷载 D_{max}作用于BC柱 ⑦	CD跨吊车荷载 D_{min}作用于BC柱 ⑧	CD跨吊车荷载 T_{max}作用于BC柱,D柱 ⑨	风荷载 左吹风 ⑩	风荷载 右吹风 ⑪
	Ⅰ-Ⅰ	M_k	6.37	0.51	0.21	-27.69	-16.25	∓2.99	19.57	-3.25	±13.47	-1.63	-5.94
		N_k	203.21	27.00	0	0	0	0	0	0	0	0	0
	Ⅱ-Ⅱ	M_k	-23.62	-4.89	0.21	60.24	2.94	∓2.99	19.57	-3.25	±13.47	-1.63	-5.94
		N_k	233.65	27.00	0	251.24	54.82	0	56.54	-9.40	±38.93	33.83	-36.61
	Ⅲ-Ⅲ	M_k	6.26	-1.37	0.60	7.94	-27.75	±37.82	0	0	0	0	0
		N_k	270.97	27.00	0	251.24	54.82	0	56.54	-9.40	±38.93	0	0
		V_k	4.39	0.52	0.06	-7.69	-4.51	±6.00	5.44	-0.90	±3.74	8.92	-6.38

注:1. 图中箭头所示方向为内力的正向;
2. 表中弯矩 M_k 单位为 kN·m,轴力 N_k 单位为 kN,剪力 V_k 单位为 kN。

持久设计状况下 A 柱荷载组合的效应设计值

表 5-28

基本组合: $S_d = \gamma_G S_{G_k} + \gamma_{Q_1} S_{Q_{1k}} + \sum_{j>1} \gamma_{Q_j} \psi_{cj} S_{Q_{jk}}$

标准组合: $S_d = S_{G_k} + S_{Q_{1k}} + \sum_{j>1} \psi_{cj} S_{Q_{jk}}$

效应组合		基本组合				标准组合			
截面	内力	$+M_{max}$ 及相应 N,V		$-M_{max}$ 及相应 N,V		N_{max} 及相应 M,V		N_{min} 及相应 M,V	
Ⅰ-Ⅰ	M	1.3×①+1.5×0.9×⑦ +1.5×(0.7×②+0.7×③ +0.7×0.9×⑨)	48.19	①+1.5×0.8×④ +1.5×(0.7×0.8×⑧ +0.7×0.9×⑨+0.6×⑪)	−47.66	1.3×①+1.5×② +1.5×(0.7×0.9×⑦ +0.7×0.9×⑨)	40.49	①+1.5×0.8×④ +1.5×(0.7×0.8×⑧ +0.7×0.9×⑨+0.6×⑪)	−47.66
	N		292.52		203.21		304.67		203.21
Ⅱ-Ⅱ	M	①+1.5×0.8×④ +1.5×(0.7×③ +0.7×0.8×⑦ +0.7×0.9×⑨)	78.06	1.3×①+1.5×0.9×④ +1.5×(0.7×③ +0.7×0.8×⑧+0.6×⑪)	−62.44	1.3×①+1.5×0.9×④ +1.5×(0.7×②+0.7×③ +0.7×0.9×⑥)	48.53	①+1.5×0.9×⑨ +1.5×(0.7× 0.9×⑧+0.6×⑪)	−50.22
	N		535.14		332.10		671.27		233.65
Ⅲ-Ⅲ	M	1.3×①+1.5×0.9×④ +1.5×(0.7×③ +0.7×0.8×⑤ +0.7×0.9×⑨+0.6×⑪)	152.33	①+1.5×0.9×⑨ +1.5×(0.7×② +0.7×0.8×⑧+0.6×⑪)	−111.89	1.3×①+1.5×0.9×④ +1.5×(0.7×②+0.7×③ +0.7×0.9×⑥)	84.24	①+1.5×0.9×⑦ +1.5×(0.7×③ +0.7×0.9×⑨+0.6×⑪)	150.45
	N		352.26		345.37		719.79		270.97
	V		24.68		−10.40		9.63		23.36
	M_k	①+0.9×⑦+0.7×③ +0.7×0.9×⑨+0.6×⑪	102.39		−72.51	①+0.9×④ +0.7×(②+0.7×③ +0.7×0.9×⑥)	56.99	①+0.9×⑦ +0.7×③ +0.7×0.9×⑨+0.6×⑪	102.39
	N_k		270.97		320.57		515.99		270.97
	V_k		17.04		−5.47		7.01		17.04

注: 组合 N_{max} 及相应 M,V 时, 以下三组内力在柱正截面受压承载力计算时应列入不利内力比较:

组合Ⅰ-Ⅰ截面: $M=65.84$ kN·m, $N=633.58$ kN。

Ⅱ-Ⅱ截面: $M=129.44$ kN·m, $N=682.10$ kN, $V=15.36$ kN。

5.7.4 地震设计状况下厂房横向抗震计算

根据《建筑抗震设计标准》第9.1.6条的规定，本厂房应进行横向和纵向抗震验算。对比第9.1.7条，本厂房符合附录J的条件，横向抗震计算可以按平面排架计算，但应考虑结构扭转和空间工作的影响。单层厂房的质量主要集中在柱顶，符合《建筑抗震设计标准》第5.1.2条的规定，可以采用底部剪力法计算横向排架的地震作用。

1. 计算单元及其范围内的重力荷载标准值

采用底部剪力法计算横向排架的地震作用时，对于柱距均相等的厂房，可取柱距中心线之间的范围作为计算单元，与持久设计状况下的横向排架计算单元相同，见图5-58。作用于计算单元范围内的重力荷载标准值列于表5-29。根据《建筑与市政工程抗震通用规范》第4.1.3条的规定，建筑的重力荷载代表值中不考虑屋面活荷载而应考虑雪荷载。

作用于计算单元范围内的重力荷载标准值 (kN)　　　　表5-29

荷载类别	AB跨	CD跨
屋盖自重	(1.24+1.5+0.15)×18×6+65.5=377.62	(1.24+1.5+0.15)×24×6+112.75=528.91
雪荷载	0.38×18×6=41.04	0.38×24×6=54.72
吊车梁、轨道及轨道联结件自重	30.44/根	44.30/根
柱自重	A柱　14.40+37.32=51.72 BC柱下柱　　　　123.25	D柱　28.13+96.49=124.62
	BC柱上柱　　　　33.75	
外纵墙自重	242.80	167.28+205.47=372.75
高跨封墙	123.11	

2. 横向自振周期

（1）计算简图

本厂房每跨设有2台吊车，最大起重量为30t，吊车重力荷载对排架自振周期的影响很小，不作为一个单独的质点对待。所有结构自重重力荷载均分别集中到AB跨柱顶和CD跨柱顶。确定厂房横向自振周期时的计算简图如图5-82所示。

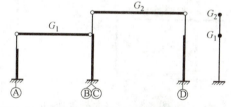

图5-82　确定厂房横向自振周期时的计算简图

（2）按周期等效集中于AB跨和CD跨屋盖处的重力荷载代表值

根据《建筑与市政工程抗震通用规范》第4.1.3条的规定，雪荷载的组合值系数取0.5。按周期等效集中于AB跨和CD跨屋盖处的重力荷载代表值（除雪荷载外，式中其他的系数为等效集中系数）分别为

$$G_1 = 1.0(G_{低跨屋盖} + 0.5G_{低跨雪}) + 0.5G_{低跨吊车梁} + 1.0G_{高跨吊车梁(中)}$$
$$+ 0.25(G_{低跨边柱} + G_{中柱下柱} + G_{低跨外墙}) + 0.5(G_{中柱上柱} + G_{高跨封墙})$$
$$= 1.0 \times (377.62 + 0.5 \times 41.04) + 0.5 \times 30.44 \times 2 + 1.0 \times 44.30$$
$$+ 0.25 \times (51.72 + 123.25 + 242.80) + 0.5 \times (33.75 + 123.11)$$
$$= 655.75 \text{kN}$$

$$G_2 = 1.0(G_{\text{高跨屋盖}} + 0.5G_{\text{高跨雪}}) + 0.5G_{\text{高跨吊车梁(边)}}$$
$$+ 0.25(G_{\text{高跨边柱}} + G_{\text{高跨外墙}}) + 0.5(G_{\text{中柱上柱}} + G_{\text{高跨封墙}})$$
$$= 1.0 \times (528.91 + 0.5 \times 54.72) + 0.5 \times 44.30$$
$$+ 0.25 \times (124.62 + 372.75) + 0.5 \times (33.75 + 123.11)$$
$$= 781.19 \text{kN}$$

(3) 横向基本自振周期

采用能量法计算横向排架的基本自振周期,并考虑纵墙及屋架与柱连接的固结作用的影响进行调整。

1) 单位水平力作用于柱顶时排架的侧移

采用力法计算,横梁内力 x_1 和 x_2 的方向的规定与图 5-69 相同。

当 AB 跨柱顶作用单位水平力时(图 5-83)

$$\Delta_{1p} = -\delta_A F = -\frac{32284}{E} \times 1 = -0.32284 \times \frac{10^5}{E}$$

$$\Delta_{2p} = 0$$

$$\begin{Bmatrix} x_{11} \\ x_{21} \end{Bmatrix} = -E \times 10^{-5} \begin{bmatrix} 2.4193 & 0.5599 \\ 0.5599 & 2.0131 \end{bmatrix} \begin{Bmatrix} -0.32284 \\ 0 \end{Bmatrix} \times \frac{10^5}{E} = \begin{Bmatrix} 0.781 \\ 0.181 \end{Bmatrix}$$

$$\delta_{11} = \delta_A(1 - x_{11}) = \frac{32284}{3.00 \times 10^7} \times (1 - 0.781) = 2.357 \times 10^{-4} \text{m/kN}$$

$$\delta_{21} = \delta_D \times x_{21} = \frac{24564}{3.00 \times 10^7} \times 0.181 = 1.482 \times 10^{-4} \text{m/kN}$$

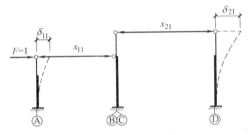
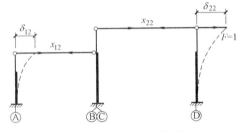

图 5-83 AB 跨柱顶作用单位水平力时排架的侧移

图 5-84 CD 跨柱顶作用单位水平力时排架的侧移

当 CD 跨柱顶作用单位力时(图 5-84)

$$\Delta_{1p} = 0$$

$$\Delta_{2p} = \delta_D F = \frac{24564}{E} \times 1 = 0.24564 \times \frac{10^5}{E}$$

$$\begin{Bmatrix} x_{12} \\ x_{22} \end{Bmatrix} = -E \times 10^{-5} \begin{bmatrix} 2.4193 & 0.5599 \\ 0.5599 & 2.0131 \end{bmatrix} \begin{Bmatrix} 0 \\ 0.24564 \end{Bmatrix} \times \frac{10^5}{E} = \begin{Bmatrix} -0.138 \\ -0.494 \end{Bmatrix}$$

$$\delta_{12} = \delta_{21} = 1.482 \times 10^{-4} \text{m/kN}$$

$$\delta_{22} = \delta_D(1 - x_{22}) = \frac{24564}{3.00 \times 10^7} \times (1 - 0.494) = 4.143 \times 10^{-4} \text{m/kN}$$

2) 横向基本自振周期

横向排架基本自振周期按式（5-12）计算，在 G_1 和 G_2 共同作用下，AB 跨和 CD 跨柱顶的侧移 u_1、u_2 按式（5-13）和式（5-14）确定。

$$u_1 = G_1\delta_{11} + G_2\delta_{12} = 655.75 \times 2.357 \times 10^{-4} + 781.19 \times 1.482 \times 10^{-4} = 0.2703\text{m}$$

$$u_2 = G_1\delta_{21} + G_2\delta_{22} = 655.75 \times 2.357 \times 10^{-4} + 781.19 \times 4.143 \times 10^{-4} = 0.4782\text{m}$$

《建筑抗震设计标准》第 J.1.1 条规定，由钢筋混凝土屋架与钢筋混凝土柱组成的排架，有纵墙时，排架基本自振周期修正系数取 0.8。

$$T_1 = 2\psi_T \sqrt{\frac{G_1 u_1^2 + G_2 u_2^2}{G_1 u_1 + G_2 u_2}} = 2 \times 0.8 \times \sqrt{\frac{655.75 \times 0.2703^2 + 781.19 \times 0.4782^2}{655.75 \times 0.2703 + 781.19 \times 0.4782}} = 1.026\text{s}$$

3. 横向水平地震作用

（1）计算简图

计算排架的地震作用时，除了将屋盖、吊车梁、柱子及外墙等重力荷载集中到柱顶以外，假定吊车桥架在吊车梁顶面处为一单独集中质点，计算简图见图 5-85。

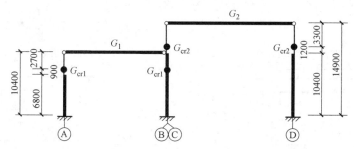

图 5-85 确定横向水平地震作用时的计算简图

（2）按地震作用等效集中于 AB 跨和 CD 跨屋盖处的重力荷载代表值

根据《建筑与市政工程抗震通用规范》第 4.1.3 条的规定，雪荷载的组合值系数取 0.5。按地震作用等效（除雪荷载外，式中其他的系数为等效集中系数）集中于 AB 跨和 CD 跨屋盖处的重力荷载代表值分别为

$$\begin{aligned}
G_1 =& 1.0(G_{低跨屋盖} + 0.5G_{低跨雪}) + 0.75G_{低跨吊车梁} \\
& + 1.0G_{高跨吊车梁(中)} + 0.5(G_{低跨边柱} + G_{中柱下柱} + G_{低跨外墙}) \\
& + 0.5(G_{中柱上柱} + G_{高跨封墙}) \\
=& 1.0 \times (377.62 + 0.5 \times 41.04) + 0.75 \times 30.44 \times 2 + 1.0 \times 44.30 \\
& + 0.5 \times (51.72 + 123.25 + 242.80) + 0.5 \times (33.75 + 123.11) \\
=& 775.42\text{kN}
\end{aligned}$$

$$\begin{aligned}
G_2 =& 1.0(G_{高跨屋盖} + 0.5G_{高跨雪}) + 0.75G_{高跨吊车梁(边)} \\
& + 0.5(G_{高跨边柱} + G_{高跨外墙}) + 0.5(G_{中柱上柱} + G_{高跨封墙}) \\
=& 1.0 \times (528.91 + 0.5 \times 54.72) + 0.75 \times 44.30 \\
& + 0.5 \times (124.62 + 372.75) + 0.5 \times (33.75 + 123.11) \\
=& 916.61\text{kN}
\end{aligned}$$

（3）集中于 AB 跨和 CD 跨吊车梁顶面处的重力荷载 G_{cri}

图 5-85 中的 G_{cr1} 和 G_{cr2} 分别表示 AB 跨和 CD 跨一台吊车桥架（不包括吊重）重力

荷载产生的轮压在一根柱子上的牛腿反力。计算一台吊车桥架（不包括吊重）重力荷载所产生的轮压时，近似认为大车自重居吊车跨度中央，小车自重全部作用在大车一侧轮子上，即全部由该侧2个车轮承受其重量。每跨取一台吨位最大的吊车分别计算。

AB跨无吊重时吊车最大轮压 P'_{max} 为

$$P'_{max}=\frac{G}{4}+\frac{Q_1}{2}=\frac{13.56\times9.8}{4}+\frac{3.58\times9.8}{2}=50.76\text{kN}$$

CD跨无吊重时吊车最大轮压 P'_{max} 为

$$P'_{max}==\frac{G}{4}+\frac{Q_1}{2}=\frac{28.98\times9.8}{4}+\frac{11.22\times9.8}{2}=125.98\text{kN}$$

根据吊车梁支座反力影响线（图5-86、图5-87）计算一台吊车重力荷载在柱上产生的最大反力（即集中于吊车梁顶面的质点重力荷载 G_{cri}）。

AB跨　$G_{cr1}=P'_{max}\sum y_i=50.76\times(1+0.325)=67.26\text{kN}$

CD跨　$G_{cr2}=P'_{max}\sum y_i=125.98\times(1+0.217)=153.32\text{kN}$

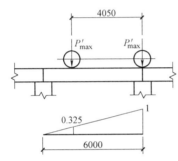
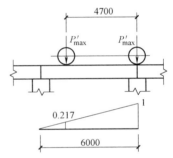

图5-86　AB跨一台吊车荷载作用下吊车梁支座反力影响线

图5-87　CD跨一台吊车荷载作用下吊车梁支座反力影响线

（4）横向水平地震作用计算

1）排架底部总水平地震作用标准值

采用底部剪力法计算横向水平地震作用。查《建筑与市政工程抗震通用规范》第4.2.2条，水平地震影响系数最大值、特征周期取值见表5-30。

水平地震影响系数最大值、特征周期取值　　　表5-30

地震影响	水平地震影响系数最大值	特征周期	取值依据
多遇地震	$\alpha_{max}=0.16$	$T_g=0.40\text{s}$	《建筑与市政工程抗震通用规范》GB 55002—2021 第4.2.2条
罕遇地震	$\alpha_{max}=0.90$		

因厂房横向自振周期 $T_1=1.026\text{s}>T_g=0.40\text{s}$，且 $T_1<5T_g=5\times0.40=2.00\text{s}$，根据《建筑抗震设计标准》第5.1.5条规定，相应于结构基本自振周期的水平地震影响系数 α_1 按下式计算，取结构的阻尼比 $\zeta=0.05$，阻尼调整系数 $\eta_2=1.0$，曲线下降段的衰减指数 $\gamma=0.9$。

$$\alpha_1=\left(\frac{T_g}{T_1}\right)^\gamma\eta_2\alpha_{max}=\left(\frac{0.40}{1.026}\right)^{0.9}\times1\times0.16=0.0685$$

排架结构底部总水平地震作用标准值按《建筑抗震设计标准》第 5.2.1 条的规定计算。

$$F_{Ek} = \alpha_1 G_{eq} = \alpha_1 \times 0.85 \times (G_1 + G_2)$$
$$= 0.0685 \times 0.85 \times (775.52 + 916.61)$$
$$= 98.52 \text{kN}$$

2) 排架各质点横向水平地震作用标准值

AB 跨和 CD 跨屋盖处的横向水平地震作用标准值为

$$F_1 = \frac{G_1 H_1}{\sum_{j=1}^{2} G_j H_j} F_{Ek} = \frac{775.42 \times 10.4}{775.42 \times 10.4 + 916.61 \times 14.9} \times 98.52 = 36.58 \text{kN}$$

$$F_2 = \frac{G_2 H_2}{\sum_{j=1}^{2} G_j H_j} F_{Ek} = \frac{916.61 \times 14.9}{775.42 \times 10.4 + 916.61 \times 14.9} \times 98.52 = 61.94 \text{kN}$$

AB 跨和 CD 跨吊车梁顶面处由吊车桥架引起的横向水平地震作用标准值按式（5-15）计算如下：

$$F_{cr1} = \alpha_1 G_{cr1} \frac{h_{cr1}}{H} = 0.0685 \times 67.26 \times \frac{7.7}{10.4} = 3.41 \text{kN}$$

$$F_{cr2} = \alpha_1 G_{cr2} \frac{h_{cr2}}{H} = 0.0685 \times 153.32 \times \frac{11.6}{14.9} = 8.18 \text{kN}$$

各质点水平地震作用示于图 5-88。

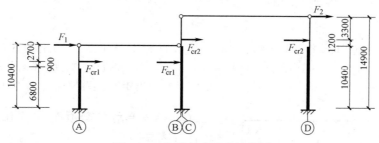

图 5-88 各质点水平地震作用

4. 横向水平地震作用效应计算

（1）柱顶水平地震作用下（图 5-89）

在计算厂房横向基本自振周期时，已计算出 AB 跨和 CD 跨分别在单位水平荷载作用下的横梁内力，利用该结果，得到排架在 F_1、F_2 共同作用下的横梁内力为

$$x_1 = x_{11} F_1 + x_{12} F_2$$
$$= 0.781 \times 36.58 - 0.138 \times 61.94$$
$$= 20.021 \text{kN}$$

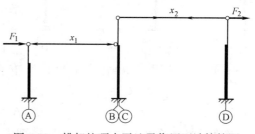

图 5-89 排架柱顶水平地震作用下计算简图

$$x_2 = x_{21}F_1 + x_{22}F_2 = 0.181 \times 36.58 - 0.494 \times 61.94 = -23.98 \text{kN}$$

排架柱的弯矩图和柱底剪力见图 5-90。

本厂房按平面排架采用能量法计算结构基本自振周期且按平面排架计算排架柱的地震剪力和弯矩，并符合以下条件：抗震设防烈度为 8 度；厂房单元屋盖长度与总跨度之比为 $72/42 = 1.7 < 8$；山墙的厚度不小于 240mm，根据前期建筑设计，山墙开洞所占的水平截面积不超过总面积的 50%，且山墙与屋盖系统有良好的连接；柱顶高度为 14.9m，不大于 15m。满足《建筑抗震设计标准》第 J.2.1 条的要求，可以考虑空间工作和扭转影响调整排架柱的地震剪力和弯矩。查《建筑抗震设计标准》表 J.2.3-1，对于高低跨交接处上柱以外的其他各柱内力均乘以考虑空间工作和扭转影响的效应调整系数 0.9。

《建筑抗震设计标准》第 J.2.4 条规定，对于高低跨交接处的钢筋混凝土柱的支承低跨屋盖牛腿以上各截面，按底部剪力法求得的地震剪力和弯矩应乘以增大系数，其值按下式计算，其中，高低跨交接处钢筋混凝土上柱空间工作影响系数 ζ 取 1.0。

$$\eta = \zeta\left(1 + 1.7\frac{n_h}{n_0}\frac{G_{El}}{G_{Eh}}\right) = 1 \times \left(1 + 1.7 \times \frac{1}{2} \times \frac{775.42}{916.61}\right) = 1.72$$

图 5-91 为考虑空间工作调整后的排架内力图。

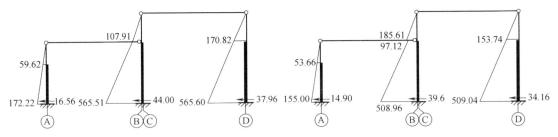

图 5-90 柱顶水平地震作用下排架内力图
（弯矩单位：kN·m，剪力单位：kN）

图 5-91 柱顶水平地震作用下考虑空间工作和扭转影响后的排架内力图
（弯矩单位：kN·m，剪力单位：kN）

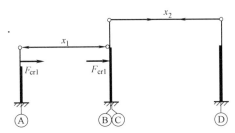

图 5-92 AB 跨吊车梁顶面 F_{cr1} 作用于 A 柱和 BC 柱

（2）AB 跨吊车梁顶面 F_{cr1} 作用于 A 柱和 BC 柱（图 5-92）

由于这种情况下排架受力状态与 AB 跨吊车水平荷载作用下的相同，故可将 AB 跨吊车水平荷载作用下排架的内力数值乘系数 $F_{cr1}/T_{\max} = 3.41/9.11 = 0.374$，得到排架在 AB 跨 F_{cr1} 作用下的弯矩图和柱底剪力，见图 5-93。

《建筑抗震设计标准》第 J.2.5 条规定，对于 A 柱、BC 柱上柱内力应乘吊车桥架引起的地震剪力和弯矩增大系数。A 柱上柱内力乘增大系数 2.0，BC 柱上柱内力乘增大系数 2.5，应调整部位调整后的内力示于图 5-94。

（3）CD 跨吊车梁顶面 F_{cr2} 作用于 BC 柱和 D 柱（图 5-95）

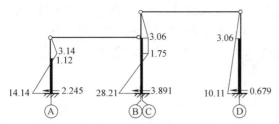
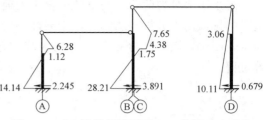

图 5-93 AB 跨吊车梁顶面 F_{cr1} 作用于 A 柱和 BC 柱时排架内力图
（弯矩单位：kN·m，剪力单位：kN）

图 5-94 AB 跨吊车梁顶面 F_{cr1} 作用于 A 柱和 BC 柱时调整后的排架内力图
（弯矩单位：kN·m，剪力单位：kN）

同理，将 CD 跨吊车水平荷载作用下的排架内力数值乘系数 $F_{cr2}/T_{max}=8.18/19.99=0.409$，得到排架在 CD 跨 F_{cr2} 作用下的弯矩图和柱底剪力，见图 5-96。

同样，对于 BC 柱和 D 柱上柱内力应分别乘吊车桥架引起的地震剪力和弯矩增大系数 2.5 和 2.0。应调整部位调整后的排架柱内力见图 5-97。

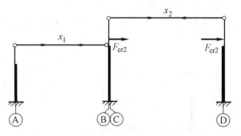

图 5-95 CD 跨吊车梁顶面 F_{cr2} 作用于 BC 柱和 D 柱

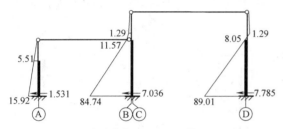
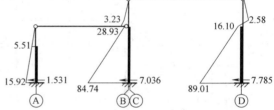

图 5-96 CD 跨吊车梁顶面 F_{cr2} 作用于 BC 柱和 D 柱时排架内力图
（弯矩单位：kN·m，剪力单位：kN）

图 5-97 CD 跨吊车梁顶面 F_{cr2} 作用于 BC 柱和 D 柱时调整后的排架内力图
（弯矩单位：kN·m，剪力单位：kN）

5. 与横向水平地震作用效应组合的荷载效应计算

结构自重重力荷载作用下排架柱的弯矩图、柱底剪力和轴力图见图 5-71。

50%屋面雪荷载与屋面活荷载的比值为：0.5×0.38/0.5＝0.38，50%屋面雪荷载作用于 AB 跨和 CD 跨时所产生的排架柱内力可利用叠加原理计算。即可由图 5-72 的排架柱内力乘 0.38 加上图 5-73 的排架柱内力乘 0.38 得到，如图 5-98 所示。

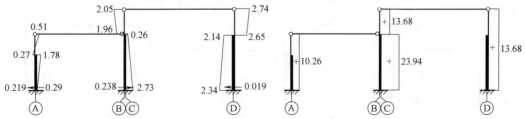

图 5-98 50%屋面雪荷载作用于 AB 跨和 CD 跨时排架内力图
（弯矩单位：kN·m，剪力单位：kN，轴力单位：kN）

吊车桥架重力荷载作用下及吊重重力荷载作用下的排架内力分析方法，与持久设计状况下的排架内力分析方法相同，排架柱的弯矩图、轴力图及柱底剪力如图 5-99～图 5-106 所示，图中弯矩单位为 kN·m，剪力和轴力的单位为 kN。为节省教材篇幅，略去详细计算过程。

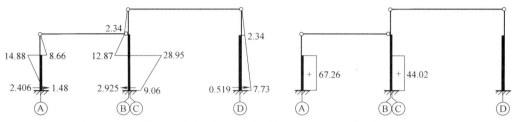

图 5-99　AB 跨一台吊车桥架（不包括吊重）D'_{max} 作用于 A 柱，D'_{min} 作用于 BC 柱时排架内力图

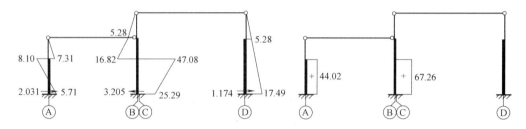

图 5-100　AB 跨一台吊车桥架（不包括吊重）D'_{min} 作用于 A 柱，D'_{max} 作用于 BC 柱时排架内力图

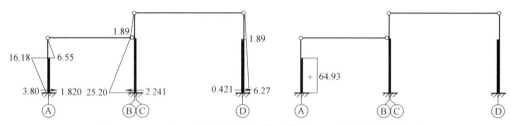

图 5-101　AB 跨一台吊车吊重 D''_{max} 作用于 A 柱时排架内力图

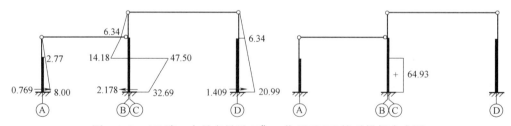

图 5-102　AB 跨一台吊车吊重 D''_{max} 作用于 BC 柱时排架内力图

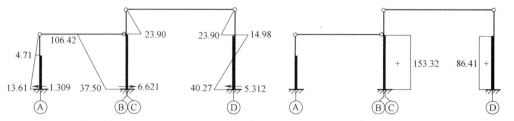

图 5-103　CD 跨一台吊车桥架（不包括吊重）D'_{max} 作用于 BC 柱，D'_{min} 作用于 D 柱时排架内力图

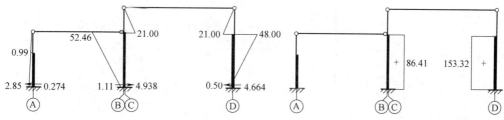

图 5-104　CD 跨一台吊车桥架（不包括吊重）D'_{min} 作用于 BC 柱，D'_{max} 作用于 D 柱时排架内力图

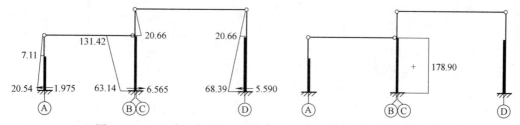

图 5-105　CD 跨一台吊车吊重 D''_{max} 作用于 BC 柱时排架内力图

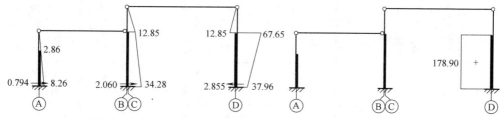

图 5-106　CD 跨一台吊车吊重 D''_{max} 作用于 D 柱时排架内力图

6. 作用组合

根据《建筑与市政工程抗震通用规范》第 4.3.2 条的规定，结构构件抗震验算的组合内力设计值应采用地震作用效应和其他作用效应的基本组合值，按下式进行：

$$S=\gamma_G S_{GE}+\gamma_{Eh} S_{Ehk}+\gamma_{Ev} S_{Evk}+\sum \gamma_{Di} S_{Dik}+\sum \psi_i \gamma_i S_{ik}$$

对于一般的建筑结构，地震组合时风荷载的组合值系数取 0.0。因吊车水平制动力的作用时间短暂，厂房的横向水平地震作用效应不考虑与其效应进行组合。本厂房没有不包括在重力荷载内的永久荷载。根据《建筑与市政工程抗震通用规范》第 4.1.2 条的规定，本厂房不需要考虑竖向地震作用。故上式成为

$$S=\gamma_G S_{GE}+\gamma_{Eh} S_{Ehk}$$

上式中应参与组合的重力荷载项及其分项系数取值见表 5-31。

分项系数取值　　　　　　　　　　　表 5-31

荷载类别	分项系数取值	取值依据
结构自重重力荷载 雪荷载重力荷载 吊车（包括小车）自重重力荷载 吊重重力荷载	当作用效应对承载力不利时，$\gamma_G=1.3$	《建筑与市政工程抗震通用规范》 GB 55002—2021 第 4.3.2 条
	当作用效应对承载力有利时，$\gamma_G=1.0$	
水平地震作用	$\gamma_{Eh}=1.4$	

表 5-32 为在地震设计状况下 A 柱控制截面的效应标准值汇总。表 5-33 为 A 柱各控制截面的基本组合效应值。

表 5-32

地震设计状况下 A 柱控制截面效应标准值汇总

截面	内力	水平地震作用效应			重力荷载代表值		重力荷载效应							
		F_1和F_2 作用于柱顶 ①	AB跨 F_{cr1} 作用于 A柱、BC柱 ②	CD跨 F_{cr2} 作用于 BC柱、D柱 ③	结构自重 ④	50%雪载 ⑤	AB跨—台吊车桥架自重 D'_{max} 作用于A柱 ⑥	AB跨—台吊车桥架自重 D'_{max} 作用于BC柱 ⑦	AB跨—台吊车吊重 D'_{max} 作用于A柱 ⑧	AB跨—台吊车吊重 D''_{max} 作用于BC柱 ⑨	CD跨—台吊车桥架自重 D'_{max} 作用于BC柱 ⑩	CD跨—台吊车桥架自重 D'_{max} 作用于D柱 ⑪	CD跨—台吊车吊重 D''_{max} 作用于BC柱 ⑫	CD跨—台吊车吊重 D''_{max} 作用于D柱 ⑬
Ⅰ-Ⅰ	M_k	±53.66	∓1.12	±5.51	6.37	0.27	−8.66	−7.31	−6.55	−2.77	4.71	0.99	7.11	−2.86
	N_k	0	0	0	203.21	10.26	0	0	0	0	0	0	0	0
Ⅱ-Ⅱ	M_k	±53.66	∓1.12	±5.51	−23.62	−1.78	14.88	8.10	16.18	−2.77	4.71	0.99	7.11	−2.86
	N_k	0	0	0	233.65	10.26	67.26	44.02	64.93	0	0	0	0	0
Ⅲ-Ⅲ	M_k	±155.00	±14.14	±15.92	6.26	−0.29	−1.48	−5.71	3.80	−8.00	13.61	2.85	20.54	−8.26
	N_k	0	0	0	270.97	10.26	67.26	44.02	64.93	0	0	0	0	0
	V_k	±14.90	±2.25	±1.53	4.39	0.22	−2.41	−2.03	−1.82	−0.77	1.31	0.27	1.98	−0.79

注：1. 图中箭头所示方向为内力的正向；
2. 表中弯矩 M_k 单位为 kN·m，轴力 N_k 单位为 kN，剪力 V_k 单位为 kN。

地震设计状况下 A 柱控制截面基本组合值

表 5-33

$$S = \gamma_G S_{GE} + \gamma_{Eh} S_{Ehk}$$

截面	内力	$+M_{max}$ 及相应的 N、V		$-M_{min}$ 及相应的 N、V		N_{max} 及相应的 M、V		N_{min} 及相应的 M、V	
Ⅰ-Ⅰ	M	1.4×(①+③)+ 1.3×(④+⑤+⑩+⑫)	106.84	1.4×(①+②+③)+ 1.0×(④+⑤)+ 1.3×(⑥+⑧+⑩+⑬)	−96.83	1.4×(①+③)+ 1.3×(④+⑤+⑩+⑫)	106.84	1.4×(①+③)+ 1.0×(④+⑤)+ 1.3×(⑩+⑫)	104.84
	N		277.51		213.47		277.51		213.47
Ⅱ-Ⅱ	M	1.4×(①+②+③)+ 1.0×(④+⑤)+ 1.3×(⑥+⑧+⑩+⑫)	111.61	1.4×(①+③)+ 1.3×(④+⑤+⑩+⑬)	−118.29	1.4×(①+②+③)+ 1.3×(④+⑤+⑥+⑧+⑩+⑫)	103.99	1.4×(①+③)+ 1.0×(④+⑤)+ 1.3×(⑩+⑬)	−110.67
	N		415.76		317.08		488.93		243.91
Ⅲ-Ⅲ	M	1.4×(①+②+③)+ 1.3×(④+⑤+⑥+⑧+⑩+⑫)	314.26	1.4×(①+②+③)+ 1.0×④+1.3×(⑤+⑦+⑨+⑪+⑬)	−278.06	1.4×(①+②+③)+ 1.3×(④+⑤+⑥+⑧+⑩+⑫)	314.26	1.4×(①+③)+ 1.0×(④+⑤)+ 1.3×(⑩+⑬)	289.65
	N		537.45		341.53		537.45		281.23
	V		30.92		−25.79		30.92		31.89

根据《建筑抗震设计标准》第5.5.2条的规定，本厂房可不进行横向排架的弹塑性变形验算。

5.7.5 柱设计

1. 正截面受压承载力计算

（1）大、小偏心受压的判别条件

查《混凝土结构设计标准》，C30混凝土，$E_c=3.00\times10^4\text{N/mm}^2$，$f_c=14.3\text{N/mm}^2$。$\varepsilon_{cu}=0.0033$，$\beta_1=0.8$。HRB400钢筋，$E_s=2.00\times10^5\text{N/mm}^2$，$f_y=f'_y=360\text{N/mm}^2$。

按《混凝土结构设计标准》第6.2.6条计算，截面相对界限受压区高度为

$$\xi_b=\frac{\beta_1}{1+\dfrac{f_y}{E_s\varepsilon_{cu}}}=\frac{0.8}{1+\dfrac{360}{2.00\times10^5\times0.0033}}=0.518$$

查《混凝土结构设计标准》第8.2.1条，柱混凝土保护层的最小厚度$c=20\text{mm}$。上、下柱均采用对称配筋，按照箍筋直径为10mm、纵筋直径为20mm考虑，柱截面有效高度为

上柱 $\quad h_0=h-c-d_{箍筋直径}-\dfrac{d_{纵筋直径}}{2}=400-20-10-\dfrac{20}{2}=360\text{mm}$

下柱 $\quad h_0=h-c-d_{箍筋直径}-\dfrac{d_{纵筋直径}}{2}=800-20-10-\dfrac{20}{2}=760\text{mm}$

则大偏心受压和小偏心受压界限破坏时对应的轴向压力设计值N_b分别为

上柱（矩形截面）

$$N_b=\alpha_1 f_c b\xi_b h_0=1.0\times14.3\times400\times0.518\times360=1066665.6\text{N}=1066.67\text{kN}$$

下柱（I形截面）

$$\begin{aligned}N_b&=\alpha_1 f_c[b\xi_b h_0+(b'_f-b)h'_f]\\&=1.0\times14.3\times[100\times0.518\times760+(400-100)\times162.5]\\&=1260087\text{N}\\&=1260.09\text{kN}\end{aligned}$$

对于上柱截面，当$N\leqslant N_b=1066.67\text{kN}$时，为大偏心受压，反之为小偏心受压。

对于下柱截面，当$N\leqslant N_b=1260.09\text{kN}$时，为大偏心受压，反之为小偏心受压。

（2）选取控制截面最不利内力

对于持久设计状况和地震设计状况，承载能力极限状态设计表达式及系数的取值见表5-34。

承载能力极限状态设计表达式及系数的取值　　　　表5-34

	表达式及系数的取值	取值依据
承载能力极限状态设计表达式	持久设计状况 $\gamma_0 S_d\leqslant R_d$	《建筑结构可靠性设计统一标准》GB 50068—2018 第8.2.2条
承载能力极限状态设计表达式	地震设计状况 $S\leqslant\dfrac{R}{\gamma_{RE}}$	《建筑与市政工程抗震通用规范》GB 55002—2021 第4.3.1条

续表

	表达式及系数的取值	取值依据
结构重要性系数 γ_0	对持久设计状况,安全等级为二级的结构,取 $\gamma_0=1.0$	《建筑结构可靠性设计统一标准》GB 50068—2018 第 8.2.8 条
承载力抗震调整系数 γ_{RE}	对于轴压比小于 0.15 的混凝土偏压柱 取 $\gamma_{RE}=0.75$	《建筑与市政工程抗震通用规范》GB 55002—2021 第 4.3.1 条
	对于轴压比不小于 0.15 的混凝土偏压柱 取 $\gamma_{RE}=0.8$	

对于持久设计状况和地震设计状况,正截面受压承载力的计算表达式相同。为了方便对两种状况的效应组合值合并进行比较,筛选出控制截面的最不利内力,对地震设计状况下 A 柱的内力组合值乘以承载力抗震调整系数 γ_{RE}。轴压比为 0.15 时对应的截面轴力设计值为

上柱(矩形截面)
$$N=0.15f_c bh=0.15\times14.3\times400\times400=343200\text{N}=343.20\text{kN}$$

下柱(工字形截面) 查表 5-19,$A=177500\text{mm}^2$
$$N=0.15f_c A=0.15\times14.3\times177500=380737\text{N}=380.74\text{kN}$$

对比表 5-33 中的各组轴力,上柱控制截面的轴力都小于 343.20kN,故取 $\gamma_{RE}=0.75$。下柱控制截面的轴力小于 380.74kN 时,取 $\gamma_{RE}=0.75$,轴力大于 380.74kN 时,取 $\gamma_{RE}=0.80$。

将持久设计状况下和地震设计状况下 A 柱控制截面基本组合的效应设计值汇总于表 5-35。

A 柱控制截面基本组合的效应设计值汇总　　　　　　　表 5-35

控制截面	持久设计状况			地震设计状况				
	M	N	偏心类型	M	N	$\gamma_{RE}M$	$\gamma_{RE}N$	偏心类型
Ⅰ-Ⅰ	48.19	292.52	大偏心	106.84	277.51	80.13	208.13	大偏心
	−47.66	203.21	大偏心	−96.83	213.47	−72.62	160.10	大偏心
	40.49	304.67	大偏心	104.84	213.47	78.63	160.10	大偏心
Ⅱ-Ⅱ	78.06	535.14	大偏心	111.61	415.76	89.29	332.61	大偏心
	−62.44	332.21	大偏心	−118.29	317.08	−88.72	237.81	大偏心
	48.53	671.27	大偏心	103.99	488.93	83.19	391.14	大偏心
	−50.22	233.65	大偏心	−110.67	243.91	−83.00	182.93	大偏心
	65.84	633.58	大偏心					
Ⅲ-Ⅲ	152.33	352.26	大偏心	314.26	537.45	251.41	429.96	大偏心
	−111.89	345.37	大偏心	−278.06	341.53	−208.55	256.15	大偏心
	84.24	719.79	大偏心	289.65	281.23	217.24	210.92	大偏心
	150.45	270.97	大偏心					
	129.44	682.10	大偏心					

从表 5-35 的数据可以看出,上柱内力组合值均满足 $N\leqslant N_b=1066.67\text{kN}$,下柱内力

组合值均满足 $N \leqslant N_b = 2948.97 \text{kN}$，故表中柱各控制截面均为大偏心受压。

对于大偏心受压，当两组内力的弯矩值相差不多时，轴力值越小则配筋越多；当两组内力的轴力值相差不多时，弯矩值越大则配筋越多，也就是说"弯矩大，轴力小"的内力组为最不利内力。按照这个原则，对上柱截面的 6 组内力，两两内力组比较，选出不利的内力。对下柱截面的 17 组内力，两两内力组比较，选出不利的内力。

当计算柱垂直于弯矩作用平面的受压承载力时，最不利内力为最大轴力。

按上述原则，选出最不利内力，见表 5-36。

A 柱正截面受压承载力计算时的最不利内力 表 5-36

弯矩作用平面	上、下柱		$M(\text{kN} \cdot \text{m})$	$N(\text{kN})$
弯矩作用平面 受压承载力计算时	上柱		78.63	160.10
	下柱	第 1 组	−83.00	182.93
		第 2 组	251.41	429.96
		第 3 组	217.24	210.92
垂直于弯矩作用平面 受压承载力计算时	上柱			304.67
	下柱			719.79

(3) 柱计算长度

依据《混凝土结构设计标准》第 6.2.20 条，上柱和下柱的计算长度分别为

排架方向： 上柱 $l_0 = 2.0 H_u = 2.0 \times 3.6 = 7.2 \text{m}$ （$H_u/H_l = 3.6/6.8 = 0.53 > 0.3$）

下柱 $l_0 = 1.0 H_l = 1.0 \times 6.8 = 6.8 \text{m}$

垂直排架方向：上柱 $l_0 = 1.25 H_u = 1.25 \times 3.6 = 4.5 \text{m}$

下柱 $l_0 = 0.8 H_l = 0.8 \times 6.8 = 5.44 \text{m}$

(4) 弯矩作用平面内正截面受压承载力计算

采用《混凝土结构设计标准》附录 B.0.4 条规定的方法考虑二阶效应的影响。

1) 上柱 $e_0 = \dfrac{M_0}{N} = \dfrac{78.63}{160.1} = 0.491 \text{m} = 491 \text{mm}$

由于 $\dfrac{h}{30} = \dfrac{400}{30} = 13 \text{mm} < 20 \text{mm}$，取附加偏心距 $e_a = 20 \text{mm}$

$$e_i = e_0 + e_a = 491 + 20 = 511 \text{mm}$$

$$\zeta_c = \frac{0.5 f_c A}{N} = \frac{0.5 \times 14.3 \times 400 \times 400}{160.10 \times 10^3} = 7.1 > 1.0, \text{ 取 } \zeta_c = 1.0$$

$$\eta_s = 1 + \frac{1}{1500 \dfrac{e_i}{h_0}} \left(\frac{l_0}{h}\right)^2 \zeta_c = 1 + \frac{1}{1500 \times \dfrac{511}{360}} \times \left(\frac{7200}{400}\right)^2 \times 1 = 1.152$$

$$M = \eta_s M_0 = 1.152 \times 78.63 = 90.58 \text{kN} \cdot \text{m}$$

按照考虑二阶效应后的 M 值重新计算 e_i：

$$e_i = \frac{M}{N} + e_a = \frac{90.58 \times 10^6}{160.10 \times 10^3} + 20 = 586 \text{mm}$$

$$x=\frac{N}{\alpha_1 f_c b}=\frac{160.10\times10^3}{1.0\times14.3\times400}=28\text{mm}<2a'_s=2\times40=80\text{mm}$$

故取 $x=2a'_s$，并对受压钢筋合力点取矩计算纵筋。

$$e'=e_i-\frac{h}{2}+a'_s=586-\frac{400}{2}+40=426\text{mm}$$

$$A'_s=A_s=\frac{Ne'}{f_y(h-a_s-a'_s)}=\frac{160.10\times10^3\times426}{360\times(400-40-40)}=592\text{mm}^2$$

一侧纵向钢筋配筋率 $\quad \rho=\dfrac{A'_s}{A}=\dfrac{592}{400\times400}=0.0037>\rho_{\min}=0.0020$

截面总配筋率 $\quad \rho=\dfrac{A'_s+A_s}{A}=\dfrac{592\times2}{400\times400}=0.0074>\rho_{\min}=0.0055$

满足《混凝土结构设计标准》第 8.5.1 条关于最小配筋率的要求。
综合考虑其他因素及工程经验，选配 4⌽16（$A'_s=A_s=804\text{mm}^2$）。

2）下柱
按第 1 组不利内力计算。

$$e_0=\frac{M_0}{N}=\frac{83.00}{182.93}=0.454\text{m}=454\text{mm}$$

由于 $\dfrac{h}{30}=\dfrac{800}{30}=27\text{mm}>20\text{mm}$，取附加偏心距 $e_a=27\text{mm}$

$$e_i=e_0+e_a=454+27=481\text{mm}$$

查表 5-19，$A=177500\text{mm}^2$。

$$\zeta_c=\frac{0.5f_cA}{N}=\frac{0.5\times14.3\times177500}{182.93\times10^3}=6.9>1.0,\text{ 取 }\zeta_c=1.0$$

$$\eta_s=1+\frac{1}{1500\dfrac{e_i}{h_0}}\left(\frac{l_0}{h}\right)^2\zeta_c=1+\frac{1}{1500\times\dfrac{481}{760}}\times\left(\frac{6800}{800}\right)^2\times1=1.076$$

$$M=\eta_sM_0=1.076\times182.93=196.83\text{kN}\cdot\text{m}$$

按照考虑二阶效应后的 M 值重新计算 e_i：

$$e_i=\frac{M}{N}+e_a=\frac{196.83\times10^6}{182.93\times10^3}+27=1103\text{mm}$$

$$x=\frac{N}{\alpha_1 f_c b'_f}=\frac{182.93\times10^3}{1.0\times14.3\times400}=32\text{mm}<2a'_s=2\times40=80\text{mm}$$

取 $x=2a'_s$，并对受压钢筋合力点取矩计算纵筋

$$e'=e_i-\frac{h}{2}+a'_s=1103-\frac{800}{2}+40=743\text{mm}$$

$$A'_s=A_s=\frac{Ne'}{f_y(h-a_s-a'_s)}=\frac{182.93\times10^3\times743}{360\times(800-40-40)}=524\text{mm}^2$$

同理，按第 2 组不利内力计算，$A'_s=A_s=476\text{mm}^2$；按第 3 组不利内力计算，$A'_s=A_s=596\text{mm}^2$。为节省教材篇幅，略去计算过程。下柱计算配筋面积为 $A'_s=A_s=596\text{mm}^2$。

一侧纵向钢筋配筋率 $\rho = \dfrac{A'_s}{A} = \dfrac{596}{177500} = 0.0034 > \rho_{\min} = 0.0020$

截面总配筋率 $\rho = \dfrac{A'_s + A_s}{A} = \dfrac{596 \times 2}{177500} = 0.0067 > \rho_{\min} = 0.0055$

满足《混凝土结构设计标准》第 8.5.1 条关于最小配筋率的要求。

综合考虑其他因素及工程经验，选配 4⌀16（$A'_s = A_s = 804\text{mm}^2$）。A 柱配筋如图 5-107 所示。

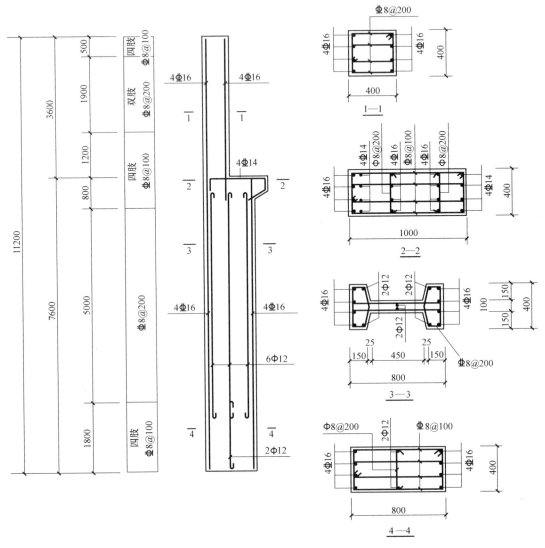

图 5-107 A 柱配筋图

（5）垂直于弯矩作用平面的正截面受压承载力验算

1）上柱

$\dfrac{l_0}{b} = \dfrac{4500}{400} = 11.25$，查《混凝土结构设计标准》第 6.2.15 条，$\varphi = 0.961$，按第

6.2.15 条公式计算。

$$N_u = 0.9\varphi(f_c A + f'_y A'_s) = 0.9 \times 0.961 \times (14.3 \times 400 \times 400 + 360 \times 804 \times 2)$$
$$= 2479564N = 2479.56kN > N = 304.67kN$$

满足要求。

2) 下柱

查 I 形截面力学特征表,最小截面回转半径 $i=98.6$mm。$\dfrac{l_0}{i}=\dfrac{5440}{98.6}=55.2$。查《混凝土结构设计标准》第 6.2.15 条,$\varphi=0.868$,按第 6.2.15 条公式计算。

$$N_u = 0.9\varphi(f_c A + f'_y A'_s) = 0.9 \times 0.868 \times (14.3 \times 177500 + 360 \times 804 \times 2)$$
$$= 2435101N = 2435.10kN > N = 719.79kN$$

满足要求。

2. 裂缝控制验算

荷载准永久组合的效应值见表 5-37。表中三组内力的相对偏心距均小于 0.55,根据《混凝土结构设计标准》第 7.1.2 条的规定,可不验算裂缝宽度。

A 柱荷载准永久组合　　　　　表 5-37

控制截面		内力	永久荷载	雪荷载	$S_d = S_{G_k} + \psi_q S_{Q_k}$	$\dfrac{e_0}{h_0} = \dfrac{M_q}{N_q h_0}$
上柱	I-I	M_k	6.37	0.54	6.48	0.087
		N_k	203.21	20.52	207.31	
下柱	II-II	M_k	−23.62	−3.56	−24.33	0.135
		N_k	233.65	20.52	237.75	
	III-III	M_k	6.26	−0.58	6.14	0.029
		N_k	270.97	20.52	275.07	

注:1. 表中永久荷载的内力值取自表 5-28,雪荷载的内力值为表 5-32 中的数值乘 2 得到;
　　2. M_k 单位为 kN·m,N_k 单位为 kN。

3. 牛腿设计

(1) 牛腿截面尺寸验算

根据吊车梁的支承位置及《混凝土结构设计标准》第 9.3.10 条的构造要求,初步拟定牛腿尺寸,如图 5-108 所示。

持久设计状况下,作用于牛腿顶部按荷载标准组合计算的竖向力值为

$$F_{vk} = G_{A4} + D_{max} = 30.44 + 251.24 = 281.68kN$$

作用于牛腿顶部按荷载标准组合计算的水平拉力值

$$F_{hk} = 0$$

牛腿截面的有效高度

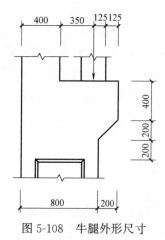

图 5-108　牛腿外形尺寸

$$h_0 = 600 - 20 - \frac{20}{2} = 570 \text{mm}$$

取裂缝控制系数 $\beta=0.65$，$a=0$，C30 混凝土，$f_{tk}=2.01\text{N/mm}^2$，代入下式

$$\beta\left(1-0.5\frac{F_{hk}}{F_{vk}}\right)\frac{f_{tk}bh_0}{0.5+\frac{a}{h_0}} = 0.65 \times \frac{2.01 \times 400 \times 570}{0.5}$$

$$= 595764\text{N} = 595.76\text{kN} > F_{vk} = 281.68\text{kN}$$

牛腿截面高度满足《混凝土结构设计标准》第 9.3.10 条对于裂缝控制的要求。

取吊车梁垫板尺寸为 500mm×400mm，则

$$\frac{F_{vk}}{A} = \frac{281.68 \times 10^3}{500 \times 400} = 1.41\text{N/mm}^2 < 0.75f_c = 0.75 \times 14.3 = 10.73\text{N/mm}^2$$

牛腿截面尺寸满足《混凝土结构设计标准》第 9.3.10 条关于局部受压承载力的要求。

（2）牛腿纵向受拉钢筋计算

持久设计状况下，作用在牛腿顶部的竖向力设计值和水平拉力设计值分别为

$$F_v = 1.3 \times 30.44 + 1.5 \times 251.24 = 416.43\text{kN}, \quad F_h = 0$$

$$a < 0.3h_0，取 a = 0.3h_0 = 0.3 \times 570 = 171\text{mm}$$

《混凝土结构设计标准》第 9.3.11 条规定，牛腿纵向受力钢筋按下式计算

$$A_s \geq \frac{F_v a}{0.85 f_y h_0} + 1.2\frac{F_h}{f_y} = \frac{416.43 \times 10^3 \times 171}{0.85 \times 360 \times 570} + 0 = 408\text{mm}^2$$

选 4⏀14 （$A_s = 616\text{mm}^2$）。

$$0.45\frac{f_t}{f_y} = 0.45 \times \frac{1.43}{360} = 0.0018$$

$$\rho = \frac{A_s}{bh_0} = \frac{616}{400 \times 570} = 0.0027 \begin{matrix} >0.002 \\ >0.0018 \\ <0.006 \end{matrix}$$

配筋率满足《混凝土结构设计标准》第 9.3.12 条的构造要求。

（3）牛腿箍筋及弯筋设置

根据《混凝土结构设计标准》第 9.3.13 条的要求，牛腿水平箍筋选用 ⏀8@100。

$\frac{2}{3}h_0 = \frac{2}{3} \times 570 = 380\text{mm}$，$\frac{2}{3}h_0$ 范围内有 4 根箍筋，其总水平截面面积为

$$4 \times 2 \times 50.3 = 402.4\text{mm}^2 > \frac{A_s}{2} = \frac{616}{2} = 308\text{mm}^2$$

故满足构造要求。牛腿 $a/h_0 = 0 < 0.3h_0$，可不设弯筋。牛腿配筋如图 5-109 所示。

4. 吊装验算

当平地预制钢筋混凝土柱的混凝土强度达到100%设计强度后吊装，采用翻身起吊方式，吊点设在牛腿根部。

（1）计算简图及荷载计算

根据《建筑地基基础设计规范》第8.2.4条对扩展基础的构造要求，取柱插入基础的深度为800mm。

$$l_a = l_{ab} = \alpha \frac{f_y}{f_t} d = 0.14 \times \frac{360}{1.43} \times 16 = 564\text{mm} < 800\text{mm}$$

满足柱内受拉纵筋的锚固要求。

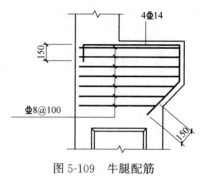

图5-109 牛腿配筋

$0.05 \times$ 柱长 $= 0.05 \times 10400 = 520\text{mm} < 800\text{mm}$，满足吊装时柱稳定性的要求。

A柱吊装验算时的计算简图和弯矩图见图5-110。

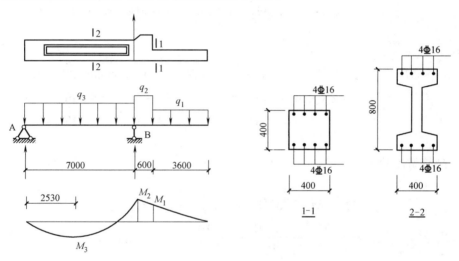

图5-110 柱吊装验算时的计算简图和弯矩图

柱吊装验算时的荷载为柱自重重力荷载（表5-19），且应考虑吊装时的动力系数1.5。按《建筑结构可靠性设计统一标准》第8.2.8条的规定，对于短暂设计状况下安全等级为二级的结构，结构重要性系数γ_0取1.0。考虑到牛腿根部及柱根部为矩形截面，下柱自重乘系数1.2。

上柱　　$q_1 = 1.5 \times 1.3 \times 4 = 7.8\text{kN/m}$

牛腿　　$q_2 = 1.5 \times 1.3 \times 25 \times 0.4 \times 1.0 = 19.50\text{kN/m}$

下柱　　$q_3 = 1.5 \times 1.3 \times 4.44 \times 1.2 = 10.39\text{kN/m}$

（2）内力计算

$$M_1 = \frac{1}{2} \times 7.8 \times 3.6^2 = 50.54\text{kN} \cdot \text{mm}$$

$$M_2 = 7.8 \times 3.6 \times \left(\frac{1}{2} \times 3.6 + 0.6\right) + \frac{1}{2} \times 19.50 \times 0.6^2 = 70.90\text{kN} \cdot \text{mm}$$

$$\sum M_B = 0, \quad R_A = \frac{1}{7} \times \left(\frac{1}{2} \times 10.39 \times 7^2 - 70.9\right) = 26.24\text{kN}$$

$$M_x = R_A x - \frac{1}{2}q_3 x^2$$

由 $\frac{dM_x}{dx} = R_A - q_3 x = 0$，得下柱最大弯矩截面到 A 支座的距离为

$$x = \frac{R_A}{q_3} = \frac{26.24}{10.39} = 2.53 \text{m}$$

下柱最大弯矩

$$M_3 = R_A x - \frac{1}{2}q_3 x^2 = 26.24 \times 2.53 - \frac{1}{2} \times 10.39 \times 2.53^2 = 33.13 \text{kN} \cdot \text{m}$$

(3) 正截面受弯承载力验算

上柱

$$M_u = f_y A_s'(h_0 - a_s') = 360 \times 804 \times (360-40) = 92620800 \text{N} \cdot \text{mm}$$
$$= 92.62 \text{kN} \cdot \text{m} > \gamma_0 M_1 = 1.0 \times 50.54 = 50.54 \text{kN} \cdot \text{m}$$

满足要求。

下柱

$$M_u = f_y A_s'(h_0 - a_s') = 360 \times 804 \times (760-40) = 208396800 \text{N} \cdot \text{mm}$$
$$= 208.40 \text{kN} \cdot \text{m} > \gamma_0 M_2 = 1.0 \times 70.90 = 70.90 \text{kN} \cdot \text{m}$$
$$> \gamma_0 M_3 = 1.0 \times 33.13 = 33.13 \text{kN} \cdot \text{m}$$

满足要求。

(4) 裂缝宽度验算

上柱

$$M_q = M_1/1.3 = 50.54/1.3 = 38.88 \text{kN} \cdot \text{m}$$

$$\sigma_{sq} = \frac{M_q}{0.87 h_0 A_s} = \frac{38.88 \times 10^6}{0.87 \times 360 \times 804} = 154.4 \text{N/mm}^2$$

$$\rho_{te} = \frac{A_s}{A_{te}} = \frac{804}{0.5 \times 400 \times 400} = 0.010 = 0.01, 取 \rho_{te} = 0.01$$

$$\psi = 1.1 - 0.65 \frac{f_{tk}}{\rho_{te}\sigma_{sq}} = 1.1 - 0.65 \times \frac{2.01}{0.01 \times 154.40} = 0.254$$

$$c_s = 20 + 8 = 28 \text{mm}$$

$$w_{max} = \alpha_{cr}\psi\frac{\sigma_{sq}}{E_s}\left(1.9 c_s + 0.08 \frac{d_{eq}}{\rho_{te}}\right)$$

$$= 1.9 \times 0.254 \times \frac{154.4}{2.00 \times 10^5} \times \left(1.9 \times 28 + 0.08 \times \frac{16}{0.01}\right)$$

$$= 0.07 \text{mm} < w_{lim} = 0.3 \text{mm}$$

裂缝宽度满足要求。

下柱

$$M_q = M_2/1.3 = 70.90/1.3 = 54.54 \text{kN} \cdot \text{m}$$

$$\sigma_{sq} = \frac{M_q}{0.87 h_0 A_s} = \frac{54.54 \times 10^6}{0.87 \times 760 \times 804} = 102.60 \text{N/mm}^2$$

$$\rho_{te}=\frac{A_s}{A_{te}}=\frac{804}{0.5\times100\times800+(400-100)\times162.5}=0.0091<0.01,\text{取}\ \rho_{te}=0.01$$

$$\psi=1.1-0.65\frac{f_{tk}}{\rho_{te}\sigma_{sq}}=1.1-0.65\times\frac{2.01}{0.01\times102.6}<0,\text{取}\ \psi=0.2$$

$$w_{max}=\alpha_{cr}\psi\frac{\sigma_{sq}}{E_s}\left(1.9c_s+0.08\frac{d_{eq}}{\rho_{te}}\right)$$

$$=1.9\times0.2\times\frac{102.6}{2.00\times10^5}\times\left(1.9\times28+0.08\times\frac{16}{0.01}\right)$$

$$=0.04\text{mm}<w_{lim}=0.3\text{mm}$$

裂缝宽度满足要求。

5. 斜截面受剪承载力计算

持久设计状况下，一般箍筋数量由构造要求确定。地震设计状况下，按照《建筑抗震设计标准》第9.1.20条的要求，在规定的区段内布置加密箍筋后，铰接排架柱在一般情况下可不进行受剪承载力计算。沿A柱全高箍筋布置如表5-38和图5-107所示。

A柱箍筋布置 表5-38

	部位及长度范围		箍筋	
上柱	加密区	柱顶以下500mm	四肢Φ8@100	①、⑬、⑥、⑦轴柱四肢Φ10@100
	非加密区	1900mm	双肢Φ8@200	
	加密区	牛腿面以上1200mm	四肢Φ8@100	
下柱	加密区	牛腿面以下800mm	四肢Φ8@100	
	非加密区	5000mm	Φ8@200	
	加密区	柱底以上1000mm	四肢Φ8@100	

5.7.6 基础设计

《建筑地基基础设计规范》第3.0.3条规定，对于6m柱距单层多跨排架结构，当地基承载力特征值$160\text{kN/m}^2 \leqslant f_{ak} < 200\text{kN/m}^2$、吊车起重量20~30t、厂房跨度$l \leqslant 30\text{m}$、设计等级为丙级时，可不做地基变形验算。本厂房满足上述要求，故不需要做地基变形验算。

1. 地基及基础设计时不利内力的选取

《建筑抗震设计标准》第4.2.1条规定，地基主要受力层范围内不存在软弱黏性土层的一般单层厂房可不进行天然地基及基础的抗震承载力验算，本厂房地基满足上述要求。

选取持久设计状况下荷载组合的效应设计值（表5-28）作为地基和基础设计的依据，不利内力汇总于表5-39。

地基和基础设计的不利内力 表5-39

组合	内力	第1组内力	第2组内力	第3组内力	第4组内力
基本组合	M	152.33	-111.89	84.24	150.45
	N	352.26	345.37	719.79	270.97
	V	24.68	-10.40	9.63	23.36

续表

组合	内力	第1组内力	第2组内力	第3组内力	第4组内力
标准组合	M_k	102.39	−72.51	56.99	
	N_k	270.97	320.57	515.99	
	V_k	17.04	−5.47	7.01	

2. 基础尺寸及埋置深度

(1) 按照构造要求，初步确定基础尺寸

本厂房采用阶梯形柱下独立基础。基础混凝土强度等级采用C25，下设100mm厚强度等级为C10的素混凝土垫层，从基础边缘外扩100mm。

按照《建筑地基基础设计规范》第8.2.4条的规定，初步确定基础外形尺寸，取柱插入基础杯口的深度为800mm（满足柱钢筋锚固长度及柱吊装时稳定性的要求）。基础的杯底厚度取250mm，杯壁厚度取325mm。基础总高度为1100mm，共设三级台阶，高度分别为400mm、300mm和400mm。基础埋置深度从室内地面标高算起，即：0.5+1.1=1.6m。

(2) 修正后的地基承载力特征值

近似取基础和基础底面以上填土的平均重度 $\gamma_m = 20 \text{kN/m}^3$。查本厂房的《地质勘察报告》，基底下土的类别为黏性土。按照《建筑地基基础设计规范》第5.2.4条的规定，基础宽度和埋置深度的地基承载力修正系数分别取为 $\eta_b = 0$ 和 $\eta_d = 1.0$。则深度修正后的地基承载力特征值按下式计算：

$$f_a = f_{ak} + \eta_d \gamma_m (d - 0.5) = 164 + 1.0 \times 20 \times (1.6 - 0.5) = 186 \text{kPa}$$

(3) 按轴心受压基础初估底面面积

采用基础顶面荷载标准组合的最大轴力 $N_{kmax} = 515.99 \text{kN}$，A柱外墙重力荷载标准值 $N_{wk} = 242.80 \text{kN}$，按轴心受压基础计算基础底面面积为：

$$A \geq \frac{N_{kmax} + N_{wk}}{f_a - \gamma_m d} = \frac{515.99 + 242.80}{186 - 20 \times 1.6} = 4.93 \text{m}^2$$

将底面面积适当放大一些，取基础底面尺寸 $b = 3.2\text{m}$，$l = 2.2\text{m}$，$b/l = 3.2/2.2 = 1.45$，基础底面面积 $A = bl = 3.2 \times 2.2 = 7.04 \text{m}^2$。基础底面及外形尺寸见图5-111。

3. 地基承载力验算

(1) 计算基础底面地基反力

图5-112中的 M_k、N_k、V_k 为上部结构荷载标准组合时作用于基础顶面的弯矩、轴向压力和剪力值，M_{bk}、N_{bk} 为相应于荷载标准组合时，作用于基础底面的弯矩和竖向压力值，图中所绘的方向为正。

A柱外墙基础梁中心线至基础底面中心线的距离

$$e_w = 0.4 + 0.12 = 0.52 \text{m}$$

基础和基础底面以上填土的重力荷载标准值

$$G_k = \gamma_m dA = 20 \times 1.6 \times 7.04 = 225.28 \text{kN}$$

基础底面的弹性抵抗矩

$$W = \frac{1}{6} lb^2 = \frac{1}{6} \times 2.2 \times 3.2^2 = 3.755 \text{m}^3$$

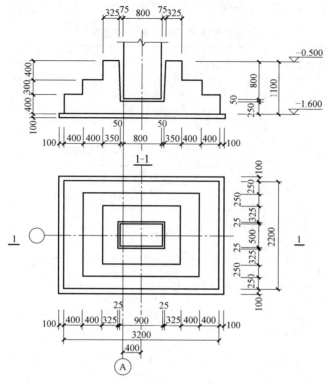

图 5-111 基础底面及外形尺寸

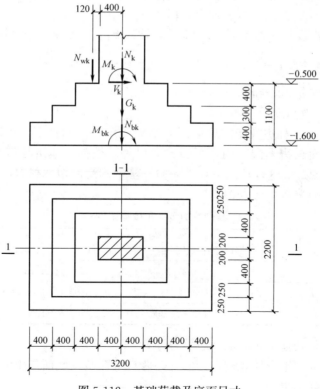

图 5-112 基础荷载及底面尺寸

基础顶面荷载标准组合的效应值在基础底面产生的基底压力计算过程及结果列于表5-40。

基础底面地基反力标准值计算 表5-40

	单位	第1组内力	第2组内力	第3组内力
M_k	kN·m	102.39	−72.51	56.99
N_k	kN	270.97	320.57	515.99
V_k	kN	17.04	−5.47	7.01
$N_{bk}=N_k+G_k+N_{wk}$	kN	270.97+225.28+242.80 =739.05	320.57+225.28+242.80 =788.65	515.99+225.28+242.80 =984.07
$M_{bk}=M_k+V_kh-N_{wk}e_w$	kN·m	102.39+17.04×1.1 −242.80×0.52 =−5.12	−72.51−5.47×1.1 −242.80×0.52 =−204.78	56.99+7.01×1.1 −242.80×0.52 =−61.56
$p_{kmax} \atop p_{kmin}$ $=\dfrac{N_{bk}}{A}\pm\dfrac{M_{bk}}{W}$	kN/m²	$\dfrac{739.05}{7.04}+\dfrac{5.12}{3.755}=106.34$ $\dfrac{739.05}{7.04}-\dfrac{5.12}{3.755}=103.62$	$\dfrac{788.65}{7.04}+\dfrac{204.78}{3.755}=166.56$ $\dfrac{788.65}{7.04}-\dfrac{204.78}{3.755}=57.49$	$\dfrac{984.07}{7.04}+\dfrac{61.56}{3.755}=156.18$ $\dfrac{984.07}{7.04}-\dfrac{61.56}{3.755}=123.39$
地基反力分布图		106.34 ─── 103.62	166.56 ─── 57.49	156.18 ─── 123.39

（2）验算地基承载力

$$\frac{p_{kmax}+p_{kmin}}{2}=\frac{156.18+123.39}{2}=139.79\,\text{kN/m}^2<f_a=186\,\text{kN/m}^2$$

$$p_{kmax}=166.56\,\text{kN/m}^2<1.2f_a=1.2\times186=223.20\,\text{kN/m}^2$$

$$p_{kmin}=57.49\,\text{kN/m}^2>0$$

基础底面的压力值满足《建筑地基基础设计规范》第5.2.1条对地基承载力的要求。

4. 基础受冲切承载力或受剪承载力验算

查《混凝土结构设计标准》第8.2.1条，取基础底板长方向纵筋的保护层厚度$c=40\,\text{mm}$，底板纵筋直径按$d=20\,\text{mm}$考虑，则$a_s=c+\dfrac{d}{2}=40+\dfrac{20}{2}=50\,\text{mm}$，变阶处及柱边截面的有效高度分别为$h_{01}=400-50=350\,\text{mm}$，$h_{02}=700-50=650\,\text{mm}$，$h_{03}=1100-50=1050\,\text{mm}$，截面有效高度示于图5-113。

表5-41计算了基础柱边及变阶处截面冲切破坏角锥体的范围。可以看出，冲切破坏角锥体落在基础底面长边方向以内，短边方向以外。根据《建筑与市政地基基础通用规范》第6.2.1条的规定，这种情况下，不需验算基础的受冲切承载力，应验算柱与基础交接处及变阶处的基础受剪承载力。

基础冲切破坏角锥体范围 表5-41

截面	柱截面（台阶）尺寸 长×宽(mm)	h_0(mm)	长边方向 柱截面（台阶）长+$2h_0$(mm)	短边方向 柱截面（台阶）宽+$2h_0$(mm)
柱边	800×400	1050	800+2×1050=2900<b=3200	400+2×1050=2500>l=2200
第2阶	1600×1200	650	1600+2×650=2900<b=3200	1200+2×650=2500>l=2200
第1阶	2400×1700	350	2400+2×350=3100<b=3200	1700+2×350=2400>l=2200

（1）柱边及变阶处基础底面地基净反力计算

基础顶面荷载基本组合的效应设计值及外墙自重在基础底面产生的地基净反力设计值的计算过程和结果列于表5-42。

基础底面地基净反力设计值

表 5-42

	单位	第1组内力	第2组内力	第3组内力	第4组内力
M	kN·m	152.33	−111.89	84.24	150.45
N	kN	352.26	345.37	719.79	270.97
V	kN	24.68	−10.40	9.63	23.36
$N_b = N + N_w$	kN	$352.26+315.64=667.90$	$345.37+315.64=661.01$	$719.79+315.64=1035.43$	$270.97+315.64=586.61$
$M_b = M + Vh - N_w e_w$	kN·m	$152.33+24.68\times1.1$ -315.64×0.52 $=15.35$	$-111.89-10.4\times1.1$ -315.64×0.52 $=-287.46$	$84.24+9.63\times1.1$ -315.64×0.52 $=-69.30$	$150.45+23.36\times1.1$ -315.64×0.52 $=-12.01$
$p_{j\max} = \dfrac{N_b}{A} \pm \dfrac{M_b}{W}$ $p_{j\min}$	kN/m²	$\dfrac{667.90}{7.04}+\dfrac{15.35}{3.755}=98.96$ $\dfrac{667.90}{7.04}-\dfrac{15.35}{3.755}=90.78$	$\dfrac{661.01}{7.04}+\dfrac{287.46}{3.755}=170.45$ $\dfrac{661.01}{7.04}-\dfrac{287.46}{3.755}=17.34$	$\dfrac{1035.43}{7.04}+\dfrac{69.30}{3.755}=165.53$ $\dfrac{1035.43}{7.04}-\dfrac{69.30}{3.755}=128.62$	$\dfrac{586.61}{7.04}+\dfrac{12.01}{3.755}=86.52$ $\dfrac{586.61}{7.04}-\dfrac{12.01}{3.755}=80.13$
地基反力分布图		98.96 / 90.78	170.45 / 17.34	165.53 / 128.62	86.52 / 80.13

注：表中 N_w 为 A 柱外墙重力荷载设计值，$N_w = \gamma_G N_{wk} = 1.3\times242.80 = 315.64$ kN。经计算比较，分项系数 γ_G 取 1.3 与取 1.0 相比，基础边缘地基净反力计算值偏大。

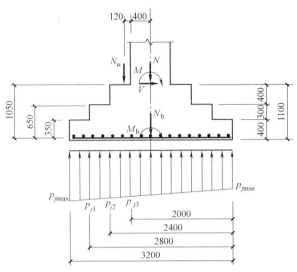

图 5-113 柱边及变阶处基底净反力

从表 5-42 的计算结果可以看出，第三组内力在基础受剪切承载力验算时起控制作用。由图 5-113 及 $p_{j\max}=165.53\text{kN/m}^2$，$p_{j\min}=128.62\text{kN/m}^2$，可得变阶处及柱边截面基础底面净反力设计值分别为 $p_{j1}=160.92\text{kN/m}^2$，$p_{j2}=156.30\text{kN/m}^2$，$p_{j3}=151.69\text{kN/m}^2$。

（2）基础受剪承载力验算

基础受剪承载力验算截面如图 5-114 所示，变阶处及柱边截面的受剪承载力验算见表 5-43。

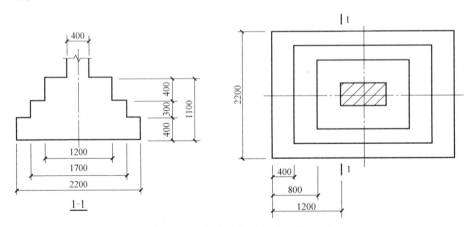

图 5-114 基础受剪承载力验算截面

基础受剪承载力验算　　　　　　　表 5-43

截面	第 1 阶变阶处	第 2 阶变阶处	柱边
V_s(kN)	$2.2\times 0.4\times\dfrac{165.53+160.92}{2}$ $=143.64$	$2.2\times 0.8\times\dfrac{165.53+156.30}{2}$ $=283.21$	$2.2\times 1.2\times\dfrac{165.53+151.69}{2}$ $=418.73$
$\beta_{hs}=\left(\dfrac{800}{h_0}\right)^{1/4}$	$\left(\dfrac{800}{800}\right)^{1/4}=1.0$	$\left(\dfrac{800}{800}\right)^{1/4}=1.0$	$\left(\dfrac{800}{1050}\right)^{1/4}=0.934$

续表

截面	第1阶变阶处	第2阶变阶处	柱边
A_0 (mm²)	$2200\times(400-50)$ $=770000$	$2200\times(400-50)+1700\times300$ $=1280000$	$2200\times(400-50)+1700\times300$ $+1200\times400$ $=1760000$
$0.7\beta_{hs} f_t A_0$ (kN)	$0.7\times1.0\times1.27\times770000$ $\times10^{-3}$ $=684.53>143.64$	$0.7\times1.0\times1.27\times1280000$ $\times10^{-3}$ $=1137.92>283.21$	$0.7\times0.934\times1.27\times1760000$ $\times10^{-3}$ $=1461.37>418.73$

注：C25混凝土，$f_t=1.27\text{N/mm}^2$。

表中三个截面均满足 $V_s\leqslant 0.7\beta_{hs} f_t A_0$，符合《建筑地基基础设计规范》第8.2.9条对于基础受剪承载力的要求。

5. 基础底板受弯承载力计算

图5-115为基础底板受弯承载力计算截面，两个方向，共六个截面。

（1）柱边及变阶处截面弯矩计算

基础台阶最大的宽高比为 $400/300=1.3<2.5$（图5-112），且从表5-42可以看出，四组内力的偏心距均小于1/6的基础长度（基础底面与地基土之间不出现零应力区）。对于符合上述条件的偏心受压基础，《建筑地基基础设计规范》第8.2.11条给出了计算任意截面弯矩的公式，按此公式得到柱与基础交接处截面及变阶处截面的弯矩如下（采用表5-42的第3组内力）：

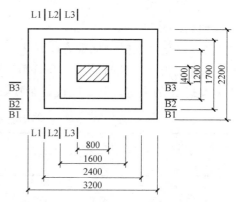

图5-115 基础底板受弯承载力计算截面

$$M_{L1}=\frac{1}{48}(b-b_t)^2[(2l+a_t)(p_{j\max}+p_{j1})+(p_{j\max}-p_{j1})l]$$

$$=\frac{1}{48}\times(3.2-2.4)^2\times[(2\times2.2+1.7)\times(165.53+160.92)+(165.53-160.95)\times2.2]$$

$$=26.69\text{kN}\cdot\text{m}$$

$$M_{L2}=\frac{1}{48}(b-b_t)^2[(2l+a_t)(p_{j\max}+p_{j2})+(p_{j\max}-p_{j2})l]$$

$$=\frac{1}{48}\times(3.2-1.6)^2\times[(2\times2.2+1.2)\times(165.53+156.30)+(165.53-156.30)\times2.2]$$

$$=97.20\text{kN}\cdot\text{m}$$

$$M_{L3}=\frac{1}{48}(b-b_t)^2[(2l+a_t)(p_{j\max}+p_{j3})+(p_{j\max}-p_{j3})l]$$

$$=\frac{1}{48}\times(3.2-0.8)^2\times[(2\times2.2+0.4)\times(165.53+151.69)+(165.53-151.69)\times2.2]$$

$$=186.37\text{kN}\cdot\text{m}$$

$$M_{B1}=\frac{1}{48}(l-a_t)^2(2b+b_t)(p_{j\max}+p_{j\min})$$

$$= \frac{1}{48} \times (2.2-1.7)^2 \times (2 \times 3.2 + 2.4) \times (165.53 + 128.62)$$

$$= 13.48 \text{kN} \cdot \text{m}$$

$$M_{B2} = \frac{1}{48}(l-a_t)^2(2b+b_t)(p_{j\max}+p_{j\min})$$

$$= \frac{1}{48} \times (2.2-1.2)^2 \times (2 \times 3.2 + 1.6) \times (165.53 + 128.62)$$

$$= 49.03 \text{kN} \cdot \text{m}$$

$$M_{B3} = \frac{1}{48}(l-a_t)^2(2b+b_t)(p_{j\max}+p_{j\min})$$

$$= \frac{1}{48} \times (2.2-0.4)^2 \times (2 \times 3.2 + 0.8) \times (165.53 + 128.62)$$

$$= 142.96 \text{kN} \cdot \text{m}$$

(2) 基础底板受弯承载力计算

基础底板受力纵筋采用 HRB400（$f_y = 360\text{N/m}^2$）。按照《建筑地基基础设计规范》第 8.2.12 条的规定，基础底板截面所需的受力钢筋截面面积计算过程及结果见表 5-44。

基础底板钢筋截面面积计算 表 5-44

截面	长边方向 $A_s(\text{mm}^2)$	截面	短边方向 $A_s(\text{mm}^2)$
L3	$A_{sL3}=\dfrac{M_{L3}}{0.9h_{03}f_y}=\dfrac{186.37 \times 10^6}{0.9 \times 1050 \times 360}=548$	B3	$A_{sB3}=\dfrac{M_{B3}}{0.9(h_{03}-d)f_y}=\dfrac{142.96 \times 10^6}{0.9 \times (1050-20) \times 360}=428$
L2	$A_{sL2}=\dfrac{M_{L2}}{0.9h_{02}f_y}=\dfrac{97.20 \times 10^6}{0.9 \times 650 \times 360}=462$	B2	$A_{sB2}=\dfrac{M_{B2}}{0.9(h_{02}-d)f_y}=\dfrac{49.03 \times 10^6}{0.9 \times (650-20) \times 360}=240$
L1	$A_{sL1}=\dfrac{M_{L1}}{0.9h_{01}f_y}=\dfrac{26.69 \times 10^6}{0.9 \times 350 \times 360}=235$	B1	$A_{sB1}=\dfrac{M_{B1}}{0.9(h_{01}-d)f_y}=\dfrac{13.48 \times 10^6}{0.9 \times (350-20) \times 360}=126$

(3) 选配钢筋

按照《建筑地基基础设计规范》第 8.2.1 条最小配筋率不应小于 0.15% 的要求计算最小钢筋截面面积（表 5-45）。

最小钢筋截面面积 表 5-45

	长边方向		短边方向
$A(\text{mm}^2)$	$2200 \times 400 + 1700 \times 300 + 1200 \times 400 = 1870000$	$A(\text{mm}^2)$	$3200 \times 400 + 2400 \times 300 + 1600 \times 400 = 2640000$
$A_{s\min}(\text{mm}^2)$	$\rho_{\min}A = 0.0015 \times 1870000 = 2805$	$A_{s\min}(\text{mm}^2)$	$\rho_{\min}A = 0.0015 \times 2640000 = 3960$

长边方向选用 14Φ16（$A_s = 2815\text{mm}^2$），钢筋间距约 163mm。短边方向选用 20Φ16（$A_s = 4022\text{mm}^2$），钢筋间距约 164mm。钢筋的直径和间距均符合《建筑地基基础设计规范》第 8.2.1 条关于底板受力钢筋的构造要求。

基础底面长短边之比为 3.2/2.2=1.45<2，按第 8.2.1 条的规定，短向钢筋沿长度方向均匀分布。基础配筋见图 5-116。

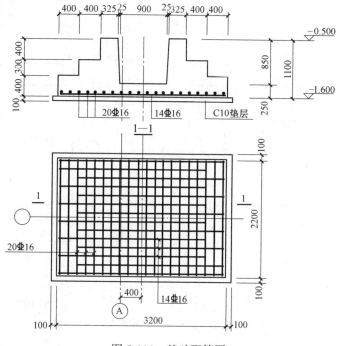

图 5-116 基础配筋图

从表 5-35 可知 A 柱为大偏心受压，且基础杯壁 $t/h_2=325/400=0.81\geqslant 0.75$，故杯壁可不配置钢筋。

5.7.7 地震设计状况下厂房纵向抗震计算

根据《建筑抗震设计标准》第 9.1.6 条的规定，本厂房应进行纵向抗震验算。对于钢筋混凝土无檩屋盖的两跨不等高厂房，可采用拟能量法计算纵向地震作用。

1. 柱列各质点重力荷载代表值

由于 AB 跨的吊车吨位较小，纵向柱列的质量全部集中到柱顶。CD 跨除将柱列的大部分质量集中到柱顶外，在牛腿面处增设一个质点，各柱列的集中质点如图 5-117 所示。

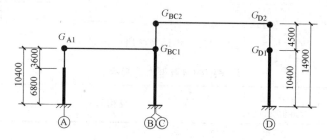

图 5-117 各柱列集中质点

表 5-46 是整个厂房各部分结构的自重重力荷载标准值，其中，A 柱列和 D 柱列的纵墙自重重力荷载按照图 5-118 计算，纵墙分为柱顶以上和柱顶以下两部分，柱顶以下纵墙从底层窗户半高处算起。山墙及抗风柱自重重力荷载按照图 5-119 计算。其他结构自重重力荷载数据取自 5.7.2 和 5.7.3 小节。为节省教材篇幅，略去详细计算过程。

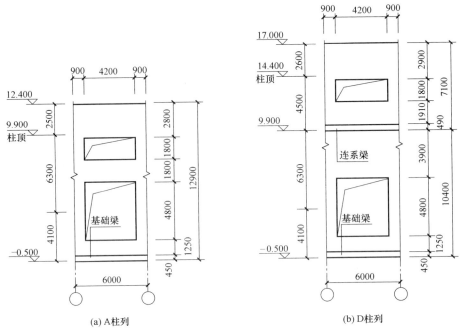

图 5-118 边柱列墙体

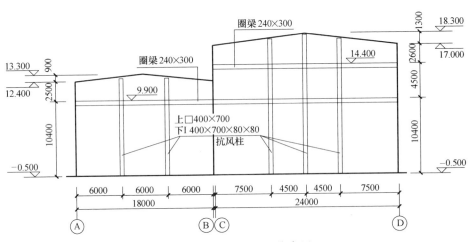

图 5-119 山墙及抗风柱布置

厂房结构自重重力荷载标准值　　　　　　　　　　表 5-46

结构部位	重力荷载标准值(kN)	结构部位	重力荷载标准值(kN)
A 列柱	672.36	1/2AB 跨屋盖	2298.47
A 列柱顶以上纵墙	820.80	1/2AB 跨雪	246.24
A 列柱顶以下纵墙	1198.41	1/2AB 跨山墙及抗风柱	1188.96
		1/2AB 跨吊车梁、轨道及轨道联结件	365.28
BC 列上柱	438.75	1/2AB 跨吊车桥架	167.97
BC 列下柱	1602.25	1/2CD 跨屋盖	3229.84

续表

结构部位	重力荷载标准值(kN)	结构部位	重力荷载标准值(kN)
BC列高跨封墙	1477.32	1/2CD跨雪	328.32
		1/2CD跨上部山墙(牛腿顶面到屋顶)及抗风柱	940.61
D列柱	1620.06	1/2CD跨下部山墙(基础顶面到牛腿顶面)及抗风柱	1241.17
D列柱顶以上纵墙	853.63	1/2CD跨吊车梁、轨道及轨道联结件	531.60
D列柱顶以下纵墙	2724.97	1/2CD跨吊车桥架	393.96

各柱列质点的等效集中重力荷载代表值分别为

$$G_{A1} = 1.0\left(G_{\frac{1}{2}AB跨屋盖} + 0.5G_{\frac{1}{2}AB跨雪}\right) + 0.5G_{A列柱} + 0.5G_{\frac{1}{2}AB跨横墙} +$$
$$0.7G_{A列柱顶以下纵墙} + 1.0G_{A列柱顶以上纵墙} + 0.75\left(G_{\frac{1}{2}AB跨吊车梁} + G_{\frac{1}{2}AB跨吊车桥架}\right)$$
$$= 1.0 \times (2298.47 + 0.5 \times 246.24) + 0.5 \times 672.36 + 0.5 \times 1188.96 +$$
$$0.7 \times 1198.41 + 1.0 \times 820.80 + 0.75 \times (365.28 + 167.97)$$
$$= 5411.87 \text{kN}$$

$$G_{BC1} = 1.0\left(G_{\frac{1}{2}AB跨屋盖} + 0.5G_{\frac{1}{2}AB跨雪}\right) + 0.5G_{BC列下柱}$$
$$+ 0.5\left(G_{\frac{1}{2}AB跨横墙} + G_{\frac{1}{2}CD跨下部横墙}\right) + 0.75\left(G_{\frac{1}{2}AB跨吊车梁} + G_{\frac{1}{2}AB跨吊车桥架}\right)$$
$$+ 1.0\left(G_{\frac{1}{2}CD跨吊车梁} + G_{\frac{1}{2}CD跨吊车桥架}\right) + 0.5(G_{BC列上柱} + G_{高跨封墙})$$
$$= 1.0 \times (2298.47 + 0.5 \times 246.24) + 0.5 \times 1602.25 + 0.5 \times (1188.96 + 1241.17)$$
$$+ 0.75 \times (365.28 + 167.97) + 1.0 \times (531.60 + 393.96) +$$
$$0.5 \times (438.75 + 1477.32)$$
$$= 6721.31 \text{kN}$$

$$G_{BC2} = 1.0\left(G_{\frac{1}{2}CD跨屋盖} + 0.5G_{\frac{1}{2}CD跨雪}\right) + 0.5G_{\frac{1}{2}CD跨上部横墙} + 0.5(G_{BC列上柱} + G_{高跨封墙})$$
$$= 1.0 \times (3229.84 + 0.5 \times 328.32) + 0.5 \times 940.61 + 0.5 \times (438.75 + 1477.32)$$
$$= 4822.34 \text{kN}$$

$$G_{D1} = 0.4G_{D列柱} + 1.0\left(G_{\frac{1}{2}CD跨吊车梁} + G_{\frac{1}{2}CD跨吊车桥架}\right)$$
$$= 0.4 \times 1620.06 + 1.0 \times (531.60 + 393.96)$$
$$= 1573.58 \text{kN}$$

$$G_{D2} = 1.0\left(G_{\frac{1}{2}CD跨屋盖} + 0.5G_{\frac{1}{2}CD跨雪}\right) + 0.1G_{D列柱} + 0.5G_{\frac{1}{2}CD跨横墙}$$
$$+ 0.7G_{D列柱顶以下纵墙} + 1.0G_{D列柱顶以上纵墙}$$
$$= 1.0 \times (3229.84 + 0.5 \times 328.32) + 0.1 \times 1620.06$$
$$+ 0.5 \times (940.61 + 1241.17) + 0.7 \times 2724.97 + 1.0 \times 853.63$$
$$= 7408.01 \text{kN}$$

2. 柱、纵墙及支撑刚度计算

为简化计算,对于钢筋混凝土柱厂房,近似取各柱列内所有柱子的刚度为该柱列支撑刚度的10%。

(1) 纵墙的侧向刚度

纵墙采用 MU10 烧结普通砖、M2.5 砂浆砌筑，墙厚为 240mm，采用柱边贴砌墙。查《砌体结构设计规范》第 3.2.1 条，砌体抗压强度设计值 $f=1.30\text{N/mm}^2$。因水泥砂浆的强度等级小于 M5，《砌体结构通用规范》GB 55007—2021 第 3.4.1 条规定：其砌体抗压强度设计值应乘以调整系数 $\gamma_a=0.9$。所以砌体抗压强度设计值 $f=0.9\times 1.30=1.17\text{N/mm}^2$。查《砌体结构设计规范》第 3.2.5 条，砌体的弹性模量 $E=1390f=1390\times 1.17=1626.3\text{N/mm}^2$。$Et=1626.3\times 240=390312\text{N/mm}$。

1) A 柱列纵墙

图 5-120 是 A 柱列纵墙的计算简图，各墙段刚度计算过程及结果见表 5-47。

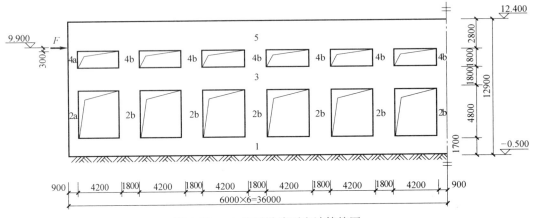

图 5-120　A 柱列纵墙刚度计算简图

A 柱列纵墙墙段刚度　　　　　表 5-47

墙段号		h (m)	b (m)	$\rho=\dfrac{h}{b}$	$K_0=\dfrac{1}{\rho^3+3\rho}$	$K_i=EtK_0(\text{kN/m})$		$\delta_i=\dfrac{1}{K_i}$ (m/kN)
1		1.7	72	0.0236	14.1217		5511869	0.18143×10^{-6}
2	2a	4.8	0.9	5.3333	0.0060	2342	$2342\times 2+14481\times 11$	6.09849×10^{-6}
	2b	4.8	1.8	2.6667	0.0371	14481	$=163975$	
3		1.8	72	0.0250	13.3306		5203093	0.19219×10^{-6}
4	4a	1.8	0.9	2.0000	0.0714	27868	$27868\times 2+97578\times 11$	0.88567×10^{-6}
	4b	1.8	1.8	1.0000	0.2500	97578	$=1129094$	
5		0.3	72	0.0042	79.3646		30976956	0.03228×10^{-6}

$$\sum_{i=1}^{5}\delta_i=(0.18143+6.09849+0.19219+0.88567+0.03228)\times 10^{-6}$$

$$=7.39006\times 10^{-6}\text{m/kN}$$

A 柱列纵墙刚度为

$$K_w=\dfrac{1}{\displaystyle\sum_{i=1}^{5}\delta_i}=\dfrac{1}{7.39006\times 10^{-6}}=135317\text{ kN/m}$$

2) D 柱列纵墙

图 5-121 是 D 柱列纵墙的计算简图，各墙段刚度计算过程及结果见表 5-48。

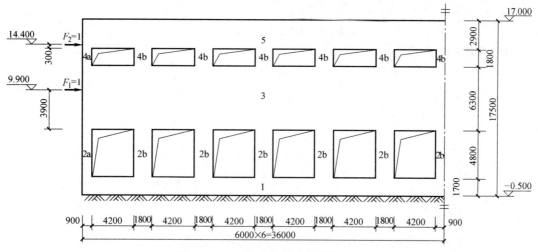

图 5-121 D 柱列纵墙刚度计算简图

D 柱列纵墙墙段刚度 表 5-48

墙段号		h (m)	b (m)	$\rho=\dfrac{h}{b}$	$K_0=\dfrac{1}{\rho^3+3\rho}$	$K_i=EtK_0$(kN/m)		$\delta_i=\dfrac{1}{K_i}$ (m/kN)
1		1.7	72	0.0236	14.1217	5511869		0.18143×10^{-6}
2	2a	4.8	0.9	5.3333	0.0060	2342	$2342\times2+14481\times11$	6.09849×10^{-6}
	2b	4.8	1.8	2.6667	0.0371	14481	$=163975$	
3		6.3	72	0.0875	3.7998	1483107		0.67426×10^{-6}
4	4a	1.8	0.9	2.0000	0.0714	27868	$27868\times2+97578\times11$	0.88567×10^{-6}
	4b	1.8	1.8	1.0000	0.2500	97578	$=1129094$	
5		0.3	72	0.0042	79.3646	30976956		0.03228×10^{-6}

$$\sum_{i=1}^{5}\delta_i=(0.18143+6.09849+0.67426+0.88567+0.03228)\times10^{-6}=7.8721\times10^{-6}$$

$$\sum_{i=1}^{2}\delta_i=(0.18143+6.09849)\times10^{-6}=6.2799\times10^{-6}\,\text{m/kN}$$

$$\sum_{i=1}^{3}\delta_i=(0.18143+6.09849+0.67426)\times10^{-6}=6.9542\times10^{-6}\,\text{m/kN}$$

近似认为第 3 墙段的墙体侧移为线性分布,按照比例关系计算 F_1 作用点处的侧移为

$$\delta_{w11}=\delta_{w21}=\delta_{w12}=6.2799\times10^{-6}+\dfrac{3.9}{6.3}\times(6.9542\times10^{-6}-6.2799\times10^{-6})$$

$$=6.6973\times10^{-6}\,\text{m/kN}$$

$$\delta_{w22}=\sum_{i=1}^{5}\delta_i=7.8721\times10^{-6}\,\text{m/kN}$$

$$[\delta_w]=\begin{bmatrix}\delta_{w11}&\delta_{w12}\\\delta_{w21}&\delta_{w22}\end{bmatrix}=\begin{bmatrix}6.6973\times10^{-6}&6.6973\times10^{-6}\\6.6973\times10^{-6}&7.8721\times10^{-6}\end{bmatrix}\text{m/kN}$$

$$|\delta_w| = \begin{vmatrix} 6.6973\times 10^{-6} & 6.6973\times 10^{-6} \\ 6.6973\times 10^{-6} & 7.8721\times 10^{-6} \end{vmatrix} = 7.8680\times 10^{-12}$$

D柱列纵墙的刚度为

$$[K_w] = [\delta_w]^{-1} = \frac{1}{|\delta_w|}\begin{bmatrix} \delta_{w22} & -\delta_{w21} \\ -\delta_{w12} & \delta_{w11} \end{bmatrix}$$

$$= \frac{1}{7.8680\times 10^{-12}}\begin{bmatrix} 7.8721\times 10^{-6} & -6.6973\times 10^{-6} \\ -6.6973\times 10^{-6} & 6.6973\times 10^{-6} \end{bmatrix}$$

$$= \begin{bmatrix} 1.0005\times 10^{6} & -0.8512\times 10^{6} \\ -0.8512\times 10^{6} & 0.8512\times 10^{6} \end{bmatrix} \text{kN/m}$$

(2) 柱间支撑刚度

根据柱间支撑设置的原则及《建筑抗震设计标准》的规定，在厂房的①~②轴、⑥~⑦轴和⑫~⑬轴之间设置上柱柱间支撑。杆件为双角钢组成的T字形截面，支撑形式为单片交叉式，交叉点设置节点板连接。支撑布置在柱子截面的形心轴线上，其上下节点分别设在上柱的柱顶和根部。

在⑥~⑦轴之间设置下柱柱间支撑。杆件为双角钢组成的T字形截面，支撑形式为双片交叉式，交叉点设置节点板连接。支撑布置在下柱截面翼缘部分的形心轴线上，其上、下节点分别设在牛腿顶面和基础顶面，可以保证将地震作用直接传给基础。

为减小柱间支撑在支撑平面外的计算长度，将两片下柱柱间支撑以缀条连接。A柱列两片支撑采用直缀条连接，BC柱列和D柱列两片下柱柱间支撑的距离超过600mm比较多，采用斜缀条连接。

屋盖支撑选用国家建筑标准设计图集《预应力混凝土折线形屋架》04G415-1，在厂房的①~②轴、⑥~⑦轴和⑫~⑬柱间，屋架两端设置竖向支撑，其他柱间设置屋架上弦和下弦通长水平系杆。

柱间支撑的材料采用Q235钢。查《钢结构设计标准》第4.4.1条和第4.4.8条，抗拉、抗压强度设计值 $f=215\text{N/mm}^2$，弹性模量为 206N/mm^2。

1) A柱列柱间支撑

A柱列柱间支撑布置及支撑选用如图5-122所示。图5-123是A柱列柱间支撑的计算简图。上柱支撑斜杆与水平面的角度为33°，下柱的角度为51°，均小于55°，符合要求。上、下柱间支撑几何参数和稳定系数计算见表5-47。

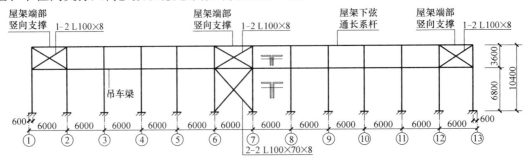

图5-122 A柱列柱间支撑布置

A 柱列柱间支撑斜杆几何参数和稳定系数计算　　　　表 5-49

	下柱柱间支撑	上柱柱间支撑
支撑布置	1 道 2-2∟110×70×8	3 道 1-2∟100×8
截面面积 $A(\text{m}^2)$	$2×2×1.3944×10^{-3}=5.578×10^{-3}$	$3×2×1.5638×10^{-3}=9.383×10^{-3}$
长度 l (m)	$\sqrt{5.6^2+6.8^2}=8.809$	$\sqrt{5.6^2+3.6^2}=6.657$
支撑平面内计算长度 l_0 (m)	$0.5×8.809=4.405$	$0.5×6.657=3.329$
支撑平面内回转半径 r (m)	0.0351	0.0308
长细比 λ	$4.405/0.0351=125<150$	$3.329/0.0308=108<250$
受压时的稳定系数 φ	0.411	0.504

表 5-49 中角钢的截面面积和支撑平面内回转半径，由热轧等边角钢和热轧不等边角钢截面特征表查得。斜杆在支撑平面内的计算长度按照《钢结构设计标准》第 7.4.2 条的规定，应取节点中心到交叉点的距离。第 7.2.1 条规定：斜杆 T 字形截面形式的截面分类属于 b 类，受压时的稳定系数依据支撑平面内的长细比查《钢结构设计标准》表 D.0.2 确定。本工程为抗震设防烈度 8 度、Ⅱ 类场地，《建筑抗震设计标准》第 9.1.23 条规定：上柱支撑杆件的长细比不宜超过 250，下柱支撑杆件的长细比不宜超过 150。

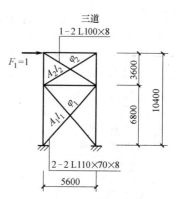

图 5-123　A 柱列柱间支撑计算简图

上、下柱间支撑斜杆的长细比 $\lambda \leqslant 200$，属于半刚性交叉支撑，按照式（5-74）计算支撑柔度系数。

支撑柔度：

$$\delta_b = \frac{1}{EL^2}\left[\frac{l_1^3}{(1+\varphi_1)A_1} + \frac{l_2^3}{(1+\varphi_2)A_2}\right]$$

$$= \frac{1}{2.06×10^8×5.6^2} × \left[\frac{8.809^3}{(1+0.411)×5.578×10^{-3}} + \frac{6.657^3}{(1+0.504)×9.383×10^{-3}}\right]$$

$$= 1.668×10^{-5}\,\text{m/kN}$$

支撑刚度：

$$K_b = \frac{1}{\delta_b} = \frac{1}{1.668×10^{-5}} = 59952\,\text{kN/m}$$

2）BC 柱列柱间支撑

BC 柱列柱间支撑布置及支撑选用如图 5-124 所示。图 5-125 是 BC 柱列柱间支撑的计算简图。上柱支撑斜杆与水平面的角度为 39°，下柱的角度为 33°和 51°，均小于 55°，符合要求。上、下柱间支撑几何参数和稳定系数计算见表 5-50。表内的计算说明与表 5-49 的相同。

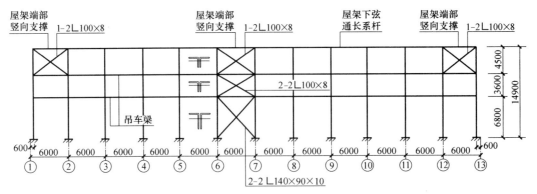

图 5-124 BC 柱列柱间支撑布置

BC 柱列柱间支撑斜杆几何参数和稳定系数计算 表 5-50

	下柱柱间支撑	中柱柱间支撑	上柱柱间支撑
支撑布置	1 道 2-2∟140×90×10	1 道 2-2∟100×8	3 道 1-2∟100×8
截面面积 $A(\text{m}^2)$	$2\times2\times2.2261\times10^{-3}$ $=8.904\times10^{-3}$	$2\times2\times1.5638\times10^{-3}$ $=6.255\times10^{-3}$	$3\times2\times1.5638\times10^{-3}$ $=9.383\times10^{-3}$
长度 l (m)	$\sqrt{5.5^2+6.8^2}=8.746$	$\sqrt{5.5^2+3.6^2}=6.573$	$\sqrt{5.5^2+4.5^2}=7.106$
支撑平面内计算长度 l_0(m)	$0.5\times8.746=4.373$	$0.5\times6.573=3.287$	$0.5\times7.106=3.553$
支撑平面内回转半径 r(m)	0.0447	0.0308	0.0308
长细比 λ	$4.373/0.0447=98<150$	$3.287/0.0308=107<150$	$3.553/0.0308=115<250$
受压时的稳定系数 φ	0.568	0.511	0.464

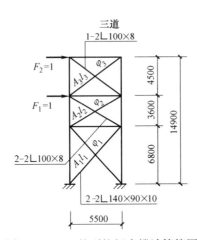

图 5-125 BC 柱列柱间支撑计算简图

上、下柱间支撑斜杆的长细比 $\lambda\leqslant200$，属于半刚性交叉支撑，按照式 (5-74)~式 (5-76) 计算支撑柔度系数。

支撑柔度：

$$\delta_{b11}=\delta_{b12}=\delta_{b21}=\frac{1}{EL^2}\left[\frac{l_1^3}{(1+\varphi_1)A_1}+\frac{l_2^3}{(1+\varphi_2)A_2}\right]$$

$$= \frac{1}{2.06\times10^8\times5.5^2}\times\left[\frac{8.746^3}{(1+0.568)\times8.904\times10^{-3}}+\frac{6.573^3}{(1+0.511)\times6.255\times10^{-3}}\right]$$
$$=1.2511\times10^{-5}\,\mathrm{m/kN}$$

$$\delta_{b22}=\frac{1}{EL^2}\left[\frac{l_1^3}{(1+\varphi_1)A_1}+\frac{l_2^3}{(1+\varphi_2)A_2}+\frac{l_3^3}{(1+\varphi_3)A_3}\right]$$

$$=\frac{1}{2.06\times10^8\times5.5^2}\times\left[\frac{8.746^3}{(1+0.568)\times8.904\times10^{-3}}+\right.$$
$$\left.\frac{6.573^3}{(1+0.511)\times6.255\times10^{-3}}+\frac{7.106^3}{(1+0.464)\times9.383\times10^{-3}}\right]$$
$$=1.6695\times10^{-5}\,\mathrm{m/kN}$$

$$[\delta_b]=\begin{bmatrix}\delta_{b11}&\delta_{b12}\\\delta_{b21}&\delta_{b22}\end{bmatrix}=\begin{bmatrix}1.2511\times10^{-5}&1.2511\times10^{-5}\\1.2511\times10^{-5}&1.6695\times10^{-5}\end{bmatrix}\,\mathrm{m/kN}$$

支撑刚度：

$$|\delta_b|=\begin{vmatrix}\delta_{b11}&\delta_{b12}\\\delta_{b21}&\delta_{b22}\end{vmatrix}=\begin{vmatrix}1.2511\times10^{-5}&1.2511\times10^{-5}\\1.2511\times10^{-5}&1.6695\times10^{-5}\end{vmatrix}=0.5235\times10^{-10}$$

$$[K_b]=[\delta_b]^{-1}=\frac{1}{|\delta_b|}\begin{bmatrix}\delta_{b22}&-\delta_{b21}\\-\delta_{b12}&\delta_{b11}\end{bmatrix}$$

$$=\frac{1}{0.5235\times10^{-10}}\times\begin{bmatrix}1.6695\times10^{-5}&-1.2511\times10^{-5}\\-1.2511\times10^{-5}&1.2511\times10^{-5}\end{bmatrix}$$

$$=\begin{bmatrix}3.1891\times10^5&-2.3899\times10^5\\-2.3899\times10^5&2.3899\times10^5\end{bmatrix}\,\mathrm{kN/m}$$

3) D 柱列柱间支撑

D 柱列柱间支撑布置及支撑选用如图 5-126 所示。图 5-127 是 D 柱列柱间支撑的计算简图。上柱支撑斜杆与水平面的角度为 39°，下柱的角度为 62°（超过 55°），基本符合要求。上、下柱间支撑几何参数和稳定系数计算见表 5-51，表内的计算说明与表 5-49 的相同。

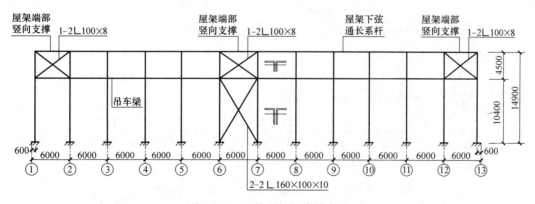

图 5-126 D 柱列柱间支撑布置

D柱列柱间支撑斜杆几何参数和稳定系数计算			表 5-51
		下柱柱间支撑	上柱柱间支撑
支撑布置		1道 2-2∟160×100×10	3道 1-2∟100×8
截面面积 $A(\text{m}^2)$		$2\times2\times2.5315\times10^{-3}=10.126\times10^{-3}$	$3\times2\times1.5638\times10^{-3}=9.383\times10^{-3}$
长度 $l(\text{m})$		$\sqrt{5.5^2+10.4^2}=11.765$	$\sqrt{5.5^2+4.5^2}=7.106$
支撑平面内计算长度 $l_0(\text{m})$		$0.5\times11.765=5.883$	$0.5\times7.106=3.553$
支撑平面内回转半径 $r(\text{m})$		0.0514	0.0308
长细比 λ		$5.883/0.0514=114<150$	$3.553/0.0308=115<250$
受压时的稳定系数 φ		0.469	0.464

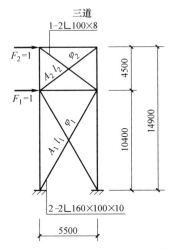

图 5-127 D柱列柱间支撑计算简图

上、下柱间支撑斜杆的长细比 $\lambda\leqslant200$，属于半刚性交叉支撑，按照式（5-74）～式（5-76）计算支撑柔度系数。

支撑柔度：

$$\delta_{b11}=\delta_{b12}=\delta_{b21}=\frac{l_1^3}{(1+\varphi_1)EA_1L^2}$$

$$=\frac{11.765^3}{(1+0.469)\times2.06\times10^8\times10.126\times10^{-3}\times5.5^2}$$

$$=1.7568\times10^{-5}\,\text{m/kN}$$

$$\delta_{b22}=\frac{1}{EL^2}\left[\frac{l_1^3}{(1+\varphi_1)A_1}+\frac{l_2^3}{(1+\varphi_2)A_2}\right]$$

$$=\frac{1}{2.06\times10^8\times5.5^2}\times\left[\frac{11.765^3}{(1+0.469)\times10.126\times10^{-3}}+\frac{7.106^3}{(1+0.464)\times9.383\times10^{-3}}\right]$$

$$=2.1760\times10^{-5}\,\text{m/kN}$$

$$\delta_b=\begin{bmatrix}\delta_{b11} & \delta_{b12}\\ \delta_{b21} & \delta_{b22}\end{bmatrix}=\begin{bmatrix}1.7568\times10^{-5} & 1.7568\times10^{-5}\\ 1.7568\times10^{-5} & 2.1760\times10^{-5}\end{bmatrix}\text{m/kN}$$

支撑刚度：

$$|\delta_b| = \begin{vmatrix} \delta_{b11} & \delta_{b12} \\ \delta_{b21} & \delta_{b22} \end{vmatrix} = \begin{vmatrix} 1.7568\times10^{-5} & 1.7568\times10^{-5} \\ 1.7568\times10^{-5} & 2.1760\times10^{-5} \end{vmatrix} = 0.7365\times10^{-10}$$

$$K_b = [\delta_b]^{-1} = \frac{1}{|\delta_b|}\begin{bmatrix} \delta_{b22} & -\delta_{b21} \\ -\delta_{b12} & \delta_{b11} \end{bmatrix}$$

$$= \frac{1}{0.7365\times10^{-10}} \times \begin{bmatrix} 2.1760\times10^{-5} & -1.7568\times10^{-5} \\ -1.7568\times10^{-5} & 1.7568\times10^{-5} \end{bmatrix}$$

$$= \begin{bmatrix} 2.9545\times10^5 & -2.3853\times10^5 \\ -2.3853\times10^5 & 2.3853\times10^5 \end{bmatrix} \text{kN/m}$$

3. 柱列刚度和柱列柔度

(1) A 柱列刚度和柱列柔度

$$K_A = K_c + K_b + K_w = 0.1K_b + K_b + K_w = 1.1\times59952 + 135317 = 201264 \text{kN/m}$$

$$\delta_A = \frac{1}{K_A} = \frac{1}{201264} = 0.4969\times10^{-5} \text{m/kN}$$

(2) BC 柱列刚度和柱列柔度

$$[K_{BC}] = [K_c] + [K_b] + [K_w] = 0.1[K_b] + [K_b]$$

$$= 1.1\times\begin{bmatrix} 3.1891\times10^5 & -2.3899\times10^5 \\ -2.3899\times10^5 & 2.3899\times10^5 \end{bmatrix}$$

$$= \begin{bmatrix} 3.5080\times10^5 & -2.6289\times10^5 \\ -2.6289\times10^5 & 2.6289\times10^5 \end{bmatrix} \text{kN/m}$$

$$|K_{BC}| = \begin{vmatrix} 3.5080\times10^5 & -2.6289\times10^5 \\ -2.6289\times10^5 & 2.6289\times10^5 \end{vmatrix} = 2.3111\times10^{10}$$

$$[\delta_{BC}] = [K_{BC}]^{-1} = \frac{1}{|K_{BC}|}\begin{bmatrix} K_{BC22} & -K_{BC21} \\ -K_{BC12} & K_{BC11} \end{bmatrix}$$

$$= \frac{1}{2.3111\times10^{10}} \times \begin{bmatrix} 2.6289\times10^5 & 2.6289\times10^5 \\ 2.6289\times10^5 & 3.5080\times10^5 \end{bmatrix}$$

$$= \begin{bmatrix} 1.1375\times10^{-5} & 1.1375\times10^{-5} \\ 1.1375\times10^{-5} & 1.5179\times10^{-5} \end{bmatrix} \text{m/kN}$$

(3) D 柱列刚度和柱列柔度

$$[K_D] = [K_c] + [K_b] + [K_w] = 0.1[K_b] + [K_b] + [K_w]$$

$$= 1.1\times\begin{bmatrix} 2.9545\times10^5 & -2.3853\times10^5 \\ -2.3853\times10^5 & 2.3853\times10^5 \end{bmatrix} + \begin{bmatrix} 1.0005\times10^6 & -0.8512\times10^6 \\ -0.8512\times10^6 & 0.8512\times10^6 \end{bmatrix}$$

$$= \begin{bmatrix} 1.3255\times10^6 & -1.1136\times10^6 \\ -1.1136\times10^6 & 1.1136\times10^6 \end{bmatrix} \text{kN/m}$$

$$|K_D| = \begin{vmatrix} 1.3255 \times 10^6 & -1.1136 \times 10^6 \\ -1.1136 \times 10^6 & 1.1136 \times 10^6 \end{vmatrix} = 0.2360 \times 10^{12}$$

$$[\delta_D] = [K_D]^{-1} = \frac{1}{|K_D|} \begin{bmatrix} K_{D22} & -K_{D21} \\ -K_{D12} & K_{D11} \end{bmatrix}$$

$$= \frac{1}{0.2360 \times 10^{12}} \times \begin{bmatrix} 1.1136 \times 10^6 & 1.1136 \times 10^6 \\ 1.1136 \times 10^6 & 1.3255 \times 10^6 \end{bmatrix}$$

$$= \begin{bmatrix} 4.7186 \times 10^{-6} & 4.7186 \times 10^{-6} \\ 4.7186 \times 10^{-6} & 5.6165 \times 10^{-6} \end{bmatrix} \text{m/kN}$$

4. 厂房纵向基本自振周期

(1) 考虑厂房空间作用对质点等效重力荷载代表值进行调整

查表 5-15，采用拟能量法计算厂房纵向地震作用时，中柱列质量调整系数 $\nu = 0.70$，调整后各柱列质点等效重力荷载代表值为

$$G'_{A1} = G_{A1} + (1-\nu)G_{BC1} = 5411.87 + (1-0.7) \times 6721.31 = 7428.26 \text{kN}$$

$$G'_{BC1} = \nu G_{BC1} = 0.7 \times 6721.31 = 4704.92 \text{kN}$$

$$G'_{BC2} = \nu G_{BC2} = 0.7 \times 4822.34 = 3375.64 \text{kN}$$

$$G'_{D1} = G_{D1} = 1573.58 \text{kN}$$

$$G'_{D2} = G_{D2} + (1-\nu)G_{BC2} = 7408.01 + (1-0.7) \times 4822.34 = 8854.71 \text{kN}$$

(2) 柱列侧移计算

将各柱列作为分离体，以本柱列各质点调整后的重力荷载代表值作为纵向水平力，计算各质点处的侧移，如图 5-128 所示。

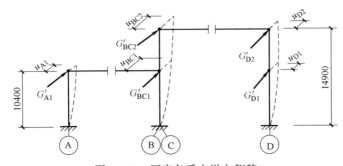

图 5-128 厂房各质点纵向侧移

$$u_{A1} = G'_{A1} \delta_A = 7428.26 \times 0.4969 \times 10^{-5} = 0.0369 \text{m}$$

$$\begin{aligned} u_{BC1} &= G'_{BC1} \delta_{BC11} + G'_{BC2} \delta_{BC12} \\ &= 4704.92 \times 1.1375 \times 10^{-5} + 3375.64 \times 1.1375 \times 10^{-5} \\ &= 0.0919 \text{m} \end{aligned}$$

$$\begin{aligned} u_{BC2} &= G'_{BC1} \delta_{BC21} + G'_{BC2} \delta_{BC22} \\ &= 4704.92 \times 1.1375 \times 10^{-5} + 3375.64 \times 1.5179 \times 10^{-5} \\ &= 0.1048 \text{m} \end{aligned}$$

$$u_{D1} = G'_{D1}\delta_{D11} + G'_{D2}\delta_{D12}$$
$$= 1573.58 \times 4.7186 \times 10^{-6} + 8854.71 \times 4.7186 \times 10^{-6}$$
$$= 0.0492 \text{m}$$
$$u_{D2} = G'_{D1}\delta_{D21} + G'_{D2}\delta_{D22}$$
$$= 1573.58 \times 4.7186 \times 10^{-6} + 8854.71 \times 5.6165 \times 10^{-6}$$
$$= 0.0572 \text{m}$$

(3) 厂房纵向基本自振周期

采用能量法计算厂房的纵向基本自振周期。有砖围护墙时，取拟能量法周期修正系数 $\psi_T = 0.8$。

$$\sum G'_{si} u_i^2 = G'_{A1} u_{A1}^2 + G'_{BC1} u_{BC1}^2 + G'_{BC2} u_{BC2}^2 + G'_{D1} u_{D1}^2 + G'_{D2} u_{D2}^2$$
$$= 7428.26 \times 0.0369^2 + 4704.92 \times 0.0919^2 + 3375.64 \times 0.1048^2$$
$$+ 1573.58 \times 0.0492^2 + 8854.71 \times 0.0572^2$$
$$= 119.71 \text{kN} \cdot \text{m}^2$$

$$\sum G'_{si} u_i = G'_{A1} u_{A1} + G'_{BC1} u_{BC1} + G'_{BC2} u_{BC2} + G'_{D1} u_{D1} + G'_{D2} u_{D2}$$
$$= 7428.26 \times 0.0369 + 4704.92 \times 0.0919 + 3375.64 \times 0.1048$$
$$+ 1573.58 \times 0.0492 + 8854.71 \times 0.0572$$
$$= 1644.16 \text{kN} \cdot \text{m}$$

$$T_1 = 2\psi_T \sqrt{\frac{\sum G'_{si} u_i^2}{\sum G'_{si} u_i}} = 2 \times 0.8 \times \sqrt{\frac{119.71}{1644.16}} = 0.432 \text{s}$$

5. 柱列水平地震作用

本厂房抗震设防烈度为 8 度，多遇地震水平地震影响系数 $\alpha_{\max} = 0.16$；特征周期 $T_g = 0.40 \text{s}$。取结构阻尼比 $\zeta = 0.05$。采用底部剪力法计算纵向水平地震作用。

因为厂房纵向自振周期 $T_1 = 0.432 \text{s} > T_g = 0.40 \text{s}$，且 $T_1 = 0.432 \text{s} < 5T_g = 5 \times 0.40 = 2.0 \text{s}$，根据《建筑抗震设计标准》第 5.1.5 条规定，相应于结构基本自振周期的水平地震影响系数 α_1 按下式计算，取结构的阻尼比 $\zeta = 0.05$，阻尼调整系数 $\eta_2 = 1.0$，曲线下降段的衰减指数 $\gamma = 0.9$。

$$\alpha_1 = \left(\frac{T_g}{T_1}\right)^{0.9} \alpha_{\max} = \left(\frac{0.40}{0.432}\right)^{0.9} \times 0.16 = 0.149$$

A 柱列水平地震作用标准值：
$$F_{A1} = \alpha_1 G'_{A1} = 0.149 \times 7428.26 = 1106.81 \text{kN}$$

BC 柱列水平地震作用标准值：
$$F_{BC1} = \alpha_1 (G'_{BC1} + G'_{BC2}) \times \frac{G'_{BC1} H_1}{G'_{BC1} H_1 + G'_{BC2} H_2}$$
$$= 0.149 \times (4704.92 + 3375.64) \times \frac{4704.92 \times 10.4}{4704.92 \times 10.4 + 3375.64 \times 14.9}$$
$$= 593.72 \text{kN}$$

$$F_{BC2}=\alpha_1(G'_{BC1}+G'_{BC2})\times\frac{G'_{BC2}H_2}{G'_{BC1}H_1+G'_{BC2}H_2}$$
$$=0.149\times(4704.92+3375.64)\times\frac{3375.64\times14.9}{4704.92\times10.4+3375.64\times14.9}$$
$$=610.29\text{kN}$$

D 柱列水平地震作用标准值:
$$F_{D1}=\alpha_1G'_{D1}\frac{h_D}{H_D}=0.149\times1573.58\times\frac{10.4}{14.9}=163.65\text{kN}$$
$$F_{D2}=\alpha_1G'_{D2}=0.149\times8854.71=1319.35\text{kN}$$

6. 构件水平地震作用

仅以 A 柱列为例计算，其他柱列计算略去。计算柱列中各构件水平地震作用时，考虑砖墙开裂后刚度下降，当设防烈度为 8 度时，砖墙开裂后刚度降低系数为 0.4。

砖墙开裂后柱列的刚度:
$$K'_A=K_c+K_b+\psi_1K_w=0.1K_b+K_b+\psi_1K_w$$
$$=1.1\times59952+0.4\times135317=120074\text{kN/m}$$

A 柱列柱、柱间支撑及砖墙在柱顶高度处的水平地震作用标准值分别为

柱:
$$F_{Ac}=\frac{0.1K_b}{K'_A}F_{A1}=\frac{0.1\times59952}{120074}\times1106.81=55.26\text{kN}$$

柱间支撑:
$$F_{Ab}=\frac{K_b}{K'_A}F_{A1}=\frac{59952}{120074}\times1106.81=552.62\text{kN}$$

砖围护墙:
$$F_{Aw}=\frac{\psi_1K_w}{K'_A}F_{A1}=\frac{0.4\times135317}{1200741}\times1106.81=498.93\text{kN}$$

7. 构件截面抗震验算

仅验算 A 柱列柱间支撑（图 5-129）的抗震承载力，柱、砖墙的抗震验算从略。

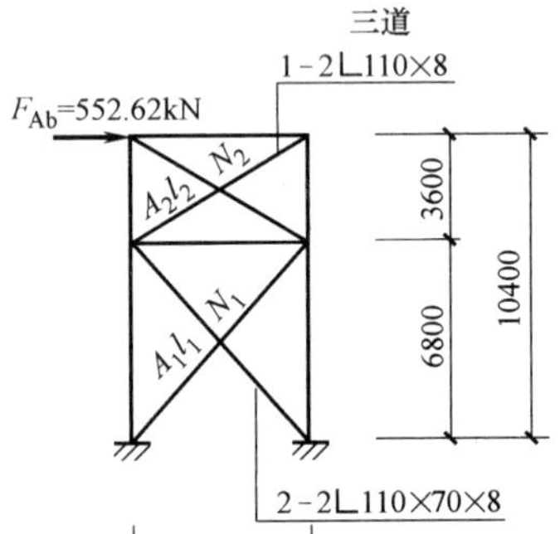

（1）斜杆内力

上、下柱间支撑斜杆长细比均小于 200，属于半刚性支撑，可仅进行抗拉强度验算，但应考虑压杆的卸载影响。

下柱柱间支撑斜杆的最大长细比 $\lambda=125$，查《建筑抗震设计手册（第二版）》（龚思礼主编）压杆非弹性阶段的强度综合折减系数（表 6.1.4-11），得 $\psi_{c1}=0.575$。上柱柱间支撑斜杆的最大长细比 $\lambda=108$，查表得 $\psi_{c2}=0.592$。

图 5-129 A 柱列柱间支撑计算简图

下柱柱间支撑斜杆拉力标准值:
$$N_1=\frac{l_1}{(1+\psi_{c1}\varphi_1)s_c}V_{b1}=\frac{8.809}{(1+0.575\times0.411)\times5.6}\times552.62=703.12\text{kN}$$

上柱柱间支撑斜杆拉力标准值：
$$N_2=\frac{l_2}{(1+\psi_{c2}\varphi_2)S_c}V_{b2}=\frac{6.657}{(1+0.592\times0.504)\times5.6}\times552.62=505.96\text{kN}$$

（2）斜杆强度验算

查《建筑与市政工程抗震通用规范》第4.3.1条，承载力抗震调整系数$\gamma_{RE}=0.75$。

下柱柱间支撑斜杆：
$$\sigma_1=\frac{\gamma_{Eh}N_1}{A_1}=\frac{1.4\times703.12}{5.578\times10^{-3}}=176.47\times10^3\text{kN/m}^2$$
$$=176.47\text{N/mm}^2<\frac{f}{\gamma_{RE}}=\frac{215}{0.75}=287\text{N/mm}^2$$

满足要求。

上柱柱间支撑斜杆：
$$\sigma_2=\frac{\gamma_{Eh}N_2}{A_2}=\frac{1.4\times505.96}{9.383\times10^{-3}}=75.49\times10^3\text{kN/m}^2$$
$$=75.49\text{N/mm}^2<\frac{f}{\gamma_{RE}}=\frac{215}{0.75}=286\text{N/mm}^2$$

满足要求。

参 考 文 献

[1] 中华人民共和国住房和城乡建设部. 工程结构通用规范：GB 55001—2021 [S]. 北京：中国建筑工业出版社，2021.

[2] 中华人民共和国住房和城乡建设部. 建筑与市政工程抗震通用规范：GB 55002—2021 [S]. 北京：中国建筑工业出版社，2021.

[3] 中华人民共和国住房和城乡建设部. 建筑与市政地基基础通用规范：GB 55003—2021 [S]. 北京：中国建筑工业出版社，2021.

[4] 中华人民共和国住房和城乡建设部. 混凝土结构通用规范：GB 55008—2021 [S]. 北京：中国建筑工业出版社，2021.

[5] 中华人民共和国住房和城乡建设部. 钢结构通用规范：GB 55006—2021 [S]. 北京：中国建筑工业出版社，2021.

[6] 中华人民共和国住房和城乡建设部. 砌体结构通用规范：GB 55007—2021 [S]. 北京：中国建筑工业出版社，2021.

[7] 中华人民共和国住房和城乡建设部. 混凝土结构设计标准：GB/T 50010—2010（2024 年版）[S]. 北京：中国建筑工业出版社，2024.

[8] 中华人民共和国住房和城乡建设部. 建筑抗震设计标准：GB/T 50011—2010（2024 年版）[S]. 北京：中国建筑工业出版社，2024.

[9] 中华人民共和国住房和城乡建设部. 钢结构设计标准：GB 50017—2017 [S]. 北京：中国建筑工业出版社，2017.

[10] 中华人民共和国住房和城乡建设部. 建筑结构可靠性设计统一标准：GB 50068—2018 [S]. 北京：中国建筑工业出版社，2018.

[11] 中华人民共和国住房和城乡建设部. 建筑结构荷载规范：GB 50009—2012 [S]. 北京：中国建筑工业出版社，2012.

[12] 中华人民共和国住房和城乡建设部. 建筑地基基础设计规范：GB 50007—2011 [S]. 北京：中国建筑工业出版社，2012.

[13] 中华人民共和国住房和城乡建设部. 高层建筑混凝土结构技术规程：JGJ 3—2010 [S]. 北京：中国建筑工业出版社，2011.

[14] 中华人民共和国住房和城乡建设部. 砌体结构设计规范：GB 50003—2011 [S]. 北京：中国建筑工业出版社，2012.

[15] 梁兴文，史庆轩. 混凝土结构设计原理 [M]. 5 版. 北京：中国建筑工业出版社，2022.

[16] 梁兴文，史庆轩. 混凝土结构设计 [M]. 5 版. 北京：中国建筑工业出版社，2022.

[17] 史庆轩，梁兴文. 高层建筑结构设计 [M]. 3 版. 北京：科学出版社，2021.

[18] 梁兴文，史庆轩. 土木工程专业毕业设计指导——房屋建筑工程卷 [M]. 北京：中国建筑工业出版社，2014.

[19] 龚思礼. 建筑抗震设计手册 [M]. 2 版. 北京：中国建筑工业出版社，2002.

[20] 罗福午. 单层工业厂房设计 [M]. 2 版. 北京：清华大学出版社，1990.